LUMINESZENZ-ANALYSE IM FILTRIERTEN ULTRAVIOLETTEN LICHT

EIN HILFSBUCH BEIM ARBEITEN MIT DEN ANALYSENLAMPEN

VON

PROF. DR. DR. H.C. P.W. DANCKWORTT†

UND PROF. DR. J. EISENBRAND, SAARBRÜCKEN

7. AUFLAGE

VÖLLIG NEU BEARBEITET UND ERGÄNZT VON

PROF. DR. J. EISENBRAND

MIT 93, ZUM TEIL FARBIGEN ABBILDUNGEN UND 35 TABELLEN

LEIPZIG 1964

AKADEMISCHE VERLAGSGESELLSCHAFT GEEST & PORTIG K.-G.

Printed in the German Democratic Republic · VLN 276-105/12/64
Satz und Druck: (IV/5/1) Paul Dünnhaupt, Köthen, L 117/63
ES 18 C 3

Vorwort zur 7. Auflage

Die Lumineszenzanalyse erscheint nun in der 7. Auflage. Die erste Auflage erschien im Jahre 1928, und Professor Dr. Dr. h. c. P. W. DANCKWORTT schrieb damals im Vorwort folgendes:

„Größten Wert legte ich darauf, die Methodik sowohl für makroskopische als auch für mikroskopische Untersuchungen und ihre Festlegung mit Hilfe der Photographie genau zu beschreiben. In dieser Weise stellt die vorliegende Monographie also ein Lehrbuch dar, das aus mehrjährigen eigenen Arbeiten hervorgegangen ist. Andererseits war ich bemüht, die ganze hierher gehörige Literatur referierend zusammenzustellen. Dies geschah an manchen Stellen mit einer gewissen Kritik, die sich ebenfalls auf eigene Untersuchungen stützte. Dabei konnte natürlich nur das im Schrifttum Niedergelegte berücksichtigt werden. Es muß aber bedacht werden, daß die Analysen-Quarzlampe vielfach in der Industrie Verwendung findet, ohne daß der Verwendungszweck bekannt geworden ist."

Am 30. März 1962 vollendete der Begründer des Werkes, Herr Professor Dr. P. W. DANCKWORTT, sein erfolgreiches Leben im Alter von 85 Jahren.

Für mich war es eine selbstverständliche Pflicht, das Werk meines langjährigen Freundes und Mitarbeiters auf dem laufenden zu halten und vor allem auch die Eigentümlichkeit des Danckworttschen Buches zu erhalten, die ihm so viele Freunde erworben hat. Auf der anderen Seite habe ich mich bemüht, es durch Aufnahme neuer Abschnitte vor dem Schicksal vieler wissenschaftlicher Bücher zu bewahren, die mit dem Tode des Autors veralteten.

Seit dem Erscheinen der ersten Auflage hat die Lumineszenzanalyse eine über 30jährige Entwicklung erfahren. Für die 3. Auflage wurden bereits Ergänzungen erforderlich, die der Entwicklung zur quantitativen Richtung hin Rechnung tragen mußten. Herr Kollege DANCKWORTT bat mich damals, im Jahre 1934, ein Kapitel „Quantitative Messungen" für dieses Buch zu schreiben. Seitdem hat sich gerade diese Richtung immer weiter entwickelt. Insgesamt verlief die Entwicklung sonst auf den verschiedenen Anwendungsgebieten mit recht verschiedener Intensität. Die in der 1. Auflage hauptsächlich beschriebene Anwendung der qualitativen Beobachtung unter der Lampe mit dem Auge, ergänzt durch photographische Aufnahmen mit verschiedenen Lichtfiltern vor der Kamera, hat sich auf einigen Anwendungsgebieten bewährt und gehört dort zum festen Bestand der Prüfungsmethoden.

Neu hinzugekommen ist seitdem die Anwendung bei den verschiedenen Methoden der Chromatographie. Hier ist die Beobachtung unter der Lampe ein normalerweise stets verwendetes Hilfsmittel geworden, das zur Auffindung und Identifizierung zahlreicher neuer Substanzen einfach auf Grund ihrer Fluoreszenz geführt hat.

Auch auf dem Gebiete der Toxikologie, der Kriminalistik und der Materialprüfung erweist sich die Betrachtung unter der Lampe als Hilfsmittel immer wieder nützlich. Daß diese Augenscheinprobe unter der Lampe andererseits nicht überall positive Aufklärung bringen kann, ist heute, nachdem die Kenntnis über den ursächlichen Zusammenhang von Lichtabsorption und Fluoreszenz bis in viele Einzelheiten bekannt geworden ist, selbstverständlich. Viele früher referierte polemische Auseinandersetzungen über differierende Beobachtungen an Fluoreszenzen der verschiedensten Materialien, insbesondere an anorganischen Stoffen und auch an Lebensmitteln, haben sich mit Hilfe des Studiums der zugehörigen Lichtabsorptionserscheinungen als gegenstandslos erwiesen. Solche Untersuchungen, denen daher nur mehr historischer Wert zukommt, wurden nach Möglichkeit nicht mehr aufgenommen, wodurch Platz für die neuere Literatur gewonnen wurde.

Der Entwicklung der Methodik hat im übrigen der ursprünglich etwas zu große Optimismus bei der Beurteilung der qualitativen Probe unter der Lampe eher genützt als geschadet. Viel qualitativ erarbeitetes Material wurde bei dieser Gelegenheit zusammengetragen, das dann durch die später sich entwickelnde Methodik quantitativer Messungen der Fluoreszenzintensität und spektraler Untersuchungen zum großen Teil kritisch verarbeitet werden konnte, teilweise allerdings noch der quantitativen Bearbeitung harrt.

Diese neue Entwicklungsrichtung verlief zuerst so, daß entsprechend der Kolorimetrie von gefärbten Lösungen eine Fluorimetrie fluoreszierender Lösungen einsetzte. Die weiteren Entwicklungslinien zeigen besonders die Kapitel über quantitative Messungen und der zweite Teil.

Insgesamt erfuhr das Buch für die Neuauflage eine völlige Umgestaltung. Die Literatur wurde nach den Autoren alphabetisch geordnet, bei mehreren Arbeiten des gleichen Autors wurde die Jahreszahl in Klammern gesetzt, bei mehreren Arbeiten in einem Jahr wurden die Bezeichnungen a, b, c usw. eingeführt. Auf diese Weise erübrigte sich ein eigenes Autorenverzeichnis. Eine ganze Anzahl neuer Abbildungen wurde aufgenommen. Der Abschnitt II. 2.2.4., „Mikroskopische Beobachtungen und Mikrophotographien", wurde bis auf einen kleinen Teil gestrichen, da es in der 2. Auflage des Buches von M. Haitinger, „Fluoreszenzmikroskopie", von G. Werth und mir eingehend behandelt wurde.

Entsprechend der außerordentlich ausgedehnten Entwicklung quantitativer Meßmethoden wurde größter Wert auf die weitere Ausgestaltung des Teiles „Quantitative Messungen" gelegt. Insbesondere wurde eingehend entwickelt, worin die Überlegenheit von Fluoreszenzmethoden gegenüber anderen Verfahren bei der Bestimmung kleinster Mengen besteht.

Einige in dieser Hinsicht besonders bemerkenswerte Verfahren wurden neu aufgenommen. So konnte, trotz des sehr großen Zuwachses an neuer Literatur seit 1956, doch eine mittlere Linie gefunden werden, die es erlaubte, die Literaturstellen gegenüber der letzten Auflage nur um einige hundert Stellen zu vermehren. Wesentlich erschien bei der Zitierung immer wieder der Gesichtspunkt, daß der Benutzer des Buches, sei er nun Naturwissenschaftler, Arzt oder Techniker, sich rasch einen Einblick über die praktischen Anwendungsmöglichkeiten auf seinem Gebiet verschaffen kann. Sollte er bei einzelnen Arbeiten tiefer in historische Zusammenhänge eindringen wollen, so ist die Auffindung weiterer Literaturstellen an Hand der zitierten Literatur ohne weiteres möglich.

Wie bisher danke ich wieder zahlreichen Autoren für die Überlassung von Sonderdrucken.

Saarbrücken, im Dezember 1963

J. Eisenbrand

Inhalt

ZWEITER TEIL

Die Anwendungsgebiete der Lumineszenzanalyse

Einleitung

Das Arbeiten mit ultravioletten Strahlen zu analytischen Zwecken wurde zuerst in der Broschüre „Ultraviolette Strahlen und ihre Eigenart" von Busse, L. J., beschrieben. Die verwendeten Lampen waren von der Quarzlampen Gesellschaft m. b. H., Hanau, hergestellt. Die Broschüre erschien ebenfalls in einem Hanauer Verlag. Aus diesen sehr kleinen Anfängen hat sich im Laufe der letzten 30 Jahre eine Literatur von vielen Tausenden von Veröffentlichungen entwikkelt, von denen in vorliegendem Buch etwa 2100 der für die praktische Anwendung wesentlichsten Stellen zitiert werden. Die sehr ausgedehnte Entwicklung auf theoretischem Gebiet kann in diesem für praktische Untersuchungszwecke bestimmten Buch nur andeutungsweise erwähnt werden. Für das Studium dieser theoretischen Zusammenhänge wird hier auf die unter „Grundlagen und Vorbemerkungen zur Theorie der Lumineszenzerscheinungen" empfohlenen Werke hingewiesen.

Grundlagen und Vorbemerkungen zur Theorie der Lumineszenzerscheinungen

Die Lumineszenzanalyse ist, allgemein betrachtet, eine Untersuchung von Lichtemissionserscheinungen. Verwendet man spektralanalytische Methoden, so ergeben sich daher Parallelen zur klassischen Emissionsspektralanalyse von Spektrallinien im Funkenbogen, im Flammenbogen, in der Acetylen- oder Wasserstoffflamme und anderem mehr. Andererseits liegen die Unterschiede zu den klassischen Methoden auf der Hand, denn bei der Lumineszenzanalyse handelt es sich meist um mehr oder weniger breite Fluoreszenzbanden, im Gegensatz zu den schmalen Spektrallinien der klassischen Spektralanalyse.

Die Gemeinsamkeiten bestehen vor allem in folgendem:

In beiden Fällen gibt es Störungen, die durch den sogenannten Untergrund oder auch durch „falsches Licht“ bedingt sind. Ihre Herabsetzung bis auf minimale Einflüsse ist hier wie dort das Ziel.

An Stelle des Untergrundes bei photographischen Spektralaufnahmen tritt bei photometrischen und okularen Messungen der sogenannte ‚Blindwert“, der sowohl durch das erregende Ultraviolett als auch durch das Sekundärlicht der Fluoreszenzerscheinungen bedingt sein kann. Solche Blindwerte müssen ebenfalls in der Fluorimetrie möglichst klein gehalten werden, worauf später näher eingegangen wird. Die andere Gemeinsamkeit mit den Methoden der klassischen Emissionsspektralanalyse ist die Verwendung geeigneter „Standards“ (s. S. 45).

Wie schon in der Einleitung ausgeführt wurde, behandelt dieses Buch fast ausschließlich die praktischen Anwendungen der Lumineszenzerscheinungen. Es sollen daher nur wenige einführende Worte über ihre Theorie vorangeschickt werden.

Die Theorie der Lumineszenzerscheinungen in ihrer heutigen Form wurde auf dem Fundament der Quantentheorie entwickelt. Ein großes Versuchsmaterial, das sich laufend erweitert, ist hier bereits zusammengetragen worden. Wir verweisen für das eingehende Studium der Theorie auf die Monographie von Förster, Th., „Fluoreszenz organischer Verbindungen“ (1951), ferner auf das Buch von Bandow, F., „Lumineszenz. Ergebnisse und Anwendungen in Physik, Chemie und Biologie“ (1950), und schließlich auf die Werke von Pringsheim, P., (1926) (1928) sowie Pringsheim und A. Vogel (1951), „Lumineszenz von Flüssigkeiten und festen Körpern“. Im Ausland erschienen unter anderem in englischer Sprache Bücher von Radley, J. A., und J. Grant (1954); Atkinson, A. D. S.;

Dake, M. C., und J. de Ment; Ment, J. de, (1945); Fonda, G. R., und F. Seitz; Kröger, F. A., (1948); in französischer Sprache die Bücher von Bernheim, G., und M. Guyot; Seyewetz, J., (1934) sowie Déribéré (1938a). In russischer Sprache erschien eine Lumineszenz-Analyse von Schlesinger-Konstantinowa, M. A., (1948). Haitinger, M., schrieb über die „Fluoreszenz-Analyse in der Mikrochemie" (1937a) und über „Fluoreszenz-Mikroskopie" (1959); Strugger, S., über „Fluoreszenz-Mikroskopie und Mikrobiologie" (1949); Dhéré, Ch., über die „Fluoreszenz in der Biochemie" (1937) und (1933a); ferner White, Ch. E.; Weigert, F., (1911); Ostwald, W.

Die praktische Anwendung der Lumineszenzanalyse besteht, wie der Name schon sagt, in der Benutzung dieser Leuchterscheinungen zu analytischen Zwecken, und zwar sowohl für den qualitativen Nachweis von Substanzen als auch für ihre quantitative Bestimmung.

Abgesehen von der für jeden Sonderzweck besonderen Versuchsanordnung und Meßapparatur ist lumineszenzanalytischen Untersuchungen im filtrierten Ultraviolett gemeinsam, daß das Untersuchungsobjekt mit ultravioletten Strahlen bestrahlt werden muß. Das bestrahlte Objekt ist dann darauf zu prüfen, ob es „Lumineszenz" zeigt. Wenn es das tut, ist es selbst gewissermaßen zu einer „sekundären" Lichtquelle geworden. Diese Lumineszenzstrahlung wurde also erregt durch die „Primärstrahlung" der erregenden Strahlungsquelle. Es genügt für die Anwendung zur quantitativen und qualitativen Analyse die Kenntnis folgender theoretischer Grundlagen:

Die Energie des erregenden Lichtes wird in Form von Lichtquanten zugeführt. Trifft ein solches Lichtquant auf die durch Elektronensysteme dargestellte Peripherie von Atomen oder Molekülen, so wird das Lichtquant verschluckt (absorbiert), wobei das betreffende Elektronensystem eine Zunahme seiner Energie erfährt. Diese Energieaufnahme führt zu den als *Fluoreszenz* bezeichneten Lumineszenzen, wenn die Wiederabgabe der eingestrahlten Lichtquanten in weniger als 10^{-8} Sekunden erfolgt, wie dies bei den meisten Lumineszenz zeigenden Lösungen bei Zimmertemperatur der Fall ist. In festem Zustand ist die Abklingzeit vielfach länger als 10^{-8} Sekunden; zweckmäßig spricht man daher hier nicht von Fluoreszenz, sondern von *Lumineszenz*. Jedoch klingen auch diese Leuchtvorgänge meist noch relativ rasch ab und sind daher deutlich zu unterscheiden von den nach Unterbrechung der Bestrahlung langandauernden *Phosphoreszenzen*. Wenn zwischen Fluoreszenz- und Phosphoreszenzerscheinungen auch zahlreiche Übergänge bestehen, wie besonders neuere theoretische Forschungen gezeigt haben, so sind Phosphoreszenzen nicht Gegenstand dieses Buches, das sich darauf beschränkt, Lumineszenzerscheinungen, die während der Bestrahlung mit Ultraviolett auftreten, analytisch anzuwenden und nicht solche, bei denen es sich um nach der Unterbrechung der erregenden Strahlung wahrnehmbare Leuchterscheinungen handelt. Der Begriff Lumineszenz erfaßt somit auch den der Fluoreszenz, während umgekehrt eine Lumineszenz nicht immer „Fluoreszenz" (Abklingzeit 10^{-8} Sekunden) genannt werden kann, z. B. dann nicht, wenn sie etwa in $^1/_{10}$ Sekunden abklingt.

Die hervorgerufene Lumineszenz kann nur in seltenen Fällen auf der Ausstrahlung des gesamten pro Atom oder Molekül eingestrahlten Lichtquants beruhen. Man spricht dann von einer *Resonanzstrahlung*, die besonders bei Gasen bekannt wurde (Natriumresonanzlinie, Quecksilberresonanzlinie). In den meisten Fällen, besonders bei größeren Molekülen oder Ionen, wird dagegen nur ein Quant ausgestrahlt, das kleiner ist als das eingestrahlte, da ein Teil der eingestrahlten Quantenenergie anderweitig im Molekül oder Ion verbraucht wird. Es ist also $h\nu_1 > h\nu_2$, hieraus ergibt sich $\nu_1 > \nu_2$, wobei ν_1 die Frequenz des erregenden, ν_2 die Frequenz des Lumineszenzlichtes ist. Da aber die Schwingungszahl umgekehrt proportional der Wellenlänge ist, so ist $\lambda_2 \geqq \lambda_1$, d. h., die Wellenlänge der erregten Lumineszenzstrahlung ist nur im Grenzfall gleich der der erregenden Strahlung (Resonanz), sonst aber stets größer als diese.

Diese auf Grund quantentheoretischer Überlegungen sich ergebende Schlußfolgerung war in der Praxis lange vor Aufstellung der Planckschen Quantentheorie als *Stokessche Regel* bekannt (Stokes, G. G.). Allerdings waren auch bei dieser Regel bereits früher Ausnahmen gefunden worden. Die heute vorliegende eingehende theoretische Bearbeitung solcher Fälle hat ergeben, daß sie sich unschwer der Deutung vom quantentheoretischen Standpunkt einordnen: es wird in diesen Fällen andere Energie zusätzlich zur Strahlungsenergie mobilisiert und als Lumineszenz abgegeben.

Geht man von der Betrachtung des Einzelteilchens zu der für den chemisch Rechnenden interessanten Menge des Mols über, so ergeben sich für die Aufnahme erregender und die Abgabe erregter Strahlung pro Mol:

$$Q_1 = N \cdot h \cdot \nu_1 \qquad \text{und} \qquad Q_2 = N \cdot h \cdot \nu_2$$

Wenn nun sämtliche Moleküle oder Ionen die eingestrahlte Energie mit gleicher oder auch längerer Wellenlänge wieder abgeben, so spricht man von einer 100%igen Lumineszenzausbeute bzw. Fluoreszenzausbeute (Förster, Th., 1951). Diese darf nicht einer 100%igen Energieausbeute gleichgesetzt werden, die ja nur bei Resonanzstrahlung möglich ist, sondern sie bezieht sich lediglich darauf, daß alle erregten Moleküle oder Ionen am Lumineszenzvorgang beteiligt sind. Für einige Fluoreszenzerscheinungen konnte nahezu eine solche Ausbeute nachgewiesen werden (Förster, Th., 1951). Meist sind jedoch die Ausbeuten kleiner. Die Gründe hierfür können verschiedenartiger Natur sein. Einen Hauptanteil dürfte die später näher zu behandelnde „Fluoreszenzlöschung" haben (II., 2.2.2.2.).

Folgende Arbeiten haben für die Grundlagenforschung auf diesem Gebiet Bedeutung: Drabent, R., und D. Frackowiak; Foster, R., D. L. Hammick. G. M. Hood und A. C. E. Sanders; Galanin, M. D., und S. A. Tschishikowa; Gläser, F.; Gribkow, W. I., und N. D. Shewandrow; Melhuish, W. H.; Neporent, B. Ss., W. P. Klotschkow und G. A. Mitowilow (1955); Neporent, B. Ss., und A. I. Injuschin (1954); Neporent, B. Ss., (1956); Oster, G., und Y. Nishijima (1956); Berg, H., (1960a); Berg, H., und R. Schweiss (1960b); Berry, P. J., S. Lipsky und M. Burton; Bowen, E. J., (1959);

Bowen, E. J., und E. Coates (1947); Breitschwerdt, H., Th. Förster und A. Weller; Budo, A., und I. Ketskemety; Dexter, D. I., C. C. Klick und G. A. Russell; Ferguson, J., und W. G. Schneider; Goldman, E. I.; Günther, P., W. Zeil, U. Grisar, W. Langmann und E. Hein; Kürtner, R.; Lewschin, W. L., (1956b); Lochet, M. R.; Möckel, P.; Sweschnikow, B. J., L. A. Kusnetzowa und W. A. Moltschanow; Venker, P., und H. Herzmann; Perrin, F., (1924b, 1927); Perrin, F., und R. Delorme (1928); Perrin, F., und Chouchoun (1929), Weber, G., (1960); Zander, M.

Zahlreiche Untersuchungen beschäftigen sich mit dem theoretischen Ausbau der Vorstellungen über das Zustandekommen von Fluoreszenz. Eine große Rolle spielt dabei in letzter Zeit der Begriff der „Charge-transfer-Fluoreszenz". In solchen Fällen findet man Spiegelsymmetrie in der Form der Emissions- und Absorptionsbande (Czekalla, J., S. Briegleb und W. Herre, 1959a; Czekalla, J., A. Schmillen und K. J. Mayer, 1959b); es gehören ferner hierher Zimmermann, H., und N. Joop; Bär, F., H. Lang, E. Schnabel und H. Kuh; Lipptag, W., und J. Czekalla; Lavorel, J.; Oster, G., (1958).

ERSTER TEIL

Die Methodik der Lumineszenzanalyse

I. Apparative Einrichtungen

Die durch sichtbare Strahlung hervorgerufenen Fluoreszenzerscheinungen sind nur in geringem Umfange praktisch angewandt worden. Kauffmann, H., hat die Methoden zur Untersuchung von Fluoreszenzerscheinungen bereits im Jahre 1928 nach dem damaligen Stand leicht faßlich und übersichtlich zusammengestellt. Damals dienten solche Untersuchungen in der Hauptsache wissenschaftlichen Zwecken. Eine „Lumineszenzanalyse" mit in erster Linie praktischen Zielsetzungen konnte sich jedoch erst entwickeln, als Lehmann, H., im Jahre 1910 zeigte, daß viele Stoffe Leuchterscheinungen zeigen, wenn man sie mit filtrierten ultravioletten Strahlen bestrahlt, d. h. wenn man dafür sorgt, daß das dem ultravioletten Licht beigemischte sichtbare Licht durch geeignete Lichtfilter entfernt wird.

Solche Lichtfilter sollen jetzt besprochen werden.

1. Filter

Bei der Herstellung der notwendigen Lichtfilter verwendete man zunächst *Flüssigkeitsfilter*, in erster Linie das von Wood (1903) empfohlene Nitrosodimethylanilin, das zwischen 370 nm und 288 nm durchlässig ist. Ein mit dieser Substanz gefärbter Gelatinefilm, kombiniert mit einem Kobaltglas, ergab das „Woodsche Filter". Auch mit Jenaer Blau-Uviol-Glas (Lehmann 1910) und mit Kupfersulfatlösung in einer Doppelküvette kann diese Substanz kombiniert werden. Die Nachteile solcher Flüssigkeitsfilter sind bekannt. Sie sind nicht besonders handlich und nur bei sorgfältiger Wartung für längere Versuchsreihen brauchbar. Die Konzentrationseinstellung muß ferner immer exakt überwacht werden, da ein Zuviel an Filterstoff die Lumineszenzhelligkeit stark abschwächt, ein Zuwenig andererseits zuviel blaues Licht durchläßt. Auch die Haltbarkeit der Lösungen läßt zu wünschen übrig, wie Lenz, W. nachgewiesen hat.

Ein zweites Flüssigkeitsfilter, das neuerdings etwas an Interesse gewonnen hat, ist das „Bäckström-Flüssigkeitsfilter" (BÄCKSTRÖM, H. L. V.). Dieses Filter gestattet die Liniengruppe bei 313 nm ziemlich rein zu isolieren (s. hierzu auch II., 2.2.1.10., S. 69).

Für die praktische Verwendung kommen heute überwiegend *Filtergläser* in Betracht. Die große Verbreitung der Quarzlampen zu analytischen Zwecken setzte daher erst ein, als die Quarzlampen Gesellschaft m. b. H., Hanau, als erste im Jahre 1925 ein sogenanntes „Schwarzglas" aus Nickeloxidglas in ihrer „Analysenquarzlampe" verwendete. Solche Gläser enthalten als wesentliche Bestandteile Nickeloxid und Kobaltoxid; um die Durchlässigkeit für Rot herabzusetzen, fügt man manchmal noch 1% Kupferoxid hinzu (s. hierzu auch KÖGEL, P. R., 1928a, ferner auch DHÉRÉ, CH., 1932a). Das Glaswerk Schott & Gen., Mainz, hat ein Buch „Farb- und Filterglas für Wissenschaft und Technik" herausgebracht, in dem 19 Filterglasgruppen beschrieben werden. Von diesen interessieren für die Lumineszenzerregung mit ultravioletten Strahlen die Gläser der Gruppe 1, und zwar folgende: UG 1, 2, 4, 5, 11, 12, 14. Diese Gläser isolieren fast alle mehr oder weniger die ultravioletten Strahlen zwischen 300 und 400 nm.

Bei der Auswahl der Filter sind verschiedene Gesichtspunkte zu beachten, nämlich:

1. die Durchlässigkeit für ultraviolette Strahlen,
2. die Durchlässigkeit im Rot und Infrarot,
3. die Wärmefestigkeit, die allerdings nur bei Hochdrucklampen besonders beachtet werden muß, da Niederdrucklampen sich nur wenig erwärmen,
4. die Form, in der die Gläser geliefert werden. Hier ist besonders zu erwähnen, daß es vielfach unwirtschaftlich ist, besondere optisch präparierte und z. B. planparallele Filtergläser zu verwenden, da ebensogut Tafelglas dazu verwendet werden kann, das billiger ist.

Am meisten werden UG 2 und UG 4 verwendet. Von diesen Gläsern besitzt das erstere eine gute und das zweite eine mäßige Durchlässigkeit für 366 nm; dafür besitzt UG 4 eine bessere Wärmebeständigkeit. Alle anderen ultravioletten und sichtbaren Linien außer 366 nm und 334 nm werden praktisch absorbiert. Die Farbe dieser Gläser erscheint bei Durchsicht im Tageslicht dunkelviolett. UG 5 ist in Kombination mit einer Niederdruckquecksilberlampe, die praktisch fast monochromatisch 254 nm ausstrahlt, sehr geeignet als Lichtquelle für dieses kürzerwellige Ultraviolett; außerdem kann UG 5 auch in Fällen verwendet werden, in denen man praktisch das ganze Ultraviolett benützen will. UG 11 läßt außer 366 nm erhebliche Mengen der Liniengruppe 313 nm durch. UG 12 und UG 14 sind für spezielle Zwecke brauchbar. Praktisch interessant sind jedoch vor allem UG 2, 4 und 5. Die Diagramme der Abb. 1 zeigen eine Zusammenstellung einerseits der Intensitäten der Quecksilberlinien einer Hochdruckquecksilberlampe (Abb. 1a) und einer Niederdruckquecksilberlampe (Abb. 1c) und andererseits eine Zusammenstellung der Durchlässigkeiten von Filter UG 2, 4 und 5. Auf die ebenfalls eingezeichneten Sperrfilter (Abb. 1a u. 1b unten) wird später näher eingegangen.

Der überwiegende Teil der bis jetzt durchgeführten lumineszenzanalytischen Untersuchungen wurde in der ersten Periode der Entwicklung lumineszenzanalytischer Methoden mit Quecksilberhochdrucklampen und Filtern durchgeführt, deren Durchlässigkeitsschwerpunkt bei 366 nm liegt. Neuerdings benutzt man zunehmend auch kürzerwellige ultraviolette Strahlen, vor allem Strahlen der Linien 254 nm, welche die Quecksilberniederdrucklampe zusammen mit dem oben angegebenen Filter UG 5 liefert.

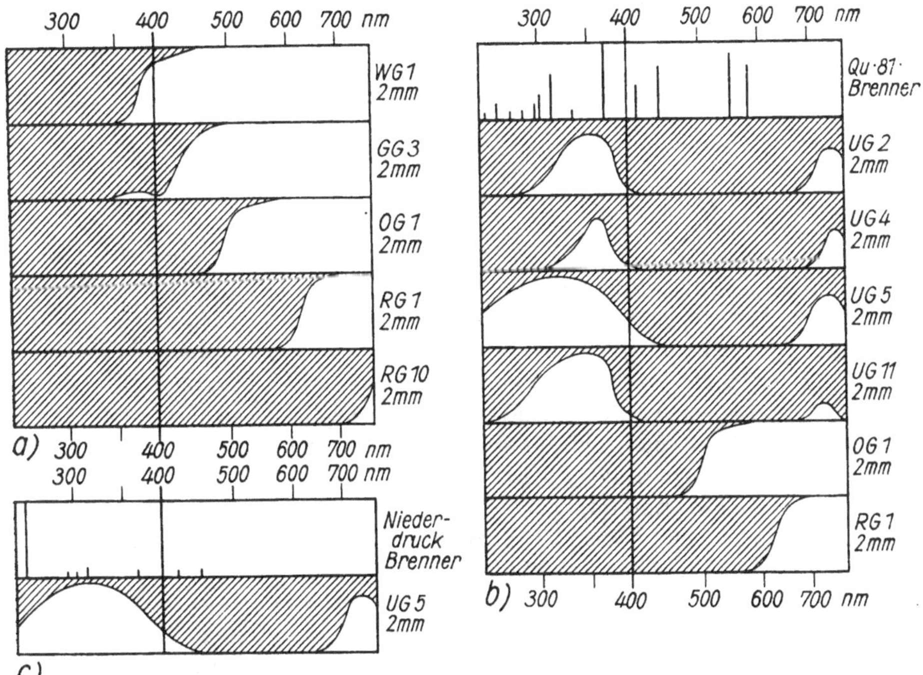

Abb. 1. Spektrale Durchlässigkeit von Lichtfiltern
a) Sperrfilter zur Beseitigung der erregenden Strahlung von Hochdruck- und Niederdruckquecksilberlampen
b) Intensitäten der Quecksilberlinien einer Hochdruckquecksilberlampe und die Durchlässigkeit einiger UG-Filter und zweier Sperrfilter
c) Intensitäten der Quecksilberlinien einer Niederdruckquecksilberlampe und die Durchlässigkeit des Filters UG 5

Quecksilberhochdrucklampen werden wegen ihrer hohen Strahlungsdichte vor allem in der Fluoreszenzmikroskopie benützt.

2. Lichtquellen

Als Lichtquellen kommen in erster Linie *Quecksilberbogenlampen* (Quarzlampen) in Betracht, dann aber auch für gewisse spezielle Zwecke *Kohlenbogen-*

lampen und *Nitralampen*. Auch das Sonnenlicht als natürliche Lichtquelle kann in gewissen Fällen verwendet werden.

2.1. Sonnenlicht

Die Sonne liefert eine Strahlung, die außer sichtbarem Licht und Infrarot auch eine zu den genannten Strahlenarten relativ geringe Menge ultravioletter Strahlung besitzt. Dieses Sonnenultraviolett erstreckt sich vom sichtbaren Gebiet bis herab zu etwa 300 nm, im Gebirge und in manchen Gegenden am Meer bis auf 290 nm. Den größten Betrag an ultravioletter Strahlung weist das Sonnenlicht normalerweise in den Sommermonaten bei starker Sonnenstrahlung auf (s. MEYER u. SEITZ, S. 18).

Die Sonne verwendet man jedoch in der Praxis zu Zwecken der Lumineszenzanalyse nur noch in seltensten Fällen (CALLO, A.; PLOTNIKOW, J., 1931b).

2.2. Künstliche Lichtquellen

Die am häufigsten verwendeten künstlichen Lichtquellen sind *Quecksilberhochdrucklampen*. Das Spektrum der Quecksilberbogenlampe besteht vorwiegend aus Linien. Da der Anteil des Ultravioletts einen erheblichen Anteil der Gesamtstrahlung solcher Lampen ausmacht, haben sie die größte technische Bedeutung.

Die gewöhnlichen Bogenlampen mit einfachen Kohlestiften oder mit solchen, die mit Metallsalzen getränkt sind, wie z. B. Nickel-, Wolfram- oder Eisensalzen, werden heute nur noch für spezielle Zwecke verwendet; auf sie braucht hier nicht näher eingegangen zu werden.

Die Quecksilberdampflampen können nach Herausnahme des Schwarzglasfilters auch für andere Zwecke, z. B. für Bestrahlung von Lösungen zur Erzielung chemischer Umsetzungen, verwendet werden. In solchen Fällen müssen die Augen durch Schutzbrillen vor den schädlichen Strahlen geschützt werden. Wenn das Schwarzglasfilter vorgeschaltet ist, ist bei kürzeren Beobachtungszeiten ein solcher Schutz im allgemeinen nicht nötig, jedoch sind auch hier gewöhnliche Brillen sehr von Nutzen.

Jeder Lampe wird eine genaue Gebrauchsanweisung beigegeben. Hier sei nur darauf hingewiesen, daß der Brenner möglichst sauber gehalten werden muß. Er soll nie mit der Hand angefaßt werden, Staubteilchen können mit einem mit Alkohol befeuchteten Tuch entfernt werden, damit sie nicht einbrennen.

Abb. 2 zeigt die „Analysenquarzlampe“ der Hanauer Quarzlampen Gesellschaft m. b. H. Dieses Modell ist erheblich verbessert und weiterentwickelt gegenüber der ersten von dieser Firma herausgebrachten Lampe, die recht eigentlich den Anstoß zu der raschen Entwicklung der Lumineszenzanalyse mit filtrierten ultravioletten Strahlen gegeben hat.

Heute werden von zahlreichen Firmen in der ganzen Welt Quecksilberlampen gebaut. Die in Abb. 2 dargestellte Lampe enthält eine selbstzündende Quecksilberhochdrucklampe aus Quarzglas, die mit festen, aktivierten Elektroden ausgerüstet ist und in einem lichtdicht verschlossenen, quarzmattierten Blechkasten brennt. Dieser Blechkasten ist schwenkbar, so daß die Strahlungsrichtung nach Wunsch geändert werden kann. Man hat dazu lediglich ein kleines Handrad zu drehen. Diese Lampe kann man dann auch in Verbindung mit den verschiedensten Photometern, z. B. mit einem Pulfrich-Photometer, zu quantitativen Messungen verwenden.

Außer dieser Lampe, die zur dauernden Aufstellung in einem Laboratorium gedacht ist, hat die Hanauer Quarzlampen Gesellschaft m. b. H. zwei tragbare Modelle entwickelt. Das erste Modell ist die Kofferanalysenlampe (Abb. 3) und das zweite die Stabanalysenlampe, auch „Analysenlampe in der Aktentasche" genannt (Abb. 4).

Abb. 2. Analysen-Quarzlampe (Quarzlampen Gesellschaft m. b. H., Hanau)

Die beiden tragbaren Lampen sind sehr praktisch für den Kriminalisten, den Gemälderestaurator, den Briefmarkensammler, den Bankbeamten, den Mineralogen sowie auch für alle möglichen chemischen Zwecke, wenn ambulante Untersuchungen vorgenommen werden sollen. Die beiden tragbaren Lampen sind ausgerüstet mit Quarzbrenner S 80 für 210 bis 250 V und jede Stromart. Der Koffer hat die Größenmaße 35×21,5×12 cm.

Neuerdings bringt die Quarzlampen Gesellschaft m. b. H. eine kleine Handanalysenlampe heraus, die eine kleine Niederdrucklampe mit Leuchtstoff-Folie enthält. Sie ist in Verbindung mit dieser Folie für Bestrahlung mit langwelligem Ultraviolett geeignet. Ihr Vorteil ist der, daß sie sich nur auf etwa 30 bis 40 °C erwärmt.

Es gibt auch Analysenansätze, die bei „Höhensonnen" als Diagnoseansätze angebracht werden können. Ein solcher Analysenfilteransatz enthält in der Mitte ein Schwarzglasfilter (SALMONY, A., 1930). Wenn man den Diagnosenansatz an der großen Stativhöhensonne S 500 anbringt, ist es möglich, ein Feld von

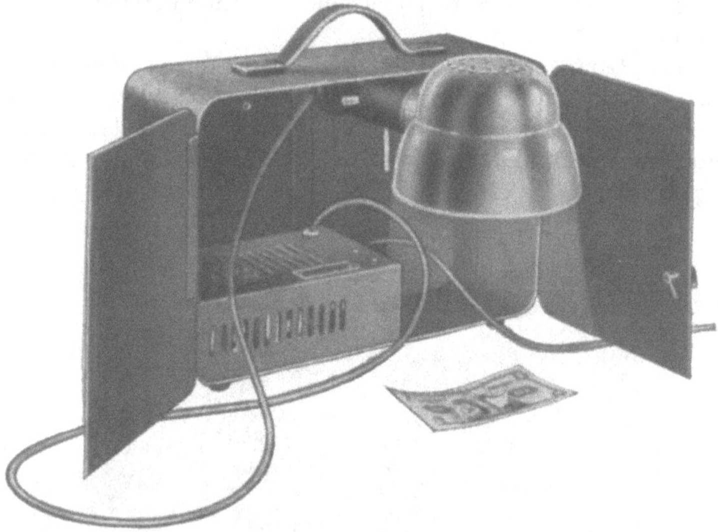

Abb. 3. Koffer-Analysenlampe (Quarzlampen Gesellschaft m. b. H., Hanau)

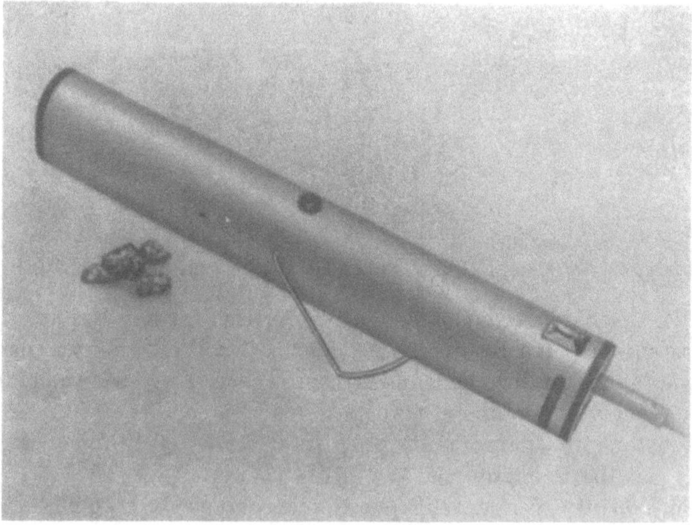

Abb. 4. Stab-Analysenlampe (Quarzlampen Gesellschaft m. b. H., Hanau)

80×80 cm intensiv und gleichmäßig zu beleuchten. Es sind dann nützliche Verwendungen möglich, z. B. in Samenzuchtanstalten oder bei Problemen, wie sie im Bergbau auftauchen. Die Lampe kann auch an der 1,40 m hohen Stativstange bei veränderlicher Ausladung über einem Leseband angebracht werden.

Auch in der Augen- und Zahnchirurgie wird dieses Gerät unter der Bezeichnung „Jugel-Ansatz" mit Erfolg verwendet.

Von den zahlreichen Modellen anderer Firmen können hier naturgemäß nur wenige genannt werden. Dies soll selbstverständlich keine Benachteiligung anderer Firmen bedeuten.

Abb. 5 zeigt die Analysenquarzlampe „Luminotest" der Elektro-Vakuum-Gesellschaft, Berlin N 65 (El-Vak). Sie besitzt einen Quecksilber-Hochdruck-Quarzbrenner und zeigt alle Vorzüge eines tragbaren Modells.

Abb. 5. Quarzlampe „Luminotest" der El-Vak, Berlin

Die Quarzlampenfabrik A. W. Steinmann in Allersdorf-Königsee (Thüringen) bringt eine Tischlampe und ein fahrbares Stativmodell in den Handel.

Neuerdings bringen zahlreiche Firmen der Glühlampenindustrie Quecksilberhochdrucklampen heraus, die in einen Lampenkörper, ähnlich wie ihn die gewöhnlichen Glühlampen besitzen, eingeschmolzen sind. Dieser Lampenkörper ist aus Schwarzglas. Abb. 6 zeigt eine solche Lampe.

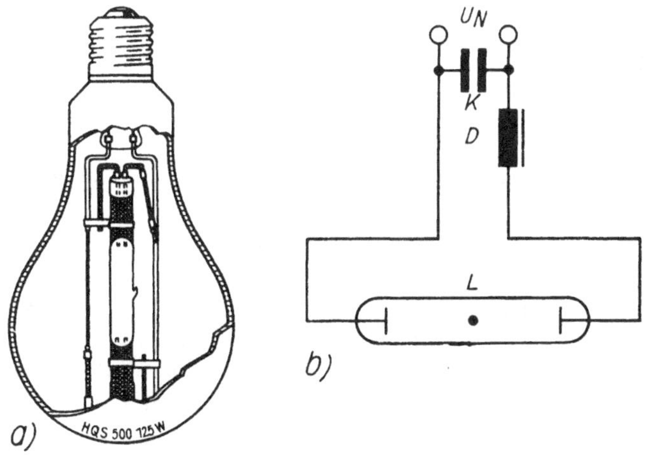

Abb. 6. Quecksilberhochdrucklampe mit Schwarzglaslampenkörper

a) Schnitt

b) Schaltung für HQV- und HQS-Strahler

D Drosselspule
K Kompensationskondensator
L Lampe
U_N Netzspannung 220 V ~

Auch solche Lampen können bei Zwecken, bei denen es auf keine so große Lichtreinheit ankommt, verwendet werden. Gegenüber den vorher genannten Quarzlampen enthalten die UV-Strahlen dieser Lampen mehr Blau und Violett. Es gibt daher Fälle, bei denen die Lumineszenz stark verfälscht wird.

Von anderen europäischen Firmen, die UV-Bestrahlungslampen herstellen, sind besonders zu erwähnen: die Compagnie des Lampes Mazda in Paris, Philips in Eindhoven (Holland) und in den englisch sprechenden Ländern General Electric Westinghouse, Sylvania, Hanovia Ultraviolet Products Inc., Cooper and Hewitt.

Abb. 7. Quarzlampe mit kurzwelligem UV-Bereich (Quarzlampen Gesellschaft m. b. H., Hanau)

Sämtliche bisher verwendeten Lampen dienten in erster Linie zur Erzielung einer Strahlung mit dem Schwerpunkt bei 366 nm, wie bereits oben erwähnt wurde. Immer mehr versucht man nun, auch kürzerwellige Gebiete des Ultravioletten zu verwenden. Über Lichtfilter für die Isolierung der Liniengruppe bei 313 nm wurde bereits oben berichtet; zu ergänzen ist, daß die Firma Schott & Gen., Mainz, neuerdings ein Interferenzfilter herstellt, welches das Gebiet von 313 nm sehr sauber zu isolieren gestattet.

Neuerdings bringen verschiedene Firmen vor allem *Quecksilber-Niederspannungslampen* heraus, welche die Quecksilberlinie 254 nm aussenden. Die erste dieser Lampen war die sogenannte Minerallight-Lampe der Firma Frazer & Hansen, Ltd., San Francisco.

Abb. 7 zeigt eine Lampe, die die Quarzlampen Gesellschaft m. b. H., Hanau, herausbrachte und die sowohl 254 nm als auch das langwellige Ultraviolett zwischen 310 und 400 nm anzuwenden gestattet. Um vom kurzwelligen Spektralgebiet auf das langwellige überzugehen, braucht man nur eine im Gehäuse untergebrachte Leuchtstoff-Folie in den Lampenkörper einzulegen, die die Strahlung der Quecksilberlinie 254 nm in Lumineszenzstrahlung zwischen 310 und 400 nm verwandelt. Auf diese Weise können dann außer den durch kurzwelliges Licht erregten Lumineszenzerscheinungen auch Fluoreszenzerscheinungen hervorgerufen werden, wie sie bei den bisher bekannten Analysenquarzlampen erzeugt werden, wenn auch deren Intensität hierbei nicht erreicht wird.

Eine besonders für die Papierchromatographie geeignete Quarzlampe ist ein langgestreckter Quecksilberniederdruckbrenner mit einer Öffnung von 23,5 cm × 3,5 cm, die durch ein UV-Filter verschlossen ist. Dieses Filter läßt ebenfalls

Abb. 8. Niederdruckquarzlampe, für Papierchromatographie geeignet (Quarzlampen Gesellschaft m. b. H., Hanau)

die Wellenlänge 254 nm hindurchtreten. Das besonders Praktische an dieser Lampe ist, daß auch breite Chromatogramme damit sehr gut beobachtet werden können (Abb. 8).

Abb. 9 zeigt weiter das neueste Modell der Quarzlampen Gesellschaft m. b. H., Hanau. Es ist ein kombiniertes Analysengerät, das ebenfalls das wahlweise Arbeiten mit langwelligem und kurzwelligem Ultraviolett ermöglicht. Zu diesem Zwecke sind in der Lampe 2×2 Quecksilber-Niederdrucklampen angeordnet. Zwei Lampen dienen in Verbindung mit einem Schwarzglasfilter, das für kurzwelliges Ultraviolett durchlässig ist, der Aussendung von 254 nm. Die zwei anderen Niederdruckbrenner sind für die Aussendung des UV-A vorgesehen. Diese weisen auf der Innenwandung einen Leuchtstoff auf, dessen Emission vorzugsweise im UV-A (310 bis 400 nm) liegt (s. S. 68). Dieses Modell kann auch für die Ausführung photographischer Aufnahmen benutzt werden, wozu ein Aufsatz mitgeliefert wird, der für die normale Kameraoptik das Feld 30×30 cm aufzunehmen gestattet. Bei kleinerem Abstand ist ein Weitwinkelobjektiv erforderlich.

Abb. 9. a) Ansicht

Kortüm, G., und B. Finkh (1941a) verwendeten eine für die Aufnahme des sehr lichtschwachen Ramaneffektes konstruierte Beleuchtungseinrichtung von Zeiss für die Erzeugung von Fluoreszenzen. Dieses Prinzip wurde von Wood, R. W., (1928) angegeben und damals bereits für die Untersuchung von Fluoreszenzerscheinungen benutzt (s. auch Pringsheim, 1951). Das Wesentliche dieser Einrichtung ist, daß die Beobachtungsröhre parallel zum Bogen der Quecksilberlampe und in möglichst kurzer Entfernung von ihr angeordnet ist. Zur Erhöhung der Lichtausbeute

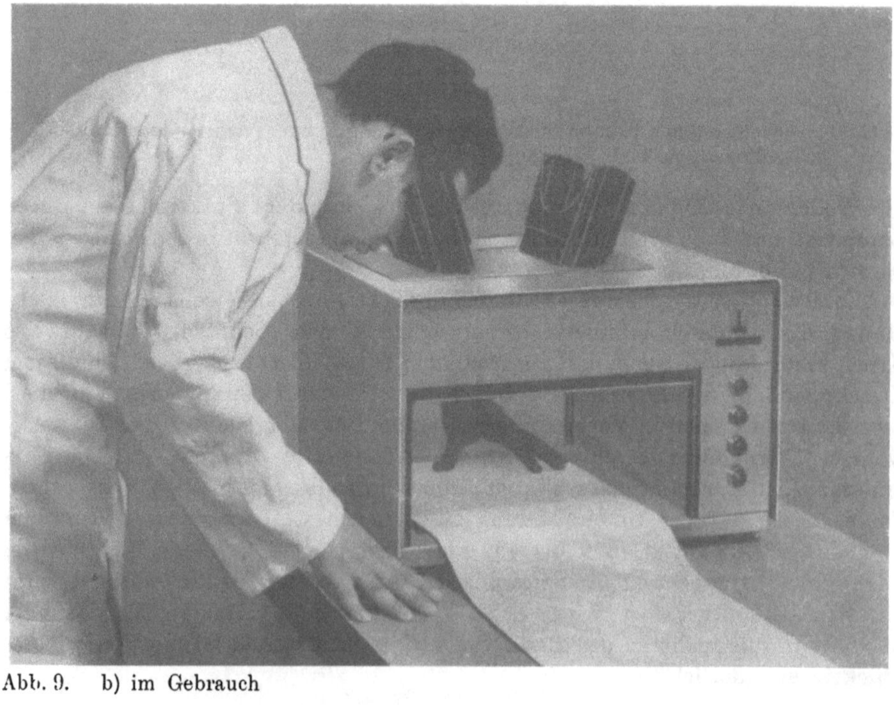

Abb. 9. b) im Gebrauch

sind Beobachtungsröhre und Lampe noch mit einem elliptischen Spiegel versehen.

Es wurden so mit kurzen Belichtungszeiten außerordentlich intensive ultraviolette Fluoreszenzspektra, z. B. von Phenol, erhalten, gleichzeitig erhielt man bei längeren Belichtungszeiten Ramanspektra des Wassers neben dem Fluoreszenzspektrum des Phenols (EISENBRAND, J., und PICHER, 1944).

Eine wertvolle Zusammenstellung über Lampentypen ist enthalten in den Referaten von WHITE, CH. E., (1949, 1950).

Interessante Überblicke über die Entwicklung von Fluoreszenzleuchten geben NEUMANN, R., sowie RADLEY, J. A., (1944a).

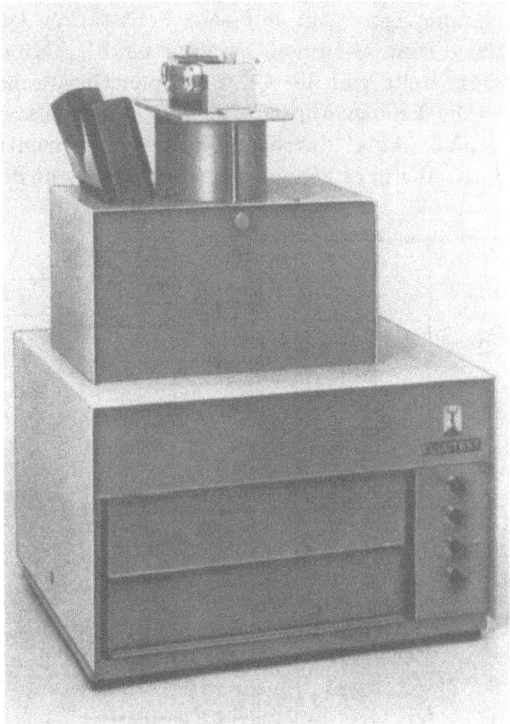

Abb. 9. c) mit Photoaufsatz

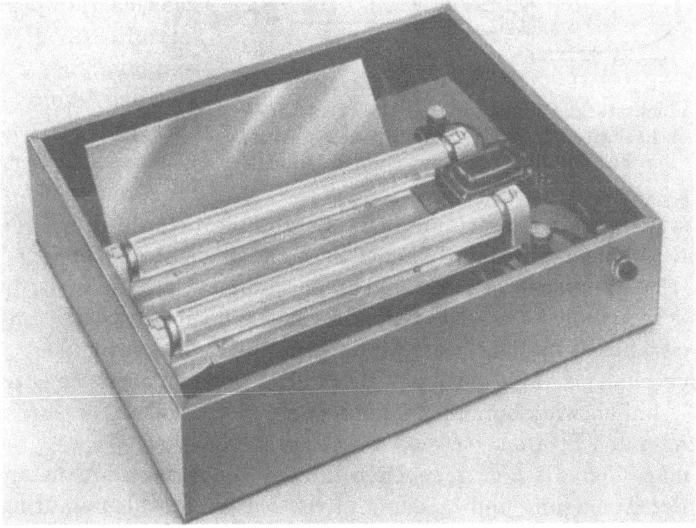

Abb. 9. d) Leuchtuntersatz

Abb. 9. Neuestes kombiniertes Analysengerät der Quarzlampen Gesellschaft m. b. H., Hanau, mit zwei UV-Wellenlängenbereichen

Eine Apparatur mit sehr lichtstarker Quecksilberlampe (1500 W) wird von der Firma Steinheil & Söhne GmbH, München, empfohlen. Die Quarzlampe, hergestellt von der Quarzlampen Gesellschaft m. b. H., Hanau, zeigt Abb. 10.

Die Proben werden dabei in einen Quarzzylinder eingesetzt, der das Metallgehäuse axial durchsetzt und der konzentrisch zum wendelförmigen Brenner liegt. Wenn es gewünscht wird, das Licht der Quecksilberlampe zu filtern, kann dieser Quarzzylinder durch eine rohrförmige Filterküvette ersetzt werden, durch die jede gewünschte Filterflüssigkeit geleitet werden kann.

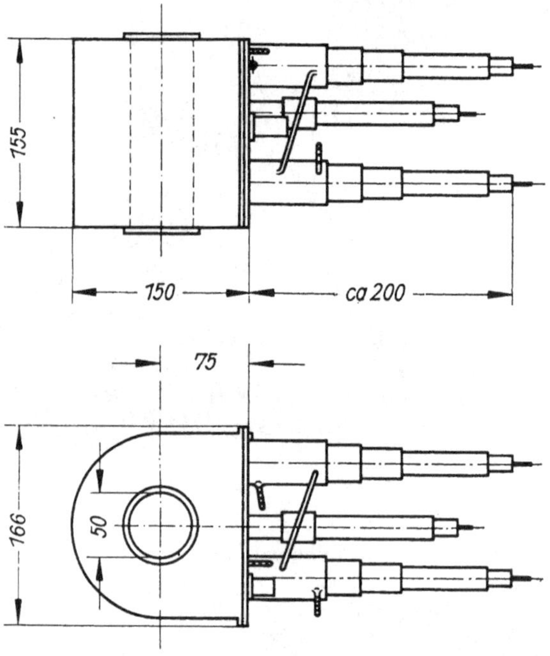

Abb. 10. Lichtstarke Quarzlampe der Quarzlampen Gesellschaft m. b. H., Hanau, für eine Apparatur der Fa. Steinheil & Söhne GmbH, München

In letzter Zeit kommen die sehr lichtstarken Xenon-Hochdrucklampen (Osram 501, 1001 und 2001 mit 450, 900 und 1600 W Gesamtenergieaufnahme) in Gebrauch. Wie weit sich diese Lampen durchsetzen, kann heute noch nicht gesagt werden, da von vornherein das Verhältnis von Ultraviolett zu sichtbarem Licht ungünstiger ist als bei den Quarzlampen. Auch Wasserstofflampen finden Verwendung, besonders für die Messung von Fluoreszenzspektren (s. später II., 2.). Ein wesentlicher Vorteil dieser Lampen ist der, daß sie im Ultraviolett eine kontinuierliche Strahlung liefern, die es gestattet, die anregende Wellenlänge mit Hilfe eines Monochromators beliebig einzustellen und so Erregungsspektren aufzunehmen, deren Verlauf meist parallel den Lichtabsorptionsspektren ist. Mit diesen Lampen wird allerdings keine so hohe Bestrahlungsintensität erreicht wie mit Quecksilberlampen.

Einen verhältnismäßig geringen Anteil ultravioletter Strahlen enthalten *Nitralampen*. Ähnlich wie Sonnenlicht können sie zu einfachen Versuchen mit stark fluoreszierenden Stoffen verwendet werden.

Will man über die hier gegebenen kurzen Richtlinien hinaus speziell in die Fragen der Erzeugung und Messung ultravioletter Strahlen eindringen, so empfiehlt sich das Studium der hervorragenden umfassenden Monographie von Meyer, H., und E. O. Seitz, „Ultraviolette Strahlen". Dieses mit einem Geleitwort von Rajewski versehene Buch behandelt, was sich hier schon aus Raumgründen verbieten würde, aber auch sonst abseits unserer Aufgabe liegt, erschöpfend die Entwicklung der ultravioletten Strahlungsquellen nebst Lichtfiltern und Monochromatoren verschiedener Art in mehreren Kapiteln, die über 150 Seiten umfassen. Es wird im Laufe unserer Ausführungen noch öfter nötig sein, auf dieses Buch hinzuweisen (s. auch KÜRTNER, R.).

II. Das Untersuchungsobjekt und die Hilfsmittel zu seiner Beobachtung

1. Qualitative Beobachtung

Die Beobachtung geschieht am besten in einem Dunkelzimmer oder in einem wenigstens teilweise abgedunkelten Raum. Es wird von vielen Beobachtern nicht genügend beachtet, daß das hell adaptierte Auge für solche Lumineszenzerscheinungen, selbst wenn sie sehr brillant sind, weniger geeignet ist als das dunkel adaptierte. Bei schwachen Leuchterscheinungen kommt überhaupt nur die Beobachtung im dunklen Raum in Frage. Die Augen sollen dabei möglichst ausgeruht sein.

1.1. Faktoren, die bei der Beobachtung besonders zu beachten sind

1.1.1. Einfluß des Glases

Es besteht vielfach die Meinung, daß ultraviolettes Licht von Glas zurückgehalten würde. Für viele Zwecke werden deshalb besondere ultraviolettdurchlässige Gläser empfohlen. Tatsächlich ist es aber so, daß der langwellige Teil des ultravioletten Lichtes, besonders aber die Quecksilberlinie der Wellenlänge 366 nm, die am häufigsten zu solchen Bestrahlungsversuchen verwendet wird, von den meisten Gläsern, insbesondere auch von Fensterglas, durchgelassen wird. Der Lichtdurchlaß einer gewöhnlichen Glasplatte von 7 mm Dicke war folgender: 366 nm: 90%, 334 nm: 14%, 313 nm: weniger als 1% (EISENBRAND, J., 1929a).

Die oben erwähnte Liste (s. S. 8) der Glaswerke Schott & Gen., Mainz, von 1959 enthält eine Zusammenstellung fluoreszierender Gläser. Es handelt sich um die Gläser WG 9: Fluoreszenzfarbe stark hellblau, und GG 21 sowie GG 17: Fluoreszenzfarbe stark grüngelb. Bei Untersuchungen ist darauf zu achten, daß durch solches fluoreszierendes Glas, das auch bei den Geräteglasern bisweilen angetroffen wird, die Beobachtungen nicht verfälscht werden (HAITINGER, M., H. JÖRG u. V. REICH, 1928a). Andererseits sind dort Filtergläser aufgeführt, die praktisch nicht fluoreszieren. Sie eignen sich ganz besonders zu Sperrfiltern, die dazu bestimmt sind, das erregende Ultraviolett auszuschalten. Diese sind: GG 4, GG 10, FG 10. Die in letzter Zeit auf breitester Basis eingeführten Interferenzfilter kommen für qualitative Untersuchungen weniger in Betracht. Sie sollen daher erst später näher besprochen werden.

1.1.2. Einfluß des Lösungsmittels

Man kann bei vielen farblosen Salzen, die im ultravioletten Licht leuchten, die Lumineszenz durch vollständiges Trocknen zum Verschwinden bringen, so daß man in solchen Fällen Wasser als den Aktivator der Lumineszenz bezeichnet hat (EWLES, J.). Es ist ferner bekannt (PETRIKALN, A.; KLEIN, G., u. H. LINSER, 1930a), daß eine große Anzahl von Stoffen, die im trocknen Zustand keine Lumineszenz zeigen oder nur sehr schwach leuchten, bei Befeuchtung mit Lösungsmitteln Auftreten bzw. Zunahme von Lumineszenz zeigen. Die verwendeten Lösungsmittel dürfen natürlich ihrerseits keine fluoreszierenden Verunreinigungen enthalten. Manche Lösungsmittel können auf einfache Weise gereinigt werden. So z. B. zeigt Äthylalkohol technischer Herkunft eine bläuliche Fluoreszenz. Durch Destillation unter Verwerfung eines Rückstandes von etwa 10% kann er leicht fluoreszenzfrei erhalten werden. Der Destillationsrückstand fluoresziert intensiv blau. Glycerin, das blau fluoreszierende Verunreinigungen enthält, kann durch Behandlung mit Tierkohle fluoreszenzfrei gemacht werden. Doppelt destilliertes Wasser fluoresziert nicht. Über zahlreiche andere Lösungsmittel und deren Reinigung ist in der Literatur ein großes Material zusammengetragen. Es wird hierauf von Fall zu Fall eingegangen.

Daß das Lösungsmittel andererseits auf die Farbe der Fluoreszenz einen großen Einfluß hat, ist bekannt (s. die Monographien von KAUFFMANN, H., u. A. BEISWENGER, 1904, sowie FÖRSTER, TH., 1951). Im allgemeinen erfolgt mit wachsender Dielektrizitätskonstante des Lösungsmittels eine Verschiebung des Fluoreszenzspektrums gegen Rot. Es ist klar, daß man bei der Charakterisierung von Fluoreszenzen gelöster Stoffe daher stets Angaben über das Lösungsmittel und seine Zusammensetzung machen muß.

1.1.3. Einfluß der Reaktion der Lösung und gelöster Fremdstoffe

Wichtig ist ferner die *Reaktion* des flüssigen Mediums. Es kann die Fluoreszenz im alkalischen Medium verschwinden und bei Zusatz von Säure wieder auftreten und umgekehrt. Solche Versuche sind besonders bei Drogen und Lebensmitteln, aber auch auf anderen Gebieten nützlich.

DANCKWORTT, P. W., und E. PFAU (1927a) haben deshalb die Drogen des Deutschen Arzneibuches, ERNST, P., und E. JENTSCHITZSCH (1929) diejenigen des Österreichischen Arzneibuches in neutralen, sauren und alkalischen Auszügen untersucht. Sulfitcelluloseablaugen zeigen in wäßriger Lösung beim Alkalischmachen einen auffallenden Farbumschlag von Blau nach Grün, ebenso wie Gerbstofflösungen aus Fichte und Maletto. Einzelne Harze fluoreszieren auf Zusatz von Ammoniak stark. Bei der Prüfung von Rhabarber zeigen sich blaue Fluoreszenzen (Rhaponticin), die nach Zusatz von Alkohol goldgelb werden. Hierdurch kann noch ein halbes Prozent rhapontischer Rhabarber in chinesischem nachgewiesen werden.

AWE, W., hat das Lumineszenzvermögen einiger Alkaloide bei verschiedenen Wasserstoffionenkonzentrationen studiert und zur Auswertung von Kapillarbildern herangezogen. MELLET, R., und A. BISCHOFF (1926, 1929) haben besonders die bei Salicylsäure und deren Derivaten auftretenden Fluoreszenzen untersucht und unter Zusatz von Natronlauge geprüft. Es wurde darauf eine Nachweismethode aufgebaut. Umgekehrt gibt bekanntlich Chinin eine intensiv blaue Fluoreszenz auf Zusatz von Essigsäure, Schwefelsäure, Phosphorsäure oder Perchlorsäure, nicht dagegen mit Halogenwasserstoffsäuren. Auf Grund dieses Verhaltens lassen sich Salicylsäure und Chinin nebeneinander nachweisen. Wenn man Chinarindenpulver mit Wasser im Porzellannäpfchen verreibt, so bleibt die Anreibung dunkel. Setzt man jetzt einige Tropfen der genannten Säuren zu, so wird die ganze Flüssigkeit hellblau. Betupft man nicht extrahierte Chinarinde auf der Innenseite mit Schwefelsäure, so lumineszient die betupfte Stelle sofort blau. Diese starke Abhängigkeit der Fluoreszenzerscheinungen zahlreicher Stoffe von der Wasserstoffionenkonzentration wird in II., 2.2.2.1. noch eingehend behandelt werden.

Auch *Lösungsgenossen* können auf manche Fluoreszenzen schon in kleinen Konzentrationen erheblichen Einfluß ausüben. Hierauf wird ebenfalls unter II., 2.2.2.1. näher eingegangen. Hier sei schon erwähnt, daß besonders das Zink oftmals eine fluoreszenzverstärkende Wirkung bei organischen Stoffen ausübt. Bekannt ist dies für den Nachweis des Urobilins unter Zusatz von Zinkacetat, ferner für das 8-Oxychinolin, das selbst fast gar nicht fluoresziert, während die Zinkverbindung eine stark gelbe Fluoreszenz von etwa gleicher Intensität wie Uranylsalze besitzt.

Beim Oxychinolin übt allerdings nicht allein das Zink eine fluoreszenzverstärkende Wirkung aus, sondern auch das Cadmium und das Magnesium sowie andere Kationen. Es handelt sich hier offenbar um die Bildung stark fluoreszierender Komplexe (EISENBRAND, J., 1930). Durch die Fluoreszenzreaktion mit Oxin gelingt es, Zink in einer Verdünnung von $1 \cdot 10^{-8}$g/ml nachzuweisen, d. h. in hundertmal kleineren Mengen, als es bei der bekannten Oxinfällung möglich ist.

Das Umgekehrte, die Schwächung oder das Verschwinden von Fluoreszenzen, liegt bei der *Fluoreszenzlöschung* vor (s. hierüber II., 2.2.2.2.).

1.1.4. Einfluß der Temperatur

Die Farbe und die Intensität der Fluoreszenz sind vielfach deutlich von der Temperatur abhängig. Im allgemeinen beobachtet man bei *Zimmertemperatur*. Die Angaben der Literatur über Fluoreszenzerscheinungen beziehen sich, wenn nichts anderes gesagt ist, stets hierauf.

Bei Erhöhung der Temperatur nimmt die Intensität der Fluoreszenz meist ab. Es kann aber auch in gewissen Fällen eine Zunahme stattfinden (KAUTSKY, H., und W. FLESCH 1935; MALLET, L.; KLEIN, G., u. H. LINSER, 1930b).

Messungen bei tiefen Temperaturen sind ebenfalls zahlreich ausgeführt worden. Sie haben außerordentlich interessante theoretische Klärungen gebracht, wenngleich sie für die hier zu besprechenden praktischen analytischen Zwecke weniger von Interesse sind. Ganz allgemein scheint die Breite der Fluoreszenzbanden mit abnehmender Temperatur abzunehmen, so daß man meist viel schärfere Fluoreszenzbanden als bei gewöhnlicher Temperatur bekommt. Auch die Quantenausbeute steigt vielfach an (KAUTSKY, H., H. A. HIRSCH u. E. DAVIDSHÖFER, 1932; LEWSCHIN, W. L., 1931; FÖRSTER, TH., 1951; JENNES, J. R.). Es ist durchaus denkbar, daß in Zukunft solche Tieftemperaturmessungen auch für praktische analytische Untersuchungen nützlich verwendet werden können.

1.1.5. Einfluß des Reinheitsgrades

Daß gewisse Lumineszenzerscheinungen durch Verunreinigungen hervorgerufen werden können, ist von großer praktischer Bedeutung. Wenn damit manche Fluoreszenzerscheinungen nicht mehr als charakteristische Eigenschaft eines bestimmten Stoffes angesehen werden können, so sind sie doch hervorragend für Reinheitsprüfungen verwendbar.

DUTT, S., hat die auffallende Beobachtung gemacht, daß viele fluoreszierende Verbindungen ihre Fluoreszenz einbüßen, wenn man sie einem Reinigungsprozeß unterwirft. Die Fluoreszenz kehrt aber mehr oder weniger schnell zurück, wenn man die Substanz der Laboratoriumsluft aussetzt. WAWILOW, S. J., und L. A. TUMMERMANN (1929) geben an, daß viele in reinem Zustand optisch leere Stoffe unter dem Einfluß der Laboratoriumsluft Blaufluoreszenz annehmen. Nach HAITINGER, M., ist die Ursache dieser Erscheinung der in der Luft vorhandene Staub und nicht etwa die Einwirkung von Sauerstoff oder von Kohlensäure der Luft. Diese Feststellungen werden durch neuere Untersuchungen von PRZIBRAM, K., (1959, 1957a) bestätigt. Es ergibt sich daraus die Notwendigkeit, peinlichst solche Verunreinigungen durch Luft zu vermeiden, gegebenenfalls die Gefäße mit Chromschwefelsäure zu reinigen und Flüssigkeiten vor ihrer Verwendung zu solchen Untersuchungen nicht offen stehen zu lassen. Nach RÜDIGER, R., und E. MAYER können aus Kork- und Kautschukstöpseln und Verbindungsstücken durch die zu untersuchende Flüssigkeit fluoreszierende Substanzen herausgelöst werden. Korkstöpsel wird man daher möglichst vermeiden, am besten verwendet man Gefäße mit Glasschliffstöpseln. In dieser Beziehung ergeben sich ähnliche Verhältnisse wie bei Lichtabsorptionsmessungen (KORTÜM, G., 1955a, 1962).

Auch sonst ist zu bedenken, daß bei vielen scheinbar einheitlichen Stoffen die Fluoreszenz sehr oft durch eine geringe Menge an Fremdatomen verursacht wird und daher keine charakteristische Eigenschaft der betreffenden Substanz ist. Besonders deutlich zeigt sich der Einfluß von kleinen Verunreinigungen bei den Mineralien (KRANCK, E. H.). Das rosarote Leuchten mit verschiedener Nuance beim Aragonit und Kalkspat (während reiner isländischer Doppelspat farblos ist), das blaue und gelbe Leuchten einzelner Diamanten wird man sich als bedingt durch kleine Verunreinigungen zu erklären haben.

Die Lumineszenz ist daher in diesen Fällen keine Eigenschaft des Minerals selbst, sondern sie beruht auf kleinen im Mineral eingeschlossenen Fremdkörpern. Reines Calciumfluorid fluoresziert nicht, während die meisten natürlichen Flußspate eine blaue, mitunter auch eine rote Fluoreszenz zeigen, die auf Anwesenheit von Spuren seltener Erden zurückzuführen ist, welche nach RIEHL, N., (1938) infolge der besonders isolierten Lage ihrer Elektronen als fluoreszierende Systeme sehr begünstigt sind. Dieselben Erscheinungen hat man auch bei der Herstellung der sogenannten Balmainschen Leuchtfarben gefunden.

Das Auftreten von Fluoreszenzen, die durch kleine Verunreinigungen verursacht sind, ist von MERKER, E., (1931a, b) zur Wasseruntersuchung praktisch verwertet worden.

1.1.6. Einfluß der Korngröße und der Adsorption

Die Lumineszenz fester Stoffe wird durch die Korngröße beeinflußt. Ein gröberes Kristallpulver leuchtet nicht so stark wie ein fein gekörntes Präparat. Das läßt sich mit Hilfe der Abbildungen 11 und 12 leicht verständlich machen.

Abb. 11 zeigt die mikroskopische Aufnahme eines im festen Zustand stark fluoreszierenden Stoffes, des Azlactons der 3-Methoxy-4-äthoxybenzylidinhyppursäure, bei relativ schwacher Mikroskopvergrößerung. Abb. 12 zeigt dasselbe

Abb. 11. Gewöhnliche Aufnahme von Kristallen
Beleuchtung mit Nitralampe
Vergrößerung: 24fach

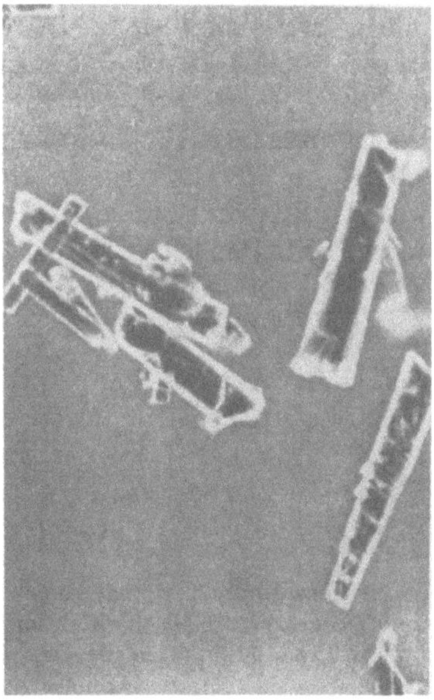

Abb. 12. Fluoreszenzaufnahme der gleichen Kristalle wie in Abb. 11
Beleuchtung mit UV-Licht
Vergrößerung: 24fach

Azlacton, im UV-Licht aufgenommen. Wie man daraus ersehen kann, leuchtet bei diesem sehr stark fluoreszierenden Stoff im UV-Licht nur eine sehr dünne Schicht der Kristalle sehr hell, während das Innere der Kristalle dunkel ist. Der Vergleich der beiden Aufnahmen zeigt, daß die Kristalle bei normaler Beleuchtung völlig durchsichtig sind, im UV-Licht dagegen nicht. Hieraus geht ohne weiteres hervor, daß dann, wenn die Kristalle kleinerkörnig verrieben werden, vorher dem UV-Licht nicht zugängliche innere Schichten der größeren Kristalle nun auch von der UV-Strahlung erfaßt werden. Die Fluoreszenzintensität muß also mit Zunahme der Zerteilung entsprechend der Abnahme der Korngröße immer größer werden, bis sie einen Höchststand dann erreicht hat, wenn die Korngröße etwa die Dicke der in Abb. 12 sichtbaren äußeren lumineszierenden Schicht der dort abgebildeten größeren Kristalle erreicht

(EISENBRAND, J., 1953a). Damit stehen im Einklang Beobachtungen von BALAVOINE, P., bei Auramin, das nur in feinverteiltem Zustand kräftig fluoresziert, von HAITINGER, M., (1932) bei Fluorescein und Umbelliferon sowie von HASLAM, G. S., und C. H. HALL (1930b). Die quantitative Seite dieser Angelegenheit wird später unter 2.2.1.9. behandelt.

Ein zweiter Umstand, der erhebliche Fluoreszenzintensitätserhöhungen möglich macht, ist der, daß man die Fluoreszenzstoffe an geeignetes Material adsorbiert. Dies wurde vor allem mit Gerbstoffextrakten an Tizera- und Quebrachoextrakten beobachtet (MEUNIER, L., u. A. BONNET, 1925a; MEUNIER, L., u. A. JAMET, 1926; GERNGROSS, O., 1929; GERNGROSS, L., N. BAN u. G. SANDOR, 1925, 1926b; GERNGROSS, O., u. G. SANDOR, 1926a, 1927a; GERNGROSS, O., u. H. HÜBNER, 1927b, c; GERNGROSS, O., G. SANDOR u. K. TSOU, 1927d; REICH, V., u. M. HAITINGER; MECHEELS, O.; DESMURS, G., 1929, 1932a; NOACK, K.; KAUTSKY, H., u. A. HIRSCH, 1931; BANDOW, F. R., 1938a, 1939a, b; BANDOW, F. R., u. E. J. KLAUS, 1936).

1.1.7. *Einfluß des Lichtes*

Vielfach bewirkt das Sonnenlicht und auch künstliches Licht eine Änderung der Fluoreszenzintensität, meist eine Abnahme. Besonders bei feinverteilten Fluoreszenzstoffen auf Filtrierpapier beobachtet man oftmals ein Verblassen der Fluoreszenzfarbe. Das ist besonders bei der Ausführung papierchromatographischer Analysen zu beachten.

Sehr lichtempfindlich ist, wie GERNGROSS, O., und M. SCHULZ (1927e) festgestellt haben, die Gelbfluoreszenz der Milch, die bekanntlich durch Lactoflavin hervorgerufen wird. Auch Zellstoff, Kollodiumschichten oder Gelatine, die im ultravioletten Licht fluoreszieren, verlieren nach LIESEGANG, R. E., diese Eigenschaft oder verändern die Farbe des Fluoreszenzlichtes, wenn sie mehrere Stunden von der Sonne bestrahlt oder dem Tageslicht ausgesetzt wurden. Auch bei Lösungen von Äsculin, Eosin, Rhodamin, Naphthalinrot, Phloxin und Resorufin wurden Veränderungen durch Licht bemerkt, ebenso bei Rubren in Benzol (LENNAU, J. C.; CALE, F. M.; WOOD, R. W., 1922; MOUREU, CH., CH. DUFRAISE u. P. M. DEAN; MEUNIER, L., u. R. REY, 1927; GAMBLE, D. L., u. G. F. STUTZ; STRATTA, R., u. A. MANGINI, WISCHO, F.). Auch das Verschwinden der blauen Fluoreszenz der Wolle (GAMBLE, D. L., u. G. F. STUTZ), das Vergilben der Harze (WISCHO, F.), die Fluoreszenzänderung bei Bestrahlung vegetabilischer Öle (STRATTA, R., u. A. MANGINI) und die Zerstörung der gelben Fluoreszenz von Testesextrakten (WISCHO, F.) gehören hierher.

Bei Anstrichstoffen wurden Ausbleichungen der Fluoreszenz von GRANT, J., (1934a) festgestellt. Die Ausflockung kolloidaler Lösungen bei Gegenwart fluoreszierender Substanzen im Licht wurde von BOUTARIC, A., und J. BOUCHARD (1931, 1933) festgestellt. Weitere Fluoreszenzänderungen bei Bestrahlungen wies HAITINGER, M., (1932) nach.

Auf solche photochemische Reaktionen ist auch bei der Aufnahme von Farbenphotographien Rücksicht zu nehmen, denn bei längeren Belichtungszeiten können schon während der Aufnahme gewisse Fluoreszenzen, wie z. B. die des Chlorophylls, des Eosins, des Uranins und des Acriflavins sowie des Chinins, geschwächt werden oder verschwinden (RAFALOWSKI, S.; MATHUR, K. G., u. S. S. BHATAGNAR; BECKER, J.).

Während in den vorgenannten Fällen durch die Bestrahlung eine Abnahme der Fluoreszenzintensität eintrat, wurde von WELS, P., und M. JOKISCH (1928,

1930a, b) gefunden, daß die bläuliche Fluoreszenz des Serumglobulins durch Bestrahlen mit dem Gesamtlicht der Quecksilberlampe viel intensiver wird.

In den letzten Jahren sind, was die Kenntnis der Einwirkung des Lichtes auf fluoreszierende Stoffe betrifft, erhebliche Fortschritte erzielt worden. Es würde zu weit führen, an dieser Stelle diese wertvollen und interessanten Arbeiten näher zu besprechen, da sich dieses Buch ja lediglich mit der Auswirkung solcher Effekte auf analytische Pobleme beschäftigt. Nur folgende Arbeitskreise sollen hier besonders erwähnt werden. Einmal die Arbeiten von KAUTSKY, H., und U. FRANCK (1948); WARBURG, O., und D. BUREK (1950, 1951) und zum anderen die bahnbrechenden Arbeiten von SCHENCK, G. O., (1951, 1952, 1959), die sich mit den Problemen präparativer Photochemie befassen.

1.1.8. Einfluß des Ultraschalls

Daß durch Einwirkung von Ultraschallwellen Lumineszenzerscheinungen auftreten können, ist zuerst von FRENZEL, H., und H. SCHULTES (1934) an reinem aber nicht entgastem Wasser gefunden worden. Später hat dann CHAMBERS, L. A., bei Durchstrahlung mit Schallwellen Lumineszenzerscheinungen, die in der aufgeführten Reihenfolge zunehmende Intensität zeigen, an folgenden Flüssigkeiten beobachtet: Glycerin, Nitrobenzol, o-Nitrotoluol, Äthylenglykol, Isoamylalkohol, n-Butylphthalat, Dimethylphthalat, Dibutylphthalat, Wasser, n-Butylalkohol, Corn-Öl, Propylalkohol, Isopropylalkohol, Äthylalkohol.

Schließlich fanden LEVSIN, V. L., und S. N. RZEVKIN, daß zur Hervorrufung von Lumineszenz durch Ultraschallwellen das Vorhandensein einer Gasphase notwendig ist.

HARVEY, E. N., (1939) fand, daß die Schallumineszenz am intensivsten bei tiefer Temperatur (0 °C) und bei Drucken zwischen 0,3 und 1 atü ist. Der Zusatz einer Anzahl chemischer Stoffe führt ihn zu dem Schluß, daß die Lumineszenz mit wenigen Ausnahmen unabhängig von den Zusätzen, wie z. B. pH-Änderungen, Sauerstoff und anderem mehr, ist und daher keine Chemolumineszenz darstellt, sondern daß sogenannte „balloelektrische" Erscheinungen vorliegen. PROUDHOMME, R. O., zeigte dann, daß Gegenwart von Kohlensäure, Äther, Aceton die Lumineszenz von Wasser verhindern kann, zugesetzter Schwefelkohlenstoff verleiht dagegen dem Wasser unter Einwirkung des Ultraschalls eine sehr lebhafte Lumineszenz. Die Lumineszenz wird von ihm durch elektrische Ausströmungen, die sich im Innern der Kavitationsblasen bilden, erklärt. Diese Entladungen rühren von der Anhäufung elektrischer Ladungen auf jeder Blasenoberfläche im Augenblick der Bildung der Blasen her. Eine auf ganz anderem Gebiet liegende interessante Anwendung des Ultraschalls in der Analyse von Lumineszenzen ist die der Verwendung zur Steuerung von Apparaturen, welche die kurze Abklingzeit von Fluoreszenzen zu messen gestatten (s. auch S. 4). Dabei wird das die Substanz zum Leuchten anregende Licht mittels stehender Ultraschallwellen moduliert (RAU, K. L.; BRIGGS, H. B.). Vergleiche hierzu ferner die Monographie von BERGMANN „Der Ultraschall und seine Anwendungen".

1.2. Durchführung der qualitativen Untersuchung

Die Durchführung der Untersuchung ist bei der qualitativen Beobachtung meist sehr einfach: Liegen feste Stoffe vor, so kann man sich damit begnügen, diese unter die Lampe zu legen und die auftretenden Lumineszenzerscheinungen zu beobachten.

Man kann aber auch die Charakterisierung erweitern, indem man mit Lösungsmitteln arbeitet. Es gibt nämlich viele Stoffe, die zunächst im festen Zustand kein sehr auffallendes Verhalten zeigen, wogegen ihre Lösungen mit großer Leuchtkraft fluoreszieren. Zu diesen Stoffen gehört auch Fluorescein. Umgekehrt verhält sich das Phenolphthalein. Es leuchtet im kristallisierten Zustand außerordentlich intensiv bläulichweiß, während es in alkoholischer Lösung nur sehr schwach, in wäßrig-alkalischer Lösung überhaupt nicht fluoresziert. Die intensiv grüne Fluoreszenz von festem Bariumplatincyanür, das für Leuchtschirme verwendet werden kann, verschwindet beim Auflösen in Wasser (s. hierzu auch II., 2.2.1.6.).

BUGYI, B., wies zuerst darauf hin, daß ein Vergleich von Lumineszenzen nur möglich ist, wenn unter gleichen Bedingungen beobachtet wird: bei gleicher Temperatur, gleichem Lösungsmittel, gleichem Aggregatzustand (Näheres über den Einfluß des Aggregatzustandes S. 61). Diese Forderungen sind sicherlich nicht immer zu erfüllen. Bei passender Gestaltung der Beobachtungsserien und Beachtung der Fehlerquellen ist es natürlich auch möglich, Lumineszenzen in verschiedenen Lösungsmitteln und bei verschiedenen Temperaturen miteinander zu vergleichen.

Bei tierischen und pflanzlichen Objekten bewährt es sich oft, alte und neue Bruchstellen vergleichend zu betrachten. Man betupfe diese Stellen mit je einem Tropfen verdünnter Säure und Lauge und beobachte die Veränderungen der Lumineszenz. Man kann auch frische Schnittflächen oder Bruchstellen auf ein Stück Filtrierpapier aufdrücken und mit dem so erhaltenen Abdruck Reaktionen ausführen. Bei der Untersuchung von Samen hat man diese auf Filtrierpapier zum Auskeimen gebracht und die Fluoreszenz des Papieres beobachtet (HAITINGER, M., 1928b).

Da von dem Schwarzglasfilter etwas Rot und Violett durchgelassen wird, reflektieren alle glänzenden Unterlagen und erscheinen unter der Lampe dunkelviolett, wie z. B. schwarzes Glanzpapier, Ton- und Porzellanplatten. Diese unerwünschten reflektierten Anteile des Erregerlichtes, die die Beobachtungen verfälschen können, sind auf verschiedene Weise herabzusetzen oder zu beseitigen. Ein einfaches Mittel, das sich bei pulverförmigen Stoffen bewährt hat, ist das Aufschütten auf mattschwarze Papiere oder Pappe. Auch Uhrgläser aus schwarzem Glas sind hergestellt worden, allerdings tritt auch hier noch ein reflektierter Anteil an Primärstrahlung auf. Die Unterlegung farbloser Uhrgläser mit Kohlepulver, Samt und dergleichen kann ebenfalls die Beobachtungsmöglichkeiten manchmal verbessern, die Reflexion störenden Erregerlichtes aber auch nicht ganz beseitigen. Selbstverständlich sind, wenn man schwache Fluoreszenzen beobachten will, alle Arten von Unterlagen, die wenn auch nur sehr schwach, fluoreszieren, weniger geeignet als solche, die dies nicht tun. Andere Fälle, wo die fluoreszierende Unterlage gewünscht wird, werden später behandelt (s. II., 2.2.1.9., S. 66).

Verwendet man Filtrierpapier als Unterlage, so ist besondere Vorsicht bei der Beobachtung schwacher Fluoreszenzen geboten (s. hierzu später den Abschnitt Chromatographie unter II., 2.2.1.9.).

Ein weit wirksameres Mittel, um störendes Licht aus der Lichtquelle zu beseitigen, ist ein zweites Verfahren, das in der Verwendung von zusätzlichen Lichtfiltern, sogenannten *Sperrfiltern für das Ultraviolett*, besteht. Solche Sperrfilter sind für die später zu besprechenden quantitativen Untersuchungen unerläßlich. Aber auch bei der qualitativen Beobachtung leisten sie oft gute Dienste und verbessern die Beobachtungsmöglichkeiten. Man kann diese Sperrfilter einfach mit der Hand vor das Beobachtungsobjekt halten; noch besser ist die Verwendung von Brillen, ähnlich wie sie die Augenärzte verwenden, in die man Sperrfiltergläser einsetzen kann. Sehr geeignete Filtergläser dieser Art werden von verschiedenen Firmen, wie Schott & Gen., Corning-Glass u. a., hergestellt.

In dem obengenannten Buch der Firma Schott & Gen. sind es vor allem die Gläser der Klassen WG (farblos), GG (gelb), RG (rotorange), die je nach Art der zu beobachtenden Fluoreszenz zu empfehlen sind. Am besten hat man einen Satz solcher Gläser im Normalformat 5×5 cm vorrätig. Da sie auch in verschiedenen Schichtdicken geliefert werden, sind die Variationsmöglichkeiten sehr groß. Nomogramme gestatten die Ablesung der Durchlässigkeiten für verschiedene Schichten ohne Rechenarbeit. Besonders gut als Sperrfilter geeignet sind die Gläser GG 4, GG 10 und FG 10, da sie praktisch keine Eigenfluoreszenz besitzen.

Auch Filter mit Gelatine oder Kunststoffunterlage werden von verschiedenen Firmen hergestellt. Diese eignen sich recht gut als Sperrfilter (z. B. die Filter der Lichtfilterfabrik Lifa, Augsburg).

In vereinzelten Fällen sind auch Flüssigkeitsfilter am Platz. So konnte Grünsteidl, E., (1933) mit 2% Nitritlösungen in einer Küvette Sperrfilter herstellen, hinter denen die ohne das Filter schwach rotviolett leuchtenden Substanzen grau aussahen.

Flüssigkeiten kann man in Reagenzgläsern oder in kleinen Bechergläsern beobachten. Dabei ist erstens die Oberfläche und zweitens die Flüssigkeit selbst zu beobachten. Im auffallenden Licht zeigen viele Flüssigkeiten Lumineszenzerscheinungen zunächst nur an ihrer Oberfläche. Durch Verdünnen kann hier die Fluoreszenz oft gesteigert werden. Die ursprüngliche Oberflächenfluoreszenz geht dann mit steigender Verdünnung in „Volumen-Fluoreszenz“ über, d. h. die ganze Flüssigkeit fluoresziert schließlich. Das Zustandekommen dieser Erscheinungen durch das Zusammenwirken von Lichtabsorption und Fluoreszenz wird im Abschnitt 2.2.1.6. eingehender behandelt. Flüssige Stoffe oder Lösungen betrachte man stets auch im durchfallenden Licht.

Bei Ölen wird vorgeschlagen, 2 bis 3 ml zuerst im Reagenzrohr zu beobachten, dann das geschlossene Reagenzrohr umzukehren, so daß das Öl nach unten fließt. Dadurch nimmt die Intensität und Reinheit der Fluoreszenzfarben zu. Oder man läßt, wie MARCELET, H., (1927, 1929) es bei Lebertran ausgeführt hat, das Öl langsam am Glas herunterlaufen.

Man kann Öle auch auf Filtrierpapier tropfen; besonders bei Erdölen hat sich diese Methode sehr bewährt. Teermischungen wurden nach der Tüpfelmethode auf porösen Tontellern untersucht. Salbenartige Stoffe werden möglichst dünn auf eine Glasplatte oder auf Filtrierpapier aufgestrichen (s. hierzu auch den Abschnitt „Fluoreszenz in festem Aggregatzustand, Chromatographie“ S. 61).

2. Quantitative Messungen

Bei der quantitativen Untersuchung von Fluoreszenzerscheinungen handelt es sich hier in erster Linie um Messungen der Lichtintensität. Es kann die Verteilung von Lichtintensitäten über das Spektrum interessieren, d. h. das Fluoreszenzspektrum oder die Fluoreszenzintensität, bezogen auf eine Standardintensität, oder der zeitliche Verlauf der Intensitätsabnahme nach Unterbrechung der erregenden Lichtquelle. Bei der kurzen Nachleuchtdauer der Fluoreszenz interessiert das letzte Problem hier nicht. Es wurde daher in den Vorbemerkungen zum ersten Teil nur kurz gestreift.

2.1. Verteilung von Fluoreszenzintensitäten über das Spektrum

Eine erste Orientierung über die spektralen Eigenschaften der Fluoreszenzstrahlung sowie über die zur Anregung am besten geeigneten Lichtarten gewinnt man durch Anwendung der alten Newtonschen Methode der gekreuzten Spektra (STOKES, G. G.; WEIGERT, F., 1927, S. 534). Mit Hilfe eines lichtstarken Spektrographen entwirft man ein schmales Spektrum der erregenden Lichtquelle auf der Oberfläche des fluoreszierenden Systems und betrachtet dieses Spektrumbild mit einem zweiten Prisma, dessen brechende Kante parallel zu der Längsrichtung des Spektrums liegt (Abb. 13). Man sieht dann das Erregungsband verzerrt. Aus ihm wächst ein verwaschener, breiter, horizontaler Fluoreszenzstreifen heraus. Die Erscheinung erklärt sich so: Die Farbe des Fluoreszenzlichtes ist im allgemeinen unabhängig von der Wellenlänge der erregenden Strahlung (s. auch S. 34; WAWILOW, S. J., 1927). In neuerer Zeit publizierte über die Anwendung dieser Methode KROEGER, F. A., 1939 (s. auch PRINGSHEIM, P., u. H. VOGELS, 1951). Mehr als erste

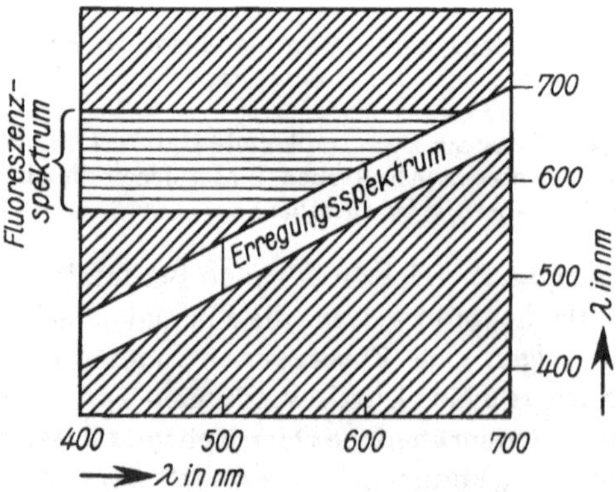

Abb. 13. Methode der gekreuzten Spektra

Orientierungen über die Intensitätsverhältnisse im Fluoreszenzspektrum können so jedoch nicht gewonnen werden.

Am nächsten läge es, die verschiedenen Intensitäten eines Fluoreszenzspektrums mit Hilfe der Normallichtquelle, der Hefner-Lampe, festzulegen, die immer wieder reproduziert werden kann (WEIGERT, F., 1927, S. 24). Da ihre Benutzung aber etwas umständlich ist, verwendet man für praktische Zwecke „Zwischenlichtquellen" oder Gebrauchsnormalen, die mit der Hefner-Lampe geeicht sind.

Als solche haben sich besonders Glühlampen bewährt, die mit konstanter Stromspannung zu betreiben sind (Wolframbandlampen). Nach einer Brenndauer von ungefähr 100 Stunden brennen sie für praktische Zwecke ausreichend konstant. Die Vergleichslampe muß dabei hinter einer Mattscheibe brennen, die das Licht gleichmäßig über eine größere Fläche verteilt (WEIGERT, F., 1927, S. 138), denn auch die Fluoreszenzerscheinung wird als flächenhafte Leuchterscheinung beobachtet. Dem gleichen Zweck der flächenhaften Verteilung des Lichtes dient auch folgende Einrichtung: Man beobachtet das von einer diffus reflektierenden weißen Oberfläche zurückgeworfene Licht der Vergleichslichtquelle. Solche weiße Oberflächen sind käuflich erhältlich als Barytweiß-Platten (WEIGERT, F., 1927, S. 171, 274). Man kann sie aber auch leicht selbst herstellen. Eine Herstellungsvorschrift, die eine ausgezeichnet reflektierende weiße Fläche von Magnesiumoxyd liefert, ist folgende: Man brennt ein Magnesiumband ab und hält über die Flamme ein möglichst gerades Stück Blech. Dieses wird völlig gleichmäßig mit weißem Magnesiumoxyd beschlagen. Als Notbehelf kann man auch gewisse weiße Papierflächen verwenden. Abzuraten ist von glänzenden Flächen, da diese die diffuse Reflexion stören.

Da die Fluoreszenzintensitäten von der Stärke der erregenden Strahlung abhängen, ist die Intensitätsmessung natürlich keine absolute, aber sie genügt, um die Intensitätsverhältnisse in verschiedenen Spektralgebieten festzustellen. Immerhin ist bei Verwendung einer bestimmten Lampensorte innerhalb gewisser Grenzen eine Reproduzierbarkeit der Messungen möglich, wenn genaue Angaben über Brenner, Lampenabstand und Lichtfilter gemacht werden. Über Intensitäten einzelner Linien von Quecksilberlampen geben zahlreiche Messungen Auskunft (WEIGERT, F., 1927, S. 290; s. auch Abschnitt I., S. 9, sowie MEYER, H., u. R. O. SEITZ, 1949, S. 42ff.).

Fluoreszenzintensitäten und Vergleichsintensitäten können sehr verfeinert verglichen werden, wenn man sie in direkt aneinandergrenzenden Vergleichsfeldern betrachten kann. Das erreicht man durch Benutzung der folgenden optischen Hilfsmittel: des Fresnelschen Prismenpaares, des Albrecht-Hüfnerschen Rhombus, des Lummer-Brodhunschen Würfels, der Helmholtzschen Doppelplatte und ähnlicher Einrichtungen, mit deren Hilfe das Auge Intensitätsgleichheit auf etwa $\pm$ 1% genau feststellen kann.

Die Festlegung von Fluoreszenzfarben kann nun nach zwei verschiedenen Gesichtspunkten erfolgen:

1. Das Fluoreszenzspektrum wird in Energiemaßen auf das bekannte Spektrum einer Vergleichslichtquelle bezogen.
2. Man wertet die Fluoreszenz unter dem physiologischen Gesichtspunkt des Farbeindrucks im Auge aus.

2.1.1. *Energiespektra*

Die Grundlage für diese Messungen ist folgende: Die Energiespektra der gebräuchlichen Leuchtkörper sind bekannt; sie sind festgelegt durch Messungen mit der Thermosäule oder einem andern Instrument, das die in Wärme umgesetzte Strahlungsenergie anzeigt. Die für die verschiedenen Spektralgebiete der Lichtquelle charakteristischen Werte können dann in absoluten Maßen, in erg/mm² oder in cal/cm², angegeben werden. Vergleicht man nun die Strahlung einer solchen Vergleichslichtquelle mit der zu untersuchenden Fluoreszenz, so ist zwar die absolute Größe der jeweils zu messenden Energiemengen der Fluoreszenzstrahlung verschieden je nach der Entfernung der die Fluoreszenz erregenden Lichtquelle und der Anordnung der Vergleichslampe. Dagegen ist das gegenseitige Verhältnis dieser Wärmemengen in verschiedenen Spektralgebieten von der absoluten Größe der Wärmemengen völlig unabhängig. Solche Verhältniszahlen charakterisieren somit die Verteilung der Intensitäten in einem Fluoreszenzspektrum völlig eindeutig (s. auch BAYLE, E., R. FABRE u. H. GEORGE, 1925a, 1927).

Tabelle 1

Energieverteilung im Spektrum einer Lichtquelle mit kontinuierlichem Spektrum in Abhängigkeit von der Temperatur

λ (nm)	2000 °C	2200 °C	2400 °C	2800 °C	3750 °C	6000 °C
400	2,194	5,096	7,512	13,82	34,90	96,37
420	5,878	8,676	12,00	19,94	43,14	100,5
440	10,14	13,94	18,16	27,52	51,72	103,3
460	16,49	21,26	26,25	36,55	60,45	104,8
480	25,52	31,03	36,45	47,03	69,14	105,3
500	37,85	43,55	48,95	58,78	77,37	105,0
520	54,62	59,13	63,67	71,64	85,56	103,9
540	74,49	77,94	80,72	85,45	93,10	102,2
560	100,0	100,0	100,0	100,0	100,0	100,0
580	130,5	125,4	121,2	115,1	106,2	97,51
600	166,3	153,9	144,2	130,4	111,7	94,62
620	207,7	185,5	168,9	145,8	116,5	91,63
640	254,3	220,0	194,7	161,1	120,7	88,40
660	306,0	256,9	212,8	176,1	124,0	85,09
680	362,9	295,7	249,3	190,5	126,7	81,83
700	424,7	336,8	277,2	204,4	128,8	78,47
720	490,8	378,6	305,2	217,7	130,4	75,20

Die Energieverteilung der Vergleichslichtquellen mit kontinuierlichem Spektrum, auf deren Theorie hier nicht näher eingegangen werden kann, ist in erster Linie abhängig von der Temperatur des Strahlers. Tabelle 1 zeigt die Energieverteilung zwischen 400 und 720 nm in ihrer Abhängigkeit von der Temperatur, nach Messungen von FREHAFER, M. K., und CH. L. SNOW. Die Zahlen sind Verhältniszahlen, der Wert bei 560 nm wurde aus praktischen Gründen (Gegend der größten Augenempfindlichkeit, s. nächsten Abschnitt) gleich 100 gesetzt. Kennt man die Farbtemperatur einer Vergleichslichtquelle mit kontinuierlichem Spektrum, so läßt sich sofort die Energieverteilung in ihrem Spektrum aus der Tabelle entnehmen. Zwischenwerte können linear interpoliert werden. Tabelle 2 gibt die Farbtemperaturen einiger zum Vergleich brauchbarer Lichtquellen an (WEIGERT, F., 1927, S. 290).

Tabelle 2

Farbtemperaturen einiger Vergleichslichtquellen

Hefnerkerze	1830 bis 1880 °C	Nernstlampe	
Kohlefadenlampe		(2,3-Watt-Kerze)	2400 °C
(4-Watt-Kerze)	2075 bis 2080 °C	Nitralampe	2700 °C
Wolframlampe		Mittleres Tageslicht	5200 °C
(1,25-Watt-Kerze)	2400 bis 2450 °C	Sonnenlicht	5600 bis 6000 °C

Die gebräuchlichste Vergleichslichtquelle ist wohl die Nitralampe, die nach Tabelle 1 ein von Blau nach Rot ansteigendes Energiespektrum besitzt.

Eine Messung gestaltet sich dann so: Man findet mit Hilfe eines geeigneten Instrumentes, wie eines Spektralphotometers, daß eine bestimmte Fluoreszenz bei 454 nm den Bruchteil X der Helligkeit der Vergleichslampe besitzt, bei 530 nm den Bruchteil Y und bei 615 nm den Bruchteil Z. Die Werte X, Y und Z sind nun für jede Wellenlänge mit der aus der Tabelle 1 zu entnehmenden Verhältniszahl der Energiewerte der betreffenden Wellenlänge und der Vergleichswellenlänge 560 nm zu multiplizieren. Es ergibt sich so bei Verwendung der Nitralampe (2700 °C) aus Tabelle 1:

455 nm $0{,}32 \cdot X$

530 nm $0{,}82 \quad Y$

615 nm $1{,}47 \cdot Z$

Vielfach wird mit Hilfe eines passenden Lichtfilters das Spektrum der Vergleichslichtquelle dem des mittleren Tageslichtes möglichst angenähert. Die Lichtenergien für mittleres Tageslicht sind fast in allen Spektralbereichen einander gleich und bieten infolgedessen eine sehr bequeme Bezugsnormale. Sie lassen sich aus Tabelle 1 für die Farbtemperatur von 5200° entnehmen. Auf diese Weise erhält man z. B. für die drei obengenannten Wellenlängen die nur wenig voneinander abweichenden Koeffizienten 0,935, 0,985, 1,00. Man kann also so enthaltene Intensitätsmessungen angenähert als Messungen der Energieverhältnisse betrachten. Auf diese Weise lassen sich z. B. Messungen von HAITINGER, M., (1931 a): HASCHEK, E., und M. HAITINGER (1932, 1933) mit Filtern der genannten Schwerpunkte auswerten. Sie sind in Tabelle 5 (S. 45) zusammengestellt.

Für Stoffe mit feinen schmalen Fluoreszenzbanden gibt eine Untersuchung mit solchen Lichtfiltern natürlich nur ungefähre Werte der Fluoreszenzintensität für die betreffenden Wellenlängen. Ob sie zur Charakteristik ausreichen oder nicht, wird von der Art der Untersuchung abhängig sein und sich von Fall zu Fall ändern. Will man die Fluoreszenz lediglich in ihrem Farbeindruck auf das Auge charakterisieren, so reichen allerdings obige Lichtfilter meist aus. Verwendet man die Nitralampe ohne Tageslichtfilter, so ändern sich die Filterschwerpunkte obiger Filter wie folgt (s. auch EISENBRAND, J., u. G. SIEWERT, 1934a, b und c):

L-Filter	L_1	L_2	L_3
λ in nm	615	530	480

Diese letzten Filterschwerpunkte wurden nach Angaben der Firma Zeiss wie folgt bestimmt: Es wird für eine Reihe von Wellenlängen das Produkt der relativen Augenempfindlichkeit (Tabelle 4) und der spektralphotometrisch gemessenen Durchlässigkeit gebildet und graphisch in der Abhängigkeit von der Wellenlänge aufgetragen. Das Maximum der Kurve gibt den Schwerpunkt der Strahlung auf der Abszisse an. Der Filterschwerpunkt ist allerdings außerdem abhängig von der spektralen Energieverteilung in der Strahlung der benutzten Lichtquelle. Jedoch sollen die Filter so selektiv sein, daß der Übergang von Tageslicht zur Nitralampe nur sehr wenig ausmacht. Für das Blaufilter L_3 ist der Unterschied, wie ersichtlich, allerdings erheblich.

Statt auf eine Lampe kann man die Fluoreszenz in verschiedenen Spektralgebieten auch auf einen reproduzierbaren *Fluoreszenzstandard* beziehen, z. B. auf ein Uranglas. Dieser Standard kann dann seinerseits gegebenenfalls in Energiemaßen ausgemessen werden.

Freilich muß er unter tatsächlich reproduzierbaren Bedingungen benützt werden. Beim Uranglas ist z. B. jede Erwärmung über Zimmertemperatur zu vermeiden, da sich dabei die Fluoreszenzfarbe ändert. Auf ein Uranglas sind eine Reihe von Messungen mit dem Pulfrich-Photometer bezogen. BEUTEL, E., und A. KUTZELNIGG (1932a) unterschieden so die Lumineszenzen verschieden zubereiteter Zinkoxyde und verschiedener Erdalkalioxyde, LÖWE, F., S. 923, untersuchte die Fluoreszenzen verschiedener Lackaufstriche. Auf die Fluoreszenz eines Standards sind auch Messungen von KAUFMANN, H. P., (1928) sowie SPRÖSSER, W., an Fetten, von FORJAZ, A. P., (1931, 1932b) an tropischen Erzeugnissen pflanzlichen Ursprungs, z. B. Kaffeesorten, bezogen, die mit dem Pulfrich-Photometer ausgeführt sind. Hierher gehören auch Messungen von JUILLETT, A., und J. COURP (1931a) sowie JUILLETT, A., und A. BASSOULS (1931b), die die Fluoreszenzen verschiedener Mehle auf ein Normalmehl und die verschiedener Ölkuchen auf einen Normalölkuchen beziehen. Fünf Lichtfilter, ein gelbes, grüngelbes, blaugrünes, blaues und violettes, dienen zur spektralen Zerlegung des Lichtes. Zur Messung wird das dem Pulfrich-Photometer ähnliche Blenden-Photometer von RIPPERT-BERNHEIM benutzt (BERNHEIM, G., u. M. GUYOT; DHÉRÉ, CH., A. SCHNEIDER u. TH. V. D. BOM, 1924a).

THIEL, A., (1937) benutzt bei seinem Fluoreszenzphotometer fluoreszierende Gläser von verschiedener Fluoreszenzfarbe als Vergleich. Ein vorteilhaftes Verfahren ist auch der Bezug auf die durch passende Lichtfilter gefilterte erregende Lichtquelle. So verfahren VANNOTTI, A., und E. NEUHAUS (1935) sowie VANNOTTI, A. (1937) bei der Porphyrinbestimmung. Siehe ferner BANDOW, F. R. (1938b, 1950).

Die zweite Möglichkeit, Fluoreszenzverteilungen im Spektrum zu messen, ergibt sich mit Hilfe der photographischen Platte. Die Verwendung photographischer Methoden hat außerdem noch den Vorteil, daß man nicht auf die Untersuchung sichtbarer Fluoreszenzen beschränkt ist, sondern auch im Ultraviolett arbeiten kann (ANGERER, E. v.). Die gewöhnliche Platte zeigt keine gleichmäßige Empfindlichkeit über das Spektrum, sondern ein starkes Ansteigen nach kurzen Wellenlängen hin. Diese verschiedene Empfindlichkeit wird etwas ausgeglichen durch Benutzung panchromatischer Platten. Im folgenden (Tabelle 3) findet sich eine Zusammenstellung ihrer Empfindlichkeiten e in verschiedenen Spektralgebieten (EDER, J. M.).

Aus ihnen ersieht man, daß auch bei panchromatischen Platten starke Unterschiede vorhanden sind, die bei der Untersuchung breiterer Spektralgebiete beachtet werden müssen. Aber bei der Betrachtung schmaler Spektralgebiete, wie z. B. zwischen 400 und 450 nm oder zwischen 600 und 650 nm, kann man diese Verschiedenheiten vernachlässigen. So dürfte sich die photographische Platte besonders dort empfehlen, wo es sich darum handelt, scharfe Fluoreszenzbanden zu erfassen. Da man dabei eine größere spektrale Auflösung benötigt, so dürften hier die Erscheinungen meist so lichtschwach werden, daß die photographische Methode sich okularen Messungen stets überlegen zeigen wird, denn man kann sehr lange exponieren. Die Plattenschwärzungen selbst können dann wieder mit einem Mikrophotometer ausgemessen werden, und auch hier kann man als Bezugsnormale eine Vergleichslichtquelle oder das passend abgeschwächte Licht der erregenden Lichtquelle benutzen. Es liegen auf diesem Gebiet zahlreiche Untersuchungen vor von

DHÉRÉ, CH. (1937, 1933a, 1932a, b, c, d, 1933b, c, d, 1934a, b), der diese Methode besonders gut ausgebaut hat, sowie von GEORGE, H., und E. BAYLE.

Tabelle 3
Relative Empfindlichkeit der photographischen Platte (panchromatisch)

λ (nm)	*e*	λ (nm)	*e*	λ (nm)	*e*
300	0,93	450	1,3	600	0,07
350	4,1	500	0,41	650	0,06
400	1,7	550	0,09	700	0,01

Ferner verwirklicht die bereits zitierte Arbeit von KORTÜM, G., und B. FINKH (1941a) experimentell in vorbildlicher Weise die Forderungen nach Standardisierung und Reproduzierbarkeit von Fluoreszenzmessungen mit Hilfe einer photographischen Methode. Über Einzelheiten ist das Original einzusehen. Mit Hilfe dieser exakten Methode konnten die Autoren verschiedene bisher strittige Probleme, die mit der Fluoreszenz zusammenhängen, klären. Von der praktischen Seite her interessant ist ein Beispiel, das den Anthracengehalt von Phenanthren puriss. Merck betrifft. Dieser wurde zu 3% ermittelt.

EISENBRAND, J., und H. PICHER (1944) haben eine ähnliche Meßanordnung mit Quarzoptik zur Bestimmung von ultravioletten und sichtbaren Fluoreszenzen benutzt (s. auch S. 56). Wie dort ersichtlich, kann bei der spektrographischen Untersuchung von Fluoreszenzen die Stärke des *Ramaneffektes,* einer nach ihrem Entdecker benannten, auf gleiche Weise experimentell zu untersuchenden Streustrahlung, bereits so groß werden, daß sie bei Fluoreszenzmessungen berücksichtigt werden muß. Obwohl im Wesen von der Fluoreszenz verschieden, kann sich dieser Effekt gelegentlich doch ähnlich äußern. Die Unterscheidung läßt sich in diesem Fall dadurch treffen, daß die Ramanbande des Wassers auch durch längerwellige Primärstrahlung, die keine Fluoreszenz mehr hervorruft, zu erhalten ist. In den meisten Fällen ist die Unterscheidung aber leichter, da in Lösungen die Fluoreszenzstrahlung meist aus breiten Banden besteht, während die Ramanstrahlung sich aus schmalen Spektrallinien zusammensetzt, so daß selbst ein Lösungsmittel mit so intensiver Ramanstrahlung wie Benzol eigentlich bei Fluoreszenzmessungen kaum stört. Daß auch umgekehrt die Fluoreszenz, und zwar vielfach stärker, die Beobachtung der Ramanstrahlung stört, sei hier zur Abrundung vermerkt. GOUBEAU, J., empfiehlt zur Beseitigung dieser Störung Fluoreszenzlöscher.

Zahlreiche ältere Arbeiten mit einfacherer Apparatur zitiert FISCHER, H., (1925). Hierher gehören z. B. auch Messungen von LANGECKER, H., (1929) sowie HYMANS VAN DEN BERGH, A. A., und A. J. HYMANS (1928) über Porphyrine und die Untersuchungen an festen Alkaloiden von ANDANT, A., (1927a), die sich bis ins Ultraviolett erstrecken. Man sieht, daß die Maxima der Fluoreszenzbanden mancher Alkaloide, wie z. B. auch des Chinins, nicht im Sichtbaren, sondern im Ultraviolett liegen. Die sichtbare Fluoreszenzintensität ist nur ein Bruchteil der gesamten. Schon früher haben besonders die Arbeiten von STARK, J., (1912) für viele Stoffe Fluoreszenzbanden im Ultraviolett nachgewiesen. Handelte es sich bei diesen Messungen nur um Energieverhältnisse in verschiedenen Spektralteilen, so werden noch größere Anforderungen an die Meßtechnik gestellt, wenn Fluoreszenzmessungen ausgeführt werden sollen, bei denen absolute Energiemessungen erforderlich sind oder bei denen es sich darum handelt festzustellen, wie hoch die Fluoreszenzausbeute ist, d. h., wieviel Prozent des eingestrahlten Lichtes in Fluoreszenz übergeführt werden. Solche Messungen sind in erster Linie Aufgabe des Physikers. Es sei hier nur auf die Arbeiten von NICHOLS, L. E., und E. MERRIT (1910), VALENTINER, S., und M. RÖSSIGER sowie WAWILOW, S. J., (1927, 1924) verwiesen.

Etwas mehr die Praxis berühren die Energiemessungen an der Fluoreszenz von Chininsulfat und Eosin von WINTHER, CH., (1913), besonders auch deswegen, weil in ihnen zum erstenmal darauf hingewiesen wird, daß man fluoreszierende Lösungen umgekehrt wieder zur vergleichenden Energiemessung verschiedenfarbiger Lichtarten, deren direkter Vergleich dem Auge nicht möglich ist, benutzen kann. Es hat sich nämlich gezeigt, daß erregendes Ultraviolett verschiedenster Wellenlänge bei vielen Stoffen stets das gleiche Fluoreszenzspektrum hervorruft. WINTHER, CH. kommt damit zu einem neuen Verfahren, der sogenannten *heterochromatischen* Photometrie (s. hierzu auch HARRISON, G. R., u. PH. A. LEIGHTON, 1931, sowie WAWILOW, S. J., 1924).

Durch die Entwicklung der *photoelektrischen Meßmethoden* haben auch die Möglichkeiten zur Vermessung von Fluoreszenzspektren eine sehr große Erweiterung erfahren. Vor allem gestatten die hochempfindlichen Elektronenvervielfacher-Photozellen, auch weniger starke Fluoreszenzen in ihren spektralen Details zu untersuchen. Selbstverständlich ist auch hier, ähnlich wie bei den vorher besprochenen Methoden, zu unterscheiden zwischen der Aufnahme der Spektren selbst und ihrer Umrechnung auf energiegleiche Spektren. In letzterem Falle muß die Eigencharakteristik der spektralen Empfindlichkeit des Empfängers, die meist ein Maximum besitzt, rechnerisch ebenso eliminiert werden, wie auch bei den vorher besprochenen Methoden. Für zahlreiche Messungen mit geringeren Anforderungen an die Empfindlichkeit sind Sperrschichtphotozellen sehr geeignet, besonders auch deswegen, weil der hierzu erforderliche apparative Aufwand verhältnismäßig einfach ist.

Man erreicht seit einiger Zeit, auf Grund der Arbeiten von CHAPIN, D. M., C. S. FULLER und S. L. PEASON, bei mit 0,0001% Arsen legierten Silicium-Einkristallphotozellen mit Borsperrschicht Wirkungsgrade von durchschnittlich 11% gegenüber einem Wirkungsgrad von einigen Promille bei den Kupferoxyd-Sperrschichtzellen.

2.1.2. *Festlegung von Fluoreszenzfarben nach physiologischen Gesichtspunkten (Helligkeit und Farbeindruck für das menschliche Auge)*

Gleich von vornherein sei betont, daß diese Festlegung in den meisten Fällen zu keiner Vereinfachung gegenüber Angaben in Energiemaßen führt, wie sie im vorigen Abschnitt besprochen wurden. Das trifft besonders für Auswertungen zu, bei denen Fluoreszenzen ursprünglich mit einer Vergleichslichtquelle (Nitralampe, Tageslichtlampe) quantitativ verglichen wurden und dann erst mit Hilfe von Umrechnungen auf physiologische Verhältnisse bezogen werden. In solchen Fällen wäre es einfacher, aus dem genügend genau bekannten Spektrum, z. B. einer Nitralampe, das Spektrum einer Fluoreszenzerscheinung in relativen Energiemaßen zu berechnen (s. den vorhergehenden Abschnitt).

Die Grundlagen einer solchen Messungsauswertung sind folgende: Das Auge ist nicht für das Licht aller Spektralgegenden gleichmäßig empfindlich, sondern es besitzt ein Empfindlichkeitsmaximum im grünen Teil des Spektrums, wenn man auf gleiche Lichtenergien bezieht. Im einzelnen sind die Empfindlichkeiten für Tagessehen nach GIBSON, E. C., und TYNDALL (1923) aus Tabelle 4 zu entnehmen.

Tabelle 4

Relative Empfindlichkeit ε des Auges (λ in nm)

λ	ε	λ	ε	λ	ε	λ	ε	λ	ε	λ	ε
400	0,0004	460	0,060	520	0,710	580	0,870	640	0,175	700	0,0041
420	0,0040	480	0,139	540	0,954	600	0,631	660	0,061	720	0,0011
440	0,023	500	0,323	560	0,995	620	0,381	680	0,017	740	0,00025

Auf dieser Grundlage haben POLICARD, A., (1925a); BAYLE, E., R. FABRE und H. GEORGE (1925a, 1927) Fluoreszenzen zu charakterisieren versucht, indem sie die Fluoreszenzintensitäten in Energiemaßen für die verschiedenen Spektralgebiete mit den oben angegebenen Werten der Augenempfindlichkeiten multiplizieren. Es ergeben sich so charakteristische Kurven, aus denen sich ablesen läßt, wie groß die Helligkeit der Fluoreszenzen ist und welcher Teil des Spektrums den größten Helligkeitsbeitrag liefert. Wie die Erfahrung lehrt, sind Helligkeiten unter 1% der maximalen nicht mehr wahrzunehmen (WEIGERT, F., 1916), so daß man mit Hilfe solcher Helligkeitskurven auch sehen kann, welche Spektralgebiete von vornherein für die Erregung des Lichteindruckes im Auge ausscheiden. Auch HAITINGER, M., (1932 u. 1931a) sowie HASCHEK, E., und M. HAITINGER (1932, 1933) berechnen solche Helligkeiten auf Grund einer zwar anders abgeleiteten, aber übereinstimmenden Helligkeitsverteilungskurve des Auges.

Der Wert dieser Helligkeitskurve für eine Charakteristik von Fluoreszenzerscheinungen ist nur ein beschränkter. Besonders sagt das Helligkeitsmaximum im Spektrum nichts aus über den vom Auge empfundenen Farbton. Außerdem ist die Farbempfindlichkeit des Auges gegenüber schwachen Leuchterscheinungen anders als gegenüber starken. Die sogenannte *Dunkelempfindlichkeit* (WEIGERT, F., 1916) hat ihr Maximum bei 510 nm, also gegen die Tagesempfindlichkeit nach Blau verschoben. Bei Lichtmengen unter 10 Lux beginnt diese Dunkelempfindung sich bemerkbar zu machen und geht bald in reine Dunkelempfindung über. Da Fluoreszenzintensitäten, wie sie bei Messungen vorkommen, vielfach unter dieser Grenze liegen, müßte in vielen Fällen in den obigen Helligkeitswerten außerdem noch eine Korrektur angebracht werden (BAYLE, E., R. FABRE u. H. GEORGE 1925a, 1927; BAYLE, E., u. R. FABRE 1924a; WINTHER, CH. 1913).

Für die physiologische Bestimmung des *Farbtones* von Fluoreszenzen sind Versuche von Interesse, die auf der Young-Helmholtzschen Farbtheorie fußen. Diese Theorie nimmt an, daß das Auge auf die Vielfältigkeit der verschiedenen Lichtreize mit nur drei Grundempfindungen, nämlich Rot, Grün und Blau, anspricht. Jede beliebige Farbempfindung, sei sie durch völlig einfarbiges Licht (Natrium-D-Licht) oder durch eine noch so komplizierte Mischfarbe hervorgerufen, entsteht immer durch Mischung dieser drei Grundempfindungen in bestimmtem Verhältnis. Die daraus sich ergebende einheitliche Empfindung, z. B. Gelb oder Weiß, läßt sich vom Auge ohne Hilfsmittel nicht in die einzelnen Grundempfindungen auflösen. Jedoch kann man durch geeignete Mischung von Rot, Grün und Blau jeden beliebigen Farbton herstellen. Auf dieser Grundlage arbeitet nach dem Vorschlag von HELMHOLTZ das Farbkolorimeter von GUILD, E. Die drei Grundfarben können in solchen Verhältnissen gemischt werden, daß der entstehende synthetische Lichtfleck den gleichen Farbton erhält wie die zu untersuchende Fluoreszenzfarbe. Solche Messungen wurden von MORGAN, R. S., und LENNAN, MAC, K., sowie von TREASE, G. E., (1930a) zur Untersuchung von Fetten, besonders auf ihren Vitamingehalt, verwendet.

Auf der gleichen Grundlage beruhen die eingehenden Untersuchungen von HAITINGER, M., (1931a) sowie HASCHEK, E., und M. HAITINGER (1932, 1933), die noch weiter gehen und hauptsächlich an Hand von Rechnungen die Anteile an den Grundempfindungen selbst zu ermitteln versuchen. Als Meßverfahren wird der Vergleich der Fluoreszenzstrahlung mit der Strahlung einer Nitralampe durch Tageslichtfilter mit Hilfe eines Pulfrich-Photometers verwendet. Ein grünes, ein rotes und ein blaues Filter dienen zur Lichtzerlegung. Zur Veranschaulichung der Ergebnisse wird das Helmholtzsche Farbdreieck gewählt (über die Bestimmung von Helligkeiten neben dieser Festlegung s. oben). Auf die Praxis angewendet wurden solche Rechnungen von Noss, F., (1932), und zwar zur Untersuchung von Natron- und Sulfitzellstoff.

Weitere Versuche unter physiologischen Gesichtspunkten, die Festlegung von Fluoreszenzfarbtönen zu erreichen, wurden auf Grund der Ostwaldschen Farbenlehre (Ostwald, W.) unternommen von Wüstenfeld, W., und H. Kreipe zur Festlegung des Farbtones von Gärungsessig sowie besonders von Rojahn, C. A., (1932a) und Seifert, R., (1935, 1936) bei der Untersuchung pharmazeutischer Präparate. Diese Versuche unterscheiden sich von den vorhergehenden dadurch, daß die Festlegung auf Grund einfacher Messungen ohne nachfolgende Umrechnung erfolgt. Rojahn verwendet in seinem „Lumineszenzkomparator" als Vergleichslichtquelle eine an Gleichstrom angeschlossene 25-Watt-Lampe. Das von dieser Lampe ausgesandte Licht läßt er an verschiedenen Farben des Ostwaldschen Farbkreises reflektieren und bringt es mit Hilfe eines Lummer-Brodhun-Würfels mit dem Fluoreszenzlicht auf direkt aneinandergrenzende Vergleichsfelder.

2.2. Quantitative Messung durch Vergleich verschiedener Fluoreszenzintensitäten gleicher spektraler Zusammensetzung (Fluorimetrie)

2.2.1. Übersicht über die apparativen Hilfsmittel und die Meßverfahren

2.2.1.1. Apparative Hilfsmittel

Diese Aufgabe tritt im allgemeinen bei der Untersuchung fluoreszierender Flüssigkeiten oder Lösungen in den Vordergrund, jedoch gewinnt sie auch bei der Untersuchung fester Stoffe zunehmend an Bedeutung (s. S. 61). Auf sehr einfache Art können solche Untersuchungen ausgeführt werden, wenn man die beiden zu vergleichenden Fluoreszenzen in nebeneinander unter die Quarzlampe gehaltenen Reagenzgläsern betrachtet. Sind die Intensitäten verschieden, so kann man entweder willkürlich mit dem Auge schätzen (Obran, G., u. J. Stitz; Fink, H., 1929a), oder man verdünnt die konzentrierte Lösung so lange, bis die beiden Fluoreszenzintensitäten gleich erscheinen. Auf diese Weise sind zahlreiche ältere Arbeiten ausgeführt worden, so z. B. die Fluoreszenzlöschversuche von Pinnow, J., und die Urobilin-Bestimmungen von Opitz, H., und Brehme. Ähnlich sind Verfahren, die bis zum Verschwinden der Fluoreszenz verdünnen (Gerngross, O., u. H. Hübner, 1927c). Auch Untersuchungen von Heiduschka, A., und E. Möhlau bei Weinen gehören hierher.

Für genauere fluorimetrische Untersuchungen sind in allen Fällen optische Meßgeräte als Hilfsmittel zu empfehlen. Hierbei ist zu bedenken, daß man für solche Untersuchungen vielfach zum Teil mit geringfügigen Abänderungen Instrumente benutzen kann, die in den meisten Laboratorien vorhanden sind, wie Nephelometer (Desha, L. I., 1920) oder Kolorimeter. Außerdem gibt es heute zahlreiche Typen photoelektrischer Photometer.

Bei der Photometrie von Fluoreszenzintensitäten benutzt man also heute hauptsächlich visuelle und photoelektrische Methoden; photographische Methoden werden ebenfalls verwendet, jedoch nur in geringem Ausmaß. Die größte Verbreitung haben zur Zeit photoelektrische Methoden gefunden.

Die Genauigkeit visueller Methoden kann bei Betrachtung der zu vergleichenden Fluoreszenzintensitäten in unmittelbar aneinander grenzenden Vergleichsfeldern $\pm$ 1% erreichen, bei Häufung der Messungen bis $\pm$ 0,5%. Abb. 14 zeigt als Beispiel eines visuellen Instrumentes das Pulfrich-Photometer mit einer Zusatzvorrichtung für fluorimetrische Messungen.

Das von der Quarzlampe ausgestrahlte Ultraviolett passiert das Primärfilter und die Linse (Li_1) und durchsetzt dann die im Trog (Tr) befindliche fluores-

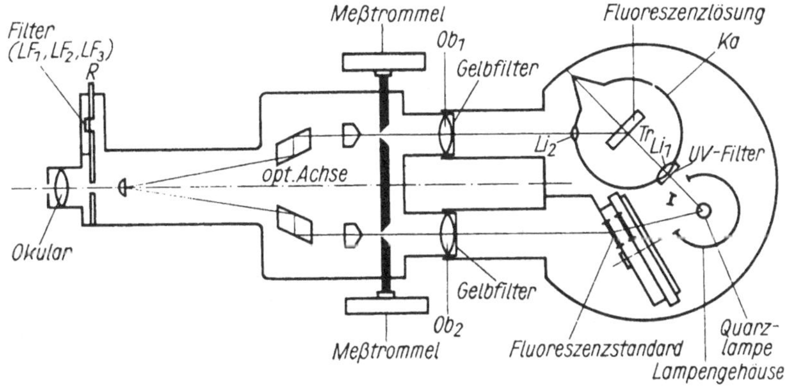

Abb. 14. Pulfrich-Photometer mit Zusatzeinrichtung für fluorimetrische Messungen

Ka	wassergefüllte Kammer
Li_1, Li_2	Linsen 1 und 2
Ob_1, Ob_2	Objektive 1 und 2
R	Filterrevolver
Tr	Trog mit Fluoreszenzlösung

zierende Lösung. Diese wird mit dem Fluoreszenzstandard verglichen. Er besteht aus einem blaugrünen Lichtfilter mit Mattscheibe, durch die das Licht der Lichtquelle hindurchtritt und dabei ähnlich schwache Lichterscheinungen ergibt, wie sie die Fluoreszenzen darstellen. Auf diese wird dann die Fluoreszenzintensität bezogen. Durch Eindrehen der jeweiligen Meßtrommel des Pulfrich-Photometers wird auf Gleichheit der Gesichtsfelder eingestellt. Beim Eindrehen der Trommel auf der Seite des Standards ist die zu messende Fluoreszenz schwächer als der Standard. Beim Eindrehen der Trommel auf der anderen Seite ist umgekehrt der Standard schwächer als die zu messende Fluoreszenzintensität. Die Meßlösung steht in der Kammer (*Ka*). Diese ist in einem Reservoir von Wasser umspült, das mit Hilfe eines Umwälzthermostaten auf 20 °C temperiert wird. Es können am Okular mittels des Filterrevolvers (*R*) Sperrfilter für das Ultraviolett vor das Gesichtsfeld geschaltet werden, wofür drei Filter, ein rotes, ein grünes und ein gelbes, zur Verfügung stehen. Wenn diese Filter zu viel sekundäres Licht wegnehmen, werden als Sperrfilter Gelbfilter der Klasse GG der Firma Schott & Gen. verwendet. Über Ergebnisse, die mit dieser lichtstarken Anordnung erhalten wurden, s. S. 47.

Bei *photoelektrischen* Messungen gibt es mehrere Möglichkeiten für die Meßanordnung. Im Prinzip verwandeln alle Photozellen das Fluoreszenzlicht direkt in elektrische Ströme, die durch empfindliche Meßinstrumente angezeigt werden können. Als Empfänger kann man Sperrschichtphotoelemente, Vakuumphotozellen, gasgefüllte Photozellen und Photoelektronen-Vervielfacherzellen (Multiplier) verwenden. Auch Verstärkeranordnungen aller Art können in photoelektrische Geräte eingebaut werden.

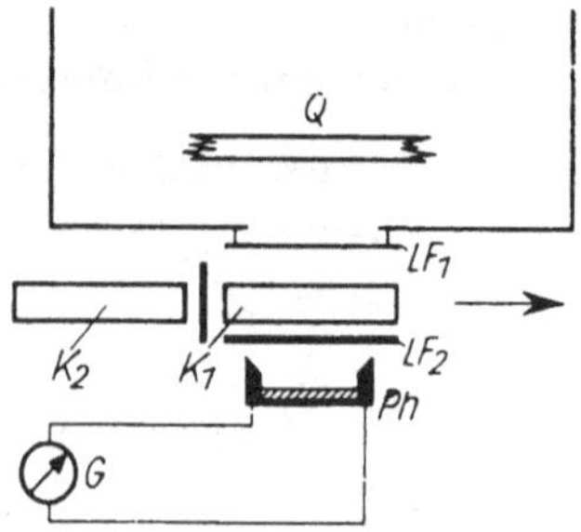

Abb. 15. Lichtelektrisches Fluorimeter mit Selen-Sperrschichtzellen
G Galvanometer
K_1 Küvette mit Meßflüssigkeit
K_2 Küvette mit Lösungsmittel
LF_1 Primärlichtfilter
LF_2 Sperrfilter für das Primärlicht
Ph Photozelle
Q Quarzlampe

Am einfachsten ist das Arbeiten bei Instrumenten mit *Sperrschicht-Photoelementen*, da wegen der relativ hohen durch Licht hervorgerufenen Photoströme bei nicht zu schwachen Fluoreszenzen keine Verstärkereinrichtungen benötigt werden. Ein solches einfaches Gerät, das WEBER, K. (1938a), benutzt hat, zeigt Abb. 15 (s. auch COHEN, F. H., 1935).

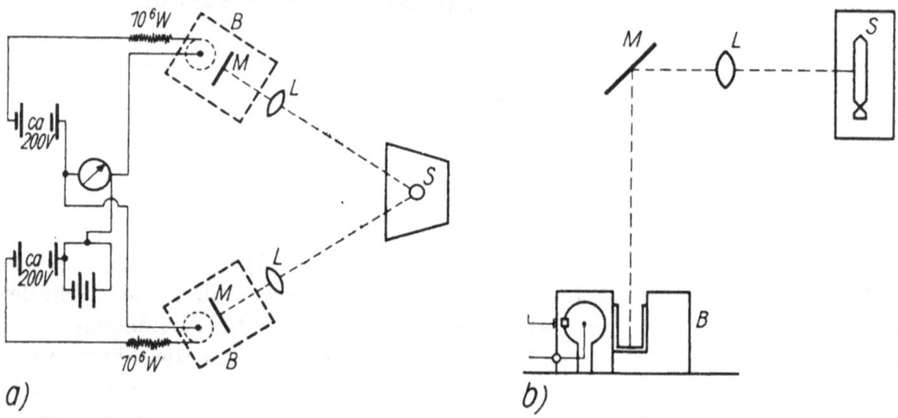

Abb. 16. Apparat nach WEST, MÜLLER und JETTE
Photoelektrisches Fluorimeter mit Brückenschaltung
a) Grundriß
b) Seitenansicht
B Küvettenfassung
L Linse
M Spiegel
S Quarzlampe
W Widerstand (10^6 W)

Die Meßgenauigkeit, die mit solchen sehr einfachen Instrumenten erzielt werden kann, kann 1% relativen Fehler erreichen, wenn die Lichtquelle genügend stabil brennt. Störende Schwankungen der Lichtquelle können ähnlich wie bei der Messung der Lichtabsorption (KORTÜM, G., 1955, S. 260) durch sogenannte Brückenschaltungen mit Hilfe von zwei Photozellen unwirksam gemacht werden. Abb. 16 zeigt eine solche Schaltung, wie sie WEST, W., R. H. MÜLLER und E. JETTE benutzten.

Das Licht wird dabei in zwei getrennten Bündeln auf zwei Fluoreszenztröge gelenkt, nachdem es zwei Lichtfilter passiert hat. Hinter den Trögen und je einem Sperrfilter befinden sich die beiden Photozellen, die gegeneinander ge-

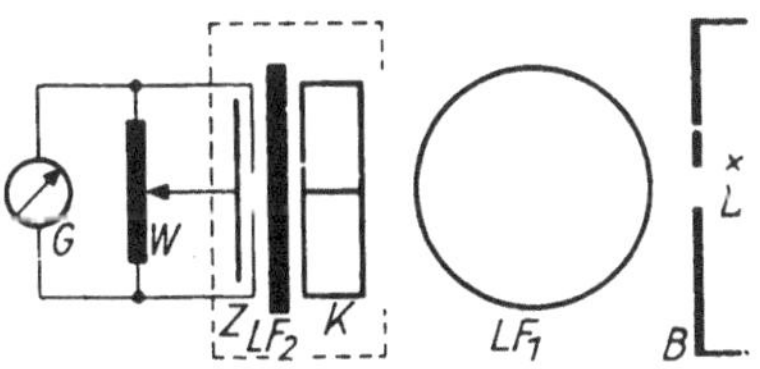

Abb. 17. Zweizellen-Anordnung für relative photometrische Fluoreszenzmessungen
B Lichtdichter Behälter
G Galvanometer
K Doppelküvette für Lösung und Lösungsmittel
L Lichtquelle (Quarzlampe)
LF_1 Primärlichtfilter
LF_2 Sperrfilter für das Primärlicht
W Widerstand
Z Differentialphotoelement

schaltet sind. Eine weitere derartige Anordnung, die besonders praktisch ist, wurde von KORTÜM, G., angegeben. Sie benutzt ein sogenanntes Differentialphotoelement (Abb. 17).

Zur Fluoreszenzerregung dient die hinter der Blende *B* horizontal angebrachte Quecksilberlampe *L*, deren Licht durch das gleichzeitig als Sammellinse wirkende Filter F_1 auf die Doppelküvette *K* mit Standard und Versuchslösung fällt. F_1 ist ein mit ammoniakalischer Kupfersulfatlösung gefüllter Rundkolben aus dickem Glas von etwa 10 cm Durchmesser, der praktisch nur die Liniengruppen 436 bis 366 nm hindurchläßt. Das in den Trögen erregte Fluoreszenzlicht fällt durch das Sperrfilter F_2 auf das Differentialphotoelement *Z*, dessen Differenzstrom mit dem Galvanometer *G* gemessen wird. Die Nullstellung wird mit Hilfe des Widerstandes *W* eingestellt, wenn beide Küvetten mit der gleichen Lösung gefüllt sind. Küvette und Photoelement befinden sich in einem mit Doppelwänden versehenen Trogkasten, der an einen Umwälzthermostaten angeschlossen ist. Bei günstigsten Meßbedingungen läßt sich mit dieser Apparatur eine Genauigkeit von 0,2% relativem Fehler erreichen.

Neuerdings bringt die Firma B. Lange, Berlin, Transistorenverstärker heraus, die eine weitere Empfindlichkeitssteigerung gestatten.

Für die Messung sehr schwacher Fluoreszenzintensitäten geht man immer mehr zur Benutzung von Photoelektronenvervielfachern über.

Eine weitere derartige Anordnung, die besonders mit Photozellen arbeitet, beschreiben BOWEN, E. J., und E. COATES (1947).

Heute bauen zahlreiche optische Firmen derartige Geräte (s. dazu die Literaturzusammenstellung von WHITE, CH. E., 1949, 1950; ferner ANALLY, J. S. MAC; BRAUNSBERG, H., u. S. B. OSBORN; BREALLY, L., u. R. E. ROSS; CHECHAN, C., R. ANDRAN u. A. VERANI; DAMMERS-DE-KLERK, A., u. F. J. SPRUIT; DOWDALL, J. P., u. H. STRETCH; PARKER, C. A., u. W. J. BARNES 1957; SCHRADER, B., F. NERDEL u. G. KRESZE). Die Herstellerfirmen sind unter anderen: Aminco-Bowman, Bauer, Beckman, Colman, Eppendorf, Farrand, Fisher, Klett, Lange, Leitz, Lumetron, Perkin-Elmer, Pfaltz, Photovolt, Scientific Company, Zeiss.

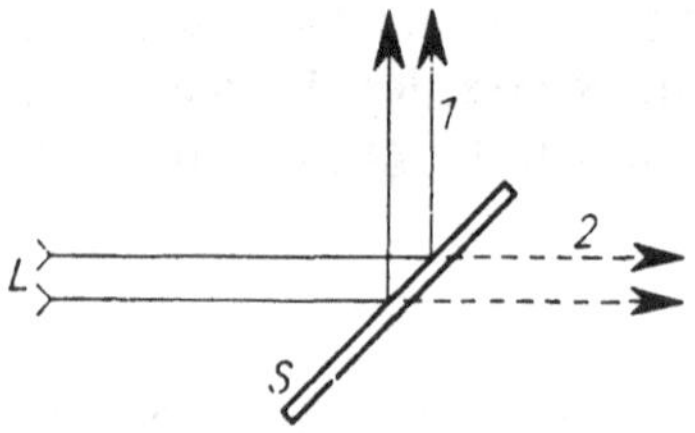

Abb. 18. Lichtteilung mit Hilfe einer Glasplatte
L Lichtbündel
S Glasplatte
1,2 geteiltes Lichtbündel

Das Prinzip der Lichtteilung bei Apparaturen mit zwei Photoelementen oder Photozellen kann auch mit Hilfe einer Glasplatte durchgeführt werden. Abb. 18 zeigt diese Lichtteilung. Eine ähnliche Lichtteilung besitzt das „Lumetronphotometer“ (Hersteller: Photovolt Corporation, New York 16).

Das erregende Licht *L* wird mit Hilfe eines Spiegels *S* geteilt, der einen Teil des Lichtes durchläßt. Durch diese Art der Teilung äußert sich jede Lichtschwankung in Bündel 1 genau wie in Bündel 2. Trifft nun jedes der Lichtbündel 2 und 1 einen Trog mit fluoreszierender Lösung, so können die beiden Fluoreszenzintensitäten durch zwei wieder in Differentialschaltung verbundene Photozellen oder Photoelemente sehr genau verglichen werden.

Über solche und ähnliche Geräte berichtet eingehend GÖRLICH, P., wobei er einen Überblick über die Zellenarten und lichtempfindlichen Schichten gibt, die bevorzugt entweder im gesamten UV-Spektralgebiet oder in dessen Teilbereichen als Empfänger Verwendung finden. Ferner wird auch über einen Elektronenvervielfacher als empfindliches Nachweisorgan berichtet, das eine von der Wellenlänge unabhängige Empfindlichkeit hat. Eine weitere Meßanordnung wird von BARTHOLOMEN, R. J., C. E. DALGLIESH und I. D. P. WOOTTON beschrieben. Hier sind zwei Quarzmonochromatoren mit Xenonlampe und Photomultiplier verwendet (s. ferner EISENBRAND, J., u. H. MEYER, 1960c; EISENBRAND, J., u. M. RAISCH, 1960d; EISENBRAND, J., 1961a; EISENBRAND, J., u. M. RAISCH, 1961b, c, 1962a; EISENBRAND, J., u. D. PFEIL, 1957a).

Insgesamt läßt sich bei solchen Differentialschaltungen die Meßgenauigkeit um bis zu zwei Zehnerpotenzen über die bei okularen Messungen (1%) möglichen steigern. Es ist klar, daß dann Umstände berücksichtigt werden müssen, die ganz nebensächlich sind, wenn keine so große Meßgenauigkeit angestrebt wird.

So hat sich nach Messungen von HALBAN, H. v., und K. SIEDENTOPF (1922) sowie HALBAN, H. v., und L. EBERT (1924) gezeigt, daß Graukeile für solche Präzisionsmessungen nur mit Vorsicht benutzt werden können.

Rotierende Sektoren zur Lichtschwächung können so hohen Anforderungen entsprechend gebaut werden (KORTÜM, G., 1938, S. 78). Die Schichtdicken von Küvetten müssen dann in entsprechender Genauigkeit, d. h. auf mindestens 0,1% genau definiert sein.

Für viele laufende Messungen, insbesondere auf den verschiedensten Gebieten der angewandten Chemie ist eine so hohe Meßgenauigkeit meist nicht erforderlich, es genügt, mit einem relativen Fehler von etwa 1 bis 2% zu arbeiten.

In neuerer Zeit führen sich besonders für Serienmessungen auch in der Fluorimetrie automatisch registrierende Geräte ein. Ein solches Gerät beschreiben FÖRSTER, TH., und K. KASPAR (1955) wie folgt: Die Erregung der Fluoreszenz erfolgte mit einer Quecksilberhochdrucklampe S 80 der Quarzlampen Gesellschaft m. b. H., Hanau, über eine Filterkombination zur Aussonderung der Linie bei 3130 Å. Die Kombination bestand aus 5 cm³ einer wäßrigen Lösung von Nickelsulfat und Kobaltsulfat (240 g $NiSO_4 \cdot 6\,H_2O$ + 45 g $CoSO_4 \cdot 7\,H_2O$ je Liter), weiter 1 cm³ einer wäßrigen Lösung von Kaliumhydrogenphthalat (5 g/l) sowie einem UG 5-Filterglas der Firma Jenaer Glaswerk Schott & Gen. in 2 mm Stärke. Die Einstrahlung des Erregungslichtes erfolgte schräg durch die ebene Vorderfläche der die Lösung enthaltenden 1 cm tiefen Quarzküvette. Das aus der gleichen Fläche senkrecht austretende Fluoreszenzlicht wurde auf den Eintrittsspalt eines automatisch registrierenden Spektralphotometers gesammelt. Dieses Instrument besteht im wesentlichen aus Monochromator, Sekundärelektronenvervielfacher, Gleichspannungsverstärker und einem Braunschen Rohr, auf dessen Leuchtschirm das Fluoreszenzspektrum erscheint. Die Messungen wurden bei Temperaturen zwischen 18 und 22 °C durchgeführt. Abb. 19 zeigt die so registrierten Fluoreszenzspektra von Pyren in Benzol bei verschiedenen Konzentrationen. Auf dem Registrierblatt läßt sich so sehr schön ein Fluoreszenzumschlag von Violett nach Blau mit steigender Konzentration erkennen (s. auch FÖRSTER, TH., 1960).

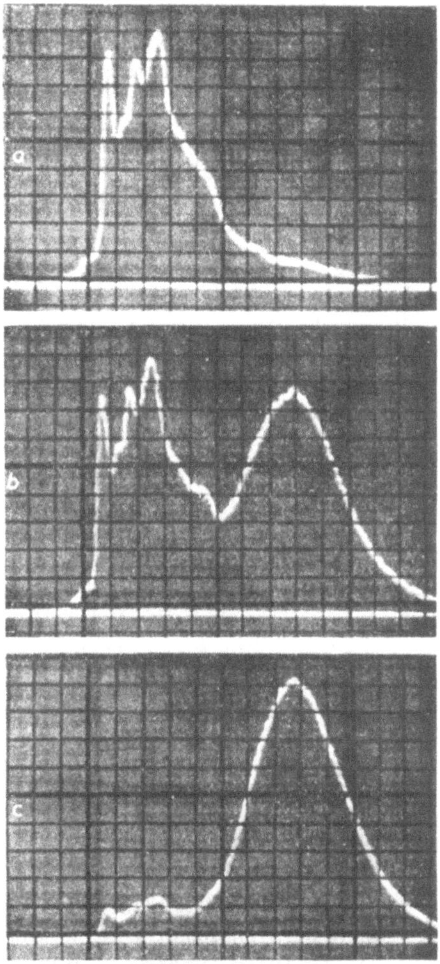

Abb. 19. Fluoreszenzspektra von Pyren in Benzol bei verschiedenen Konzentrationen
a) $2 \cdot 10^{-4}$ Mol/l;
b) $2 \cdot 10^{-3}$ Mol/l;
c) $2 \cdot 10^{-2}$ Mol/l
links: violette Komponente (Maxima 3725, 3840, 3920 Å)
rechts: blaue Komponente (Maximum 4780 Å)

Ein registrierendes Fluorimeter mit Xenonlampe ist das Spektrophotofluorimeter der American Instrument Co., Inc., nach BOWMAN.

Die Benutzung der *photographischen Platte* zum Vergleich zweier Fluoreszenzintensitäten wird heute nur noch in Spezialfällen in Anspruch genommen. Die Gründe hierfür sind folgende: Einmal ist ein solches Verfahren umständlicher als die photoelektrischen Methoden, und zum andern wird im günstigsten Fall höchstens eine Meßgenauigkeit des Vergleiches zweier Lichtintensitäten auf etwa 5% erreicht. Man verwendet die photographische Platte oder den Film daher nur dann, wenn sie in anderer Beziehung gegenüber visuellen oder photoelektrischen Messungen Vorteile bietet, sei es, daß man die Platte als Testobjekt braucht, sei es, daß man Intensitäten in einem ganzen Spektrum vergleichen will.

Lichtschwächungsvorrichtungen. Als solche kommen in den zu Intensitätsmessungen verwendeten Apparaten in Betracht: Blenden, Graukeile, rotierende Sektoren, Nicolsche Prismen, lichtabsorbierende Lösungen. Mit ihrer Hilfe schwächt man die stärkere Fluoreszenzintensität so lange, bis sie der schwächeren gleich erscheint. Bei photographischen Methoden (s. auch S. 33) kann man sogar auf diese Vorrichtungen verzichten, wenn die erregende Lichtquelle genügend konstant brennt. Man nimmt dann die Belichtungszeit als Maß für die Intensität, indem man abwechselnd die Standardintensität mit verschiedenen Belichtungszeiten und die zu messende Fluoreszenz mit einer Belichtungszeit aufnimmt. Für Stellen gleicher Schwärzung der beiden Vergleichsaufnahmen gilt dann das Bunsen-Roscoesche-Gesetz: Die Fluoreszenzintensitäten F_1, F_2 verhalten sich umgekehrt wie die Expositionszeiten t_1, t_2:

$$\frac{F_1}{F_2} = \frac{t_2}{t_1} \qquad (1)$$

Bei stark verschiedenen Expositionszeiten gilt dieses Gesetz allerdings nur in der Form:

$$\log \frac{F_1}{F_2} = p \cdot \log \frac{t_2}{t_1} \qquad (2)$$

p ist der sogenannte „Schwarzschildsche Faktor", er ist für jede Plattensorte besonders zu bestimmen und bewegt sich zwischen 0,9 und 1.

Auch bei Photozellen kann ohne Lichtschwächungsvorrichtungen gearbeitet werden, wenn man genügend konstante Lichtquellen verwendet. Dann ist die Lichtintensität innerhalb gewisser Grenzen direkt dem gemessenen Photostrom proportional. Zur Messung ist dann in diesem Fall nur eine Photozelle nötig.

2.2.1.2. Bedeutung der Richtung, in der das Fluoreszenzlicht austritt

Dieser Punkt ist für quantitative Vergleiche von Fluoreszenzen sehr wichtig. Es sind zwei Fälle zu unterscheiden:

1. Das in gleicher Richtung wie das erregende Licht austretende Fluoreszenzlicht wird beobachtet (Abb. 20a).
2. Das im Winkel zum erregenden Licht austretende Fluoreszenzlicht gelangt zur Beobachtung (Abb. 20b).

Beide Anordnungen haben Vor- und Nachteile. Im ersten Fall muß das erregende Licht durch Lichtfilter oder Spektralapparate viel weitergehend gereinigt sein als im zweiten, denn im ersten Fall gelangt das erregende Licht, das durchgelassen wird, als falsches Licht ebenso in das Auge, die Photozelle oder auf die photographische Platte wie das Fluoreszenzlicht.

Die erste Anordnung kann besonders leicht bei Verwendung von Photozellen zu Falschmessungen führen. Bei okularen Messungen ist die Gefahr geringer; immerhin lassen die ultraviolettdurchlässigen Filter meist auch etwas blaues und rotes Licht durch, so daß auch in diesem Falle bei blauen und roten Fluoreszenzen diese Störung auftreten kann. Wie weit bei solchen Apparaturen falsches Licht tatsächlich in Betracht kommt, läßt sich leicht ermitteln, wenn man zunächst die beiden Vergleichsgefäße mit der gleichen Lösung füllt, ihre

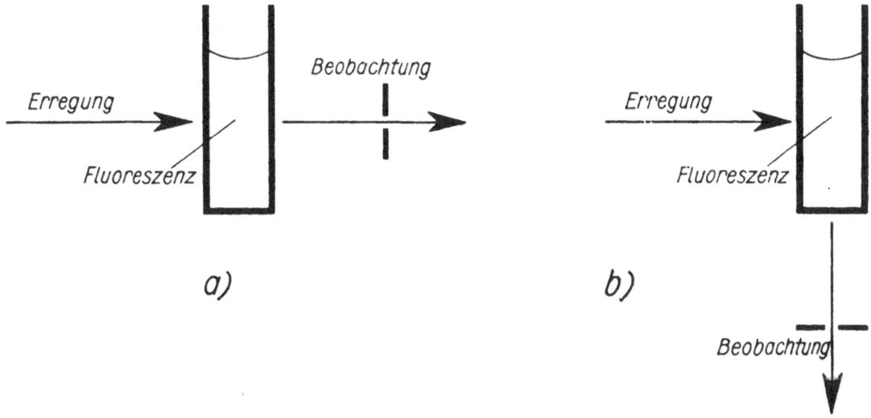

Abb. 20. Beobachtung des Fluoreszenzlichtes
a) in Richtung des Erregerlichtes
b) im Winkel zur Richtung des Erregerlichtes

Intensitätsgleichheit an der Ablesung kontrolliert und dann das eine Gefäß wegnimmt und nun wieder auf Gleichheit der Intensität einstellt. Die zuletzt gemessene Intensität gibt das falsche Licht an. Die Vorteile der Anordnung 1 (Abb. 20a) werden in den späteren Abschnitten ersichtlich.

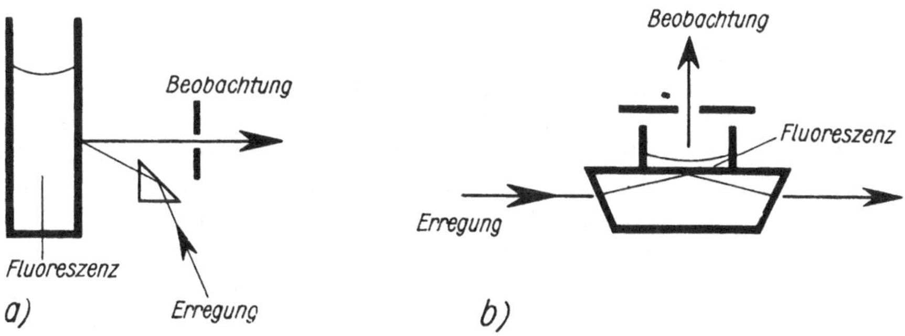

Abb. 21. Beobachtung des Fluoreszenzlichtes im Winkel zur Richtung des Erregerlichtes

Im Fall 2 (Abb. 20b) wird das erregende Licht vom Fluoreszenzlicht besser abgetrennt, dafür wirkt bei konzentrierten Lösungen der Abfall der Intensität in Richtung des erregenden Lichtes störend, allerdings mehr bei Messungen mit dem Auge als mit der Photozelle.

Weitgehend ausgeschaltet wird dagegen das falsche Licht und die Vorteile von 1. bleiben erhalten, wenn man die Fluoreszenzbeobachtung von der gleichen Seite her, von der das erregende Licht mit Hilfe eines Prismas oder eines Spiegels eingestrahlt wird, erfolgen läßt (Abb. 21a). Man kann auch umgekehrt das Prisma oder den Spiegel in den Weg des Fluoreszenzlichtes bringen.

In einer Arbeit von ENNEKING, J., wird für das Pulfrich-Photometer mit Hilfe einer ursprünglich für feste Stoffe gedachten Anordnung auch für Flüssigkeiten eine praktische Beobachtungsart im Winkel zum eingestrahlten Licht angegeben, die etwas von Abb. 21a abweicht.

Für feste Stoffe arbeitet diese Anordnung in folgender Weise (EISENBRAND, J., und G. SIEWERT, 1934 a, b) (s. auch die Gebrauchsanweisung des VEB Carl Zeiss, Jena):

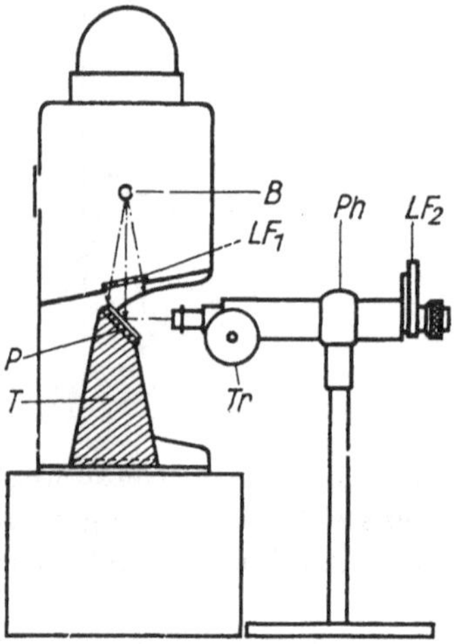

Abb. 22. Fluorimeter des VEB Carl Zeiss, Jena, zur Intensitätsmessung an festen Stoffen
- *B* Quarzbrenner
- LF_1 Primärlichtfilter
- LF_2 Sperrfilter für das Primärlicht
- *P* Näpfe zur Aufnahme der Untersuchungsobjekte
- *Ph* Photometer
- *T* Traggestell
- *Tr* Meßtrommel

Auf einem Traggestell (*T*) (Abb. 22) befindet sich eine im Winkel von 45° zur Beobachtungsrichtung geneigte Fläche, in die man zwei Näpfe (*P*) mit fluoreszierenden Stoffen einsetzen kann. Etwa störendes Licht der erregenden Lichtquelle kann durch die früher (S. 31) schon genannten Filter (LF_2) beseitigt werden. Diese können auch zur spektralen Zerlegung des Fluoreszenzlichtes dienen. In der Figur bezeichnen ferner *B* den Brenner der Quarzlampe, LF_1 das Ultraviolettfilter und *Tr* die Meßtrommel des Photometers (*Ph*).

Ein elegantes Verfahren der Beseitigung des störenden erregenden Lichtes, das freilich nur für flüssige durchsichtige Systeme mit ungefähr dem Brechungsexponenten des Glases in Betracht kommt, ist folgendes:

Auf ein „Umkehrprisma" kittet man ein kleines Stück Glasrohr auf und füllt in die so erhaltene Prismenküvette in dünner Schicht die Lösung ein (Abb. 21b). An der Oberfläche tritt Totalreflexion des erregenden Lichtes ein, so daß dieses nicht in die Beobachtungsrichtung gelangen kann. Über den Bruchteil des bei dieser Methode für die Fluoreszenz nutzbaren Lichtes unterrichtet eine Arbeit von STASIW, O.

Ein sehr empfindliches Verfahren für die Erfassung schwächster Fluoreszenzen in Lösungen wurde von CANALS, E., und P. PEYROT (1936) angegeben.

Es beruht auf der Erkenntnis, daß Fluoreszenzlicht wenig oder gar nicht polarisiert ist. Es wird also absorbiertes polarisiertes Licht in mehr oder weniger unpolarisiertes Fluoreszenzlicht verwandelt. Es sind so z. B. noch Chininmengen von $4 \cdot 10^{-8}$ g/l (= $4 \cdot 10^{-10}$ g/ml) nachweisbar.

2.2.1.3. Fluoreszenzstandards

Da die Entwicklung der Lumineszenzanalyse anders als die der klassischen Emissionsspektralanalyse verlaufen ist, liegen leider bei der Lumineszenzanalyse zahlreiche ältere Arbeiten vor, die nicht auf Standards bezogen sind. Solche Arbeiten sind daher nach heutiger Auffassung unvollständig, so wertvoll die mitgeteilten Fluoreszenzbeobachtungen an sich sein mögen. Hier liegt noch manche Zukunftsaufgabe in der modernen Überarbeitung des oft reichhaltigen und wertvollen Beobachtungsmaterials vor.

Was nun die Frage der Verwendung geeigneter Standards betrifft, so ist es wesentlich, daß sie haltbar, leicht erhältlich und leicht reproduzierbar sein müssen. Nur wenige Standards genügen allen diesen Anforderungen. Sie haben sich daher mit der Zeit zunehmend eingeführt. Zu ihnen gehört für blaue Fluoreszenzen das *Chininsulfat*, für grüne das *oxypyrentrisulfosaure Natrium*, für gelbgrüne und gelbe das *Fluorescein*, für orange das *Rhodamin* und *Eosin*, für rote das *Porphyrin*.

Fluoreszenzstandards für fluoreszenzspektroskopische Intensitätsmessungen haben LIPPERT, E., (1956) sowie LIPPERT, E., U. STEIGER und W. VOSS (1959) angegeben, und zwar außer Chininsulfat in 0,1 n Schwefelsäure noch 4-Dimethylamino-4'-nitrostilben in o-Dichlorbenzol und Trypaflavin in Methanol.

Die Tabelle A1 (am Ende des Anhangs, S. 224/25) zeigt eine Zusammenstellung der charakteristischen Eigenschaften von Fluoreszenzstandards (Lösungen).

Auch für feste Stoffe sind solche Standards empfohlen worden. Tabelle 5 zeigt eine Zusammenstellung der charakteristischen Eigenschaften auch dieser Stoffe (s. hierzu EISENBRAND, J., (1953a) sowie EISENBRAND, J., und G. SIEWERT (1934a).

Tabelle 5

Fluoreszenzstandards (feste Stoffe)
(Angegeben sind Fluoreszenzintensitäten, bezogen auf eine Vergleichslichtquelle von angenähert energiegleichem Spektrum)

Präparat	L_1 (613 nm)	L_2 (532 nm)	L_3 (455 nm)
Natriumsalicylat	3,60	72,50	1961
Salicylsäure	8,15	75,8	532
Chininsulfat	3,35	15,8	45,5
3,4-Dimethoxy-[1]	3,4	33	6,8
3,4-Methylendioxy-[1]	46,7	274	7,1
p-Dimethylamino-[1]	46	1,2	2,1

Über *Malvin* als Standard für Hybridenbestimmung s. Kapitel X.

[1] Azlacton der Benzylidenhippursäure

Daß, wie zahlreiche Untersuchungen zeigen (s. besonders die Kapitel des zweiten Teiles), die rein qualitativen Angaben älterer Arbeiten über mit dem Auge festgestellte „starke", „mittlere" und „schwache" Fluoreszenzen sehr kritisch beurteilt werden müssen, versteht sich von selbst, wenn man überlegt, daß das menschliche Auge nach dem Weber-Fechnerschen Gesetz in erster Linie Kontraste empfindet. Daher kann manchmal eine bestimmte Fluoreszenz als „stark" oder nur als „mittel" bezeichnet werden, je nachdem ob sie gegen hellen oder dunklen Untergrund beobachtet wurde. Allein der Vergleich mit Standards kann hier übersichtliche und klare Angaben erbringen. So kann man die Fluoreszenz einer Chininlösung von 10^{-4} g/ml unter einer Quarzlampe sicher als brillant bezeichnen. Eine Fluoreszenz von Chininsulfat 10^{-8} g/ml, die dem Auge noch deutlich sichtbar ist, die aber nur ein Zehntausendstel der Intensität der oben angeführten brillanten Fluoreszenz besitzt, kann offenbar nicht anders denn als schwach bezeichnet werden. Bei zahlreichen Arbeiten, insbesondere aus der Anfangszeit der Verwendung der Lampen, fehlen solche Angaben.

Bei guten Abdunkelungsmöglichkeiten kann das Auge auch noch Fluoreszenzen bei Lösungen von Chininsulfat in 0,01 n Schwefelsäure erkennen, wenn die Konzentration nur noch $1 \cdot 10^{-11}$ g/ml beträgt. Zweifellos sind solche Leuchterscheinungen als sehr schwach zu bezeichnen. Es ist indessen völlig unmöglich, ältere, ohne Zuhilfenahme von Standards gemachte Angaben etwa nachträglich nach obigen Richtlinien noch einheitlich auszuwerten. Hier kann man höchstens noch größenordnungsmäßige Schätzungen gewinnen. Für andersfarbige Fluoreszenzen gilt ähnliches. Je schwächer die Lichterscheinungen werden, desto unsicherer sind ältere Angaben über die Fluoreszenzstärke. Außer falschem Licht, das durch die Sperrfilter durchgelassen wird (z. B. Rotlicht), kann bei Intensitäten, die unter denen von 10^{-8} Mol/l liegen, der Ramaneffekt störend wirken (s. hierzu II., 2.2.1.7., S. 55).

Siehe ferner Shotton, E., und A. F. S. A. Habeeb; Chechan, C., R. Andran und A. Verant.

2.2.1.4. Verdünnungsempfindlichkeit verschiedener Meßinstrumente

Diese Frage ist zugleich die nach der Wahrnehmbarkeit der Fluoreszenz und nach ihrer Meßbarkeit mit einem gegebenen Instrument. Wie schwache Fluoreszenzen noch meßbar sind, hängt davon ab, ob man mit dem Auge, mit der photographischen Platte, der Photozelle oder einer chemischen Methode mißt. Mit dem Auge sind Lichterscheinungen von der Größenordnung 10^{-3} Lux eben noch wahrnehmbar (vgl. hierzu auch Angerer, E. von, loc. cit. S. 6). Konzentrierung des Lichtes durch Linsen gestattet auch schwächere Erscheinungen noch sichtbar zu machen (Weigert, F., 1927, S. 290; Löwe, F.). Die photoelektrische Meßtechnik ermöglicht es, noch weiter zu gehen. Auch mit der photographischen Platte kann man bei genügend langer Belichtungszeit sehr schwache Lichterscheinungen erfassen (s. S. 32).

Der zweite Umstand, der für die Wahrnehmbarkeit ausschlaggebend ist, ist die Größe und Anordnung des fluoreszierenden Volumens. Die Anordnung ist um so günstiger, je dicker die Schicht vor dem Auge, der Photozelle oder der photographischen Platte bei gleicher Größe des Volumens ist.

Dieses fluoreszierende Volumen ist im allgemeinen bei visuellen Nephelometern am größten, bei Kolorimetern am kleinsten. Photometer vom Typ des Pulfrich-Photometers stehen dazwischen. Natürlich kann bei all diesen Instrumenten noch eine Empfindlichkeitssteigerung durch Linsensysteme, die das erregende Licht verstärken, erreicht werden. Bei analytischen Anwendungen darf allerdings nicht vergessen werden, daß bei der Untersuchung immer schwächerer Fluoreszenzerscheinungen zugleich die Spezifität der Fluoreszenz immer mehr zu wünschen übrigläßt. Für photoelektrische Methoden gilt hinsichtlich der Empfindlichkeit sinngemäß ähnliches. Bei visuellen Methoden ist die Kontrastschwelle des Auges nicht zu unterschreiten. Elektrische Empfänger, wie Photozellen und Photoelemente, gestatten heute dagegen eine Verstärkung der erzeugten Photoströme, die man fast beliebig weit führen kann. Hier wird die Grenze der analytischen Möglichkeiten auf andere Weise erreicht, worauf später noch näher eingegangen wird.

2.2.1.5. Abhängigkeit der Fluoreszenz von der Konzentration

Die Frage der Abhängigkeit der Fluoreszenzintensität von der Konzentration wurde unter vergleichbaren Meßbedingungen für visuelle Meßinstrumente (Kolorimeter, Nephelometer, Pulfrich-Photometer) von ENNEKING, J., vergleichend geprüft. Untersuchungen mit der in Abb. 14 (S. 37) dargestellten Apparatur führten in der Empfindlichkeit noch wesentlich weiter. Die benutzte fluoreszierende Substanz war dabei oxypyrentrisulfosaures Natrium, das bei Einstrahlung der Quecksilberlinie von 366 nm strahlend grünblau fluoresziert. Das Fluoreszenzlicht wurde durch ein Sperrfilter bei etwa 510 nm gereinigt. Abb. 23 zeigt die Ergebnisse.

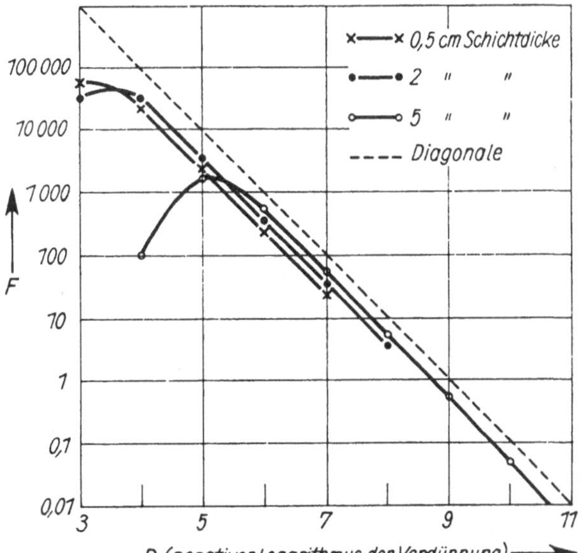

Abb. 23. Abhängigkeit der Fluoreszenzintensität F von der Verdünnung bei Lösungen von oxypyrentrisulfosaurem Natrium

Aus dieser Abbildung läßt sich folgendes ersehen: Der Maßstab ist bilogarithmisch. Diese Darstellungsweise gestattet es, die Abhängigkeit der Fluoreszenzintensität von der Konzentration über ein großes Intervall darzustellen. Die Bezeichnungen D_3 bis D_{10} auf der Abzisse bedeuten die negativen Logarithmen der Konzentration, z. B. bedeutet D_4: — log 4. Die zugehörige Konzentration ist dann $1 \cdot 10^{-4}$ g/ml. Diese Schreibweise ist eine Vereinfachung, ähnlich der Verwendung von pH-Werten statt der Angabe der Wasserstoffionenkonzentration. Gleichzeitig haben diese Bezeichnungen die Bedeutung von Verdünnungen, z. B. bedeutet D_4 die Verdünnung von 1 : 10000. In der Abbildung sieht man drei nebeneinander laufende Kurvenzüge. Es sind dies die mit dem Photometer gemessenen Fluoreszenzintensitäten der Lösung, wobei verschiedene Schichtdicken verwendet wurden. Dementsprechend waren die bestrahlten Volumina der Lösung nicht ganz identisch, sondern beim Trog mit größter Schichtdicke etwas größer, beim Trog mit kleinster Schichtdicke etwas kleiner als beim 2-cm-Trog. (Siehe in Abb. 24 die durch Schwärzung, Schraffierung. Punktierung und Abgrenzung angezeigten Volumina. Das anvisierte Volumen ist am kleinsten bei Abb. 24 b [schraffiert], am größten bei Abb. 24 c.) Demgemäß zeigt die Verdünnungs-

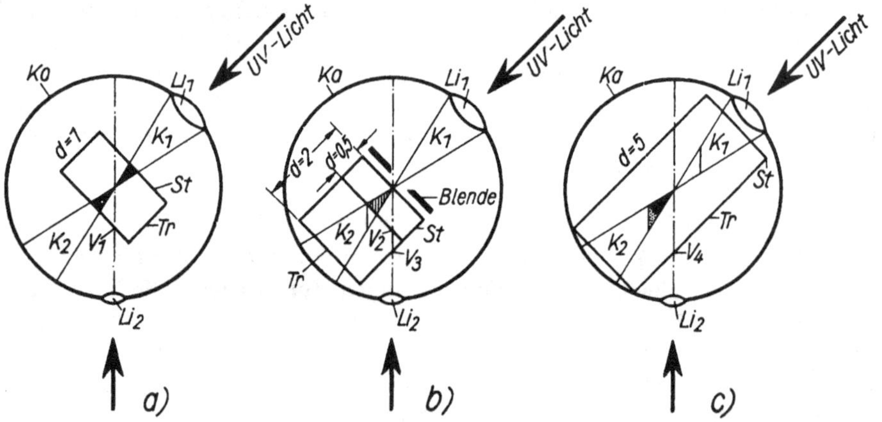

Abb. 24. Fluoreszierende Volumina bei verschiedenen Trogstellungen und Trogdicken (angedeutet durch Schwärzung, Schraffierung, Punktierung und Abgrenzung)

d	Schichtdicke des Troges in cm
K_1, K_2	Kegel des Primärlichtes
Ka	Trogkammer (zylindrisch, Aufsicht)
Li_1, Li_2	Linsen
St	Stirnplatte des Troges
Tr	Trog [in Abb. b) sind Tröge verschiedener Schichtdicken ($d = 2$; $d = 0{,}5$) angedeutet]
V_1, V_2, V_3, V_4	Anvisierstellen

empfindlichkeit je nach dem verwendeten Trog einen etwas anderen Kurvenverlauf. Die Fluoreszenzintensität für D_4 und den Trog mit der Schichtdicke 5 cm wurde willkürlich gleich Hundert gesetzt. Die anderen Fluoreszenzintensitäten ergeben sich dann hieraus durch Umrechnung. Die drei Fluoreszenzkurven zeigen alles Wesentliche, was bei einer solchen Verdünnungsreihe berücksichtigt werden muß. Bei der Kurve, die mit dem Trog von 5 cm Schichtdicke aufgenommen wurde, geht die Fluoreszenz bei Verdünnung durch ein Maximum, etwa bei D_5. Bei den beiden andern Trögen mit kleinerer Schichtdicke ist dieses Maximum höchstens noch angedeutet, insbesondere ist der Konzentrationsverlauf in der Schichtdicke 0,5 cm bereits völlig eindeutig. Hieraus geht unmittelbar hervor, daß es sich hier um kein „echtes" Maximum handeln kann, wie es etwa durch Fluoreszenzlöschung in konzentrierter Lösung hervorgerufen sein könnte (s. Abschnitt II. 2.2.2.2.). Vielmehr handelt es sich in diesem Falle um eine dem fluoreszierenden Feld vorgelagerte lichtabsorbierende Strecke, die diese Erscheinung zustande bringt. Sie ist naturgemäß am größten bei dem Trog mit der größten Schichtdicke. Bei Konzentrationsbestimmungen muß stets auf solche Verhältnisse Rücksicht genommen werden. Ein Maximum, das durch Fluoreszenzlöschung zustande kommt (echtes Maximum), ist unabhängig von der Beobachtungsrichtung und kann leicht festgestellt werden, wenn man die Schichtdicke wechselt.

Aus vorstehender Abbildung ist ferner zu ersehen, daß bei Benutzung des Troges mit der größten Schichtdicke im Pulfrich-Photometer die Verdünnung D_{10} gerade noch meßbar ist. Je nach den Erfordernissen wird man daher passende Schichtdicken auswählen. In Konzentrationen der Größenordnung D_5 und weniger nimmt man am besten möglichst kleine Schichtdicken, bei Verdünnungen größer als D_8 möglichst große.

Die Abbildung zeigt ferner, daß von D_6 ab zu größeren Verdünnungen hin für alle benutzten Schichtdicken völlige Proportionalität zwischen Konzentration und Fluoreszenzintensität herrscht. Es ist dann, mit andern Worten, in diesem Konzentrationsgebiet $\frac{\text{Fluoreszenzintensität}}{\text{Konzentration}} = \text{konstant}$, wie sich aus Abb. 23 leicht ersehen läßt, denn sämtliche Kurven sind der für diesen Vergleich hilfsweise eingezeichneten Diagonale parallel und gleichlaufend. Die Diagonale zeigt aber in dieser Darstellung die direkte Proportionalität zwischen Fluoreszenzintensität und Konzentration an. Die oben angeführte Konstante stellt das auf die Einheit der Konzentration bezogene Fluoreszenzvermögen dar. Diese Konstante hat Perrin, F., (1924 a) das *spezifische Fluoreszenzvermögen* $\Phi = \frac{F}{c'}$ genannt, wobei F die gemessene Fluoreszenzintensität in willkürlichen Einheiten und c' die Konzentration darstellen.

Für höhere Konzentrationen gilt nach Perrin, F., (1924 a) die folgende Beziehung zwischen Fluoreszenzintensität und Konzentration, die von den individuellen Eigenschaften des benutzten Meßinstrumentes weitgehend unabhängig ist:

$$\Phi = \Phi_0 \, e^{-K \cdot c'}, \tag{3}$$

die sich nach dem Logarithmieren in der Form

$$K = \frac{1}{c'} \lg \frac{\Phi_0}{\Phi} \tag{4}$$

leicht prüfen läßt. K soll danach bei kleineren Verdünnungen als D_6 für oxypyrentrisulfosaures Natrium eine konstante Zahl sein. Wie man aus den in Abb. 23 eingetragenen Meßwerten leicht berechnen kann, ist das für jede der genannten Schichtdicken tatsächlich der Fall.

Die Abb. 24a bis c zeigen, wie in einem okularen Meßinstrument (Pulfrich-Photometer) die besten Bedingungen für die Herstellung fluoreszierender Volumina erreicht werden können. Man erhält diese durch geeignete Einschiebung eines Spaltes vor den Trog mit fluoreszierender Lösung (Abb. 24b). Für solche fluoreszierende Volumina sind die Meßbedingungen ohne Spalt nicht so günstig (Abb. 24a). Erst bei sehr hohen Verdünnungen werden auch spaltlose Anordnungen mit großer Schichtdicke brauchbar (Abb. 24c).

2.2.1.6. Die grundlegende Bedeutung des Zusammenhanges zwischen Lichtabsorption und Fluoreszenzintensität

Bisher wurde die Fluoreszenz rein erscheinungsmäßig als Eigenschaft für sich ohne Berücksichtigung anderer optischer Eigenschaften behandelt. Das Ziel war dabei, so weit wie möglich die einfachen Gesetzmäßigkeiten der quantitativen Fluorimetrie, wie Verdünnungsempfindlichkeit und Abhängigkeit der Intensität von der Konzentration, nur unter der Benutzung von Daten, die bei Fluoreszenzmessungen selbst gewonnen wurden, abzuleiten (s. auch die vorhergehenden Abschnitte). Für ein vertieftes Verständnis und besonders für das Erfassen der größeren Zusammenhänge erscheint es aber nunmehr unerläßlich, näher auf die enge Verknüpfung der Lichtabsorption chemischer Individuen mit ihrer Fluoreszenz einzugehen. Wie schon in Abschnitt ,,Grundlagen und Vorbemerkungen zur Theorie der Lumineszenzerscheinungen" kurz zitiert wurde, ist die Lichtabsorption notwendige, jedoch nicht hinreichende Vorbedingung für die Entstehung von Fluoreszenz. Es kann also, um es an einem Beispiel zu erläutern, aus der Tatsache, daß eine bestimmte chemische Verbindung ultraviolette Strahlen der Linie 366 nm absorbiert, nicht von vornherein Fluoreszenz vorausgesagt werden. So senden die Nitrophenolate einschließlich der Salze der Pikrinsäure trotz hoher Lichtabsorption keine Fluoreszenz aus. Umgekehrt kann aber stets die Behauptung aufgestellt werden, daß stark fluoreszierende Verbindungen starke Lichtabsorption für das die Fluoreszenz erregende Licht besitzen müssen und daß überhaupt jede Fluoreszenz nur nach vorheriger Lichtabsorption entstehen kann. Im einzelnen ergibt sich folgendes: Beobachtet man starke Fluoreszenzstoffe in nicht zu verdünnten Lösungen, so sieht man, daß das Innere des Reagenzglases oder der Küvette, die dem erregenden Licht zugekehrt sind, eine helle Fluoreszenzschicht zeigt. Je konzentrierter die Lösung ist, desto dünner ist die Schicht. Diese Erscheinung nennt man *Oberflächenfluoreszenz*. Verdünnt man nun nach und nach mit dem Lösungsmittel, so wird die fluoreszierende Schicht immer breiter, schließlich fluoresziert die ganze Lösung (*Volumenfluoreszenz*).

Diese Erscheinungen lassen sich mit Hilfe der Lichtabsorption schon rein qualitativ sehr einfach verstehen:

In der konzentrierten Lösung wird das gesamte verfügbare erregende Licht bereits in einer dünnen Schicht der Lösung absorbiert, es dringt kein erregendes Licht in das Innere der Lösung, diese bleibt dunkel.

Mit steigender Verdünnung wird die Lichtabsorption in den äußeren Schichten schließlich nicht mehr ausreichen, um alles erregende Licht zu verbrauchen, auch das Innere der Flüssigkeit erhält erregendes Licht und fluoresziert.

Während bis jetzt zwar, was die Ausdehnung des fluoreszierenden Volumens betrifft, Änderungen eingetreten sind, hat die gesamte Fluoreszenzintensität keine Änderung erfahren, sie zeigt sich bei passender Meßanordnung (z. B. Abb. 20a oder 21a) konstant. Erst bei weiterer Verdünnung nimmt sie ab.

Bei steigender Verdünnung folgen dann konzentrationsabhängige Gebiete, auf die gleich näher eingegangen wird. Hierzu ist jedoch eine quantitative Betrachtung des Zusammenhanges zwischen Lichtabsorption und Fluoreszenz nötig.

Im einfachen Fall, wenn nur das erregende Licht von der Lösung absorbiert wird, das Fluoreszenzlicht dagegen nicht, ergibt sich folgendes:

Für die *Lichtabsorption* (*Extinktion*) gilt die Gleichung $E = \lg \frac{I_0}{I}$, darin bedeuten E die Lichtabsorption, I_0 die eingestrahlte Intensität des Primärlichtes, I die nach Durchgang durch die Lösung oder Flüssigkeit noch vorhandene Lichtintensität. Für E gilt andererseits das Beer-Lambertsche Gesetz: Die Lichtabsorption ist proportional der durchstrahlten Schichtdicke d, der Konzentration c des gelösten Stoffes, gewöhnlich ausgedrückt in Mol/l, und einer von Stoff zu Stoff wechselnden Konstante, dem molekularen *Lichtabsorptionskoeffizienten* oder *Extinktionskoeffizienten*. Der Koeffizient wird hier mit ε bezeichnet, in manchen Arbeiten auch mit k, seltener mit anderen Buchstaben. Das Gesetz lautet dann:

$$E = \varepsilon \cdot c \cdot d \tag{5}$$

Die Schichtdicke d ergibt sich aus den Dimensionen des jeweils verwendeten Apparates, ε ist heute für die meisten fluoreszierenden Stoffe bekannt oder kann, wie später gezeigt wird, leicht festgestellt werden. Wenn nun c bekannt ist, läßt sich für jeden Einzelfall E ermitteln, daraus $\lg \frac{I_0}{I}$ und daraus I, da ja I_0 bekannt ist. Beispielsweise ist, wenn man in Prozenten rechnet, $I_0 = 100\%$. Das von der Lösung absorbierte Licht ergibt sich dann zu $I_{abs} = I_0 - I$.

Es ist weiter:

$$E = \lg \frac{I_0}{I} = \lg \frac{I_0}{I_0 - I_{abs}} \tag{6}$$

Andererseits ist die Fluoreszenzintensität der absorbierten Lichtintensität direkt proportional, es ist also

$$I_{abs} = \text{const} \cdot F \tag{7}$$

Darin bedeuten F die Fluoreszenzintensität und const eine bestimmte Zahl. Im Sonderfall der genügend konzentrierten Lösung ist $I_0 = \text{const} \cdot F_k$, wobei F_k die zugehörige Fluoreszenzintensität bedeutet, denn hier wird I_0 völlig absorbiert und in Fluoreszenz verwandelt. Diese Tatsache ist der Hauptvorteil bei der Beobachtung nach den Methoden der Abb. 20a und 21a.

Nun läßt sich die Lichtabsorptionsgleichung sofort wie folgt umformen:

$$E = \lg \frac{F_k}{F_k - F} \tag{8}$$

Es läßt sich also, wenn eine Fluoreszenzintensität bekannt und die dazugehörige Konzentration gegeben ist, jede beliebige andere einer anderen Konzentration entsprechende berechnen.

Eine Meßreihe, die solche Berechnungen gestattet, hat ENNEKING, J., mit Chininsulfat durchgeführt. Verwendet wurde auch hier das Pulfrich-Photometer. Der Lichtabsorptionskoeffizient für Chininsulfat bei 366 nm ist $\varepsilon = 8000$. Die verwendete Schichtdicke war $d = 0{,}25$ cm. Die konzentrierteste Lösung enthielt 1 g/l $= 1{,}125 \cdot 10^{-3}$ Mol/l. Hieraus ergibt sich für die Extinktion $E = \varepsilon \cdot c \cdot d = 2{,}25$, die übrigen E-Werte ergeben sich dann durch Einsetzen der entsprechenden Konzentration in die Proportion

$$\frac{E}{E_{\text{Standard}}} = \frac{c}{c_{\text{Standard}}} = \frac{c'}{c'_{\text{Standard}}}, \tag{9}$$

wobei c' und c'_{Standard} die Konzentrationen in g/l bezeichnen. Aus E erhält man dann I und hieraus I_{abs}, das sich direkt mit F vergleichen läßt, wie oben beschrieben. Die Beobachtungsart war die, wie sie in den Abbildungen 20a oder 21a dargestellt wurde. In Tabelle 6 sind die Ergebnisse der Meßreihe zusammengefaßt.

Tabelle 6

Chininsulfat in verdünnter Schwefelsäure
Vergleich der gemessenen mit den aus der Lichtabsorption berechneten Fluoreszenzintensitäten

c'	E	I %	$I_{\text{abs}} = (I_0 - I)$ %	F gefunden %
1,0	2,25	0,6	99,4	100
0,85	1,91	1,2	98,8	99,4
0,70	1,58	2,7	97,3	96,1
0,55	1,21	6,2	93,8	92,0
0,40	0,90	12,6	87,4	84,9
0,25	0,563	27,4	72,6	65,8
0,10	0,225	60,0	40,0	35,0

Die Übereinstimmung von Spalte 4 und 5 ist deutlich zu sehen.

Schließlich kann man bei Kenntnis der Apparatdimensionen aus der Lichtabsorption unmittelbar ersehen, unterhalb welcher Konzentrationsgrenze das Gebiet der direkten Proportionalität zwischen Fluoreszenzintensität und Konzentration erreicht wird. Besitzen zwei Konzentrationen, die sich wie 10 : 1 verhalten, die Lichtabsorption 1,0 und 0,10, so sind die zugehörigen Fluoreszenzintensitäten 90% und 20,6%; sie sind noch nicht entfernt proportional der Konzentration. Besitzen die gleichen Konzentrationen dagegen die Lichtabsorption 0,10 und 0,010, so sind die zugehörigen Fluoreszenzintensitäten 20,6% und 2,28%, d. h., die Abweichung von der Proportionalität beträgt, wenn E kleiner ist als 0,10, bei Messungen, die sich über eine Zehnerpotenz der Konzentration erstrecken, höchstens etwa 10%. Wenn E kleiner wird als 0,010, wird die Abweichung von der Proportionalität unter sonst gleichen Bedingungen kleiner als 1%.

Da nun nach dem Beer-Lambertschen Gesetz [s. S. 51, Gl. (5)]

$$E = \varepsilon \cdot c \cdot d$$

ist, läßt sich die Grenzkonzentration, unterhalb derer Proportionalität bis zu dem gewünschten Grad herrscht, ersehen aus

$$c = \frac{E}{\varepsilon \cdot d}\text{ ; speziell für } E = 0{,}10 \text{ ist } c = \frac{0{,}1}{\varepsilon \cdot d} \text{ [Mol/l]}$$

Individuell verschieden ist von Apparat zu Apparat nur d, die Dicke der durchstrahlten Schicht, die zur Beobachtung kommt.

Da somit die Kenntnis der Extinktionskoeffizienten bei der Untersuchung fluoreszierender Stoffe gute Dienste leisten kann, sind diese Werte für eine Reihe bekannter Stoffe in der Tabelle 7 zusammengestellt.

Tabelle 7

Molarer Lichtabsorptionskoeffizient ε[1] für verschiedene Fluoreszenzstoffe

Name	$\varepsilon \cdot 10^{-3}$ 366 nm	313 nm	254 nm
Acridin	4 bis 6	—	—
Äsculin	10 bis 12	—	—
Chinin (schwefelsauer)	7 bis 8	—	—
Hydrastinin-hydrochlorid	9	—	—
α-Naphthol (alkalisch)	0,4	—	—
β-Naphthol (alkalisch)	0,4	—	—
β-Methylumbelliferon (alkalisch)	12 bis 13	—	—
Thiochrom	16		
Thioharnstoff	0	0	10
Acrylsäure			0,6
Ölsäure	0	0	0,2
Östron	0	0	0,6
Styrol	0	0	10
Vitamin D_3	0	0	16

Über die Lichtabsorption der S. 109 genannten Fluorochrome s. HAITINGER, EISENBRAND, WERTH.

Der kompliziertere Fall, daß sowohl das erregende wie auch das Fluoreszenzlicht selbst von der Lösung absorbiert werden, bietet nichts grundsätzlich Neues, so daß sich eine gesonderte Behandlung hier erübrigt (DUSEBERG, TH.). Eine interessante Verknüpfung von Lichtabsorption und Fluoreszenz stellt die von PLOTNIKOW, J., und J. KUBAL (1938) beschriebene „Chemofluoreszenz" dar, bei der eine durch ultraviolettes Licht erregte Fluoreszenz selbst wieder als erregende Lichtquelle auf andere Fluoreszenzstoffe wirkt.

2.2.1.7. Vergleich der Empfindlichkeit von Messungen der Fluoreszenzintensität und der Lichtabsorption

Die Betrachtung des Zusammenhanges zwischen Lichtabsorption und Fluoreszenzintensität gestattet schließlich auch interessante Vergleiche der Empfindlichkeit beider Methoden.

Die in Abb. 23 mitgeteilten Messungen an oxypyrentrisulfosaurem Natrium zeigen, daß man unter günstigsten Verhältnissen visuell noch $1 \cdot 10^{-10}$ g/ml dieses Stoffes messen kann. Die Lichtabsorption, die diese Fluoreszenzintensität

[1] Es ist angegeben: $\varepsilon \cdot 10^{-3}$, der ε-Wert ergibt sich daher aus den Zahlen der Tabelle durch Multiplikation mit 1000.

Die Werte sind entnommen aus LANDOLT/BÖRNSTEIN: Zahlenwerte und Funktionen aus Physik, Chemie, Astronomie, Geophysik und Technik. 6. Auflage, Springer Verlag, Berlin/Göttingen/Heidelberg 1951 (PESTEMER, SCHEIBE, SCHÖNTAG, BRÜCK, 3, II, S. 231).

verursacht, ist 0,000001. In diesem Zusammenhang erscheint es interessant zu sehen, welche Bruchteile des eingestrahlten Lichtes so kleinen Lichtabsorptionen entsprechen. Dies zeigt Tabelle 8.

Tabelle 8
Prozente des bei einer bestimmten Extinktion in Fluoreszenz verwandelten eingestrahlten Lichtes

Extinktion $E_{1\,cm}$	% des eingestrahlten Lichtes, in Fluoreszenz umgewandelt
1,0	90
0,1	20,7
0,01	2,3
0,001	0,23
0,0001	0,023
0,00001	0,0023
0,000001	0,00023

Weitere Versuche haben gezeigt, daß mit den heutigen Analysenlampen noch Chininsulfatkonzentrationen von $1 \cdot 10^{-9}$ g/ml (= $1{,}125 \cdot 10^{-9}$ Mol/l) ohne jedes besondere Hilfsmittel einfach im Reagenzglas unter der Lampe mit dem Auge mit Hilfe ihrer Fluoreszenz wahrgenommen werden können. Die dieser Konzentration entsprechende Lichtabsorption ist $E = 0{,}0000135$. Solche kleinen Lichtabsorptionen sind heute durch direkte Messung weder mit dem Auge noch mit Photozellen, noch photographisch zu bestimmen. Dagegen sind sie indirekt über die Fluoreszenz wahrnehmbar und meßbar. Hieraus geht ohne weiteres die größere Empfindlichkeit einer Fluoreszenzmessung gegenüber einer Lichtabsorptionsmessung hervor. Wenn man die Wahl hat, wird man also, wenn es auf die exakte Bestimmung kleinster Mengen ankommt, aus diesem Grunde wohl fast immer die Fluoreszenzmethode vorziehen. Der Vorteil der Fluoreszenzmessung (Fluorimetrie) beruht vor allem darauf, daß man dabei das starke eingestrahlte Licht nicht zur Messung braucht, sondern daß man die Messung auf einen möglichst ähnlichen lichtschwachen Standard beziehen kann, während bei der Messung kleiner Lichtabsorption das relativ sehr starke eingestrahlte Licht mit dem nur sehr wenig davon verschiedenen die Lösung unverbraucht verlassenden Licht verglichen werden muß. Das ist z. B. mit dem Auge nur bis zu der Grenze vou $E = 0{,}004$ möglich, entsprechend $\lg \frac{I_0}{I} = \lg \frac{100}{99}$.

Im folgenden ist eine Tabelle der bisher mit Hilfe der Fluoreszenz erreichten Nachweisempfindlichkeiten für verschiedene anorganische und organische Stoffe zusammengestellt (Tabelle 9), die nicht erschöpfend sein soll und in der nur Stoffe aufgeführt sind, die unter $1 \cdot 10^{-8}$ g/ml (= 0,01 µg/ml) nachweisbar sind. Wie man sieht, werden teilweise Empfindlichkeiten bis zu 10^{-11} g/ml erreicht. Die Empfindlichkeitssteigerung liegt im allgemeinen gegenüber einer der Lichtabsorption entsprechenden Farbreaktion mindestens etwa 2 bis 3 Zehnerpotenzen höher. Die untere Begrenzung wird meist durch die Streueffekte des Lösungsmittels erreicht (Tyndall- und Raman-Effekt).

Der *Ramaneffekt* kann besonders störend sein, da hier Banden auftreten, die Fluoreszenzen vortäuschen können. Es ist hier das Lösungsmittel Wasser besonders zu beachten, da es bei den meisten fluorimetrischen Untersuchungen verwendet wird.

Aus Tabelle 9 kann man sofort sehen, welche geringen Mengen des erregenden Lichtes in den angeführten Fällen in Fluoreszenzstrahlung verwandelt werden.

Tabelle 9
Empfindlichkeit des Nachweises durch Fluoreszenz (Eisenbrand, J., 1953)

Name	Art des Nachweises	Autoren	Geringste nachgewiesene Menge in g/cm³ bzw. in g (*)
Anorganische Stoffe			
Thallium	als Chlorid (R)	Sill, C. W., u. H. E. Peterson (1949)	$2 \cdot 10^{-8}$
Zink	mit Oxychinolin	Eisenbrand, J., (1930)	$1 \cdot 10^{-8}$
Uran	E	Rodden, C. J.	$1 \cdot 10^{-11}$ (*)
Sauerstoff	Löschung der Fluoreszenz von Trypaflavin	Kautsky, H., u. G. O. Müller (1947)	$3 \cdot 10^{-13}$ (*)
Organische Stoffe			
Orange I (L)	Reduktion	Eisenbrand, J., (1951 b)	$1 \cdot 10^{-8}$
Neucoccin (L)	Reduktion	Eisenbrand, J., (1951 b)	$2{,}5 \cdot 10^{-9}$
Naphthionsäure	E	Eisenbrand, J., (1951 b)	$1 \cdot 10^{-9}$
Adrenalin	$NaOH + O_2$	Lehmann, G., u. H. F. Michaelis (1942 a, b, c; 1943 a, b; 1949 a; 1943 c); Lehmann, G., u. H. Kinzius (1949 b, c); Michaelis, H. F., u. H. H. Straub; Hanner, N., H. F. Michaelis u. A. Szakall	$1 \cdot 10^{-9}$
Porphyrin	E	Dhéré, Ch. (1937)	$1 \cdot 10^{-9}$
Vitamin B_1	Oxydation (Thiochrom)	Kuhn, R., u. H. Vetter (1935 a)	$5 \cdot 10^{-11}$
Chininsulfat	E	Canals, E., u. P. Peyrot (1936)	$4 \cdot 10^{-11}$
Benzpyren	E	Specker, H., (1941)	$1{,}3 \cdot 10^{-9}$
Anthracen	E	Pringsheim, P., u. A. Vogels (1951)	$1 \cdot 10^{-10}$
Fluorescein	E	Pringsheim, P., u. A. Vogels (1951)	$1 \cdot 10^{-10}$
Oxypyrentrisulfosaures Natrium	E	Eisenbrand, J., (1953)	$1 \cdot 10^{-10}$
Hydrastinin	E	Bayle, E., u. R. Fabre (1924 a)	$1 \cdot 10^{-11}$

R = Anregung mit Hg-Resonanzlinie 253,7 nm
L = Lebensmittelfarbstoff
E = Eigenfluoreszenz

Abb. 25 zeigt eine Aufnahme des Spektrums einer wäßrigen Lösung von $1 \cdot 10^{-8}$ g/m oxypyrentrisulfosaures Natrium, in der neben der breiten Fluoreszenzbande (rechts) die schmälere Ramanbande des Wassers bei 417,1 nm sichtbar wird. Die Schichtdicke des fluoreszierenden Volumens war 5 cm, die Extinktion $E = 0,000045$ (EISENBRAND, J., 1954 a). Die Auswertung des Spektrogramms zeigt Abb. 26.

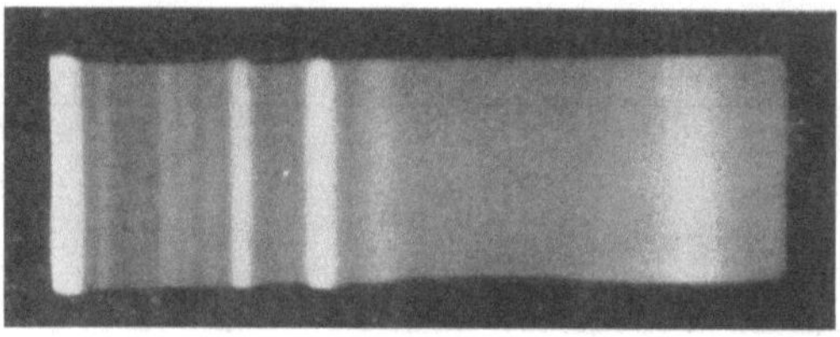

Abb. 25. Spektrogramm einer wäßrigen Lösung von oxypyrentrisulfosaurem Natrium (10^{-8} g/ml)

EISENBRAND, J., und H. PICHER (1944) hatten ferner die Störmöglichkeit der gleichen Ramanbande für die Fluoreszenzbande des Chinins festgestellt. PARKER, C. A., (1959) hat nun die Fluoreszenzbande des Chininsulfats mit Wasser quantitativ verglichen. Das Ergebnis zeigt Abb. 27. Man ersieht aus ihr, daß bei $1 \cdot 10^{-9}$ g/ml Chininsulfat die Ramanbande des Wassers (A, B) bereits an Intensität die Fluoreszenzbande des Chininsulfats übertrifft.

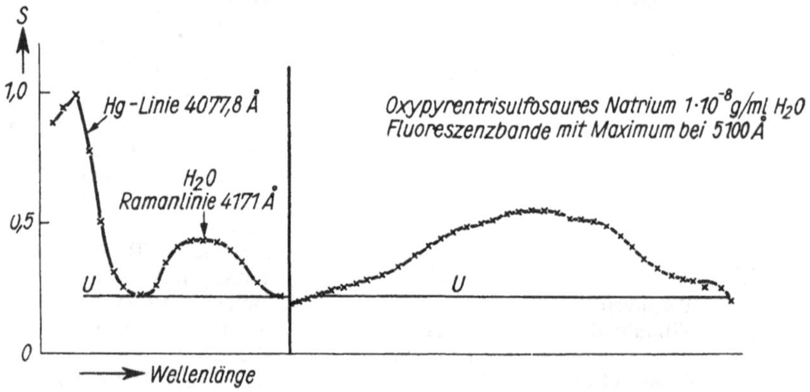

Abb. 26. Auswertung des Spektrogramms der Abb. 25

Ähnliches gilt für den Vergleich der Ramanbande des Cyclohexans als Lösungsmittel mit der Fluoreszenzbande von Anthracen als gelöstem Kohlenwasserstoff, wie die Abbildungen 28 und 29 zeigen. Auch hier sind bei $7,5 \cdot 10^{-8}$ g/ml Anthracen bereits erhebliche Einflüsse der Ramanbande des Cyclohexans auf die Fluoreszenzbande des Anthracens nachweisbar.

Die Bedeutung dieser Störmöglichkeiten für den Nachweis von Kohlenwasserstoffen, insbesondere für den des Benzpyrens, bedarf noch eingehender Untersuchung.

Tabelle 10a zeigt die von PARKER in verschiedenen Lösungsmitteln beobachteten Ramanbanden, die die Messung von Fluoreszenzbanden störend beeinflussen können, in Frequenzverschiebungen ausgedrückt, Tabelle 10b die durch verschiedene Quecksilberlinien erregten Ramanbanten.

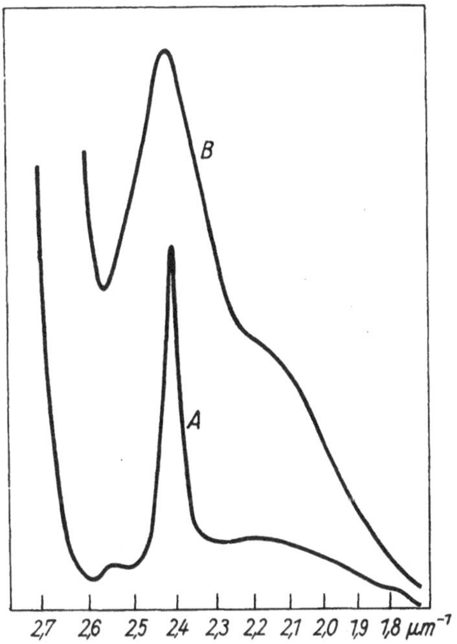

Die Eliminierung des Einflusses der Ramanlinien des Lösungsmittels geschieht automatisch bei allen Anordnungen, die einen Blindwert des Lösungsmittels feststellen.

Immerhin empfiehlt es sich stets, solche Messungen geringer Fluoreszenzintensitäten von Fall zu Fall eingehend kritisch zu überprüfen.

Abb. 27. Wirkung der Spaltbreite auf die Fluoreszenz- und Ramanspektren, wenn 0,001 μg Chininsulfat je Milliliter 0,1 n Schwefelsäure durch Licht der Wellenlänge 365 nm erregt wird
Kurve *A*: Spaltbreite 0,25 mm
Kurve *B*: Spaltbreite 1,75 mm und geringere Empfindlichkeiten als bei Kurve *A*

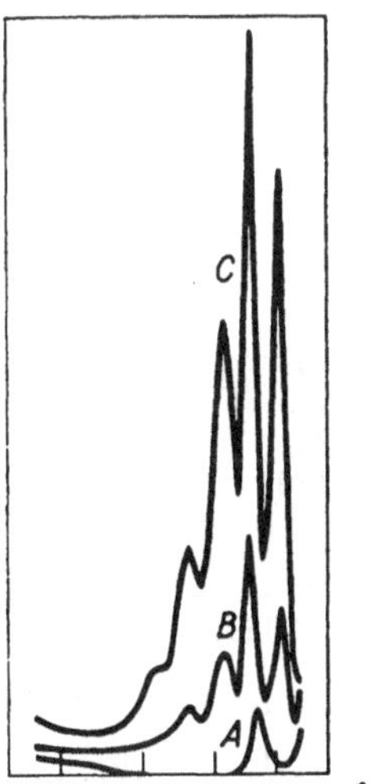

Abb. 28. Erregungsspektra von Anthracen in Cyclohexan mit Fluoreszenz-Monochromator für 397 nm
Kurve *A*: reines Lösungsmittel
Kurve *B*: 0,007 μg/ml Anthracen
Kurve *C*: 0,025 μg/ml Anthracen

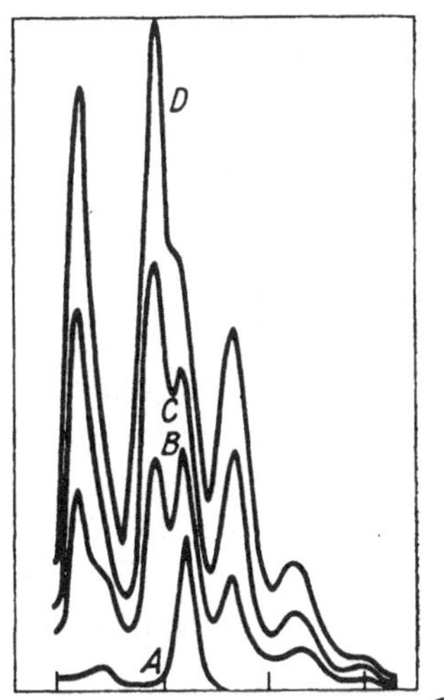

Abb. 29. Emissionsspektra von Anthracen in Cyclohexan mit 365-nm-Erregung
Kurve *A*: reines Lösungsmittel
Kurve *B*: 0,025 μg/ml Anthracen
Kurve *C*: 0,05 μg/ml Anthracen
Kurve *D*: 0,075 μg/ml Anthracen

Unbeschadet dessen gehören Fluoreszenznachweise damit in bestimmten Fällen zu den empfindlichsten Stoffnachweisen überhaupt. Nur die Indikatoren mit radioaktiven Isotopen und einige biologische Methoden erreichen noch größere Empfindlichkeiten (EISENBRAND, J., 1952, 1953).

Tabelle 10a

Ramanbanden verschiedener Lösungsmittel (Frequenzverschiebungen)

Lösungsmittel	Frequenzverschiebung gegen das erregende Licht				
	248 nm	313 nm	365 nm	436 nm	Haupt-frequenz-verschiebung
Wasser	0,339	0,339	0,340	0,335	0,338
Äthanol	0,292	0,292	0,293	0,290	0,292
	0,143	0,143	0,141	0,134	0,140
Cyclohexan	0,287	0,287	0,291	0,285	0,288
	0,137	0,138	0,135	0,132	0,136
Tetrachlorkohlenstoff	—	0,073	0,079	0,071	0,074
Chloroform	—	0,073	0,073	0,065	0,070
	—	0,301	0,301	0,304	0,302

Tabelle 10b zeigt die Banden in nm von verschiedenen Quecksilberlinien angeregt.

Tabelle 10b

Ramanbanden verschiedener Lösungsmittel (Wellenlängen)

Lösungsmittel	Wellenlänge der Hauptramanbande, hervorgerufen durch Erregerlicht von				
	248 nm	313 nm	365 nm	405 nm	436 nm
Wasser	271	350	416	469	511
Äthanol	267	344	409	459	500
Cyclohexan	267	344	408	458	499
Tetrachlorkohlenstoff	—	320	375	418	450
Chloroform	—	346	410	461	502

2.2.1.8. Prüfung des Beerschen Gesetzes in sehr verdünnten Lösungen durch Fluoreszenzmessung (EISENBRAND, J., 1953)

Eine besonders einfache Formulierung des Zusammenhanges zwischen Lichtabsorption und Fluoreszenzintensität erhält man bei sehr verdünnten Lösungen, in denen die Lichtabsorptionen und somit auch die Fluoreszenzintensitäten klein sind, und wenn man dabei von der für die Anwendung fast allgemein gebräuchlichen Form des Beerschen Gesetzes (s. S. 51) mit dekadischen Logarithmen zurückgeht auf die zugrunde liegende Form, die den natürlichen Logarithmus enthält und die lautet:

$$\ln \frac{I_0}{I} = k \cdot c \cdot d \tag{10}$$

Aus (5) und (10) ergibt sich dann:

$$\ln I_0/I = 2{,}3 \lg I_0/I = 2{,}3 \cdot \varepsilon \cdot c \cdot d = 2{,}3\, E$$

Der Extinktionskoeffizient ist somit $\frac{k}{2{,}3}$, wobei k zum Unterschied von ε gelegentlich als *Absorptionskoeffizient* bezeichnet wird. Ferner ist, wie bereits S. 51 dargelegt,

$$\frac{I_0}{I} = \frac{I_0}{I_0 - I_{\text{abs}}} \tag{11}$$

oder

$$\frac{I_0}{I} = \frac{1}{1 - \frac{I_{\text{abs}}}{I_0}}$$

Wenn nun $\frac{I_{\text{abs}}}{I_0}$ klein gegenüber 1 ist, kann man in erster Näherung setzen:

$$\frac{I_0}{I} = \frac{1}{1 - \frac{I_{\text{abs}}}{I_0}} = 1 + \frac{I_{\text{abs}}}{I_0} \tag{12}$$

Schließlich ist unter Benutzung der bekannten Reihenentwicklung von TAYLOR:

$$2{,}3\, E = \frac{I_{\text{abs}}}{I_0} - \frac{\left(\frac{I_{\text{abs}}}{I_0}\right)^2}{2} - \cdots$$

oder

$$E = \frac{1}{2{,}3} \cdot \frac{I_{\text{abs}}}{I_0} - \frac{1}{2{,}3} \cdot \frac{\left(\frac{I_{\text{abs}}}{I_0}\right)^2}{2} \tag{13}$$

In den Fällen, in denen das absorbierte Licht 100%ig in Fluoreszenz umgewandelt wird, kann man $I_{\text{abs}} = F$ und $I_0 = F_0$ setzen, so daß man erhält:

$$E = \frac{1}{2{,}3} \cdot \frac{F}{F_0} - \frac{1}{2{,}3} \cdot \frac{\left(\frac{F}{F_0}\right)^2}{2} = \varepsilon \cdot c \cdot d \tag{13a}$$

Für F kleiner als 0,01% gegenüber $F_0 = 1$ kann man das zweite Glied der Reihe vernachlässigen, und es vereinfacht sich (13a) in

$$E = \frac{1}{2{,}3} \cdot \frac{F}{F_0} = \varepsilon \cdot c \cdot d \tag{13b}$$

Umgekehrt gilt

$$F = 2{,}3 \cdot E \cdot F_0 \tag{14}$$

Die Formel (13b) gestattet, mit einer gleich zu besprechenden Einschränkung, das Beersche Gesetz indirekt mit Hilfe der Fluoreszenz auf seine Gültigkeit zu prüfen. Die Gleichung (14) kann zur Berechnung der Werte F oder F_0 dienen, wenn die beiden anderen Werte der Formel bekannt sind.

Bezeichnet man zwei verschiedene Konzentrationen des Fluoreszenzstoffes mit c_1 und c_2 und die dazugehörigen Fluoreszenzintensitäten mit F_1 und F_2, so kann man aus (13b) sofort ableiten:

$$F_1 : F_2 = c_1 : c_2$$

oder

$$F_1 \cdot c_2 = F_2 \cdot c_1 = \text{const} \tag{15}$$

Durch Messung der beiden Fluoreszenzintensitäten F_1 und F_2, die zu den bekannten Konzentrationen c_1 und c_2 gehören, und Einsetzen der gefundenen F-Werte in Formel (13) ergibt sich also eine sehr einfache Möglichkeit, die Gültigkeit des Beerschen Gesetzes in hochverdünnten Lösungen zu prüfen.

Die genannte Einschränkung ist bedingt durch die Möglichkeit des Auftretens von *Fluoreszenzlöschungen.* Zwar kann einerseits Fluoreszenz nur auftreten, wenn vorher Lichtabsorption stattgefunden hat. Andererseits können aber Fluoreszenzlöschungen ohne Lichtabsorptionsänderungen auftreten. Wenn also in hochverdünnten Lösungen Gleichung (15) nicht gültig ist, so ist das kein Beweis für die Ungültigkeit des Beerschen Gesetzes. Andererseits läßt aber die Gültigkeit der Beziehung (15) mit einer an Sicherheit grenzenden Wahrscheinlichkeit den Schluß auf Gültigkeit des Beerschen Gesetzes zu. Mit Hilfe von Messungen der Fluoreszenzintensität kann man also das Beersche Gesetz in Konzentrationsbereichen prüfen, die der direkten Lichtabsorptionsmessung mit der erforderlichen Genauigkeit nicht mehr zugänglich sind und die bis herab zu den in Tabelle 8 angegebenen Konzentrationen gehen. Auch bei Fluoreszenzausbeuten, die wesentlich unter 100% liegen, kann Gleichung (15) zur Prüfung des Beerschen Gesetzes verwendet werden, dann, wenn die Fluoreszenzausbeute unabhängig von der Verdünnung ist.

Bei Fluoreszenzen fester Stoffe gelten dann, wenn es sich um echte Lösungen, wie z. B. bei fluoreszierenden Gläsern, handelt, die entsprechenden Gesetzmäßigkeiten wie für Lösungen (s. oben). Verwickelter werden die Verhältnisse, wenn mechanische Mischungen mehrerer fester Stoffe vorliegen. Solche Mischungen haben vielfältiges praktisches Interesse für die Farbenherstellung, Lebensmittelchemie, Pharmazie und andere Gebiete. Zwar ist auch hier die Absorption des erregenden Lichtes ausschlaggebend für seine Umwandlung in Fluoreszenz, jedoch treten hier noch zusätzliche Einflüsse in Erscheinung. EISENBRAND, J., und G. SIEWERT (1934 a, b) haben gezeigt, daß in pharmazeutischen Verreibungen fluoreszierender Stoffe die Fluoreszenzintensität mit abnehmender Konzentration langsamer fällt als in entsprechenden Lösungen, wofür sie hauptsächlich den durch Streuung verlängerten Weg des erregenden Lichtes in der Verreibung verantwortlich machen. Jedoch dürfte außerdem auch der Verteilungsgrad einen Einfluß haben. Auch dann, wenn Adsorptions- und Kapillarkräfte einen Einfluß ausüben, wie z. B. beim Auftrocknenlassen von Fluoreszenzstoffen auf Filtrierpapier (Kapillaranalyse) oder bei der chromatographischen Analyse, ist die Konzentrationsabhängigkeit verwickelter als in Lösungen und am besten einstweilen noch in jedem Einzelfall empirisch zu prüfen (s. II). Eindringlich wird die Wirkung solcher Kräfte vor Augen geführt durch Versuche von BANDOW, F. R., (1939b) über die starken Intensitätsänderungen, die die Fluoreszenz adsorbierter Farbstoffe durch Befeuchten erleidet. So stellt er fest, daß sich die Fluoreszenzintensität beim Befeuchten mit Benzol und anderen Lösungsmitteln, in denen der Fluoreszenzstoff nicht oder kaum löslich ist, um ein Vielfaches erhöhte.

2.2.1.9. Fluoreszenz im festen Aggregatzustand. Chromatographie

a) Allgemeines

Fluoreszenzen von farblosen Substanzen müssen, wenn man die Lichtabsorption als Grundlage betrachtet, in festem Zustand häufiger angetroffen werden als Fluoreszenzen von farblosen gelösten Substanzen; denn letztere müssen ja in verdünnten Lösungen beobachtet werden, die selten eine Konzentration über 0,01 molar haben. Höhere Konzentrationen kommen aus Löslichkeitsgründen oder wegen störender Nebenerscheinungen, wie Fluoreszenzlöschung, nur selten in Betracht. Feste Substanzen, besonders organische Stoffe von einem für Fluoreszenzen günstigen mittleren Molekulargewicht von 500 bis 1000, liegen dagegen meist in Konzentrationen der Größenordnung 1 bis 10 Mol/l vor; sie können daher bereits in wesentlich geringerer Schichtdicke die gleiche Lichtabsorption besitzen wie eine verdünnte Lösung mit erheblich höherer Schichtdicke, obwohl ihr molares Lichtabsorptionsvermögen (ausgedrückt durch den Lichtabsorptionskoeffizienten ε) viel geringer ist.

Beispiel: Eine Chininsulfatlösung, die bei 366 nm einen Extinktionskoeffizienten $\varepsilon_1 = 8000$ besitzt, hat in 1 cm Schichtdicke (kleines Reagenzglas) und bei einer Konzentration von 0,00025 Mol/l folgende Extinktion:

$$E = 8000 \cdot 0{,}00025 \cdot 1 = 2,$$

d. h. $\lg I_0/I = 2$ oder $I_0 = 100$ und $I = 1$, $I_0 - I = 99$.

In diesem Fall werden also 99% des eingestrahlten Lichtes absorbiert und in Fluoreszenz verwandelt.

Es erhebt sich nun die Frage, wie groß die Lichtabsorption einer festen Substanz sein muß, um den gleichen Effekt der Verwandlung von 99% des eingestrahlten Lichtes in Fluoreszenz zu erreichen. Dazu sei der Extinktionskoeffizient der festen Substanz mit ε_2 bezeichnet, die molare Konzentration soll 10 Mol/l betragen und die Schichtdicke $d = 0{,}1$ cm. Es ist dann:

$$E = 2 = \varepsilon_2 \cdot 10 \cdot 0{,}1 \quad \text{und} \quad \varepsilon_2 = 2,$$

d. h., die beiden erforderlichen Extinktionskoeffizienten, ε_1 für die verdünnte Lösung und ε_2 für die feste Substanz, können sich bei praktisch gleicher vollständiger Umwandlung des eingestrahlten Lichtes in Fluoreszenz wie 4000 : 1 verhalten.

Der Lichtabsorptionskoeffizient einer festen Substanz kann also um 3 und mehr Zehnerpotenzen kleiner sein als der eines in Lösung kräftig fluoreszierenden Stoffes, und es kann dann im festen Zustand immer noch kräftige Fluoreszenz auftreten.

Da es nun hinsichtlich der Absorption im langwelligen Ultraviolett viel mehr Stoffe gibt, die kleine Extinktionskoeffizienten haben, als solche mit großen, so ist Fluoreszenz von farblosen Stoffen im festen Zustand relativ viel häufiger anzutreffen als in verdünnter Lösung. Letztere ist daher auch wesentlich charakteristischer. Im übrigen sind auch Stoffe selten, die beim Übergang vom flüssigen in den festen Aggregatzustand ihre Fluoreszenz ungeschwächt behalten. Solche Stoffe sind als *Vergleichsstandards* wertvoll und interessant. Zu ihnen gehört, wie Eisenbrand, J., und G. Siewert (1934a) feststellten, das *Hydrastinin* in seinen Salzen.

Die Genannten haben ein Verdünnungsverfahren benutzt. Abb. 30 zeigt die Ergebnisse. Man ersieht aus ihr folgendes: Vergleicht man die Fluoreszenzen von zwei festen Substanzen, die von ähnlicher strahlender Intensität sind, wie z. B. die des Hydrastininhydrochlorides und des Natriumsalicylates, und setzt die fluorimetrisch gemessene Intensität der unverdünnten Substanz je gleich 100%, so erhält man beim Verreiben mit dem optisch weitgehend indifferenten Milchzucker für beide Stoffe durchaus keine gleichartigen Verdünnungskurven der Fluoreszenzintensität. Während nämlich die Fluoreszenzintensität des Hydrastininsalzes bei einer Verdünnung 1 : 10000 nicht schwächer wird, fällt die des Natriumsalicylates sofort ab. Beide unverdünnten Substanzen besitzen aber bei der Bestrahlung mit 366 nm in der Intensität einander sehr ähnliche „brillante" Fluoreszenzen. Hieraus geht eindeutig hervor, daß die Beobachtung der Fluoreszenzen im festen Zustand infolge nivellierender Einflüsse der hohen Stoffkonzentrationen oft unter nicht so günstigen Bedingungen erfolgt wie in verdünnten Lösungen. Abgesehen davon ist auch sonst infolge größeren Einflusses von Streueffekten, die eine sogenannte „Umwegschichtdicke" hervorrufen (loc. cit. S. 438), die Verdünnungsabhängigkeit komplizierter als in verdünnten Lösungen (Abb. 31). Hinzu kommen noch Salzeffekte und Löschwirkungen (s. später), so daß im Endverfahren immer ein Übergang zur Fluorimetrie in verdünnter Lösung anzustreben ist, was wohl auch vielfach, selbst bei chromatographischen Anwendungen, möglich sein dürfte.

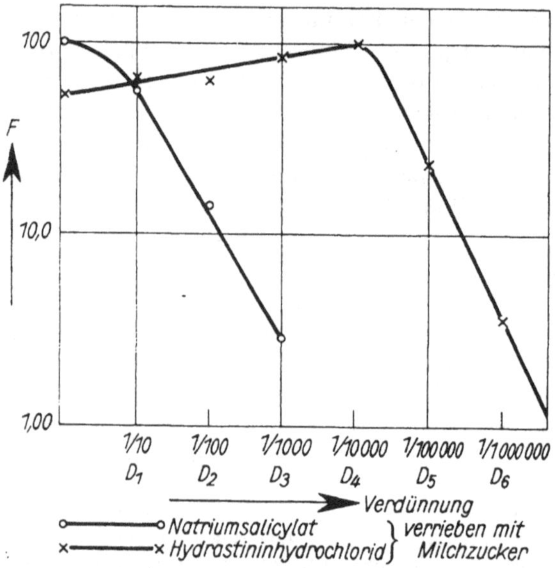

Abb. 30. Verdünnungskurven der Fluoreszenzintensität für Natriumsalicylat und Hydrastininhydrochlorid (verrieben mit Milchzucker)

Die Betrachtung der Lichtabsorptionsverhältnisse kann auch bei den *fluoreszierenden Farbstoffen* weitgehend zum Verständnis des Verhaltens beim Wechsel des Aggregatzustandes beitragen. Bei diesen treten im Gegensatz zu vielen farblosen fluoreszierenden Stoffen die Fluoreszenzen erst nach Überführung in verdünnte Lösungen hervor, während die festen Originalsubstanzen vielfach nicht oder nur sehr schwach fluoreszieren. Das kommt daher, daß als neues Moment die Lichtabsorption des entstehenden Fluoreszenzlichtes noch beachtet werden muß. Diese kann in verdünnter Lösung praktisch gleich Null sein, so daß die Fluoreszenzerscheinung wahrnehmbar ist, während sie im festen Zustand so groß wird, daß die Fluoreszenz nicht mehr sichtbar wird (s. hierzu auch S. 23).

Unbeschadet der wesentlich größeren Schwierigkeiten, die der Konzentrationsbestimmung mit Hilfe der Fluoreszenz im festen Zustand entgegenstehen, hat sie in den letzten Jahren bei der Analyse komplizierter Stoffgemische eine stets zunehmende Bedeutung erlangt. Besonders vorteilhaft hat sich häufig die der Chromatographie entsprechende „Fluorographie" erwiesen. Das ist nach den oben gegebenen quantitativen Ableitungen, die zeigten, daß die Fluoreszenz gegenüber der Lichtabsorption ganz allgemein meist den Vorteil größerer Verdünnungsempfindlichkeit besitzt, nun ohne weiteres verständlich. Dabei sind verschiedene Arbeitsverfahren zu unterscheiden:

a) die Papierchromatographie, eine Weiterbildung der alten Kapillaranalyse auf Filtrierpapier,

b) die Dünnschichtchromatographie,

c) die Säulenchromatographie.

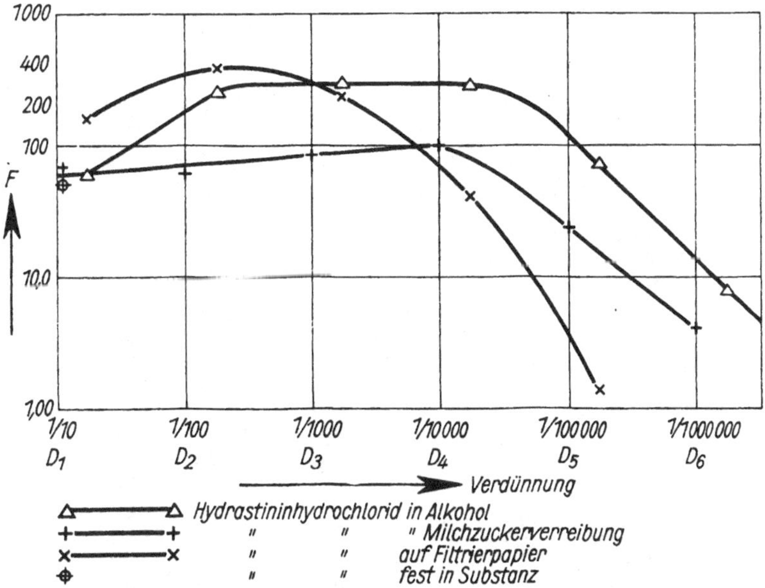

Abb. 31. Verlauf der Verdünnungskurven von Hydrastininhydrochlorid mit verschiedenen Verdünnungsmitteln

b) Fluoreszenzmethoden in der Papierchromatographie

Die Papierchromatographie, die nach Cramer, F., (1958) in erster Linie eine qualitative Untersuchungsmethode darstellt, verwendet auch Fluoreszenzuntersuchungen laufend und im Routineverfahren. Dabei kann vielfach eine auftretende Fluoreszenz die Ausführung einer Farbreaktion ersparen. Da im allgemeinen Mengen von 1 bis 50 μg erkannt werden können, manchmal noch kleinere (s. Hydrastininhydrochlorid, Abb. 31), so ist das Verfahren dort, wo kleine Substanzmengen analysiert werden müssen, oft als Mikroverfahren anzusprechen.

Wenn auch nach Cramer, F., (1962) in einer großen Anzahl von Fällen Substanzgemische erfolgreich quantitativ analysiert werden konnten, so muß man sich dennoch über die Grenzen ihrer Leistungsfähigkeit im klaren sein und darf diese im Einzelfall nicht überschreiten. Unter Beachtung dieser Tatsache ist sie eine der wesentlichsten Errungenschaften moderner Analysentechnik (s. ferner auch Kaiser, H., u. L. Wildemann, 1956; Arx, E. van, u. R. Neher).

Die für die qualitative Analyse vielfach verwendete Bestimmung der R_f-*Werte*, die ein Maß sind für die Wanderung einer Substanz vom Ausgangspunkt bis zu einem bestimmten Punkt des Filtrierpapieres innerhalb einer bestimmten Zeit: $R_f = \frac{\text{Entfernung der Substanz vom Start}}{\text{Entfernung der Lösungsmittelfront vom Start}}$, läßt sich an fluoreszierenden Flecken, die man z. B. mit Bleistift leicht umrandet, unter der UV-Lampe ebenso durchführen wie an sichtbaren Farbflecken (s. auch Brown, J. A., u. M. M. Marsh).

Zum Beweis der Identität mit einer bekannten Substanz läßt man diese daneben mitlaufen und prüft, ob der R_f-Wert der gleiche ist.

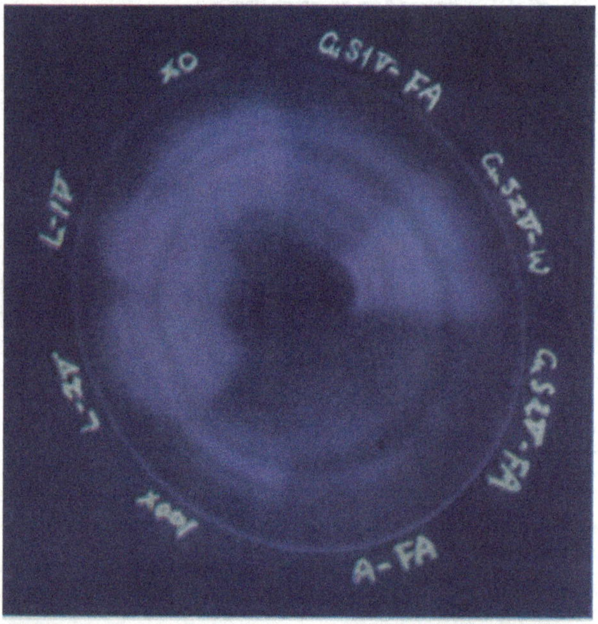

Abb. 32. Rundfilterchromatogramm von verschiedenen Fraktionen eines Hydrolysates von Seidenfibroin mit Formamid (Nakamura, S., u. H. Stegemann)

Der R_f-Wert stellt also neben Schmelzpunkt, Siedepunkt, Kristallform und optischen Eigenschaften ein einfaches Charakteristikum für eine fluoreszierende Substanz wie für jede chemische Verbindung dar. Selbstverständlich müssen auch bei Angabe des R_f-Wertes fluoreszierender Substanzen, wie allgemein in der Chromatographie, das verwendete Lösungsmittel und die verwendete Papiersorte genannt werden.

Die Einführung der UV-Bestrahlung von Chromatogrammen als Routinemethode hat zu so zahlreichen Feststellungen der Fluoreszenz von chemischen Verbindungen in festem Zustand geführt, daß diese hier auch nicht entfernt vollständig referiert werden können. Wie schon oben ausgeführt und begründet wurde, können ja Lumineszenzen im festen Zustand viel häufiger gefunden werden als im gelösten. Für die Papierchromatographie ist das von großem

Nutzen. Die Abb. 32 bis 34 sollen daher nur eine kleine Auswahl besonders interessanter Nachweise bringen. Für weitere Einzelheiten muß auf die bekannten Monographien über Chromatographie verwiesen werden (Cramer, F., 1958, u. Linskens, H. F.).

Was die quantitative Auswertung der Fluoreszenzflecke betrifft, so ist folgendes zu beachten (s. auch oben, Hydrastininhydrochlorid usw.):

Wie die Abb. 30 und 31 zeigen, gibt es wohl ein Gebiet, wo bei fluoreszierenden Flecken auf Filtrierpapier eine angenäherte Proportionalität zwischen Fluoreszenzintensität und Konzentration herrscht. Darüber und darunter ist das nicht der Fall, so daß man dann Eichkurven verwenden muß.

Abb. 33. Elektrophorese, Pherogramme von Opiumzubereitungen im UV-Licht, unbehandelt (List, P. H.)

Vorrichtungen zum *Photometrieren* von fluoreszierenden Flecken auf Papier sind in der Literatur mehrfach beschrieben. Teilweise arbeiten sie mit Hilfe von Photozellen oder Photoelementen und automatischer Schreibung bereits voll registrierend (Cramer, F., 1958, S. 64). Mit ihnen läßt sich günstigstenfalls eine Genauigkeit von 2% relativen Fehlern erreichen.

Abb. 34. Elektrophorese, Pherogramme von Extract. Chelidonii im UV-Licht, oberer Streifen unbehandelt, unterer Streifen mit saurer H_2O_2-Lösung oxydiert (List, P. H.)

Eine zweite Möglichkeit der quantitativen Auswertung der Flecke, von welcher vielfach Gebrauch gemacht wird, ist ihre *Elution* mit geeigneten Lösungsmitteln und die anschließende Messung der in Lösung auftretenden Fluoreszenzintensitäten. Dieses Vorgehen ist natürlich nur dann möglich, wenn die Fluoreszenzen in flüssigem Zustand ebenso wie im festen auftreten und wenn die Stoffe unverändert und völlig vom Papier ablösbar sind.

Folgende anorganische Stoffe sind mit Fluoreszenzbeobachtung untersucht worden (Cramer, F., 1958 sowie auch Elbeih, I. I. M., J. F. W. MacOmie u. F. H. Pollard):

Man sieht nach Besprühen mit 0,5 g Oxin in 100 ml 60%igem Alkohol und anschließendem Räuchern mit Ammoniak Mg (blaugrün), Ca (grün), Sr (blaugrün), Ba (blaugrün), Pb (gelbgrün), Co (gelbgrün), Ni (gelbgrün), Cu (gelbgrün), Zn (gelbgrün), Mn (gelbgrün), Hg (gelbgrün), Fe (blauschwarz), Al (gelbgrün), Kojisäure (bläulich).

Li, Na, K lassen sich als Chloride in neutraler Lösung mit Methanol chromatographieren. Man kann dann mit Silbernitrat und Fluorescein entwickeln (Burstall, F. H., G. R. Davies, R. P. Linstead u. R. A. Wells).

Die Metalle der seltenen Erden sind nach dem Chromatographieren mit Oxin direkt bei Bestrahlung mit Ultraviolett sichtbar. Es sind so mit Hilfe ihrer R_f-Werte voneinander zu unterscheiden: La, Cl, Pr, Nd, Lm, Eu, Gd, Tb, Dy, Ho, Er, Tm, Lb, Lu, Sc, Ac (POLLARD, F. H.; LEDERER, M., 1953a).

Die Halogene und Rhodanid werden als Natriumsalze in Pyridinwasser (9 : 1) chromatographiert. Hiernach wird mit Silbernitrat und Fluorescein entwickelt.

Besonders bedeutungsvoll sind chromatographische Nachweise auf organischem Gebiet. Im folgenden sind Beispiele aufgeführt: Aminosäuren (PHILIPS, D. M., 1948a; WOIWOD, A. J.), Anilinphthalat als Reagens auf Zucker (PARTRIDGE, S. M.), Carbonsäuren (BROWN, B. W., 1951a), Curarealkaloide (SCHMID, H., u. P. KARRER), Enzyme mit Chininlösung als Vergleichsstandard (HUMMEL, J. P., u. O. LINDBERG, 1949a; PFLEIDERER, G., u. W. SCHULZ, 1953), Insulin zur Konstitutionsermittlung (SANGER, F., u. H. TUPPY), $\Delta^{4,3}$-Ketone (BUSH, I. E.), Kohlenwasserstoffe (WIELAND, TH., u. W. KRACHT), m-Phenylendiamin als Reagens auf Zucker (CHARGRAFF, E., C. LEVINE u. CH. GREEN), Nicotinsäurederivate (CRAMER, F., 1958, S. 172), Phenazine (BIRKOFER, L., u. G. LEITHÄUSER-WIETECKI), o-Phenylendiamin als Reagens auf α-Ketosäuren (WIELAND, TH., u. E. FISCHER, 1949), Porphyrine (NICHOLAS, R. E., u. C. RIMINGTON; SWINEY, R. R. MC, R. E. NICHOLAS u. F. T. G. BRUNTY), Pterine (TSCHESCHE, R., u. F. KORTE), Steroidketone (BUSH, I. E.), Stickstoffverbindungen (BROWN, B. W., u. C. L. HOFBAUER, 1951b).

Es ist ferner auch möglich, bei der Papierchromatographie Flecken lichtabsorbierender Stoffe auf fluoreszierendem Grund sichtbar zu machen. Hierzu wird das Papier gleichmäßig mit einem fluoreszierenden Stoff, z. B. Fluorescein oder Umbelliferon, bedüst oder imprägniert. Manchmal genügt die Fluoreszenz des Papieres allein schon, um lichtabsorbierende Flecken sichtbar zu machen. Solche Nachweise wurden durchgeführt mit Alkoholen (dunkle Flecken) auf gelb fluoreszierendem Grund (Rhodan), mit 3,5-Dinitrobenzsäureester oder Diphensäureester oder 3-Nitrophthalsäureester auf blau fluoreszierendem Grund (Umbelliferon) (SIEGEL, H., u. K. SCHLÖGEL). In ähnlicher Weise wurden untersucht: aromatische Säuren (WACHTMEISTER, C. A.), Coffein (KOGAN, L., F. J. DICARLO u. W. E. MAYNARD; EISENBRAND, J., u. D. PFEIL, 1956), Chloromycetin (CRAMER, F., 1958c); nicht flüchtige organische Säuren (BROWN, F.), Kohlenwasserstoffe (WIELAND, TH., u. W. KRACHT, 1957), Nebennierenrindenhormone (SCHMIDT, H., u. H. J. STAUDINGER), Nicotinsäure-Derivate (CRAMER, F., 1958b), Nucleotide (MARKHAM, R., u. J. D. SMITH), Nucleotide und Nucleoside (WALLENFELS, K., u. W. CHRISTIAN), Phenole (CRAMER, F., 1958a), Pterine (TSCHESCHE, R., u. F. KORTE), Purine und Pyrimidine (CARTER, C. E.), Steroidketone (BUSH, I. E.). Siehe ferner HAITINGER, M., F. FEIGL und A. SIMON (1931b, Mikrochemische Auswertung der Fluoreszenzanalyse).

c) Dünnschichtchromatographie

Ebenso wie die Papierchromatographie verwendet auch die Dünnschichtchromatographie laufend und im Routineverfahren Fluoreszenzuntersuchungen, vor allem zum qualitativen Nachweis und zur Identifizierung chemischer Verbindungen.

Die Dünnschichtchromatographie, die einen der jüngsten Zweige der chromatographischen Methoden darstellt, ist vor allem durch E. STAHL entwickelt und zu einem rationellen Laboratoriumsverfahren ausgebaut worden. Mit der Papierchromatographie hat sie gemeinsam, daß auch mit ihr der einwandfreie Nachweis kleinster Substanzmengen mit Hilfe ihrer verschiedenen Wanderungsstrecken in Lösungsmittelgemischen gelingt (STAHL, E., 1956, 1958 a, b, 1959, 1960, 1961 a, b). Verschieden von der Papierchromatographie ist sie dadurch, daß statt des Papieres eine dünne Schicht von Kieselgel G oder anderen Substanzen, auf Glasplatten aufgebracht, verwendet wird.

Die Vorteile solcher Dünnschichten gegenüber Papier sind folgende: kürzere Trennstrecke (6 bis 10 cm), kürzere Trennzeit (20 bis 40 Minuten), Verwendungsmöglichkeit für aggressivste Sprühreagenzien, wie konzentrierte Säuren und Laugen, Antimontrichlorid, Brom usw. Hierdurch war es, wie STAHL, E., (1958b) schreibt, möglich, eine Reihe von Stoffgruppen in kleinsten Mengen nachzuweisen, die sich bisher einer Sichtbarmachung entzogen haben. Besonders empfiehlt sich diese Methode für lipoidlösliche Stoffe.

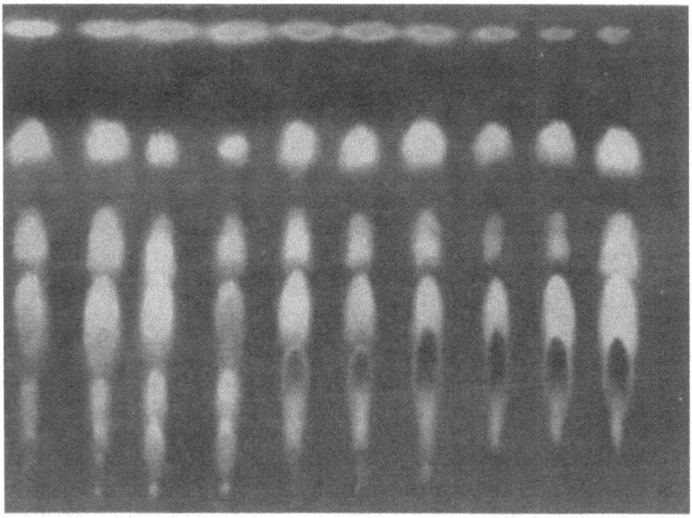

Abb. 35. Fluoreszenzunterschiede im Ultraviolett bei 10 Kalmusrhizomölen verschiedener Pflanzen

Mit Hilfe der Fluoreszenz konnten so von STAHL, E., (1958 a) Teere aus Steinkohlen, Holz, Wacholder, Birke und Buche schnell in eine Reihe von fluoreszierenden Stoffen getrennt werden, ferner folgende Harze und Balsame: Siam-Benzoe, Sumatra-Benzoe, Kanadabalsam, Kolophonium, Perubalsam echt, Perubalsam künstlich, Capairabalsam, Weihrauch (Olibanum), Damarharz, Mastix.

Auch für die Untersuchung von galenischen Zubereitungen sieht STAHL, E., (1958 b) zahlreiche Möglichkeiten. Er hat ferner zusammen mit WULFF, H. D., diese Methode für die Züchtungsforschung verwendet und hat bei Wurzelölen von diploidem und tetraploidem Acorus calmus nach Behandlung mit Antimontrichlorid und mit dem Fluorescein-Bromtest (WULFF, H. D., u. E. STAHL) deutliche Fluoreszenzunterschiede gefunden (Abb. 35). Auch zahlreiche Indolderivate wurden mit dieser Methode von ihm im Fluoreszenztest nach dem Verfahren der Dünnschichtchromatographie getrennt und identifiziert. Diese physiologisch im Tier- und Pflanzenreich bedeutungsvollen Substanzen sind ein schönes Beispiel für die besonders hohe Empfindlichkeit dieser Nachweise. Es konnten im Ultraviolett Mengen bis zu 0,001 μg bei 6 cm Trennstrecke nachgewiesen werden. ROCHELMEYER, H., (1958) berichtet über die erfolgreiche Verwendung der Methode bei der Untersuchung von Mutterkornalkaloiden im Rahmen züchterischer Untersuchungen. Es wurden dabei neue Mutterkornalkaloide aufgefunden.

Im übrigen werden sich zahlreiche der vorerwähnten papierchromatographisch durchgeführten Nachweise durch die Dünnschichtchromatographie verbessern lassen.

d) *Säulenchromatographie*

Dieses Chromatographieverfahren hat mehrere interessante Anwendungsmöglichkeiten für Fluoreszenzuntersuchungen (s. ZECHMEISTER, L., 1953; ZECHMEISTER, L., u. L. v. CHOLNOKY, 1938; WOHLLEBEN, G.).

Erstens kann man fluoreszierende Schichten auf der Säule suchen, indem man diese unter die UV-Lampe bringt, wie es BROCKMANN, H., u. H. SCHODDER (1941) sowie ZECHMEISTER, L., und L. v. CHOLNOKY (1938) angeben.

Zweitens kann man das Adsorbens durch Anfärben in einen Fluoreszenzschirm verwandeln, auf dem sich im Ultraviolett lichtabsorbierende Substanzen als dunkle Schichten abheben.

BROCKMANN, H., und E. BAYER (1951) stellten fluoreszierende Adsorbenzien durch Anfärben von Aluminiumoxyd mit Morin und Berberin für langwelliges Ultraviolett und 3-Oxypyren-5,8,10-Trisulfosäure für kurzwelliges Ultraviolett her. Auch 8-Oxychinolin, ferner 2-Oxy-3-Naphthoesäure und verschiedene Leuchtfarben eignen sich dazu (s. ferner HESSE, G.; WOHLLEBEN, G.; CASSIDY, H. G.; LEDERER, E. M., 1953b; ZECHMEISTER, L., 1953).

2.2.1.10. Erhöhung der Nachweisempfindlichkeit fluoreszierender Stoffe und Schaffung neuer Nachweismöglichkeiten durch Verwendung kürzerwelligen Ultravioletts zur Erregung der Fluoreszenz

Die bisher mitgeteilten Fluoreszenzerscheinungen wurden meist durch Licht der Wellenlänge 366 nm der Quecksilberlampe oder durch eine ähnliche, langwelliges Ultraviolett aussendende Lichtquelle erregt. In letzter Zeit werden nunmehr zunehmend Arbeiten bekannt, in denen auch kürzerwelliges Ultraviolett als erregende Lichtquelle angegeben wird. Um hier zunächst einfache Definitionen zu ermöglichen, wird folgendes Einteilungsprinzip, das auf einen Vorschlag von COBLENTZ, W. W., zurückgeht, angenommen. Er hat aus praktischen Gründen die Einteilung in folgende drei Gebiete vorgenommen:

1. UV A 315 bis 400 nm
2. UV B 280 bis 315 nm
3. UV C unterhalb 280 nm

Der Abgrenzung zwischen UV A und UV B wurde die Tatsache zugrunde gelegt, daß die meisten biologischen Wirkungen des Ultravioletts ihre langwellige Grenze bei 315 nm besitzen. Für die Wahl von 280 nm wurde das Maximum der Erythemkurve für die menschliche Haut zugrunde gelegt. Strahlung des Gebietes UV B nennt man auch „Dorno-Strahlung".

Diese Einteilung ist auch für Untersuchungszwecke und analytische Anwendungen nützlich. UV A wurde bisher meist mit der Quarzlampe mit vorgeschaltetem Filter der Linie 366 nm erhalten. Diese Anordnung wurde bisher bei uns als die „Analysenquarzlampe" bezeichnet. UV B wird am besten durch das „Bäckströmfilter" (BÄCKSTRÖM, H. L. V.) isoliert und hat als Schwerpunkt die Liniengruppe bei 313 nm. UV C erhält man am besten durch Verwendung der Quecksilberresonanzlinie 253,7 nm. Die Zusammensetzung des Bäckströmfilters ist folgende:

$NiSO_4 \cdot 7H_2O$	492 g/l
$CoSO_4 \cdot 7H_2O$	141 g/l in Wasser

Die Schichtdicke ist 2 cm. Außer 313 nm läßt das Filter auch Licht aus dem Gebiet UV C durch. Wenn dieses beseitigt werden soll, muß noch zusätzlich ein Kaliumchromatfilter (s. S. 72) verwendet werden. Auch modifizierte Bäckströmfilter können oft sehr dienlich sein. Von uns wurde z. B. ein Filter folgender Zusammensetzung hergestellt:

$NiSO_4 \cdot 7H_2O$	8 g
$CoSO_4 \cdot 7H_2O$	3 g

wurden in 14 ml H_2O gelöst und in einen Quarztrog von 0,5 cm Schichtdicke gefüllt. Die Durchlässigkeit lag im Gebiet UV A, B und C zwischen 240 und 460 nm. Dieses modifizierte Bäckströmfilter, das fast das gesamte Ultraviolett der Quarzlampe durchläßt und eine sehr lichtstarke Erregung gestattet, kann in die Wand des Gehäuses der Analysenquarzlampe mit Hilfe einer passenden mattschwarz gestrichenen Blechschablone dort eingesetzt werden, wo die für das Filter vorgesehene Öffnung ist. Da ein solches Filter außer dem Ultraviolett auch die sichtbaren Quecksilberlinien 546 nm und 579 nm etwas durchläßt, ist vor dem Auge oder der Photozelle noch ein blaues Sperrfilter zu verwenden, das dieses störende Primärlicht beseitigt.

Mit diesen sehr einfachen Hilfsmitteln kann man folgendes sichtbar machen: Eine 1%ige wäßrige Natriumsalicylatlösung, die sich in einem Quarztrog befindet, hat unter dem gewöhnlichen Filter (366 nm) der Quarzlampe eine deutliche, aber nicht sehr starke blauviolette Fluoreszenz. Hält man, wie beschrieben, die gleiche Lösung in das Licht eines der oben angegebenen Filter, so erhält man, besonders mit dem letztgenannten, eine strahlende Oberflächenfluoreszenz (besonders leicht bei Vorschaltung des Sperrfilters von oben zu sehen). Verdünnt man diese Lösung 1 : 100, so erhält man eine Endverdünnung von 1 : 10000, die mit dem gewöhnlichen Filter kaum mehr eine Fluoreszenz zeigt, während sie mit dem modifizierten Bäckströmfilter noch intensiv fluoresziert. Erst bei weiterer Verdünnung bis auf 1 : 1000000 wird die Fluoreszenz schwach. Der Übergang zur Erregung mit kürzerwelligem Ultraviolett bringt hier also eine wesentliche Empfindlichkeitserhöhung des Nachweises mit sich. Das steht im Einklang mit dem großen Anstieg der Lichtabsorption, den Salicylsäure und Natriumsalicylat in diesem Gebiet des Ultravioletts zeigen (s. Abb. 36). Für fluorimetrische Bestimmungen ist dabei wieder (s. auch S. 50) zu beachten, daß das Gebiet günstigster Meßmöglichkeiten je nach der verwendeten Erregungsstrahlung bei verschiedenen Konzentrationen liegt. Denn bei Verwendung von 366 nm fällt die Fluoreszenzintensität bereits von 0,01% an abwärts, während mit dem Bäckströmfilter hier noch Konstanz und Unabhängigkeit von der Verdünnung herrscht. Noch weiter geht dieser Unterschied bei Verbindungen, die bei 366 nm überhaupt kein Licht absorbieren, dagegen aber kürzerwelliges Licht stark. Ein solcher Fall liegt beim fluoreszenzanalytischen Nachweis des Thalliums in wäßriger Lösung vor. SILL, C. W., und H. E. PETERSON (1947) haben dazu die Niedervolt-Quecksilberlampe verwendet, die bei 18 Watt eine zu 90% aus Strahlung der Resonanzlinie 253,7 nm bestehende Strahlung lieferte. Dabei war Thallium, wenn eine Schichtdicke von 12 cm verwendet wurde, noch in der Verdünnung 1 : 50000000 nachweisbar.

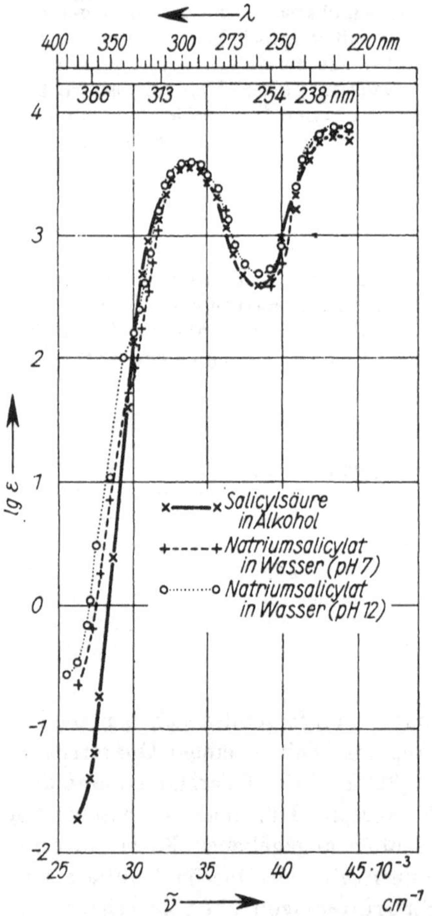

Abb. 36. Ultraviolettes Absorptionsspektrum der Salicylsäure und ihrer Natriumsalze

Das Verfahren besteht darin, daß zu nächst die Thalliumsalze mit Natriumsulfit reduziert werden. Dann vertreibt man in schwach saurer Lösung die schweflige Säure. Schließlich setzt man Kochsalz zu und beobachtet in offenen, von oben mit der Lampe bestrahlten Küvetten oder Reagenzgläsern. Die Methode beruht auf der strahlend blauen Fluoreszenz, die durch kurzwelliges Ultraviolett in mit Natriumchlorid gesättigten Thalliumsalzlösungen hervorgerufen wird. Sie ist sehr spezifisch.

Im allgemeinen ist noch zu erwähnen, daß man statt eines Lichtfilters in letzter Zeit mit großem Nutzen auch lichtstarke *Monochromatoren* verwendet. BROCKMANN, H., und E. BAYER (1951) haben hier eine originelle Lösung, die nicht zu kostspielig ist, durch Verwendung eines großen Steinsalzprismas an Stelle eines Quarzprismas gefunden. Damit ist es ihnen gelungen, die Chromatographie fluoreszierender Substanzen (s. auch Säulenchromatographie, S. 68) wesentlich zu erweitern und neue Trennungsmöglichkeiten zu schaffen.

Zur Erleichterung der Feststellung kurzwelligen Ultravioletts werden von den Autoren Leuchtschirme von großer Leuchtkraft angegeben wie folgt: Papptafeln werden mit einer Mischung von Leuchtleim und Kalkfarben bestrichen. Auch Lichtfilter zum Ausfiltrieren der Resonanzlinie 253,7 nm verwenden sie, darunter folgendes: Eine 2molare Lösung von Chlor in reinem Tetrachlorkohlenstoff wird in einen Trog gebracht, dessen Wände aus 2 Filtern UG 5 von je 1,5 mm Stärke bestehen und der eine Schichtdicke von 4 mm hat. Freilich wird die Fluoreszenz ähnlich wie die Lichtabsorption beim Übergang zu immer kürzeren Wellenlängen des Lichtes aus einer spezifischen Stoffeigenschaft immer mehr eine allgemeine, so daß die am meisten selektive Wirkung das bisher meist verwendete langwellige UV A besitzt. Daher sollte man, wie bisher fast ausschließlich, jetzt zum mindesten als Ausgangsbasis der Versuche stets die gewöhnliche Kombination Quarzlampe mit Filter für 366 nm wählen. Über Lichtquellen, die besonders für Untersuchungen im kürzerwelligen UV C geeignet sind, s. S. 14.

2.2.1.11. Lichtabsorptionsmessungen im Ultraviolett mit Hilfe von Fluoreszenzerscheinungen

Das Prinzip dieses Verfahrens ist einfach: Man ruft durch Ultraviolett eine Fluoreszenzerscheinung hervor und bringt dann in den Weg des Ultravioletts eine absorbierende Lösung, die dieses und somit auch die Fluoreszenzerscheinung meßbar schwächt. Die ersten Apparate dieser Art wurden von WINTHER, CH., (1913) sowie WINTHER, CH., BAGGESGAARD-RASMUSSEN und E. SCHREINER (1922) angegeben. Das eine von WINTHER, CH., (1913) beschriebene Fluorimeter beruht auf folgendem Prinzip: Zwei verschieden starke Intensitäten von ultraviolettem Licht werden von zwei verschiedenen Seiten her in einen langen Trog mit Chininsulfatlösung eingestrahlt, so daß die beiden fluoreszierenden Streifen in der Lösung unmittelbar übereinanderliegen. Auf dem Trog ist eine verschiebbare Blende angebracht, die zur Einstellung auf Gleichheit der Fluoreszenz im oberen und unteren Streifen benutzt wird. Im zweiten Fluorimeter (WINTHER, CH., BAGGESGAARD-RASMUSSEN u. E. SCHREINER, 1922) wird das durch einen Monochromator zerlegte Ultraviolett auf eine mit Fluoreszenzlösung getränkte Trockenplatte geworfen. Die Fluoreszenzschwächung durch eine vorgeschaltete lichtabsorbierende Lösung wird mit Hilfe einer Vergleichslichtquelle und eines Nicols gemessen. Durch dieses einfache Verfahren übertrug WINTHER, CH. (1913) die Spektralphotometrie ins Ultraviolett und konnte mit beachtenswerter Genauigkeit dort die Spektra von Salicylsäure und Kaliumnitrat messen. Im Laufe der Zeit wurden dann zahlreiche weitere Methoden der Lichtabsorptionsmessung durch Fluoreszenz mitgeteilt. PLOTNIKOW, J., (1929) hat in ähnlicher Weise, wie im folgenden beschrieben, Lichtabsorption gemessen; s. ferner TUMMERMANN, L. A., sowie EISENBRAND, J., (1929b).

Außerdem lassen sich zahlreiche Apparate, die zur Messung von Fluoreszenzintensitäten in Gebrauch sind, auch zur Messung von Lichtabsorptionen mit Hilfe der Fluoreszenz verwenden. Freilich muß man dabei die verschiedene Einrichtung der Instrumente beachten.

1. Instrumente, bei denen die Richtung des primären und des Fluoreszenzlichtes zusammenfallen oder nur wenig voneinander abweichen, z. B. das Pulfrich-Photometer, verschiedene Spektralphotometer.

Bei diesen Instrumenten ist zu prüfen, ob die Lösung, deren Lichtabsorption untersucht werden soll, selbst fluoresziert oder nicht. In letzterem Fall werden zwei Tröge mit irgendeiner fluoreszierenden Flüssigkeit ins Instrument gebracht und auf Gleichheit der beiden Vergleichsfelder im Okular eingestellt. Dann schaltet man zunächst zwei Tröge mit Lösungsmittel vor, wobei sich die Gleichheit der beiden Felder im Okular nicht ändern darf bzw. die Galvanometerausschläge gleich bleiben müssen. Schließlich vertauscht man den einen Trog mit Lösungsmittel gegen die zu untersuchende absorbierende Lösung und stellt mit der Kompensationseinrichtung (Blende, Graukeil, Nicol) auf Gleichheit der beiden Felder ein. Die Lichtabsorption ergibt sich dann aus

$$E = \lg \frac{F_0}{F}, \tag{16}$$

wobei F_0 die ursprüngliche Fluoreszenzintensität ist, F die mittels der Kompensationseinrichtung eingestellte.

Als Beispiel diene eine Messung der Lichtabsorption des Kaliumchromats mit Hilfe des Pulfrich-Photometers bei 366 nm. Für eine Lösung von 0,0350 g Kaliumchromat im Liter entsprechend $1{,}80 \cdot 10^{-4}$ Mol/l und einer Schichtdicke von 1 cm wurde gefunden: $E = 0{,}824$; aus $E = \varepsilon \cdot c \cdot d$ errechnet sich dann $\varepsilon = 4580$, während sich aus den zahlreichen Messungen in der Literatur ein wahrscheinlichster Wert von $\varepsilon = 4416$ ergibt (HALBAN, H. v., u. J. EISENBRAND, 1928).

Soll mit Instrumenten dieses Typs dagegen die Lichtabsorption fluoreszierender Stoffe gemessen werden, so muß deren Fluoreszenz eliminiert werden, da sie sich sonst zur Fluoreszenz der Lichtschirmlösungen addiert und die Resultate durch Vortäuschung einer zu kleinen Lichtabsorption fälscht. Man kann sich so helfen, daß man zwischen den Absorptionstrog und den Lichtschirm Lichtfilter einschaltet, die nur das Ultraviolett, nicht aber das sichtbare Fluoreszenzlicht durchlassen, wie dies z. B. PLOTNIKOW, J., (1929) ausgeführt hat. Dieses Verfahren hat den Nachteil, daß ultraviolettes Fluoreszenzlicht auftreten kann und durchgelassen wird.

Als weiteres Verfahren soll hier der Zusatz von fluoreszenzlöschenden Substanzen („echten Löschern") empfohlen werden. Denn diese setzen die Fluoreszenz ausreichend herab, ohne daß sie das Absorptionsspektrum beeinträchtigen. Für wäßrige Lösungen kommen hauptsächlich Salze in Frage, für nichtwäßrige Kohlenwasserstoffe, wie Naphthalin oder Phenoläther (s. S. 93).

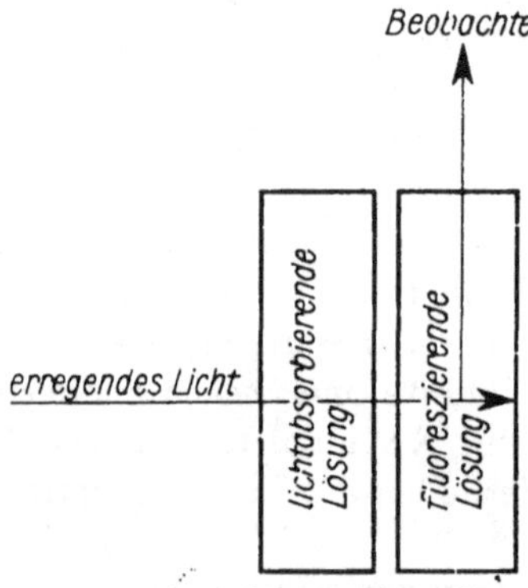

Abb. 37. Anordnung eines Troges mit fluoreszierender Lösung im Winkel zur Richtung des einfallenden Lichtes zwecks Lichtabsorptionsmessung

2. *Instrumente, bei denen im Winkel zur Richtung der einfallenden Strahlen beobachtet wird.*

Einfacher liegen die Verhältnisse bei den Instrumenten, bei denen im Winkel zur Richtung des einfallenden Lichtes beobachtet wird, wie z. B. bei den verschiedenen Nephelometern, dem Tyndallmeter, dem Graukeilphotometer von EISENBRAND, J., (1929c) usw. Hier liegt, wie Abb. 37 zeigt, die absorbierende Lösung nicht im Gesichtsfeld, ihre etwaige Fluoreszenz stört also die Lichtabsorptionsmessung nicht (s. auch WEIGERT, F., 1942).

Die mitgeteilten Betrachtungen dürften genügen, um die für die Fluoreszenz so wichtige Untersuchung der Absorption des erregenden Lichtes auch mit einfachsten Hilfsmitteln zugänglicher zu machen. Benötigt man Absorptionsspektra, die sich über ein größeres Spektralgebiet erstrecken, so verwendet man am besten die gebräuchlichen Photometer (s. auch KORTÜM, G., 1955a, 1962). Sehr häufig stellt man bei der Ausführung chromatographischer Methoden Lichtabsorptionen fest, dann nämlich, wenn die Flecken auf dem Papier, auf der Dünnschicht oder die Zonen der Säule nicht fluoreszieren, sondern auf dem hell fluoreszierenden Hintergrund dunkel erscheinen. Mit Hilfe gelber Sperrfilter oder Filterbrillen kann man diese lichtabsorbierenden Flecke und Zonen auf hellem Hintergrund oft noch besser erkennen (s. dazu auch den Abschnitt „Chromatographische Methoden", S. 63).

2.2.2. *Die Abhängigkeit der Fluoreszenzintensität vom Zustand der Lösung*

Wie wesentlich die Natur des Lösungsmittels für das Zustandekommen von Fluoreszenzen ist, ging bereits aus II., 1.1.3., II., 1.1.4. und II., 1.1.5. hervor. Zwei Einflüsse auf Fluoreszenzen in Lösung haben besonders praktisches Interesse gefunden:

a) die Abhängigkeit der Fluoreszenzintensität von der Wasserstoffionenkonzentration,
b) die Löschung gewisser Fluoreszenzen durch Fremdstoffe.

2.2.2.1. Der Einfluß der Wasserstoffionenkonzentration

Der Einfluß der Wasserstoffionenkonzentration auf die Fluoreszenz vieler Fluoreszenzstoffe gehört zu den auffallendsten Erscheinungen auf diesem Gebiet, die man vielfach mit einfachsten Mitteln sichtbar machen kann (s. S. 120). Demgemäß waren solche Einflüsse, hervorgerufen durch Säuren- und Basenzusatz, bereits HERRSCHEL, 1845 (KAYSERS Handbuch der Spektroskopie) bekannt.

Die Zahl der Arbeiten, die sich damit in mehr oder weniger quantitativer Form befassen, beträgt heute bereits viele hundert. Es kann nicht Aufgabe dieses Buches sein, sie auch nur einigermaßen erschöpfend zu zitieren. Dagegen erscheint es nützlich, kurz die historische Entwicklung zu umreißen.

KRÜGER, F., (1876) empfahl Fluorescein als Indikator beim Titrieren. Trotzdem war der hieraus zwangsläufig zu folgernde Zusammenhang zwischen elektrolytischer Dissoziation und Fluoreszenzintensität später wieder umstritten. Zwar hatte schon BUCKINGHAM, E., (1894) diesen Zusammenhang aufgezeigt, merkwürdigerweise verlor man ihn jedoch in der Folgezeit wieder aus den Augen (KAYSERS Handbuch; KRÜGER, F.; BUCKINGHAM, E.; WIEN-HARMS Handbuch). Erst 1926 kam DESHA, L. I., auf Grund exakter Messungen von Fluoreszenzintensitäten erneut zu dem Schluß, daß die Ionisation einen wichtigen Einfluß auf die Fluoreszenz ausüben müsse. Er berechnete Dissoziationskonstanten für folgende Säuren: 1,2- und 1,4-Naphtholsulfosäure und 2-Naphthol-3,6-Disulfosäure. EISENBRAND, J., (1929 c) konnte dann die zweite Dissoziationskonstante des Chinins mit einem Graukeilphotometer bestimmen und fand sie in guter Übereinstimmung mit elektrometrischen Messungen von KOLTHOFF, I. M. Damit war es gelungen, in einem Falle die auf dem neuen fluorimetrischen Wege ermittelte, für die elektrolytische Dissoziation charakteristische Konstante, die Dissoziationskonstante, als identisch zu erweisen mit der auf einem bisher üblichen und anerkannten Wege erhaltenen.

Abb. 38 zeigt den Fluoreszenzumschlag einer *Indikatorsäure*, der Naphthionsäure, Tabelle 11 den Fluoreszenzumschlag einer *Indikatorbase*, des Chinins. Beide Umschläge gehen von farblos nach intensiver Blaufluoreszenz.

Tabelle 11

Fluoreszenzumschlag des Chinins ($1 \cdot 10^{-5}$ Mol/l) in Phosphatpuffern (Indikatorbase)

I	II	III	IV	V	VI
pH	pOH	F	F_0/F	$c_{OH^-} \cdot 10^{10}$	$K \cdot 10^{10}$
5,0	9,0	28,7	3,49	10	4,0
5,2	8,8	19,3	5,18	16	3,8
5,4	8,6	13,3	7,53	25	3,8
5,6	8,4	8,6	11,6	40	3,8
5,8	8,2	5,9	16,9	63	4,0
6,0	8,0	4,2	23,8	100	4,4
				Mittel:	3,9

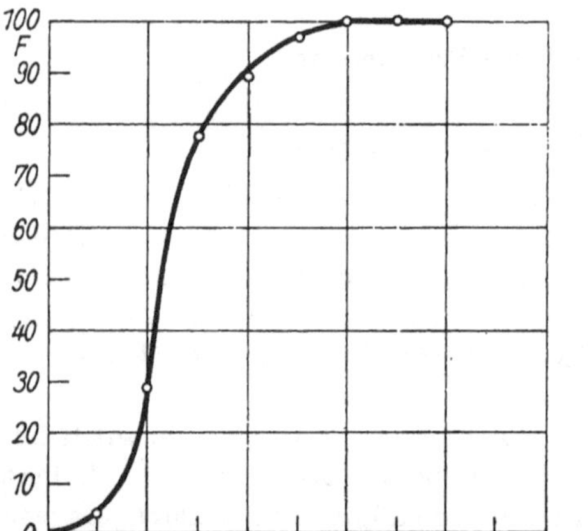

Abb. 38. pH-Abhängigkeit der Fluoreszenzintensität der Naphthionsäure (Erregerlinie 313 nm)

In Spalte I sind die pH-Werte, in Spalte II die mit Hilfe der Gleichung pOH $= 14 -$ pH errechneten pOH-Werte eingetragen; Spalte III gibt die gemessenen Fluoreszenzintensitäten F; Spalte IV enthält den Wert F_0/F, wobei $F_0 = 100$ gesetzt ist und die Fluoreszenzintensität in 0,01n Schwefelsäure darstellt. In Spalte V sind die aus Spalte II durch Entlogarithmieren ermittelten Hydroxylionenkonzentrationen c_{OH^-} eingetragen. Die elektrolytische Dissoziationskonstante (VI) ergibt sich aus IV und V nach der bekannten Formel $K = c_{OH^-}/(F_0/F - 1)$, wobei F/F_0 der Dissoziationsgrad ist (EISENBRAND, J., u. M. RAISCH, 1961a).

Die Dissoziationskonstante nach BRÖNSTED ergibt sich aus VI zu $2{,}6 \cdot 10^{-5}$.

Tabelle 12 zeigt eine Übersicht über eine Anzahl bisher fluorimetrisch ermittelter Dissoziationskonstanten. Bei der Betrachtung der Zahlen dieser Tabelle sieht man, daß bei verwandten Verbindungen mit mehreren dissoziationsfähigen Gruppen oft wertvolle Aufschlüsse durch quantitative Fluoreszenzmessung zu gewinnen sind.

Physiologisch wichtige Stoffe, die bei verschiedener Wasserstoffionenkonzentration verschiedene Fluoreszenzintensität zeigen, sind die *Porphyrine*. Es liegen darüber eingehende Versuche von FINK, H., (1929 a); FINK, H., und W. HOERBURGER (1931, 1933 a, b) sowie FINK, H., u. K. WEBER (1929 b) vor.

Diese Stoffe sind *Ampholyte*, d. h., sie besitzen saure und basische Gruppen, und die Dissoziation an beiden Arten von Gruppen ist oft mit Fluoreszenzerscheinungen verknüpft. Man hat dann, wenn die verschiedenen Dissoziationen bei genügend verschiedener Wasserstoffionenkonzentration sich abspielen, das

Tabelle 12
Fluorimetrisch ermittelte Dissoziationskonstanten (nach BRÖNSTED)

Name	K	p_K
*Lactoflavin (K_1)	$2 \cdot 10^{-2}$	1,7
*Naphthionsäure	$4 \cdot 10^{-3}$	2,3
Chinin	$2{,}6 \cdot 10^{-5}$	4,6
6-Methoxychinolin	$2{,}6 \cdot 10^{-6}$	5,6
Thiochrom	$5 \cdot 10^{-7}$	6,3
*1-Naphthol-4-sulfosäure	$6{,}3 \cdot 10^{-9}$	8,2
*1-Naphthol-2-sulfosäure	$4 \cdot 10^{-10}$	9,4
*1-Naphthol-3, 6-disulfosäure	$3{,}2 \cdot 10^{-10}$	9,5
*β-Naphthol	$2{,}8 \cdot 10^{-10}$	9,6
Lactoflavin (K_2)	$6{,}3 \cdot 10^{-11}$	10,2

eigenartige Verhalten, wie es Abb. 39 als Beispiel für das Hämatoporphyrin nach Messungen von FINK, H., (1929) sowie FINK, H., und W. HOERBURGER (1931) mit dem Stufenphotometer zeigt: Bei steigendem pH-Wert nimmt die Fluoreszenz ab, durchläuft ein Minimum, steigt dann wieder an und wird schließlich im Gebiet höherer pH-Werte annähernd konstant. Das Minimum fällt nahe zusammen mit dem sogenannten isoelektrischen Punkt, d. h. dem Punkt, bei dem gleiche Mengen Ionen von der sauren und von der basischen Gruppe abdissoziiert werden. Exakt läßt sich der isoelektrische Punkt aus den Fluoreszenzkurven bestimmen, freilich benötigt man dazu auch die Kenntnis, ob die einzelnen Fluoreszenzänderungen jeweils einer sauren oder basischen Gruppe zuzuschreiben sind. Im einzelnen

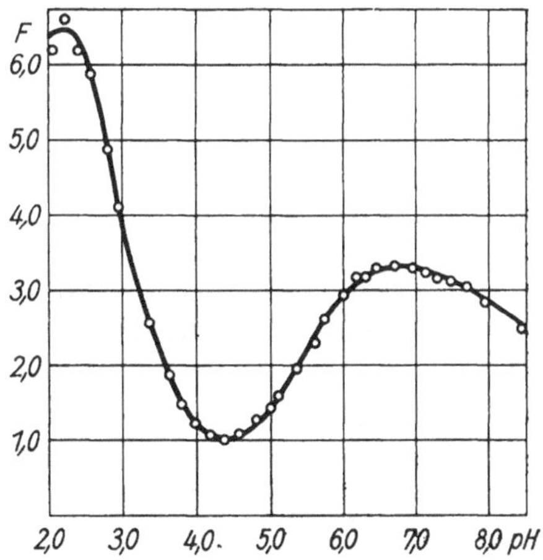

Abb. 39. pH-Abhängigkeit der Fluoreszenz eines Ampholyten (Hämatoporphyrin)

* bedeutet Zunahme der Fluoreszenzintensität nach höheren pH-Werten hin, bei allen andern erfolgt Abnahme der Intensität mit zunehmendem pH-Wert.

verfährt man dann mit jedem einer bestimmten Gruppe zuerkannten Teil der Fluoreszenzkurve wie bei der Berechnung von Dissoziationskonstanten (s. später).

KUHN, R., und G. MORUZZI (1934a) sowie KUHN, R., und H. VETTER (1935a) untersuchten die Fluoreszenz des *Lactoflavins* (Vitamin B_2) und seines Spaltproduktes, des Lumilactoflavins, in Abhängigkeit von der Wasserstoffionenkonzentration und bestimmten daraus die Dissoziationskonstanten dieser wichtigen Verbindungen. Nach ihren Feststellungen verschwindet die grüne Fluoreszenz von Vitamin-B_2-Lösungen auf Zusatz von Alkalien und Mineralsäuren. Die Fluoreszenzkurve des Lactoflavins in Abhängigkeit vom pH ist in Abb. 40 wiedergegeben. Die Fluoreszenz kommt, wie Abb. 40 zeigt, dem Zwitterion zu.

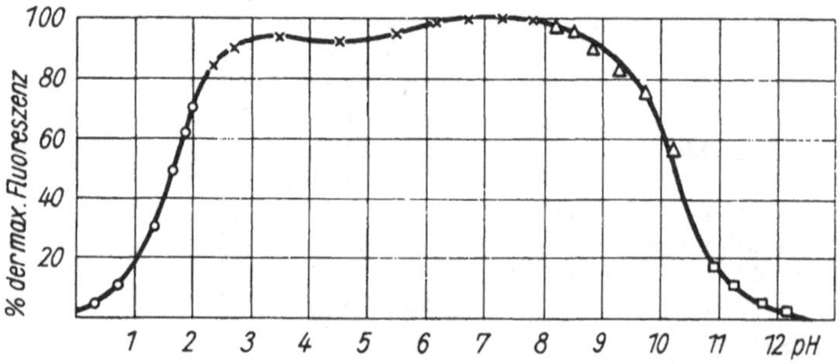

Abb. 40. pH-Abhängigkeit der Fluoreszenz des Lactoflavins

Der Umschlag auf der sauren Seite entspricht dem Dissoziationsrückgang der basischen, der auf der alkalischen Seite dem Dissoziationsrückgang der sauren Gruppe. Als sehr auffallend erscheint nach den Autoren die Tatsache, daß bei den Flavinen im isoelektrischen Punkt ein Maximum, bei den Porphyrinen ein Minimum der Fluoreszenz vorliegt. Als mögliche Erklärung wird folgende aufgezeigt: Die Flavine bilden im ganzen untersuchten pH-Bereich echte Lösungen, bei den Porphyrinen treten jedoch vielleicht Flockungserscheinungen auf. Eine Zusammenstellung der Dissoziationskonstanten zeigt Tabelle 13, wobei mit K_a die saure, mit K_b die basische Dissoziationskonstante bezeichnet ist.

Tabelle 13

Saure und basische Dissoziationskonstanten des Lactoflavins und des Lumilactoflavins

Name	K_a	K_b	Isoelektrischer Punkt pH
Lactoflavin (Vitamin B_2)	$6{,}3 \cdot 10^{-11}$	$0{,}5 \cdot 10^{-12}$ *	6
Lumilactoflavin	$6{,}3 \cdot 10^{-11}$	$0{,}5 \cdot 10^{-12}$	6

Das Lumilactoflavin, das durch Abspaltung der zuckerähnlichen Seitenkette, die für die Vitaminnatur des Lactoflavins wesentlich ist, bei Bestrahlung entsteht, hat danach nicht merklich vom Vitamin verschiedene Fluoreszenzeigenschaften.

* K_b nach BRÖNSTED s. S. 75.

Am einfachsten ist die Berechnung solcher Konstanten dann, wenn der Fluoreszenzstoff in Verdünnungen vorliegt, bei denen direkte Proportionalität zwischen Fluoreszenzintensität und Konzentration herrscht. Für konzentriertere Lösungen wird auf II., 2.2. verwiesen. In den meisten Fällen sind indessen die Fluoreszenzen stark genug, daß man bis zum Gebiet direkter Proportionalität verdünnen kann.

Die Bestimmung von Dissoziationskonstanten erfolgt dann so: Man vergleicht Lösungen des fluoreszierenden Stoffes gleicher Bruttokonzentration in Puffern von wechselndem pH mit einer ebenso konzentrierten Lösung des Fluoreszenzstoffes in Säure oder Lauge. Besonders ist auch darauf zu achten, daß die Gesamtmolarität aller Lösungen möglichst identisch ist, um die bei solchen Bestimmungen auftretenden Fehlerquellen zu eliminieren (gewöhnliche Indikatorsalzfehler, s. KOLTHOFF, I. M.). Außerdem prüft man noch zweckmäßig, ob der betreffende Fluoreszenzstoff die Eigenschaft der Fluoreszenzlöschung besitzt oder nicht, indem man einige der später in Abschnitt 2.2.2.2. aufgeführten Salze in den dort angegebenen Konzentrationen zusetzt. Ist stärkere Fluoreszenzlöschung vorhanden, so ist bei der Ermittlung der Dissoziationskonstanten meist ein größerer Fehler mit in Kauf zu nehmen. Ganz allgemein ist es vorzuziehen, als Standard die stärkst fluoreszierende Lösung zu wählen. Die Wahl der schwächsten Fluoreszenz als Standard erhöht die Fehlerquellen (s. S. 52) und erschwert unnötig die Berechnungen.

Aus den Messungen ergibt sich dann die Dissoziationskonstante wie folgt:

Hat man einen einfachen sauren Fluoreszenzindikator, dessen Ion fluoresziert, während seine undissoziierte Form nicht fluoresziert, so ist zunächst der Dissoziationsgrad α für eine bestimmte Wasserstoffionenkonzentration gegeben durch

$$\alpha = \frac{F_{\text{Puffer}}}{F_{\text{Standard}}}, \tag{17}$$

wobei F_{Puffer} die Fluoreszenzintensität in einem Puffer von bekanntem pH und F_{Standard} die Fluoreszenzintensität einer völlig dissoziierten Lösung des Indikators darstellt.

Für verschiedene pH-Werte, denen verschiedene Wasserstoffionenkonzentrationen $[H^+]_1$, $[H^+]_2$ usw. entsprechen, werden verschiedene Dissoziationsgrade α_1, α_2 usw. ermittelt.

Die Dissoziationskonstante K ist dann:

$$K = \frac{\alpha_1}{1-\alpha_1} \cdot [H^+]_1 = \frac{\alpha_2}{1-\alpha_2} \cdot [H^+]_2 \quad \text{usw.} \tag{18}$$

Im umgekehrten Fall, wenn die undissoziierte Form fluoresziert, die dissoziierte nicht, bestimmt man aus den entsprechenden Intensitätsverhältnissen nicht die Dissoziationsgrade α, sondern die entsprechenden $1-\alpha$, aus denen sich dann ebenfalls K berechnen läßt.

Ist die fluoreszierende Verbindung eine Base, so gilt statt $\frac{\alpha}{1-\alpha}[H^+] = K$ die Beziehung $\frac{\alpha}{1-\alpha}[OH^-] = K$, und die betreffenden $[OH^-]$ berechnen sich für wäßrige Lösungen mit Hilfe der Gleichung:

$$[H^+] \cdot [OH^-] = 1 \cdot 10^{-14}, \quad \text{also} \quad [OH^-] = \frac{1 \cdot 10^{-14}}{[H^+]_{\text{Puffer}}} \tag{19}$$

Bei Berechnung der Konstanten nach BRÖNSTED wird nur die erste Gleichung verwendet.

Ist der betreffende Fluoreszenzindikator nicht einfarbig, sondern zweifarbig, so gilt alles entsprechend wie bei Farbindikatoren. Man arbeitet dann am besten mit Lichtfiltern. Ist der Fluoreszenzindikator z. B. eine schwache Säure, deren Ion bei Vorschaltung eines Blaufilters vor das Auge eine Fluoreszenzintensität F_1, deren undissoziierte Form eine Fluoreszenzintensität F_2 hat, so ist jetzt $\alpha = \frac{F_{\text{Puffer}} - F_2}{F_1 - F_2}$.

Die übrige Berechnung ist die gleiche wie früher.

Ein sehr einfaches graphisches Verfahren, das DESHA und Mitarbeiter zum erstenmal bei Fluoreszenzindikatoren angewandt haben, beruht auf folgender Überlegung:

Ist der Fluoreszenzindikator einfarbig, so ist also K gleich der Wasserstoffionenkonzentration, bei der $\frac{F_{\text{Puffer}}}{F_{\text{Standard}}} = 0{,}5$ ist. Man hat dann in der Figur nur die Wasserstoffionenkonzentration für den Punkt der halben Standardintensität zu ermitteln.

Ist der Indikator zweifarbig, so ergibt sich die Dissoziationskonstante entsprechend aus der Strecke, die die Summe der beiden Fluoreszenzintensitäten F_1 und F_2 darstellt für den Punkt, bei dem $F = 0{,}5\,(F_1 + F_2)$ ist (Brönsted-Konstante).

Es empfiehlt sich, die Kurven immer so zu zeichnen, daß der Standardintensität der höchste Zahlenwert entspricht. Die Wasserstoffionenkonzentration der Pufferlösungen kontrolliert man passend elektrometrisch oder mit Farbindikatoren nach. Bei der sehr einfachen Bestimmung mit Farbindikatoren als Kontrolle dürfte es möglich sein, in jedem Laboratorium ohne größere Hilfsmittel Dissoziationskonstanten auf 20 bis 30% genau zu schätzen. Elektrometrische Messungen als Kontrolle der Wasserstoffionenkonzentrationen dürften eine Genauigkeit auf etwa 5 bis 10% gestatten.

Soweit es sich um praktische Verwendbarkeit der Indikatoren zu Titrationen handelt, genügt vielfach die Feststellung des Umschlagintervalls. Dieses Intervall ist für zahlreiche Indikatoren bekannt. In Tabelle 15 findet sich eine Zusammenstellung.

Dabei ist es angebracht, darauf hinzuweisen, daß die Breite des Umschlagintervalls hier noch mehr als bei Farbindikatoren von individuell verschiedenen Verhältnissen, wie Art der Lichtquelle, Art des Apparates und anderem mehr abhängt und daß dann die Ergebnisse verschiedener Beobachter voneinander abweichen können. Vergleichbar sind daher nur Ergebnisse, die von solchen individuellen Einflüssen frei sind, und das sind eben die aus den Fluoreszenzmessungen berechneten Dissoziationskonstanten.

Im wesentlichen werden die Fluoreszenzindikatoren bisher zu Titrationen benutzt, und zwar hauptsächlich in farbigen Lösungen, auf Grund der Tatsache, daß sie hier vielfach den Farbindikatoren überlegen sind. Das beruht auf der Eigenart der Fluoreszenz als Lichtemissionserscheinung und ihrer dadurch bedingten Empfindlichkeit. Während nämlich in einer farbigen Lösung die geringe erste Farbänderung eines zugesetzten Farbindikators schwer oder gar nicht wahrzunehmen ist, da sie einfach gegenüber der Gesamtfarbe verschwindend klein ist, bleibt die Umschlagsschärfe eines Fluoreszenzindikators in farbiger Lösung meist völlig bestehen, selbst wenn durch die farbige Lösung eine Schwächung der Fluoreszenz eintritt. Es wurden weitere Fluoreszenzindikatoren angegeben oder zu solchen Titrationen geeignete Verbindungen gefunden, besonders von DÉRIBÉRÉ, M.; STRUGGER, S., (1941, 1949); DOMANGE, L., (1941); KOCSIS, E. A., und G. ZADOR (1942a); KOCSIS, E. A., und G. ZADOR (1942b); KOCSIS, E. A., und BIRO (1941a); KOCSIS, E. A., G. ZADOR und J. F. KALLOS (1943); MANELLI, G., und besonders von GOTO, H., (1940 a, b, c). Eine bisher nicht bekannte Art von Umschlägen, die ohne Lichtabsorptionsänderungen vor sich gehen, hat FÖRSTER, TH., (1950a) gefunden (s. Abschnitt 2.2.2.2.).

Systematische Versuche über die Grenze der Färbung, bis zu der ein Fluoreszenzumschlag noch gut wahrnehmbar ist, wurden von SZEBELLEDY, L., und J. JONAS (1938a, b) sowie SZEBELLEDY, L., und K. SIK (1938c) durchgeführt. Unter diesem Gesichtspunkt ist auch die Feststellung der genannten Autoren zu werten, daß eine Reihe von Farbindikatoren, wie z. B. Neutralrot, Thymolblau, Phenolrot, auch als Fluoreszenzindikatoren brauchbar sind.

In Tabelle 14 sind einige leicht zu beschaffende und besonders geeignete Fluoreszenzindikatoren zusammengestellt.

Tabelle 14

Umschlag einiger besonders geeigneter Fluoreszenzindikatoren

Name	Autor	pH-Umschlagsbereich	Fluoreszenzfarbe
β-Naphthylamin	JENSEN, K. A., (1933)	2,8 bis 4,4	farblos/violett
Salicylsäure	EISENBRAND, J., (1930) JERMSTAD, A.	3,0 bis 3,5	farblos/dunkelblau
Naphthionsäure		3,0 bis 6,0	farblos/blau
α-Naphthylamin	JENSEN, K. A., (1933)	3,4 bis 4,8	farblos/blau
β-Naphthol-6-sulfosauresNatrium	DÉRIBÉRÉ, M., (1937f)	5,5 bis 8,0	farblos/blau
Umbelliferon	NASINI, A. G., u. P. DE CORI (1930); ROBL, R., (1926 a)	6,5 bis 7,6	farblos/blau
Magnesium-8-Oxychinolin	FLECK, H. R., R. F. G. HOLNESS u. A. W. WARD	7,0 bis 7,2	farblos/goldgelb
1,4-Naphtholsulfosäure	DESHA, L. I., R. SHERILL u. L. HARRISON (1926)	7,0 bis 9,0	dunkelblau/veilchenblau
β-Naphthol-3,6-sulfosäure		8,4 bis 10,4	farblos/gelbgrün
β-Naphthol	EISENBRAND, J. (1930, 1929 c)	8,6 bis 10,0	farblos/blau
Naphthionsäure		12,0 bis 13,0	azurblau/grün

Tabelle 15 enthält eine große Anzahl weiterer Fluoreszenzindikatoren, die in der Literatur beschrieben sind. Obwohl sie teilweise schwierig zu beschaffen sind, sind sie hier doch aufgeführt, da sie gegebenenfalls in Sonderfällen von Nutzen sein können. In der letzten Spalte ist zum Vergleich der sonst gebräuchliche Farbindikator angegeben. Es ist wesentlich, bei Verwendung dieser Fluoreszenzindikatoren außer den bekannten Fehlerquellen, die auch bei Farbindikatoren auftreten (KOLTHOFF, J. M.), auch das Auftreten von Fluoreszenzlöschung in gegebenem Falle als weitere Fehlerquelle zu berücksichtigen (s. II., 2.2.2.2.). Man darf allerdings diese Fehlerquellen durchaus nicht überschätzen, die Brauchbarkeit der Fluoreszenzindikatoren wird dadurch kaum eingeschränkt.

Tabelle 15

Umschlag weiterer Fluoreszenzindikatoren

Name	Autor	Umschlags-intervall pH	Farbe	Farb-indikator
Benzoflavin	JENSEN, K. A., (1933)	0,3 bis 1,7	gelb/grün	o-Kresolrot 0,2 bis 1,8
3,6-Dioxyphthalimid	JENSEN, K. A., (1933)	0,0 bis 2,4	blau/grün	
Eosin	BRAVO, G. A.; BÜLOW, C., u. W. DIECK; NASINI, A. G., u. P. DE CORI (1930)	0,0 bis 3,0	farblos/gelb-grün	
Äsculin	KEARNY, B.	1,0 bis 1,5	indigo/blau	m-Kresolrot 1,2 bis 2,8
4-Äthoxyacridon	JENSEN, K. A., (1933)	1,2 bis 3,2	grün/blau	
3,6-Tetramethyl-diaminoxanthon	JENSEN, K. A., (1933)	1,2 bis 3,4	grün/bau	
Naphthionsäure	DÉRIBÉRÉ, M., (1937 e)	3,0 bis 6,9	farblos/blau	
Phloxin	NASINI, A. G., u. P. DE Cori (1930)	3,4 bis 5,0	farblos/hell-gelb	
α-Naphthylamin	JENSEN, K. A., (1933)	3,4 bis 4,8	farblos/blau	
Fluorescein	NASINI, A. G., u. P. DE Cori (1930)	3,8 bis 6,1	farblos/grün	
Chinin, 1. Umschlag	EISENBRAND, J., (1930, 1929 c)	3,8 bis 6,1	hellblau-vio-lett	
Erythrosin	NASINI, A. G., u. P. DE CORI (1930)	4,0 bis 4,5	farblos/grün	
Chininsäure	SZEBELLEDY, L., u. J. JONAS (1938 a)	4,0 bis 5,0	gelb/blau	
β-Methyläsculetin	JENSEN, K. A., (1933)	4,0 bis 6,2	farblos/blau	
Dichlorfluorescein	BRAVO, G. A.; NASINI, A. G., u. P. DE CORI (1930)	4,0 bis 6,0	farblos/grün	Methylrot 4,4 bis 6,2
Acridin	VOLMAR, Y., u. E. WIDDER (1929)	4,8 bis 5,0	grün/violett	
3,6-Dioxyanthon	JENSEN, K. A., (1933)	5,4 bis 7,6	farblos/blau-violett	
3,6-Dioxyphthalsäure-nitril	JENSEN, K. A., (1933)	5,8 bis 8,2	blau/grün	
Chromotropsäure	KOCSIS, E. A., u. Z. V. SZ. NAGY (1937 b)	6,0 bis 7,0	farblos/blau	Bromthy-molblau 6,0 bis 7,6
3,6-Dioxyphthalimid, 2. Umschlag	JENSEN, K. A., (1933)	6,0 bis 8,0	grün/gelbgrün	
Brillantdiazolgelb	LINSER, H., (1932); VOLMAR, Y., u. E. WIDDER (1929); DÉRIBÉRÉ, M., (1937 g)	6,5 bis 7,5	farblos/blau	
β-Methylumbelliferon	BÜLOW, C., u. W. DIECK	7,0 bis 7,2	farblos/blau	

Name	Autor	Umschlags-intervall pH	Farbe	Farb-indikator
Kumarsäure	JENSEN, K. A., (1933)	7,2 bis 9,0	farblos/grün	
1,2-Naphtholsulfosäure	DESHA, L. I., R. SHERILL u. L. HARRISON (1926)	7,6 bis 10	dunkelblau/hellblau	Phenolphthalein 8,0 bis 9,8
Acridinorange	JENSEN, K. A., (1933)	8,4 bis 10,4	farblos/gelbgrün	
β-Naphthol-6-Disulfosäure	DESHA, L. I., R. SHERILL u. L. HARRISON (1926)	8,4 bis 10,6	dunkelblau/hellblau	
Naphthazole, Natriumsalze	DÉRIBÉRÉ, M.	8,4 bis 10,5	farblos/gelbgrün	
Äthoxyphenylnaphthostilbazoniumchlorid	JENSEN, K. A., (1933)	9,0 bis 11,0	grün/farblos	
Chinin, 2. Umschlag	EISENBRAND, J., (1930)	9,5 bis 10	violett/farblos	
6,7-Dimethoxyisochinolin-1-carbonsäure	SZEBELLEDY, L., u. J. JONAS (1938 b)	9,5 bis 11,0	gelb/blau	
Kumarin	NASINI, A. G., u. P. DE CORI (1930)	9,8 bis 12	schwachgrün/hellgrau	Salicylgelb 10,0 bis 12,0
Kotarnin	EISENBRAND, J., (1930)	12,5	gelb/weißlich	
α-Naphthoesäure	NASINI, A. G., u. P. DE CORI (1930)	12 bis 13	azurblau/grün	Trinitrobenzol 12,0 bis 14,0
β-Naphthoesäure	NASINI, A. G., u. P. DE CORI	12 bis 13	azurblau/violett	

Literatur über spezielle Fälle findet sich bei SZEBELLEDY, L., und J. JONAS (1938 b) sowie SZEBELLEDY, L., und K. SIK (1938 c). Die praktischen Erfahrungen, die bei der Titration mit fluoreszierenden Indikatoren gesammelt wurden, sind in einer Reihe von Arbeiten niedergelegt: EISENBRAND, J., (1929 c); ROBL, R., (1926 a, b); JERMSTAD, A.; HAITINGER, M., (1932); DÉRIBÉRÉ, M., (1938 b); GRANT, J., (1936 a); MELLET, R., und M. A. BISCHOFF (1929, 1926); BÜLOW, C., und W. DIECK; BRAVO, G. A.; VOLMAR, Y., und E. WIDDER (1929); JENSEN, K. A., (1939); NEEKALANATAM, I. K., und G. VISWANATH.

Fluoreszenzindikatoren haben, wie erwähnt, gegenüber Farbindikatoren dann besondere Vorteile, wenn f a r b i g e Lösungen vorliegen. Diese sind ja bekanntlich auch elektrometrischen Titrationen zugänglich. Jedoch erlaubt auch die Verwendung von Fluoreszenzindikatoren vielfach eine Titration farbiger Lösungen, ohne jedes sonstige Hilfsgerät, da in solchen Lösungen die Fluoreszenzumschläge vielfach noch gut sichtbar sind. Die Gebiete, auf denen solche Untersuchungen mit Erfolg durchgeführt werden, sind hauptsächlich Lebensmitteluntersuchungen, z. B. Weine und Fruchtsäfte (GALLART, J. M.), ferner Bodenuntersuchungen, Untersuchungen von Essig, Celluloseablaugen, sulfurierten Ölen, Farbstoffen, Chemikalien (NASINI, A. G., u. P. DE CORI, 1930; VOLMAR, Y., u. J. M. CLAVERA, 1931; CLAVERA, J. M.; COLOBIER, L.).

Fluoreszenzindikatoren wurden ferner verwandt bei Bieren und Zuckersäften, zur Bestimmung von Verseifungszahlen in gefärbten Ölen, auch bei Harzen (KOCSIS, E. A., u. P. VASS, 1936; MALOWAN, S. L.; DICKINSON, D.).

Eine Verwendung der Fluoreszenz zu Titrationen, wobei ein in die Lösung tauchender fluoreszierender Stab die Zu- oder Abnahme von ultravioletter Lichtabsorption anzeigt, gehört ebenfalls hierher (EISENBRAND, J., 1929 b).

In neuerer Zeit werden außer den Säuren- und Basenindikatoren auch Adsorptionsindikatoren, Fällungsindikatoren und Redoxindikatoren empfohlen (FLECK, H. R., R. F. G. HOLNESS u. A. W. WARD; DÉRIBÉRÉ, M., 1938 b; CAMPO, A. DEL, u. F. SIERRA). Zahlreiche neue Indikatoren sind hergestellt worden, vor allem solche vom Typ der Komplexone, die durch Fluoreszenzumschläge die Anwesenheit von Metallen anzeigen. Hierzu gehört z. B. das Fluoresceinkomplexon. Fluoreszenzfarben als Temperaturindikatoren beschreibt TUPHOLME, C. H. S., (1950).

Siehe ferner folgende Veröffentlichungen: BRANDT, K., und H. DAHLENBERG; BRENNECKE, E.; BRUMBERG, E. M., I. A. PAVEL und K. P. STOLYAROW; BOUTARIC, A., und M. ROY (1939); DOLEZIL, M.; EGGERS, J. H.; ERDEY, L.; FÖRSTER, TH.; GEYER, R., und H. STEINMETZER; GOTO, H., (1949); GOTO, H. (1940 e); HAUL, R., und G. UHLEN; HOLTBECKER, Z. (1959 a, b); KENNY, F., und R. B. KURTZ (1950, 1953); KENNY, F., (1954); OKAC, A., und J. HORAK; SCHLÖGL, K., und A. SIEGEL; SZEBELLEDY, L., und K. SIK (1938 d); TOMICEK, O.; VOLMAR, Y. (1936); KÖRBL, J., und F. VADRA; TUCHER, B. M.

2.2.2.2. Fluoreszenzlöschung in Lösungen durch anorganische und organische Stoffe

Im vorigen Abschnitt wurde der Einfluß der Wasserstoffionenkonzentration auf die Fluoreszenzintensität fluoreszierender Ionen behandelt. Die Änderungen der Fluoreszenzintensität waren dort in der Überzahl der Fälle mit Lichtabsorptionsänderungen verbunden. Wenn z. B. die Lichtabsorption in einem bestimmten Spektralgebiet durch Säurezusatz zum Verschwinden gebracht wurde, so folgte naturnotwendig daraus auch ein Verschwinden der Fluoreszenz, z. B. bei Naphthionsäure oder Umbelliferon; wenn sie durch Säurezusatz hervorgerufen wurde, so wurde entsprechend Fluoreszenz hervorgerufen, wie z. B. beim Chinin.

Die jetzt zu behandelnde Fluoreszenzlöschung beschäftigt sich dagegen nur mit dem Verschwinden vorhandener Fluoreszenzen. Gegenüber den zweiseitigen Wirkungen der Wasserstoffionen liegen also nur Wirkungen nach einer Richtung vor. Solche Löschungen waren schon sehr früh bekannt, z. B. wurde die Löschung der Fluoreszenz des Chinins durch Salzsäure schon von HERSCHEL 1845 gefunden. Zahlreiche Arbeiten beschäftigten sich dann mit dieser Erscheinung bei den verschiedensten Fluoreszenzstoffen, wie Chinin, Acridin, Fluorescein, Pinacryptol, Rhodamin, Uranylsalzen usw.

Es wäre immerhin denkbar, von Fluoreszenzlöschungen einmal durch Wasserstoffionen, zweitens durch andere Lösungsgenossen zu sprechen und so alle diese Erscheinungen zusammenzufassen. Dies empfiehlt sich nicht, da dann ganz verschiedene Ursachen beachtet werden müßten, denn als dritte Ursache eines Verschwindens von Fluoreszenz kommt die Lichtabsorption von Lösungsgenossen, also eine „innere" Lichtfilterwirkung in Betracht.

Man ist dahin übereingekommen, als *Fluoreszenzlöschungen* solche Vorgänge zu bezeichnen, bei denen die Lichtabsorption für das erregende Licht unverändert bleibt, während die Fluoreszenzintensität durch die Einwirkung von Lösungsgenossen herabgesetzt wird, manchmal bis zum Verschwinden. Damit wird eine Gruppe von Vorgängen zusammengefaßt, die man auch als *echte Löschung* bezeichnet. Dabei ist noch zu beachten, daß die Lichtabsorption sich in anderen Bezirken des Spektrums, die nicht zur Erregung der Fluoreszenz dienen, ändern kann. Beispielsweise bringt der Zusatz von Resorcin zu fluoreszierenden Lösungen von 8-chinolinsulfosaurem Natrium kräftige sichtbare Gelbfärbungen hervor. In der ultravioletten Hauptabsorptionsbande tritt allerdings durch diesen Zusatz keine Änderung ein.

Über „innere Lichtfilterwirkungen", die sich von diesen „echten Löschungen" durch einfache Versuchsanordnungen unterscheiden lassen, soll wegen ihrer zunehmenden analytischen Bedeutung später berichtet werden.

Wie das große vorliegende Untersuchungsmaterial zeigt, ist die Löschbarkeit der Fluoreszenzen verschiedener chemischer Individuen außerordentlich verschieden. Ferner können Fluoreszenzen durch anorganische und organische Löscher zum Verschwinden gebracht werden; auch hier ergeben sich große Unterschiede in der Beeinflußbarkeit. Und drittens zeigen sowohl organische als auch anorganische Löscher ihrerseits große Wirkungsunterschiede, die eine gewisse Parallelität mit anderen physikalisch-chemischen Gruppeneigenschaften ergeben.

Daß die *Löschungen durch Ionen* andersartig verlaufen, wenn der Fluoreszenzstoff selbst ein Ion ist, als bei neutralen Fluoreszenten, kann heute als gesichert gelten (Förster, Th., 1951). Vor allem sind anscheinend entgegengesetzte Ladungen von Fluoreszent und Löschion der Löschung förderlich. Andererseits scheint gerade bei fluoreszierenden Ionen die *Löschung durch neutrale organische Löscher* viel häufiger einzutreten als durch Ionen. Das zeigt Tabelle 16. Bei ihr wurden Löschungen einerseits mit wäßriger Resorcinlösung, andererseits mit gesättigter Kochsalzlösung durchgeführt (Eisenbrand, J., 1951a).

Für genauere Festlegungen genügen solche halbquantitative Versuche allerdings nicht, da feinere Differenzierungen durch sie nicht sichtbar werden.

Stern, O., und M. Volmer (1919) haben nun bereits für die Auslöschung der Fluoreszenz von Gasen eine quantitative Beziehung aufgestellt, die folgende Formulierung erhielt:

$$F = F_0 \cdot \frac{1}{1 + b c}$$

Tabelle 16

Vergleich der Fluoreszenzlöschung durch einen neutralen organischen Löscher und durch einen in Ionen dissoziierten Stoff

Substanz	Löschung der Fluoreszenz durch	
	Resorcin	NaCl
Chininsulfat	stark	stark
6-Methoxychinolinsulfat	stark	stark
6-Methoxychinoliniumsulfat	stark	stark
2-Methylchinolinsulfat	stark	stark
4-Methylchinolinsulfat	stark	stark
6-Methylchinolinsulfat	stark	stark
8-Methylchinolinsulfat	stark	stark
Chininsäure, schwefelsauer	stark	fast 0
Chinsaures Natrium	stark	fast 0
6-Chinolinsulfosäure, schwefelsauer	stark	sehr schwach
6-Chinolinsulfosaures Natrium	stark	sehr schwach
8-Chinolinsulfosäure, schwefelsauer	stark	sehr schwach
8-Chinolinsulfosaures Natrium	stark	sehr schwach
Acridinsulfat	stark	stark
meso-Aminoacridinsulfat	stark	0
Hydrastininsulfat	stark	0
β-Methylumbelliferon-Natrium	mittel	fast 0
Rhodaminsulfat	mittel	0
α-Naphthol in NaOH	0	0
β-Naphthol in NaOH	0	0

In diesem Ausdruck bedeutet F die gemessene Fluoreszenzintensität in willkürlichen Einheiten bei Löscherzusatz, F_0 die Intensität ohne Löscherzusatz, c die Konzentration des Löschers in Mol/l, b ist eine Konstante; ihre Bedeutung wird leicht ersichtlich, wenn man die Bedingungen so wählt, daß $F = \frac{1}{2} F_0$, d. h. daß die anfängliche Fluoreszenz auf die Hälfte gelöscht wird. Dann wird, wie eine einfache Ausrechnung zeigt, $b = \frac{1}{c}$. b ist also der reziproke Wert derjenigen Löscherkonzentration, für welche die Fluoreszenzintensität auf die Hälfte ihres Anfangswertes herabgesetzt ist. Diese Konzentration wird in den nachstehenden Tabellen mit $\bar{c}$ bezeichnet. In manchen Arbeiten wird die Konstante b daher auch als *Halbwertskonstante* bezeichnet. Mit dieser Gleichung konnte man die Löschung in Abhängigkeit von der Löscherkonzentration genauer beschreiben und durch eine dem Fluoreszenzstoff und dem Löscher eigentümliche Konstante b quantitativ festlegen. Zahlreiche ältere Arbeiten haben sich mit Erfolg dieser Löschformel bedient.

Eisenbrand, J., (1936) zeigte dann, daß diese Formel nichts anderes ist als eine Formulierung des chemischen Massenwirkungsgesetzes für folgenden Spezialfall: Es liegt ein Dissoziationsgleichgewicht zwischen dem Komplex (Fluoreszenz · Löscher) und dem freien Fluoreszenten und dem freien Löscher vor, das der bekannten Dissoziationsformel (Löscher im Überschuß gegenüber Fluoreszent) folgt:

$$\frac{\alpha \cdot c}{(1-\alpha)} = K \qquad (20)$$

$\alpha = \frac{F}{F_0}$; die Konstante K ist die Dissoziationskonstante, und bei Einsetzen von $\frac{F}{F_0}$ in die Formel ergibt sich Identität mit der Löschformel von STERN und VOLMER; b ist mit K wie folgt verbunden: $b = \frac{1}{K}$. Nach FÖRSTER, TH., (1951, 1950 b) ist α der dissoziierte Anteil der Verbindung, die sich zwischen angeregtem Fluoreszenzion und Löschmolekül bildet (RAISCH, M., 1961, S. 21). Für die Messung solcher Löschungen in Abhängigkeit von der Konzentration sind Meßgeräte, wie sie früher beschrieben wurden, erforderlich.

Solche Messungen wurden von WEST, MÜLLER und JETTE mit Hilfe der früher im apparativen Teil (s. S. 38) besprochenen Apparatur mit zwei Photozellen durchgeführt. Abb. 41 zeigt die von den Autoren erhaltenen Kurven bei der Verwendung *anorganischer Salze* als Löscher der Fluoreszenz des Chininsulfates.

Diese Löschkurven können allerdings mit Hilfe der oben angegebenen Formel (20) nicht ausgewertet werden, da die Voraussetzung für die Gültigkeit der Formel, daß die Konzentration des Fluoreszenten klein gegenüber der Löscherkonzentration ist, hier nicht zutrifft. Von den genannten Autoren werden nämlich Chininkonzentrationen verwendet, die gegenüber den Löscherkonzentrationen nicht mehr zu vernachlässigen sind. Infolgedessen müssen in diesem Fall in die Formel des Massenwirkungsgesetzes sowohl die Konzentrationen der freien als auch die der mit Löscher assoziierten Chininionen eingehen. Es wurden von EISENBRAND, J., und M. RAISCH (1961 c) solche Messungen erneut durchgeführt, wobei dafür gesorgt wurde, daß die Chininkonzentration klein gegenüber der Löscherkonzentration war. Tabelle 17 enthält die nach (20) berechneten Löschkonstanten für Cl^-, Br^- und J^-.

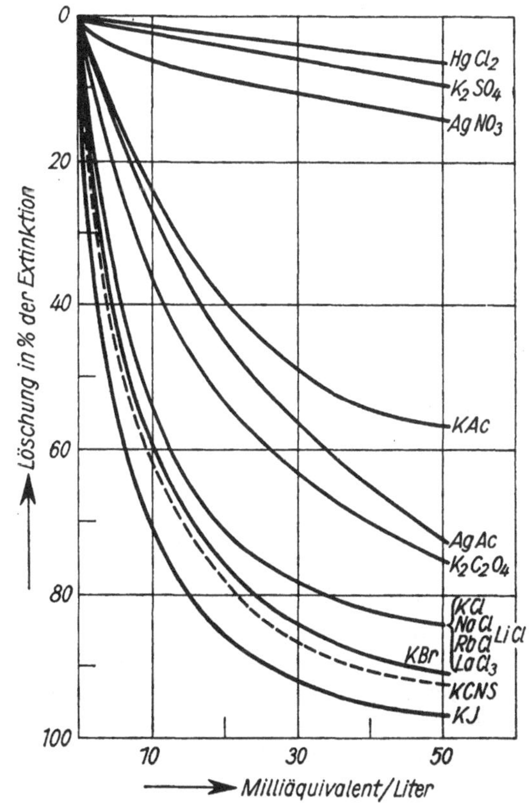

Abb. 41. Löschkurven von Chininion Verwendung verschiedener anorganischer Salze als Löscher

Zunächst ergibt sich aus der Tabelle die gleiche Reihenfolge wie bei WEST, W., R. H. MÜLLER und E. JETTE. Bromidion löscht stärker als Chloridion und Jodidion stärker als Bromidion. Der zahlenmäßige Vergleich wird, wie Tabelle 17 zeigt, etwas anders ausfallen, je nachdem man Löschungen bei schwacher, mittlerer oder starker Löscherkonzentration als Vergleichsgrundlage nimmt oder ob man den Mittelwert von K oder die Halbwertskonstante zugrunde legt. Ferner ersieht man aus Tabelle 17, daß der Gang von K mit der Löscherkonzentration offenbar am geringsten bei Chloridzusatz und am stärksten bei Jodidzusatz ist. Hierin dürfte sich ein Einfluß der unterschiedlichen Hydratation dieser Ionen

Tabelle 17

Übersicht über die bei verschiedenen Löscherkonzentrationen ermittelten Löscherkonstanten K des Chininions für die drei Halogensalze in 0,01 n Schwefelsäure

Löscher-konzentration c (Mol/l)	$K \cdot 10^3$ KCl	KBr	KJ
10^{-3}	5,1	3,7	3,4
10^{-2}	4,2	3,3	2,2
10^{-1}	4,7	2,4[1]	1,5
HWK	4,7	3,7	3,1
Mittelwert aus allen Messungen	4,7 (4,7)	3,2 (3,5)	2,6 (2,7)

ausdrücken. Daher dürfte ein Vergleich der Löschwirkungen bei möglichst kleiner Löscherkonzentration diese unterschiedlichen Einflüsse am besten eliminieren. Es ist interessant, aus Tabelle 17 zu ersehen, daß in diesem Falle, d. h. bei praktisch völlig hydratisierten Ionen, die Löschwirkungen von Cl^-, Br^- und J^- nur geringe Unterschiede zeigen. Offenbar ist hier die durch Wasser abgeschirmte elektrische Ladung der Anionen das fast ausschließlich die Löschung bestimmende Moment. In konzentrierteren Salzlösungen wird offenbar die Löschkraft des Jodidions, die man durch den reziproken Wert von K ausdrücken kann, erheblich verstärkt, während die Löschkraft des Chloridions bei gleicher molarer Konzentration nur um wenige Prozente zunimmt. Der gefundene Gang der Löschkonstanten mit der Konzentration der Löschersalze ist auf Grund der modernen Theorie der Dissoziation starker Elektrolyte, wie sie in den genannten Halogensalzen vorliegen, ohne weiteres verständlich, wenn man außer den Vorstellungen über die Hydratation, die über Ionenassoziation von Bjerrum, N., und von Halban, H. v., (1928 a) sowie das Debye-Hückelsche Gesetz (Debye, P., u. E. Hückel) berücksichtigt. Indemans, A. W. M., hat bereits vor uns ähnliche Messungen durchgeführt. Die von ihm ermittelten Konstanten stehen in guter Übereinstimmung mit den unseren. Sie sind in Tabelle 17 in Klammern aufgeführt.

Elektrolyteinflüsse wirken sich bei diesen Löschungen aber noch in anderer Form aus. Sie werden auch durch Änderungen der *Wasserstoffionenkonzentration* stark beeinflußt. Das zeigen die Tabelle 18 und 19.

[1] Dieser Wert wurde graphisch extrapoliert.

Tabelle 18
Löschung der Fluoreszenz von Chininsulfat ($1 \cdot 10^{-6}$ Mol/l) durch KCl bei verschiedenen Schwefelsäurekonzentrationen ($\lambda = 366$ nm)[1]

KCl-Konzentration in Millimol/l	Löschkoeffizienten in schwefelsaurer Lösung Schwefelsäurekonzentration in Äquivalenten/l			
	0,001	0,01	1,0	10
1,00	0,750	0,835	0,875	0,98
2,00	0,615	0,680	0,815	0,96
3,00	0,510	0,595	0,750	0,94
4,00	0,440	0,535	0,695	0,910
5,00	0,390	0,485	0,665	0,890
6,00	0,350	0,425	0,620	0,870
7,00	0,320	0,385	0,585	0,850
8,00	0,290	0,350	0,550	0,830
9,00	0,270	0,320	0,520	0,815
10,0	0,255	0,295	0,490	0,795
15,0	—	0,225	—	—
20,0	0,145	0,175	0,340	0,675
30,0	0,105	0,125	0,260	0,575
40,0	0,080	0,095	0,210	0,505
50,0	0,070	0,085	0,175	0,465
60,0	0,060	0,070	0,145	0,410
70,0	0,055	0,060	0,130	0,375
80,0	0,050	0,055	0,110	0,350
90,0	0,045	0,045	0,105	0,315
100	0,040	0,045	0,095	0,275
150	—	—	—	0,195
200	—	—	—	0,145
300	—	—	—	0,105
400	—	—	—	0,075
500	—	—	—	0,065

Die Tabellen enthalten eine Zusammenstellung der Löschkoeffizienten $\alpha = \frac{F}{F_0}$ in Abhängigkeit von der Konzentration der Schwefelsäure für den Löscher Kaliumchlorid und von der Konzentration der Perchlorsäure für den Löscher Natriumchlorid.

Man ersieht aus Tabelle 18, daß Erhöhung der Schwefelsäurekonzentration bis auf 10 n die durch Chloridionen verursachten Fluoreszenzlöschungen bei Zusatz von Kaliumchlorid stark beeinflußt. Bei geringen Löscherkonzentrationen wird durch den Einfluß der Säure die Löschung fast ganz aufgehoben, bei größeren Löscherkonzentrationen stark herabgesetzt. Das gleiche gilt, wie Tabelle 19 zeigt, für den Zusatz steigender Mengen Perchlorsäure. Die Wirkung dieser beiden Säuren ist sehr groß; ihr Einfluß nimmt nicht linear mit ihrer Konzentration zu, sondern exponentiell.

[1] Mit λ ist in dieser und in der folgenden Tabelle die Wellenlänge der die Fluoreszenz erregenden Quecksilberlinie bezeichnet.

Tabelle 19

Löschung der Fluoreszenz von Chininsulfat ($1 \cdot 10^{-6}$ Mol/l) durch NaCl bei verschiedenen Perchlorsäurekonzentrationen ($\lambda = 366$ nm)

NaCl-Konzentration in Millimol/l	Löschkoeffizienten in perchlorsaurer Lösung Perchlorsäurekonzentration in Mol/l			
	0,001	0,01	1,0	5,0
1,00	0,765	0,835	0,940	—
2,00	0,640	0,680	0,870	—
3,00	—	—	0,835	—
4,00	0,475	0,520	0,790	—
6,00	0 365	0 415	0,740	0,840
8,00	0,310	0,350	0,680	0,820
9,00	—	—	0,650	—
10,0	0,270	0,300	0,620	—
20,0	0,160	0,180	0,435	0,650
30,0	—	—	0,350	—
40,0	0,095	0,110	0,280	0,500
50,0	—	—	0,240	—
60,0	0,065	0,080	0,210	0,410
80,0	0,050	0,065	0,165	0,340
90,0	—	0,055	—	—
100	0,045	0,050	0,135	0,295
500	0,010	0,015	0,030	—

Da es sich bei diesen Löschungen letztlich offenbar um die Löschung einer Kationenfluoreszenz durch entgegengesetzt geladene Anionen handelt, läßt sich der durch Säuren bedingte Rückgang der Löschung durch Bildung von undissoziiertem oder assoziiertem (Ionenassoziation) Chlorwasserstoff in überschüssiger Schwefelsäure oder Perchlorsäure verstehen. Der undissoziierte oder assoziierte Chlorwasserstoff löscht im Gegensatz zum Chloridion die Fluoreszenz des Chininkations nicht. Dieser Vorgang ist vergleichbar der Wirkung des Quecksilbers auf Chloridionen, die nach West, Müller, Jette ebenfalls zu einer Aufhebung der Fluoreszenzlöschung zugesetzter Chloride führt, hier allerdings durch Wegnahme der Chlorionen, infolge einer Komplexbildung.

Abb. 42 zeigt die Einflüsse der *Stellungsisomerie* und *Substitution* bei vom Chinolin abgeleiteten Kationen.

Die große Ähnlichkeit in der Löschbarkeit von 6-Methoxychinolinium- und Chininkation ist wieder deutlich sichtbar. Gegenüber der Löschbarkeit des unsubstituierten Chinoliniumions wird durch CH_3O in 6-Stellung also die Löschbarkeit erhöht.

Höchst merkwürdig ist dagegen das Verhalten des 8-Methoxychinoliniumions. Während Bromid- und Jodidion etwa gleich wirksam sind wie bei Chinolinium, hat das Chloridion kaum mehr eine Löschwirkung. Erst in 3,6 n KCl-Lösung wurde eine kleine Löschung ($\alpha = 0{,}87$) bemerkt. Dieses auffallend indifferente Verhalten des 8-Methoxychinoliniumions gegenüber Cl^-, das man früher vielleicht mit sterischer Hinderung bezeichnet hätte, bedarf noch einer näheren Deutung unter den Gesichtspunkten der modernen Elektronentheorie.

Insgesamt haben die Untersuchungen an Chinolinabkömmlingen die Löschung als eine außerordentlich konstitutionsabhängige Eigenschaft erwiesen, wenngleich andererseits bei fluoreszierenden Ionen, wie gezeigt wurde, aus den gegenseitigen Ladungsbeeinflussungen sich manche Regelmäßigkeiten ergeben haben.

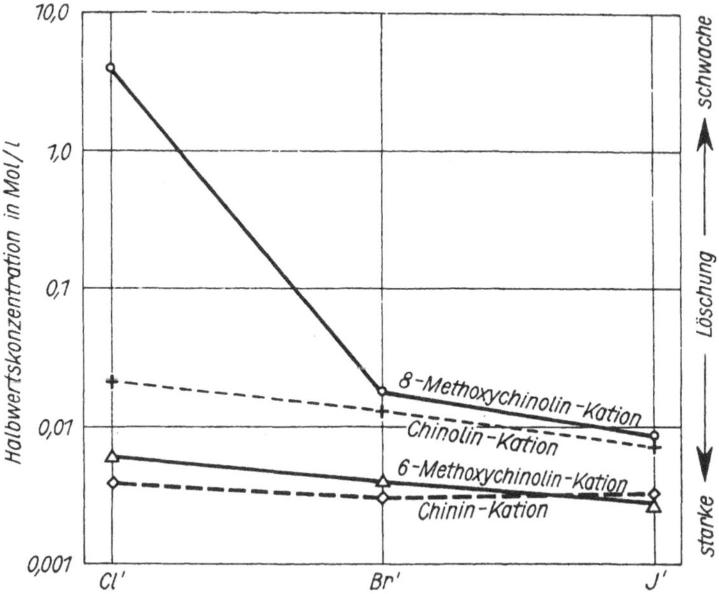

Abb. 42. Einfluß der Stellungsisomerie und der Substitution bei vom Chinolin abgeleiteten Kationen auf die Fluoreszenzlöschung durch die Halogenidionen in 0,01n H_2SO_4

Tabelle 20 gibt weiterhin eine Übersicht über die größenordnungsmäßige Lage von Löschkonstanten der Halogenidionen mit verschiedenen Fluoreszenten nach Messungen von EISENBRAND, J., (1959 e).

Tabelle 20

Löschkonstanten der Halogenidionen für einige Fluoreszenten (K-Werte)

Fluoreszent	K_{Cl^-}	K_{Br^-}	K_{J^-}
Acridinbasen (Kationen) (sauer)	1 bis 2	0,05 bis 0,3	0,003 bis 0,01
Vitamin B_2 (Lactoflavin) (sauer)	1,0	0,02	0,01
Eosin (Anionen) alkalisch	>10	>10	0,1 bis 0,2
Erythrosin (Anionen)	>10	>10	>10

Es ist bemerkenswert, daß beim Acridin die Löschkraft der drei Halogenidionen stärker voneinander unterschieden ist als beim Chininion und 6-Methoxychinoliniumion. Sehr ähnlich wie die Acridiniumkationen verhält sich übrigens das Kation des Lactoflavins. Als besonders merkwürdig ist auch der konstitutive Einfluß der Brom- und Jodsubstitution im Erythrosinanion zu bezeichnen.

Während die Fluoreszenz des Fluoresceinanions (s. Abb. 44) noch gute Löschbarkeit durch Jodidion zeigt, schwache durch Bromidion, fast keine durch Chloridion, ist die Fluoreszenz des Eosinanions, in dem Brom substituiert ist, noch etwas löschbar durch Jodidion, nicht mehr durch Bromidion und Chloridion. Die Fluoreszenz des Erythrosins, das mit Jod substituiert ist, ist durch keines der Halogenidionen mehr löschbar, auch nicht durch Jodidion. Auch dieser sehr merkwürdige Sachverhalt bedarf noch einer elektronentheoretischen Deutung.

Einen weiteren interessanten Gesichtspunkt für die Beurteilung der Löschbarkeit von Fluoreszenzen zeigen STOUGHTON, R. W., und R. K. ROLLEFSON (1940) auf:

Sie teilten auf Grund ihrer Untersuchungen die fluoreszierenden Stoffe in zwei Kategorien. Die Fluoreszenzen der einen Kategorie werden durch Halogenidionen gelöscht, die der anderen Kategorie durch Halogensauerstoffsäureionen. Schließlich wurden die Kategorien erweitert auf reduzierende und oxydierende Ionen als Löscher. Nennt man die Löschung durch reduzierende Ionen Löschtyp I, so erhält die durch oxydierende Ionen die Bezeichnung Löschtyp II.

Zum *Löschtyp I* zählen STROUGHTON, R. W., und R. K. ROLLEFSON (1940) die Halogenidionen, ferner Rhodanid-, Thiosulfat- und Sulfitionen; zum *Löschtyp II* Halogensauerstoffsäureionen, Nitrationen, Tetrathionationen. Zu Löschtyp I nennen sie Chinin, Acridin, Fluorescein, Eosin, Rhodamin, zu Löschtyp II Anthranilsäure, Natriumsulfonitrat, Naphthionsäure. Wesentlich ist, daß es sich in allen Fällen um *reversible Prozesse* handelt, d. h., bei genügender Verdünnung kommt die in konzentrierterer Löscherlösung verschwundene Fluoreszenz wieder zum Vorschein. Tabelle 21 zeigt eine von EISENBRAND, J., (1959 e) ergänzte Übersicht nach STROUGHTON, R. W., und R. K. ROLLEFSON (1941).

Tabelle 21

Löschung der Fluoreszenz fluoreszierender Ionen durch anorganische Ionen

	Löschtyp I	Löschtyp II
Art des Löschers	Cl^-, Br^-, J^-, CNS^-, $S_2O_3^{--}$, SO_3^{--}	ClO_3^-, BrO_3^-, JO_3^-, NO_3^-, $S_4O_6^{--}$
	Kationen	**Anionen**
Fluoreszenzstoff	Chinin Chinolin (6-Methoxy) Chinolin (8-Methoxy) Acridinbasen Fluorescein	Anthranilsäure Naphthionsäure Sulfanilsäure

Da es sich auch hier wieder um Vorgänge zwischen Ionen handelt, so liegt ein Zusammenhang mit dem Redoxpotential nahe, jedoch fehlt hierzu, trotz hoffnungsvoller Ansätze von BAUR, E., und WEBER, K., (1938 a) die endgültige theoretische Fundamentierung. Ein wesentlicher Fortschritt scheint für einige dieser Löschprozesse die Annahme von BAUR, E., zu sein, daß es sich um reversible Kreisprozesse handelt. SCHENCK, G. O., (1952) hat in einer großen Zahl photochemischer Untersuchungen seinerseits die Idee solcher Kreisprozesse wieder aufgegriffen und zusammen mit seiner neuen Theorie über Radikalsensibilisatoren als Leithypothese für zahlreiche neue organische Synthesen verwendet.

Diese Untersuchungen leiten über zur Besprechung *organischer Löscher*. Schon PINNOW, J., (1902) hatte erkannt, daß es neben anorganischen Löschern eine große Zahl von organischen Löschern gibt. Hauptsächlich ein- und mehrwertige Phenole fand er als gute Löscher.

Das *Chininkation* dürfte einer derjenigen Fluoreszenten sein, die bisher am eingehendsten in dieser Hinsicht untersucht wurden. Besonders erwähnenswert ist dabei noch folgendes:

Bekanntlich setzt sich das Chininmolekül aus einem substituierten Chinolinanteil und einem hydrierten Ringsystem, das sich vom Chinuklidin ableitet, zusammen. Wie Untersuchungen ergaben, ist sowohl die Lichtabsorption als auch die Fluoreszenz allein auf den Chinolinrest zurückzuführen, denn das im Chinin enthaltene 6-Methoxychinolin bildet ein blau fluoreszierendes Kation wie das Chininion. Auch die Fluoreszenzlöschvorgänge gehen allein am Chinolinrest des Chinins vor sich. Dies zeigt überzeugend das Kurvenbild der Abb. 43.

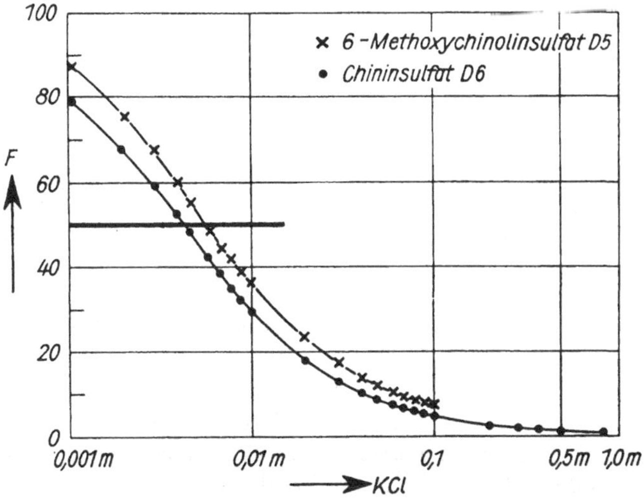

Abb. 43. Löschung der Fluoreszenz von Chininion und 6-Methoxychinoliniumion durch KCl

Die Löschbarkeit des 6-Methoxychinoliniumions ist nur um einen kleinen Betrag geringer als die des Chininions. Das läßt sich möglicherweise daraus verstehen, daß das Chininiumion ein in saurer Lösung zweiwertiges Kation bildet, das Methoxychinoliniumkation dagegen einwertig ist. Da aber die zweite Kationenladung relativ weit von der ersten entfernt ist, ist der Einfluß offenbar gering, was wieder mit allen Erfahrungen bei organischen Elektrolyten im Einklang steht.

Auch sonst wurden an Chininabkömmlingen interessante Konstitutionseinflüsse auf die Löschbarkeit der Fluoreszenz aufgezeigt:

Geht man vom Chininkation zum Chininsäureanion über, so nimmt die Löschbarkeit durch Halogenidionen stark ab. Unverhältnismäßig stark sinkt die Löschbarkeit durch Chloridion. Auch dies ist aus den Elektrolyteigenschaften erklärlich, denn Löschanion und fluoreszierendes Anion nähern sich einander nicht so leicht wie Löschanion und fluoreszierendes Kation (Abb. 44).

SCHEIBE, G., und D. BRÜCK (1950) haben seit 1948 einen anderen Chinolinabkömmling, das N-Äthylchinolinium, als Perchlorat in Lösungen mit Fluorescein, Tetrachlorfluorescein, Eosin und Erythrosin untersucht. Dabei wurden für die entstehenden Komplexe mit Hilfe der Fluoreszenzlöschung und der Lichtabsorption, die das Chinoliniumkation auf diese fluoreszierenden Anionen ausübt, vergleichend Dissoziationskonstanten bestimmt. Es zeigte sich, daß die fluorimetrisch bestimmten Dissoziationskonstanten um den Faktor 2 bis 4 kleiner sind als die aus der Lichtabsorption bestimmten. Erhebliche Unterschiede wurden auch von EISENBRAND, J., (1953) bei Einwirkung von Resorcin auf 8-Chinolinsulfosäure gefunden. Die Fluoreszenzlöschung setzt hier bei einer mehr als eine Zehnerpotenz geringeren Resorceinkonzentration ein als die Gelbfärbung.

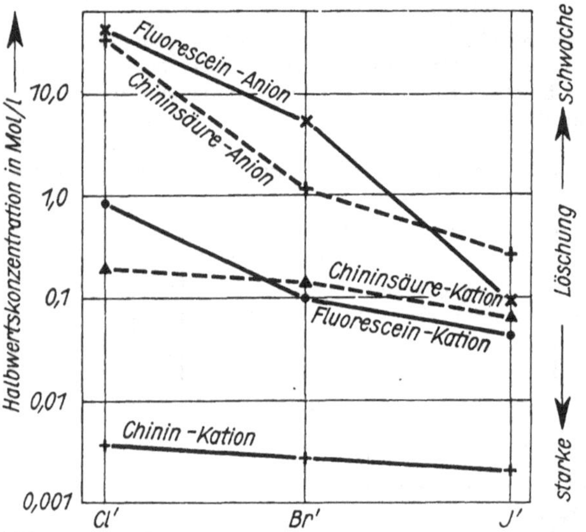

Abb. 44. Löschung der Fluoreszenz in wäßriger Lösung von Fluoresceinanion und -kation sowie Chininsäureanion und -kation durch Halogenidionen

Geht man zu anderen fluoreszierenden Ionen über, so ergeben sich überzeugende Parallelen, wie Abb. 44 zeigt. In diesem Schaubild sind in je gleichem Abstand auf der Abszisse Chloridion, Bromidion und Jodidion aufgetragen. Auf der Ordinate ist in logarithmischem Maßstab die Halbwertskonzentration der Löschung aufgetragen.

Man sieht: Ähnlich wie das Chininsäureanion verhält sich das Fluoresceinanion. Ähnlich wie das Chininsäurekation in schwefelsaurer Lösung verhält sich das Fluoresceinkation. Aber auch in saurer Lösung erreicht die Löschbarkeit des Kations der Chininsäure bei keinem der Halogene die Löschbarkeit des Chinins. Es vermindert also auch die undissoziierte COOH-Gruppe im Chininsäuremolekül in saurer Lösung die Löschbarkeit. Da das Fluoresceinkation in saurer Lösung ebenfalls eine undissoziierte COOH-Gruppe enthält, ist hier wiederum die Parallele zur Chininsäure verständlich.

Eine größere Anzahl organischer Substanzen wurde auf ihr Löschvermögen für die Fluoreszenz des Chininions von EISENBRAND, J., (1933a) untersucht. Tabelle 22 zeigt die Ergebnisse.

$\ddot{c} = \frac{1}{b}$ ist diejenige Löschkonzentration, durch welche die Fluoreszenzintensität auf die Hälfte herabgesetzt wird, sie ist im Sinne der Ausführungen auf S. 84 gleichzeitig eine Dissoziationskonstante des Komplexes (Löscher-Fluoreszenzion).

Die Tabelle läßt zunächst erkennen, daß bereits Kohlenwasserstoffe Löscher sein können. Zwar haben Benzol und Toluol keine Löschwirkung, jedoch sind

Tabelle 22

Löschung der Fluoreszenz von Chininsulfat ($2{,}06 \cdot 10^{-4}$ Mol/l) in saurer methylalkoholisch-wäßriger Lösung durch organische Stoffe (EISENBRAND, J., 1933 a)

Löschsubstanz	b	$\bar{c} = \frac{1}{b}$	Löschsubstanz	b	$\bar{c} = \frac{1}{b}$
Diphenylbutadien-carbonsäure	3000	0,0003	Dihydronaphthalin	85	0,012
Diphenylbutadien	330	0,003	Furan	72	0,014
Stilben	228	0,0044	Thiophen	50	0,018
Hydrochinon	217	0,0046	p-Xylol	50	0,02
Hydrochinondimethyläther	216	0,0046	Tetrahydronaphthalin	30	0,033
Brenzcatechin	160	0,0063	2,3-Dimethylbutadien (1,3)	23	0,043
Resorcin	150	0,0067	Zyklopentadien	20	0,050
Naphthalin	120	0,0083	m-Xylol	20	0,050
Tolan	116	0,0086	o-Xylol	11	0,09
Brenzcatechindimethyläther	116	0,0086	Hydrochinondiacetat	9	0,11
Resorcindimethyläther	≈ 100	≈ 0,01	Dekalin	< 1	> 1
			Toluol	< 1	> 1
			Benzol	< 1	> 1

die Xylole wirksam. Interessant ist, daß hier schon die Stellungsisomerie von Bedeutung ist; p-Xylol löscht am stärksten, dann kommt m-, dann o-Xylol. Naphthalin löscht stark, die teilweise hydrierten Naphthaline löschen weniger, das vollständig hydrierte Dekalin löscht nicht; dagegen löscht Tetrahydronaphthalin.

Es gelang EISENBRAND, J., (1951 a), hier eine Parallele zwischen Exaltation der Refraktion und der Löschkonstante aufzuzeigen. Das gibt die Abb. 45 wieder.

Interessant an diesem Kurvenbild erscheint die Tatsache, daß die Kurve asymptotisch zu verlaufen scheint. Bei noch so großer Exaltation der Refraktion erscheint der Verbindungsbildung eine Grenze gesetzt.

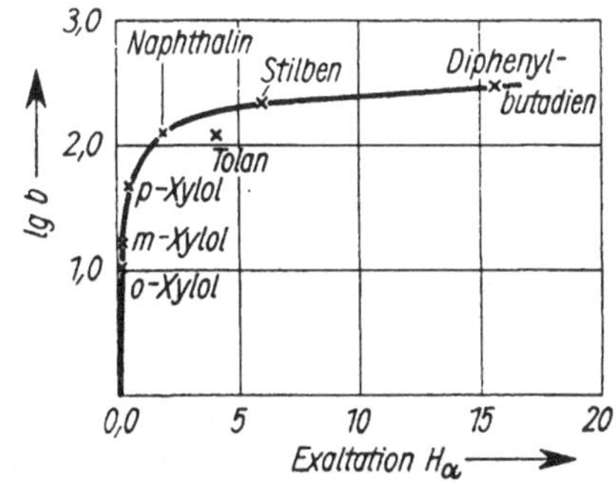

Abb. 45. Korrelation der in methylalkoholischen Chininsulfatlösungen bestimmten Löschkonstanten b mit der Exaltation der Molekularrefraktion H_α der Löscher

Besonders sei noch darauf hingewiesen, daß auch Pyridin kein Löscher ist, dagegen sind die Pentacyclen, Cyclopentadien, Furan und Thiophen Löscher, ähnlich wie auch das offene konjugierte System 2,3-Dimethylbutadien-(1,3). Geht man von diesen einfacher zusammengesetzten organischen Verbindungen zu solchen mit funktionellen Gruppen über, so sieht man eine starke Erhöhung der Löschkraft des Diphenylbutadiens bei Einführung der COOH-Gruppe. Das ist verständlich, da diese Säure eine verhältnismäßig starke ist, die unter den angegebenen Bedingungen noch großenteils als Anion vorlag und naturgemäß sich leichter dem Chininkation nähert als das neutrale Kohlenwasserstoffmolekül. Es superponiert sich hier also noch eine Ionenwirkung.

Substitution des nicht löschenden Benzols mit einer CH_3-Gruppe hat im Toluol keine Löschwirkung zur Folge, wohl aber Substitution mit zwei CH_3-Gruppen (Xylole). Noch stärkere Wirkung hat die Substitution mit OH. Schon eine solche Gruppe (Phenol) erteilt starke Löschwirkung, zwei erzeugen bereits sehr starke Löscher (Hydrochinon, Resorcin, Brenzcatechin). Ähnlich wie eine Substitution mit OH wirkt eine solche mit CH_3O. Überführung der Phenole in die Phenolacetate schwächt die Löschwirkung, z. B. bei Hydrochinon. Übergang von Doppelbindung zu Dreifachbindung (Stilben — Tolan) schwächt die Löschkraft. Unterbrechung der Konjugation durch Hydrierung (Stilben—Diphenyläthan) hebt die Löschkraft auf.

Einführung von einer oder zwei COOH-Gruppen ins Benzol (Benzoesäure, Phthalsäure) erteilt keine Löschkraft. Dabei ist zu beachten, daß die Säuren undissoziiert sein müssen. Phthalsäure hat eine bereits so stark saure Carboxylgruppe, daß diese in schwächer sauren Chininlösungen (pH = 3) bereits teilweise als einwertiges Anion vorliegt. Es ließ sich zeigen, daß dieses Monophthalation bereits in 0,1 molarer Lösung deutliche Löschwirkungen zeigt, im Gegensatz zur undissoziierten Phthalsäure. Solche Einflüsse sind bei der Verwendung von Biphthalatpuffern zur Pufferung von Fluoreszenzindikatoren wie Chinin zu beachten, da man sonst unrichtige Dissoziationskonstanten für den Fluoreszenzstoff ermittelt (Eisenbrand, J., u. M. Raisch 1961 a).

Für die Löschungen der Chininfluoreszenz durch neutrale organische Stoffe wie Phenol wurde festgestellt, daß sie nicht von der Änderung der Säurekonzentration beeinflußt werden (Raisch, M.). Insofern verhalten sich solche organische Löscher, die keine Ionen bilden, völlig anders als die oben besprochenen Halogenidionen. Das gibt ein Mittel an die Hand, zwischen Ionenlöschung und Molekülllöschung zu unterscheiden (Raisch, M.).

Früher glaubte man auch, bei Löschern wie Hydrochinon einen relativ einfachen Redoxkreisprozeß für den Löschvorgang annehmen zu müssen (Baur, E.). Es konnte jedoch später gezeigt werden, daß Hydrochinondimethyläther bei der Löschung der Chininfluoreszenz sich ebenso verhält wie Hydrochinon. Gegen diese an sich bestechend einfache Theorie sprechen übrigens auch die Löschungen durch Kohlenwasserstoffe. Wenn daher Redoxwirkungen dennoch als Grundlage angenommen werden sollen, so ist es offenbar wesentlich, zusätzlich zwischen der Wirkung der durch Licht aktivierten fluoreszierenden Teilchen und den nicht aktivierten zu unterscheiden, wie dies Förster, Th., (1950b) und G. O. Schenck (1951) getan haben. Das durch Strahlung aktivierte (fluoreszierende) Teilchen besitzt demnach eine andere Redoxkapazität als das nicht aktivierte.

Tabelle 23 zeigt einen Vergleich von Eisenbrand, J., (bisher unveröffentlicht) vor längerer Zeit mit einfachen Mitteln durchgeführter orientierender Löschungsmessungen, die lediglich die Löschkonstante größenordnungsmäßig ermitteln wollten.

Tabelle 23

Löschung der Fluoreszenz verschiedener Fluoreszenzionen durch Hydrochinon (K_H) und Hydrochinondimethyläther (K_D)

Fluoreszent	in alkoholischer Lösung Kationen sauer K_H	K_D		
Chinin	0,005	0,005		
Acridinorange	0,06	0,02		
Coriphosphin	0,08	0,2		
Diamantphosphin	0,08	0,06		
Euchrysin	0,1	0,08		
Rivanollactat	0,1	0,07		
Lactoflavin (Vitamin B_2)	0,02	0,02		
β-Methylumbelliferon	0,03	0,3		
Thioflavin	0,5	4,0		
Thiazolgelb	0,6	0,5		
	Kationen sauer K_H	K_D	Anionen alkalisch K_H	K_D
Fluorescein	0,1	0,005	0,04	4
Eosin	0,2	0,4	0,02	nicht meßbar
Erythrosin	2	2	4	4
Rhodamin	0,07	0,3	—	—
Oxypyrentrisulfosäure	0,4	0,2	0,02	4

Aus dieser Zusammenstellung geht erstens hervor, daß die Wirkung organischer Löscher individuell sehr verschieden ist, je nach dem verwendeten Fluoreszenten. Jedoch liegen die Wirkungen des freien Diphenols und seines Äthers in sauren Lösungen meist ziemlich nahe beisammen. Ausnahmen bilden Coriphosphin, β-Methylumbelliferon und Thioflavin sowie Fluoresceinanion und Rhodamin, bei denen das freie Phenol stets stärker löscht als der Phenoläther. Jedoch bleibt bis auf β-Methylumbelliferon, Thioflavin, Fluorescein und das Anion der Oxypyrentrisulfosäure die Größenordnung der Löschung erhalten. Daher scheint bei diesen Unterschieden eine Assoziation der Phenolgruppe oder eine Wasserstoffbrückenbildung mitzuspielen.

Den starken Einfluß von *Lösungsmitteln* auf die Fluoreszenzlöschung des Eosins zeigen Untersuchungen von KORTÜM, G., (1938), der Solvatationsvorgänge als die Ursache nachwies (s. auch die Untersuchungen von INDEMANS, A. W. M.). Tabelle 24 enthält Messungen, die den Lösungsmitteleinfluß zeigen (INDEMANS, A. W. M.).

Ferner erweist sich die Löschung der Fluoreszenz durch die eigenen Teilchen (*Konzentrationslöschung*) bei verschiedenen Substanzen als sehr verschieden (WEBER, K., 1938 a; s. dazu Abb. 46, die Eigenlöschungen von Chlorophyll zeigt).

Tabelle 24

Einfluß des Lösungsmittels auf die Fluoreszenzintensität F (Lumetron-Fluorimeter)

Lösungsmittel	Fluorescein-Na $2 \cdot 10^{-6}$ g/ml	Eosin-Na $4 \cdot 10^{-6}$ g/ml	Erythrosin-Na $4 \cdot 10^{-6}$ g/ml
Wasser	100	19,5	2,5
Aceton (20%)	94,5	36,5	6,5
Aceton (40%)	45	57,5	14,5
Aceton (80%)	6	86	37,5
Aceton (100%)	0	100	72
Methanol	40,5	59,5	15,5
Äthanol	7,5	71,5	20,5

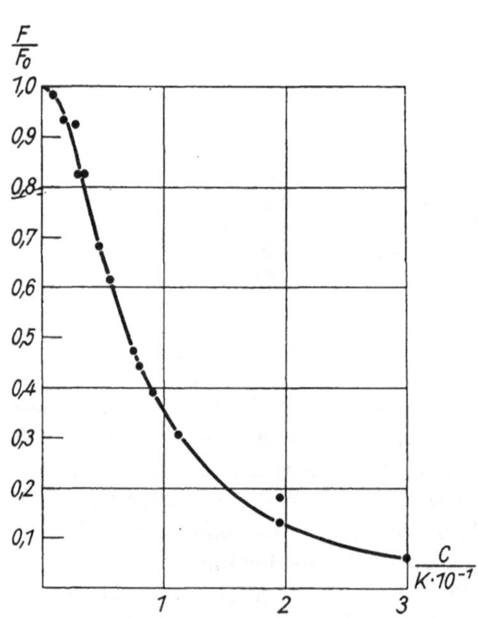

Abb. 46. Eigenlöschungen von Chlorophyll in Äthyläther

Die Auswertung solcher Messungen für die Fluoreszenzlöschung wird dadurch vielfach erschwert, daß fast immer mit dem Wechsel des Lösungsmittels auch spektrale Verschiebungen der Fluoreszenzbande erfolgen (Kaufmann, P., 1920). Dieses mannigfaltige Bild wird noch ergänzt durch den verschiedenen *Temperatureinfluß*, der auf die Löschung bald erhöhend, bald erniedrigend wirkt (Bandow, F. R., 1933). Auch über den Einfluß von Lösungsmitteln wechselnder Zähigkeit liegt reiches Material vor (Förster, Th., 1951).

Besonders interessant ist das Verhalten der hoch assoziierten Cyaninfarbstoffe. Bei ihnen fanden Scheibe, G., A. Schöntag und F. Katheder (1939), daß die Eigenassoziation zu größeren Teilchen zunächst, statt die Fluoreszenz zu vernichten, eine schmale, gut definierte Fluoreszenzbande erzeugt. Diese Bande ist dann aber ihrerseits gegen Fremdstoffe extrem empfindlich. Denn während man bei allen bisher bekannten Fluoreszenzstoffen einen Überschuß oder doch wenigstens vergleichbare molekulare Mengen des Löschers verwendet, benötigt man hier auf 1000 bis 1000000 Mole Fluoreszenzstoff nur ein Mol Löscher, um merkliche Löschung zu erzielen. Immer aber setzt die Löschung schon ein, wenn die Zahl der Löschmoleküle noch erheblich geringer ist als die der Farbstoffmoleküle. Dies wird von Scheibe dadurch erklärt, daß sich vermutlich die flachen Farbstoffmoleküle geldrollenartig aneinanderlegen und so fadenförmige Gebilde formen, die durch Ionenladungen in Lösung gehalten werden und außerordentlich viel Wasser immobilisieren können. Hierdurch erklären sich die große Beständigkeit der kolloidalen Lösungen und die bis zur Gelatinierung hohe Viskosität. Offenbar genügt bei einem solchen Riesenmolekül, das ein einheitliches schwingendes System darstellt, schon der Zusammenstoß mit einem kleinen Löschermolekül, um die Fluoreszenz des ganzen Zehntausende von Einzelmolekülen enthaltenden Gebildes zu löschen. Demgemäß ist eine solche Fluoreszenz auch gegen Verunreinigungen extrem empfindlich.

Aus allem soeben Mitgeteilten geht hervor, daß Fluoreszenzlöschungen bei analytischen Untersuchungen nicht generell berücksichtigt werden können, sondern daß von Fall zu Fall ihr Einfluß auf die jeweilige fluorimetrische Bestimmung geprüft werden muß, wie das auch tatsächlich in zahlreichen fluorimetrischen Untersuchungen bereits geschehen ist.

Zur Abrundung des Bildes sei noch darauf hingewiesen, daß Löschungen nicht nur in Lösung, sondern auch *in festem Zustand* auftreten können, wie Weber, K., und M. Lohar (1948 a, b) sowie Weber, K. (1938 b) gezeigt haben. Dies hat eine erhebliche Bedeutung für die Papierchromatographie fluoreszierender Stoffe und muß zur Vermeidung von Analysenfehlern dort berücksichtigt werden (s. auch Abschnitt II., 2.2.1.7.a).

Weber, K., und M. Lohar (1948 a, b) haben vergleichende Untersuchungen über die Löschung in Lösungen und in eingetrockneten Auftropfungen auf Filterpapier angestellt und gefunden, daß bei Natriumnaphthionat Anilin in Lösung stark löscht, in festem Zustand, auf Papier, dagegen fast gar nicht. Bei Natriumfluorescein ist die Löschung mit Pyrogallol in Lösung und auf Papier gleich, mit Kaliumjodid dagegen ist die Löschung nur in Lösung und nicht in festem Zustand auf Papier vorhanden.

Allerdings wird man im festen Zustand bisweilen auch mögliche Entmischungen in Betracht ziehen müssen, wie dies Eisenbrand, J., (1951a) am System Chininsulfat-Naphthalin festgestellt hat. Durch die Entmischung verschwindet in diesem Fall der Löscheffekt.

Zur Theorie der Fluoreszenzlöschung siehe besonders Förster, Th., (1951); Weber, K., (1938 a, 1931) sowie Weber, K., und M. L. Savic (1934).

Das Studium der Fluoreszenzlöschung läßt sich für die analytische Verwendung der Fluorimetrie und der Papierchromatographie nutzbringend verwerten. Ähnlich, wie man bei solchen Bestimmungen den Einfluß der Wasserstoffionenkonzentration beachten und hierfür definierbare Bedingungen schaffen muß, ist es auch erforderlich, bei fluorimetrischen Bestimmungen die Störungen, die etwa durch Löschungen eintreten, zu kennen und auszuschalten.

Über die Fluoreszenzlöschung als Analysenmethode, z. B. bei der Bestimmung von Bestandteilen ätherischer Öle und zur Bestimmung einiger Alkaloide, vgl. Eisenbrand, J., (1933 a, b) und Achard, Ch., A. Boutaric und J. Bouchard (1933, 1935).

Bei der Untersuchung von Fluoreszenzlöschungen empfiehlt es sich stets, die Lichtabsorptionsverhältnisse zu prüfen. Es ist, wie bereits am Anfang dieses Abschnittes erwähnt wurde, ein Kennzeichen echter Fluoreszenzlöschung, daß die Lichtabsorption des Fluoreszenzstoffes im Spektralgebiet des erregenden Lichtes keine Veränderung erfährt. Wie solche Messungen auf einfache Weise fluorimetrisch ausgeführt werden können, ist im Abschnitt II., 2.2. (S. 36) gezeigt worden. Ein weiteres Kennzeichen echter Löschung besteht darin, daß der Löscher kein Lichtfilter für das erregende Licht ist. Das prüft man so:

Man schaltet einen Trog mit Löscherlösung zwischen Lichtquelle und fluoreszierende Lösung. Wird die Fluoreszenz durch diese Vorschaltung nicht geschwächt, sondern nur durch Zugabe des Löschers zur fluoreszierenden Lösung, so handelt es sich um eine echte Löschwirkung. Ähnlich prüft man, ob der Löscher kein Lichtfilter für das Fluoreszenzlicht ist.

„Fluoreszenzlöschungen", die in Wirklichkeit chemische Veränderungen an den fluoreszierenden Stoffen hervorbringen, sind z. B. die von TAUSZ, J., und A. RABL (1931) untersuchten Entfärbungen von Kohlenwasserstoffgemischen mit Schwefeldioxyd.

Hauptsächlich *Lichtfilterwirkungen* sind die von SEYEWETZ, A., und J. BLANC (1929) ausgeführten „Löschungen" der Fluoreszenz von Fluorescein mit einer Reihe von Stoffen, z. B. auch mit Kaliumdichromat. Auch diese „Löschungen" besitzen, wie die genannten Arbeiten ergeben haben, große Bedeutung für die quantitative Fluoreszenzanalyse. Echte Fluoreszenzlöschung und Lichtfilterwirkung überlagern sich jedenfalls bei den „Auslöschungen" der Fluoreszenz von Mineralölen durch aromatische Nitroverbindungen, die TRAUTZL, K., untersucht hat.

Es ist hier ferner nützlich, darauf hinzuweisen, daß lediglich unter dem Gesichtspunkt des Verschwindens der Fluoreszenz bei Zusatz eines Stoffes zahlreiche „Löschungen" zu analytischen Zwecken verwendet wurden (s. hierzu BOUCHARD, J., 1933 a, b; s. ferner Kap. III).

Es interessieren hier noch die Arbeiten von DUBOIS, J. T.; HÖFER, G., und A. SCHMILLEN; INDEMANS, A. W. M.; KORTÜM, G., und H. WILSKI (1955b); KUSNETZOWA, L. A., und B. J. SWESCHNIKOW; PEKERMAN, F. M.; RAISCH, M.; ROLLEFSON, G. K., und H. BOAZ (1948); ROLLEFSON, G. K., und H. W. DODGEN (1944); WEIL-MALHERBE, H., und J. WEISS (1943); WEIL-MALHERBE, H., (1946).

2.2.3. *Photographische Wiedergabe von Fluoreszenzbildern*

Die rein subjektive Beobachtung von Lumineszenzerscheinungen unter der Quarzlampe kann in wertvoller Weise objektiv ergänzt werden durch die Photographie (s. auch S. 32). Die photographische Abbildung von Lumineszenzerscheinungen kann bei pflanzlichen und tierischen Präparaten sowie bei Objekten, die dem Gebiet der Kriminalistik angehören, als auch bei mehrfarbigen Fluoreszenzbildern ein wichtiges Hilfsmittel bilden. Bei den gewöhnlichen Schwarzweißaufnahmen sind die Unterschiede der Aufnahme im Fluoreszenzlicht gegenüber der Aufnahme im Tageslicht oder mit künstlichem Licht oft so bedeutend, daß sie zur Charakterisierung herangezogen werden können. Besonders der Gerichtschemiker benötigt sehr häufig eine photographische Aufnahme im filtrierten Ultraviolett. Eine solche hat besonderen Wert auch deswegen, weil sie dem Richter als „corpus delicti" vorgelegt werden kann.

Die Schwierigkeiten, die bei dem Photographieren solcher Lumineszenzen auftreten können, ergeben sich besonders daraus, daß die photographische Platte eine ganz andere Wellenlängenabhängigkeit ihrer Empfindlichkeit besitzt als das menschliche Auge. Es ist daher eine dem Auge als besonders eindrucksvoll erscheinende Lumineszenzerscheinung durchaus nicht von vornherein gut photographierbar. Insbesondere ist zu beachten, daß die photographische Platte für das Ultraviolett besonders empfindlich ist, während das betrachtende Auge dieses nicht wahrnimmt. Die damit zusammenhängenden Schwierigkeiten des Photographierens solcher Lumineszenzen hat als erster MIETHE, H., (1927) dargelegt. Es muß also bei der photographischen Aufnahme sehr viel mehr auf das reflektierte Ultraviolett geachtet werden, das, dem Auge unsichtbar, die sichtbare Lumineszenz begleitet. Für solche photographischen Aufnahmen sind also intensiv wirkende Sperrfilter für das Ultraviolett erforderlich. Solche Filter sollen einen steilen Anstieg der Lichtabsorption an der Grenze des sichtbaren Teils des Spektrums, also etwa bei 400 nm, aufweisen. Sie müssen ferner farblos sein. Verwendet man Flüssigkeitsfilter, so ist weiterhin noch zu beachten, daß die Lösung selbst nicht fluoreszieren darf, damit die Platte durch das Fluoreszenzlicht nicht verschleiert wird. Mit Hilfe der Zugabe von Fluoreszenzlöschern (s. S. 82) kann dieser Mangel behoben werden.

Als Flüssigkeitsfilter empfiehlt KÖGEL, G., (1928b) eine Lösung von 0,5 Triphenylmethan in 70 ml absolutem Alkohol (s. dazu auch FURREG, E., 1930a). MIETHE, H., (1927) verwendet eine 1%ige wäßrige Lösung von Ceramnonitrat[1], mit der auch wir die meisten der später gezeigten Aufnahmen gemacht haben. WEBER, K., (1930) empfiehlt eine 2- bis 5%ige Lösung von Natriumnitrit in 1 cm Schichtdicke. Diese Lösung hat eine sehr gute Filterwirkung und wird bisweilen auch in der Ramananalyse benutzt. Besonders günstig sind auch hier wieder Filtergläser, von denen eine reiche Auswahl der Firma Schott & Gen. zur Verfügung gestellt wird. In erster Linie kommen hier die W-Filter und die Filter der Serie GG in Betracht.

Man kann den apparativen Aufbau sehr einfach gestalten, so daß jeder Gerichtschemiker die photographischen Aufnahmen ohne großen Aufwand an Zeit und Geld ausführen kann. Bei den meisten Objekten, besonders auch bei solchen von kleinerem Durchmesser, kann man die Bestrahlung mit Hilfe der Quarzlampe ohne jede Schwierigkeit durchführen, wobei man zweckmäßig die Aufnahme in einer Dunkelkammer macht. Zweckmäßig ist es ferner, die Lampe erst gleichmäßig einbrennen zu lassen, was meist nach $^1/_4$ Std. der Fall ist. Etwa 75 cm bis 1 m von der Lampe entfernt befindet sich ein glattes Brett, z. B. ein Reißbrett, auf dem das zu photographierende Objekt angeheftet wird. Dieser Abstand erwies sich als günstig, um eine gleichmäßige Beleuchtung zu erzielen. Man kann auch mit mehreren Quarzlampen bestrahlen und auf diese Weise die Ausleuchtung gleichmäßiger machen. Eine solche Vorrichtung, die mehrere Quarzlampen zur gleichmäßigen Ausleuchtung besonders von Chromatogrammen benutzt, ist die S. 16, Abb. 9a bis d, gezeigte Lampe der Quarzlampen Gesellschaft m. b. H., Hanau. Auch optische Bänke kann man mit Vorteil benutzen, wie vor allem KÖGEL, G., (1928, 1930 a, b, c, 1934) gezeigt hat.

Zur Beleuchtung kann außer dem langwelligen Ultraviolett auch solches der Linie 313 und 254 nm benutzt werden (s. Lichtquellen, I., 2.2., S. 10).

Auch andere Vorrichtungen zur Erzeugung von filtriertem Ultraviolett können verwendet werden, so z. B. Blitzlicht oder Vakublitze mit geeigneten Licht-

[1] Geeignete Präparate stellen zahlreiche Firmen her, u. a. Riedel de Haën AG, Seelze bei Hannover, E. Merck, Darmstadt, Th. Schuchardt GmbH, München.

filtern (PLOTNIKOW, J., 1931a). Die Aufnahmen können mit Glasoptik gemacht werden, ja eine solche ist sogar vorteilhaft, denn durch sie wird das erregende Ultraviolett mehr oder weniger zurückgehalten. Sie wirkt also wie ein Lichtfilter. Es wird daher das längerwellige Fluoreszenzlicht durch die Aufnahme

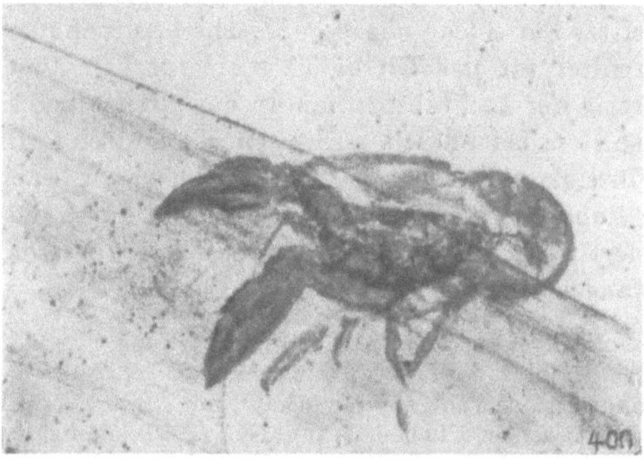

Abb. 47. Panzerkrebs-Abdruck auf Solnhofener Kalk im Tageslicht (MIETHE)

Abb. 48 Panzerkrebs-Abdruck auf Solnhofener Kalk im Fluoreszenzlicht (MIETHE)

allein erfaßt. Außer den oben genannten Lichtfiltern ist besonders das GG-4-Filter, das vor das Objektiv geklemmt wird, nützlich. Besonders empfehlenswert sind hochempfindliche lichthoffreie orthochromatische Platten und Filme. Meist empfiehlt es sich, vor Ausführung der eigentlichen Aufnahme eine orientierende Reihe von Aufnahmen zu machen mit variierten Belichtungszeiten und die beste dann zu wiederholen. Bei der Aufnahme von größeren Kunstwerken ist es meist erforderlich, einen größeren Abstand als einen Meter zu wählen und auch hier die Belichtungszeiten durch eine Serie von Aufnahmen zu ermitteln. Die Belichtungszeit für die Vergleichsaufnahmen im Sichtbaren kann mit den üblichen Tabellen und Instrumenten ermittelt werden. Für die Aufnahme von Kunstwerken sind besonders die Tabellen von Rorimer, J. J., zu beachten.

Je nach der auftretenden Fluoreszenzfarbe empfehlen sich außerdem folgende Sperrfilter: GG 1 bis 15, bei Rotfluoreszenzen auch RG 1 bis 10, ferner OG 1 bis 4

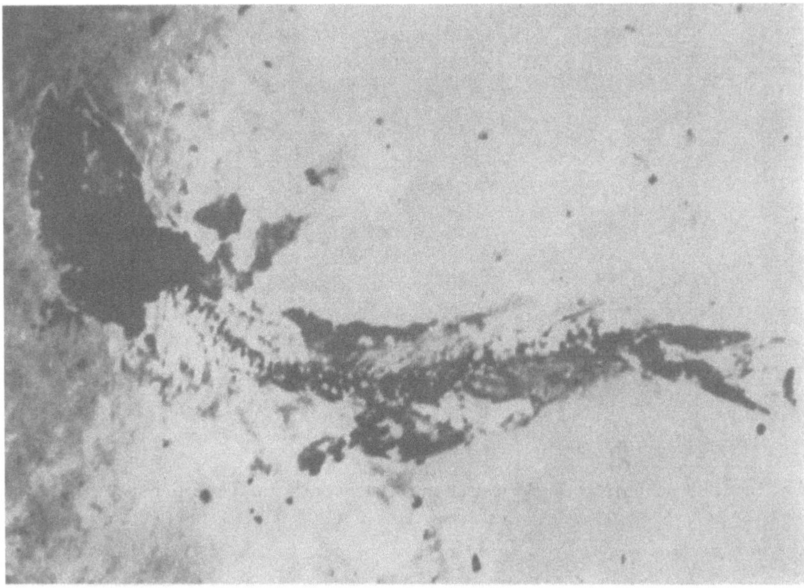

Abb. 49. Fischfossil, Leptolepsis sprattiformis, im Tageslicht

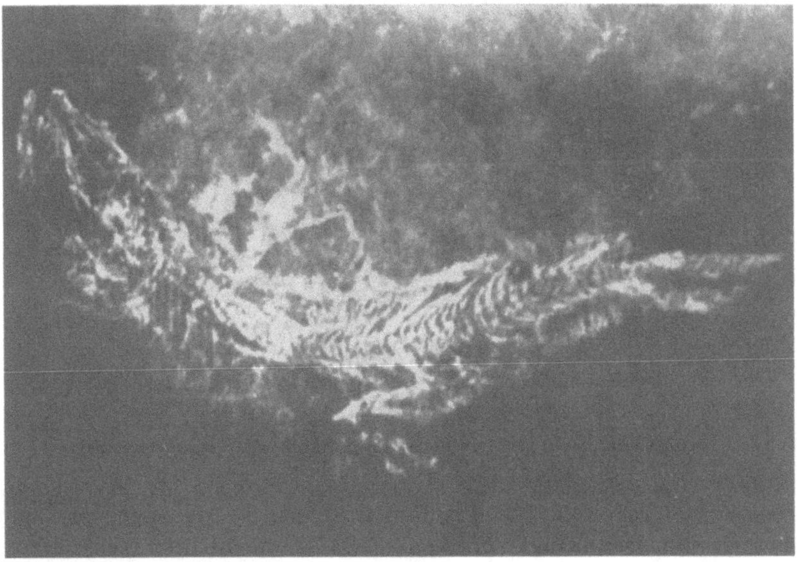

Abb. 50. Fischfossil, Leptolepsis sprattiformis, im Fluoreszenzlicht

in verschiedener Schichtdicke von 1 bis 5 mm. Auch Filter der Serie BG, z. B. BG 12 (4 mm) oder auch OG 12 (5 mm), werden bisweilen nützlich verwendet.

Abb. 51. Knochenreste in schlesischem Muschelkalk im Tageslicht

Abb. 52. Knochenreste in schlesischem Muschelkalk im Fluoreszenzlicht

Es seien ferner folgende Arbeiten erwähnt, die sich mit der Lumineszenzphotographie beschäftigen: Strebel, H., (Sonnenaufnahmen), Brock, G. C., und R. W. Ditchburn (alte Manuskripte); Thornton, W. M. jr., und M. N.

LEWIS (1934) (Mineralien); ZIMMER, K., (Papillarlinien); MANSFIELD, W. R., (1934) (unsichtbare Ultraviolettfluoreszenz).

Über Farbaufnahmen s. FURREG, E., (1930a) und ERNST, P., (1931); über mikrophotographische Farbaufnahmen s. HAITINGER, M., (1959) sowie WERTH, G., und J. EISENBRAND (1955).

Abb. 53. Reklamebild der Quarzlampen Gesellschaft m. b. H., Hanau, im Tageslicht

Abb. 54. Reklamebild der Quarzlampen Gesellschaft m. b. H., Hanau, im Fluoreszenzlicht (s. auch Abb. 73 u. 74)

Abb. 55. Leuchten menschlicher Zähne im Fluoreszenzlicht (s. auch Abb. 84)

Der Kontaktdruck kann auch für die photographische Wiedergabe von Fluoreszenzerscheinungen verwendet werden. Es wird dabei ohne Kamera gearbeitet (s. dazu LASSÉ, R., 1934 [Textiltechnische Untersuchungen], ferner EISENBRAND, J., u. D. PFEIL, 1957a). Man erhält dabei Abzüge in Originalgröße, was auch bei chromatographischen Untersuchungen sehr nützlich sein kann. Diese Technik ist inzwischen in zahlreichen Arbeiten erfolgreich verwendet worden. Beispielsweise kann man mit dieser Methode auch Wasserzeichen bei Banknoten sichtbar machen. Durch Wechsel der Filter zwischen Lampe und photographischem Papier können hintereinander mit dem gleichen Objekt Tageslichtaufnahmen,

Abb. 56. Briefmarken im Tageslicht

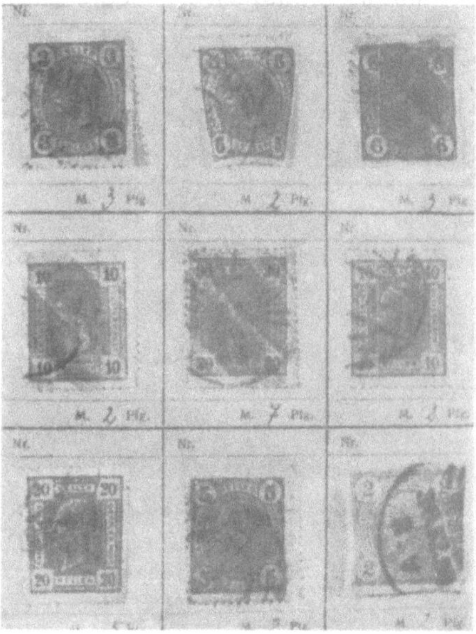

Abb. 57. Briefmarken im Fluoreszenzlicht

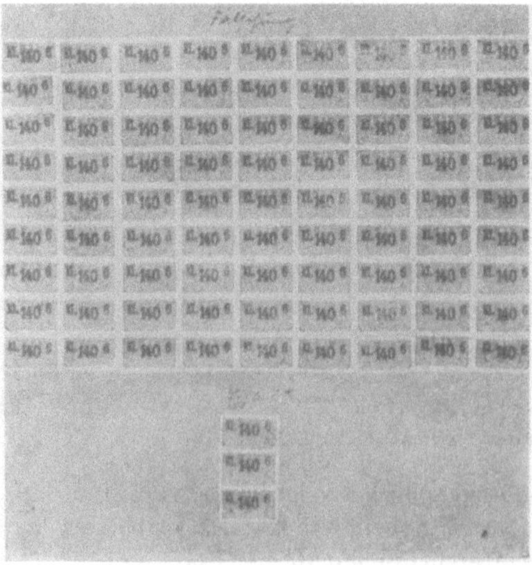

Abb. 58. Echte und gefälschte Invalidenmarken im Tageslicht

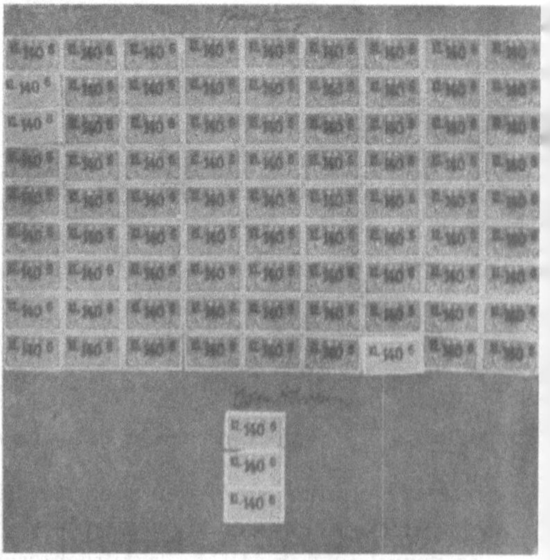

Abb. 59. Echte und gefälschte Invalidenmarken im Fluoreszenzlicht

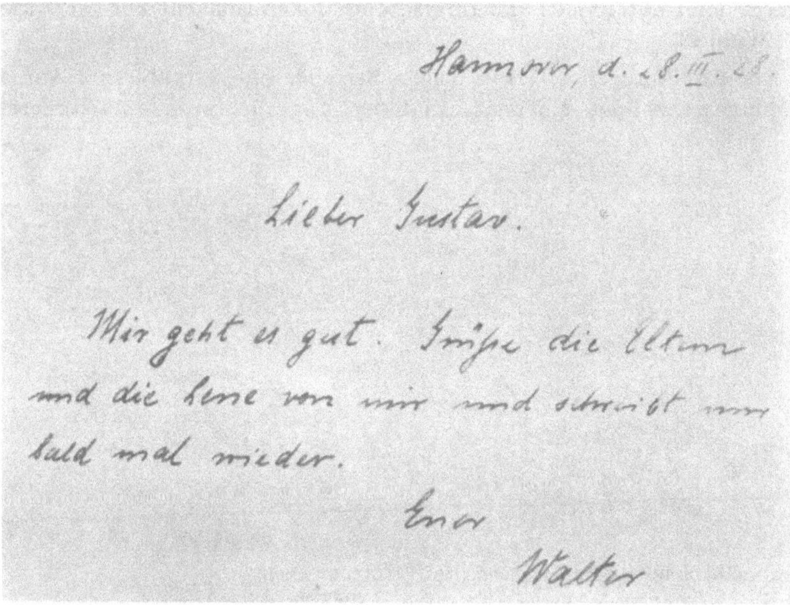

Hannover, d. 28. III. 28.

Lieber Gustav.

Mir geht es gut. Grüße die Eltern und die Lene von mir und schreibt mir bald mal wieder.

Euer Walter

Abb. 60. Geheimschrift mit Urin im Tageslicht

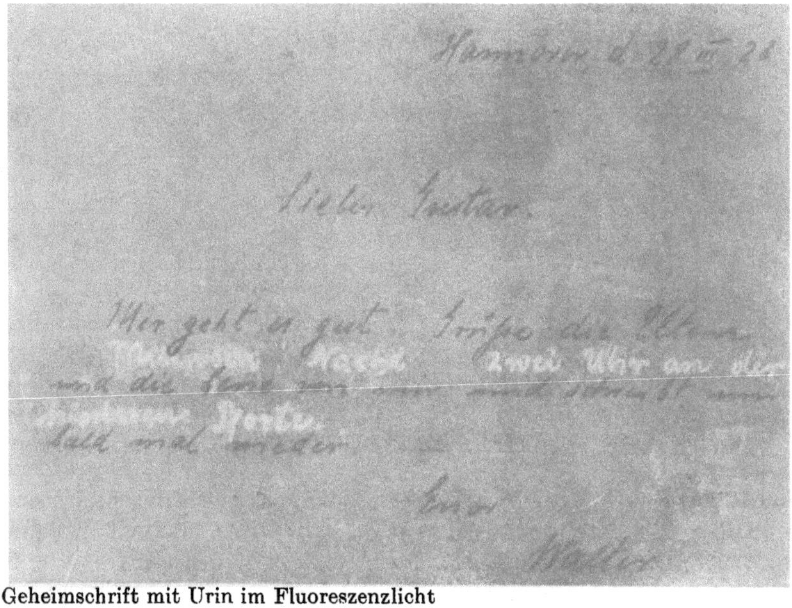

Hannover, d. 28. III. 28.

Lieber Gustav.

Mir geht es gut. Grüße die Eltern und die Lene von mir und schreibt mir bald mal wieder.

Euer Walter

Nacht zwei Uhr an der Pforte.

Abb. 61. Geheimschrift mit Urin im Fluoreszenzlicht

Ultraviolettaufnahmen und Infrarotaufnahmen gemacht werden (DANCKWORTT, P. W., 1931).

Die Abbildungen 47 bis 52 zeigen Beispiele photographischer Aufnahmen des Lumineszenzbildes einerseits und der Tageslichtaufnahme andererseits. Sie

Abb. 62. Echter Zehnmarkschein im Fluoreszenzlicht

beziehen sich auf Fossilien sowie Gegenstände aus Sammlungen des Hannoverschen Provinzialmuseums, ferner auf verschiedene Fossilien und Knochenreste aus geologischen Sammlungen. Immer wieder findet sich im Fluoreszenzlicht ein deutliches Hervortreten von Einzelheiten, die bei Tageslicht nicht erkennbar

Abb. 63. Gefälschter Zehnmarkschein im Fluoreszenzlicht

sind (s. dazu auch MIETHE, H., 1927). Über gerichtschemische Untersuchungen mit Hilfe photographischer Aufnahmen berichten SCHEFFER, W., und P. MÜLLER (1927) (Scheckfälschungen). Über die verschiedensten Objekte, die für die gerichtliche Chemie Bedeutung haben können, s. die Abbildungen 53 bis 66.

Die beiden Aufnahmen 53 und 54 lassen deutlich erkennen, wieviel schärfer sich die Kontraste bei Aufnahmen im Fluoreszenzlicht herausheben bzw. wie im Tageslicht Unsichtbares sichtbar wird. Abb. 55 zeigt das intensive helle Leuchten der Zähne, das selbst bei einer so geringen Expositionszeit wie 30 Sekunden deutlich in Erscheinung tritt (Leica-Aufnahme ohne Filter). Abb. 56 und 57 lassen Unterschiede an echten Briefmarken erkennen, je nachdem, ob sie mit

Abb. 64. Echter und gefälschter Geldschein neueren Datums im Fluoreszenzlicht

filtriertem Ultraviolett oder anderem künstlichen Licht (Marslampe) aufgenommen wurden. Im Fluoreszenzlicht erkennt man helle Streifungen und Helligkeitsunterschiede, die bei gewöhnlicher Bestrahlung nicht zu beobachten sind. In Abb. 58 und 59 sieht man, wie sich echte und gefälschte Invalidenmarken nur im Fluoreszenzlicht deutlich unterscheiden, nicht dagegen im Tageslicht.

Abb. 60 und 61 zeigen einen fingierten Brief, bei dem mit Urin zwischen den Zeilen geschrieben ist. Diese Geheimschrift, im Tageslicht unsichtbar, ist im Fluoreszenzlicht deutlich zu lesen. Eindrucksvoll zeigen Abb. 62 und 63 den Unterschied zwischen einem echten und einem gefälschten Geldschein älteren

Datums; Abb. 64 zeigt in Farbaufnahme einen neueren Fall. Neben anderen Feinheiten kommen in Abb. 62 und 63 bei dem gefälschten Schein die Wasserzeichen deutlich heraus, während sie bei dem echten Schein im Fluoreszenzbild

Abb. 65. Übermaltes Ölbild im Tageslicht

Abb. 66. Übermaltes Ölbild im Fluoreszenzlicht

fehlen. Dank dem liebenswürdigen Entgegenkommen der Leitung der Kunstsammlungen des Museums für die Provinz Hannover konnten auch Ölgemälde im Fluoreszenzlicht photographiert werden. Abb. 65 und 66 zeigen das Bild eines Rubens-Schülers. Bei der Aufnahme im Fluoreszenzlicht sind deutlich dunkle Stellen erkennbar, die von einer Übermalung herrühren (s. dazu besonders auch Kapitel XII, S. 108).

2.2.4. *Mikroskopische Beobachtungen und Mikrophotographie*

Mikroskopische Untersuchungen mit Hilfe filtrierten Ultravioletts gehören mit zu den ersten, die auf dem Gebiet der Lumineszenzanalyse überhaupt durchgeführt wurden (LEHMANN, H., 1914). Inzwischen ist dieses Gebiet intensiv bearbeitet worden. Es braucht hier jedoch nicht näher darauf eingegangen zu werden, da eine Monographie von HAITINGER, M., (1938) unter dem Titel „Fluoreszenz-Mikroskopie" die Ergebnisse auf diesem Gebiet zusammengefaßt hat. Die Monographie erschien nach dem Tode HAITINGERS 1959 in zweiter Auflage, neu bearbeitet von EISENBRAND, J., und G. WERTH. Auf diese Monographie, die über 400 Literaturzitate enthält, sei hier verwiesen; ferner auf die Sammelwerke STRUGGER, S., (1949) sowie PERNER, E. S.

Es soll hier nur noch kurz erwähnt werden, daß man kleinere mikroskopische Vergrößerungen auch mit einfachsten Mitteln photographisch aufnehmen kann, während das Gebiet der großen Vergrößerungen den heute von vielen Firmen hergestellten besonderen Fluoreszenzmikroskopen vorbehalten sein muß. Die Abbildungen 67 bis 72 zeigen einige solche mit einfachster Technik hergestellte mikroskopische Aufnahmen, wobei die Einstrahlung des Ultravioletts einfach oberhalb des Objekttisches möglichst streifend zum Objektträger oder in einem sehr kleinen Winkel zu diesem erfolgt. Es handelt sich bei Abb. 69 und 70 um einen in Paraffin eingebetteten ungefärbten Schnitt. Was an diesen Bildern unter dem Mikroskop zu sehen ist, wird bedingt durch die Eigenfluoreszenz oder primäre Fluoreszenz verschiedener Gewebsteile. Diese findet sich im Pflanzenreich ziemlich häufig, im tierischen Organismus seltener.

Fluorochrome. So wie man bei mikroskopischen Untersuchungen im Tageslicht Differenzierungen von Gewebsteilen durch Anfärbung erreichen kann, so kann man bei Beleuchtung mit Ultraviolett Differenzierungen durch die von HAITINGER, M., (1932) eingeführten sogenannten „Fluorochrome" erreichen. Im Gegensatz zur Eigenfluoreszenz nennt man die durch Fluorochrome hervorgerufene eine „sekundäre Fluoreszenz". Die Anfärbungen sind meist von starker Leuchtkraft und großem Kontrastreichtum der Fluoreszenzfarben. Als Fluorochrome erwiesen sich unter anderen als wirksam: Auramin, Acridinorange, Berberinsulfat, Corriphosphin, Diamantphosphin, Eosin, Erythrosin, Euchrysin, Fluorescein-Natrium (Uranin), Oxypyrentrisulfosäure, Rivanol, Rhodamin B, Thiazolgelb, Thiochrom (aus Vitamin B_1 hergestellt), Thioflavin. Auch werden einige Pflanzenextrakte zu demselben Zweck verwendet (s. die Monographie von HAITINGER, M., 1959). Dort werden auch die Absorptions- und Fluoreszenzspektra dieser Fluorochrome angegeben. Im allgemeinen verwendet man sie in wäßrigen Lösungen und in Verdünnungen von 1 : 1000 bis 1 : 1000000. Die Behandlung der mikroskopischen Präparate mit den Lösungen der Fluorochrome erfordert an Zeit vielfach nur einige Minuten und nur in besonderen

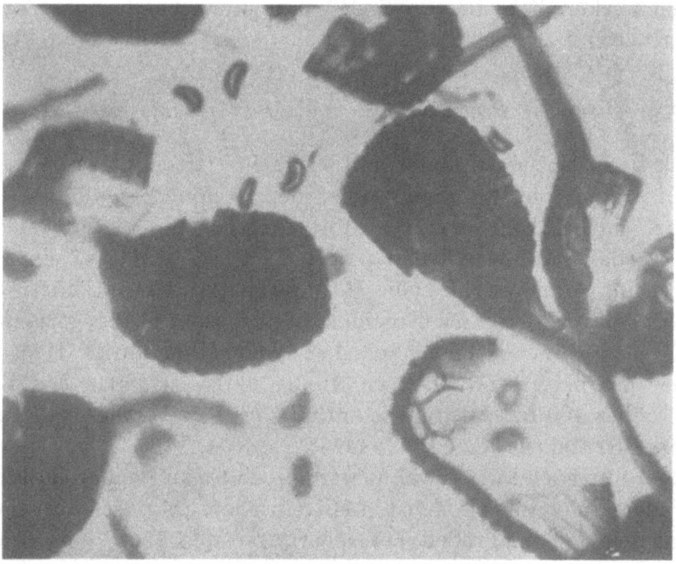

Abb. 67. Sporangien von Farn im Tageslicht

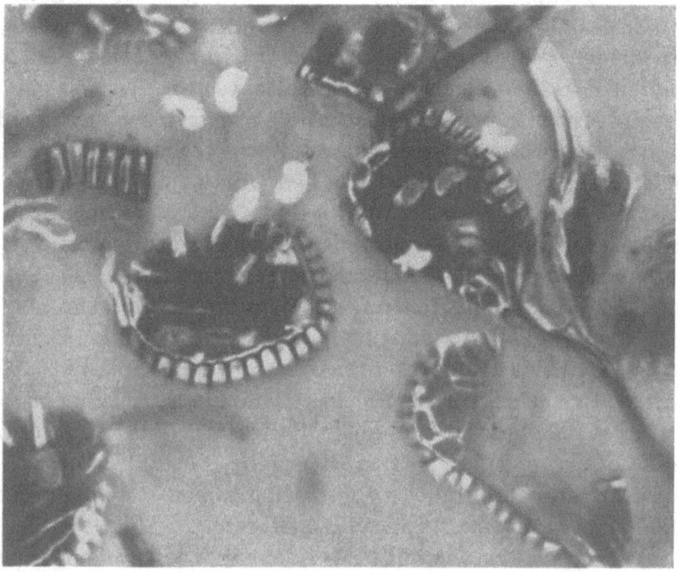

Abb. 68. Sporangien von Farn im Fluoreszenzlicht

Fällen bis zu mehreren Stunden. Hier sind weiter besonders hervorzuheben die Arbeiten von DRAWERT, H., (1937, 1938, 1941, 1948, 1950, 1951, 1953a, 1955); DRAWERT, H., und H. GUTZ (1953 b); DRAWERT, H., und B. ENDERLICH (1956a);

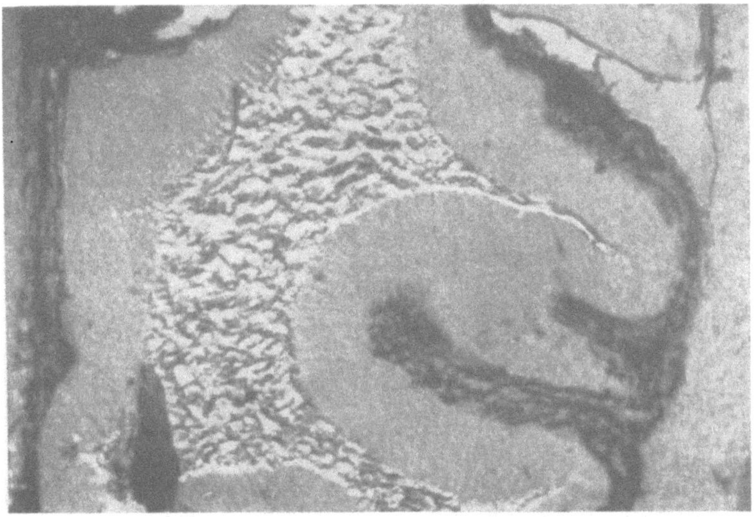

Abb. 69. Schnitt durch den Dickdarm eines Hundes im Tageslicht

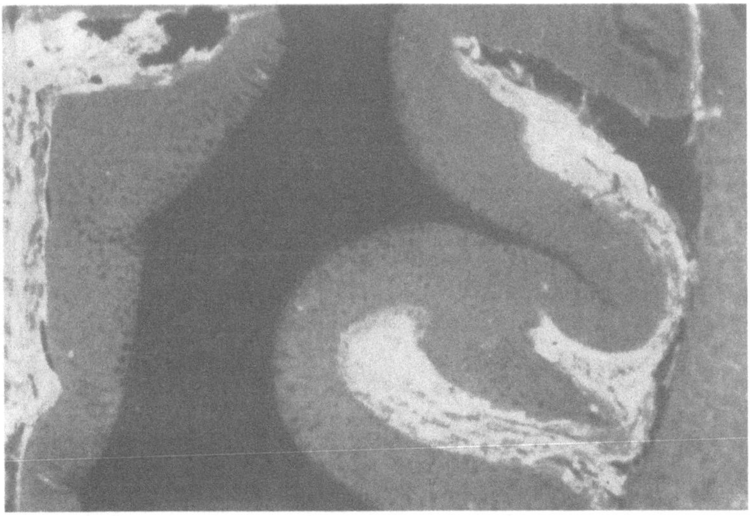

Abb. 70. Schnitt durch den Dickdarm eines Hundes im Fluoreszenzlicht

DRAWERT, H., und I. METZNER (1956 b); STRUGGER, S., (1938, 1940 a, b, c, 1942, 1942 a, 1931, 1939 a, b, d, 1944, 1949) sowie DANGL, F., (1956), die in der Behandlung der Fluorochrome weitere Fortschritte zeigen.

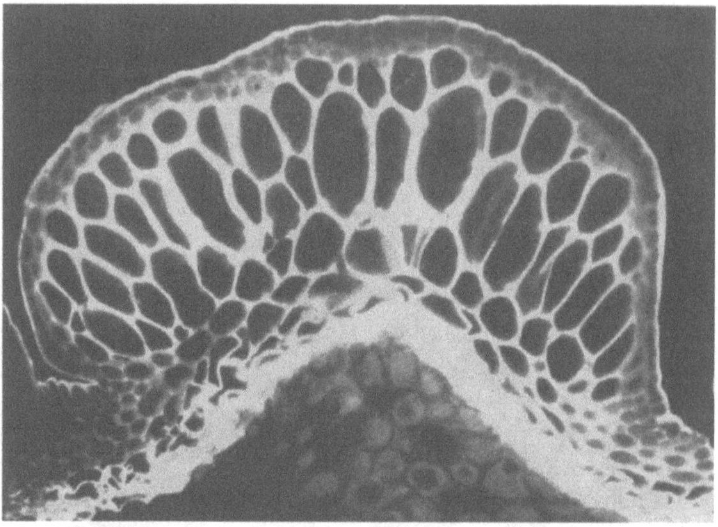

Abb. 71. Junger Trieb der Fichte, Randzellen im Fluoreszenzlicht

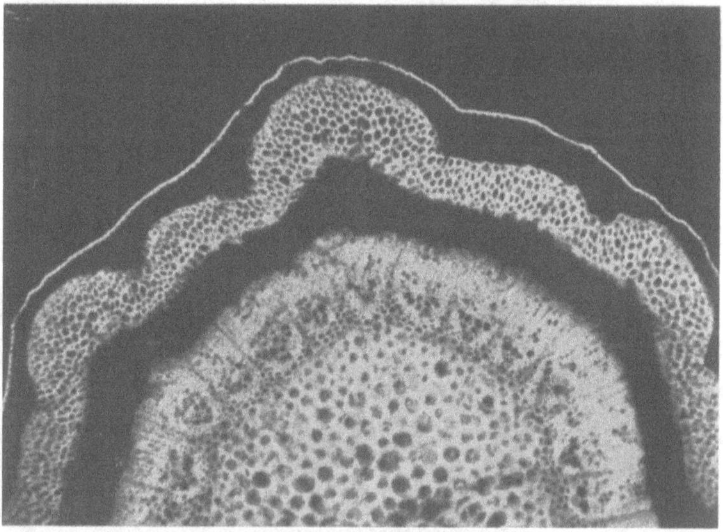

Abb. 72. Stengel der Brombeere im Fluoreszenzlicht

2.2.5. *Photographie mit Ultraviolett*

Die Photographie mit Ultraviolett gehört nicht zur eigentlichen Lumineszenzanalyse, da es sich ja hier um die Aufnahme des an den Gegenständen und Beobachtungsobjekten reflektierten Ultraviolett und nicht um die Aufnahme von Lumineszenzen handelt. Da solche Aufnahmen aber häufig neben den soeben besprochenen Fluoreszenzaufnahmen beschrieben werden, erscheint es uns doch notwendig, auch die Technik dieser Aufnahmen an dieser Stelle kurz zu besprechen. Entscheidend ist dabei, daß hierbei Sperrfilter vor der Kamera, wie sie in Abschnitt 2.2.3. und 2.2.4. dieses Kapitels beschrieben werden, wegfallen. Dafür setzt man Schwarzglasfilter der Serie UG vor. Dabei kann man bereits mit langwelligem Ultraviolett photographieren, ohne ein Quarzobjektiv verwenden zu müssen. Will man Ultraviolett unter 300 nm verwenden, so ist dieses allerdings nicht zu umgehen. Zunächst ist es nützlich klarzustellen, welchen Vorteil eine Aufnahme im reflektierten Ultraviolett neben der Lumineszenzaufnahme haben kann. Ganz allgemein hat man bei der Bestrahlung mit Ultraviolett folgende drei Möglichkeiten zu unterscheiden:

1. Die Strahlen können absorbiert werden. 2. Die Strahlen können reflektiert werden. Diese reflektierten ultravioletten Strahlen sind unsichtbar, können aber auf die photographische Platte wirken.	UV-Bild mit UG-Filter
3. Die Strahlen werden in Lumineszenzerscheinungen umgewandelt, die auf die photographische Platte wirken und auch für das Auge sichtbar sind.	Fluoreszenzbild mit Sperrfilter

Abb. 73. Reklamebild der Quarzlampen Gesellschaft m. b. H., Hanau, Fluoreszenzaufnahme

Abb. 74. Reklamebild der Quarzlampen Gesellschaft m. b. H., Hanau, UV-Aufnahme (s. auch. Abb. 53 u. 54)

Die geschilderten Erscheinungen werden sofort klar beim vergleichenden Betrachten der beiden Abbildungen 73 und 74 (Abb. 73 Fluoreszenzaufnahme, Abb. 74 UV-Aufnahme). Hier beobachtet man folgendes:

Auf beiden Aufnahmen ist die schwarze Gestalt schwarz, ebenso die Bergspitze, auf der sie steht. Sonst sind im allgemeinen weiß und schwarz in beiden Figuren vertauscht, besonders deutlich sieht man das an der Schrift und an der strahlenden Sonne im Hintergrund. Das bedeutet offenbar folgendes:

Die Flächen der schwarzen Gestalt und des schwarzen Hügels sind diejenigen Stellen, an denen das Ultraviolett stark absorbiert wird, ohne wieder ausgestrahlt zu werden. Die Sonne und die Schriftzüge leuchten im Fluoreszenzbild hell auf, weil hier Lumineszenz entstanden ist. Da stark fluoreszierende Stoffe das Ultraviolett absorbieren und nicht reflektieren, so sind diese Stellen im UV-Bild dunkel, dagegen im Fluoreszenzbild hell. Umgekehrt fluoresziert ein Stoff, der Ultraviolett stark reflektiert, nur wenig oder gar nicht.

Über dieses Gebiet sind eine Reihe von Arbeiten ausgeführt worden von Kögel, G., (1928 b) und Mente, O., (1913), die sich auf Silbermünzen, Goldstücke, Kupfermünzen, Vasen, Farben und Gemälde beziehen. Maurer, R.,

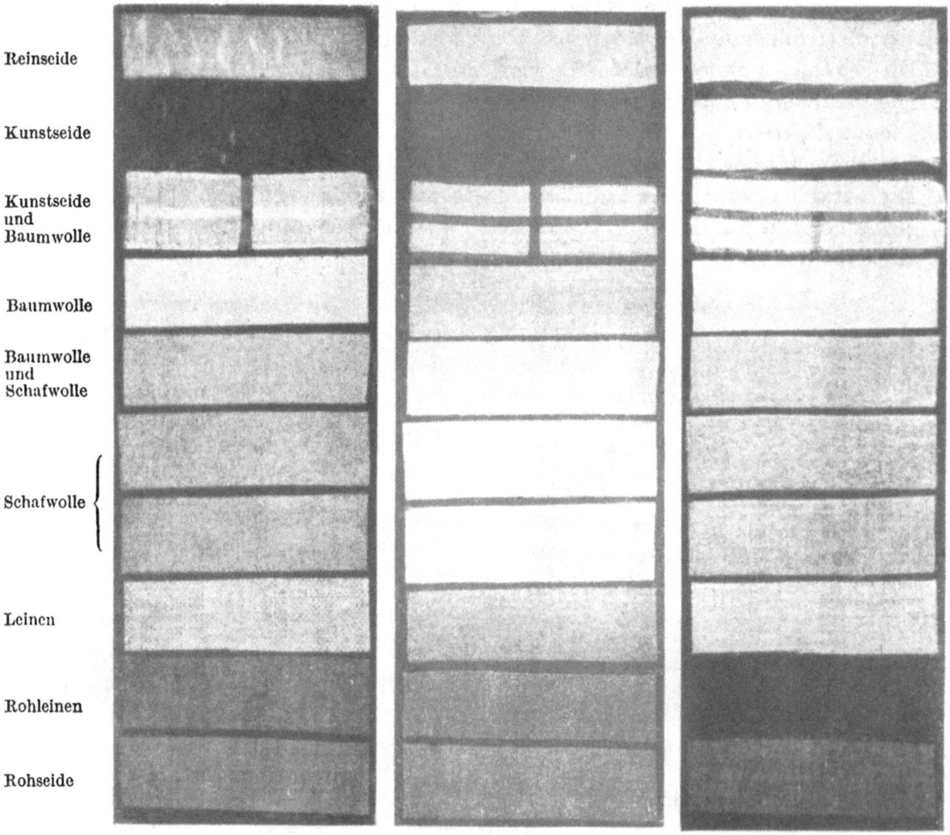

Verschiedene Gewebe

Abb. 75. Tageslichtaufnahme

Abb. 76. Fluoreszenzaufnahme

Abb. 77. UV-Aufnahme

(1928, 1929, 1930) hat Gemälde photographiert, Jaquet, H. C., Personen; ferner sind hier noch Arbeiten von Glimm, E., und H. Schröder sowie von Scheffer, W., (1928) zu erwähnen.

Die Technik der UV-Aufnahme unterscheidet sich von ihr, wie bereits oben erwähnt, dadurch, daß statt der oben genannten Sperrfilter ein Schwarzglas vor dem Objektiv angebracht wird, damit nur Ultraviolett durch die Kameralinse hindurchtritt.

Die verschiedene Brechbarkeit sichtbarer und ultravioletter Strahlen macht sich bei solchen makroskopischen Aufnahmen in der Bildschärfe nicht bemerkbar. Geht man jedoch zur Quarzoptik und zu kurzwelligen ultravioletten Strahlen über, so muß sie berücksichtigt werden.

Ihren Wert erhalten die UV-Aufnahmen meist erst im Vergleich mit der Tageslichtaufnahme und der Lumineszenzaufnahme. Man photographiert im

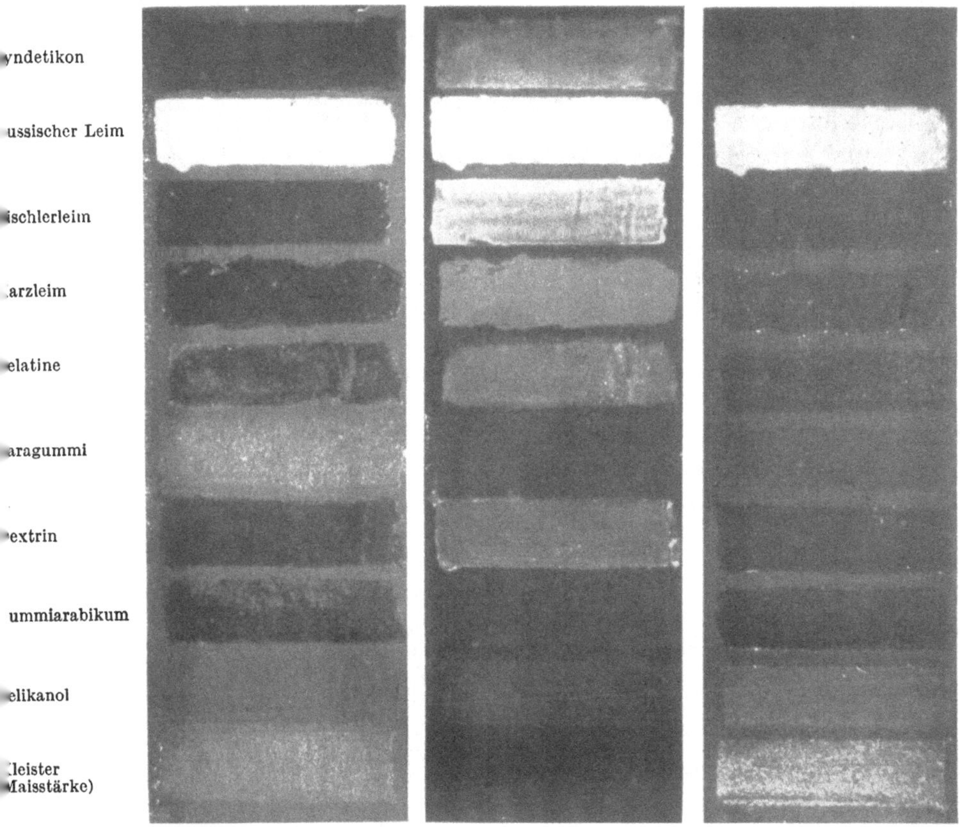

Verschiedene Klebstoffe

Abb. 78. Tageslichtaufnahme — Abb. 79. Fluoreszenzaufnahme — Abb. 80. UV-Aufnahme

Tageslicht oder mit der Marslampe oder einer sonst geeigneten Lichtquelle zunächst o h n e F i l t e r, dann beleuchtet man mit der UV-Lichtquelle und bringt vor das Objekt ein Schwarzglas (UV-Aufnahme). Schließlich macht man mit den genannten Sperrfiltern unter Vertauschung des Schwarzglases gegen diese Filter die Fluoreszenzaufnahme. Die Abbildungen 75 bis 77 zeigen verschiedene Gewebe, aufgenommen nach den drei genannten Aufnahmeverfahren. Man beachte z. B. in der zweiten Reihe von oben das helle Leuchten der Kunstseide im UV-Bild im Gegensatz zur Fluoreszenzaufnahme und zur Tageslichtaufnahme. Auch bei Mischungen von Kunstseide und Baumwolle läßt sich dies nützlich verwenden, wie die dritte Aufnahmeserie zeigt. Die Abbildungen 78 bis 80 zeigen verschiedene Klebstoffe. Wie die Betrachtung im einzelnen zeigt, sind auch hier sehr gute Differenzierungen zwischen Syndetikon, Gummiarabikum, Tischlerleim, Kleister, Harzleim und anderen möglich. Die Methode solcher dreifacher Aufnahmen dürfte auch sonst eine große Anwendbarkeit auf den verschiedensten Gebieten besitzen. Sehr einfach gestalten sich solche Aufnahmen bei Benutzung von Kleinkameras.

Auch mikroskopische Aufnahmen wurden im reflektierten Ultraviolett ausgeführt (Köhler, A., 1904, 1933a; Köhler, A., u. H. Leitmeier, 1934). Es gibt heute Mikroskope von verschiedenen Firmen, die photographische Einrichtungen für die Aufnahme im filtrierten Ultraviolett besitzen, wie sie beschrieben sind bei Walkhoff (1922, 1924); Johnson, G. K., (1931, 1934); Haslam, G. S., und C. H. Hall (1930a, 1934). Langenbruch, H., beschreibt die Anwendung der ultravioletten Mikrophotographie zur Begutachtung von Schriftproben. Es werden Quarzobjekte verwendet und Strahlen von 250 bis 313 nm. Auch ohne Quarzobjektive sind Mikrophotographien möglich, wobei dann allerdings nur das längerwellige Ultraviolett aufgenommen wird, bei Verwendung einer Quecksilberlampe vor allem das Gebiet der Linien von 366 nm. Man kann dabei auch das Schwarzglasfilter unmittelbar vor die photographische Platte legen (s. dazu auch Metzner, P., 1930a; Trivelli, A. P. H., 1931a; Trivelli, A. P. H., u. L. V. Foster, 1931b).

ZWEITER TEIL

Die Anwendungsgebiete der Lumineszenzanalyse

III. Anorganische Verbindungen

Schon LEHMANN, H., (1912) hat beobachtet, daß chemisch reine anorganische Substanzen nur äußerst schwache Lumineszenz zeigen, während zweite Qualitäten, z. B. zahlreiche Handelspräparate, vielfach sehr stark leuchten. Man ging diesen Beobachtungen nach und stellte bei den leuchtenden Präparaten tatsächlich Verunreinigungen fest.

Deutliche Lumineszenzen wurden unter anderem bei folgenden Produkten festgestellt (GRÜNSTEIDL, E., 1933; DHÉRÉ, CH., 1933a, 1937):

Aluminiumacetat	stark blau
Aluminiumbromid	stark hellblau
Aluminiumoxyd	rosa
Ammoniumsalze	blau
Bariumacetat	lebhaft grün
Bariumcarbonat	braunrot
Bariumsulfid	stark sandgelb
Bleicarbonat	sandgelb
Borsäure	bläulichweiß
Caesiumsulfat	stark hellblau
Cadmiumnitrat	blau mit violettem Stich
Cadmiumwolframat	stark gelb
Kaliumcyanid	hellblau
Kaliumhydrotartrat	blau
Kupfer(I)-chlorid	stark hellgrün
Kaliumpyroantimonat	hellviolett
Kaliumsulfat	blau
Kaliumsulfid	bläulichweiß
Kaliumsilicat	blau
Magnesiumacetat	rosa
Magnesiumchlorid	tiefrosa
Magnesiumoxid	weiß
Magnesiumphosphat	schwach rosa (DHÉRÉ)
Magnesiumphosphat	stark blau (GRÜNSTEIDL)
Magnesiumsublimat	violett
Magnesiumsulfat	dunkelrosa

Natriumazid	hellviolett
Natriumjodid	blaugrün
Phosphorpentoxid	stark hellblau
Quecksilber(I)-chlorid	stark orange
Quecksilbercyanid	bläulichweiß
Silbernitrat	stark orange
Strontiumsulfid	stark gelb
Thallium(I)-carbonat	blauweiß
Uranylsalze	stark gelbgrün
Wismutnitrat	blau mit violettem Schimmer
basisches Zinkcarbonat	tiefrosa
Zinkoxid	stark gelbgrün
Zinksulfid	stark gelb

Wir wissen heute, daß diese Lumineszenzen vielfach „Phosphoreszenzen" sind, die durch kleine Beimengungen von Fremdelementen hervorgerufen werden (Beutel, E., u. A. Kutzelnigg, 1932a, 1934 a, b; Eisenbrand, J., u. G. Siewert, 1934 a, b). Bei solchen Phosphoren ist naturgemäß die Ermittlung eines bestimmten Stoffes auf Grund der festgestellten Lumineszenz nicht ohne weiteres möglich. Im folgenden wird eine Zusammenstellung von Lumineszenzen anorganischer Stoffe und von Lumineszenzreaktionen dieser Stoffe in der Reihenfolge des Periodischen Systems der Elemente gegeben.

Gruppe I

Alkalien

Kalium-Nachweis mit Kalium-Zink-Uranylacetat (Goto, H., 1940 d); Alkali-Halogenide, Soda, Pottasche (Grumbach, A., u. M. Riballier); Natrium (Tschirch, E., 1937); Natriumnitrit in Pökel- und Konservensalzen (Eichler, H., 1934 a, b, 1935; Weber, K., 1932); Kalium-Halogenide (Oka, S., 1933 a); „Spezialsalz" (Oka, S., u. S. Yagi, 1933 b).

Kupfer

Das von zweiwertigen Kupferionen in neutraler und schwach saurer Lösung aus Kaliumjodid freigemachte Jod wird von α-Naphthoflavon gebunden, wobei dessen Fluoreszenz zerstört wird. Empfindlicher ist der Nachweis mit Cochenill: Bei Zusatz zu einer Kupfer(II)-Salz-Lösung und anschließendem Zusatz von Natronlauge ändert sich die Fluoreszenzfarbe von Rot nach Bläulichweiß. Es stören Blei, Platin und Gold.

Über Kupfer(I)-jodid siehe Kutzelnigg, A., (1932a); Reiss, R., (1956).

Silber

Die gelbgrüne Fluoreszenz von Uranylsulfat in neutraler oder schwach salpetersaurer Lösung verschwindet bei Zusatz von Ag-Ionen. Quecksilber, Beryllium und Cadmium geben diese Reaktion nicht. Geringe Mengen dieser Metalle und auch von Kupfer stören nicht. Dagegen gibt Thallium die gleiche Reaktion.

Gold

Für Gold gibt Goto, H., (1940 d) (s. Alkalien) eine Reihe von Fluoreszenzreaktionen an. Die größte Empfindlichkeit besitzt die mit α-Naphthoflavon in Gegenwart von Kaliumjodid. Es bildet sich dabei ein blauschwarzer Niederschlag.

Gruppe II

Allgemeine Beobachtungen in der Reihe der Erdalkalien siehe Beutel, E., und A. Kutzelnigg (1931 a).

Beryllium

Mit 1-Amino-4-oxyanthrachinon gibt Beryllium in alkalischer Lösung eine intensive Fluoreszenz (White, Ch. E., u. C. S. Lowe, 1941). Thorium reagiert damit in saurer Lösung. Auch Chinizarin reagiert mit Beryllium, allerdings weniger empfindlich (PALMAS, E. D., u. W. C. ALFORD; FLETCHER, M. H., CH. E. WHITE u. H. S. SHEFTEL). Die Bestimmung erwies sich als anwendbar, außer in Erzen und Mineralien auch in tierischen Geweben. Die Erze werden mit einer Natriumcarbonat-Borax-Mischung geschmolzen, und die Schmelze wird in verdünnter Salzsäure gelöst. Dann wird das Reagens direkt zugegeben.

Mit Morin tritt eine grüne Fluoreszenz in alkalischer Lösung auf, die sehr empfindlich ist und auch spezifisch eingestellt werden kann (SANDELL, E. B., 1940, 1949; VENTURELLO, G.). MOTOJIMA, K., benutzt zur Bestimmung 8-Hydrochinaldin, wobei er 0,3 μg Beryllium in 40 ml bestimmen kann (s. auch SILL, C. W., u. C. P. WILLIS, 1959).

Magnesium

Sehr empfindlich ist die Reaktion mit Oxin (8-Oxychinolin). Es bildet sich ein leuchtender gelbgrüner Niederschlag (s. I. 1.1.3., S. 21); siehe dazu auch WHITE, CH. E., u. M. N. NEUSTADT (1943); FEIGL, F., u. G. B. HEISIG (1949). Weniger empfindlich sind die Nachweise mit Curcuma und Cochenille.

Calcium

Mit Oxin in ammoniakalischer Lösung entsteht ein hellgrün fluoreszierender Niederschlag (WHITE, CH. E., u. M. N. NEUSTADT, 1943) (s. auch S. 21). Mit Morin in Gegenwart von Alkohol und Natronlauge gelbgrüne Fluoreszenzen. Der Nachweis ist empfindlicher als bei Strontium (s. ferner FEIGL, F., u. G. B. HEISIG, 1949; s. Magnesium).

Strontium

Gelbgrüne Fluoreszenz mit Morin bei Gegenwart von Alkohol und Natronlauge.

Zink

Der Nachweis erfolgt sehr empfindlich mit Oxin in neutraler oder essigsaurer Lösung. Es entsteht ein intensiv gelbgrün fluoreszierender Niederschlag (s. auch Cadmium). Einen spezifischen qualitativen Nachweis des Zinks erhält man ferner mit Benzoin (WHITE, CH. E., u. H. M. NEUSTADT, 1943; s. auch Magnesium) in alkalischer Lösung bei Gegenwart von Magnesiumionen. Cochenille gibt mit Zink ähnlich wie mit Aluminium in neutraler Lösung eine hellrote Lumineszenz. Mit Urobilin gibt Zink eine hellgrüne Lumineszenz (LUTZ, R. E.). Über die starken Lumineszenzen des Zinkoxides (gelbgrün) und des Zinksulfides (gelb) liegen zahlreiche Veröffentlichungen vor (COSTEANU, N. D., u. A. S. COCISINSCHI; BEUTEL, E., u. A. KUTZELNIGG, 1930, 1932 a, b, 1934, 1937; KUTZELNIGG, A., 1932 b, 1934 a, b, 1935; LUTZ, R. E., EINIG, J.; HÜTTIG, G. F.; EISENBRAND, J., u. G. SIEWERT, 1934 a, b; HOLBREICH, J. W.; HABERLANDT, H., 1931; HARRISON, D. E., u. F. A. HUMMEL; KRÖGER, F. A., 1940). Die Fluoreszenz ist stark abhängig von der Art der Herstellung und den vorhandenen Spuren an Fremdmetallen und Fremdstoffen (s. auch Mineralien).

Cadmium

Cadmium gibt mit Oxin einen stark gelb fluoreszierenden Niederschlag (EISENBRAND, J., 1930). Ähnlich verhalten sich Barium, Calcium, Magnesium, Zink, Aluminium und Zirkonium. Mit Pyridin und Kaliumjodid bildet sich ein bläulichweiß fluoreszierender Komplex; Blei stört dabei. Mit 2-(o-Oxyphenyl)-benzoxazol gibt Cadmium einen stark fluoreszierenden Komplex, der die fluorimetrische Bestimmung von 0,1 mg und weniger Cadmium gestattet (EVCIM, N., u. L. A. REBER). Über die Lumineszenz von Cadmiumsulfid siehe KRÖGER, F. A., (1940) (s. auch Zink).

Quecksilber

Bei Zusatz von $SnCl_2$ und Kaliumbromid zu Quecksilber(II)-Salz-Lösungen fällt ein Niederschlag aus, der rot fluoreszierendes Quecksilberbromid enthält. Über einen weiteren Nachweis berichtet STOLJAROW, K. P. In ähnlicher Weise wird auch Thallium nachgewiesen (s. auch dort).

Gruppe III

Bor

Alizarin gibt mit Borsäure eine sehr starke, grüngelbe Fluoreszenzreaktion (SZEBELLEDY, L., u. J. GAAL, 1934; SZEBELLEDY, L., u. S. T. TANEY, 1936; ROSENTHALER, L., 1937). Nach RAJU, N. A., und NEELAKANATAM (1951) geben 1-Acyl-2-naphthole mit Borsäure in konzentrierter Schwefelsäure eine sehr starke Fluoreszenzreaktion. Nach den gleichen Autoren reagiert Borsäure mit einer Reihe von o-Hydroxycarbonylverbindungen, wie z. B. auch mit Resacetophenon. Mit Hilfe dieser Gruppenreaktion kann also einerseits eine Anzahl organischer Verbindungen gefunden werden und andererseits Bor. 1-Amino-4-hydroxyanthrachinon gibt mit Borsäure in konzentrierter Schwefelsäure eine stark orangebraune Fluoreszenz. Nach RADLEY, J. A., (1944 b) kann Bor sehr gut mit Benzoin nachgewiesen werden. Die Reaktion läuft in alkoholischer Lösung ab. Noch 0,2 μg Bor können so bestimmt werden. Über Phasengleichgewichte fluoreszierender Systeme aus Boroxid und Zinkoxid berichten HARRISON, D. E., und F. A. HUMMEL; siehe auch WHITE, CH. E., A. WEISSLER und D. BUSKER (1947).

Aluminium

Empfindlichstes Reagens ist Morin. Mit diesem gibt Aluminium in essigsaurer Lösung eine intensive gelbe Fluoreszenz (SCHANTL, E.; WHITE, CH. E., u. C. S. LOWE, 1940; WEISSLER, A., u. CH. E. WHITE). Mit Pontachromblauschwarz R gibt Aluminium eine starke rote Fluoreszenz, mit Quercitin eine grüngelbe (DAWYDOW, A. L., u. W. S. DEWEKKI).

Aluminium in Klebstoffen und Schlichten erkennt man durch die lebhaft orangerote Fluoreszenz, die dann auftritt, wenn der zu prüfenden Lösung wäßrig-alkalische Lösungen von Solochromrot ERS und Solochromviolett RS zugesetzt werden (DAWYDOW, A. L., u. W. S. DEWEKKI).

Zum Spurennachweis von Aluminium und Gallium verwendet RADLEY, J. A., (1943) auch andere Farbstoffe. Über Aluminiumoxid s. KUTZELNIGG, A., (1932 a) (s. Kupfer). Als sehr gutes Reagens für die quantitative Bestimmung des Aluminiums hat sich auch das Oxin erwiesen, mit dessen Hilfe man ohne Schwierigkeit $4 \cdot 10^{-9}$ g/ml bestimmen kann (GOON, E., J. E. PETLEY, W. H. MACMULLEN u. S. E. WIBERLEY; COLLAT, J. W., u. L. B. ROGERS; FEIGL, F., u. G. B. HEISIG, 1949).

Gallium

Die meisten Reagenzien, die eine Fluoreszenzreaktion mit Aluminium zeigen, geben auch mit Gallium eine ähnliche, meist etwas schwächere Reaktion (RADLEY, J. A., 1943; SANDELL, E. B., 1940). Der Letztgenannte hat gezeigt, daß der Komplex von Gallium mit Oxin mit Chloroform extrahiert und zur quantitativen Bestimmung verwendet werden kann (s. auch BECK, G., 1936,1937). COLLAT, J. W., und L. B. ROGERS bestimmten Aluminium und Gallium in Gemischen mit Hilfe der verschiedenen Fluoreszenzspektra der Oxinate. Als Standards wurden Chininsulfatlösungen in Schwefelsäure verwendet. Dibromoxin zur Bestimmung von Gallium verwendeten LADENBAUER, J. M., und C. SLAMA (1956 a) sowie LADENBAUER, I. M., J. KÖRKISCH und F. HECHT (1956 b); $2{,}5 \cdot 10^{-7}$ g/ml Gallium können bestimmt werden. Die Methode ist auch auf Mineralien und Erdölwässer anwendbar. BRADACS, L. K., F. FEIGL und F. HECHT bestimmen kleine Mengen Gallium mit Hilfe eines Galliumkupferronat-Morinkomplexes. Die Empfindlichkeit liegt bei etwa $1 \cdot 10^{-7}$ g/ml. Ein Bauxit enthielt 0,003%, ein Eisenmeteorit 0,011%.

Indium

Indium gibt eine ähnliche Reaktion wie Gallium. Es kann durch Extraktion des Galliumchlorids mit Äther, in dem das Indiumchlorid unlöslich ist, vom Gallium getrennt werden (SANDELL, E. B., 1940).

Seltenerdmetalle

Die zweiwertigen Ionen der seltenen Erden zeichnen sich durch charakteristische Eigenfluoreszenz aus. Sie zeigen intensive Fluoreszenzbanden, die im folgenden, mit Angabe des Fluoreszenzmaximums, aufgeführt sind:
Europium: blau, 429 nm (SERVIGNE, M., u. E. VASSY, 1937), Ytterbium: gelbgrün, 570 nm (SEIDEL, A., JA. J. LARIONOW u. A. N. FILIPPOW, 1934; SEIDEL, A., 1937), Samarium: rot, 619 nm, Thulium: rot, 619 nm. Diese Bande liegt an der gleichen Stelle wie die von Samarium. Zum Unterschied davon ist sie schmäler und hat die umgekehrte Temperaturabhängigkeit (HAITINGER, M., 1933 a; TOMASCHEK, R., u. O. DEUTSCHBEIN, 1933; TOMASCHEK, R., 1927; TOMASCHEK, R., u. E. MEHNERT, 1937; SERVIGNE, M., 1940a, 1941; DEUTSCHBEIN, O., u. R. TOMASCHECK, 1937).
Wenn man die Emissionsspektren der seltenen Erden nach ihrem Einbau in $CaWO_4$ photographisch aufnimmt, so lassen sich auf diese Weise nachweisen: Praseodym, Neodym, Samarium, Europium, Gadolinium, Terbium, Dysprosium, Erbium und Thulium (SERVIGNE, M., 1940 a, b, 1941). Über die analytische Auswertung der Fluoreszenzbanden der Seltenerdmetalle siehe ferner die Zusammenstellung bei BANDOW, F. R., (1950), der die grundlegenden Arbeiten von URBANI, S., und R. TOMASCHEK benutzt hat. Der Nachweis ist von hoher Empfindlichkeit und Eindeutigkeit. Man hat dabei nur geringen Materialverbrauch. Am sichersten ist der Nachweis in Kristallen, da hier die Linien schärfer sind als in Lösungen. Die Nachweisempfindlichkeiten bewegen sich zwischen $1 \cdot 10^{-5}$ Mol/ml und $2 \cdot 10^{-6}$ Mol/ml. Thulium läßt sich besonders in Boraxperlen nachweisen. Es entstehen hier Phosphore. Siehe hierzu CROSBY, G. A., und R. E. WHAN; FASSEL, V. A., und R. H. HEIDEL; SARE, V. E., D. G. MILLER und S. FREED; PRZIBRAM, K. (1937, 1938).

Cer

Über die Cerverbindungen siehe HAITINGER, M., (1933a); MAZZA, L.; KRÖGER, F. A., und J. BARKER (1941). Danach fluoreszieren Cer(III)-Verbindungen, Cer(IV)-Verbindungen dagegen nicht.

Thallium

Thalliumlösungen in gesättigter Natriumchloridlösung zeigen bei Bestrahlung mit dem kurzwelligen Ultraviolett der Quecksilberlinie 254 nm eine sehr empfindliche grüne Fluoreszenz. Empfindlichkeit $2 \cdot 10^{-8}$ g/ml (s. auch S. 55, Tab. 9). Die rotorange Fluoreszenz des Rhodamins B wird in Lösungen durch Thalliumsalze gelöscht. Antimonverbindungen verhalten sich ähnlich. Auch die rote Fluoreszenz von Cochenillelösungen wird durch Thalliumsalze gelöscht (SILL, C. W., u. H. E. PETERSON, 1949).

Gruppe IV

Germanium

RAJU, N. A., und G. G. RAO (1956) fanden, daß Germanium eine intensive grünlichgelbe Fluoreszenz mit Resacetophenon in konzentrierter Schwefelsäure oder Phosphorsäure ergibt. Andere Metalle stören nicht. Fluoride und Chromate „löschen" die Fluoreszenz. Bromide, Jodide und Chloride tun das nur in schwefelsaurer Lösung. Es können Mengen von 10^{-6} g Germanium noch bestimmt werden.

Zinn

COYLE, CH. F., und CH. E. WHITE bestimmen Zinn mit Flavanol. ANDERSON, J. R. A., und J. L. GARNETT (1953) sowie ANDERSON, J. R. A., und S. L. LOWY (1956) geben die 6-Nitro-2-Naphthylamin-8-sulfosäure als spezifisches Reagens auf Zinn an. Die Säure gibt mit zweiwertigem Zinn eine blaue Fluoreszenz, die am stärksten ist, wenn man das Ammoniumsalz herstellt und mit überschüssigem Ammoniak auf pH 10,5 bis 10,8 einstellt. Es lassen sich $4 \cdot 10^{-7}$ g/ml Zinn bestimmen. Auch in der Papierchromatographie kann die Reaktion nach Besprühen mit dem Reagens sehr gut verwendet werden. Die intensive blaue Fluoreszenz wird durch Reduktion der Nitroverbindung zur 2,6-Diaminonaphthalinsulfonsäure verursacht, die mit Zinn einen stabilen Chlorostannatkomplex bildet. Die Unterscheidung von 46 anderen Metallionen, darunter Eisen, Arsen, Antimon, Mangan, Cer ist möglich durch nachfolgendes Aufsprühen von 15 normaler Ammoniaklösung, wobei die Fluoreszenzen aller anderen Metallverbindungen außer der des zweiwertigen Zinns gelöscht werden. Andere Reduktionsmittel geben keine Fluoreszenz mit der Verbindung. Nachweisgrenze $1 \cdot 10^{-6}$ g. Arbeitsvorschrift siehe später.

Titan

Mit Natriumacetat versetzte Salicylsäure färbt sich mit Titansalzen gelb; dabei verschwindet die violette Fluoreszenz der Salicylsäure. Eisen gibt einen ähnlichen Effekt.

Zirkonium

Nachweis mit Oxin wie beim Cadmium (s. dort). Ferner gibt Morin mit einer salzsauren oder essigsauren Zirkoniumlösung eine grüne Fluoreszenz. Flavanol ist ebenfalls geeignet, Zirkonium besonders in Mineralien nachzuweisen; Empfindlichkeit 1μ g/g (ALFORD, W. C., L. SHAPIRO u. CH. E. WHITE).

Blei

Blei ist als Schwermetall bei vielen organischen Verbindungen ein Fluoreszenzlöscher. Eine Fluoreszenz entsteht dagegen mit Pyridin und Kaliumjodid. In neutraler Lösung fällt ein gelbbraun fluoreszierender Komplex aus. Außer Blei gibt nur noch Cadmium eine fluoreszierende Verbindung (s. dort). Blei gibt ferner mit einer neutralen alkoholischen Lösung von Morin eine gelbgrüne Fluoreszenz (s. auch unter Aluminium).

Thorium

FLETCHER, M. H., und R. G. MILKEY (1954) bestimmen Thorium mit Morin. Die Empfindlichkeit der Reaktion beträgt $2 \cdot 10^{-9}$ g/ml. Es können so in Gesteinen Spuren von Thorium bestimmt werden.

Gruppe V

Phosphor

CHOMSE, H., und G. HEINRICH berichten über die Lumineszenz von Phosphorpentoxid; ZIEKE, K., über den Nachweis von Phosphit und Phosphat in Calciumcarbid; MACH, F., und P. LEDERLE über Lumineszenzen bei Phosphaten.

Vanadium

Vanadiumverbindungen reagieren nach Reduktion mit Zink in saurer Lösung mit Coerulein, es tritt eine gelbe Fluoreszenz auf (ähnlich verhalten sich Uran und Molybdän). Eine Boraxperle mit Vanadium leuchtet nach Glühbehandlung schwach gelb.

Arsen

Arsenverbindungen geben mit Uranylhydrat einen gelbgrün fluoreszierenden Niederschlag (s. auch KING, A. A.; KÜHL, H., u. B. CZYZEWSKY).

Antimon

Die rotorange Fluoreszenz von Rhodamin in saurer Lösung verschwindet bei Zusatz von Antimon(V)-Verbindungen (s. hierzu auch unter Thallium). Mit Morin geben Antimon(III)-Verbindungen in salzsauren Lösungen gelbgrüne Fluoreszenzen. Zusatz von Alkohol erhöht diese beträchtlich. In der Technik leistet die Analysenlampe zur Unterscheidung von Antimontrisulfid und Antimonpentasulfid gute Dienste.

Wismut

Wismut gehört zu den Schwermetallen, die vorzüglich fluoreszenzlöschende Eigenschaften besitzen, jedoch geben Wismutlösungen beim Glühen mit Calciumoxid violett leuchtende Phosphore, die sich zum Nachweis eignen.

Gruppe VI

Sauerstoff

Spuren von Sauerstoff und Ozon lassen sich durch ihren Einfluß auf gewisse Fluoreszenzen nachweisen (DAMON, G. H., 1935 a; SCHLESINGER-KONSTANTINOWA, M., 1935). Geringste Sauerstoffmengen weisen KAUTSKY, H., und G. O. MÜLLER (1947) durch das Aufleuchten eines Trypaflavin-Silicagel-Adsorbates bei Zutritt von Sauerstoff nach. Der Nachweis von Ozon in Luft beruht auf der Oxydation von nichtfluoreszierenden Dihydroacridin zu dem fluoreszierenden Acridin.

Schwefel

Sulfide können nach GRANT, J., und H. PROCTER-SMITH (1934 b) sowie GRANT, J., und J. H. W. BOOTH (1932 a) in Spuren nachgewiesen werden, ebenso Sulfite. EICHLER, H., (1934 c) weist Sulfoxylate durch Entstehen einer Fluoreszenz mit Resorufin nach. Siehe ferner SEIDEL, A., (1933); HANKER, J. S., A. GELBERG und B. WITTEN (1958).

Selen

Selenate geben eine ähnliche Reaktion mit α-Naphthoflavon wie Gold (s. dort).

Tellur

Beim Glühen von Tellur mit Calciumoxid entsteht ein starker Lumineszenzstoff. Tellur kann ähnlich wie Selen auch mit α-Naphthoflavon nachgewiesen werden.

Chrom

Chromationen „löschen" die Fluoreszenz von Acridin in saurer Lösung. Es ist noch zu klären, ob das Verschwinden der Fluoreszenz auf Lichtabsorption des Chromats oder auf echter Löschung beruht.

Molybdän

Reduziert man höherwertige Molybdänverbindungen, z. B. Molybdat, in saurer Lösung mit Zink unter Zusatz von etwas Alkohol, so tritt nach Zugabe von Coerulein eine gelbe Fluoreszenz auf. Morin in alkoholischer Lösung gibt mit solchen Lösungen eine gelbgrüne, Cochenille nach Neutralisieren eine leuchtend rote Fluoreszenz. Molybdate und Wolframate fluoreszieren außerdem bei Bestrahlung mit kurzwelligem Ultraviolett. Auf die Lichtempfindlichkeit solcher Verbindungen ist dabei zu achten. Über Molybdate siehe KRÖGER, F. A., (1947).

Wolfram

Rhodamin B wechselt in Gegenwart von Wolfram in salzsaurer Lösung die Farbe von Rot nach Violett; dabei verschwindet die anfänglich vorhandene Fluoreszenz. Über Wolframate siehe KRÖGER, F. A., (1947).

Uran

Uranylverbindungen sind seit langem wegen ihrer intensiven gelbgrünen Fluoreszenz bekannt. NICHOLS, E. L., und M. K. SLATTERY (1926) haben gefunden, daß auch feste Lösungen von Uranylsalzen in Natriummetaphosphat, Borax, Natriumfluorid oder Lithiumfluorid lebhafte Lumineszenzerscheinungen zeigen. Es sind dazu nur sehr geringe Spuren von Uran nötig. Die Fluoridschmelze leuchtet hellgelb, die Boraxperle grün.

Durch Strahlen von kürzerer Wellenlänge als 300 nm kann die Fluoreszenz von Uranylsalzen stark aktiviert werden. In diesen liegt UO_2 als zweiwertiges Kation vor. SILL, C. W., und H. E. PETERSON (1949) haben diese Anregbarkeit durch kurzwelliges Ultraviolett zur Ausarbeitung einer quantitativen Uranbestimmung benutzt. Die Lösungen werden dabei in Bechergläsern von oben bestrahlt; dadurch ist es möglich, die Benutzung von Quarzgefäßen zu ersparen. Auch für den qualitativen Nachweis von Uranylsalzen ist diese Fluoreszenz geeignet, wenn man nach BANDOW die Struktur des Fluoreszenzspektrums ermittelt.

Eine Verfeinerung der fluorimetrischen Methode mit Hilfe einer Natriumfluoridschmelze gelang RODDEN, C. J., (Nachweisgrenze 10^{-11} g). Hierzu siehe ferner PRICE, G. R., R. J. FERRETTI und S. SCHWARTZ (1953); GIBBS, T. R. P., und H. T. EVANS; BOUTARIC, A., und C. MARAUX (1948a); ADAMS, J. A. S., und W. J. MAECK; BELEGISANI, N.; BYRNE, J. T.; CENTANNI, F. A., A. M. ROSS und M. A. DE SESA; NAKANISHI, M., (1950); STEVENS, R. W., W. H. WOOD, K. G. GOETZ und C. A. HORR (1959).

Auch mit Morin lassen sich Uranylsalze nachweisen, und zwar löscht das Uranylion die Fluoreszenz von Morin in neutraler acetonhaltiger Lösung. $5 \cdot 10^{-8}$ g/ml Uran können so noch mit einer Genauigkeit von 5% relativem Fehler bestimmt werden.

In biologischem Material kann Uran auf Grund seiner Fluoreszenz als Uranylverbindung leicht nachgewiesen werden, z. B. im Harn (WILSON, H. M., u. A. A. SMALES, 1946), in der Schilddrüse, im Meerwasser, Schlamm, Erdölwassern, Kohle und Torf. Näheres siehe Kapitel VIII und IX.

Plutonium

Über den Nachweis von Spuren dieses Metalles in Lanthanchlorid berichten CUNNINGHAM, B. B., D. M. GRUEN, J. G. CONWAY und R. D. MACLAUGHLIN.

Gruppe VII

Mangan

Manganlösungen, denen eine Lösung von Rhodamin B zugesetzt wird, macht man zunächst alkalisch und säuert dann nach einiger Zeit an. Es tritt eine grüne Fluoreszenz auf. In der Phosphorsalzperle erscheint bei Gegenwart von Mangan eine rubinrote Fluoreszenz. Nach RANDALL, J. F., zeigen reine Manganverbindungen eine Fluoreszenzbande im Rot bei 630 nm, deren Lage von der Art der Manganverbindung ziemlich unabhängig ist. SHIONOYA, S., und K. AMANO beschreiben die Sensibilisierung der Lumineszenz in Zinksulfidphosphoren.

Fluor

Die Zersetzung fluoreszierender Aluminiumkomplexverbindungen, z. B. mit Oxin oder mit Morin, durch Fluoride gestattet die quantitative Bestimmung kleiner Mengen von Fluorionen, bis herab zu $1 \cdot 10^{-7}$ g/ml Fluor (s. hierzu WILLARD, H. H.; HORTON, C. A.; POWELL, W. A., u. J. H. SAYLOR).

Cyanid

Auch Cyanide können durch ähnliche Reaktionen bestimmt werden, z. B. durch Zersetzung von Palladiumchelaten (HANKER, J. S., A. GELBERG u. B. WITTEN, 1936b; FEIGL, F., u. G. B. HEISIG, 1949; HANKER, J. S., R. M. GAMSON u. H. KLAPPER, 1957).

Brom

GRANT, J., (1936 b) nimmt das Ultraviolett beim Fluoreszenztest auf Brom zu Hilfe. Die Reaktion beruht darauf, daß naszierendes Brom bei einem pH-Wert von 5,5 Fluorescein in Eosin verwandelt. Die Farbänderung der Fluoreszenz kann als ein qualitativer Test für 10^{-6} g Bromsalze sogar in der Gegenwart von Chloridionen benutzt werden (HAHN, F.).

Jod

Auch Jod läßt sich mit Fluoresceinlösungen bestimmen. Hier prüft man umgekehrt wie bei Brom auf das Verschwinden der Fluoreszenz des Fluoresceins, da das gebildete Dijodfluorescein nicht fluoresziert. Es können so noch 2 μg Jod bestimmt werden.

Gruppe VIII

Eisen

Eisen(III)-Salze löschen die Fluoreszenz der Salicylsäure und noch empfindlicher die des α-Naphthoflavons in Gegenwart von Kaliumjodid.

Nickel

Das Nickelion löscht in ammoniakalischer Lösung die Fluoreszenz von Salicylsäure.

Kobalt

Kobaltverbindungen löschen die rote Fluoreszenz von Cochenille in alkalischer Lösung. Auch Eisen-, Mangan- und Nickelsalze tun dies, jedoch weniger ausgeprägt.

Platin

Die Fluoreszenz von Bariumplatincyanür wird schon durch Mengen von 1‰ Nickel völlig gelöscht. Geringere Mengen, z. B. $1 \cdot 10^{-3}$ ‰ sind schon durch einen Einfluß auf die Fluoreszenzfarbe zu bemerken.

IV. Mineralien, Perlen und Edelsteine

Mineralien, Perlen und Edelsteine wurden schon sehr bald nach Bekanntwerden lumineszenzanalytischer Verfahren nach solchen Methoden untersucht.

Mineralien. Bemerkenswert ist vor allem, daß bei Mineralien sehr häufig die Bestrahlung mit kürzerwelligem Ultraviolett (254 nm) neben der Bestrahlung mit dem Ultraviolett des Wellenlängenbereiches um 366 nm nützliche Ergebnisse brachte. Mineralien können ebenso wie andere anorganische Stoffe sowohl eine Eigenfluoreszenz zeigen (z. B. der Uranglimmer) als auch Spurenstoffe enthalten, die die Lumineszenz verursachen. Über den Nachweis einzelner anorganischer Stoffe in Mineralien siehe besonders auch das vorhergehende Kapitel III. Auch hier ist zu beachten, daß Fluoreszenzuntersuchungen einerseits mehr den Charakter einer Vorprobe haben, andererseits aber auch vielfach zur exakten fluorimetrischen Bestimmung herangezogen werden können. Es bedarf in jedem Falle einer kritischen Überprüfung, welche dieser beiden Möglichkeiten vorliegt. Es ist daher keine Frage, daß in Uranerzen und Uranmineralien das Uran bei geeigneter Bearbeitung selbst in kleinsten Mengen fluorimetrisch bestimmt werden kann (s. dazu Kapitel III). Andererseits gibt es auch Lumineszenzen, die bei manchen Proben eines bestimmten Minerals auftreten, bei anderen dagegen nicht. Hierzu gehört z. B. der Diamant.

Von 23 kleinen Diamantkristallen aus Guayana fluoreszierte ein Oktaeder in gelbgrüner Farbe, drei farblose Kristalle zeigten eine schöne blaue Fluoreszenz, bei den übrigen zeigte sich keine Fluoreszenz. Hieraus darf man wohl folgern, daß bestimmte Spurenelemente oder andere Substanzen in einem Teil der Diamanten vorhanden waren, in einem anderen nicht (Spencer, L. J.; Kunz, G. F., u. Ch. Baskerville; Komowski, G., u. F. Abolenski). Einschlüsse von Fremdmineralien sollen ebenfalls erkannt werden können (Thornton, W. M., u. M. N. Lewis, 1934 b; Lehmann, H., 1914; Engelhardt, E.).

Nach Kreutz, St. (1933 a) ist die Lumineszenzfarbe von Mineralien nur für eine kleine Anzahl von Vorkommen charakteristisch und schwankt bei ein und demselben Vorkommen häufig sehr stark (s. auch bei Diamant). Es hat daher nach diesem Autor nur einen Sinn, die untersuchten Mineralien gruppenweise zu nennen.

Apatite, Pyromorit und andere Phosphate sind vielfach bearbeitet worden (Kreutz, St., 1936 a; Haberlandt, H., 1934 a; Iwase, E., 1935 a). Landwirtschaftliches Interesse besitzen Untersuchungen von Mach, F., und P. Lederle über Phosphate. Mit Ausnahme der Thomasmehle zeigten alle Phosphate mehr oder weniger deutliche Lumineszenzerscheinungen. Nur die Phosphate aus der Lahngegend leuchten schwach. Die leuchtende Substanz läßt sich mit Alkohol extrahieren. Es wurde dort vermutet, daß es sich um Beimengungen von Schmierölen handele, die während des Mahlprozesses hineingelangen (s. hierzu auch PRZIBRAM, K., 1957 a, 1959).

Baryt wurde eingehend von BRAUN, F., (1932) untersucht.

Über Calciumverbindungen liegen Arbeiten vor betreffend Calcite (BORGSTRÖM, L. H.; KREUTZ, ST., 1936 b; GLISZCYNSKI, S. v., u. E. STIUCIVICI; IWASE, E., u. T. KOVUNUMA, 1936b, sowie IWASE, E., 1936c, d); Kalkspate (KREUTZ, ST., 1933, 1936a; WITTEBORG, W.; VIGNOLO-LUTATI, F., 1930; OBENAUER, K., 1935 a; KÖHLER, A., u. H. LEITMEIER, 1933 b); Kreidearten (NAYLOR, W. E., u. A. SURFLEET); Calciumsilikate (IWASE, E., u. S. JIMORI, 1938 a); Automite (JIMORI, S., u. E. IWASE); Scheelite (HORN, F. R. v.;VANDERBURG, W. O.; JOLIFFE, A. W., u. R. E. FOLINSBER); Gipskristalle (JOSTEN, A.). JOSTEN, A., zeigte, daß Gipskristalle im filtrierten Ultraviolett sehr gut wahrnehmbare Sanduhrstruktur zeigen. IWASE, E., (1936 e) wies mit Hilfe der Lumineszenzträger ihre Verteilung im Gipskristall nach (s. auch KÖHLER, A., u. H. LEITMEIER, 1934). Bei den Fluoriten wird die Lumineszenz häufig durch Europium bedingt (HABERLANDT, H., 1932, 1938, 1933 a, 1934 c, 1935 b, 1937; HABERLANDT, H., u. K. PRZIBRAM, 1933 b; HABERLANDT, H., B. KARLIK u. K. PRZIBRAM, 1934 b, 1935 a; KREUTZ, ST., 1936 a; BORGSTRÖM, L. H.; PRZIBRAM, K., 1935 a, b; KELLERMANN, E. W., DÉRIBÉRÉ, M., 1937 a).

Über Feldspat liegen Arbeiten vor von ROYER, L.; SMITH, L. L.; IWASE, E., (1938 b); DÉRIBÉRÉ, M., (1937 b); HABERLANDT, H., und A. KÖHLER (1934 d); QUINN, A.; NIELAND, H.

Zinkmineralien untersuchten BEUTEL, E., und A. KUTZELNIGG (1930, 1932 b); DÉRIBÉRÉ, M., (1938 c).

Über Hyalite siehe IWASE, E., (1935 b, 1936 a).

Für die Paläontologie ist es wertvoll, daß auch *Fossilien* manchmal fluoreszieren. Auch hier ist die Lumineszenz auf kleine Mengen organischer Stoffe zurückzuführen. Daher läßt sich die Anatomie des Fossilienkörpers im Ultraviolett vielfach deutlicher erkennen als im Tageslicht. Hierüber hat zuerst WAGNER, E., (1928) berichtet. MIETHE, A., und A. BORN (1928) sowie DREVERMANN haben die photographische Wiedergabe solcher Fossilien bekannt gemacht (s. auch Abschnitt II., 3. und Tafeln I bis III).

Die fluorimetrische Analyse wird auf einzelne Mineralien, besonders auf Uranmineralien, in steigendem Maße angewendet.

BORLOZ, G., bestimmt Spurenelemente in Aluminium-Mineralien. SANDREA, A. P., wendet mikrospektrographische Methoden an. MACKAY, R. A., untersucht Columbite fluorimetrisch. LENGYEL, E., prüft Mineralien ungarischer Herkunft mit quantitativen Methoden, ebenso GRUM-GRSGIMALLO, Ss. W., K. I. TOLSTICHINA und J. Ss. RUDNITZKAJA. BOSE, M., bestimmt fluorimetrisch mit Chinizarin das Beryllium.

Weitere quantitative Untersuchungen, an Calciumsilicaten, titanhaltigen Magnesiumsilicaten, veröffentlichten DZIERGWA, H., und H. LANGE (1955 a); DZIERGWA, H., und H. PANKE (1955 b); s. dazu ferner LIEBER, W.; WILKE, K.; VEDENEEVA, N. E.; MILLSON, H. E., und H. E. MILLSON jr. (1950); HABERLANDT, H., und F. HERNEGGER (1947); HABERLANDT, H., F. HERNEGGER und F. SCHEMINSKY (1950 a); HABERLANDT, H., und A. KÖHLER (1949); HABERLANDT, H., und E. SCHROLL (1950 b).

Wilson, H. M., benutzt die Lumineszenz von Feldspat und Zirkon zur Systematik archäozoischer Gneise und Erstarrungsgesteine (s. auch Brown, B. W., 1949).

Spurenelemente ermitteln mit Hilfe der Lumineszenz Haberlandt, H., und A. Köhler (1940).

Über Sedimente mit Organismusresten siehe Wetzel, W.; über Untersuchungen in einem Stollen bei Bad Gastein siehe Ballsco, H.; über Tiefseeschlamm und Gezeitenschlamm siehe Koe, B. K., D. L. Fox und L. Zechmeister; Petracek, F. J., D. L. Fox und L. Zechmeister (1951 a, b).

Edelsteine. Über Diamanten wurde bereits oben unter Mineralien berichtet. Ganz allgemein kann man sagen, daß echte Diamanten von unechten durch Lumineszenz nicht unterschieden werden können. Man kann das an Hand der oben mitgeteilten Beobachtungen ohne weiteres verstehen. Dies hindert jedoch nicht, in Einzelfällen die Lumineszenz für gewisse besondere Untersuchungen an für technische Zwecke verwendeten Diamantteilchen heranzuziehen. So hat sich z. B. gezeigt, daß in erster Linie blau lumineszierende Diamanten zum Abdrehen von Schmirgelscheiben und zu ähnlichen technischen Zwecken verwendet werden können. Eine solche Probe hat damit den Charakter einer leicht durchzuführenden Serienvorprobe.

Perlen. Läßt man Ultraviolett der Wellenlänge von 366 nm durch eine Perle auf eine photographische Platte fallen, so ergeben sich in der Plattenschwärzung leicht feststellbare Unterschiede in der Durchlässigkeit. Zuchtperlen lassen die Strahlen gleichmäßig hindurch, echte Perlen zeigen erhebliche Durchlässigkeitsunterschiede (Michel, H., 1926 a; Leroux, J. A. A., 1930 b; Leroux, J. A. A., u. E. Raub, 1928; Leroux, J. A. A., E. Raub u. K. W. Fröhlich, 1930 a). Über Edelsteine und Perlen siehe ferner Grant, J., (1940 a); Dériberé, M., (1940); Loehr, A. v.; Riedl, G.; Michel, H., (1926 b); Holstein, I., (1936 a, b); Obenauer, K., (1935 b); Cocosinschi, A. St.; Schiebold, E.; Lüders, H.; Lindley, H. W.; Zermatten, H. L. J.

V. Organische Verbindungen

Viele organische Verbindungen zeigen in festem Zustand oder in Lösung Lumineszenz. Das kann auch hier zweierlei bedeuten: Entweder fluoresziert die organische Verbindung selbst, oder es liegen in ihr Spurenstoffe irgendwelcher Art, auch Verunreinigungen vor, die die Leuchterscheinung bewirken.

Weitaus am häufigsten sind blaue Lumineszenzen; gelbe, grüne und rote sind seltener. Als geeigneter Wegweiser für die Bestimmung des Charakters einer Fluoreszenz eignet sich auch bei organischen Verbindungen die Lichtabsorption (s. II.), da ein Stoff nur dann fluoreszieren kann, wenn er Lichtabsorption besitzt.

Da die Lichtabsorption der meisten organischen Stoffe heute bekannt ist, können solche Feststellungen vor Eintritt in die eigentliche fluorimetrische Untersuchung wesentliche Klärung bringen. Bestrahlt man z. B. mit Ultraviolett der Liniengruppe 366 nm und tritt dann z. B. in einer Lösung von Essigsäure in Wasser Fluoreszenz auf, so ist diese verunreinigt, denn reine Essigsäure absorbiert Licht der Wellenlänge 366 nm nicht. Eine Übersicht über solche lichtabsorbierende Verbindungen ist daher sehr nützlich. Sie sind in Tabelle 25 zusammengestellt.

Tabelle 25

Organische Verbindungen, die keine Lichtabsorption bei 366 nm zeigen

Aliphatische Verbindungen	*Aromatische Verbindungen*
Kohlenwasserstoffe (Paraffine)	p-Aminobenzolsulfonamid
Halogenalkyle, außer Jodalkylen (z. B. Chloroform, Tetrachlorkohlenstoff)	Anilin
Alkohole (Methyl- bis Decyl- und höhere)	Barbitursäure
Säuren (Ameisensäure und ihre Homologen, Milchsäure, Weinsäure, Citronensäure, Oxalsäure)	Benzoesäure
Äther (Dimethyläther und Homologe, Dioxan)	Benzol
Ester (Essigsäureäthylester, Fette mit gesättigten Säuren, Ölsäureester)	Cholesterin
Amine (Methylamin und Homologe)	Coffein
Aminoalkohole (z. B. Cholamin)	Cyclohexanon
Aminocarbonsäuren (z. B. Glykokoll, Alanin, Valin, Leucin, Asparaginsäure, Prolin, Oxyprolin)	Diphenyl
Amide (z. B. Harnstoff, Urethane, Acetamid)	Harnsäure
Kohlenhydrate (Rohrzucker, Glucose, Fructose)	Histidin
Aldehyde, außer Formaldehyd (Acetaldehyd, Butyraldehyd usw.)	Kreatin
Ketone (Aceton, Methylpropylketon usw.)	Naphthalin
	Oxyprolin
	Phenole (Phenol, Brenze, Hydrochinon u. a.)
	Phthalsäure
	Pyridin
	Styrol
	Terephthalsäure
	Thioharnstoff
	Tryptophan
	Tyrosin

Es ist jedoch andererseits bekannt, daß Lichtabsorption zwar notwendige, jedoch nicht hinreichende Vorbedingung für das Auftreten von Fluoreszenz ist (s. S. 4). Selbst dann, wenn aliphatische Verbindungen große Lichtabsorption besitzen, ist Fluoreszenz bei ihnen selten. Es zeigt sich dagegen, daß die Ausbildung von Ringsystemen sehr fördernd auf die Entstehung von fluoreszenzfähigen Verbindungen wirkt. Immerhin tritt bisweilen auch Fluoreszenz bei organischen Verbindungen in offenen Ketten auf. Sehr stark leuchten nach König, W., und W. Regner in festem Zustand die Strepto-Pentamethin-Farbstoffe, die eine lange offene Kette mit konjugierten Kohlenstoffdoppelbindungen besitzen. Auch völlig aliphatische Verbindungen wie die Polyencarbonsäuren zeigen Fluoreszenz. So besitzt die Undekapentaencarbonsäure

$$CH_3—(CH{=}CH)_5—COOH$$

in Xylollösung nach HAUSER, E. A., R. KUHN und E. KUHN eine grüne Fluoreszenz. Das Isomethylbixin ($C_{26}H_{36}O_8$), der Ester einer Polyendicarbonsäure, fluoresziert in Lösung rötlichgelb.

Es gibt auch eine Reihe von aliphatischen Substanzen, die keine sehr große, jedoch immerhin eine deutliche Lichtabsorption im Ultraviolett besitzen. Zu diesen gehört z. B. das Aceton (Absorptionsbande bei 280 nm).

Tatsächlich fluoresziert Aceton nach DAMON, G. H., (1935 b) im Dampfzustand ziemlich intensiv grün, in Gegenwart einer Spur Sauerstoff dagegen blau. Dieser Fluoreszenzumschlag kann zum Nachweis von Sauerstoffspuren benutzt werden; siehe hierzu auch ASSENRAAD, J. D. B. HUBENS v.

Auch Diketone zeigen Fluoreszenzerscheinungen. Hier ist besonders das Diacetyl zu nennen, das FULLER, H. Q., und G. M. ALMY; HENRIQUES, F. C., und W. A. NOYES; OKABE, H., und W. A. NOYES untersucht haben. Die Fluoreszenz ist im Dampfzustand blaugrün.

Auch Dipropylketon zeigt nach SIRKAR, S. C., und B. M. BISHUI bei tiefer Temperatur eine kräftige blaugrüne Fluoreszenz.

Auch aliphatische Wachse wurden bereits mehrfach untersucht; siehe hierzu Tabelle 25.

Bei der Entstehung von Fluoreszenz wirkt die *Ausbildung von Ringsystemen* offenbar sehr fördernd. Nach FÖRSTER, TH., (1951) spielt die dadurch erzielte Starrheit des Moleküls eine Rolle; er hat die Annahme, daß die ebene Anordnung der Atome im Molekül das wesentliche sei, d. h., daß also hauptsächlich zweidimensionale flächige Moleküle zur Fluoreszenz neigen, an Hand von Versuchen sehr wahrscheinlich gemacht. Dann wäre somit der Ringschluß bei organischen Substanzen eines der Mittel, um eine flächige Anordnung des Moleküls oder Ions zu erzielen, und zwar sowohl durch Hauptvalenzringschluß als auch durch Ausbildung von Nebenvalenzringen, z. B. durch Chelatbildung. (Siehe dazu auch BAYLE, E., u. R. FABRE, 1924 b, über Cumarin und Derivate.)

Hauptvalenzringschlüsse liegen wichtigen Fluoreszenzreaktionen zugrunde. Tabelle 26 zeigt Beispiele.

Die Fluoreszenzfähigkeit sonst nicht fluoreszierender Moleküle oder Ionen wird manchmal auch durch *Adsorption* erreicht. Auch dieser Vorgang kann in einer Fixierung der einzelnen Atome und funktionellen Gruppen des Teilchens in einer Ebene bestehen. Vielleicht läßt sich mit Hilfe einer solchen Theorie auch das Auftreten von Fluoreszenz beim Übergang vom flüssigen in den festen Aggregatzustand in manchen Fällen erklären. Die Aufhebung der freien Drehbarkeit und damit die Fixierung der im flüssigen Zustand löschenden Atomgruppen kommt hier noch als mögliche Ursache hinzu. So werden offenbar durch günstige Fixierungsbedingungen in festem Zustand auch die bereits oben erwähnten Strepto-Penthamethin-Farbstoffe, die zwar hohe Lichtabsorption besitzen, in Lösung aber offenbar wegen ungenügender Fixierung keine Fluoreszenz zeigen, zu starken Fluoreszenzstoffen.

Tabelle 26
Fluoreszenzreaktionen unter Bildung von Hauptvalenz-Ringschlüssen

Stoff	Autor	Fluoreszenzreaktion Bildung von	Fluoreszenzfarbe
Acetessigsäure + Resorcin	ASSERNAAD, H. J. D. B.; KAISER, H., E. WETZEL u. L. FÖLL (1929 a); BARR, C. G.; LEININGER, E., u. S. KATZ	Umbelliferon	blau
Acetol + o-Aminobenzaldehyd	FORIST. A. A. und J. C. SPECK, JR.	3-Oxychinaldin	blau
Adrenalin + Natronlauge + Luft	HUEBER, E. F. v.; BLOCH, W., (1948); JÖRGENSEN, K. S.	Indolderivat	apfelgrün
Amine, aliphatische, + Fluoresceinclorid	FEIGL, F., V. ANGER u. R. ZAPPERT (1934); FEIGL, F., V. ANGER u. O. FREHDEN	Rhodamine	gelbgrün
Allylalkohol + m-Oxybenzoesäure	EEGRIVE, E., (1933, 1935)	+)	grün
Aminophenol + p-Aminophenol	SEAMAN, W., A. R. NORTON u. E. E. SUNDBERG	Phenylbenzoxazol	gelbgrün
Aminosäuren, Erhitzen	PATTON, A. P., u. E. H. FOREMANN; PHILLIPS, D. M. P., (1948 a); KOSTIV, J. V.; WOIWOD, A. J.	+)	blau bis grün
Ascorbinsäure + Apomorphin	LEUPIN, K., u. J. STEINER (1943)	+)	hellblau
Äpfelsäure + Orcin	CELSI, S. A.	Umbelliferon	blau
Benzil + Diäthylaminophenol	SASS, S., u. J. GOLDENSON	Farbstoff	gelbrot
Brenztraubenaldehyd + Chromotropsäure	THORNTON, B. J., u. J. C. SPECK jr.	+)	grün
Citronensäure + Resorcin	CELSI, S. A.; FEIGL, F., V. ANGER u. O. FREHDEN	Umbelliferon	blau
Dicarbonsäuren + Resorcin	FEIGL, F., V. ANGER u. R. ZAPPERT (1934)	Fluoresceine	grün
Folsäure, Oxydation mit $KMnO_4$	ANDREJEWA, N. A., u. W. N. BUKIN	Aminooxypteridin	blau
Formaldehyd + Acenaphthen-5-carboxylsäure	RADLEY, J. A. (1944 c)	+)	grüngelb
Glycerin + Anthranol + Schwefelsäure	EEGRIWE, E. (1933, 1935)	+)	grün
Glycerin + 2,7-Dioxynaphthalinschwefelsäure	FÜRST, K.	Farbstoff	grün
Glycerin + Nitrobenzolschwefelsäure	EISENBRAND, J., u. M. RAISCH (1960 d, e)	Chinolin	bläulich

+) unbekanntes Kondensationsprodukt.

Stoff	Autor	Fluoreszenzreaktion Bildung von	Fluoreszenzfarbe
Ketocarbonsäure + Resorcin-Schwefelsäure	FEIGL, F., V. ANGER u. O. FREHDEN; RITTER, DE, F. W. JAHNS u. S. H. RUBINS (1949)	Umbelliferone	blau
Methylglyoxal + Chromotopsäure	THORNTON, B. J., u. J. C. SPECK jr. (1950)	+)	stark grün
Nitrobenzol + Phenole	EICHLER, H., (1934 d, e, f, 1935); DANCKWORTT, P. W., (1934 a); SEAMAN, W., A. R. NORTON u. E. E. SUNDBERG	Resorufin	orange
Oxalsäure + Resorcin-Schwefelsäure	EEGRIWE, E. (1933, 1935)	Fluoresceine	hellgrün
Oxycarbonsäuren + Resorxin-Schwefelsäure	FEIGL, F., V. ANGER u. O. FREHDEN	Umbelliferone	blau
Phenole + Orcin	FRANCOIS, M., u. L. SEGUIN; ROUX, D. G.	Resorufin	orange
Phthalsäure + Resorcin	SUCHODOLSKI, J.; KRAUS, A.	Fluorescein	gelbgrün
Resorcin + Phthalsäureanhydrid	DENIGES, G. (1949 a, b)	Fluorescein	gelbgrün
Tocopherol + o-Phenylendiamin	KOFLER, M. (1942, 1943)	Phenazinderivat	grün

Tabelle 27 zeigt die fluoreszenzweckende Wirkung von Nebenvalenzringschlüssen.

Tabelle 27

Fluoreszenzreaktionen unter Bildung von Nebenvalenzringschlüssen mit Hilfe von Fremdatomen

Stoff	Fluoreszenz
Bilirubin + Zink	grün
Oxychinolin (+ Zn oder Cd oder Al usw.)	grün
Anthrachinonderivate, nicht fluoreszierende, + Boressigsäureanhydrid	orange bis rot (DIMROTH, O., u. TH. FAUST)

Die am meisten untersuchten Ringsysteme sind aromatische, und von ihnen leiten sich zahlreiche starke Fluoreszenzstoffe ab.

Im folgenden sollen diese Gruppen besprochen werden:

1. Aromatische Kohlenwasserstoffe,
2. Substitutionsprodukte aromatischer Kohlenwasserstoffe,
3. Heterocyclische Verbindungen,
4. Farbstoffe.

+) unbekanntes Kondensationsprodukt.

Aromatische Kohlenwasserstoffe. Benzol, Naphthalin, Anthracen, Chrysen, Benzpyren sind sämtlich bei geeigneter Bestrahlung fluoreszenzfähig. Tabelle 28 zeigt eine Übersicht.

Tabelle 28
Fluoreszenzfähige aromatische Kohlenwasserstoffe

Stoff	Anregung mit 366 nm	Anregung mit 254 nm	Farbe
Benzol	0	+	ultraviolett
Naphthalin	0	+	ultraviolett
Anthracen	+	+	violett
Chrysen	+	+	violett
Benzpyren	+	+	blauviolett

Hieraus geht hervor, daß Kohlenwasserstoffe, die drei und mehr Ringe annelliert enthalten, sichtbare Fluoreszenzen zeigen.

Die Fluoreszenzerscheinungen bei aromatischen Kohlenwasserstoffen haben im Laufe der Zeit große praktische Bedeutung vor allem für Biologie und Medizin gewonnen, weil sie ein hervorragendes Hilfsmittel zur Auffindung von krebserregenden (cancerogenen) Stoffen wurden. Mayneord hat 1927 festgestellt, daß die krebserzeugenden Fraktionen mancher Teerdestillate sich durch ein gemeinsames charakteristisches Fluoreszenzspektrum auszeichnen (Domagk). Dadurch konnte er leichter die reinen cancerogenen Stoffe aus den durch Tierversuche geprüften Gemischen herausfinden.

Die bis jetzt bekannten *cancerogenen Kohlenwasserstoffe* enthalten das Phenanthrenskelett und lassen sich mit wenigen Ausnahmen vom 1,2-Benzanthracen ableiten. Zu den wirksamsten krebserregenden Kohlenwasserstoffen zählt das 1,2,5,6-Dibenzanthracen, das der erste in seiner Konstitution erkannte Vertreter dieser Klasse war. Später stellte sich heraus, daß das 3,4-Benzopyren (in der angelsächsischen Literatur als 1,2-Benzopyren bezeichnet) noch stärker wirksam ist. Substanzen mit höchster Aktivität sind auch das Cholanthren und besonders das in der 6-Stellung eine Methylgruppe tragende Methylcholanthren.

Es zeigte sich allerdings im Laufe der Zeit, daß zwar alle bisher bekannten aromatischen cancerogenen Kohlenwasserstoffe ein charakteristisches Fluoreszenzspektrum mit Feinbandenstruktur besitzen, daß aber umgekehrt nicht behauptet werden kann, ein Kohlenwasserstoff sei krebserregend, wenn er ein solches oder ähnliches Fluoreszenzspektrum besitzt.

Wie Domagk nämlich feststellte, gibt es Substanzen, die trotz den Spektren der Cancerogene sehr ähnlicher Fluoreszenzspektren keine krebserregende Wirkung zeigen, während es dagegen andere Substanzen gibt, die trotz stark von den Spektren der Cancerogene abweichender Fluoreszenzspektren krebserregend wirken. Domagk weist in diesem Zusammenhang darauf hin, daß beim Suchen nach krebserregenden Kohlenwasserstoffen immerhin das Fluoreszenzspektrum eine große richtungweisende Bedeutung hatte.

Entsprechend der Bedeutung der Fluoreszenzspektren von Kohlenwasserstoffen für biologische Fragen dieser Art, aber auch für die Untersuchung von Mineralölen aller Art liegen zahlreiche Veröffentlichungen aus letzter Zeit über solche Fluoreszenzspektren vor von Criddle, D. W., und R. L. Tourneau; Ganguly, S. C.; Ill'Ina, D. A., und V. V. Basilevich (1948); Mönig, H., und H. Kriegel; Polikow, F. I.; Shpol'skii, E. V.; Sidman, J. W., (1957 a, b); Spedding, F. H.; Stevens, B.; Tscherkassow, A., W. A. Moltschanow, T. M. Wember und K. G. Woldaikina; Wolf, H. Ch.; Wright, G. T., (1955 a, b);

BERENBLUM, J., und R. SCHOENTAL; BERGHOLZ, V. M., A. A. ILJINA und W. W. BASILEWITSCH; FRIEDRICH, W., und A. KOYENUMA; EICHHOFF, H. J., und G. TITSCHACK; FISCHER, K., G. BRANDES und W. GOHDES; GRIMMER, G.; GÜNZEL, CH., G. WEIDNER und F. WEISS (vgl. auch BERG, N., u. G. NORDEN).

Substitutionsprodukte aromatischer Kohlenwasserstoffe. Von den Verbindungen, die sich durch Substitution von aromatischen Kohlenwasserstoffen ableiten, sind viele ebenfalls fluoreszenzfähig (LEY, H., u. H. SPECKER). Die Fluoreszenz einfacher Abkömmlinge, wie z. B. des Phenols, die mit 254 nm angeregt werden kann, liegt allerdings noch im ultravioletten Bereich, bleibt also dem Auge unsichtbar. Ähnliches gilt für eine Reihe weiterer einfacher Substitutionsprodukte.

Verbindungen wie Salicylsäure können dagegen bereits mit dem langwelligen Ultraviolett von 366 nm zu einer Fluoreszenz mittlerer Intensität angeregt werden, mit 254 nm werden sie zu sehr intensiver Fluoreszenz angeregt (s. dazu auch die Lichtabsorptionsdaten S. 70).

An solchen Salicylsäureverbindungen und deren Verwandten haben BAYLE, E., und R. FABRE (1924 a) spektrographische Untersuchungen durchgeführt. Die Verbindungen wurden teilweise in flüssigem und teilweise in festem Zustand untersucht. Der Endzweck der Untersuchung war die Bestimmung von Salicylsäureverbindungen in Gemischen. Die Fluoreszenzintensität der Natriumsalicylate in festem Zustand wurde als Standard benutzt. Es wurde ihr willkürlich die Intensitätszahl 20 erteilt. Unter den gewählten Strahlungsbedingungen besaßen die Intensität Null: Benzol, Phenol, Resorcin, Wismutsalicylat, Acetylsalicylsäure, Cocainchlorhydrat, Stovain, Talcum und Borax.

Die Farbe war (Intensität hinter dem Stoff in Klammern): *Veilchenblau* bei Hydrochinon (0,5), Para-oxybenzoesäure (3), Magnesiumsalicylat (5), Eserinsalicylat (4), Antipirinsalicylat (11), Amylsalicylat (4), Cumarin (4), Natriumsalz der Para-oxybenzoesäure (3);

Violett bei Pyrogallol (1), Lithiumbenzoat (3), Quecksilberbenzoat (2), Salicylsäure (8), Meta-Oxybenzoesäure (6), Natriumsalicylat (20), Kaliumsalicylat (14), Lithiumsalicylat (12), Chininsalicylat (2), Novocain (18), Natriumsalz der Meta-Oxybenzoesäure (2,5), Natriumsalz der Dioxybenzoesäure (2), Benzylsalicylat (4);

Grünlich (*Blau*) bei: Benzonaphthol (8), Methylsalicylat (4), Äthylsalicylat (4), Salol (10), Salophen (10), Dioxybenzoesäure (11), Quecksilbersalicylat (5);

Weißlich bis *Gelblichgrau* bei Natriumbenzoat (4), Saccharin (3), Sulfanilsäure (1);

Blau bei Benzoesäure (3), Naphtholsalicylat (8).

Folgende Stoffe wurden weiterhin auf ihre Fluoreszenz untersucht: Carotine (ZECHMEISTER, L., u. A. SANDOVAL, 1947; s. auch IX.); Cholesterin (ALBERS, R. W., u. O. H. LOWRY; MARCELET, H., 1933); Castrix-Base (FREYTAG, H., 1949); Cocain (HELLER, I. H., R. B. BETLOW u. E. MYLON); Alginsäure (s. Cellulose); Eiweißstoffe (STÜBEL, H.; WIEGAND, CH.); Ergosterin (CHRISTIANI, A. Frh. v., u. V. ANGER); Folliculin (LUCAS, M. S.; KOCSIS, E. A., u. B. BUGYI, 1937 a); Nitrile (FEIGL, F., V. ANGER u. O. FREHDEN); Phenole (Naphthol) (HERCULES, D. M., u. L. B. ROGERS); Nicotinsäureamide (ROSENTHAL, H. L.); Nitroverbindungen (ENGLISH, F. L., u. J. W. EPPERT); Oxalsäure (EEGRIWE, E., 1933, 1935); Phthalimide (KLOTSCHKOW, W. P.; SELINSKI, W. W., u. W. P. KOLOBKOW); Penicillin (SCUDI, J. V., u. V. C. JELLINEK, 1946 a),

Potasan (KAISER, H., 1951); Rutin (GLAZKO, J. A., F. ADAIR, F. PAPAGEORGE u. G. T. LANS, 1947); Säuren (aromatische) (BOKMAN, A. H., u. B. S. SCHWEIGERT; NANNINGA, L., u. B. BINK; TRUITT, E. B., A. M. MORGAN u. J. M. LITTLE); Sulfonsäuren (aromatische) (CUTA, F., u. J. BORECKY, 1956 a, b; WAHL, A., u. M. PAILLARD); Terthienyl (ZECHMEISTER, L., u. I. W. SEASE); Tryptophan (s. Aminosäuren).

Heterocyclische Verbindungen. Sehr häufig treten stark fluoreszierende Produkte bei den heterocyclischen Verbindungen auf. Tabelle 29 zeigt eine Übersicht.

Tabelle 29
Heterocyclische Fluoreszenten

Stoff	Autor	Fluoreszenzfarbe
Acridin	MIETZSCH, F., u. H. MAUSS	grün
Acridinderivate	MIETZSCH, F., u. H. MAUSS; H. VOGEL	grün
Actinomycin	BROCKMANN, H., H. PINI u. O. v. PLOTHO (1950)	gelbgrün
Alloxan	KARRER, P., F. KOLIER u. H. STÜRZINGER (1945); TIPSON, R. S., u. L. H. CRETCHER	gelbgrün
Atebrin (s. Acridin)		
Barbitursäure und Derivate	JONSSON, B.	verschiedene Farben (Tabelle im Original)
Chinin	KIRITSCH, D. M.	blau
Chininsäure	NEUE, R.	grüngelb
Cumarin und Derivate	BAYLE, E., R. FABRE u. H. GEORGE (1925 a, b, 1927); BAYLE, E., u. R. FABRE (1925 c, d); FABRE, R. (1925 a); KLEIN, G., u. H. LINSER (1932, 1930 b); NEEKALANATAM, J. K., u. G. VISWANATH; SCHWARZE, P., u. R. HOFFSCHMIDT (1958, 1959)	violett bzw. blau
Flavine (s. Vitamine)		
Katalasen	STERN, K. G.	grün
Ketotetrahydropyridine	RITTER, DE, F. W. JAHNS u. S. H. RUBINS (1949)	blau
Kreatinin	REIFF, G. (1929)	gelbgrün
Lactoflavin (s. Vitamine)		
Lyochrom (s. Vitamine)		

Stoff	Autor	Fluoreszenzfarbe
Nikotin	unveröffentlicht, von DANCKWORTT, P. W.	himmelblau bis ultramarin
Nikotinsäureamid	SCUDI, J. V., (1946 b)	blau
Plasmochin	IRVIN, J. L., u. E. M. IRVIN	blaugrün
Pterine	BECKER, E., u. C. SCHÖPF; SIMPSON, D. M.; KOSCHARA, W., u. A. HRUBECK (1939); GOOD, P. M., u. A. W. JOHNSON	grün (pH-abhängig)
Purine	STIMSON, M. M., u. M. A. REUTER; MAGAZANIK, E., u. E. H. UMBERGER; HOLYDAY, E. R., u. E. A. JOHNSON	blau
Pyrimidine	HOLYDAY, E. R., u. E. A. JOHNSON	blau
Pyridinderivate	s. S. 172	
Sulfopyrazin	RAYBIN. H. W.	grün
Thiamin (s. Vitamine)		
Thiochrom (s. Vitamine)		
Tocopherole (s. Vitamine)		

Farbstoffe. SEYEWETZ, A., und J. BLANC (1929) haben eine größere Anzahl von Farbstoffen zwecks Feststellung ihrer Fluoreszenzen untersucht. BUGYI, B., hat besonders darauf hingewiesen, daß sich die Farbe der Fluoreszenz mit dem Wechsel des Lösungsmittels und auch bei der Kapillarisation ändert. Die Fluoreszenzfarbe von auf Fasern aufgefärbten Farbstoffen variiert ebenfalls mit der Natur der Faser.

MENT, J. DE, (1945) hat in seinem bereits zitierten Buch eine Liste von etwa 250 fluoreszierenden Farbstoffen veröffentlicht. Tabelle 30 enthält daraus 46 Farbstoffe. Sie ist ferner durch einige Naturfarbstoffe ergänzt. Die Farbstoffe sind außerdem näher gekennzeichnet durch Angabe ihrer Nummer in den deutschen Farbstofftabellen von SCHULTZ, G., 7. Auflage. Zusätzlich wird auch die Nummer beigefügt, die die Farbstoffe im Colour-Index (C. I.) der „British of Dyers and Colourists", herausgegeben 1928 von ROWE, F. M.,tragen.

Zu den aufgeführten Farbstoffen ist noch folgendes zu ergänzen: Azofarbstoffe zeigen nur in den oben aufgeführten Ausnahmefällen Fluoreszenz. Im allgemeinen ist sonst bei Azofarbstoffen wahrscheinlicher, daß sie nicht fluoreszieren. Bei Acridin-Farbstoffen ist dies umgekehrt; die meisten der bekannten Acridinfarbstoffe zeigen Fluoreszenz.

Tabelle 30

Einige fluoreszierende Farbstoffe (nach MENT, J. DE, 1945)

Name	S.Nr.	C.I.Nr.	Gruppe	Fluoreszenz	Lösungsmittel
Acridingelb G	901	785	An	strahlend grün	W, O
Alizarinrot 2 B	562	275	Az	scharlachrot	W
Anthraflavin G	1249	1095	Ach	gelb	verschieden
Auramin	752	655	K	hellgelb	verschieden
Auracon G	904	786	An	grün	W, O, H_2SO_4
Acridinorange L	902	788	An	grün	W
Acridinscharlach J	907	788 a	An	grün	H_2SO_4
Acriflavin, Trypaflavin	906	790	An	gelbgrün, blaugrün	W, O, H_2SO_4
Benzoflavin	909	791	An	gelbgrün	W, O, H_2SO_4
Benzopurpurin 4 B	448	448	Az	rot	W
Benzpurpurin 10 B	489	495	Az	rot	verschieden
Berberin	1373	1237	Nat	gelb	
Blauholz (Hämatoxylin gemischt mit Hämatein)	1376	1246	Nat		S
Brasilienholz	1375	1243	Nat	grün	H_2SO_4
Chlorazol Gelb G X	703	620	Az	gelb	verschieden
Chlorazol (Fast) Orange D	706	621	Az	gelbbraun	
Chlorophyll	—	—	Nat	rot	Alk.
Cochineal (Carminsäure)	1380	1239	Nat	rötlich	verschieden
Congorot	360	370	Az	rötlich	verschieden
Corioflavin G	916	799	An	grün	H_2SO_4
Coriphosphin	903	787	An	gelbgrün	W
Curcumin (Gelbwurz)	1374	1238	Nat	grün, gelborange	Ä, alk. Lsg. fest u. W
Eosin G	881	756	X	grün, dunkelrot schwachgrün	W NaOH H_2SO_4
Euchrysin 2 G	914	797	An	grün	O, H_2SO_4
Fisetin	1365	1231	Nat	gelblich	
Flavazin NL	732	636	Az	grünlichgelb	
Flavazin S	735	637	Az	orange	W
Fluorescein	1880	766	X	grünlich	W
Indigo, synth.	1301	1177	In	blau	O, H_2SO_4
Morin	1366	1232	Nat	blaugrün	H_2SO_4
Methylenblau	1038	922	Thn	rot	
Naphthaminblau 10 B	417	510	Az	himmelblau	verschieden
Phosphin (Gemisch von Chrysoanilinnitraten)	910	793	An	grün	W, O, H_2SO_4
Phthalocyanine	—	—		rot	W
Pseudopurpurin	1161	1043	Thn	rot	H_3BO_3, H_2SO_4
Porphyrin	—	—	Nat	rot	W

Name	S. Nr.	C.I.Nr.	Gruppe	Fluoreszenz	Lösungsmittel
Quercetin	1367	1233	Nat	grün	H_2SO_4
Rhamnetin	1369	1234	Nat	grünblau	H_2SO_4
Rhodamin B	864	749	X	orangegelb	W, Alk., O
Rhodamin G	865	750	X	zinnoberrot	W, H_2SO_4
Rhodamin 6 G	866	752	X	orangerot	W
Rhodamin S	858	743	X	gelblich,	Alk.
				hellgrün,	H_2SO_4
				rosarot	H_2SO_4 verd.
Rosamin	861	745	X	gelblichrot	Alk., W
Sandelholz (Santalin, gem. mit Desoxysantalin)	1389	1285	Nat	rot,	
				grün	Ä
Säurealizaringrün B	1171	1049	Thn	rot	H_2SO_4
Tartrazin	737	640	Az	orange	W
Thioflavin T	934	815	Thiz	grünlich,	O
				grün,	H_2SO_4
				gelb,	H_2SO_4 verd.
Thioflavin S	933	816	Thiz	grün, bläulich-violett	H_2SO_4
Uranin	880	766	X	grünlich-gelb	W

Die Abkürzungen bedeuten:

Az	Azo-Farbstoffe	Thn	Thiazin-Farbstoffe
An	Acridin-Farbstoffe	X	Xanthen-Farbstoffe
In	Indigo-Farbstoffe	W	Wasser
Ach	Anthrachinon-Küpenfarbstoffe	O	organ. Lösungsmittel
K	Ketonimin-Farbstoffe	S	Säuren
Nat	Natürliche Farbstoffe	Ä	Äther
Thiz	Thiazol-Farbstoffe	Alk	Alkohol

Zu den Naturfarbstoffen ist folgendes zu ergänzen:

Daß Chlorophyllösungen fluoreszieren, ist lange bekannt. Unter der Quarzlampe zeigen insbesondere alkoholische Chlorophyllösungen eine sehr schöne feuerrote Fluoreszenz (Lloyd, F. E.; Dragone, G. T., 1927; Danckwortt, P. W., u. E. Pfau, 1927 b; Danckwortt, P. W., 1930). Manche Handelspräparate von Chlorophyll zeigen keine Fluoreszenz. Über die Ursachen dieser Erscheinung s. Kapitel VII und X. Eine ähnliche leuchtend rote Fluoreszenz wie das Chlorophyll zeigen auch die Porphyrine. Wie die obige Tabelle zeigt, enthalten beide Naturstoffklassen Pyrrolringe. Sie sind also nahe miteinander verwandt. Auch die Fluoreszenzfarbe ist sehr ähnlich. Jedoch sind auch wesentliche Unterschiede vorhanden. Zum Beispiel fluoresziert das Hämoglobin, das den roten Blutfarbstoff an Eisen gebunden enthält, nicht unmittelbar. Behandelt man das Hämoglobin jedoch mit Säuren, so treten leuchtend rote Fluoreszenzen auf. Die rote Fluoreszenz des Blutfarbstoffes wurde schon von Hoppe-Seyler, F.,

(1880) beschrieben und dem Hämatoporphyrin zuerkannt. Sie tritt bereits im Tageslicht sichtbar auf. Im filtrierten Ultraviolett wurde das Hämatoporphyrin zuerst von HELLER, R., (1916) und später von DHÉRÉ, CH., (1924 a, b, 1926) untersucht (s. auch Kapitel IX und X).

Weitere Untersuchungen über Farbstoffe wurden ausgeführt von: HELANDER, S.; DHÉRÉ, CH., und J. ROCHE (1931 a); OSTER, G. (1958); LAFFITTE, E.; FRANCK, J., und P. PRINGSHEIM; WAWILOW, S. J., (1937); LIVINGSTON, R., und A. C. PUGH; FREEMAN, D. C., und CH. WHITE; POTTER, J. M., und G. A. MACDONALD; RAMART-LUCAS, P.; SHOTTON, E., und F. S. A. HABEEB; GACHKOWSKII, V. F.; GLAKHOW, P. G., und J. A. KHVOSTIKOW; MUSSO, H., und H. G. MATHIES; WYMAN, G. M., D. R. ROGERS und J. D. MARGERUM; PALIT, S. R., und B. BISWAS; EISENBRAND, J., (1960 b); EISENBRAND, J., und O. LORSCHEID (1959 a, b, c, d); EISENBRAND, J., und E. LANG (1960 a); EISENBRAND, J., und A. KLAUCK (1957 b, 1958); EICH, H. W., und J. EISENBRAND; LORSCHEID, O.; KOETHER, B., (1960 a).

Untersuchungen über die Fluoreszenz komplexer organischer Moleküle führte KASHA, M., aus; über Proteine HALL, D. A., und F. WEWALKER; über organische Phosphorverbindungen GEHAUF, B., und J. GOLDENSON (1957 a, b); über Fluoreszenzreaktionen stickstoffhaltiger Verbindungen VELLUZ, L., und M. PESEZ.

VI. Pharmazie

Die Pharmazie war eines der ersten Gebiete, auf dem die Fluoreszenzanalyse für praktische Zwecke angewendet wurde (WASICKY, R., 1913, 1924). DANCKWORTT, P. W., und E. PFAU (1927 a) haben sich dann mit den Mitteln der Kapillaranalyse sehr eingehend mit der Untersuchung von Drogen und pharmazeutischen Produkten befaßt.

Veröffentlichungen sind daraufhin in großer Zahl erschienen von ANDANT, A., (1929 a, b, 1930) — Alkaloide; GRANT, J., (1932 b) — Arzneistoffe; TREASE, G. E., (1930 b) — Arzneistoffe und Drogen; KUFFERATH, A., (1937) — Arzneistoffe; RADLEY, J. A., (1933 a) — Pharmazeutische Produkte; SCHEERMESSER, F. — Tinkturen; PEYER, W., und F. GSTIRNER (1931, 1934, 1932 a) — Tinkturen und Fluidextrakte, Drogen des Ergänzungsbuches V. zum Deutschen Arzneibuch; ROJAHN, C. A., und H. HERZOG (1932 b) — Tinkturen; ISSEKUTZ, B. v. — Arzneimittel; SCHÜRHOFF, P. N., und G. PLETTNER — Rhabarber; SEIFFERT, R., (1937) — Rhabarber; CREWS, S. K., (1936, 1937) — Rhabarberzubereitungen; SZAHLENDER, K. — Ammoniakgummi; KRÖGER, H., und A. MAYRHOFER — Chinafluidextrakt; GRIEBEL, C., (1935) — Rauschgifte; HERRMANN, M. — Apiol, Trikresylphosphat; GEHRMANN — Oleum Hyperici; SONNTAG, F. — Oleum Hyperici; REBER, K. — Oleum Hyperici; KREITMAIR, H.,

— Hypericium perforatum; PEYER W., (1932 b) — Fette der Drogen des EDAB V; KOCSIS, E. A., (1935) — Salben der pH-Hungar-IV; ROSENTHALER, L., (1933) — Galenische Präparate; MÜLLER, J. A. — Isopropylalkohol in Myrrhentinkturen; WISCHO, F. — organotherapeutische Extrakte; AUFSCHNAITER, P. v. — Rhabarber; STEINER, I., und K. LEUPIN (1940) — Frangula- und Porshiana-Extrakte; KEDVESSY, G. — Faulbaumrinde; WIEMANN, F. — Compressi laxantes; BLAZEK, Z., und M. KUCERA — Stechapfel; SLESSER, A., und C. B. JORDAN — Alkaloide und Drogen; AWE, W., (1939) — Alkaloide; JEFIMENKO, O. M. — Chinaalkaloide; LEUPIN, K., und J. STEINER (1943) — Ascorbinsäure in Tabletten; (1939) — Zimtrinden und Zimtöle; SOEHRING, K., O. KLINGMÜLLER und F. NEUWALD — Augenarzneilösungen; KÖCHEL, F. — Arzneimittelprüfungen; AWE, W., (1936 a, b, 1950) — Papaverin, Inhaltsstoffe des Klatschmohns; MERZ, K. W., (1932) — Zichoriin; MERZ, K. W., und R. FRANCK (1937) — Alkaloidhaltige Arzneizubereitungen; MERZ, K. W., und A. HOFFMANN (1938) — Methoxylfreie Chinaalkaloide; KOSTYAKOVA, A. I. — Atebrin und Rivanol; JAGLE, B. S. — Chinin in öligen Zubereitungen; AUERBACH, M. E., u. H. W. ECKERT — Atebrin; STRACHE, F. — Chinin in tonischen Wässern; THIELMANN, E., W. LANG und H. KAISER — Mutterkornalkaloide; DECHENE, K. B. — Reserpin; GORDON, M., und D. J. CAMPELL (1957) — 11-Desmethoxyreserpin; GORDON, M., und H. K. MITSCHELL (1949) — Tryptophan.

Über kapillaranalytische Untersuchungen berichtet RAPP zusammenfassend, ferner ROJAHN, C. A., (1929, 1937). DANCKWORTT, P. W., (1936) berichtet über zahlreiche Anwendungen einfacher Tüpfelreaktionen bei lumineszenzanalytischen Studien von Drogen, AWE, W., (1939) über die Auswertung von Kapillarbildern unter Berücksichtigung der Wasserstoffionenkonzentrationen und über Schlüsse auf das Vorhandensein von Alkaloiden.

Auf den leichten Hinweis des Chlorophylls in galenischen Präparaten mit Hilfe seiner intensiven feuerroten Fluoreszenz haben zuerst DANCKWORTT, P. W., und E. PFAU (1927 b) hingewiesen. Zahlreiche Untersuchungen, besonders an Tinkturen und Fluidextrakten, über den Nachweis des Chlorophylls mit dieser Fluoreszenz haben in der Folge durchgeführt: ZECHNER, L., und F. GSTIRNER (1930); SCHEERMESSER, F.; PEYER, W., und F. GSTIRNER (1931, 1932 a); TEMESVARY, I. (1932).

Die grundlegenden Untersuchungen über die Lumineszenzanalyse *homöopathischer Verreibungen* stammen von DANCKWORTT, P. W., (1929); vergleiche hierzu ferner den Abchnitt „Quantitative Messungen", S. 62. Weiterhin sind hier besonders zu nennen die Arbeiten von KUHN, A., und G. SCHÄFER (1934, 1935 a, b, c, 1936 a, b, c, 1937, 1938); NEUGEBAUER, H., (1933 a, b, 1934 a, b, c, 1935); NEUGEBAUER, H., und K. BRUNNER (1937); KAISER, H., und E. WETZEL (1935 a); SCHULZE, K., (1936); DOMANGE, L., und S. LONGUEVALLE (1955).

Einen *allgemeinen Analysengang* zur Erkennung von Arzneimitteln (mit 27 Analysentabellen) hat VIEBÖCK, F., gegeben, den er mit auf die Untersuchung auf Fluoreszenz als wesentliches Erkennungsmerkmal aufgebaut hat.

Er verwendet dazu sowohl die Eigenfluoreszenz in Lösung (Chininsalze, Hydrastinin, Trypoflavin, Harmin und andere mehr) als auch einige einfache Reagenzien, die bei vielen organischen Substanzen Fluoreszenzen hervorrufen, wie z. B. Schwefelsäure (s. auch BANDOW), Paraform-Schwefelsäure (eine Auflösung von 10 bis 20 mg Trioxymethylen in einigen Millilitern Schwefelsäure). Die Fluoreszenz und die Fluoreszenzreaktionen stehen gleichberechtigt neben der Farbe und den Farbreaktionen. Das Untersuchungsmaterial umfaßt über 700 Verbindungen, alles Arzneimittel und deren Hilfsstoffe, wie Zucker, Talkum, Tablettierungsmittel, von denen eines oder mehrere an Hand des Analysenganges gefunden werden müssen. Sowohl die Farb- als auch die Fluoreszenzreaktionen sind teils Gruppenreaktionen, teils Einzelidentifizierungen. Temperaturabhängigkeit und Löschbarkeit von Fluoreszenzen sind mit verwertet. Bei etwa 100 Verbindungen von den gesamten 700 ergeben sich charakteristische Eigenfluoreszenzen oder Fluoreszenzreaktionen mit Schwefelsäure, Paraformschwefelsäure, α- und β-Naphthol in Schwefelsäure, ferner mit Zusätzen, wie Eisensalzen oder Salpetersäure, zu Schwefelsäure. Auch Natronlauge wird als Fluoreszenz hervorrufendes Reagens (Adrenalin) verwendet. Einzelheiten dieses interessanten und neuartigen Analysenganges, dessen Übertragung auch auf andere Gebiete sich lohnen würde, können hier nicht wiedergegeben werden, es wird dafür auf das Original verwiesen. Unseres Erachtens könnte dieser Analysengang in seinen Vorproben noch eine wertvolle Bereicherung erfahren, wenn hier nicht nur die Farbe der festen Substanz, sondern auch deren etwa vorhandene Fluoreszenz angegeben werden könnte.

VII. Botanik und Pharmakognosie

Bereits WASICKY, R., (1913) und LEHMANN, H., (1914) hatten auf die großen Verwendungsmöglichkeiten der Fluoreszenz zu lumineszenzmikroskopischen Beobachtungen in Botanik und Pharmakognosie hingewiesen, denn viele in Pflanzen vorkommende Stoffe zeigen eine mehr oder minder charakteristische Fluoreszenz. Bei der Untersuchung von Mikrotomschnitten durch die Gewebe und Organe zeigte es sich, daß es zweckmäßig ist, sie nicht in Wasser zu beobachten, weil die Schnitte vielfach von wasserlöslichen Stoffen, die eine starke Fluoreszenz zeigen, überschwemmt werden. Entweder untersucht man also im trockenen Zustand oder in einem Medium von Äther, Petroläther oder Tetrachlorkohlenstoff. Dann leuchtet beispielsweise ein vorhandenes Glykosid nur in den Gewebepartien, in denen es tatsächlich normalerweise in der Pflanze lokalisiert ist.

Betrachtet man pflanzliche Gewebe, die mit filtriertem Ultraviolett bestrahlt werden, so sieht man, daß sich verschiedene Gewebselemente besonders deutlich von ihrer Umgebung abheben. Die Fluoreszenzen sind meist in ihrer Intensität außerordentlich verschieden; siehe ferner HAITINGER, M., und L. LINSBAUER (1933 b), HAITINGER, M., (1937 b).

Im allgemeinen leuchten die *Cuticula* und die Gefäßbündel am intensivsten. Sehr stark leuchten in dem umgebenden Gewebe auch alle Zellwände. Am schwächsten fluoresziert in allen Fällen das Mark. Der Zellsaft kann entweder fluoreszenzfrei sein oder aber infolge seines Gehaltes an wirksamen Stoffen mehr oder weniger stark in verschiedenen Farben aufleuchten.

Von den Inhaltsstoffen der Zellen fluoreszieren nur wenige. Der Zellkern hebt sich nicht wesentlich ab. Sehr stark und schön fluoreszieren jedoch die *Chloroplasten*, und zwar in dunkelroter Farbe und mit verhältnismäßig großer Intensität (s. auch unter Chlorophyll). Carotine fluoreszieren schwach grün, in der Zelle auskristallisiert jedoch überhaupt nicht; meist zeigen auch die Anthocyane keine Fluoreszenz (s. auch Kapitel X, S. 185). Auch Stärkekörner und die Kristalle von Calciumoxalat fluoreszieren nicht. Studien über fluoreszierende Inhaltsstoffe pflanzlicher Zellen und Zellverbände teilte WIEHEU, R., mit.

Nach der Behandlung mit Natronlauge fluoreszieren pflanzliche Gewebe intensiv grün. Auch die Zellwände sind befähigt, diese Erscheinung zu zeigen. Aus Modellversuchen ging hervor, daß Holz, Stärke und verschiedene Zucker bei Behandlung mit Natronlauge eine ähnliche Fluoreszenz geben. Auch Brenztraubensäure und andere 3-C-Stoffe fluoreszieren ohne weitere Vorbehandlung im alkalischen Medium grün (KLEIN, G., u. H. LINSER, 1930a, 1932, 1930 b).

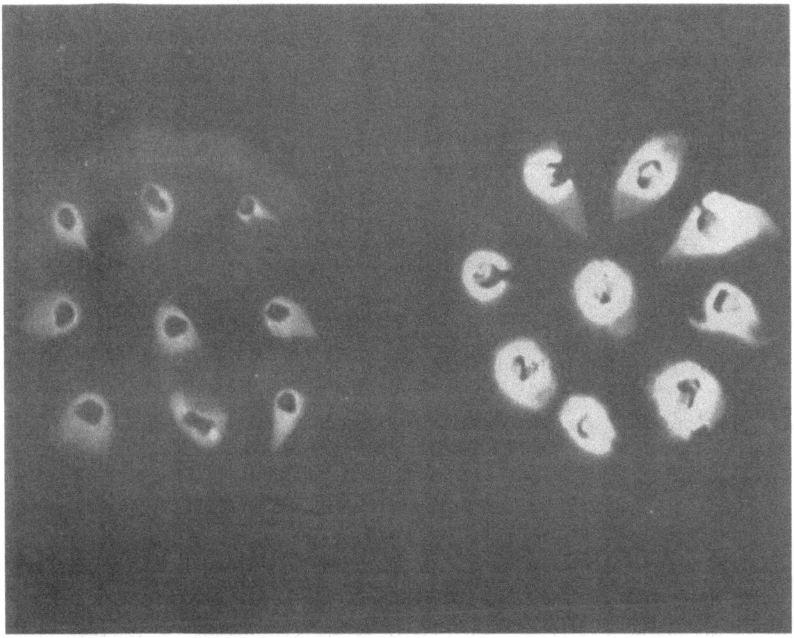

Abb. 81. Fluoreszenz von mit Natronlauge betropften Saftflecken von Blättern
links: cumarinarme Blätter
rechts: cumarinreiche Blätter
(Aus RUDORF, W.: 30 Jahre Züchtungsforschung, Gustav Fischer Verlag, Stuttgart 1959)

Auf Grund dieser eingehenden Vorversuche konnten die genannten Autoren in den Organen von Aesculus hippocastanum während einer Vegetationsperiode die *Lokalisation der fluoreszierenden Glykoside* Aesculin und Fraxin vornehmen. RUDORF, W., berichtet über interessante Forschungsergebnisse an Steinklee. Mit Hilfe des Auftropfens von Natronlauge auf Saftflecken von Blättern dieses Klees konnte zwischen cumarinreichen und cumarinarmen Blättern sehr einfach unterschieden werden. Abb. 81 zeigt links Extrakte aus cumarinarmen Blättern mit schwach blau fluoreszierendem schmalen Diffusionshof und rechts Extrakte aus cumarinreichen Blättern mit intensiv grüngelb, nach dem Trocknen intensiv hellblau fluoreszierendem breiten Diffusionshof.

Abb. 82 zeigt sehr schön den Nachweis von Cumarin durch Zutropfen von Natronlauge zum alkoholischen Extrakt aus einzelnen Blättern. Oben sind Extrakte aus Blättern cumarinarmer Pflanzen, unten Extrakte aus Blättern mit normalem Cumaringehalt durch Untersuchung im Ultraviolett sichtbar.

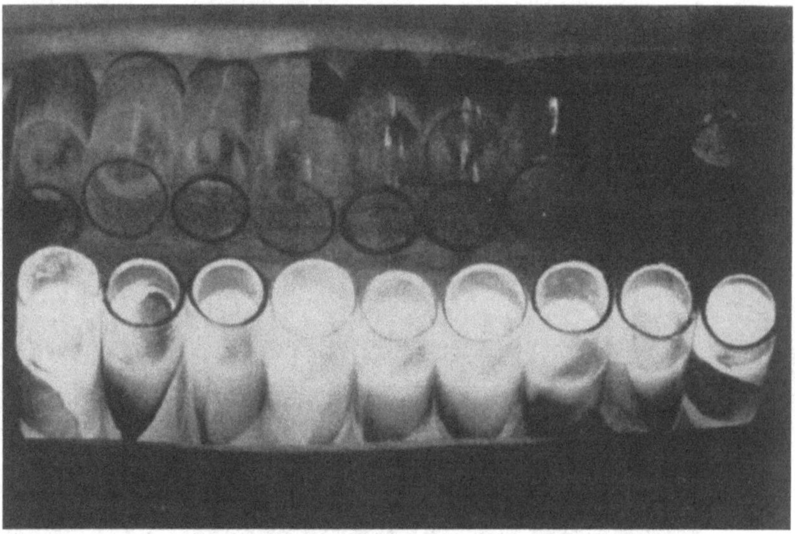

Abb. 82. Nachweis von Cumarin im alkoholischen Extrakt von Blättern, mit Natronlauge
oben: cumarinarme Pflanzen
unten: Pflanzen mit normalem Cumaringehalt

(Aus RUDORF, W.: 30 Jahre Züchtungsforschung, Gustav Fischer Verlag, Stuttgart 1959)

GENTER, G., und LINSBAUER, L., fanden, daß die *Wurzelspitzen verschiedener Keimlinge* einen stark fluoreszierenden Stoff ausscheiden. Über die Abgabe fluoreszierender Stoffe durch quellende *Samen* und *Früchte* hat METZNER, P., (1930 b) eine umfangreiche Tabelle veröffentlicht. Aus ihr geht hervor, daß bei gewissen Familien starke bis sehr starke Fluoreszenzen vorhanden sind, bei anderen nur schwache oder sehr schwache. Die Fluoreszenz ist in diesen Fällen innerhalb einer Pflanzenfamilie ziemlich gleichförmig, und die Abgabe der fluoreszierenden Stoffe ist bis zu einem gewissen Grad für eine solche Pflanzenfamilie charakteristisch. Aus Samen der Gurke, Bohne, Maulbeere und aus Kohlsamen bilden sich fluoreszierende Ausscheidungen, in ähnlicher Weise wie eben beschrieben (TAGUCHI, R.).

Pollenuntersuchungen wurden veröffentlicht von BERGER, F. Sie dienten dem praktischen Zweck, den Reinheitsgrad von Pollen vor der Anfertigung von Pollenextrakten zu ermitteln. Eine *fluoreszierende Substanz*, die *durch Infektion von Tomatenvirus* auf Tabakblättern entsteht, wurde von BEST, I. R., untersucht. Druckstellen an Agrumenfrüchten können von HAUSSMANN, G., mit Hilfe der auftretenden Fluoreszenzen festgestellt werden. *Asphalt- und Teerschädigungen* an Pflanzen zeigen sich ebenfalls durch Fluoreszenz an (DVORAK, K.).

Es berichten ferner BOTTINI, E., (1934 a, b) über Fluoreszenzstoffe in Orangen und Zitronen; in Citrusölen WASICKY, R., G. ROTTER und A. THUMER (1934); über solche im Holz VIGNOLO-LUTATI, F., (1933); über Bitterstoff in Rapssamen SCHWARZE, P., (1949).

Über *Lumineszenzerscheinungen bei Holz* berichten verschiedene Forscher. Vor allem ist hier zu erwähnen, daß die *Jahresringe* durch Ultraviolettbestrahlung deutlicher sichtbar werden und daß auch die kleinsten Grade von *Verholzung* erkannt werden können (LEHMANN, H., 1914; WASICKY, R., 1924; KÜNEMUND, A., 1932).

Ferner berichtet WISLICENUS, H., besonders über verschiedene Holzzustände, vor allem über die strahlend blaue Fluoreszenz der frischen Cambiumschicht und über das intensiv gelbe Aufleuchten der sehr gleichmäßig verteilten Harzgänge (s. hierzu auch KRISHNA, S., u. K. A. CHOWDHURY; LAL, J. B., u. S. DUTT; EICHLER, H., 1934 f; VODRAZKA, O. (1930 a, b); NOWAK, A.; HAITINGER, M., L. LINSBAUER u. A. EIDL, 1929 a). Beim Holz kann man das früher beschriebene (II., 2.2.3.) Lassésche Kontaktdruckverfahren zur Festlegung der Fluoreszenzerscheinungen benutzen (LASSÉ, R., 1931; FRYKHOLM, K. V., 1945).

Die sichere Bestimmung des echten Hausschwammes (merulius lacrimans) ist nach ZIEGLER, H., und G. LAU nicht leicht. Auch hier kann die Fluoreszenzuntersuchung nützliche Dienste leisten. Die Myzelien enthalten einen charakteristischen wasserlöslichen Stoff, der im Ultraviolett grünblau fluoresziert. Der entsprechende Stoff von Merulius Silvester fluoresziert dagegen rein blau. Zur Abtrennung dieser Fluoreszenzstoffe von anderen störenden Stoffen, z. B. von Aminosäuren, eignet sich die Papierchromatographie.

Über Fluoreszenzstoffe zur Markierung des Saftstromes in der Pflanze siehe STRUGGER, S. (1939 c), ferner SCHUMACHER, W. (1933, 1936, 1947).

In der Pharmakognosie liegen zahlreiche lumineszenzanalytische Untersuchungen vor. Über die Arbeiten von WASICKY, R., (1924) wurde bereits berichtet. DANCKWORTT, P. W., und E. PFAU (1927 a) haben zahlreiche Drogen- und Pflanzenpulver im Ultraviolett untersucht. Sie stellten fest, daß schon bei makroskopischen Beobachtungen Fluoreszenzfarben auftreten an Stellen, die sich bei Tageslicht entweder gar nicht oder nur wenig von der Umgebung unterscheiden. Sie fanden bei Cortex Granati auf der Außenseite helle Stellen, bei Cortex Tondurango intensiv gelbe Stellen, bei Cortex Chinae leuchtend gelbe und hellblaue.

Wenn man Chinarinde auf der Innenseite mit Säure betupft, so leuchtet die betupfte Stelle sofort blau, wenn man Rindenpulver im Porzellannäpfchen verreibt, so bleibt es dunkel, auf Zusatz von Säure wird die ganze Flüssigkeit hellblau. Bei Radix Ipecacuanhae leuchten alle Stellen, an denen die Rinde abgesprungen und der Holzkörper sichtbar ist, sehr hell, auf Zusatz von Säure hellbläulich. Radix Levistici färbt sich in Säure blau, bei Rhizoma Rhei tritt die Marmorierung hell leuchtend hervor. Auf dem Querschnitt von Semen Arecae leuchtet das Endosperm schön hellbläulich. Rhizoma Veratri zeigt intensiv hellblaue Stellen, Radix Colombo ist im Querschnitt intensiv gelb, der Kambiumring und die Siebröhrenpartien erscheinen dunkelgrün. Strahlende Leuchterscheinungen nimmt man bei Rhizoma Hydrastis wahr. Überall, wo die Rinde entfernt ist, also an Bruchstellen oder an Stengelnarben, zeigt sich ein intensiv goldgelber Glanz, ein geradezu magisches Farbenspiel.

Besonders nützlich können diese Fluoreszenzerscheinungen an Drogen auch in der Fluoreszenzmikroskopie werden. Es berichten hier FREUDWEILER, R. — Rindenpulver; GRANT, J., (1936 c) — Rindenpulver; LEUPIN, K., und J. STEINER (1939 b) — Rindenpulver; DUNN, M. S., und W. H. KIMMER — amerikanische Drogen; MANCEAU, P., G. NETIEN und J. MONIN — Drogenverfälschung; SEIFERT, R., (1941) — Drogenuntersuchung; MERZ, J. L., (1936) — Nachweis von Grindelia; GRIEBEL, C., (1938) — Nachweis von Grindelia; KAISER, H., und K. EGGENSPERGER (1929 b) — Flores tiliae; LEUPIN, K., (1934) — Crocus; KHOURI, J., (1935) — Haschisch; SCHNEIDER, J. Z., und K. WILLERT — Wasserschierling; KAISER, H., (1935 b) — Gentianawurzel; STEINMANN, A. — Teeverfälschungen; VALENTIN, B., (1938) — Aufgüsse von schwarzem Tee; KISS, M. — Radix valerianae; KRAUL, R., und H. H. MEYER — Chelidonium majus; SCHINDLER, H. — Adonis vernalis; HALMAI, J. — Bilsenkrautwurzel; GRÜNSTEIDL, E., und T. STOBIECKI (1936) — Pfefferverfälschung; KRAUS, E. J., (1937) — Curcumawurzel; ALTHAUSEN, D., und Mitarbeiter — Coriander, Gewürze; CHRISTENSEN, B. V., und I. A. ABDEL-LATIF (1949 a, b) — Bornträgerreaktion; DRAGONE, G. T., (1928) — Pflanzensäfte; FORJAZ, A. P., (1932 a) — tropische pflanzliche Produkte; WOLFF, J. — Steinobst, Chlorogensäure.

Entwicklungsfähig erscheint die Zuhilfenahme der Quarzlampe auch noch bei der Unterscheidung von eßbaren und giftigen Pilzen. Nach MAFEI, G. B., zeigt die Lumineszenzanalyse deutliche Unterschiede zwischen eßbaren und giftigen Sorten; auch die Brühflüssigkeit und der Preßsaft lassen Unterschiede erkennen. Sicherlich wäre es hier lohnend, mit Hilfe chromatographischer Methoden weitere Unterscheidungsmöglichkeiten zu schaffen. Siehe hierzu ferner auch MOREAU, F., und A. DUSSEAU.

GRÄFE, W., (1956) hat Untersuchungen über Fluoreszenzerscheinungen an Sämereien von Arzneigewürzpflanzen veröffentlicht.

Besonders wertvolle neue Erkenntnisse über die Inhaltsstoffe von Arzneipflanzen hat die Dünnschichtchromatographie ermöglicht, wie sie STAHL, E., (1956, 1958 a, b, 1959, 1960, 1961 a, b), entwickelt hat. Bereits in II., 2.2.1.7.b. wurden die Vorteile der Dünnschichtchromatographie eingehend besprochen. Abb. 35, S. 67, zeigt Fluoreszenzunterschiede, die 10 Kalmusrhizomöle verschiedener Pflanzen im Ultraviolett zeigen.

Die Sichtbarmachung der Fluoreszenzen erfolgt dadurch, daß die Chromatogramme mit einer wäßrigen Fluoresceinlösung besprüht und anschließend Bromdämpfen ausgesetzt werden. Die leicht bromierten Verbindungen, die meist Stoffe mit konjugierten Doppelbindungen vom Äthylentyp darstellen, sind als gelbe Zonen auf dem durch Eosinbildung rosa gewordenen Grund zu erkennen.

Abb. 83 zeigt die photographische Aufnahme des Dünnschichtchromatogramms einiger Harze und Balsame im langwelligen Ultraviolett. Obwohl bei dieser Aufnahmetechnik die dem Auge wahrnehmbaren charakteristischen Farben und Fluoreszenzunterschiede nicht zu erkennen sind, zeigen sich doch auch auf der photographischen Platte große Unterschiede.

STAHL, E., (1956, 1958 a, b, 1959, 1961 a, b) hat weiterhin eingehende Untersuchungen an Gemischen ätherischer Öle durchgeführt, zur Prüfung der Frage, ob die in den ätherischen Ölbehältern der Pflanzen sich bildenden Gemische mit den durch Wasserdampfdestillation gewonnenen Produkten, die als ätherische Öle gehandelt werden, identisch sind.

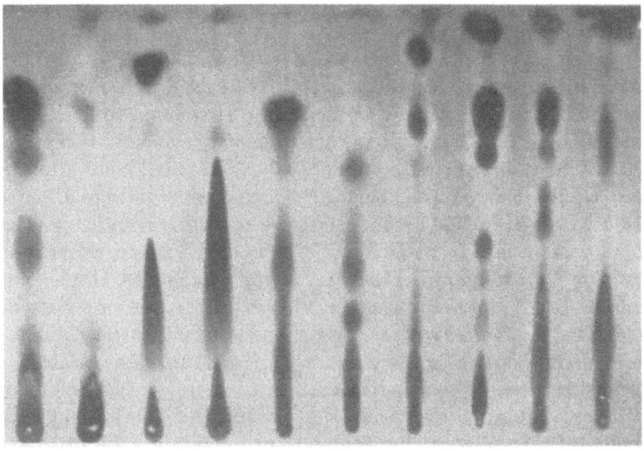

Abb. 83. Dünnschicht-Chromatogramm einiger Harze und Balsame im UV-Licht

Es liegen ferner interessante fluorimetrische Untersuchungen von folgenden Autoren vor:

ASBECK, F. — Blütenstaub; TABATA, T., und Y. ICHIMURA — Drogen; SCHENK, G. O., FRÖMMING und H. KASTNER (1959) — Aesculitin und Umbelliferon; POTAPOW, N. G. — Schwefel; PESSEZ, M., (1950) — Gitoxin; MOSQUERA, G. V. — Mutterkorn; FOSTER, G. E., J. MAC DONALD und T. S. G. JONES — Mutterkornalkaloide; MARTIN, P. — Hafer; KOVERGA, E. L., und A. S. KOVERGA — Belladonna; JORDAN, L. A., — Holz; MARTS, R. O. — Kieferntracheiden; JENSEN, K. B., (1952, 1953 a, b, 1954) — Digitalis-Glucoside; GYENES, I., — Digitalis-Glucoside; GOODWIN, R. H., und B. M. POLLACK (1955) — Avenawurzeln; FRUYTIER, J. F. A., und J. A. C. VAN PINXTEREN — Gitoxinbestimmung in Digitalisblättern; COROVIC, M. — Mentha piperita und Origanum heracleoticum; COLLI, L., U. FACCHINI, G. GUIDOTTI, R. D. LANOTI, M. ORSENIGE und O. SOMMARIVA — Keimlinge; CHRISTENSEN, B. V., und I. A. ABDEL-LATIF (1949 a) — Sennaextrakt; (1949 c) — Anthrachinon in Drogen; BAKSHI, V. M., — Serpentinalkaloide; FONSECA, S. C. DE — Rotenon.

VIII. Technik

1. Gerberei und Papierfabrikation

Gerbstoffe. MEUNIER, L., und A. BONNET (1925 b); MEUNIER, L., und A. JAMET (1926) sowie GERNGROSS, O., N. BAN und G. SANDOR (1925) haben zahlreiche Gerbstoffe untersucht.

Die Erstgenannten fanden, daß die als Gerbstoffe dienenden Vegetabilien, z. B. Eichenrinde, Mimosenrinde, Wurzelbaumrinde, Kastanienrinde, Sumachholz und Galläpfel, keine Fluoreszenz zeigen. Dagegen fluoreszieren frische Schnittflächen von Quebrachoholz aus Südamerika und Tizeraholz aus Marokko mit intensiv gelbem Licht. Andere Katechingerbstoffe untersucht man besser als Acetonextrakte (MEUNIER, L., u. Mitarbeiter, loc. cit.). Die Ursache der gelben Fluoreszenz ist bei allen Katechingerbstoffen der Inhaltsstoff Fisetin.

GERNGROSS, O., und G. SANDOR (1926 a, 1927 a); GERNGROSS, O., N. BAN und G. SANDOR (1926 b); GERNGROSS, O., und H. HÜBNER (1927 b, c); GERNGROSS, O., G. SANDOR und K. TSOU (1927 d) haben sich besonders eingehend mit der Fluoreszenzprobe an künstlichen und natürlichen Gerbstoffen befaßt. Sie kommen zu dem Ergebnis, daß von der großen Zahl natürlicher Gerbextrakte außer Quebracho und Tizera auch Fichtenrinden-, Malettorinden- und Donga-Extrakt in neutraler Lösung eine geringe Fluoreszenz zeigen. Bei Fichte und Maletto wird die bläuliche Fluoreszenz durch Alkalizusatz sehr wesentlich verstärkt und in äußerst charakteristischer Weise nach Hellgrün verschoben, während bei Donga eine prachtvolle orangerote Fluoreszenz im alkalischen Gebiet auftritt. Die von MEUNIER, L., und A. BONNET (1925 b) entdeckte gelbe Fluoreszenz tritt auch bei Mimosa-, Kastanien- und Hemlockrindenextrakt, wenn auch schwächer, auf. Eine prachtvolle violette Fluoreszenz zeigen ferner in Fichten- und Malettorindenextrakt getauchte Wattestückchen; in geringem Maße tritt diese Erscheinung auch bei Eichenholzextrakten auf. Durch Mischen gleicher Volumina Fichtenextrakt (gelb) und Quebrachoextrakt (violett) entsteht auf der eingetauchten Watte eine schneeweiß leuchtende Fluoreszenz.

Von den künstlichen Gerbstoffen zeigt eine große Anzahl eine außerordentlich starke Fluoreszenz, die von Stoff zu Stoff charakteristische Verschiedenheiten in den Farben zeigt. Natürliche Gerbextrakte besitzen in Gemischen mit den künstlichen fluoreszierenden Gerbstoffen ein beträchtliches Auslöschungsvermögen für die Fluoreszenzerscheinung. Selbst 10 bis 20% der künstlichen Beimengungen sind jedoch in fast allen Fällen noch durch ihre Fluoreszenz erkennbar.

GERNGROSS, O., und H. HÜBNER (1927 a) haben weiter nachweisen können, daß ein Parallelismus zwischen der sogenannten Fluoresceinreaktion und der Fluoreszenz bei Quebracho-, Tizera-, Mimosa- und Urundayextrakten vorliegt und daß das Fisetin die Ursache dieser Reaktion bildet (s. auch POLLAK, L., u. W. SPRINGER, 1927).

Auf Grund des Fisetingehaltes haben sie ein Verdünnungsverfahren für die annähernd quantitative Bestimmung von Quebracho und von anderen nicht fluoreszierenden Gerbextrakten ausgearbeitet. Über einen violett fluoreszierenden Stoff der Fichtenrinde und der Fichtenrindenextrakte berichtet GERNGROSS, O., (1930).

Über die Adsorption verschieden fluoreszierender Stoffe aus Fichtenrindenextrakt und aus Quebrachoholz berichten GERNGROSS, O., G. SANDOR und K. TSOU (1927 d) und liefern damit einen Beitrag zur Frage des Zusammenhanges zwischen chemischer Konstitution und Adsorption.

Von GRASSMANN, W., und O. LANG (1935 a) sowie GRASSMANN, W., (1935 b) wird zur Trennung der in natürlichen und anderen Gerbmitteln vorhandenen Substanzgemische die chromatographische Adsorptionsanalyse empfohlen.

Sulfitzellstoffablaugen weisen eine charakteristische violette Fluoreszenz auf. Sie schlägt in alkalischer Lösung in Grün um. Die zur Untersuchung der Leistungsfähigkeit dieser Fluoreszenzprobe eingesetzte Kommission ist allerdings nach GERNGROSS, O., (1930) zu dem Urteil gekommen, daß der Fluoreszenzprobe bei Gerbstoffen nur ein sehr bedingter Wert zukommt. Trotz dieses ungünstigen Kommissionsberichtes erschienen weitere Vorschläge über spezielle Verwertungsmöglichkeiten solcher Fluoreszenzerscheinungen in der Gerbstoffanalyse.

Es läßt sich z. B. diese Prüfungsmethode auch für den Nachweis der Durchgerbung von Ledern verwenden. Nach THEIS, E. R., und E. J. SERFASS lassen sich Dünnschnitte tierischer Haut auf diese Weise untersuchen.

Vergleiche hierzu ferner: KUBELKA, V., und V. NEMEC (1929 a, b); DESMURS, G., (1929, 1932 a); APPELIUS, W., und L. KEIGUELOUKIS; POLLAK, L., (1933); FREYTAG, H., (1932 a, b); SANDOR, G.; KUBELKA, V., (1929 c); HOEVEN, C. VAN DER; GRASSER, G., sowie CUCCODORO, M.

FALLOT, M., untersuchte Extrakte von 10 verschiedenen Holzarten, die eine mehr oder weniger dunkelblaue Fluoreszenz zeigten und nicht zu unterscheiden waren; nur Akazienholz gab eine sehr intensive gelbe Phosphoreszenz, worauf schon WISLICENUS, H., hinweist.

Über die Fluoreszenz von Papier siehe KITCHING, A. F.; über die Fluoreszenz von Cellulose siehe LEWIS, S. J., (1921, 1922, 1924).

Papier. Eine Zusammenfassung von Arbeiten findet sich sowohl bei DÉRIBÉRÉ, M., (1935 a, b, c), der eine tabellarische Übersicht über die typischen Fluoreszenzerscheinungen der verschiedenen Papier- und Textilfasern gibt, als auch bei GRANT, J., (1934 c). Mit Erfolg kann die Lampe nach KLEIN, G., (1931, 1930 c) benutzt werden, z. B. bei der Frage, ob Sulfat- oder Sulfitzellstoff vorliegt (s. auch NOSS, F., und H. SADLER, 1933), ob es sich um einen hellen ungebleichten Stoff oder einen halbgebleichten handelt, und zur annähernden Beurteilung des Aufschlußgrades, über den auch BERNDT, K., berichtet. RASSOW, B., und G. BRANDAU zeigen, daß die Rötung von ungebleichten Sulfitzellstoffen parallel mit der leuchtend violetten Fluoreszenz geht. Mikroskopisch kann man durch Anfärben mit fluoreszierenden Farbstoffen bei den Papierfaserstoffen eine sekundäre Fluoreszenz erzeugen, die, mikroskopisch untersucht, verwendbare Resultate gibt (SCHULZE, B., u. E. GÖTHEL sowie NOSS, F., u. H. SADLER).

Bei ihrer Untersuchung über die Zweiseitigkeit von Druckpapieren fanden RIESENFELD, E. H., und T. HAMBURGER (1931), daß die Fluoreszenz der Oberseite nicht von einer Anhäufung der Holzschliffteilchen, sondern von einer Anhäufung von Füllstoff auf der Oberseite herrührt.

RIESENFELD, E. H., und T. HAMBURGER (1929) benutzten die Papierfluoreszenz zur Bestimmung der Widerstandsfähigkeit von Papier gegen seine Zerstörung durch Licht, ähnlich wie SOMMER, H., und J. BECKER (1933) die Veränderung von Pergaminpapieren im Sonnenlicht feststellten.

DÉRIBÉRÉ, M., (1935 a, b, c) führte den Nachweis, daß die Fluoreszenz sich auch zur Messung der Lichtreflexion von Papieren eignet. FALLOT, M.; DÉRIBÉRÉ, M., (1935 c); KLEIN, G., (1931); RESS, H.; GRANT, J., (1934 c); SALVATERRA, H., und F. NOSS; SEGITZ, A., (1930); SANDOR, G.; PHILIPS, D. M. (1948 b) berichten über die Fluoreszenz bei der Untersuchung von Papieren.

Über Sicherheitspapiere berichtet SIMONS, F. L.; über Druckfarben MARSHALL, H. B., und A. M. BIRKS; über Tinten ROLEY, R.

2. Textilindustrie

Seit vielen Jahren wird die Lumineszenzanalyse in der Textilindustrie mit gutem Erfolg angewendet.

Auch hier hat sich allerdings im Laufe vieler Untersuchungen ergeben, daß die Verwendung der Lampen nicht so universell möglich ist, wie man sich ursprünglich versprochen hatte.

Zahlreiche Arbeiten zu diesen Problemen sind erschienen, so von NOPITSCH, M., (1928 a, b); WELTZIEN, W., (1928, 1930); LASSÉ, R., (1934); CUNZ, R., und R. LASSÉ; HENK, H. J., (1940); OHL, F.; SOMMER, H., (1928 a, b); HIRSCH, Q., (1930, 1928); AMICK, CH. A.; EWEN, J. L. MC; DESMURS, G., (1932 b); DÉRIBÉRÉ, M., (1935 d); MUIR, J.; SAMPSON, A. E.; KORDA, P., und M. DÉRIBÉRÉ; MARTIN, M. G.; RADLEY, J. A., (1937); JOVANOVITS, J. A.; BONNET, L.; GRANT, J., (1940 b); SPRINGER, J. F.; TUPHOLME, C. H. S., (1940); KUFFERATH, A., (1940); GÖTHEL, E., (1934); STOKAR, V. M.; PICAVET, P.

Für den Nachweis von *Faserschädigungen* kommt für die Analysenquarzlampe nur ungefärbtes Material in Betracht. Keine besondere Veränderung der Lumineszenz wurde beobachtet an übercarbonisierter Wolle, an überbleichter (oxycellulosehaltiger) oder durch Säure geschädigter (hydrocellulosehaltiger) Baumwolle und Flachs. Alkaligeschädigte Wolle sieht unter der Lampe etwas stumpfer aus. Interessante Beobachtungen wurden dagegen an lichtgeschädigten Faserstoffen gemacht. Wollstoffe wurden stumpf und grau, entbastete Seide leuchtete nicht mehr weiß, sondern gelblich, ähnlich wie Rohseide. Bei den Geweben aus Pflanzenfasern trat auf der belichteten Seite ein mit fortschreitender Bewetterung an Tiefe zunehmender dunkelvioletter Farbton auf.

Wie PICAVET, P., und RADLEY, J. A., (1933 b, 1938) gezeigt haben, kann man die Beobachtung verschiedener Kunstseiden unter der UV-Lampe als Vorprobe zur Unterscheidung benutzen. Jedoch geht man dabei nicht immer ganz sicher und muß daher vielfach ergänzende Untersuchungen durchführen.

Für die Vorprüfung von *Färbungen* kann die Lumineszenzmethode auch in manchen anderen Fällen wertvolle Hilfe leisten, z. B. für den Nachweis der Verwendung von im Farbton gleichen, jedoch mit verschiedenen Farbstoffen hergestellten Garnfärbungen in Geweben, für die Feststellung der Intensität der Färbungen verschiedener Proben und zur Sichtbarmachung geringer Unterschiede in der Farbtiefe, die im Tageslicht nicht mehr genau wahrnehmbar sind.

Nach SIEBER, W., und J. KASCHE lassen sich bei gefärbten Baumwollgarnen unter der Lampe Unegalitäten in der Färbung feststellen, die im Garnstrang bei Tageslicht nicht erkennbar sind und erst nach dem Verweben in Erscheinung treten. Bei im Tageslicht ganz gleich aussehenden Mischfarben läßt sich mit der Analysenquarzlampe erkennen, ob die Garne mit Farbstoffgemischen gefärbt sind (s. auch KUMMERER, L.).

Auf einfache, aber elegante Weise führt LASSÉ, R., (1930) eine textiltechnische Fluoreszenzanalyse durch Kontaktphotographie aus. Durch Belichtung mit Tageslicht, filtriertem und unfiltriertem Ultraviolett kommt er zu photographischen Reproduktionen, an denen z. B. Öle und Kalkseifenflecke erkannt werden können oder mit denen die Art der Vorbehandlung und der angewandten Bleiche untersucht werden kann.

In der Textilveredlungsindustrie sollten Gewebestücke, wie sie vom Webstuhl kommen, vor der Veredlung durchweg mit der Hängelampe auf unsichtbare Fehler aller Art kontrolliert werden, um eventuelle Schäden anmerken oder ihnen vorbeugen zu können. Alle Schäden können nicht sichtbar gemacht werden, aber man sieht z. B., ob für ein Gewebe verschiedenartige Faserqualitäten verwendet worden sind, die naturgemäß nach dem Färben Ungleichheiten zeigen würden. Flecke von Mineralölen, die nach der Veredelung immer sichtbar sind, sind leicht zu unterscheiden von Flecken verseifbarer Öle, die durch Veredelung entfernt werden können. Gerade für die Prüfung von Flecken ist die Analysenlampe unentbehrlich.

Speziell für Lohnfärbereien und Bleichereien aller Textilstoffe ist die Vorkontrolle der eingehenden Textilien mit der Lampe sehr wichtig. Auch für die Feststellung der Herkunft von Färbungen erweist sich die Quarzlampe nützlich. Stimmen zurückbehaltenes Muster und das Material eines reklamierten Postens nicht in ihrer Fluoreszenz überein, so ist der eindeutige Beweis erbracht, daß beide nicht identisch sein können. Gerade der Textilfachmann wird die rasche Betriebsbereitschaft und das sofortige Vorliegen von Ergebnissen zu schätzen wissen.

Über Untersuchungen an optischen Aufhellern sowie an optisch aufgehellten Geweben mit Hilfe eines lichtelektrischen Fluorimeters berichtet Jörder, H.; s. auch Petersen, S., (1949); Caspar, E. C.; Badische Anilin- u. Sodafabrik, B. P. 5123, Zweidler, R. — optische Bleichmittel; Brandal, J. — Holzschliff; Delecluse, C. — optische Bleichmittel; Kufferath, A., (1938) — Textilindustrie; Preston, J. M., (1950) — Textilien.

3. Lack- und Farbenindustrie, Kunststoffe

In der Lack- und Farbenindustrie interessieren für die Untersuchung in erster Linie die Rohmaterialien. Diese sind: Lösungsmittel, Öle, Harze, Trockenstoffe und Farben. Die Fluoreszenz von 55 verschiedenen *Lösungsmitteln* hat Schmidinger, K., untersucht. Dabei hat er allerdings keine markanten Unterschiede gefunden.

Harze sind sowohl von Schmidinger, K., als auch von Wolff, H., und W. Toeldte (1926 a, b, c); Bandel, G.; Mottini, I., untersucht worden. Eine Zusammenstellung der Lichtschwächung verschiedener Kunststoffe für Ultraviolett enthält Tabelle 31.

In den über Harze erschienenen Monographien von Tschirch, A., und E. Stock; Dietrich, K., und E. Stock; Wolff, H., (1928) wird auf die Fluoreszenzerscheinungen, auch mit Hilfe der Kapillaranalyse, hingewiesen. Kutzelnigg, A., (1931) benutzt die Analysenlampe zum Nachweis von Lacküberzügen auf Metalloberflächen. Murty, N. N., und H. K. Sen berichten über

Tabelle 31
Lichtschwächung durch klare Kunststoff-Folien

Kunststoff	Quecksilberlinie in nm 366	313	254
Polyäthylen (Hochdruck)	0	0	sehr gering
Polyäthylen (Niederdruck)	0	0	sehr gering
Cellulose-Acetat	0	gering	sehr stark
Polystyrol	0	gering	sehr stark
Polyvinylchlorid	deutlich	stark	sehr stark
Polyterephthalester	gering	sehr stark	sehr stark
Polyamid	gering	stark	sehr stark

Die Schichtdicke der Folien betrug 0,1 mm, lediglich die Polystyrol-Folie war stärker, etwa 0,3 mm (Eisenbrand, J., bisher unveröffentlicht).

die fluorimetrische Bestimmung des Säure- und Verseifungswertes von Lack. Quantitative Messungen der Fluoreszenz nimmt auch Wells, E. R., vor.

Zu den Harzen gehören auch der echte fossile *Bernstein* und seine Imitationen. Kostka, G., hat als Unterscheidungsmittel hierbei die Analysenquarzlampe benutzt. Echter Bernstein (Succinit) zeigt eine lebhaft gelbgrüne bis weißbläuliche Fluoreszenz, die auch bei Preßbernstein (Ambroid), wenn auch schwächer, zu beobachten ist. Gewolkter Bernstein hat eine etwas von der des klaren Bernsteins abweichende Fluoreszenz. Es ist wahrscheinlich mehr ein quantitativer Unterschied, der eher mit strukturellen Differenzen als mit der Anwesenheit von Verunreinigungen zusammenhängt.

Synthetische Kunstharze vom Typus der härtbaren Phenol-Formaldehyd-Kondensationsprodukte absorbieren die erregenden UV-Strahlen, fluoreszieren aber nicht.

Synthetische Kunstharze, die als Resite charakterisiert sind, lassen sich von Harnstoff-Formaldehyd-Kondensationsprodukten (Ureiten) durch ihr verschiedenes Durchlässigkeitsvermögen für ultraviolette Strahlen scharf unterscheiden. Hält man in den Strahlengang des filtrierten Ultraviolett eine klare, durchsichtige Platte eines Phenol-Formaldehyd-Kunstharzes, so leuchtet ein darunter gebrachter Bernstein nicht mehr auf, weil Resit sämtliche die Fluoreszenz anregende Strahlen absorbiert. Vertauscht man die Resitplatte mit einer Platte aus glasklarem, farblosem Ureit, so wird die Fluoreszenz des Bernsteines nur wenig geschwächt. Die Harnstoff-Formaldehyd-Kondensationsprodukte zeigen eine verhältnismäßig schwache Fluoreszenz, entsprechend ihrer eben erwähnten nur schwachen Lichtabsorption. Diese Fluoreszenz ist leicht von der des natürlichen Bernsteins zu unterscheiden.

Die aus Casein und Cellulose hergestellten Kunststoffe, wie Galalith, Celluloid, Cellon und andere, zeigen eine blaue oder bläulichweiße Fluoreszenz.

Weichmacher, Stabilisatoren, Emulgatoren und andere Zusätze können naturgemäß vielfach starke Fluoreszenzänderungen zustande bringen, je nachdem, ob sie selbst Licht absorbieren oder nicht bzw. fluoreszieren oder nicht; siehe Wiesenthal, H.; Wagner, H., und H. Schirmer (1938); Dériberé, M., (1935 e, f, 1937 c) — Unterscheidung von Elfenbein- und Kunststoffnachahmungen.

Weitere Untersuchungen auf Fluoreszenz an Kunststoffen hat Thinius, K., ausgeführt und ist dabei zu der Erkenntnis gelangt, daß die Lumineszenzanalyse als Hilfsmittel in Betracht kommt, um eingetretene optische Veränderungen nachzuweisen, wenn sie im gewöhnlichen Licht als Verfärbungen noch kaum wahrnehmbar sind (s. auch METZ, L.; MASTIER, M.; SAECHTLING, H. — Kunststoffanalyse; SEEBACH, F., — Phenolharze; SCHRAIVOGEL, K., u. G. ADLER — Nachweis von Rissen und Fehlstellen.

Die Fluoreszenzanalyse kann bei Kunststoffen nur dann nützliche Dienste leisten, wenn sie diese speziellen Fragen beachtet.

Anorganische und organische Farbstoffe. Die Beurteilung dieser Stoffe hat verschiedene Möglichkeiten für die Untersuchung von Ölbildern und in anderen Fällen, z. B. auch zur Beurteilung der Anstrichtechnik, ergeben (TRILLICH, H.; ROBL, R., 1926 b; SCHMIDINGER, K.; EIBNER, A., L. WIDENMAYER u. A. STOIS, 1926; WAGNER, H., 1928; HOEK, G. P. VAN; SCHOEN, M. J., u. J. RINSE; BEUTEL, E., u. A. KUTZELNIGG, 1931 b; GRANT, J., 1937 a, b; EIBNER, A., 1931 a u. b; 1930).

Man hat weiter zu unterscheiden zwischen dem Verhalten der trockenen und der mit Öl angeriebenen Farben. Ferner sind die Unterschiede im Verhalten nasser und getrockneter Ölfarben zu beachten, denn das Ölbindemittel hat als Film meist ebenfalls eine Lumineszenz. Für die Buntfarben ergibt sich nach EIBNER, A., folgende Richtlinie: Unter der Analysenquarzlampe erscheinen alle jene bunten Ölfarbenaufstriche relativ dunkel, deren Farbstoffe Gegenfarben zur Lumineszenzfarbe sind. Von den weißen, trockenen Farben verhalten sich Blei- und besonders Titanweiß, als ob sie Gegenfarben zu Violett wären, also kreßfarbig, d. h. absorbierend, dunkel werdend. Nur das Zinkweiß reflektiert die Gegenfarbe zu Violett, nämlich Gelb. Die Eigenlumineszenz des Ölbindemittels als Film kann aber bei jenen Anstrichen eine wesentliche Aufhellung bringen, die nicht absolut absorbierend wirken, z. B. bei Bleiweiß- und Mennigeaufstrichen.

Auch *Lichtechtheitsbestimmungen* von Farbstoffen können, wie LASSÉ, R., (1929) gezeigt hat, mit Hilfe der Quarzlampe ausgeführt werden. Dabei wird zunächst der betreffende Farbstoff eine Zeitlang mit dem Licht der Quarzlampe ohne Filter bestrahlt. Hernach wird im gefilterten Ultraviolett untersucht. Bei fluoreszierenden Farbstoffen zeigte sich auf der Tonplatte, daß die Fluoreszenz schon nach kurzer Belichtungszeit, d. h., wenn der Farbstoff noch keine Spur von Ausbleichung zeigt, vollkommen verschwunden war.

Überhaupt spielt die *Adsorption* bei der Fluoreszenz von Farbstoffen eine große Rolle (LEWSCHIN, W. L., 1935; VOGELS, H.; PRINGSHEIM, P., 1936).

Über die Herstellung von Fluoreszenzeffekten auf Holz und Papier zu dekorativen Zwecken siehe DÉRIBÉRÉ, M. (1937 d, c); über Malereien mit fluoreszierenden Farbstoffen DÉRIBÉRÉ, M., (1942); BARKER, J., und F. A. WALKER; MARGIVAL, F.; PETZOLD, O., und V. DERNANT; JONKER, J. L. H., und S. GRADSTEIN.

Über die Verwendung fluoreszierender Farbstoffe zur Prüfung von Werkstoffen im Ultraviolett veröffentlichten GRANT, J., (1936 d); FROSCH, T. J., und E. A. HAUSER,; BERG, P. P., A. M. LJASS und J. A. WILENSKAJA (1947).

Über ihre Verwendung zum Nachweis von Materialfehlern insbesondere zum Sichtbarmachen von Oberflächenfehlern siehe Berg, P. P., A. M. Ljass und J. A. Wilenskaja (1947); Adler, G.; Schraivogel, K., und G. Adler.

Folgende Autoren haben sich ferner mit der Lumineszenzanalyse und Verbesserungen auf dem Gebiet der Lacke und Farben beschäftigt: Déribéré, M., (1939, 1950 a, b) — Farbstoffe in Vulkanisaten, weiße Pigmente, Oberflächendefekte und Risse; Ellis, W. H., und R. L. Tourneau — Lackverdünnungsmittel; Elms, J. — Pigmente in Kunststoffen; Holzinger, E. — Pigmente; Siegrist, E. — Färbungen; Tupholme, Ch. S., (1950) — temperaturempfindliche fluoreszierende Pigmente. Über fluoreszierende Farbstoffe siehe Millson, H. E., (1940); Millson, H. E., und C. C. Candee (1943); Millson, H. E., und E. I. Stearns (1948).

Gummi. In der Gummiindustrie dürfte die Untersuchung im Ultraviolett in erster Linie als rasch durchzuführende Serienprobe zur qualitativen Prüfung auf eine Anzahl von *Zusatzstoffen*, die im gewöhnlichen Licht nicht erkennbar sind, in Betracht kommen. Auch zur Kontrolle der Reinheit bestimmter Standardmarken von Zusatzstoffen kann sie angewandt werden. Sie eignet sich ferner in einer Reihe von Fällen dazu, schnell grobe Mischungsfehler aufzudecken. Auch Veränderungen, wie sie durch Alterung des Kautschuks oder auch durch natürliche oder künstliche Oxydation eintreten, können vielfach schnell erkannt und in ihrem zeitlichen Verlauf systematisch verfolgt werden. Im allgemeinen zeigen Kautschukmischungen im unvulkanisierten und vulkanisierten Zustand unter der Quarzlampe verschiedene Lumineszenzfarben. Am stärksten machen sich Füllstoffe wie Zinkweiß, Lithopone und andere mehr bemerkbar, so daß man auf diese Weise eine Vorprobe auf die Anwesenheit verschiedenartiger Füllstoffe hat, die allerdings dann noch analytisch bestätigt werden muß. Auch Öle können starken Anteil an der Lumineszenz haben. Die Aschen der Vulkanisate zeigen in der Hitze meist gar keine, in kaltem Zustand jedoch lebhafte Lumineszenz (Krahl, M.; Nagle, P. G.; Kirchhof, F., 1927, 1928). Oberto, S., (1939, 1938) teilt mit, daß sich mit Hilfe der Lumineszenz der relative Vulkanisationszustand mit großer Sicherheit feststellen läßt (s. hierzu auch Bourgois, P.).

Weitere interessante Untersuchungen über dieses Gebiet wurden veröffentlicht von: Bruni; Barron, H.; Morris, V. N.; Ditmar, R., und W. Dietsch (1928 b, a); Ditmar, R., (1931); Serger und G. Lüchow; Hauser, E. A., (1934 a, b); Pohle, H.; Moran, J. J., und H. I. Stonehill.

4. Silicatindustrie, Keramische Massen

Hochofenschlacken, Keramische Massen. Erfolgreich wurde die Quarzlampe für die Prüfung von Hochofenschlacken eingesetzt. Diese können schnell kontrolliert und klassifiziert werden (Langavant, J. C. de). Man muß dabei allerdings auf fluoreszenzlöschende Substanzen achten, ebenso wie auch auf Spuren von Verunreinigungen, die das Fluoreszenzverhalten beeinflussen können. Auch für die Raumbeständigkeit der Hochofenschlacke, die für den Straßenbau und für Gleisbettung als Schottermaterial verarbeitet werden sollen, ist die Prüfung mit Hilfe ultravioletter Strahlen brauchbar. Nach Grün, R., und G. Kunze sowie besonders Guttmann, A., lassen sich die ultravioletten Strahlen zur Unterscheidung beständiger und unbeständiger Schlacken verwenden. Beständige Schlacken zeigen im Ultraviolett auf frischen Bruchflächen einheitlich dunkelviolette oder hellviolette Fluoreszenz. Liegt Verwitterung vor, so treten auf der alten Bruchfläche gelbweiße Flecke auf einheitlichem Grunde auf. Zum Selbstzerfall neigende oder gemischte Schlacken weisen — auch auf frischer Bruchfläche — zahlreiche größere und kleinere, manchmal zu Nestern vereinigte, speisgelb glänzende oder rot- oder zimtbraune Flecke und Punkte auf hell- oder dunkelviolettem Grunde auf.

Untersuchungen über Verwitterungserscheinungen von Gesteinen wurden von Schmölzer, A., praktisch an der Stephanskirche in Wien ausgeführt. Man kann das Grobgefüge des Steines erkennen, wenn man das Gesteinsmaterial mit wäßriger Fluoresceinlösung oder mit Mineralölen tränkt. Andererseits kann der Eindringungsgrad im Gestein von im Straßenbau verwendetem Bitumen, Emulsionen von solchen und anderen Bindemitteln, von Steinhärtepräparaten, die eventuell vorher mit Fluorescein gefärbt sind, festgestellt werden.

Déribéré, M., (1936 a) beschreibt eine etwas andere Methode zur Messung der „Penetration", der Absorption und des Widerstandsvermögens von Baustoffen gegen Wasser.

Der gleiche Autor (Déribéré, M., 1935) gibt folgendes Verfahren für die Bestimmung des *Durchtrittes von Flüssigkeiten* durch keramische Massen, Leder und andere Materialien an: Auf die Oberfläche der Untersuchungsprobe, z. B. einer Vase, wird ein nur in gelöster Form gut fluoreszenzfähiger Stoff gestreut, vermischt mit einer hygroskopischen Substanz (Zucker, Stärke). Hat man nun in das Innere der Vase Wasser gefüllt, so kann man den Zeitpunkt des Durchtrittes der Flüssigkeit von innen nach außen an dem Aufleuchten der Fluoreszenz auf der Vasenoberfläche leicht erkennen (Esme, A., 1948).

Wie Krause, O., (1926, 1930); Carlier; Karsten, A., (1935 a) schildern, können Kaoline und Tone einerseits durch ihre Eigenfluoreszenz unterschieden werden, andererseits können durch Zusatz schwach lumineszenzfähiger Farbstoffe ihre kolloidstrukturellen Eigentümlichkeiten sichtbar gemacht werden. Rein qualitativ kann es möglich sein, den Aufbau schwarzer Glasuren und Farbkörper anzugeben und weiter die Einflüsse der Ofengase auf Glasuren und Scherben zu beobachten.

Steger, W., hat sich besonders mit opaken Hartporzellanglasuren beschäftigt und festgestellt, daß die Glasuren mit Cerdioxid und Yttererden im Ultraviolett mit charakteristischen Farben hell aufleuchten.

Glas und Quarz. Zur Untersuchung von Augenschutzgläsern sind Ultraviolettstrahler gut geeignet, da man besonders mit Hilfe eines Fluoreszenzschirms oder auch schon eines weißen Filtrierpapiers schnell sehen kann, ob das Ultraviolett durchgelassen wird oder nicht. Sind die Gläser für Ultraviolett undurchlässig, so müssen sie einen dunklen Schatten auf dem Fluoreszenzschirm bzw. dem immer etwas fluoreszierenden Papier zeigen. Je dunkler der Schatten ist, desto weniger Ultraviolett wird durchgelassen. Man kann solche Beobachtungen auch quantitativ mit Hilfe einer Schwärzungsskala auswerten, wie BLOCH, L., gezeigt hat. Siehe hierzu ferner JENTZSCH-GRAEFE; LASSÉ, R., (1932).

Günstig ist es oft, die Photographie zu Hilfe zu nehmen. DANCKWORTT, P. W., und E. JÜRGENS (1934 b) verfuhren dabei so, daß sie mit Hilfe eines einfachen selbstgebauten Spektrographen das Licht der Quecksilberlampe durch die Gläser hindurch auf einen Fluoreszenzschirm warfen. Die auf diesem Fluoreszenzschirm sichtbar werdenden Spektrallinien wurden dann photographiert. Dabei konnten sie die gute Durchlässigkeit von Uviolglas für das Ultraviolett bis etwa 300 nm sichtbar machen und andererseits zeigen, wie gut geeignet die Schwarzgläser der Serie UG von Schott & Gen. für Fluoreszenzuntersuchungen sind.

Auch in der Glasindustrie spielt die Frage der Lichtabsorption und besonders auch die der Fluoreszenz von Gläsern eine erhebliche Rolle. Es gibt wenige Gläser, die praktisch fluoreszenzfrei sind. Nach der Liste „Farb- und Filterglas für Wissenschaft und Technik“ der Glaswerke Schott & Gen., 365, 1959, handelt es sich um die in Tabelle 32 aufgeführten Gläser, während Tabelle 33 Gläser mit besonders starker Fluoreszenz ihnen gegenüberstellt.

Tabelle 32
Gläser mit sehr geringer Fluoreszenz

Glasart	Bezeichnung gemäß Farbglasgruppe
FG 10	Glas mit sehr geringer Fluoreszenz
GG 4	Glas mit sehr geringer Fluoreszenz
GG 10	Glas mit sehr geringer Fluoreszenz

Tabelle 33
Gläser mit starker Fluoreszenz

Glasart	Fluoreszenzfarbe
BG 20	dunkel blauviolett
WG 5	hell blauviolett
WG 9, WG 4, GG 18	hell bläulich
BG 26, BG 14	grünlich
GG 17, GG 21	grünlich gelb
GG 15, GG 3, GG 5, GG 14	gelb orange
GG 7, OG 4, OG 1, OG 2, OG 5	rötlich

Die Fluoreszenz dürfte entweder auf die physikalische Beschaffenheit oder auf chemische Stoffe zurückzuführen sein (s. hierzu HAITINGER, M., H. JÖRG u. V. REICH, 1928 a; CURIE, M.; WEYL, W. A., 1937; GILLARD, P., L. DUBRUL, F. JAMAR u. D. CRESPIN, 1937, 1938; GRANT, J., 1936 e, 1938).

Die Metalle der seltenen Erden (DEUTSCHBEIN, O., 1936) zeichnen sich auch in Gläsern durch besonders gute Fluoreszenz aus.

Quarzgut. Bei diesem Werkstoff kann das Freisein von Fluoreszenz als Reinheitskriterium angesehen werden (BEAULIEU-MARCONNAY, A. v., u. TH. H. FRANTZ).

BESBORODOW, N. A., und N. O. ABELTSCHUK benutzten die Lumineszenzmethode zum Nachweis von Inhomogenitäten (Anreicherungen von Aluminiumoxid fluoreszierten gelb), und DENEUVILLE sowie WEYL, W. A., (1946 b) untersuchten damit Glasstrukturen. THORINGTON, L., R. RUSSEL und A. SILVERMAN zeigen, daß die Untersuchung der Fluoreszenz des Glases auch deswegen Bedeutung hat, weil durch fluoreszierendes Glas die Bedeckung der Innenseite der Fluoreszenzlampen mit Phosphoren entbehrlich gemacht werden kann und besonders weil solche Gläser auch für Röntgenstrahlen bei Oszillographen- und Fernsehröhren zu verwenden sind. Ein Eisengehalt verringert auch hier die Intensität. WEYL, W. A., (1946 a) empfiehlt die Verwendung von Farb- und Fluoreszenzindikatoren zur Strukturbestimmung des Glases.

5. Erdöl-, Teer- und verwandte Industrien

Bei der Untersuchung von Erdölen, Petroleumdestillation und Teerprodukten wurde die Lumineszenzanalyse seit langem mit Erfolg verwendet. Nach BENTZ, A., (1932); BENTZ, A., und E. STROBEL (1934) läßt sich deutsches Rohöl von sämtlichen raffinierten Ölen und Fetten dadurch unterscheiden, daß das Rohöl mit gelber oder brauner Lumineszenz aufleuchtet, während raffinierte Öle und Fette typische hellblaue Färbung zeigen. Ein kleiner, auf Filtrierpapier gebrachter Ölfleck zeigt schon die charakteristischen Leuchterscheinungen. Aus der Färbung kann weiter der Charakter des Öles ungefähr erschlossen werden. Leichte Öle, wie solche aus Volkenroda und Oberg, strahlen hellgelbe Farben aus, die mit abnehmendem Benzingehalt immer dunkler werden. Man kann auf diese einfache Weise kleinste Ölspuren an Kernen sicher feststellen und zugleich bereits etwas über die ungefähre chemische Natur des angetroffenen Rohöles aussagen. Durch die Untersuchung von Bohrkernen im Ultraviolett läßt sich ferner die Art der Ölimprägnation viel deutlicher erkennen, als dies bei gewöhnlichem Licht der Fall zu sein pflegt.

Die von BENTZ, A., (1932) aufgestellte Regel, daß die leichteren Öle im allgemeinen unter der Lampe hellere Farben zeigen als die schweren, ist nach FABIAN, H. J., auch für rumänische Öle zutreffend. Ferner ist es möglich, echte von „falschen" Ölspuren zu unterscheiden, z. B. wenn es sich etwa um ein in das Bohrloch gelangtes Schmieröl handelt (MENT, J. DE, 1941).

Nach BALADA, A., haben naphthenbasische Öle eine im allgemeinen blaue, paraffinbasische eine weißgelbe, asphaltbasische Öle eine braungelbe Fluoreszenzfarbe. Die Analysenlampe kann zur Bestimmung des Hartasphaltgehaltes in Zylinderölen verwendet werden, zum Studium von graphitierten Autoölen, z. B. bei der Bestimmung von Hartasphalt. Weiter leistet die Fluoreszenzanalyse gute Dienste, um den Raffinationsgrad und Alterungsvorgänge und anderes vorprobenmäßig zu erkennen (RADLEY, J. A., 1935 a; GRETSCHISCHKIN, S. W., u. M. W. KURLIN; EVERS, F., 1931, 1933, 1935 a, b, 1936).

Die Fluoreszenz der Mineralöle beruht hauptsächlich auf der Anwesenheit geringer Mengen stark fluoreszierender Substanzen, von denen bekannt ist, daß sie zyklischer Natur sind. Um nichtfluoreszierenden Ölen Fluoreszenz zu erteilen, ist vorgeschlagen worden, solche zyklische Stoffe zuzusetzen, was meist so geschieht, daß man die Fluoreszenzstoffe durch Erhitzen mit Aluminiumstearat im Öl löslich macht (RADLEY, J. A., 1935 b; IG-Farbenindustrie AG; Anglo-Iranian Oil Co.).

TESTI, G., und G. INARDI tragen einige Gramm gepulvertes Gestein in Petroleum ein und wollen aus der Fluoreszenz auf die Gegenwart von Kohlenwasserstoffen schließen. WITTICH, M., beschreibt die Fluoreszenz von Ölschiefer-Schwefel-Produkten. Abschließend kommen aber BRUCKNER, S., und P. MEINHARD zu dem Resultat, daß es derzeit unmöglich ist, Gemenge verschiedener Bitumina in Substanz sowie auch in Lösungsmitteln zu identifizieren. Wohl kann man aber die verschiedenen Bitumenarten erkennen, falls man im Besitz von Testobjekten ist. TEUSCHER, W., kann Steinkohlenteerpech in Erdölpech durch die Fluoreszenz nachweisen, während es aber umgekehrt nicht möglich ist festzustellen, ob im Steinkohlenteer auch Bitumen enthalten ist.

Lösungen fossiler Kohlen in organischen Lösungsmitteln untersuchte PENTA, F.; FLORENTIN, D., und M. HEROS untersuchten Anthracenöle mit Hilfe der Fluoreszenzchromatographie.

SKOPNIK, v. hat zuerst angeregt, im Straßenbaulaboratorium die Quarzlampenanalyse für den qualitativen Nachweis von Bitumen heranzuziehen. Dieser Weg ist von HERRMANN (1930); BECKER, W., sowie MACHT, F., (1931) beschritten worden. Beim Ausprobieren verschiedener Lösungsmittel zeigte sich, daß bei der Untersuchung von in Benzin gelösten Teer-Bitumen-Mischungen unter der Lampe sich schnell ein Anhaltspunkt über den vorhandenen Bitumengehalt gewinnen ließ.

Großes Interesse haben seinerzeit Arbeiten von HRADIL, G.; BARLOT, J., und G. HRADIL sowie DHÉRÉ, CH., und G. HRADIL (1934 c) erweckt, ebenso wie die chemischen Arbeiten von TREIBS, A. Von diesen Forschern wurde in vielen Ölschiefern mit Hilfe der Analysenlampe Porphyrin gefunden, das auf lebende Organismen zur Zeit der Bildung dieser Produkte hinweist. Den ganzen Bildungsprozeß des Erdöles vergleicht TREIBS, A., mit einer sich im großen Ausmaß abspielenden chromatographischen Adsorptionsanalyse.

Folgende weitere Untersuchungen sind bemerkenswert: ALEKSEEVA, M. V., und Ts. A. GOL'DINA — Ölnebel; CARVER, W. L. — Autoanstriche; FIOLETOVA, A. F. — Bitumen; FLOROVSKAYA, V. N. — Bitumen; HARVEY, P. G., und R. M. PEARSON — Erdölprodukte; KLEINMAN, M. — Petroleum; KNIGHT, H. S., und S. GROENINGS — Erdöl, Kohlenwasserstoffe; RADCLIFFE, G. L. — Bohrflüssigkeit; SALA, J. — Bitumen; SPOLSKI, E. W., u. L. A. KLIMOWA — Erdöl, Kohlenwasserstoffe; ORENSTON, T. C. J. — Explosivstoffe; NIETSCH, B., (1956 a, b); DANGL, F., u. B. NIETSCH (1952) — Erdölprodukte in Wässern; PRZIBRAM, K., (1957 b) — Fluoreszenzerscheinungen beim Anlassen; MAXIMOW, Ss. P., W. A. SCHAMBUROW u. R. G. PANKINA — Erdöl; KERN, H. W. — Chrysen in Erde; PARKER, C. A., u. W. J. BARNES (1960) — Ölnebel in der Luft.

6. Seidenraupenzucht

Auf Grund einer Arbeit von POLICARD, A., und A. PAILLOT (1925 b) hat man die Analysenquarzlampe auch in der Seidenraupenzucht benutzt. Wenn eine Seidenraupe den Kokon zu spinnen beginnt, so erstrahlen bestimmte Teile des Körpers in einem gelben fluoreszierenden Licht. BEER, S., (1929, 1932) hat diese Fluoreszenz der inneren Organe der Seidenraupe eingehender erforscht. Nach ihm besteht ein enger Zusammenhang zwischen der Fluoreszenz und der Bildung des Spinnmaterials im Körper der Raupe. Raupen, die eine lebhaft gelbe Fluoreszenz zeigen, sind nach MARCHAL, P., am schwersten und haben die größten Spinndrüsen. Raupen mit violetter Fluoreszenz sind für die Erzeugung von Florenzer Haaren weniger brauchbar. INOUYE, F., H. YAMAZAKI, T. MITWA, K. SAKAMOTO und S. YAMYKOSHI; KANEKO, H., und M. MIYASAKA; OKU, M.; YAMAGUCHI, S., und K. HAMAMURA; YAMAZAKI, H., und T. ITINOSE berichten darüber, wie die Fluoreszenzfarben durch verschiedene Methoden der Zucht und Pflege beeinflußt werden.

Das Studium der Fluoreszenz kann also einen Aufschluß geben über den physiologischen Zustand innerhalb des Tieres und kann dem Seidenraupenzüchter einen Hinweis geben, der ihm gestattet, kranke Tiere von der Zucht auszuschließen, wodurch die beste Leistung eines Seidenraupenbetriebes erzielt werden kann (SEGITZ, A., 1926).

Jeder Seidenfaden läßt sich mikroskopisch als Doppelfaden der Spinndrüse erkennen, der aus Fibroin und dem Sericinbast besteht. Im Ultraviolett leuchtet Fibroin ähnlich wie Cellulose bläulich bis gelblich; das Sericin hat eine davon verschiedene Fluoreszenz; beide Schichten können durch Fluoreszenz gut unterschieden werden. HOFFMANN, J., (1942 a) schreibt über den Urangehalt in Bombyx mori. BUSNEL, R. G., und A. DRILHON beschreiben eine neue fluoreszierende Substanz in der Malphigischen Röhre der Raupe von Bombyx neustrica L., und HILBRICH, P., verwendet die Acridinorangefärbung zur Unterscheidung lebender und toter Sporen von Nosema-Arten (s. auch VII).

IX. Biologie und Medizin

Tierische Gewebe und Organe. Eine geringe Eigenfluoreszenz verschiedener tierischer Gewebe und Organe ist schon länger bekannt. Bereits HELMHOLTZ, H. v., (1896) erwähnt die Fluoreszenz der Linse des Wirbeltierauges, die, wie er mitteilt, BREWSTER 1867 konstatiert hätte. Später hat HESS (1911 a) an den Augen von Insekten und Krebsen und am Tapetum lucidum der Säugetiere Fluoreszenzerscheinungen beschrieben (HESS, 1911 b). Auch KÖHLER, A. (1904) erwähnt bei seinen Versuchen, Strahlen kurzer Wellenlängen anzuwenden, beiläufig die Fluoreszenz gewisser Gewebe. Siehe dazu auch LEHMANN, H., (1914) — Lumineszenzmikroskop; GOLDSTEIN — Lumineszenzspektra.

STÜBEL, H., zeigte, daß alle tierischen Zellen und Gewebe die Eigenschaft haben, im filtrierten Ultraviolett zu lumineszieren. Nur die Anwesenheit von Pigment oder von Hämoglobin und Hämoglobinderivaten beeinträchtigt diese Erscheinung oder hebt sie auf. So heben sich lokale Pigmentanhäufungen sehr deutlich ab. Je pigmentärmer eine Hautpartie ist, um so heller ist das Fluoreszenzlicht, das sie ausstrahlt.

Auch die Fluoreszenzfarbe der drüsigen Organe ist vor allem durch ihren Hämoglobingehalt bedingt. Wichtig ist es ferner, das Gewebe in möglichst frischem Zustand zu untersuchen, da Bakterienwachstum und vor allem Fäulnis die Farbe des Fluoreszenzlichtes verändern. Bei Beginn der Fäulnis zeigen normalerweise blau fluoreszierende Teile ein mehr grünliches Licht.

Die Intensität, mit der ein Gewebe Fluoreszenzlicht ausstrahlt, ist im wesentlichen durch seine Struktur bestimmt. Je dichter, wasserfreier, fester ein Gewebe ist, je weniger mit Flüssigkeit gefüllte Hohlräume es einschließt, um so stärker ist auch seine Fluoreszenz. So leuchtet ein vertrocknetes Gewebe stärker als frisches, Faszien und Sehnen leuchten heller als der Muskel, noch heller leuchtet der Knochen, vor allem die Substantia compacta. Diese Erscheinung zeigt sich mit besonderer Deutlichkeit bei der Beobachtung der Fluoreszenz am Menschen: Viel stärker als die Haut fluoreszieren die Nägel und die Haare, sofern

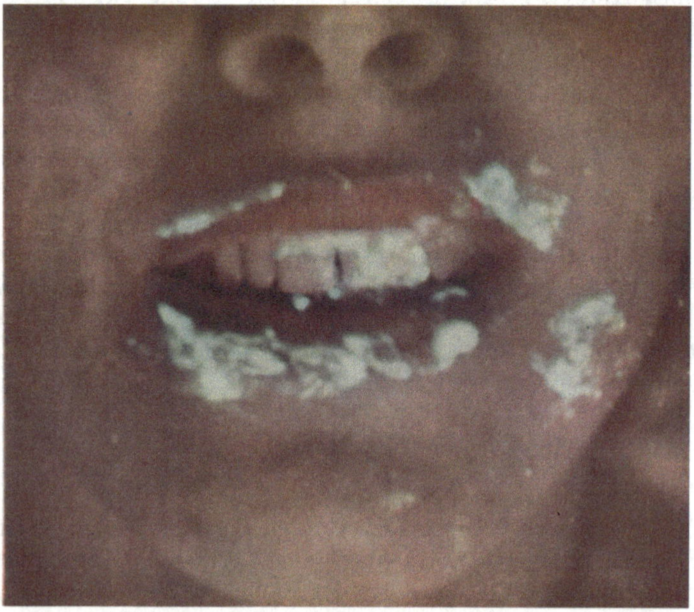

Abb. 84. Leuchten menschlicher Zähne (s. auch Abb. 55)

sie nicht pigmentiert sind, am stärksten aber die Zähne, die ein sehr intensives weißes Licht ausstrahlen (s. Abb. 55 sowie Abb. 84 und 85). Auch Fettgewebe fluoresziert stark.

Besonders bunte Bilder zeigen Gallensteine. Reine Cholesterinsteine fluoreszieren gelbgrün; Beimengungen von Gallenfarbstoffen können in allen Farben, von Rot bis zu Violett, fluoreszieren. Harnstoff und Harnsäure fluoreszieren nicht.

Ein besonderes Interesse beansprucht die Fluoreszenz des Gewebes des Auges. Sklera und Hornhaut des menschlichen Auges leuchten im filtrierten Ultraviolett hellblau, die Iris hebt sich als nicht fluoreszierender dunkler Ring ab, und in der Pupille gewahrt man die Linse als stark blauweiß leuchtenden Körper. An Tieraugen sieht man des weiteren, daß die Netzhaut ein schwach gelbliches Fluoreszenzlicht ausstrahlt. Das Tapetum lucidum fluoresziert grünlich, je nach der Tierart in verschiedener Nuance und Intensität. Die Linse ist das am stärksten fluoreszierende Organ des gesamten Körpers. In Einklang mit der intensiven Fluoreszenz steht das Vermögen der Linse, in hohem Maße Ultraviolett zu absorbieren. Ebenso wirken eine starke Pigmentierung der Haut und auch das Blut stark absorbierend (Schutzwirkung).

Die heutigen Analysenquarzlampen gestatten ein bequemes Arbeiten bei diagnostischen Untersuchungen. KELLER, P., (1926 a) sowie BOMMER, S., (1927 a, b, 1929) haben damit zahlreiche Haut- und Organuntersuchungen durchgeführt.

Die normale Haut zeigt eine bläulichweiße Fluoreszenz. Überall da, wo die Hornschicht in genügender Dicke vorhanden ist oder sich in abnormem Zustand befindet, wird die Fluoreszenz deutlich wahrnehmbar. Vor allem leuchten die Nägel stark weißlich.

Bei der Bestrahlung des Gesichtes fällt auf, daß die meisten Personen in den mittleren Gesichtspartien — auch an anderen Hautstellen — reichlich Pigmentflecke erkennen lassen. Im filtrierten Ultraviolett haben viel mehr Menschen Sommersprossen als bei Tageslicht. Wenn man in den Strahlengang der Lampe hineinblickt — natürlich der durch das Filter abgeschirmten Lampe —, so bemerkt man einen seltsamen, fremdartigen Nebelschleier vor den Augen, der daher rührt, daß die Linse und der Glaskörper des Auges als Eiweißkörper ihrerseits fluoreszieren, also Licht aussenden, das die Organnerven als unbestimmten hellen Nebel empfinden.

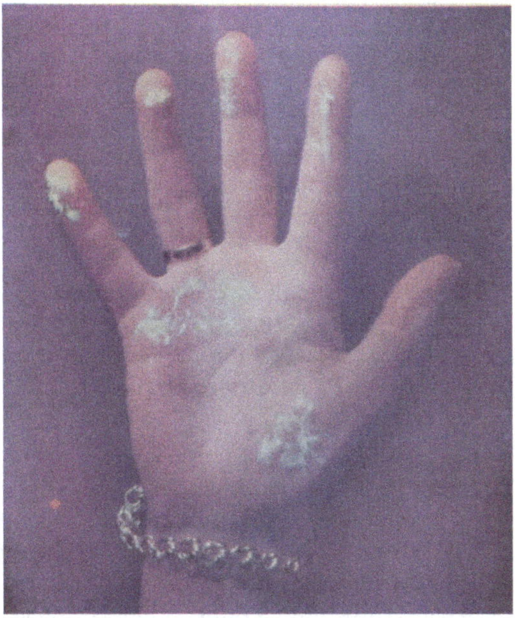

Abb. 85. Lumineszenz der menschlichen Haut

TIEDE, E., und H. CHOMSE versuchten den Träger der bläulichweißen Fluoreszenz der Zähne zu finden, und ZICHEL, G., (1933) bestimmte die Fluoreszenz quantitativ für gerichtlich-medizinische Zwecke. Der weiße Belag auf den Zähnen älterer Leute fluoresziert rot. Wie HYMANS VAN DEN BERGH, A. A., und A. J. HYMANS (1927) gefunden haben, rührt diese rote Fluoreszenz von einem Porphyringehalt her.

Die Haare fluoreszieren meist nicht, sondern sind stumpf in verschiedenen Farben mit Ausnahme einiger weißer Haare, die etwas fluoreszieren. Die Haare der Achselhöhle fluoreszieren häufig ausgesprochen violett bis lila, mitunter auch leuchtend orange, offenbar je nach der Beschaffenheit des Achselhöhlenschweißes.

Bei der Betrachtung der inneren Organe (BOMMER, S., 1927 b) fällt auf, daß das Bindegewebe dort intensiv bläulichweiß leuchtet, wo es zu makroskopisch stärker in Erscheinung tretenden Zügen und Schichten angeordnet ist. Außerdem zeichnen sich die Gefäßwände, die serösen Häute, die Bronchien durch eine mehr oder weniger starke blauweiße Fluoreszenz aus, wobei die Intensität und der Farbton sich auch hier nach dem Alter richten. Eine Prüfung pathologischen Gewebes mit Hilfe der verschiedenen Fluoreszenz von Kernplasma, Zellplasma und Interzellularsubstanz haben SUTRO, CH. J., und M. S. BURMAN versucht.

Die Gehirnhäute fluoreszieren ebenfalls intensiv bläulichweiß. Das Gehirn selbst zeigt verschiedene Leuchterscheinungen. Die Hirnrinde ist gelb gefärbt. Die weiße Gehirnsubstanz fluoresziert weißlich mit leichter Rosatönung, die Stammganglien haben eine mehr graugelbe, teilweise auch rötlichgelbe Farbe. Graugelb ist auch das Kleinhirn gefärbt (s. ferner LEDDEN-HÜLSEBOSCH, C. J. VAN, 1926).

Von anderen Arbeiten auf dem Gebiete der Biologie seien noch folgende erwähnt: POLICARD, A., (1924 a) wendet die Fluoreszenzphänomene auf die Histologie des menschlichen Ovariums an, TURCHINI, J., (1927) untersucht die Erscheinungen an den Tentakeln von Anemonia sulcata, Heliactis bellis, Calliactis effoeta und Actinia equina. Schöne Fluoreszenz zeigen die „roten Bänder" des Echinus actus. Eine gelbe Fluoreszenz tritt bei Antedon und eine violette bei den Kalkplättchen der Seesterne und Holothurien auf.

Die Zungenschleimhaut hat eine grauweiße bis gelbweiße Farbe. Der Zungenrücken zeigt manchmal eine orangerote Fluoreszenz, die wahrscheinlich auf eine Synthese von Porphyrin durch Mikroorganismen zurückgeführt werden kann. TOMASZEWSKI, W., untersuchte 400 Personen; bei der Mehrzahl wurde diese Fluoreszenz beobachtet. Bei zunehmendem Alter sowie bei bestimmten Erkrankungen ist Abnahme oder Fehlen der Fluoreszenz festzustellen. Vitamin B und Eisen fördern die Wiederherstellung der Fluoreszenz, während Antibiotica durch ihre Wirkung auf die Mikroflora die Fluoreszenz zerstören.

Auffallende Färbungen bieten die drüsigen Organe des menschlichen Körpers. Die Schilddrüse leuchtet rötlichgrau, während die Karotisdrüse auf dem Durchschnitt ausgesprochen rot fluoresziert. Die Bauchspeicheldrüse hat eine bräunlichgelbe Farbe von geringer Leuchtkraft. Der Querschnitt des Hodens erscheint im Dunklen graurot. Die Leber fluoresziert auf dem Durchschnitt intensiv gelblichgrün bis bräunlichgelb. Kontrastreiche Bilder erhält man auch bei der Betrachtung des Herzens im Ultraviolett.

In getrocknetem Zustand nimmt die Fluoreszenz der einzelnen Gewebe häufig eine größere Intensität an, mitunter findet aber auch ein Wechsel in der Fluoreszenzfarbe statt.

Diese Verschiedenheit in der Fluoreszenz menschlicher Gewebe und Organe hat HAVLICEK, H., (1931, 1934 a, b, 1932) veranlaßt, eine Analysenhängelampe (Laparophos-Lampe) während der Operation zu verwenden. Hierzu siehe noch BREITNER, B.; PASCHOUD, H., (1934, 1938); REISS, A.; MOORE, G. E.; SHAPIRO, D. M., und LANDINY.

Die für *Vitalfärbungen* am meisten geeigneten Farbstoffe scheinen Fluorescein, Trypaflavin und Rivanol zu sein. Im Laboratorium von P. W. DANCKWORTT wurden Versuche von LANDWEHR zum Nachweis des Vordringens des mit dem Hirth-Elektro-Inhalator erzeugten Trockennebels in die Bronchien und Alveolen der Lunge ausgeführt. Es wurden Fluorescein- und Rhodaminlösungen vernebelt. Unter der Lampe konnte festgestellt werden, daß die Farbstoffe bis in die feinsten Hohlräume der gesunden Lunge vordringen. Umgekehrt hat RIES, J. v., die beim Sprechen und Husten ausgeschleuderten Speicheltröpfchen durch Fluoreszenzphotographie sichtbar machen können.

Die in der Medizin zahlreich einsetzenden Arbeiten über Vitalfärbungen mit fluoreszierenden Farbstoffen gingen in der Hauptsache aus von Untersuchungen von ELLINGER, PH., und A. HIRTH (1930 a, b, 1929, 1933). Dabei wurden fluoreszierende Stoffe benutzt, die von bestimmten Bestandteilen der zu untersuchenden Objekte im Gegensatz zu anderen Bestandteilen vorzugsweise gebunden werden, wie z. B. Fluorescein von den basischen und Trypaflavin von den sauren Bestandteilen der Zelle. Der fluoreszierende Stoff dringt über die Blut- und Lymphwege in alle Organe ein und erleuchtet selbst das gesamte Objekt gleichmäßig. Siehe hierzu HAITINGER, M., (1959).

Zur Bestimmung der *Blutumlaufgeschwindigkeit* eignet sich ein Fluoreszenztest von FAHR, E. Weiter beschreibt ZEHNDER, M. A., eine Methode zur Darstellung und Messung von Resorptionsvorgängen und empfiehlt sie auch für die Untersuchung der Kapillar- und Lymphstromverhältnisse. Auch zur Messung der Zirkulationszeit im Laufe der typischen experimentellen Intoxikation wird Fluorescein empfohlen. BOQUET, P., A. DELAUNAY, I. LEBRUN und V. LEBOULT; BARLETTE, L. P. A., und D. GRINFELD besprechen die verschiedenen Modifikationen zur Ermittlung des Zirkulationsstatus der Gewebe und MENAKER, G. J., und M. L. PARKER machen den Versuch einer Darstellung der Gallenwege intra operationem. Auch bei anderen fluoreszierenden Stoffen kann der Weg im Körper verfolgt werden, wie z. B. bei Atebrin (Hecht).

Die schon in Kapitel V, „Organische Verbindungen", erwähnte Fluoreszenz vieler cancerogener Kohlenwasserstoffe kann zu ihrer Ermittlung benutzt werden. GRAFFI zeigt die Speicherung der Kohlenwasserstoffe in den Mitochondrien ohne Berührung der Zellkerne selbst. Aus dem allmählichen Verschwinden der Fluoreszenz folgt, daß die cancerogene Substanz nach 5 bis 7 Tagen in der Zelle restlos umgewandelt wurde; dasselbe findet MELCZER, N. Über die Speicherung des Berberins in den Geweben der Tumorzellen berichtet SCHMITZ, H. Eine fluoreszierende Lipoidfraktion wird von FLORSHEIM, W. H., und B. KRICHESKY untersucht.

Die Vitalfärbung mit Fluorochromen wurde auch auf Nervenzellen angewandt. ZEIGER, K., und HADERS, (1951 a); ZEIGER, K., H. HADERS und W. MÜLLER (1951 b) geben eine Methode an, die eine lokale Fluorochromierung von Nervenzellen in vivo und in situ und die Prüfung der Permeabilität der Farbstoffspeicherung gestattet.

Interessant ist schließlich noch, daß RADICE, J. C., S. KAPLAN und F. J. CORTADA (1950) eine direkte Untersuchung von Patienten im Ultraviolett nach intravenöser Injektion von Fluoresceinlösung vornehmen. Mit Erfolg läßt sich diese Methode bei Erkrankungen des Nervensystems, der Leber, bei Ulcera, Pleuraergüssen, Asciten, als Nierenfunktionsprobe, zum Studium der Kapillarfunktion usw. anwenden.

KIRSTNER, A. A., und M. M. PANTSCHENKOW untersuchten Blut und Organe von Kaninchen nach Chininbehandlung auf die Verteilung des Medikamentes; KAISER, F. J.; VEIT, F., und M. VOGT maßen mit dem Stupho die Verteilung subkutan verabreichter Alkaloide auf verschiedene Regionen des zentralen Nervensystems und CAUJOLLE, F., die Chininausscheidung in der Galle. Qualitativ untersuchte JOACHIMOVITS, R., den Übergang in Muttermilch und Fruchtwasser. Chinin, Plasmochin, Hydrastinin, Ergotamin, Cotarnin, Oxymethylanthrachinone lassen sich durch ihre Fluoreszenz nachweisen.

Weitere Arbeiten zu diesem Kapitel liegen vor von BERTALANFFY, F. D. — Lungenkrebsfrühdiagnose; BISHOP, M. W. H., und J. SMILLES (1957 a, b) — Säugetiergamanten, Spermien, Unterscheidung lebender und toter Spermien; GEISSLER, E. — Schutzeffekt von Agar-Agar gegen UV-Strahlen; HERFORTH, L., und P. SCHÄFER — Hauttransplantate, MINARD, D., und M. EICHER — Gewebeinfektion; NORMAN, R. W. VAN, C. S. FRENCH und F. D. H. MACDOWALL — Meeresalgen; SCHARF, J. H. — Nervenfasern; SMILES, J., und A. E. R. TAYLOR

— Vitalfarbstoffe; YTURRIAGA, F. Z. — menschliches Haar; EGELHAAF, A., (1956) — Eier verschiedener Genotypen.

Körperflüssigkeiten: Blut, Sera, Harn.

Harn. Schon JAFFE entdeckte, daß normaler Harn im Ultraviolett eine blaugrüne Fluoreszenz zeigt, über die von verschiedenen Seiten geforscht wurde (SQUIRES, B. T., 1932; HADJIOLOFF, A., u. T. KRESTEFF, 1931 a, b; HADIJIOLOFF, A., 1929). Durch Adsorption gelang es KOSCHARA, W., (1936), einen gelben Farbstoff (Uropterin) aus Menschenharn zu isolieren. BORNE, G. A. K. v. D., führt die blaue Fluoreszenz der Harne auf Indoxylverbindungen zurück. NIEDERHOFF, P., und G. HOLLAND fanden in manchen Harnen, und fast regelmäßig in solchen von Patienten mit Malaria, Stauungserscheinungen und hohem Fieber, eine von der Norm abweichende mehr oder weniger intensive himmelblaue Fluoreszenz. Dasselbe finden NAJJAR, A., und L. E. HOLT bei Pellagra.

CUBONI, E., (1934, 1937) stellt ein veränderliches Aussehen der Fluoreszenz von Harn in der Trächtigkeit bei der Stute fest und will darauf eine schnell auszuführende Trächtigkeitsreaktion gründen. JENKE, M., und F. BANDOW zeigen, wie die Schwefelsäure-Fluoreszenz-Reaktion zu einer spezifischen Reaktion auf Gallensäure im Blut, Stuhl und Harn auszuwerten ist. Schließlich sei noch auf die wichtigsten Arbeiten des Göttinger Pathologischen Institutes hingewiesen, in denen GRUBER, G. B., KRAMER, K., sowie BAUER, K. H., über die Ablagerung und Speicherungen im Bereiche der Harnwege und über Harnsteine berichten.

Weitere Untersuchungen über dieses Gebiet liegen vor von: DIRSCHERL, W., und W. SCHMIDTMANN — Harn, Vanillinsäure, sowie ILJINA, M. W., (1956) — Harn, Acrichin.

Blut. Erythrocyten fluoreszieren im allgemeinen nicht. KELLER, CH. J., und K. A. SEGGEL sowie SEGGEL, K. A., haben im Mikroskop regelmäßig rot fluoreszierende Erythrocyten in einer Menge von weniger als 1% nachgewiesen; bei vergifteten Kaninchen sahen EMMINGER, E., und G. BATTISTINI (1933 a) im Knochenmark rot fluoreszierende Zellen, die sich als Makroblasten erwiesen.

WERTH, G., und J. EISENBRAND zeigten, daß Erythrocyten mit Fluorochromen, z. B. mit Berberinsulfat bzw. mit einer Mischung aus Euchrysin und Thioflavin, charakteristische Fluoreszenzerscheinungen geben, die zur Verfolgung der Bildung der roten Blutkörperchen gut geeignet sind.

Wie gezeigt werden konnte, beruhen diese Fluoreszenzerscheinungen auf Löschungen durch das Hämoglobin. Siehe hierzu ferner WELS, P., und M. JOKISCH (1928, 1930 a, b, 1931); BECKER, I. P., und P. SZENDRO; EXNER, R., und E. KLEMPERER (1930). Weitere Untersuchungen auf diesem Gebiet sind erschienen von DILLER, H. — Blut, Spurennachweis; BRODIN, H. — Blutkreislaufuntersuchung; RÖSSLER, B. — Blut, Spurennachweis.

Fluoreszenzuntersuchungen an Augen. Direkt im filtrierten Ultraviolett untersuchte MERKER, E., (1928) in einer vergleichenden Studie zuerst die Fluoreszenz der Augenlinsen bei Wirbeltieren und in einer zweiten Arbeit (1929) die Fluoreszenz des Insektenauges, des Chitins der Insekten und seine Durchlässigkeit für Ultraviolett. Über die Fluoreszenz der Netzhaut und der einzelnen Augenmedien berichtet HOSOYA, Y., (1930, 1932) und über das Verschwinden der Fluoreszenz der Linse beim Übergang zu kurzwelligem Ultraviolett KOCH, C., und F. P. FISCHER.

Bei Schädigungen des Auges durch intraokulare Fremdkörper aus Aluminium und seinen Leichtmetallegierungen läßt sich Aluminium durch die Morinreaktion an der gelbgrünen Fluoreszenz erkennen (MIELKE, S.).

Knochen. Die Knochen fluoreszieren weiß bis gelblichweiß; Knorpel zeigt eine bläulichweiße Fluoreszenz, und zwar ist die Farbe des Knorpels je nach dem Alter des Individuums verschieden, bei Erwachsenen bläulichweiß, beim einjährigen Kinde rein intensiv blau. Das Aussehen rachitischer Knochen ist nach POLICARD, A., und M. PEHU (1928) etwas abweichend. Während der normale Gelenk- und Epiphysenknorpel eine glänzend leuchtende hellblauviolette Farbe zeigt, die Knochen mehr blau und die Blut enthaltenden Gewebe dunkelviolett sind, zeichnet sich die rachitische Knorpelwucherungszone durch eine glänzende, weniger violette und oft sogar bläulichgraue Farbe aus und ist vom normalen Knorpel leicht zu unterscheiden.

Durch die Fluoreszenz konnte von LEDDEN-HÜLSEBOSCH, C. J. VAN, (1926) die Frage gelöst werden, ob 30 Jahrhunderte alte Knochen, die in einem Hünengrab gefunden worden waren, von beerdigten oder von verbrannten Leichen herrührten. Es ergab sich, daß bloß beerdigte und nicht durch Feuer angegriffene Knochen noch zu leuchten imstande sind, während die Fähigkeit zum Lumineszieren bei Knochen, die großer Hitze ausgesetzt waren, verschwindet.

HOSHIJIMA, S., (1933 a) stellt bei menschlichen Knochen, Zähnen, Knorpeln, Nägeln und Sehnen Phosphoreszenzen fest, während andere Organe in frischem getrocknetem oder geglühtem Zustand keine Leuchterscheinungen zeigen. In einer zweiten Arbeit (1933 b) wird die Phosphoreszenz von Ablagerungen und pathologischen verkalkten Geweben besprochen. Über Knochenmark siehe WERTH, G., (1953).

Haut. Die erwähnten Arbeiten von KELLER, P., (1926 a) und BOMMER, S., (1927 a) über Hautuntersuchungen beim gesunden Menschen zeigen, daß das filtrierte Ultraviolett sich auch bei Hauterkrankungen anwenden läßt.

So sollen Masern und andere Ausschlagskrankheiten wesentlich früher erkannt werden können (NOGIER; WADSWORTH, W. H., u. E. A. MISENHEIMER; ANDERSON, W. T.), ebenso sind Röntgenschädigungen und Strahlenidiosynkrasien überhaupt nachzuweisen (LEWIN, H.; EISNER; GOODMAN, H., 1928, 1929 a).

In der Dermatologie eignen sich besonders zwei Gruppen zur Untersuchung im gefilterten Quarzlicht, die Pigmentanomalien und die Dermatosen, die eine Abnormität des Verhornungsprozesses nach sich ziehen.

Schuppen leuchten mehr oder minder stark weiß, wobei zwischen Psoriasisschuppen, die kreidigweiß leuchten, und Hyperkeratosen, die emailliert silberweiß erscheinen, ein

Unterschied gemacht werden kann. Kopfschuppen sind weiß, Nissen heben sich grauweiß leuchtend deutlich von den Haaren ab. Kleine Abszesse, wie z. B. bei Akne, fluoreszieren leicht gelblichgrün.

Die Klinik der Mikrosporie wurde nach KELLER, P., (1926, 1929) durch Verwendung des filtrierten Ultravioletts sehr bereichert. Es handelt sich hier um die von MARGAROT, J., und P. DEVÉZE (1925, 1929) zuerst beschriebene Tatsache, daß Haare, die mit Mikrosporen oder Trichophitonsporen durchsetzt sind, in einer ganz eigentümlichen Weise hellgrün fluoreszieren, so daß man Herde, sogar vom kleinsten Umfang, ohne weiteres erkennen kann.

Auf diese besonders die Pilzerkrankung der Haare behandelnden Arbeiten kann leider nicht näher eingegangen werden. Im Literaturverzeichnis finden sich weitere Arbeiten, und zwar von FUHS, H.; MEYER, J., und SAIDMANN; GRAVE, DE; VIGNE, P.; FERRARI; RORBURGH, A. C., (1928 a, b); HILL, N. G., (1928 a, b); JIJKERK, J.; NAGELSCHMIDT, F.; CLEVELAND, D. E. H.; GOODMAN, H., (1929 b); ROTHMAN, I.; RAY, H. H.; KINEAR, J.; KLÖVEKORN, H. G., und O. GAERTNER; BOMMER, S., (1934); DAVIDSOHN, A. M., P. H. GREGORY und A. R. BIRT; BARONI, B.; FLARER, F.; DENIER, A.; JAUSION, H., und R. GIARD; PAULI, W. E.; VLES, E., und A. UGO; MALLINCKRODT-HAUPT, A. S. v.; MEYER, W.; JÄGER, R., und F. JÄGER.

Eine Zusammenstellung von 79 Arbeiten findet sich in der Veröffentlichung von MARGAROT, J., und P. DEVÉZE (1929).

Bakterien. Nach MALLINCKRODT-HAUPT, A. S. v., ist die Fluoreszenz der normalen Hautoberfläche ein Produkt ihrer natürlichen Saprophytenflora. MEYER, W., stellt fest, daß eine rauhe Haut, also eine bereits im Stadium des ersten Angriffes befindliche Haut, direkt an der Arbeitsstätte durch Fluorochromierung mit naphthionsaurem Natrium erkannt werden kann. Eine ähnliche Bedeutung für die Gewerbehygiene hat die fluoreszenzmikroskopische Untersuchung der Hautoberflächenstruktur nach JÄGER, R., und F. JÄGER.

MERKER, E., (1931 a, b) berichtet ferner über die Fluoreszenz der von Pflanzen und Tieren bewohnten Gewässer und ihre verminderte Lichtdurchlässigkeit, während HARVEY, E. N., (1934) über die biologischen Wirkungen schweren Wassers auf das Wachstum lumineszierender Bakterien berichtet. Eine Zusammenstellung biologischer Arbeiten auf diesem Spezialgebiet findet sich auch in dem Buche von GUILLAUME, A. C.

Die Differenzierung von Bakterienkulturen mit filtriertem Ultraviolett wurde zuerst von ARLOING, POLICARD und LANGERON versucht, die aber nur grobe Fluoreszenzunterschiede angeben. Unabhängig davon fanden GASSUL, R., und A. ZOLKOVIC (1927), daß verschieden belichtete Bakterienarten in verschiedener Farbe und Intensität aufleuchten.

Die Verwendung zur Diagnose ist umstritten (s. dazu LASSEUR, PH., A. DUPAIX u. R. LECAILLE 1931; LASSEUR, PH., A. DUPAIX-LASSEUR u. J. G. MARCHAL 1936 sowie DANIELSEN, E.).

Nach PULVERTAFT, R. J. V., war es möglich, gewisse Bakterienarten voneinander zu unterscheiden, wenn sie auf einem speziellen Medium gewachsen waren. So beschreiben GEORGIA, F. R., und CH. F. POE diejenigen anorganischen Substanzen, die notwendig sind, um bakterielle Fluoreszenzerscheinungen hervorzurufen, und diejenigen Peptonsorten, die sich dazu brauchbar erweisen. In besonderen Fällen kann die Lumineszenzanalyse auch hier von Vorteil sein. GEWEHR, F., hat die durch Auslaugen von Bakterienemulsionen gewonnenen Filtrate nur durch Beobachtung der Fluoreszenzänderungen reinigen können.

KITAMURA, S., hat 24 verschiedene pathogene Schimmelpilzstämme auf ihre Fluoreszenzfarbe untersucht. Über die Lumineszenz von Eumyceten berichten REDAELLI, P., und F. CORTESE, über Actinomyceten CORTESE, F., (1930, 1931) allein. Da die hier rosarot fluoreszierende Substanz nur in Nährböden auftritt, die Fleischsaft enthalten, wird vermutet, daß es sich um ein Pigment der Porphyringruppe handelt.

Die Fluoreszenz der Algen und ihrer Farbbestandteile ist von DHÉRÉ, CH., und M. FONTAINE (1931 b) bearbeitet worden. Mit BACHRACH, E., findet DHÉRÉ, CH., in einer See-Diatomee das Fluoreszenzspektrum des Chlorophylls.

Daß mit der Fluoreszenzmikroskopie bei dem Nachweis von Bakterien große Erfolge erzielt werden können, hat HAGEMANN, P. K. H., (1937 a, b, c, 1938) gezeigt, indem er sich zur Sichtbarmachung der Anfärbung mit Fluorochromen bediente, wodurch eine Sekundärfluoreszenz entsteht.

Die Fluoreszenzfärbung ist inzwischen ein großes Gebiet der Fluoreszenzmikroskopie geworden (siehe HAITINGER, M., 1959, S. 117 bis 123). Die wichtigsten Anwendungsgebiete sind hier: der Nachweis von Tuberkuloseerregern mit Auramin und die Untersuchung von Bodenbakterien mit Acridinorange, besonders auch auf die lebenden und toten Bakterien.

Weitere bakteriologische Untersuchungen siehe: MAY, J., (1947); VONKEYNEL und WIEDEMANN; PATTON, R. L., und R. L. METCALF (1943); BACHMANN, W., und L. FINKE (1939); CAMBEL, P.; LIND, H. L.; HORSTERS, H., und R. SASSE; GREENE, L. W. jr., und H. C. HESSELTINE; LEVADITI, C., (1940); GERLACH, F., (1937 a, b, 1938).

Im Kapitel „Botanik und Pharmakognosie" wurde schon auf die *Fluorochromierung* hingewiesen. Auch für die Bakteriologie zeigte diese neue Arbeitsweise einen vollen Erfolg. Zusammenfassend berichtet STRUGGER, S., (1940 d, 1942 b, c, d, 1943, 1948, A) über diese fluoreszenzmikroskopische Untersuchung der Bakterien, und zwar erstens über die Fluorochromierung fixierter Bakterienausstriche, zweitens über die Fluorochromierung lebender Bakterien (Acridinorange-Methode von STRUGGER) und drittens über die Fluoroskopie der Bodenbakterien. Wegen der Wichtigkeit der Acridinorange-Methode sei noch auf einige weitere Arbeiten verwiesen von: STRUGGER, S., (1942, 1947); MOHRMANN, B., und S. STRUGGER; LEVADITI, J. C., (1944); BUCHERER, H.; MAY, J., (1948); SCHÜMMELFEDER, N.

Weitere Arbeiten über dieses Gebiet sind erschienen von: DEUFEL, J. — Wasserbakterien, Zählung; DIDION, H. — Tuberkel-Bakterien, Mikronachweis; HOBSON, P. N., E. S. M. MACCAY und S. O. MANN — Pansenbakterien; JOHNSTONE, D. B. — Azobacterfluoreszenzen; KRISILOW, D. V. — Parasitenerkennung; STREHLER, B., und V. H. LYNCH (1956) — Algen.

Nachweis und Bestimmung von chemischen Inhaltsstoffen. Die von HOPPE-SEYLER, F., (1880) zuerst entdeckte Fluoreszenz des Hämatoporphyrins mußte natürlich die Biologen anregen, die Lumineszenzmethode zur Erforschung der Naturgeschichte tierischer Porphyrine zu benutzen. Daß die Fluoreszenz mit ultravioletten Strahlen hervorgerufen werden kann, haben zuerst DHÉRÉ, CH., und S. SOBOLEWSKI gezeigt. In der Folgezeit legte man vielfach auch die Fluoreszenzspektra fest. Ein solches Spektrum zeigt Abb. 86.

Über diese Arbeiten berichtet in ausgezeichneter Weise das Buch von DHÉRÉ, CH., (1937), „Die Fluoreszenz in der Biochemie", siehe auch S. 75, ferner DHÉRÉ, CH., und J. ROCHE (1931 a); DHÉRÉ, CH., und CH. BAUMELER (1928).

Bei der direkten Beobachtung roter Fluoreszenzen muß man sich, worauf DHÉRÉ, CH., (1934 a) besonders hinweist, vor Täuschungen hüten, die infolge roter Strahlen entstehen, die durch die gewöhnlichen Schwarzglasfilter hindurchgehen. Daher sind hier besonders gute Sperrfilter erforderlich.

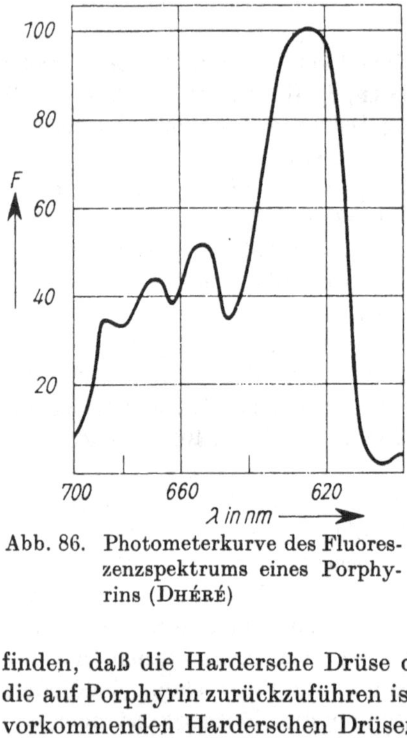

Abb. 86. Photometerkurve des Fluoreszenzspektrums eines Porphyrins (DHÉRÉ)

Über die rote Fluoreszenz der Eierschalen von Vogeleiern berichtet SCHÖNWETTER, M.; DERRIEN, E., (1924 a) gelang es außerdem, das Porphyrin im Skelett junger Säugetiere, und zwar im Ossifikationsbereich, nachzuweisen, außerdem in den Speicheldrüsen (DERRIEN, E., 1928, DERRIEN, E., und CH. BENOIT 1929) d. Über den Nachweis des Porphyrins bei der Ringelnatter siehe HATTINGBERG und HARTOCH. Die Amnionflüssigkeit der Schafe zeigt eine sehr deutliche rote Fluoreszenz. Das zugrunde liegende Porphyrin wurde spektroskopisch mit dem Coproporphyrin identifiziert (FISCHER, H., u. A. STERN, 1940). DERRIEN, E., und J. TURCHINI (1924 b, 1925 a, b) finden, daß die Hardersche Drüse der Ratten lebhafte rote Fluoreszenz zeigt, die auf Porphyrin zurückzuführen ist. Die bei zahlreichen anderen Vertrebraten vorkommenden Harderschen Drüsen zeigen keine Fluoreszenz.

Die Harderschen Drüsen von erwachsenen krebsresistenten Mäusen zeigen nur eine geringe Fluoreszenz, während dagegen die von Mäusen eines krebsempfänglichen Stammes eine starke Fluoreszenz zeigten. Da eine rote Fluoreszenz der Harderschen Drüsen ein Zeichen für das Vorhandensein von Porphyrinen ist, bestehen nach STRONG, C., und F. H. J. FIGGE möglicherweise Beziehungen zwischen Porphyrinen und einigen physiologischen Prozessen, die im Zusammenhang mit der Carcinomempfindlichkeit stehen.

Ebenso wurde weiter eine sehr schöne rote Fluoreszenz bei den Kielen der Federn junger Tauben und bei den Stacheln von Igeln festgestellt. Schließlich hat POLICARD, A., (1924 b) angegeben, daß man in den nekrotischen Herden gewisser Tumoren (Sarkome) eine rote Fluoreszenz beobachten kann, die von Hämatoporphyrin herrührt. DHÉRÉ, CH., und CH. BAUMELER (1928) weisen ein Porphyrin in der Haut der Schnecke Arion empiricorum und in der Haut des Regenwurmes nach; BROOKS, G. (1937) in Froschhaut. DHÉRÉ, CH., (1934 a); DERRIEN, E., (1928, 1926); DERRIEN, E., und CH. BENOIT (1930, 1929 a, b, c) sowie DERRIEN, E., und J. TURCHINI (1925 c) benutzen die Fluoreszenz für die Auffindung von parasitischen Würmern beim Igel und beim Schwein und für andere anatomisch-histologische Arbeiten. Muskeltrichinen und Parasiteneier wurden auch von tierärztlicher Seite auf ähnliche Weise identifiziert (GOHDE, G.; RANKL, W.; PUSCH, J., I. SENNE u. W. BEYER).

Bei seinen Untersuchungen über den Porphyrin- und Blutfarbstoffwechsel der Hefezelle hat MAYER, R. M., (1928) mit Hilfe filtrierten Ultravioletts die Primärsynthese des Coproporphyrins durch die Hefezelle selbst beweisen können (s. dazu DHÉRÉ, CH., u. A. ROCHE, 1933 e; FINK, H., 1929 a; FINK, H., u. W. HOERBURGER, 1931, 1935). Hierher gehört auch das Pigment Bonellin, über das DHÉRÉ, CH., (1932 c) berichtet. Bei ihren Studien über Porphyrine des Tierreiches untersuchten BIGWOOD, E. J., J. ANSAY und J. THOMAS die rote Fluoreszenz eines Präparates von oxydiertem Cytochrom.

Unter pathologischen Bedingungen kommt es öfter zur Porphyrinablagerung oder Vermehrung dieser Pigmente sowohl in Organteilen, die sonst keine enthalten, wie z. B. im Wurzelkanal erkrankter Zähne (LOOS, ST., 1931), als auch in den Ausscheidungsprodukten. Durch Mikrobentätigkeit wird dabei aus Hämoglobin Porphyrin produziert.

In Krebsgeschwüren stellte KÖRBLER, J., (1931, 1932) eine intensiv hellrote Fluoreszenz fest, die er entsprechend der Beobachtung von POLICARD, A., (1924 b) an Rattensarkomen auf Porphyrin zurückführt. Bei Genitalblutungen fand HAUSER, H., (1929) an der Vulva eine leuchtendrote Fluoreszenz. Durchströmungen der Leber mit defibriniertem Blut führten HYMANS VAN DEN BERGH, A. A., W. GROTEPASS und F. E. REVERS (1932) aus.

Der vorhin erwähnte Porphyringehalt wachsender Knochen ist durch Injektion verschiedenartiger Porphyrine von FIKENTSCHER, R., H. FINK und E. EMMINGER (1931 a) weiterverfolgt worden. Mit einem solchen gestörten Porphyrinstoffwechsel hängt die tierische Ochronose und Porphyrie zusammen (FIKENTSCHER, F., 1931 b; FINK, H., u. W. HOERBURGER, 1931, 1935). Zahnbefunde bei Vitalfärbung mit Uroporphyrin beschreibt PFLÜGER, H.

Die Ergebnisse dieser Porphyrinforschung haben schließlich BORST, M., und H. KÖNIGSDÖRFFER jr. in einer ausführlichen Monographie, „Untersuchungen über Porphyrine mit besonderer Berücksichtigung der Porphyria congenita" zusammengefaßt. Bei der Reichhaltigkeit des Materials, das hier zugleich mit farbigen Abbildungen geboten wird, kann an dieser Stelle auf ein weiteres Eingehen in dieses interessante Forschungsgebiet verzichtet werden. Es sei nur noch auf eine weitere Literaturzusammenfassung von FINK, H., und W. HOERBURGER (1933 a, b) hingewiesen, die die pH-Fluoreszenzkurve als Identifizierungsmethode benutzen, und auf das Buch von VANOTTI, A., (1937), „Porphyrine und Porphyrinkrankheiten".

Zum Nachweis des Porphyrins im Blut und Blutserum geben HYMANS VAN DEN BERGH, A. A., und A. J. HYMAN (1928) Arbeitsvorschriften, auf deren Bedeutung auch BRUGSCH, J. TH., (1935 a, b) hinweist. Wichtig ist die Fluoreszenzmethode weiter zum Nachweis des Porphyrins im Urin bei Bleivergiftungen und anderen Krankheiten. Dabei wetteifern mehrere quantitative Bestimmungsmethoden miteinander, und zwar: die Methode von FIKENTSCHER, R., (1932, 1933); FIKENTSCHER, R., und K. FRANKE (1934); FRANKE, K., und R. FIKENTSCHER (1935) sowie KÜHLING, G., (1937 a), nach der auch DANCKWORTT, P. W., und W. GABEL (1937) arbeiteten, das spektro-kolorimetrische Verfahren von HYMANS VAN DEN BERGH, A. A., und A. J. HYMAN (1928), das Verfahren von FINK, H., und W. HOERBURGER (1933 a, b, 1934, 1935); HOERBURGER, W., und H. FINK, das sich der pH-Fluoreszenzkurven bedient (s. auch Abb. 39, S. 75) und schließlich noch das fluoreszenz-kolorimetrische Verfahren von THIEL, A., (1938).

Eine einfache Schnellprobe zu diagnostischen Zwecken gibt NOERING, M., an: Frischer mit Eisessig angesäuerter Harn wird ausgeäthert, die Ätherschicht wird abgetrennt und mit Salzsäure ausgeschüttelt. Bei Gegenwart von Porphyrin tritt Rotfluoreszenz im Ultraviolett auf. Starke Porphyrinreaktion wird gefunden bei Hepatiden, Zirrhosen, perniciöser Anämie, Lymphorganulomatose, Tuberkulose; vielfach bei malignen Tumoren, Herzerkrankungen mit entzündlichem Charakter und der schon genannten chronischen Bleivergiftung. Negativer Ausfall bei Magenulcus, Nephritis, Nephrose, Bronchialasthma, Bronchitis. Nach dem Fikentscher-Verfahren erhielt GABEL, W., (1940) folgende Normalwerte (μg) für 24 Stunden:

Pferde:	6,38
Rinder:	2 bis 4,8
Kaninchen:	2,4 bis 3,78.

Nach ihm kommt dem Porphyrinsymptom diagnostischer Wert nicht zu. Bei Verfütterung bleihaltigen Futters bleibt bei diesen Tieren das Porphyrinsymptom aus, ist schwach oder unsicher.

An Arbeiten über Porphyrine sind ferner zu erwähnen die von AULER, H., und G. BANZER an Geschwülsten; ferner zur Verbesserung der Methodik die von KÜHLING, G., (1937 b); WEBER, K., und J. RUCDIC (1951, 1952) sowie WEBER, K., und F. VALIC (1955). Dabei fanden WEBER und RUCDIC, daß wäßrige Lösungen von Porphyrinen mit Schwefelsäure eine stärkere Fluoreszenz zeigen als mit Salzsäure, da diese die Fluoreszenz teilweise löscht. Es wird daher Ausschüttelung des Ätherextraktes mit 10%iger Schwefelsäure empfohlen.

Weitere Steigerungen der Fluoreszenzausbeuten bei Porphyrinen hat BANDOW, F. R., (1938 a, b, 1939 a, b) durch Adsorption an Talkum, Silicagel, Kaolin, Aluminiumoxid und andere Adsorbenzien erreicht, wobei außerdem die Befeuchtung noch eine große Rolle spielt.

Von den sehr zahlreichen Veröffentlichungen über das Porphyrinsymptom bei Bleivergiftung soll hauptsächlich auf Arbeiten von FRANKE, K., und ST. LITZNER (1936); von ROTH, E., sowie von SCHÄFER, M., hingewiesen werden. Von anderen Krankheiten hat man besonders das Auftreten von Porphyrin nach Sulfonalvergiftung studiert (FABRE, R., 1925 b; EMMINGER, E., 1933 b; POLICARD, A., u. A. LEULIER, 1924 c).

Eine Methode zur klinischen Bestimmung des Urobilins gibt ROYER, M., (1932) an. Nach HEILMEYER, L., und W. OHLIG ist das Auftreten der grünen Fluoreszenz nach SCHLESINGER auch in Fällen vorhanden, die spektrophotometrisch kein Urobilin erkennen lassen.

Die Fluoreszenzspektren wurden durch FABRE, R., (1925 a); BAYLE, E., R. FABRE und H. GEORGE (1927) sowie DHÉRÉ, CH., und J. ROCHE (1931 a) aufgenommen. DHÉRÉ, CH., (1939 a, b, 1930 a, b, 1931 c) hat auch Bilirubinderivate und andere verwandte Substanzen, wie Lanigerin und Strobilin, bearbeitet; über Cholsäure siehe PESSEZ, M., (1953); über Nucleotide siehe WIELAND und BAUER (1951).

Neben den biologischen Porphyrinen, die in der Natur vorgebildet sind, gibt es noch künstliche, durch chemische Einwirkung aus dem Hämatin gewonnene und einige von H. FISCHER synthetisch hergestellte Pigmente dieser Gruppe. Jedes dieser Porphyrine besitzt ein bestimmtes Fluoreszenzspektrum.

Es liegt natürlich nahe, die neue Methode zum Nachweis von Blutspuren für forensische Zwecke heranzuziehen, was zuerst HELLER, R., (1916) und GOLONSKO, R., empfohlen haben. Die rote Fluoreszenz ist, abgesehen vom Chlorophyll und den Porphyrinen, in der Biologie relativ selten. Man darf aber trotzdem nicht ohne weiteres jede rote Fluoreszenz auf tierische Porphyrine beziehen, sondern muß mindestens die spektroskopische Untersuchung ausführen. Irrtümer können durch die Möglichkeit von pflanzlichen Symbiosen bei den Wirbellosen und die Gegenwart von Nahrungsresten im Verdauungskanal unterlaufen. Daß Porphyrine auch bakteriellen Ursprungs sein können, wurde schon erwähnt. Mit Berücksichtigung dieser Einschränkung haben wir (DANCKWORTT) versucht, die rote Fluoreszenz zum Nachweis von Blut zu benutzen. Wenn man zu Blut, mit oder ohne Zusatz von Citrat, etwa die gleiche Menge konzentrierte Schwefelsäure zusetzt, erkennt man nach der Verdünnung mit Wasser die rote Fluoreszenz noch bei einer Verdünnung von 0,0002 cm^3 Blut auf 5 cm^3 Wasser. Setzt man dieser Lösung Ammoniak bis zur alkalischen Reaktion zu, so nimmt die rote Fluoreszenz beträchtlich zu. Auch in einer verdünnten Blutlösung läßt sich noch die Hämatoporphyrinfluoreszenz erzeugen. Von einer Blutlösung (1 : 1000) lieferten noch 0,5 cm^3, mit konzentrierter Schwefelsäure versetzt und dann alkalisch gemacht, eine deutlich sichtbare Reaktion (s. auch S. 201).

Weitere Untersuchungen über Porphyrine liegen vor von OKEANOWA, G. F. — Porphyrine im Harn; SCHWARTZ, S., L. ZIEVE und C. J. WATSON — Coproporphyrine im Harn; über Urobilin in menschlichen Exkreten siehe OPITZ, H., und BREME.

Fluoreszenz wurde gefunden bei Spinndrüsen der Seidenraupen von DRILHON, A., und R. G. BUSNEL; bei Schlangengiften von BROOKS, G., (1940).

Siehe ferner folgende Arbeiten: TURCHINI, J., und J. MILLOT (1926) — Spinndrüsen; PEACOCK, F. R., (1925) — Gewebsreaktion; DUBOSCQ, O., und J. TURCHINI — tegumentäre Wundstellen; HARVEY, E. N., (1926) — Lebewesen; (1925) — Ctenophora; DHÉRÉ, CH., und M. FONTAINE (1931 d) — Bonellin; FURREG, E., und FR. QUERNER (1930 b) — Gastropoden-Schalen; PLOTNIKOW, J., (1931 c) — Lebewesen; GIBSON, E. C., (1937) — Chitin; MERKER, E. — Chitin; KINNERSLEY, H. W., R. A. PETERS und B. T. SQUIRES — Chinoidin; ROCHE, J. — Phykoerythrin und Phykocyanin; BIERRY, H., und B. GOUZON (1937) — Holothurien-Pigment; GOUREVITCH, A., (1938) — Flavingehalt, Hefe; POLONOWSKI, M., R. G. BUSNEL und M. PESSON — Cyrimiden-Pigment; TURFEIER, A., I. T. WIBAUT und T. V. K. BOLTJES — Pseudomonas-Pigment.

Vitaminbestimmungen. Da darüber eine umfangreiche Literatur existiert (s. auch Anhang), so sei hier nur kurz berichtet.

Der Fluoreszenznachweis der schon im Teil „Organische Verbindungen" erwähnten Folsäure in biologischem Material, wie Leber und Hefe, Gemüse und Obst, wird beschrieben von ANDREJEWA, N. A., und W. N. BUKIN, LERMA, B. DE, A. COLARUSSO und P. BONI. An der Haut von Fischen wird von HADJIOLOFF, A., und T. KRESTEFF (1932) sowie von HADJIOLOFF, A., (1929 b) eine deutliche Fluoreszenz beschrieben, in bestimmten Abschnitten der Froschhaut dagegen nur nach Verletzung. HÜTTEL, R., und G. SPRENGLING haben in einer grundlegenden Untersuchung die hier herrschenden Verhältnisse geklärt. Es wurde ein Stoff gefunden, der dem Lactoflavin verwandt ist (DHÉRÉ, CH., u. M. FONTAINE, 1931 b).

Vitamin A. Die quantitative Bestimmung des Vitamins A nach der spektrographischen Methode beruht darauf, daß das Vitamin A durch Ultraviolett zerstört wird. Man bestimmt die Absorption vor und nach der Bestrahlung und berechnet den Gehalt an Vitamin A aus der Differenz. Man verwendet dazu das Licht der Analysenquarzlampe. Vitamin A zeigt in Lösung eine grünliche Fluoreszenz, deren Beständigkeit von verschiedenen Bedingungen abhängt. Durch Beobachtung der zeitlichen Veränderung der Fluoreszenzintensität einer alkoholischen Vitamin-A-Lösung können die relativen Konzentrationen von freiem Vitamin-A-Alkohol und Vitamin-A-Estern in der Lösung bestimmt werden.

Eine weitere fluorimetrische Bestimmung von Vitamin A mit Maleinsäure in einer Benzollösung gelang BROCHLESBY, H. N., und H. J. ROGERS. Besonders hingewiesen sei noch auf den histologischen Nachweis von Vitamin A in menschlichen und tierischen Organen nach POPPER, H., (1940 a, b, 1941).

Vitamin B_1. Nach BARGER, G., F. BERGEL und A. R. TODEL wird Vitamin B_1 durch Oxydation mit Kaliumhexacyanoferrat(III) in alkalischer Lösung in einen stark blau fluoreszierenden Stoff übergeführt, den KUHN, R., TH. WAGNER-JAUREGG, F. W. VAN KLAVERN und H. VETTER (1935 b) schon früher aus Hefe isolierten und *Thiochrom* nannten. KUHN, R., und H. VETTER (1935 a) haben in ihrer grundlegenden Untersuchung bereits die außerordentliche Empfindlichkeit des Fluoreszenznachweises (s. auch „Quantitative Messungen", Abschnitt II., 2.2.1.7., S. 55, mit Thiochrom festgestellt, die gestattet, mit bloßem Auge $5 \cdot 10^{-10}$ g/ml Aneurin Vitamin B_1 zu erkennen). Die fluorimetrische Messung wurde von JANSEN, B. C. P., ausgeführt, später von anderen Autoren in verschiedener Weise geändert und zur Bestimmung in Naturstoffen, Organen, Harn, Blut und Fäzes umgearbeitet. Auch die Bestimmung der Cocarboxylase wird mit der Thiochrommethode nach entsprechender Änderung ausgeführt. Über die quantitative Bestimmung des Aneurins (OTTO, H., u. F. RÜHMEKORB; SCHNEIDER, E., u. A. BURGER; RITSERT, K.) und auch über den mikroskopischen Nachweis im Gewebe und in der Netzhaut (JANSCO, N. v., u. H. v. JANSCO sowie QUERNER, F. R. v.) finden sich im Literaturverzeichnis einige Arbeiten.

Aneurin fluorimetrisch zu bestimmen, war der Gegenstand einer Zusammenarbeit verschiedener Laboratorien in den USA. PATRIC, R., und J. F. H. WRIGHT empfehlen die Benutzung von Quecksilberoxid als Oxydans für Thiamin in der Analyse pharmazeutischer Produkte. Ihre Methode ist offenbar rascher und gibt exaktere Resultate als die Benutzung von Cyanoferrat(III). RIDYARD, H. N., gibt eine Anzahl von Verfeinerungen, die für die Bestimmung von Aneurin in Mehlprodukten von Bedeutung sind. MAWSON, E. W., und S. V. THOMPSON zeigen, wie Störungen durch Nicotinsäureamidmethylchlorid bei der Harnanalyse vermieden werden können, und BOWMAN, J., hat eine Methode für die Bestimmung von Aneurin in Kartoffeln ausgearbeitet.

Verschiedene Autoren haben die in der USA-Pharmakopoe XIII angegebene fluorimetrische Bestimmung für Vitamin B_1 mit anderen Methoden verglichen (s. auch BROWN, R. A., E. HATZEL, G. PEACOCK u. A. D. EMMELT). Es wurde gezeigt, daß Faktoren, wie die Temperatur, die Gegenwart von reduziertem Eisen und hydrolysierender Enzyme, bei der Thiochrombestimmung beachtet werden müssen (CARLSON, A. B., W. F. NEUMANN u. A. L. UNDERWOOD). HILLS, G. M., nimmt die Thiochromprobe für Aneurin im Harn als Index des Versorgungsgrades. Die Bestimmung der Ausscheidung nach Zufuhr von 1 mg (Belastungsversuch), wobei 42 Stunden beobachtet wird, scheint die Grundlage zur Beurteilung der Sättigung zu liefern (s. Anhang). Über Bestrahlungsprodukte des Thiazols siehe STÄMPFLI, R.

Vitamin B_2. Zum Vitamin-B_2-Komplex gehört das *Lactoflavin* (*Riboflavin*), das heute meist die Bezeichnung Vitamin B_2 führt. Das Lactoflavin fluoresziert gelbgrün, am stärksten bei neutraler Reaktion (s. auch Abb. 40). Bei Belichtung in alkalischer Lösung geht es in Lumilactoflavin oder Lumiflavin (6, 7, 9-Trimethylisoalloxazin), in neutralem Medium in Lumichrom (6, 7-Dimethylalloxazin) über. Nach KARRER, P., (1939), KARRER, P., H. SALOMON, K. SCHÖPF, E. SCHLITTLER und H. FRITZSCHE (1934 a) sowie KARRER, P., E. SCHLITTLER, K. PFAELER und F. BENZ (1934 b) fluoresziert Lumilactoflavin wie Lactoflavin in Lösung gelbgrün, Lumichrom dagegen in wäßrigen, alkoholischen und Chloroformlösungen prachtvoll himmelblau. Unter denselben Bedingungen fluoreszieren Methanollösungen von 6, 8-Dimethylalloxazin blaugrün, 7, 8-Dimethylalloxazin blaugrün und 5, 8-Dimethylalloxazin zitronengelb.

Die Bestimmung kleiner Mengen Lactoflavin geschieht gewöhnlich durch Messung der Fluoreszenz der Extrakte (EULER, H. v., u. E. ADLER, 1933; EULER, H. v., E. ADER und A. SCHLÜTZER, 1934; KUHN, R., TH. WAGNER-JAUREGG u. H. KALTSCHMITT, 1934b) oder durch Fluoreszenzbestimmung des Lumilactoflavins (VIVANCO, F., 1935 a, b). Bei der ersten Methode können die Resultate durch Beimengungen anderer fluoreszierender Stoffe beeinflußt werden. Bei der zweiten Methode ist darauf zu achten, daß der Lichtabbau des Lactoflavins zu Lumilactoflavin quantitativ verlaufen ist. Diese Einflüsse sind daher sorgfältig in Rechnung zu setzen.

In der Zwischenzeit ist sehr viel über Vitamin-B_2-Bestimmungen gearbeitet worden, besonders in den USA durch die Association of Vitamin Chemists. In einer deutschen Arbeit schildert ROTH, W., die Weiterentwicklung der Lumiflavinmethode zur fluorimetrischen Bestimmung des Vitamin B_2 in Pflanzen.

Amerikanische Vitaminforscher berichten über Lactoflavin-(Riboflavin-)Bestimmungen in biologischen Materialien: SLATER, E. C., und D. B. MORELL; in Blut: GRAZIANI, A., und M. GORDANO; im Urin: RITTER, DE, M. E., MOORE, E. HIRSCHBERG und S. H. RUBIN (1948); WANG, Y. L., M. S. TING, H. LEH, J. CHAO und Y. H. HU; MORELL, D. B., und E. C. SLATER; JOHNSON, R. E., F. SARGENT, P. F. ROBINSON und F. C. CONSOLAZIA; in Rindfleisch: HINMAN, W. F., R. E. TUCKER, L. M. JONES und E. G. CODIZEK, E.; in Eiern: MANN, T. B.; HALLIDAY; in Malzpräparaten: KLATZKIN, C., F. W. NORRS und F. WOKES (1949).

BESSY, O. A., O. H. LOWRY und R. H. LOVE haben eine Methode entwickelt für die Bestimmung von Nucleotiden des Riboflavins in biologischem Material. Die Fluoreszenzlöschung von Riboflavin durch Purine beruht auf Bildung eines

Komplexes (WEBER, G.). Auch mit Hilfe der Papierchromatographie (HAIS, J. M., u. L. PECAKOVA) wurden Riboflavin-Umwandlungsprodukte studiert (s. Anhang).

Vitamin C siehe unter *Ascorbinsäure* in „Organische Verbindungen“ (S. 130, Tab. 26).

Vitamin E oder *Tocopherol* läßt sich nach KOFLER, M., (1942, 1943) fluorimetrisch bestimmen. Tocopherol wird mit konzentrierter Salpetersäure zu Tocopherolrot oxydiert. Nach dem Ausäthern setzt man es in Eisessig in der Wärme mit o-Phenylendiamin zu einem Phenazinderivat um. Man mißt die Fluoreszenz der Lösung. Die gelbgrüne Fluoreszenz des Phenazinderivates ist besonders stark in Methanol (s. auch ABDERHALDEN, R.).

Pellagravitamine (Nicotinsäureamid u. a.) können nach SCUDI, J. V., und V. C. JELLINEK (1946 a) fluorimetrisch besser bestimmt werden als nach KARRER, P., und Mitarbeitern (1934 a, b, 1939). Ergebnisse von Analysen verschiedener Organe, Getreideprodukte und Hefen teilen CHANDHURI, K. J., und E. KODIZEK mit. Eine Methode für die Bestimmung von 6-Pyridon aus N-Methylnicotinamid im Urin wurde von ROSEN, F., W. A. PERLZWEIG und J. G. LEDER angegeben.

LUFF, J. W., und W. A. PERLZWEIG verwenden eine Kondensationsreaktion mit Aceton und messen die Intensität der blauen Fluoreszenzerscheinungen. Diese Methode wurde auf die Bestimmung der totalen Pyridin-Nucleotide in roten Blutkörperchen ausgedehnt (s. AMMON, R., u. W. DIRSCHERL).

Weitere Untersuchungen auf dem Vitamingebiet sind erschienen von: ANDREJEWA, N. V., und W. N. BUKIN; VILLELA — Folsäure; BERGHOLTZ, V. M. (1947) — in tierischen Organen; CARPENTER, K. J., und E. KODIECK — N-Methylnicotinsäureamid; CRAMER, J. L., (1948) — Flavin; FUJUTA, A., und M. AOYAMA — Vitamin A; GÄNSHIRT, H., und A. MALZACHER — Vitamin B, Trennung; FERREBEE, J. W. — Riboflavin; FRIED, R. — Vitamin B_1; BANIERJEE, R., und S. BANIERJEE — Nicotinsäureamid; OHNESORGE, W. E., und L. B. ROGERS — Riboflavin, Thiamin; PETIT, L. — Aneurin; ROSENTHAL, H. L. — n-Methylnicotinsäureamid; SARETT, H. P. — 4-Pyridoxinsäure; SHARP, D. B. H., und P. F. SHARP — Riboflavin; STOCK, F. G., (1950) — Vitamin B_1; STREHLER, B., und CH. SHOUP (1953 a) — Riboflavin; VACHER, M., und M. AUSCHER — Lactoflavin; ZECHMEISTER, L., und A. SANDOVAL (1947) — Carotin.

Hormone. Hier verdient in erster Linie das *Adrenalin* eine eingehende Besprechung. Dieses wohl am längsten bekannte, wasserlösliche Nebennierenhormon spielt heute sowohl für die Handhabung der Lokalanästhesie als auch für die Beurteilung physiologischer Fragen eine große Rolle. Wenn für die Konzentrationsbestimmung des den Lokalanästhetica zugesetzten Adrenalins noch kolorimetrische Messungen ausreichen, da hier im allgemeinen die Konzentrationen von 1 bis 5 mg-% in Frage kommen, so müssen im Blut wesentlich kleinere Mengen bestimmt werden (100 bis 500 μg-%). Da nach dem im quantitativen Teil, S. 53, Ausgeführten eine Fluoreszenzmethode fast stets der die Lichtabsorption direkt zur Messung benutzenden kolorimetrischen Methode überlegen ist, wird man hier eine Fluoreszenzmethode wählen.

Hueber, E. F. v., konnte die Bestimmung des Adrenalins im Blut mit Hilfe der intensiven apfelgrünen Fluoreszenz durchführen, die Adrenalin nach Gaddum und Schild mit Lauge unter Sauerstoffzutritt gibt. Der Mechanismus dieser Reaktion dürfte heute als eine Oxydation des Adrenalins mit anschließendem Ringschluß zu einem stark fluoreszierenden Indolderivat aufgeklärt sein.

Lehmann, G., und H. F. Michaelis (1942 a) haben in über ein Jahrzehnt sich erstreckenden eingehenden Experimentalarbeiten diese Reaktion unter Berücksichtigung aller denkbaren Fehlerquellen studiert und zu einem rasch ausführbaren Mikroverfahren ausgestaltet, mit dessen Hilfe es möglich geworden ist, Adrenalinmengen mit einer Empfindlichkeit von der Größenordnung $1 \cdot 10^{-9}$ g/g in einer Menge von nur 0,03 cm^3 Blutplasma in einer Zeit von wenigen Sekunden zu bestimmen. Vielfältige Zusammenhänge über den Haushalt dieses Hormons im Menschen- und Tierkörper konnten so gefunden werden.

Zunächst liegt nach Lehmann, G., und H. F. Michaelis (1942 b, 1949 a) der Adrenalinspiegel im Blut zwischen 2 und 6 μg/ml. Die Schwankungen innerhalb eines Tages sind gering, aber deutlich meßbar; es ergibt sich eine zweigipflige Kurve mit je einem Maximum am Morgen und am Nachmittag (Lehmann, G., 1943 a). Lehmann und seine Mitarbeiter konnten mit dieser rasch arbeitenden Fluoreszenzmethode feststellen, daß physische und psychische Reize zu einer kurzdauernden Erhöhung des Adrenalinspiegels im Blut führen.

Die untersuchten Reize waren z. B. Gongschläge, Eintauchen der Hand in kaltes Wasser (Lehmann, G., u. H. F. Michaelis, 1934 b), bei Hunden das Vorhalten einer Katze. Auch der Tabakgenuß wirkt offenbar ähnlich, wobei nach Lehmann allerdings die Reizwirkung nicht dem Nicotin zukommt, das im Gegenteil eine Senkung des Adrenalinspiegels hervorzubringen imstande ist. Die vermehrte Ausschüttung des Adrenalins ins Blut hat eine Latenzzeit von einigen Sekunden. Dann erfolgt ein Anstieg des Spiegels, der bis zum Doppelten der Ausgangskonzentration gehen kann; wenn der Gipfel erreicht ist, fällt der Spiegel in wenigen Minuten etwa auf die Ausgangslage zurück.

Länger kann der Adrenalinanstieg bei Rauchern dauern, und zwar bei Zigarren bis zu einer halben Stunde, bei Zigaretten bis zu 15 Minuten. Dieser Anstieg ist am stärksten bei nicotinfreien Tabaken. Das führt G. Lehmann zu dem Schluß, daß nicotinfreie Zigaretten und Zigarren kein wirkungsloser Ersatz, sondern ein Genußmittel von eindeutigerer und einheitlicherer Wirkung sind als die nicotinhaltigen.

Zeigen schon diese Ergebnisse, welche weitgehenden Schlüsse diese hervorragend aufgebaute Fluoreszenzmethodik durch rasche Bestimmung von sonst der Messung nicht mehr zugänglichen Adrenalinmengen gestattet, so sind die Ergebnisse nach der arbeitsphysiologischen Seite hin noch besonders bemerkenswert. In 60 bis 100 Sekunden waren durch besondere Mikrotechnik bis zu 6 Blutentnahmen möglich. G. LEHMANN und Mitarbeiter konnten so mit der Fluoreszenzmethodik einwandfreie Zusammenhänge zwischen Adrenalinspiegel und Leistung aufdecken und schließlich einen bisher nicht in diesem Ausmaße bekannten funktionellen Zusammenhang zwischen Adrenalin und dem Nebennierenrindenhormon Corticosteron. Der Adrenalingehalt ist danach gekennzeichnet als ein Gleichgewicht zwischen Adrenalinbildung und -verbrauch. Ein Absinken bedeutet, daß der Verbrauch größer als die Produktion ist, und läßt keine Schlüsse auf die absolute Höhe beider zu.

Bemerkenswert ist ferner noch das aus den Fluoreszenzmessungen gefolgerte Ergebnis, daß das im Körper gefundene Adrenalin wohl teilweise in biologisch inaktiver Form vorliegt, was mit den Befunden früherer Autoren im Einklang steht.

Diese Arbeiten mußten in der Besprechung hier einen breiteren Raum einnehmen, da sie in vielen tausend Einzelmessungen aufs klarste die Überlegenheit einer fluorimetrischen Methode gegenüber anderen optischen Methoden bewiesen haben.

Übrigens geben auch verwandte Stoffe eine ähnlich gute Fluoreszenzreaktion. HANNER, N., H. F. MICHAELIS und A. SZAKALL; MICHAELIS, H. F., und H. H. STRAUB; LEHMANN, G., und H. KINZIUS (1949 c, b) sowie LEHMANN, G., und H. F. MICHAELIS (1943 c) erwähnen hier das *Sympathol.* Nach eigenen unveröffentlichten Versuchen gibt auch das *Dioxynorephedrin* diese Reaktion, allerdings nicht in Natronlauge in der Kälte, sondern in einem Puffergemisch von schwach alkalischem pH beim kurzen Erwärmen.

Auch die *Sexualhormone* sind fluorimetrischen Bestimmungen zugänglich, unter ihnen besonders das *Östron.*

Die quantitative fluorimetrische Bestimmung von Östron und Östradiolen wurde von JALLER, Y. W., entwickelt, der eine lineare Beziehung zwischen Fluorimeterablesungen und der Konzentration dieser Verbindungen in Schwefelsäurelösung aufgezeigt hat. BOOSCOTT, R. J., hat für natürliche Östrogene charakteristische Farb- und Fluoreszenzreaktionen erhalten und ein quantitatives Nachweisverfahren für Dienöstrol entwickelt. MARIANI, A., und L. TENTORI benutzten das Pulfrich-Fluorimeter für die Bestimmung von Östrol in Mengen von 6 bis 30 μg.

Weitere Veröffentlichungen auf dem Gebiete der Biologie und Medizin sind erschienen von: ACLAND, J. D. — Inhaltsstoffe von Gewebeextrakten; BACQ, Z. M., und P. FISCHER (1949 a) — Adrenalin, Aleudrin u. a.; BACQ, Z. B., P. FISCHER und J. LECOMPTE (1949 b); WEIL-MALHERBE, H., und A. D. BONE (1956 a); WEIL-MALHERBE, H., (1956 b) — Adrenalin u. a.; BRODIE, B. B., und S. UNDENFRIEND — Amine und chemische Wirkstoffe; BURN, G. P., und E. O. FIELD — Adrenalin, Noradrenalin; CHALMERS, J. G. — Benzpyren, Metabolite; CHICCARELLI, F. S., P. VAN GLESON und M. H. WOOLFORD — Antibiotica; CROWE, M. O. L., und A. WALKER — Pterine; DUNN, D. B. —

Guaninderivat; EGELHAAF, A., (1957) — photolabile Fluoreszenzstoffe; ERNE, K., und F. CANBÄCK — Noradrenalin; FELDMANN, D. H., H. S. KELSEY und J. C. CAVAGNOL — Antibiotica; FINKELSTEIN, M. (1952) — Corticosteroin und Östrogene; GOELLER, P., und S. SHERRY — Nucleinsäuren; GOLDZIEHER, J. W., und P. K. BESCH (1958) — Corticosteroide; GOLDZIEHER, J. W., J. W. BODENSCHUK und PH. NOLAN (1954) — Steroide; GRAU, A., J. A. GIGO und R. ELICABE — Alkaloide; GREENGARD, P. — Metabolite; HARVEY, E. N. und Y. HANEDA (1952) — Adenosintriphosphat; JENSEN, K. B. — Glykoside, Digitalis purpurea; JEPSON, J. B., und B. J. STEVENS — Serotonin; JONES, R. N., und J. R. JAMIESON — Leberextrakte; KEREKIAKES, J. G., W. H. PARR und A. T. KREBS — Fluoreszenzausbeute, biologische Substanzen; KOGUT, M. — Cytochrom; MEAD, J. A. R., J. N. SMITH und R. T. WILLIAMS (1955 a) — Umbelliferon, Glucuronide, (1955 b) — β-Glu-curonidase; MILLER, G. D., J. A. JOHNSON und B. S. MILLER — Tryptophan; PIETZSCH, A. — Cancerogene Kohlenwasserstoffe; ROBINSON, D., und R. T. WILLIAMS (1955) — β-Glucosidase; ROBINSON, D., (1956) — β-Glucosidase in Geweben; ROSTON, S. — Adrenalin, Noradrenalin; SHORE, V. G., und A. B. PARDEE — Aminosäuren; STREHLER, B., und M. CORMIER (1953 b) — Leuchtbakterienextrakte; STRICKLER, H. S., R. C. GRAUER und M. R. CAUGHEY — Östrogene; SWEAT, M. L. — Corticosteroide; TEALE, F. W., und G. WEBER — Aminosäuren; TOUCHSTONE, J. C., und T. MURAWEC (1960) — Progesteron; VISCONTINI, M., E. LOESER, P. KARRER und E. HADORN (1955 a) — Fluoreszenzstoffe aus Drosophila melanogaster; VISCONTINI, M., A. KÜHN und EGELHAAF (1956) — Fluoreszenzstoffe aus Ephestia Kühniella; VISCONTINI, M., H. SCHMID und E. HADORN (1955 b) — Fluoreszenzstoffe aus Astacus fluviatilis; HUMMEL, J. P., (1949 b) — Enzyme; ROBINSON, D., (1956) sowie ROBINSON, D., und R. T. WILLIAMS (1955) — β-Glucosidase. RAYBIN, H. W. — Sulfopyrazinderivat.

X. Lebensmittelchemie

Im vorhergehenden Kapitel handelte es sich oft um Systeme, die in physikalisch-chemischer Hinsicht sehr kompliziert sind. Wie gezeigt wurde, können dort mit fortschreitender Erforschung des Gebietes viele Lumineszenzerscheinungen auf einzelne chemische Individuen oder auch auf das Zusammenwirken mehrerer solcher chemisch zu kennzeichnender „Fluoreszenzstoffe" zurückgeführt werden. In anderen Fällen ist diese Klärung noch nicht gelungen; es hat dann die Lumineszenzanalyse mehr den Charakter einer orientierenden Probe, die aber auch dann noch recht nützlich sein kann. Wesentliche Fortschritte brachten gerade hier die verschiedenen Methoden der chromatographischen Trennung.

Analoges gilt auch für die Lebensmittelchemie. Während früher die Betrachtung unter der Quarzlampe im wesentlichen eine Vorprobe war (POPP, G.;

Volmar, Y., 1927; Ekhard, W.; Haitinger, M., 1928 c; Heestermann, J. E., J. E. H. van Waegeningh, 1932 a; Grant, J., 1933), die die Eigenfluoreszenz der verschiedensten Lebensmittel zur Diagnose benutzte, ging man im Laufe der Zeit immer mehr dazu über, Fluoreszenzreaktionen heranzuziehen, d. h. chemische Reaktionen, die bestimmte Inhaltsstoffe der Lebensmittel in fluoreszierende Stoffe überführen (Eisenbrand, J., 1951 b). Über solche Fluoreszenzreaktionen wurde bereits in den Kapiteln III und V berichtet.

Speziell ist hier noch folgendes hinzuzufügen: Lebensmittelchemische Untersuchungen, die sich früher hauptsächlich auf die sogenannte Kalorienspender (Eiweiß, Fett, Kohlenhydrate) und auf Mineralstoffe beschränkten, werden im Zuge der Entwicklung einer modernen Ernährungslehre zunehmend auf den Nachweis der verschiedensten lebenswichtigen Spurenstoffe ausgedehnt. Eine wichtige Gruppe dieser Spurenstoffe sind die Vitamine. Die in Lebensmitteln nachzuweisenden Mengen liegen im allgemeinen in der Größenordnung von mg-Prozenten und darunter. Für fluoreszenzanalytische Spurennachweise anorganischer Spurenelemente kommen ähnliche Mengen in Frage. Daher haben sich der fluorimetrische Nachweis und die fluorimetrische Bestimmung verschiedener Vitamine bei den verschiedensten Lebensmitteln ganz besonders gut eingebürgert. Es existieren darüber zahlreiche Veröffentlichungen und gut durchführbare Laboratoriumsvorschriften. Einer der meist geübten Nachweise ist der der fluorimetrischen Bestimmung von Vitamin B_1, ferner der von Vitamin B_2. Aber auch eine Reihe anderer Vitamine zeigen Fluoreszenz; so Vitamin A, das qualitativ sehr leicht in Leberschnitten in kleinen leuchtenden Depots erkannt werden kann (Pringsheim, P., u. M. Vogels, 1946). Auch auf das Vitamin C gibt es Fluoreszenzreaktionen (s. S. 130), die jedoch bei diesem Vitamin, das sehr leicht titrimetrisch bestimmt werden kann, keine besondere Bedeutung haben. Gut nachweisbar ist dagegen wieder die Folsäure, ferner die Nicotinsäure und ihre Verwandten. Für das Vitamin E eignet sich sehr gut die Methode von Kofler (1942 und 1943) (s. auch S. 131)). Bestimmungsvorschriften für Vitamin B_1, Vitamin B_2 siehe Anhang, S. 209 bis 223.

Es sollen nun die besonderen qualitativen und quantitativen Nachweismöglichkeiten bei den einzelnen Lebensmittelgruppen besprochen werden.

1. Tierische Lebensmittel

Fleisch und Fleischerzeugnisse. Muskelfleisch ist unter der Lampe rot, Knorpel und Sehnen heben sich, stark bläulich leuchtend davon ab. Bei der Untersuchung von Würsten kann mit Hilfe der Quarzlampe festgestellt werden, ob darin viel Faselfleisch, Flechsen oder Sehnen verarbeitet wurden. Es ist zweckmäßig, nicht einen oder wenige Schnitte, sondern zahlreiche Schnitte der Ware sowohl bei Tageslicht als auch bei Ultraviolett zu untersuchen und mit der histologischen Untersuchung zu vergleichen. Abb. 87 zeigt Lumineszenzerscheinungen an Würsten nach Windel, E. M., in farbphotographischer Aufnahme. Siehe hierzu auch Lenfeld, J., und E. Novacek; Ehrlich, J.; Henneberg, O. H.

a) Querschnitt durch Zervelatwurst. Trockenfehler, bei zu hohen Temperaturen kurz nach dem Abstopfen getrocknet, Feuchtbleiben des Wurstkernes mit bakterieller Zersetzung

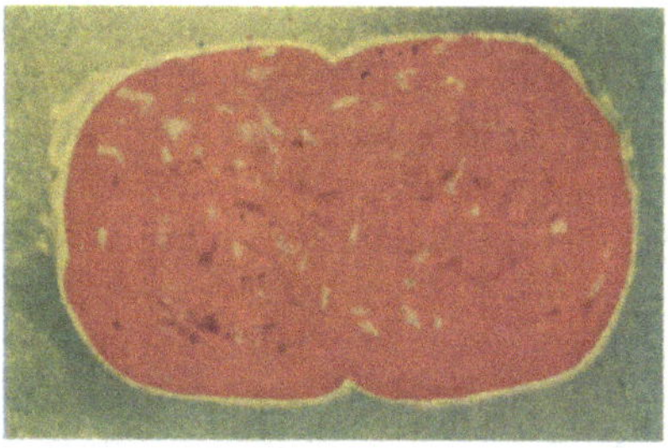

b) Wie Bild a), im filtrierten UV-Licht aufgenommen. Beachte die sehr starke Fäulnisporphyrinbildung

c) Plockwurst mit Kernfäulnis. Durchreifung und Durchkonservierung der Außenzone der Wurst, bakterielle Zersetzung des Wurstkerns

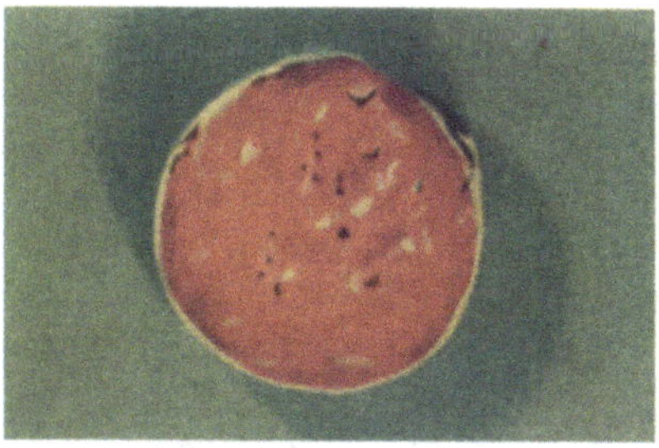

d) Dieselbe Wurst wie Bild c) im filtrierten UV-Licht. Sehr starke Fäulnisporphyrinbildung

e) Feine Mettwurst mit typischer Kernfäulnis infolge Anwendung von Schwitzrauch (über 25 °C)

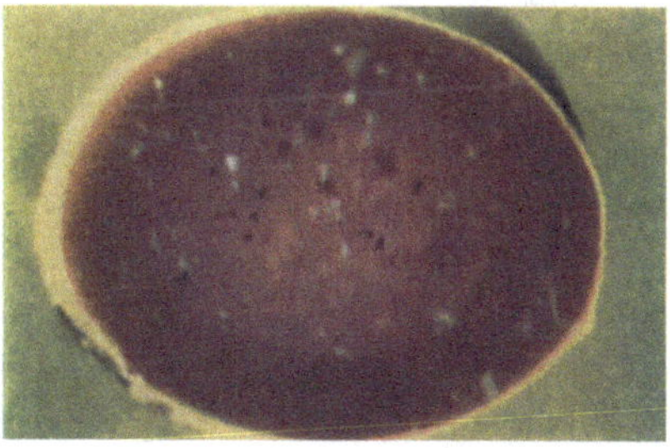

f) Wie Bild e), im filtrierten UV-Licht aufgenommen. Diffuse Verteilung des Fäulnisporphyrins im ganzen Wurstgut

Abb. 87. Photographische Aufnahme von Lumineszenzerscheinungen an Würsten (nach WINDEL)

Zersetzungserscheinungen an Fleisch und Fleischerzeugnissen äußern sich danach vielfach durch charakteristische Lumineszenzerscheinungen, ebenso zeigen einige Fleischparasiten auffallende Fluoreszenz. Aus der Rotfluoreszenz des Fleisches können, wie vielfache Untersuchungen zeigten, nicht unmittelbare Schlüsse auf den Reifungsgrad oder die Stärke der Fäulnis gezogen werden. Auch hier geben Anfärbungen mit Fluorochromen, z. B. mit Acridinorange, vielfach genauer und schneller über den Stand der Fleischfäulnis Auskunft (Koller, R., 1943 a, b; Menzel, E. A.; Hütten, H.).

Nachweis von Konservierungsmitteln. Verschiedene Konservierungsmittel sind bisweilen schon bei Vorproben mit der Lampe erkennbar. Popp, G., berichtet, daß Borsäure unter der Lampe gelbbräunlich, Benzoesäure hellbraun aussieht und daß andererseits der geringe zur Verwendung kommende Prozentsatz der Konservierungsmittel sie in Fleischwaren nicht bemerken läßt. Volmar, Y., (1927) teilt mit, daß Benzoesäure blau leuchtet, Benzoate intensiver als die freie Säure. Die Entwicklung der chromatographischen Methoden macht es nun möglich, solche Konservierungsmittel nach chromatographischer Trennung mittels der Fluoreszenz nachzuweisen. Dabei ist besonders zu beachten, daß z. B. Konservierungsmittel wie Salicylsäure im langwelligen Ultraviolett (366 nm) nur eine schwache Fluoreszenz besitzen, bei Bestrahlung mit kürzerwelligem Ultraviolett (313, 303, 254 nm) dagegen sehr intensiv fluoreszieren (Eisenbrand, J., u. D. Pfeil, 1957 a, s. auch S. 69).

Fleischextrakte, Brüherzeugnisse, Würzen. Zahlreiche auf diesem Gebiet durchgeführte Untersuchungen benutzen die Lumineszenzanalyse nur als Vorprobe. Fleischextrakt sieht im Bereich der Lampe hellgelb bis bräunlich aus, während Hefeextrakte grau erscheinen. Maggiwürze, Rottiwürze und Knorrwürze besitzen drei verschiedene Fluoreszenzfarben. Nach Baier, E., und H. Barsch läßt sich die Analysenlampe zur Beurteilung von Krebssuppen heranziehen. Lösungen der künstlichen Krebsfarbe (Teerfarbstoff) bleiben stumpf, während die Lösungen des echten Krebsfarbstoffes Fluoreszenzerscheinungen zeigen. Büttner, G., und A. Miermeister finden dagegen keine charakteristischen Unterschiede in der Lumineszenz und geben eine andere Methode an. Von quantitativen Bestimmungen, die mit Hilfe der Papierchromatographie und Bestrahlung des Chromatogrammes mit Ultraviolett durchgeführt werden können, ist hier besonders die Bestimmung des Kreatinins nach Pfeil, D., zu erwähnen.

Fischwaren. Schon dem Laien war es bekannt, daß Seefische, vor allem Heringe, Seelachs, Dorsch, Schellfisch und Goldbarsch, im Dunkeln bisweilen zu leuchten beginnen, wenn sie nicht ganz frisch sind. Es handelt sich bei diesen Beobachtungen offenbar um Befall mit Leuchtbakterien. Auch unter der Quarzlampe läßt sich bei solchen Fischen vielfach eine Lumineszenz feststellen (Heestermann, J. E., u. J. E. H. van Waegeningh, 1932 a; Roach, S. W. — Krabbenfleisch). Hintersatz, R., konnte den Nachweis von Fischfleisch in Wurstwaren durch fluoreszenzmikroskopische Untersuchungen mit Hilfe von Fluorochromen führen. Über die quantitative Bestimmung von Vitamin B_1 in Fleisch s. S. 210, in der Fischhaut s. S. 169; über die quantitative Bestimmung von Porphyrinen s. S. 166; über die Erkennung von Aminosäuren im Ultraviolett nach chromatographischer Trennung s. S. 130; über den Nachweis von Spurenelementen, wie Zink oder Aluminium, mit Hilfe von Oxychinolin s. S. 119, 120.

Eier und Eikonserven. Seit langem ist es üblich, eine Vorprobe auf den Frischezustand von Eiern unter der Quarzlampe zu machen, denn Hühnereier zeigen eine mehr oder weniger starke rote Fluoreszenz, die auf Anwesenheit von Porphyrinen beruht (Bierry, H., u. B. Gouzon, 1932; Dhéré, Ch., 1933 d; Gaggermeier, G.; Wehner; Braunsdorf, K., u. W. Reidemeister, 1934 a; Beller, K., W. Wedemann u. K. Priebe; Grossfeld, J., 1935 a, b; Molanus, B. H.; Déribéré, M., 1935 f; Wundram, G., 1936; Braunsdorf, K., u. H. Brinkmeier, 1933; Zäch, C.).

Im einzelnen schreibt Schönberg, Fr., folgendes: „Im filtrierten Ultraviolett zeigt die Eischale ein schönes, sattrotes Aufleuchten. Falls dabei ein samtartiger Glanz vorhanden ist, kann angenommen werden, daß es sich um Eier handelt, die nicht älter als 10 Tage sind. Nach längerem Lagern der Eier wird der Farbton der Eischale unter der Quarzlampe mehr violett bis bläulich. Die Eigenleuchtkraft läßt nach, der Farbton wird stumpf."

Zu bemerken ist, daß die Änderung der Eischalenlumineszenz (Umschlag von Rot in Blau) im Ultraviolett in der Hauptsache auf einer Ausbleichung durch Einwirkung von Tageslicht beruht (Baetslé, R. [in Ch. de Bruyker]; Grini, O.). Die Lumineszenz wird bewirkt durch das Porphyrin. Die Probe wird heute in einer Anzahl von Kühlhäusern als laufende Probe am Fließband, über dem eine Quarzlampe angebracht ist, durchgeführt. Sie hat den Vorzug sehr rascher Durchführbarkeit. Es ist jedoch zu beachten, daß sie als Vorprobe zu werten ist, d. h., ihre Aussagen allein genügen nicht. In Zweifelsfällen müssen die bekannten anderen Methoden zur Prüfung des Eialters, wie Gefrierpunktsbestimmung von Eiweiß und Dotter, Refraktionsbestimmung des Dotters, bzw. ergänzend auch des Weißeies, und Bestimmung des Austausches organisch gebundener Phosphorsäure bzw. des Auftretens anorganischer Phosphorsäure zur Stützung der Befunde der Vorprobe herangezogen werden. Unter diesen Umständen kann die Lumineszenzprobe gute Dienste leisten.

Vergleicht man Eier verschiedener Farben miteinander, so überfordert man die Leistungsfähigkeit der Probe. Es ist wichtig, diese Tatsachen zu kennen, um hier ein richtiges Urteil zu fällen. Frisch gelegte Gänse- und Enteneier haben eine rote Fluoreszenz (Gisske, W., u. K. Weber; Koller, R., 1942; Molanus, B. H.).

Zur Frage der quantitativen Porphyrinbestimmung s. S. 75, 166.

Bestimmung von Vitamin B_1 und B_2 in Eiern s. S. 76, 169.

Bestimmung anderer Vitamine s. S. 130, 169.

Über die Prüfung von Trockeneipulvern und den Zusammenhang zwischen Lumineszenzwerten, Schmackhaftigkeit und Haltbarkeit siehe Boggs, M. M., H. J. Dulton, B. G. Edwards und H. L. Fevold; Dulton, H. J., und B. G. Edwards; Tapernoux, A.

Vielfach gelingt es, auf Eiern Stempelentfernungen und andere Fälschungen nachzuweisen (EBLE, K., H. PFEIFER u. R. BRETSCHNEIDER; COCKBURN, T.; SCHREMPF, A.; VILTER, F. W. u. O. SCHMIDT; BRAUNSDORF, K., 1934 b; MOHLER, H., u. J. HARTNAGEL, 1934; WUNDRAM, G., u. F. SCHÖNBERG, 1934; HEESTERMANN, J. E., 1932 b). Über die Bräunungsreaktion und Fluoreszenz im Eipulver arbeiteten KLINE, J., J. E. GEGG und T. T. SONODA (1951) und führten diese auf eine Reaktion von Glucose mit Kephalin zurück.

Milch- und Milcherzeugnisse. Bei der Untersuchung dieser Produkte kann die Lumineszenzanalyse sehr gute Dienste leisten. Auch hier haben sich die Untersuchungsmethoden so entwickelt, daß man zwischen Vorproben einerseits und quantitativen fluorimetrischen Bestimmungen andererseits unterscheiden muß. Zwei Proben, die als Vorproben zu werten sind, sind hier von besonderer Bedeutung. Die erste betrifft die Unterscheidung von Frauenmilch und Kuhmilch. Sie ist naturgemäß für die Frauenmilchsammelstellen besonders wichtig. Hier gilt folgendes: Frauenmilch fluoresziert blau, Kuhmilch kanariengelb. Dies ist nach KUHN, R., P. GYÖRGY und TH. WAGNER-JAUREGG (1933) darauf zurückzuführen, daß das Vitamin B_2 (Lactoflavin), das ja von Natur aus eine grüngelbe Fluoreszenz besitzt, in der Kuhmilch frei vorkommt, während es in der Frauenmilch an Eiweiß gebunden vorliegt. Die Fluoreszenz ist durch Behinderung der freien Beweglichkeit des gebundenen Lactoflavins offenbar gelöscht. Daher fluoresziert Frauenmilch schwach blau, was auf andere Bestandteile zurückzuführen ist. Auch hier gilt, daß die Probe den Wert einer schnellen orientierenden Vorprobe hat und in Zweifelsfällen durch andere Untersuchungen gestützt werden muß. Das ist leicht möglich, seit KUHN, R.[1], (1953) gezeigt hat, daß ein anderes auszeichnendes Merkmal der Frauenmilch gegenüber der Kuhmilch das Vorhandensein eines Mehrfachzuckers ist, der in seinen Molekülen als charakteristische Bestandteile Fucose, einen sonst seltener vorkommenden Zucker, und Glucosamin enthält, die Kuhmilch dagegen nicht.

Nicht ausreichend ist die Fluoreszenzprobe z. B. bei fieberhaften Infektionen, bei vegetarischer Ernährung oder nach Genuß bestimmter Lebensmittel und Pharmazeutica, durch die auch der Frauenmilch vorübergehend freies Lactoflavin in größeren Mengen zugeführt werden kann (GROSSFELD, J., 1935 c; GRIEBEL, C., 1936, 1937; KAYSER, M. E., 1935, 1927, 1937 a, b; MÜLLER, R.); vgl. auch SCHÖNBERG, FR., 1943).

KAYSER, K., teilt ferner mit, daß auch homogenisierte Kaffeesahne und kondensierte Alpenmilch blau fluoreszieren. Die Bläue der Frauenmilch ist pastellartig „transparent“, die der genannten Kuhmilcherzeugnisse dagegen „deckfarben“, daher ist nach seiner Auffassung bei einiger Übung eine Verwechslung nicht möglich.

Es sei in diesem Zusammenhang darauf hingewiesen, daß Milch verschiedener Herkunft in zwei große Gruppen eingeteilt werden kann: die Gruppe der Caseinmilcharten (z. B. Kuhmilch) und die Gruppe der Albuminmilcharten, wozu auch die Frauenmilch gehört. Hierauf dürfte der verschiedene Charakter der wahrgenommenen Transparenz oder Deckfarbe zurückzuführen sein.

---

[1] RICHARD KUHN, ADELINE GLAUBE und HELMUT BÄER: Über ein N-haltiges Tetrasaccharid aus Frauenmilch. Chem. B. **86** (1953) 827—30.

Eine weitere nützliche Vorprobe bei der Milchuntersuchung ist die Prüfung auf die bekannte rote Fluoreszenz des Chlorophylls (LITTERSCHEID, F. H., 1927; STARK, J., 1931). Je nach der mehr oder weniger hygienisch einwandfreien Aufarbeitung beim Melken können kleinste Mengen an Resten von Kuhkot in die Milch gelangen. Nun enthält dieser stets Reste vegetabilischer Anteile, z. B. von Blättern oder Gräsern, die immer noch so viel Chlorophyll enthalten, daß dessen außerordentlich intensive rote Fluoreszenz bei geeigneter Aufarbeitung wahrgenommen werden kann. Es handelt sich hier mit anderen Worten um Untersuchungen des sogenannten Milchschmutzes. Dieser wird meist mit geeigneten kleinen Druckapparaturen aus einem größeren Volumen Milch durch Filtrieren unter Druck auf Wattefiltern gewonnen. Beim Bestreichen dieser einige Zentimeter im Durchmesser großen Wattefilter mit Zaponlack leuchten die chlorophyllhaltigen Teile in rötlichen Farbnuancen von Rötlichgelb über Rosa bis Himbeerrot, je nach Menge und Verteilung. Diese Fluoreszenzfarben unterscheiden sich deutlich von denen der Inhaltsstoffe der Milch, z. B. Milcheiweiß oder Milchfett (BAUMGÄRTEL, T., 1931), oder sogar von Zersetzungsstoffen, wie Eiter, die weißlich bis gelblich leuchten (LITTERSCHEID, F. M., 1927 a; STARK, J., 1931).

DANCKWORTT, P. W., und E. PFAU (1927 b) haben gezeigt, daß Zaponlack nicht unbedingt nötig ist, da die Chlorophyllreaktion auch mit den meisten organischen Lösungsmitteln eintritt. Um die Probe eventuell einem Gericht vorlegen zu können, ist ein Lackieren des Milchfilters mit Zaponlack aber auf jeden Fall zu empfehlen.

THOMAE, E., hat die Leuchtsubstanz der Trockenmilch eingehend untersucht und gefunden, daß die kräftigen blauweißen Leuchterscheinungen auf der Anwesenheit von Salzen der Milch- und Citronensäure sowie einigen niederen Oxysäuren der Fettreihe beruhen. Durch Lösen solcher Salze in Wasser und Trocknen auf dem Wasserbade wird die ursprünglich geringe Lumineszenz stark intensiviert und der der Trockenmilch ähnlich.

Auch in der Milch sind vor allem die Vitamine B_1 und B_2 vielfach quantitativ fluorimetrisch zu bestimmen (s. S. 76, 134).

Über die Bestimmung von Aminosäuren aus den hydrolysierten Eiweißarten siehe den Abschnitt „Chromatographie“ (S. 61).

Über die Bestimmung von in die Milch geratenen Fremdstoffen (z. B. Chinin), s. Kapitel V, (S. 134).

Weitere Arbeiten sind erschienen von SCHÜTZLER, K. — Milchwirtschaft ·GERNGROSS, O., und M. SCHULZ (1927 e) — Kuhmilch; RADLEY, J., (1933 c) — Milch und Molkereiprodukte; DÉRIBÉRÉ, M., (1936 b) — Kuhmilch; ROTHENFUSSER, S. — Veränderung der Fluoreszenz beim Erhitzen; CVITL, J. — Veränderung der Fluoreszenz beim Gefrieren; BAKER, G. W., und S. TAUBES — Fluoreszenz und Verfälschung; HERMANN, G. — Marktmilchproben; KALOYEREAS, S. — Unterscheidung von Kuh- und Schafmilch; PACKBIER, A. — euterkranke Tiere; SCHÖNBERG, FR., (1946) — Milch; RAIBLE, J. — Milchhygiene; SCHÖNBERG, R., (1943 a) — fluoreszenzmikroskopische Diagnose von Euterentzündungen; siehe hierzu auch JUNG, H., HARTER, H., KÖHLER, A. (1947); MÜNCHBERG, F. — Keimzahlbestimmung; FUNK, E. — Konservierungsmittel; SCHWARTZ, G., und

B. HAGEMANN — Schaf- und Kuhmilchkäse, Unterscheidung; MEZGER, O., A. SCHREMPF und M. VOLKMANN (1929 a) — Kunstsahne; BRAUNSDORF, K., (1932 a) — Sahne; KIEFERLE — Molkereiprodukte; TARASSUK, N. P., und H. D. SIMONSON — Bräunung und Fluoreszenz von Milch durch Erhitzen.

2. Fette und Öle

Auch hier kann man die Lumineszenzanalyse einmal als Vorprobe und zum andern zur Bestimmung definierter Inhaltsstoffe benutzen. Fettsäureester gesättigter Fettsäuren besitzen im gesamten Ultraviolett von 254 nm bis 366 nm keine nennenswerte Lichtabsorption und damit auch keine Fluoreszenz. Ester der Ölsäuren und anderer ungesättigter Fettsäuren besitzen ebenfalls im langwelligen Ultraviolett (366 nm) keine Lichtabsorption, jedoch im kurzwelligen (254 nm).

Die in Fetten vorkommenden fettlöslichen Vitamine, Steroide und anderes zeigen mehr oder weniger erhebliche Lichtabsorption. Viele dieser Verbindungen fluoreszieren auch (z. B. Vitamin A) oder können durch Reagenzien in einen fluoreszierenden Zustand übergeführt werden. In pflanzlichen Fetten ist oft das rot fluoreszierende Chlorophyll gelöst. Daher ist die Fluoreszenzanalyse bei Fetten mehr eine Analyse der in ihnen vorkommenden Spurenstoffe.

Tierische Fette und Öle. Aus dem kritischen Vergleich der zahlreichen hier erschienenen Arbeiten ergibt sich, daß man sich in erster Linie mit der Untersuchung von Schmalzen, insbesondere von Schweineschmalz, beschäftigte, ferner, daß die in der Literatur beschriebenen Lumineszenzen, die vielfach durch langwelliges Ultraviolett erregt werden, keine spezifische und charakteristische Eigenschaft der untersuchten Schmalze darstellen. Das ist auf Grund der eingangs gemachten Ausführungen sofort verständlich. Immerhin dürfte es von Wert sein, eine Zusammenstellung einer Anzahl solcher Arbeiten zu bringen: HAITINGER, M., H. JÖRG und V. REICH (1928 a); STADLER, H. P. (1928); GERNGROSS, O., und M. SCHULZ (1927 e); HÖKL, J.; TREASE, G. E., (1930 a) — Butter, Margarine und andere tierische Fette; NOVACEK, E., und J. HÖKL; POTTENSTEIN, W.; EFFERN, J.; STADLER, H. P., (1928) — Fremdfettnachweis in Butter, Einfluß von Jahreszeit und Fütterung; IHA, J. B.; MUTHANNA, M. C., und B. MUKERJI — Verfälschung von Butter durch Gheebutter.

Schweineschmalz. An sich fluoresziert Schweineschmalz fast gar nicht. Bisweilen erscheint es unter der Lampe schwach gelblich, in dünnen Schichten sieht es grau aus, in Petrolätherlösung auf weißer Unterlage lichtgrau trüb (366 nm). Die Bewertungen sind für solche Vorproben, wie die eingangs gemachten Ausführungen zeigen, nur mit großer Vorsicht, unter Berücksichtigung der jeweils vorliegenden besonderen Umstände, durchzuführen. Es sei auf folgende Arbeiten hingewiesen: HAITINGER, M., H. JÖRG und V. REICH (1928 a) — Verfälschungen mit Baumwollöl, Sesamöl, Erdnußöl, Kokosfett und Rindertalg; WEISS, F. — Tabellen über holländische und amerikanische Schmalze; FEDER, E., und L. RATH — White grease und Raffinationsprodukte; RAALTE, A. VAN,

(1928, 1926) — Lumineszenzlöscher; GROSSFELD, J., (1928) — Lumineszenz- und Caprylsäurezahl; DRUTEN, A. VAN, (1920) — Kritik der Lumineszenzanalyse; BRAUNSDORF, K., (1932 b); NESENI, R., (1934 a) — Lumineszenz und Filtration; CARRIERE, J. F.; RAALTE, A. VAN, und A. VAN DRUTEN (1929) — Kritik und Fluoreszenzreaktion; SCHLOEMER, A. (1940) — Lumineszenz raffinierten Schweineschmalzes, Einfluß von Infusorienerde; LUSTIG, B., und G. BOTSTIBER — lumineszenzmikroskopische Untersuchung dünner Fettschichten; SCHÖNBERG, FR., (1943 a, b) — Lumineszenz und Ranzigkeit.

Seetieröle. Mit der Untersuchung von Seetierölen hat sich MARCELET, H., (1927, 1929) beschäftigt. Die Fluoreszenz von 24 Proben verschiedenster Herkunft und Vorbehandlung war gelb bis kastanienbraun, bei dunklen Proben sah man deutlich eine prächtige Goldfarbe beim Herunterlaufen des Tropfens in dünner Schicht. Erhitzen auf 150 bis 200 °C verändert die Fluoreszenz nicht; diese verschwand jedoch nach dem Hydrieren.

Lebertran. Wenn man Lebertran dem Licht aussetzt, geht seine Fluoreszenz langsam verloren; es kommt zur sogenannten „Delumination". Kurz vor ihrem Eintreten ist der Vitamin-A-Nachweis mit Arsentrichlorid oder im Tierversuch nicht mehr möglich. Im Dunkeln kehrt ein großer Teil der Fluoreszenz wieder, der Vitamin-A-Nachweis gelingt jedoch nicht mehr. Es besteht eine Parallelität zwischen Fluoreszenz und Absorptionsspektrum (PEACOCK, J. R., 1926 b; PEACOCK, J. R., u. S. WRIGHT, 1926 a).

Pflanzliche Fette und Öle

Kakaobutter. Zuerst wiesen HAITINGER, M., H. JÖRG und V. REICH (1928 a) auf das unterschiedliche Verhalten der gepreßten und extrahierten Kakaobutter hin. Zahlreiche Untersuchungen beschäftigten sich später mit diesem wertvollen und daher besonders der Gefahr der Fälschung unterliegenden Lebensmittel. Wie von einer Vorprobe nicht anders zu erwarten ist, sind die Ergebnisse der verschiedensten Forscher hier sehr widerspruchsvoll. Aussagen können daher nur bei ganz bestimmten Fragestellungen und bei Begrenzung auf ein bestimmtes Material einen Sinn haben.

Um die Möglichkeit der Einarbeitung zu geben, werden folgende Arbeiten zitiert: ROON, J. D. VAN; FIELD, W. T.; SCHMANDT, W., RIPERT, J.; MAUERSBERGER, E. A.; GROSSFELD, J. (1931); KNAPP, A. W., J. E. MOSS und A. MELLEY; ACKER, L.; HENK, H. J., (1942); siehe auch den Abschnitt „Dünnschichtchromatographie", Seite 66.

Öle. Besonders nützlich hat sich die Anwendung der Analysenlampe für die Beurteilung von Olivenölen erwiesen. Es ist dabei vorauszuschicken, daß diese vor allem durch Pressung gewonnen werden können. Die erste Fraktion (Jungfernöle) besitzt die höchste Qualität. Daneben sind Herstellungen geringerer Qualität üblich, z. B. Öle zweiter Pressung und drittens solche, die mit Lösungsmitteln aus der Olivenpülpe hergestellt werden. Solche Extraktionsöle wurden ursprünglich nur zu technischen Zwecken gebraucht. Im Laufe der Zeit gelang es aber, diese Öle so weit zu reinigen, daß sie bisweilen auch als Speiseöle auftauchten oder zur Verdünnung hochwertiger Öle benutzt wurden. Es ist daher von Bedeutung, mit einer schnell durchzuführenden Serienprobe unter der Lampe Anhaltspunkte für solche Manipulationen zu bekommen. Auch hier ist selbstverständlich, daß es sich nur um eine Vorprobe handelt, die im Verdachtsfalle durch anderweitige Untersuchungen untermauert werden muß. Im einzelnen gilt folgendes:

Ein besonderes Kennzeichen der rohen Olivenöle, vor allem der Öle erster Pressung, ist ihr Gehalt an Chlorophyll. Dieses fluoresziert in öliger Lösung feuerrot (s. auch V., S. 137). Diese Öle zeigen daher die typische Chlorophyllfluoreszenz, in deren Spektrum man leicht eine rote Bande zwischen 665 und 671 nm nachweisen kann. Abb. 88 zeigt das Fluoreszenzspektrum für Chlorophyll A.

Raffinierte Öle zeigen die rote Bande nicht mehr. In Mischungen und Verschnitten solcher Öle läßt sich die rote Bande noch bei 10% Jungfernöl erkennen. Es ist auch eine überschlägige quantitative Schätzung der Mischungsverhältnisse mit Hilfe dieser Rotfluoreszenz möglich. Genauere quantitative Untersuchungen wären hier sehr empfehlenswert. Behandlung mit Schwefelkohlenstoff und Tierkohle bringt die rote Bande zum Verschwinden. Extraktionsöle haben im Spektrum die gleiche charakteristische rote Bande, da das Chlorophyll durch das Lösungsmittel mit extrahiert wird. Da aber anschließend raffiniert werden muß, so verschwindet die charakteristische rote Bande dann bei der Raffinierung. Zusammenfassend ergibt sich also, daß die Roholivenöle, insbesondere die erster Pressung, so viel Chlorophyll enthalten, daß die rote Bande gut wahrnehmbar ist, daß aber die Raffinierung die Bande zum Verschwinden bringt.

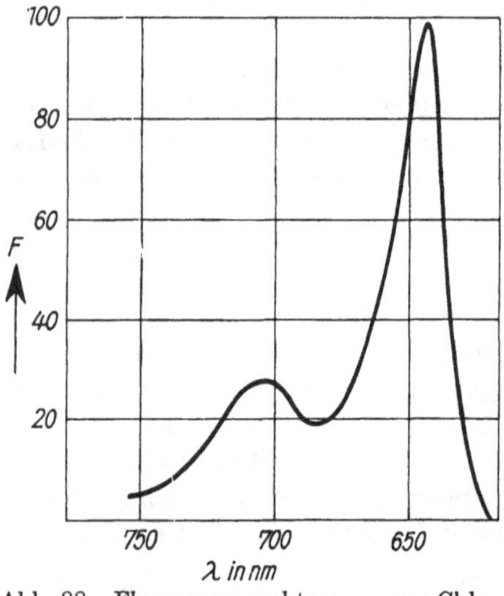

Abb. 88. Fluoreszenzspektrum von Chlorophyll a in Äthyläther (nach ZSCHEILE und HARRIS, 1943)

Arbeiten hierüber liegen vor von: DÉRIBÉRÉ, M., (1936 c, 1937 h, 1938 d); FREHSE; BAUD, A., und COURTOIS (1927, 1928, 1929); MARCILLE, R.; STRATTA, R., und A. MANGINI; DEUBLE, J. L., und R. E. SCHOETZOW; MUSHER, S., (1928, 1929); BAUD, A., (1933); LENDER, A.; PAVOLINI, T., (1930); CIUSA, W., (1936 a, b, 1938); CORTESE, D., (1934); GUILLOT, J.; FACHINI, S., und G. MARINENGHI; vgl. auch PRIZKER, J. und R. JUNGKUNZ.

Abgesehen von der besprochenen Rotfluoreszenz treten bei Ölen je nach Herkunft und Behandlung auch gelbe, grüne und blaue Fluoreszenzen auf. Die folgenden Autoren haben sich mit Untersuchungen der Veränderungen dieser Fluoreszenzen durch die verschiedensten Einflüsse beschäftigt: GISONDI, M. — Fluoreszenz und Reifungsgrad; PARRY, E. J. — Entsäuerung; BOLTON, E. R.; COCKING, T. T., und S. K. CREWS — Teesamenöl und andere Verfälschungen; SOMAINI, L. — störende Faktoren; NASINI, A. G., (1929 a, b) — Beeinflussung durch natürliche Pigmente, Carotin, Chlorophyll; PIERCE, J. A. — raffinierte Olivenöle; GLANTZ, A., und LE ROY — Carotin und Anattofarbstoff; PALENI, A. — Farbe; CIUSA, W. (1942) — Intensitätsmessungen; WAGNER, A.; Bureau of Standards; NIETHAMMER, A., (1929 a); HAITINGER, M., H. JÖRG und V. REICH (1928 a) — Verfälschung; TISCHER, J., und E. TÖGEL — Perillaöl; ROLL, F., und A. RIESS — Kernöle; ANDANT, A., (1927 b); MARCELET, H., (1930 a, b) — Spektra von Ölen; SPRÖSSER, W.; LUNDE, G., und F. STIEBEL (1933 a, b); LUNDE, G., H. KRINGSTAD und H. W. WEDDON (1933 c) — Fluorimetrie mit Pulfrich-Photometer; MORGAN, R. S., und K. MACLENNAN — Sulfuröle und andere, Vitamin A.

Seifen. In der Seifenindustrie kann die Analysenlampe benutzt werden, um Anhaltspunkte über die Haltbarkeit von Seifen festzustellen, und zwar sowohl von Grundseifen wie auch von fertigen, parfümierten Feinseifen (HAGEN, O., 1931).

Auch die Fluorimetrie wird zunehmend bei der Untersuchung von Ölen und Fetten verwendet. Hier handelt es sich besonders um die Bestimmung von Vitamin A und Vitamin E (s. hierzu S. 169).

3. Wein

Bei der Weinuntersuchung sind vor allem quantitative chromatographische und fluorimetrische Methoden von Bedeutung; dagegen hat die Untersuchung des Weines in Vorprobenform unter der Lampe kaum Bedeutung. Das ist verständlich, da eine summarische Betrachtung der Lumineszenz eines Weines deswegen kaum etwas bringen kann, weil die Zahl der Bestandteile ganz allgemein, aber auch die der möglicherweise fluoreszierenden Bestandteile so groß ist, daß eine solche Vorprobenuntersuchung wohl kaum brauchbare Resultate ergeben kann. Die Untersuchung auf einzelne Bestandteile ist dagegen von sehr großer Bedeutung.

Hierher gehört vor allem die *Untersuchung von Wein auf Hybriden.* Man versteht darunter sogenannte Ertragskreuzungen, d. h. Traubensorten, die sich nicht von der echten Weinbeere, der Vitis vinifera, ableiten, sondern durch Kreuzung der echten mit anderen Rebsorten zustande gekommen sind. Diese Ertragskreuzungen haben ihrerseits die Eigenschaft, daß sie reblausfest sind. Dafür haben sie teilweise unangenehme Geschmackseigenschaften; allerdings ist es der Züchtung gelungen, diese unangenehmen Eigenschaften teilweise so weit auszumerzen, daß man bei Weinen aus solchen Hybridentraubensorten geschmacklich kaum etwas feststellen kann. Hier setzt nun die lumineszenzanalytische Untersuchung ein. Bei Weißweinen ist sie nicht möglich, dagegen bei Rotweinen.

Das Prinzip des Verfahrens ist folgendes (Bundesgesundheitsblatt **4** [1961] Heft 2):

Rotweine aus Hybridentrauben enthalten einen Stoff, der in der echten Weintraube nicht vorkommt: Es ist ein Dicyanidindiglucosid. Die echte Weintraube enthält nur das Monoglucosid. Jenes Diglykosid, das auch in der Malve vorkommt und daher den Namen Malvin erhalten hat, hat nun im Ultraviolett, wenn es auf Filtrierpapier aufgebracht ist, eine schöne fleischrote Lumineszenz. Daher läßt es sich leicht papierchromatographisch abtrennen und nachweisen. Die Farbphotographie, Abb. 89, zeigt ein Bild, wie es sich dem Beobachter nach

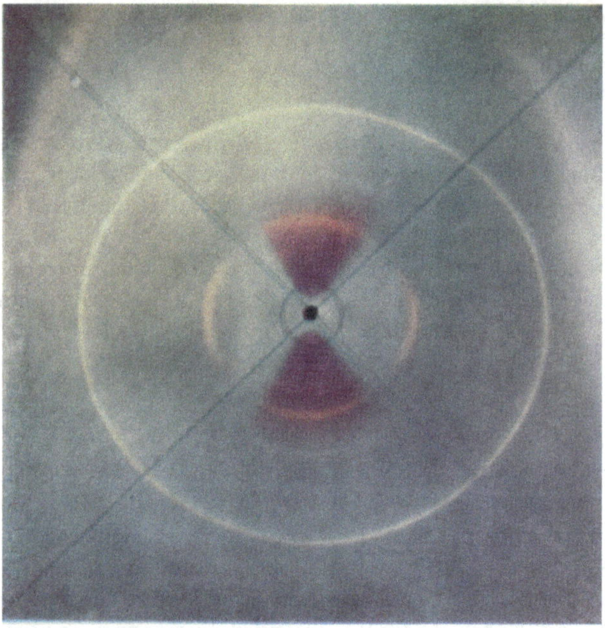

Abb. 89. Papierchromatographischer Nachweis von Malvin in Hybridentrauben (Erregung mit $\lambda = 254$ nm)

Ausführung der Chromatographie unter einer Niederdruckquecksilberlampe (254 nm) bietet. Nach Drawert, F., (1960) kann die Lumineszenz durch Besprühen der bei Zimmertemperatur getrockneten Chromatogramme mit einer wäßrigen Ammoniumaluminiumsulfatlösung noch erhöht werden.

Die Bestimmungsvorschrift, die auf Grund der Festlegungen des Bundesgesundheitsamtes getroffen wurde, befindet sich im Anhang, S. 223. Es muß hier noch erwähnt werden, daß Weine, die etwa ein Jahr stehen, diesen Nachweis nicht mehr gestatten, da das Glykosid offenbar dann zerstört oder umgewandelt ist. Die Bestimmung hat Bedeutung für aus dem Ausland eingeführte Zollweine, da dort nicht überall die Herstellung von Hybridenweinen verboten ist, während das Deutsche Weingesetz Hybridenweine nicht zuläßt.

Zur Untersuchung von *Trockenbeerweinen* wird das Verfahren von Diemair, W., B. Bleyer und F. Arnold (1934) angewendet. Es treten verschiedene Farbtönungen auf, die von Kobaltblau bis Grünstichig gehen. Dieses Verfahren wurde in letzter Zeit von DIEMAIR, W., (1960) dahingehend ergänzt, daß zur Festlegung der Fluoreszenzintensitäten von Rosinen und Paraffin ein Chininstandard angegeben wurde.

Die Rosinen werden im Fleischwolf zerkleinert und von der anfallenden breiigen Masse einmal 200 g, zum anderen 50 g mit ausgeglühtem Seesand (p. a.) verrieben, und dieser sandige Brei wird in beiden Fällen im Soxhlet-Apparat mit Petroläther 8 Stunden lang ausgezogen. Die bei der Extraktion anfallenden petrolätherischen Lösungen werden schonend auf dem Wasserbad abgedampft, und der Rückstand wird eine halbe Stunde lang bei 105 °C getrocknet und gewogen. Der Rückstand, der Wachsanteile, Fette, Farbstoffe und ähnliches enthält, wird unter Umrühren mit einem Glasstab und kräftigem Schütteln viermal mit je 2,5 ml Petroläther behandelt, die vereinigten Auszüge werden filtriert und in einem Meßkölbchen auf 10 ml aufgefüllt. Die Fluoreszenz wird in einem Photometer (mit Fluorimeterzusatz) und einer 1-cm-Quarz-Küvette gemessen, wobei die Eigenfluoreszenz der Küvette berücksichtigt wird. Als Primärfilter dient ein Filter mit einem Wellenbereich von 366 nm, als Sekundärfilter ein solches mit einem Wellenbereich von 400 bis 3000 nm. Als Bezugsgröße dient der Fluoreszenzstandard 4535 bei der Stellung 5 des Verstärkungsreglers und der Einregulierung der Lichtmarke auf 100. Die Fluoreszenz wird mit der einer frisch zubereiteten Lösung von Chininsulfat in 0,1 n Schwefelsäure im Konzentrationsbereich von 0,4 bis 400 · 10^{-8} g/ml verglichen. Außerdem wird die Fluoreszenz sowohl unter einer UV-Lampe mit einem Wellenbereich von 366 nm als auch unter einer solchen mit einem Wellenbereich von 254 nm beobachtet.

Tabelle 34 zeigt eine Übersicht über die Lumineszenzen von Trockenbeeren. Sämtliche Fluoreszenzen sind auf die einer Chininsulfatlösung der in der letzten Spalte angegebenen Konzentration bezogen.

Tabelle 34

Lumineszenzen von Trockenbeeren und daraus hergestellten Weinen

Untersuchte Probe	Extraktions-rückstand g	Fluoreszenzintensität, bezogen auf Chininsulfat 10^{-8} g/ml (= 100)
Paraffinöl DAB 6	—	0,4
Petroläther	—	0,4
fluoreszierendes Paraffinöl	—	65
fluoreszierendes Paraffinöl 1 g/10 ml Petroläther	—	6,0
Sultanas + Paraffinöl (DAB 6)	1,339	320
Rosinen (10) roh + Paraffinöl DAB 6	1,384	376
Rosinen (10) gewaschen, gebleicht + Paraffinöl (DAB 6)	1,321	355
Rosinen (10) gewaschen, gebleicht + fluoreszierendes Paraffinöl	1,277	365

(Zum Paraffinieren wurden 5 g Paraffin für 1000 g Rosinen verwendet.)

Ältere Untersuchungen über dieses Gebiet wurden veröffentlicht von: WERDER, J., und C. ZÄCH (1928 a); HEIDUSCHKA, A., und E. MÖHLAU (1930); BERG, P., und L. STOCKERT (1929); BERG, P., und E. KRÖGER (1930); MOREDOD, R.; KHOURI, J., (1932 a, b); MEIERMEISTER, A., und F. BATTAY (1931, 1929).

Feigenwein kann an seiner himmelblauen Fluoreszenz, die sehr charakteristisch ist, leicht erkannt und von anderen Weinen unterschieden werden. Ein modifiziertes Verfahren hat hier CUCURACHI, A., (1950) veröffentlicht; siehe ferner VALAER, P., (1950).

Obstweine. Über den Nachweis des Verschnittes und der Verfälschung von Traubenweinen mit Obstweinen liegen folgende Untersuchungen vor: REICH, V., und M. HAITINGER; LITTERSCHEID, F. M., (1927 b); MÜLLER, K., E. VOGT und A. RAESCH; HEIDE, C. VON DER; KLOSS, J., und W. SEIFERT; RÖHLING, A., und J. RICHARZ.

Die Meinungen dieser Autoren über den Wert des Verfahrens sind geteilt. Man sollte diese Untersuchungen erneut unter Zuhilfenahme chromatographischer Methoden aufnehmen.

Zur Säurebestimmung in farbigen Weinen mit Fluoreszenzindikatoren siehe VOLMAR, Y., und J. M. CLAVERA (1931); GALLART, J. M.; CLAVERA, J. M., sowie Abschnitt II, Seite 81.

Über Fluoreszenzspektra von Weiß- und Rotweinen siehe CANALS, E., und H. COLLET (1939).

MOHLER, H., und W. HÄMMERLE (1935, 1936) stellten aus Kirschwassern Fraktionen mit deutlicher blauvioletter Fluoreszenz her.

Glycerin, dessen Nachweis in Weinen in letzter Zeit größere Bedeutung gewonnen hat, wird von EISENBRAND, J., und M. RAISCH (1960 e) mit Hilfe der Skraupschen Synthese in im mittleren Ultraviolett (313 nm) zu starker Fluoreszenz anregbares Chinolin verwandelt. Man kann damit Glycerin in einem Tropfen Wein bestimmen. Diese Bestimmung hat vor allem für die Frage der Originalabfüllung und der Zuckerung von Weinen Wert. 0,1 ml Wein und weniger reichen für diese Mikromethode aus. Eine Vorschrift befindet sich im Anhang, S. 206.

Der Nachweis des *Vitamins* B_1 wurde von RIPPEL, K., der Nachweis von *Vitamin* B_2 von RIBÉREAU-GAYON, P., J. E. PEYNAUD und G. LAFOURCADE geführt. Diese beiden Vitamine sind in Weinen in der Größenordnung von $1 \cdot 10^{-7}$ g/ml vorhanden. Für die Vitaminversorgung haben sie keine Bedeutung, wohl aber dürften sie für das Auffinden von Verfälschungen möglicherweise interessant werden.

HENNIG, K., und R. BURKHARDT sowie BURKHARDT, R., haben phenolartige Verbindungen sowie hydroaromatische Hydroxycarbonsäuren in Wein, weinähnlichen Getränken und in Traubenbestandteilen in umfangreichen Untersuchungen ermittelt. Dabei zeigte es sich, daß auch hier die Floureszenz solcher Verbindungen in einer Anzahl von Fällen als Nachweis bei der papierchromatographischen Untersuchung sehr gute Dienste leistet. Es war so möglich, mit Hilfe der Bestrahlung mit ultraviolettem Licht die Fluoreszenzen und deren Veränderung mit Ammoniak unter anderem von folgenden Stoffen festzustellen: Ellagsäure, Chlorogensäure, Isochlorogensäure, Kaffeesäuren, Flavonole, Cumarsäuren, d-Catechin, l-Epicatechin, l-Epigallocatechin, Gallussäure, Protocatechusäure, Chinasäure, Shikimisäure, Zucker. Übersichtliche Tabellen gestatten einen Vergleich der Fluoreszenzverhältnisse bei diesen Stoffen und ihren Nachweis in Wein, weinähnlichen Getränken und Traubenbestandteilen. Auch die Trennung der Bestandteile von Eichenholzauszügen wurde mit Hilfe der Fluoreszenz durchgeführt. Dies ist bedeutsam für die Frage, welche Vorgänge sich im Faß abspielen, und für den Nachweis in Weinbränden. Verwandt wurde zur Fluoreszenzerregung sowohl kurzwelliges als auch langwelliges Ultraviolett. Die meist zweidimensionalen Chromatogramme gestatten sehr gute Differenzierungen. Diese Versuche sind auch insofern von allgemeiner Bedeutung für die Lebensmittelchemie, als ja bekanntlich der Nachweis von Chlorogensäure und ihren Verwandten bei Lebensmitteln zunehmend an Bedeutung gewinnt (s. ACKER, L., 1963). Wegen zahlreicher für den Untersucher wichtiger Einzelheiten sei auf die Originalarbeiten verwiesen.

4. Essig

Gärungsessig unterscheidet sich von Essenzessig dadurch, daß er Lumineszenz zeigt. Das hängt damit zusammen, daß die Essigsäurebakterien Lumineszenzstoffe produzieren. Über die chemische Natur dieser Stoffe gehen die Ansichten verschiedener Forscher auseinander (WÜSTENFELD, W., u. H. KREIPE; KRAUS, E. J., 1934; JANKE, A., u. H. LACROIX, 1929; JANKE, A., 1930; FLURY, F.). Daher kann man wohl sagen, daß die Lumineszenzanalyse hier eine brauchbare Vorprobe unter anderen darstellen kann, während eingehendere Aussagen mit ihr nicht möglich sind. Jodzahl-, Kalium- und Vitaminbestimmungen und Aminosäuren können hier die Vorprobe ergänzen und den Nachweis sichern (EISENBRAND, J., 1954 b).

5. Trinkwasser

Vom gesundheitlichen Standpunkt einwandfreie Wässer dürfen keine Fluoreszenz zeigen. Es ist jedoch folgendes zu beachten:

Bei der großen Empfindlichkeit moderner Meßgeräte kann man, wie EISENBRAND, J., und H. PICHER (1944) gezeigt haben, auch beim reinsten destillierten Wasser bei Bestrahlung mit ultravioletten Strahlen eine Eigenlumineszenz feststellen, und zwar erhält man bei Einstrahlung von 366 nm eine sichtbare Lumineszenz bei 418 nm, während man bei Einstrahlung von 313 und 254 nm unsichtbare (ultraviolette) Lumineszenzen erhält. Alle diese Lumineszenzen sind jedoch keine Fluoreszenzstrahlungen, sondern Ramanlinien. Die Lumineszenz von Wasser (366 nm) entspricht demgemäß etwa der einer Chininsulfatlösung von $3{,}3 \cdot 10^{-8}$ g/ml (PARKER, C. A., 1959). Eine Täuschung kann man dadurch vermeiden, daß man das zu untersuchende Trinkwasser stets mit einem Blindwert von reinstem destillierten Wasser vergleicht.

Unter Beachtung dieser Fehlerquelle kann auch hier die Lumineszenzanalyse als nützliche Vorprobe dienen. Vielfach entstehen in Gebrauchswässern Fluoreszenzen durch die Tätigkeit lebender Organismen, wie Pflanzen oder Bakterien, oder auch durch Verunreinigung mit Abläufen usw. Es empfiehlt sich dann, eine Paralleluntersuchung auf der Grundlage des Permanganatverbrauchs auszuführen. Unter Beachtung der obengenannten Fehlerquellen ist die Fluoreszenzprüfung als Mittel zur schnellen Vororientierung besonders bei großen Probenzahlen hervorragend geeignet; siehe dazu RADLEY, J. A., (1932); MERKER, E., (1931 a, b); DANGL, F., und B. NIETSCH (1952). Auch Markierung von Wässern mit Fluoreszenzstoffen ist gegebenenfalls eine erfolgversprechende Methode (Prüfung der Donauversickerung bei Tuttlingen).

6. Kaffee, Kakao, Schokolade

Auch hier hatte die Lumineszenzuntersuchung zunächst nur den Charakter einer Vorprobe. Später allerdings zeigte sich, daß es möglich ist, Inhaltsstoffe, wie Coffein, Theobromin und Theophyllin, quantitativ zu bestimmen.

Das geschieht nach folgendem Verfahren. Man macht eine chromatographische Trennung, z. B. eine papierchromatographische, und sucht unter der Lampe mit Hilfe eines vor das Auge gebrachten Gelbfilters oder einer gelben Brille auf dem Papier dunkle Flecken. Diese können von den genannten Stoffen herrühren, die infolge ihrer starken Lichtabsorption an der Stelle, an der sie sitzen, das als Fluoreszenzschirm wirkende Papier dunkel erscheinen lassen.

Über die Lumineszenzanalyse als Vorprobe haben veröffentlicht: Popp, G.; Wasicky, R., und C. Wimmer (1915); Härtel, F.; Schulte, B. W.

Über die quantitative Bestimmung von Coffein, Theobromin und Theophyllin siehe Eisenbrand, J., und D. Pfeil (1956); Englis, G. T., und J. W. Miles; Miles, J. W., und D. T. Engels sowie Raisch, M., (1958).

7. Honig, Kunsthonig, Zucker, Zuckerwaren, Speiseeis

Honig. Danckwortt, P. W., erhielt vom Bienenforschungsinstitut in Celle zahlreiche Honigproben zur Untersuchung auf ihre Lumineszenz zur Verfügung gestellt. Er konnte jedoch keine brauchbaren Unterschiede feststellen (s. hierzu auch Obran, G., u. J. Stitz; Gérard, G.; Bruere, P.).

In diesen älteren Arbeiten wurde teilweise der Versuch gemacht, mit Hilfe der Lumineszenz festzustellen, ob eine bestimmte Honigsorte verfälscht sei. Es gilt hier jedoch ähnliches, wie beim Wein schon ausgeführt wurde. Honige stellen sehr komplizierte Systeme verschiedener Stoffe dar, wenngleich die Hauptmenge durch Invertzucker gegeben ist. Unter diesen Stoffen befinden sich zahlreiche Fluoreszenzstoffe, die meist in Spuren vorhanden sind und in verschiedenen Mengen gemischt ganz verschiedene Lumineszenzen ergeben, ohne daß dabei der eine Honig schlechter sein müßte als der andere. Eine nützliche Verwendung der Lumineszenzanalyse kann hier auch wieder nur zusammen mit chromatographischen Methoden, die zu einer Trennung führen, erwartet werden.

Zucker. Rohr- und Rübenzucker zeigen keine nennenswerte Lumineszenz, auch Milchzucker, Stärkezucker und Traubenzucker nicht. Wenn die Letztgenannten manchmal rötlich aussehen, so kommt das daher, daß die Primärfilter bei vielen Lampen Spuren roten Lichtes durchlassen, die dann eine rote Fluoreszenz vortäuschen.

Arbeiten über die Lumineszenz von Zuckern, besonders im Zusammenhang mit Bräunungsreaktionen, wurden veröffentlicht von Bersin, T., und A. Müller; Graham, W. D., P. Y. Hsu und J. MacGinnis; Patton, A. R., und P. Chism (1951).

Zuckerwaren. Zuckerwaren, wie z. B. Bonbons, sind insofern interessant, als sie Farbstoffe, wie z. B. Auramin, das früher als Lebensmittelfarbstoff in einigen Ländern gestattet war, sehr schön aufleuchten lassen. Auraminbonbons zeigen ein ganz intensives grüngelbes Leuchten. Ob dieses mit den in der Literatur mehrfach beschriebenen Zuckerphosphoren etwas zu tun hat, ist nicht bekannt.

Speiseeis. Insofern als Speiseeis meist Zucker neben Wasser als Hauptbestandteil enthält, gehört es auch zu den Zuckerwaren. Kottasz, J., bestimmte den Gesamtsäuregehalt von Speiseeis durch die Lumineszenzanalyse. In Speiseeis mit relativ hohem Gehalt an Bakterien, insbesondere Milchsäurebakterien, werden Azofarbstoffe in fluoreszierende Naphthylaminosulfosäuren übergeführt (BROHM, K., u. E. FROHWEIN). EISENBRAND, J., und H. MEYER (1960 c) haben gezeigt, daß man die Reduktionswirkungen von Milchsäurebakterien mit Hilfe dieser starken Fluoreszenzstoffe schon nach etwa 20 Minuten nachweisen kann, was einer einzigen Zellteilungsperiode entspricht.

8. Gefrierkonserven, Obst, Gemüse, Kartoffeln

HERRMANN, K., bestimmte Kaffeesäure und Chlorogensäure in Obst und Gemüse mit Hilfe ihrer Fluoreszenz nach papierchromatographischer Trennung. In Blättern von Steinobstbäumen bestimmte WOLFF, J., (1958) Chlorogensäure und ihre Isomeren. SUMERE, CH. VAN, F. PAMENTIER und M. VAN PUCKE (1959) berichteten über die gegenseitige Umwandlung von Kaffeesäure und Äsculetin. Ältere Arbeiten befassen sich ebenfalls mit dem Verhalten von Obst und Gemüse unter der Analysenlampe als Vorprobe. Auch hier gilt wieder, was über die Vorprobe schon früher gesagt wurde.

Wie wertvoll dabei die Lumineszenzanalyse auf Teilgebieten werden kann, zeigen vor allem die Gemüseuntersuchungen von MEYER, G., Bronnenburg bei Hannover (unveröffentlichte Privatmitteilung). Zweck seiner Untersuchungen war das Erkennen von Fäulniszeichen, die bei gewöhnlicher Prüfung nicht in Erscheinung treten, mit einer einfachen, zur Serienanalyse geeigneten Probe. Sie erstreckte sich auf Weiß- und Rotkohl, Gurken, Bohnen, Kartoffeln und rote Wurzeln (Möhren). Entscheidend innerhalb derselben Sorte und Züchtung wirkt die Düngung, auf Grund derer unter der Lampe scharf voneinander unterschiedene Bilder erhalten werden. Der Erfolg seiner Unternehmungen war der, daß bei der Verarbeitung von Dauerwaren (Konservierung, Einwinterung, Sauerkrauteinschnitt usw.) ein viel geringerer Verlust und eine größere Ausbeute eintrat, was z. B. für Konservenfabriken von großem Wert ist. Tabelle 35 zeigt die Ergebnisse.

Tabelle 35

Untersuchung von Gemüse auf Fäulniszeichen

Gemüse	Nach Augenschein und allgemeiner Beurteilung im Durchschnitt		Nach Untersuchung von Proben unter der Quarzlampe im Durchschnitt	
	Verlust	Ausbeute	Verlust	Ausbeute
Weißkohl, je nach Sorte	50 bis 55	45 bis 50	44	56
Gurken	20 bis 25	75 bis 80	8	92
Bohnen, als Schnittbohne	12 bis 15	85 bis 88	10	90

Ähnliche Beobachtungen an Gemüse und Obst veröffentlichten LÜCHOW, G., und S. OTTO. SANDILANDS, G. W., untersuchte Orangen mit einem Fluoroskop. Dabei gelang ihm die Ausscheidung frostgeschädigter von guten Früchten im technischen Maßstab. NICOLAISEN-SZUPIN, L., und N. NICOLAISEN fanden, daß gesunde Früchte gleichmäßig lila fluoreszierten. Gefrorene Früchte zeigen die gleiche lila Fluoreszenz; Schadenszonen fluoreszieren grauweiß, Faulstellen dunkelbraun.

Weniger Erfolg hatte diese Vorprobenuntersuchung bei dem Versuch, eine Sortendiagnostik der Kartoffeln durchzuführen. Auch ältere Untersuchungen über Saatgut sind nicht eindeutig (PIEPER u. GRUMBACH; GEYER 1932; MARX, TH., u. F. MERKENSCHLAGER; WIEGEL, E.; TRÜMPENER, E.).

Nach LITTERSCHEID, F. M., (1928) kann man Apfelkraut und Rübenkraut voneinander unterscheiden. Besonders kräftige Lumineszenzen zeigten Kraut- und Melassesorten, wenn man wenige Gramm auf einem Uhrglas mit etwa der vierfachen Menge Bleiessig verrieb.

Über Sojaöl siehe WAGNER, A., (1929); ferner SCHOLFIELD, C. R., und H. J. DUTTON; ferner WEISS, H., (1949); WODSAK, W.

Quantitative fluorimetrische Bestimmungen in Ölkuchen führten JUILLET, A., und J. COURP (1931 a) durch.

Samenprüfung. Hier erweist sich die Lumineszenzprobe oft als recht nützlich (ALBRECHT, F.; PICKHOLZ, S.; TAUSZ, J., u. H. RUMM, 1928; BERLINER, E., u. R. RÜTER; BARBADE, P.; SEIDEL, K.). BRUNOTTE, W., stellt mit Hilfe der Quarzlampe Auswuchs im Getreide fest, wenn dieser im Tageslicht noch nicht sichtbar ist. HÄRDTEL, H., beschäftigt sich besonders mit Roggenuntersuchungen. NIETHAMMER, A., (1929 b) legt bei der Prüfung von Samen- und Warenproben besonderen Wert auf den Unterschied der Fluoreszenz zwischen alten und frischen Objekten, was für die Beurteilung sehr wesentlich ist. Nach STADLER (1934) kann Eosinweizen dadurch nachgewiesen werden, daß man das Material mit Kaliumhydrogensulfat unter Zugabe eines Wollfadens behandelt. Unter der Lampe zeigen die Wollfäden bei Gegenwart von Eosin eine deutliche Fluoreszenz. Im übrigen ist auch hier wieder über diese Vorprobe und ihre Leistungsfähigkeit eine lebhafte Diskussion entstanden, siehe dazu VOSS — Weizensorten; HÜLSEMANN, H. H. — Wintergersten; WÖSTMANN, E. — Brandsporen; FOY, N. R. — Bohnen; HULLET, E. W., und J. W. CALDER — Raygrassorten; GENTNER, G. — Samen; LINSBAUER, L. — Bohnen.

Offenbar kann die Vorprobe auch in diesen komplizierten Stoffsystemen nur in sehr engem Rahmen Nützliches leisten. Auch hier beginnt man daher, durch chromatographische Trennungen bessere Unterscheidungen zu erarbeiten. Siehe hierzu BÖRNER, H. — Ferulasäure in Stroh; SCHUPHAN, W., und I. WEINMANN — Unterscheidung von Brassicaarten; SUMERE, CH. VAN, H. HILDERSON und L. MASSART (1958) — Cumarin und Phenole.

Auch für die Züchtungsforschung wurde der Cumarinnachweis bei Lupinenarten bereits erfolgreich verwendet (s. Abschnitt „Botanik“, S. 142).

Zu diesen Fragen siehe ferner MERZ, J. L., (1934) — Spalterbsen und Kichererbsen; NESENI, R., (1934 b) — Erbsen; DANCKWORTT, P. W., (1935) — Wickensamen; HAITINGER, M., und V. REICH (1929 b) — Saatgut; FORJAZ, P., (1936) — Tabaksorten; MEZZADROLI, G., und E. VARETON (1929) — Samen; WOODROW, J. W., und A. R. SCHMIDT — Vitamin A; WALLERSTEIN, J. S., R. T. ALBA und M. G. HALE — Kartoffelknollen, Oxydase; HOCK, A., (1937 a, b, c) — Humusuntersuchungen; SEGEBERG, H., — Moorchemie; MILNER, M., D. L. BARNEY und J. A. SHELLENBERGER — Insekteneier.

9. Bier, Brauereiwesen

Es liegen hier folgende zusammenfassende Arbeiten vor: BERMANN, V.; BAELSLÉ, R., und J. DE WEVER; GRANT, J.; LOEWE, F. H., (1937); DENNINGTON, A. R.; ALBRECHT, F.; PICKHOLZ, S. -- Braugerste.

Die neuen chromatographischen Methoden werden auch erweiterte Untersuchungsmöglichkeiten für Bierfärbemittel ergeben. Bemerkenswert ist, daß Farbmalzbiere eine hellblaue Fluoreszenz zeigen. Bei Malzbieren handelt es sich vielfach auch um Durchführung von Vitaminbestimmungen (s. hierzu S. 210). KLATZKIN, C., F. W. NORRIS und F. WOKES haben neuerdings eingehende Versuche über die Bestimmung von Vitamin B_2 (Riboflavin) in Malzzubereitungen durchgeführt; siehe auch Anhang.

10. Mehl, Brot, Backwaren und Backhilfsmittel

Die Betrachtung von Mehlsorten unter der Quarzlampe hat ebenfalls nur Vorprobencharakter. Nach BERLINER, E., und R. RÜTER sind hier keine weitergehenden Schlüsse möglich, z. B. kann man so nicht einfach Roggen- und Weizenmehl unterscheiden, da Färbung und Helligkeitsgrad in erster Linie vom Ausmahlungsgrad abhängen.

Die Eigenfluoreszenzen dieser Mehle sind überhaupt nicht sehr stark und auch nicht sehr charakteristisch. Im allgemeinen liegen mattweiße, bläuliche oder auch graue Farbtöne vor, vereinzelt, wie bei Bohnenmehl, ist auch ein grüner Stich vorhanden. In besonderen Einzelfällen kann es möglich sein, Bohnenmehl in Weizenmehl nachzuweisen (s. POPP, G.; VOLMAR, Y., 1927; CIGNOLI, F., u. B. BERISSO, DÉRIBÉRÉ, M., 1936 d; SEIDEL, K., 1930; PANNIER, M. R.; KARACSONYI, L.; BARBADE, P.; GROSBÜSCH, J.). KRIGER, L., hat die Fluoreszenzen von Mehlen nach Alkoholextraktion, Aufbringung auf Filterpapier und Behandlung mit 25%iger Natronlauge untersucht und interessante Unterschiede festgestellt (s. auch BRADLEY, W.).

Brot zeigt Eigenfluoreszenz, ebenso wie viele Backwaren, z. B. Kekse. Einzelheiten hierüber siehe in „Fluoreszenzmikroskopie“ von HAITINGER, M. Es war HANSSEN, E., (1954, 1955 a, 1956) sowie HANSSEN, E., und E. DODT (1955 b) auf diese Weise möglich, durch photographische Aufnahmen interessante neue Erkenntnisse über die Struktur von Gebäcken zu gewinnen, insbesondere erkannten sie, daß die Gebäcke in zwei Klassen zu teilen sind, und zwar in solche, die ein Stärkegerüst besitzen, und solche, die ein Eiweißgerüst besitzen (s. auch HAITINGER/EISENBRAND, WERTH).

Über die Bestimmung von Vitaminen im Mehl, Brot und Backwaren gilt ähnliches wie für andere Lebensmittel. Insbesondere kann Vitamin B_1 (Aneurin) sehr gut fluorimetrisch in Mehlen bestimmt werden. Man findet, daß das Vitamin am meisten in den äußersten Schichten des Kornes lokalisiert wird und daß der Gehalt nach innen, d. h. nach dem Mehlkörper zu, abnimmt. Eine Bestimmungsvorschrift für Vitamin B_1 siehe im Anhang, S. 218.

Es ist nicht ohne Interesse, hier noch eine Beobachtung von POPP, G., zu erwähnen, die von TILLMANS, J., H. RIFFART und A. KÜHN; KARSTEN, A., (1935 b) sowie GRÜNSTEIDL, E.,

(1931, 1930) bestätigt wurde, daß nämlich die bläuliche Eigenlumineszenz von Weizenmehlen und der daraus bereiteten Teige durch Eierzusatz allmählich aufgehoben wurde. Eine Teigware mit $2^1/_2$ Eiern je 500 g Mehl zeigte unter der Lampe nur noch ein ganz schwaches bläulichviolettes Leuchten. Wie wir feststellten, handelt es sich bei dem Verschwinden dieser Fluoreszenzen durch Eizusatz um eine Lichtfilterwirkung der gelben Eifarbstoffe.

Hefe. Hefe als Backhilfsmittel wird hauptsächlich als Preßhefe verkauft. Diese Preßhefe enthält, wie bekannt, zahlreiche biologisch interessante Stoffe, darunter auch Vitamine. Die Bestimmung von Vitamin B_1 kann wegen des relativ hohen Gehaltes (bis zu 0,5 mg-%) relativ einfach durchgeführt werden (s. dazu S. 210). Interessant ist auch die Bestimmung der reduzierenden Kraft gärender Hefen durch Zusatz von Farbstoffen. Verwendet man Azofarbstoffe, so entstehen sehr stark fluoreszierende Naphthylaminosulfosäuren, die sich leicht nachweisen lassen (EISENBRAND, J., u. A. KLAUCK, 1957 b; EISENBRAND, J., u. D. PFEIL, 1957 a).

11. Verschiedenes

Gewürze. Über Gewürzprüfungen wurde bereits in VII., „Botanik und Pharmakognosie", berichtet. Auch hier gilt, daß die lumineszenzanalytische Vorprobe durch einfache Betrachtung unter der Lampe nur begrenzten Wert hat. Dagegen verspricht die Lumineszenzanalyse in Verbindung mit chromatographischen Methoden Erfolg. Hier sind besonders die Arbeiten von STAHL, E., (1956, 1958 a, b, 1959, 1960, 1961 a, b) zu erwähnen, über die im Abschnitt „Dünnschichtchromatographie", S. 66, bereits eingehend referiert wurde.

Lebensmittelfarbstoffe. Während früher in den verschiedenen Ländern bis zu 88 verschiedene Teerfarbstoffe in Gebrauch waren, die den Lebensmitteln zugesetzt werden durften, ist in den letzten Jahren auf diesem Gebiet eine starke Begrenzung eingetreten, die vor allem darauf zurückzuführen ist, daß man die Frage, ob durch solche Farbstoffe eine Gesundheitsschädigung eintreten könne, nicht mehr in allen Fällen einwandfrei verneinen konnte. So ist heute der in Bonbons sehr schön grüngelb fluoreszierende Farbstoff *Auramin*, der früher vor allem in Zitronendrops verwendet wurde, nirgends mehr zugelassen. Er kann schon in der Vorprobe sehr leicht gefunden werden, indem man die Zuckerwaren unter die Quarzlampe legt. Auch im papierchromatographischen Nachweis zeigt dieser Farbstoff dieselbe starke Fluoreszenz, dagegen nicht in wäßriger Lösung.

Zur Lebensmittelfärbung sind heute noch in verschiedenen Ländern *Azofarbstoffe* zugelassen. Ihr Nachweis kann in kleinsten Mengen durch Reduktion erfolgen, wobei sehr stark fluoreszierende Naphthylaminosulfosäuren entstehen. Die bekannteste dieser Sulfosäuren ist die Naphthionsäure, die ja in der Fluorimetrie seit langem bekannt ist und auch als Standard verwandt wird. Auch durch biologische Reduktion, z. B. durch Hefegärung und in noch viel größerem Maße durch Milchsäuregärung, lassen sich solche Azofarbstoffe in fluoreszierende Naphthylaminosulfosäuren umwandeln (EISENBRAND, J., u. O. LORSCHEID, 1959 a, b, c, d; EISENBRAND, J., u. E. LANG, 1960 a; EISENBRAND, J., u. A. KLAUCK, 1957 b, 1958, 1959; EISENBRAND, J., 1955).

KOETHER, B., (1960 b) wies nach, daß aus den genannten Azofarbstoffen auch im Organismus von Säugetieren Fluoreszenzstoffe entstehen, deren Nachweis durch Papierchromatographie und Betrachten des Chromatogrammes unter der Quarzlampe geführt wurde. Damit war erwiesen, daß solche Reduktionen nicht nur durch Bakterien, sondern auch im Körper von Säugetieren stattfinden.

Tabak. Die Entstehung krebserregender Kohlenwasserstoffe, in erster Linie von 3,4-Benzpyren, im Tabakrauch fand in letzter Zeit zunehmendes Interesse. SCHMÄHL, D., U. CONSBRUCH und H. DRUCKREY (1954) haben an 21 verschiedenen Zigarettensorten die Fluoreszenzintensität von Lösungen des Zigarettenrauches in Benzol quantitativ bestimmt. Die Tabake waren Virginia-, Orient- und Naturtabake. Es ergaben sich dabei erhebliche Unterschiede der einzelnen Sorten im Gehalt an fluoreszierenden Stoffen. Sie fanden ferner, daß nur etwa

Abb. 90. Fluoreszenzintensität von Zigarettenrauch in Benzol nach „Mundrauchen" und „Lungenrauchen" (SCHMÄHL, D., U. CONSBRUCH und H. DRUCKREY).
Linke Küvette: Rauch von 6 Zigaretten in optisch leerem Benzol absorbiert, nicht inhaliert. Sehr starke Fluoreszenz
Mittlere Küvette: Optisch leeres Benzol als Kontrolle. Keine Fluoreszenz
Rechte Küvette: Rauch von 11 Zigaretten nach Inhalation, in optisch leerem Benzol absorbiert. Schwache Fluoreszenz
(Photo: Leica und UV-Filter; Küvetten unter Quarzlampe)

die Hälfte der fluoreszierenden Substanzen im Zigarettenrauch durch wäßrige Lösungsmittel mit Säure oder Alkaloid extrahierbar sind.

Abb. 90 zeigt sehr instruktiv den Unterschied zwischen Rauchen mit Inhalieren und sogenanntem Mundrauchen. In der linken Küvette ist der Rauch von sechs Zigaretten in optisch leerem Benzol absorbiert worden. In diesem Falle wurde nicht inhaliert. Es zeigt sich eine starke Fluoreszenz. In der rechten Küvette wurde der inhalierte Rauch von elf Zigaretten in optisch leerem Benzol absorbiert. Es zeigt sich kaum eine Fluoreszenz und nur ein sehr geringer Unterschied gegenüber der mittleren Küvette, in der sich als Vergleich das Lösungsmittel Benzol allein befindet.

Die genannten Autoren stellten in diesem Zusammenhang fest, daß bis zu 98% der fluoreszierenden Stoffe bei inhalierendem Rauchen in der Lunge festgehalten werden können.

Schließlich wird mit Hilfe dieser Fluoreszenzstoffe die Wirksamkeit von Filtern untersucht. Die Autoren fanden, daß die besten zur Untersuchung gekommenen Filter bis zu 50% der fluoreszierenden Produkte zurückhielten. Besonders interessant ist dabei, daß die dort untersuchten Filter nur die hydrophilen (wasserlöslichen Produkte) zurückhielten, daß dagegen die lipophilen Produkte, zu denen bekanntlich die cancerogenen Kohlenwasserstoffe gehören, überhaupt nicht zurückgehalten wurden.

Zur Standardisierung solcher Rauchversuche empfiehlt SCHMÄHL, D., (1955) Chininsulfat. SCHMÄHL, D., und H. SCHNEIDER (1957) finden ferner einen starken Einfluß des Lichtes auf Zigarettenrauch, es erfolgt eine Fluoreszenzabnahme nach dem Schema einer Reaktion erster Ordnung. Die Natur dieser „labilen" fluoreszierenden Produkte im Tabakrauch ist noch unklar. Wahrscheinlich sind es keine aromatischen Kohlenwasserstoffe.

COOPER, R. L., und A. J. LINDSEY untersuchten ebenfalls Zigarettenrauch sowohl fluoreszenzspektrographisch als auch mit Lichtabsorption. Es wurden folgende aromatische Kohlenwasserstoffe identifiziert: Acenaphthen, Anthracen, Pyren, 3,4-Benzpyren, 1,12-Benzperylen und in Spuren auch Fluoranthen, Phenanthren, Anthanthren sowie wahrscheinlich 3-Methylpyren, 2,2-Methylanthracen und 2-Methylnaphthalin. Die quantitative Bestimmung ergab in Rauch von 500 Zigaretten 4 μg 3,4-Benzpyren, 55 μg Pyren und 48 μg Anthracen. Teer aus berauchten Denicotea-Filtern enthielt dieselben Kohlenwasserstoffe.

Bedarfsgegenstände aus Kunststoff. Kunststoffe, die zur Aufnahme von Lebensmitteln bestimmt sind, fallen unter das Lebensmittelgesetz und müssen daher in gesundheitlicher Beziehung den Anforderungen dieses Gesetzes genügen. Sie dürfen also keine gesundheitsschädlichen Stoffe an Lebensmittel abgeben. Für die Herstellung solcher Kunststoffgegenstände und Verpackungsmaterialien ist eine Anzahl von Hilfsstoffen erforderlich, z. B. Weichmacher oder Stabilisatoren. Einer dieser Hilfsstoffe ist Paraffin. Dieser Stoff wird außerdem auch zur Herstellung von Kaugummi verwendet, der nach dem Gesetz als Lebensmittel behandelt wird. Es hat sich nun gezeigt, daß auch bei Paraffin die Verunreinigung mit cancerogenen Kohlenwasserstoffen vermieden werden muß. Daher liegt eine Prüfungsvorschrift des Bundesgesundheitsamtes vom 13. 1. 1961 im Bundesgesundheitsblatt vor, die mit Hilfe eines Chininstandards eine quantitative Begrenzung lumineszierender Substanzen, zu denen auch Benzpyren gehört, vorsieht. Die Vorschrift ist folgende:

In ein Reagenzglas 16 (DIN 12395) aus fluoreszenzfreiem Quarzglas wird die klar geschmolzene Hartparaffinprobe mindestens 7 cm hoch eingefüllt, in ein gleiches Glas, gleich hoch, eine frisch bereitete Lösung von Chininsulfat DAB 6 in 0,1 n Schwefelsäure, die in 1 ml 0,1 μg ($= 10^{-7}$ g) Chininsulfat (bezogen auf das 8-Hydrat) enthält. Die Fluoreszenz wird unter einer UV-Niederdruck-Analysenquarzlampe (Wellenlänge 254 nm) in dem unten beschriebenen Prüfgerät im auffallenden Licht verglichen. Der Abstand der beiden Prüfgläser im Lampenfilter muß 15 cm betragen. Die Quarzlampe muß mindestens 10 Minuten vor dem Einsetzen der beiden Prüfgläser eingeschaltet werden. Die Fluoreszenz der Hartparaffinprobe darf nicht stärker sein als die der Chininsulfatvergleichslösung.

Prüfgerät. Das Fluoreszenzvergleichsgerät (s. Abb. 91) besteht aus einer Halterung für die Probegläser und einer nicht reflektierenden und nicht fluoreszierenden schwarzen Abschirmhaube, die die Betrachtung in einem bestimmten, stets gleichen Winkel ermöglicht. Versuche haben gezeigt, daß der Nachweis physiologisch bedenklicher aromatischer Stoffe mit UV-Niederdrucklampen eindeutiger und spezifischer geführt werden kann als mit UV-Hochdrucklampen, weil bei den letzteren der Wellenlängenbereich der UV-Strahlung wesentlich breiter ist. Bewährt hat sich das Spezial-Analysengerät der Quarzlampen GmbH, Hanau, Labormodell NN 15/14 Typ PL 320 W. Voraussetzung für die richtige Beurteilung ist, daß keine fluoreszenzlöschenden Stoffe zugegen sind. Fällt der Schwefelsäuretest positiv aus, so ist mit deren Vorhandensein zu rechnen. Vgl. auch EISENBRAND, J., (1962 b, c und 1963).

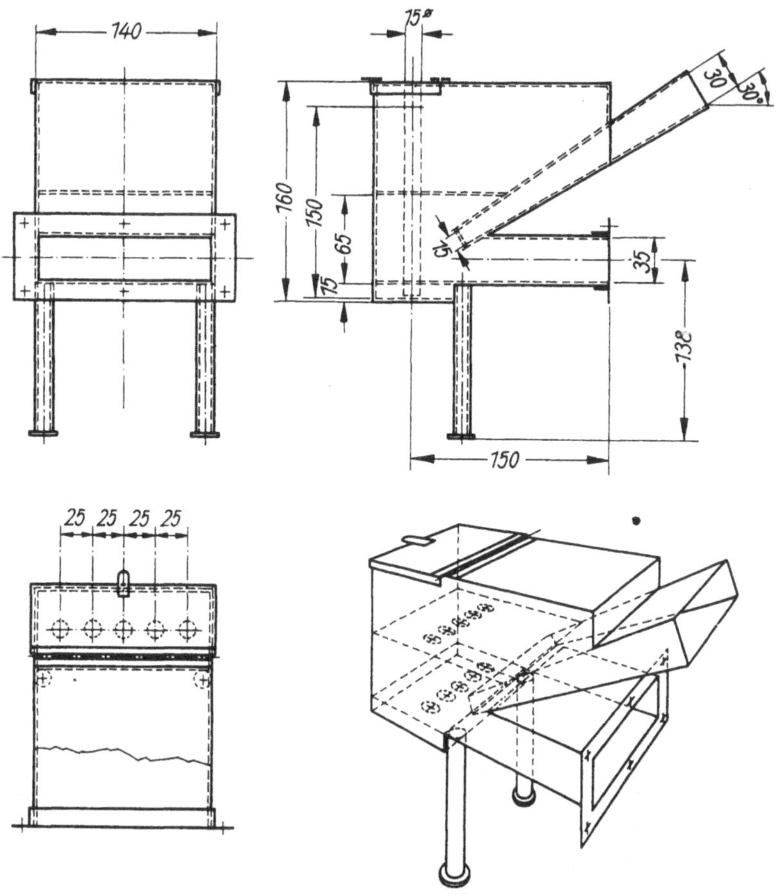

Abb. 91. Fluoreszenzvergleichsgerät für Paraffinuntersuchungen (Maße in mm)

Weitere Untersuchungen über Wachse liegen vor von NELSON, L. B., und D. J. STORMONT.

Zusammenfassende Veröffentlichungen über Lebensmittel liegen ferner vor von KOSLOW, I. N. — Identifizierung von Lebensmittelfarbstoffen durch Lumineszenzanalyse und chromatographische Analyse; TSVANG, M., und BOSHNYAKOW — Auffindung von Verunreinigungen in Lebensmitteln; FREYTAG, H., (1951) — Nachweis von Tylase und Alginsäure.

XI. Gerichtliche Chemie (Kriminalistik)

Zwei Vorteile hat auf diesem Gebiet die Untersuchung mit der Quarzlampe: einmal die schnelle Ausführbarkeit und zum anderen die zerstörungsfreie Prüfung am Objekt.

Frühere Untersuchungen siehe FISCHER, H., (1925); LEDDEN-HÜLSEBOSCH, C. J. VAN, (1923, 1926); RUBNER (1926); BEIN und H. J. BRAUN; SCHEFFER, W., und P. MÜLLER (1927); WIETHOLD, F.; ITO, T.; TÜRKEL, S., (1926); GLIMM, E., und H. SCHRÖDER; MARTIN, F. W.; GRANT, J., (1934 d).

Unterscheidung von Papiersorten. Wie bereits in Kapitel VIII unter „Gerberei und Papierfabrikation" gezeigt wurde, sind Papiersorten unter der Quarzlampe mannigfach verschieden. Insbesondere lassen sich solche mit Wasserzeichen gut voneinander unterscheiden. Daher ist die Echtheitsprüfung von „Papieren", wie Dokumenten, Banknoten und anderem, naheliegend. Wenn man nach GRANT, J., (1934 d) auf das Wasserzeichen eine dünne Schicht einer Mischung von 100 g Puderzucker und 0,5 g Rhodamin G 6 streut und das Blatt in einer Schale mit Wasser unter die Quarzlampe bringt, so hebt sich nur das echte Wasserzeichen sekundenweise durch helle Fluoreszenz von dunklem Grunde ab. Dieses Wasserzeichen läßt sich dann auch photographieren, wie dies auf Abb. 62 und 63 (S. 106) ersichtlich ist.

Gefälschte Invalidenmarken waren dadurch zu erkennen, daß sie im ultravioletten Licht sich deutlich von echten Marken unterschieden: sie blieben dunkel, während die echten Marken eine gleichmäßig helle Fluoreszenz zeigten (Abb. 58 und 59, S. 104).

Auch als Hilfsmittel zur *Prüfung von Briefmarken* werden filtrierte ultraviolette Strahlen gern verwendet (MÜLLER, E.; STINER, O.; RICHTER, G.; BACHMANN, W.; SEFI, A. J.). Für das Erkennen von Ganzfälschungen und von Verfälschungen ist dieses Verfahren hervorragend geeignet. Natürlich ist es erforderlich, die echte Marke als Vergleich daneben zu legen. Folgendes ist dabei noch zu beachten: Bei der Beurteilung gebrauchter Marken ist größte Vorsicht nötig, denn verschiedene gebrauchte Marken, die aus der gleichen Herstellung stammen, können ganz verschieden fluoreszieren. Die Ursache ist meist die Klebsubstanz. Auch Reparaturen an Marken sind leicht feststellbar. Die Feststellung entfernter Tintenentwertung gelang nicht. Abb. 56 und 57 wurden bereits im Abschnitt „Photographische Wiedergabe von Fluoreszenzbildern" (s. S. 104) besprochen. CHEAVIN, W. H. S., konnte unter der Lampe zeigen, daß ungebrauchte Briefmarken, die auf gebrauchten lagen, den Entwertungsstempel der gebrauchten Marken aufwiesen. Auch auf dem durchsichtigen Papier, das in Briefmarkenalben zwischen den Marken liegt, konnte die Übertragung des Stempels nachgewiesen werden. KÖGEL, G., (1927) beschreibt einen ähnlichen Fall. Der Stempelabdruck hatte sich hier durch den Briefumschlag auf den Briefbogen übertragen, und zwar je ein Abdruck auf der Vorder- und Rückseite des Briefbogens, woraus sich ergab, daß der Brief schon einmal geöffnet war.

Es gibt zahlreiche Beispiele, die zeigen, daß *ausradierte* oder *ausgelöschte Stellen auf Dokumenten* durch die Lampe sichtbar gemacht werden können. SCHEFFER, W., und P. MÜLLER (1927) berichten, daß bei den bekannten Anteilscheinen der Karl-Ludwig-Eisenbahn der Entwertungsstempel von Fälschern in zahlreichen Fällen mit Hilfe chemischer Mittel entfernt worden war. Auch das ließ sich unter der Analysenlampe gut erkennen. BEIN und H. J. BRAUN berichten von einer ähnlichen Untersuchung an Scheinen einer ausländischen Anleihe. Es konnten manchmal Hunderte von solchen Stücken an einem Tag auf Echtheit geprüft werden. Die Vorteile bei solchen Serienuntersuchungen wurden schon früher dargelegt.

Auch in der Altertumsforschung spielen solche Fragen eine große Rolle. KÖGEL, G., (1922) hat die Methodik vor allem bei der Palimpsestphotographie eingeführt.

Eine Scheckfälschung, die unter der Lampe leicht erkannt werden konnte, beschreiben SCHEFFER, W., und P. MÜLLER (1927). Bei der Zerstörung von Tintenschriften und Chemikalien ist die Fluoreszenz des chemisch behandelten Papiers an den Behandlungsstellen meist verändert. DANCKWORTT, P. W., konnte so eine Radierung in einem Kirchenbuch nachweisen (unveröffentlichte Privatmitteilung). MELLET, R., und M. A. BISCHOFF (1925) versuchten entfernte Tintenschriften durch Anfärben mit fluoreszierten Farbstoffen wieder sichtbar zu machen. (Siehe hierzu auch die Patentanmeldungen von BLOCK, D. J.; DENZLER, O.; Waterlow and Sons Ltd.; Plymouth Cordage Co. Hiernach soll Papier mit stark fluoreszierenden Stoffen besprüht werden. Rasuren und chemische Behandlung sollen dann leicht zu erkennen sein.) Auch folgende Behandlung ist möglich: Man reibt das Dokument mit verdünnter Chininsalzlösung ab. Es gibt dann Fälle, in denen die behandelte Stelle nach dem Trocknen dunkel bleibt, während die unbehandelten Teile hellblau fluoreszieren. Weiteres Material über Schriftfälschungen und deren Prüfung finden sich bei MITCHELL, C. A., (1930, 1932, 1934); MEZGER, O., (1929 b).

Nicht nur wegradierte, sondern auch *schlecht sichtbare Schriftzeichen* können bisweilen durch die Lampe wieder zum Vorschein gebracht werden. BEIN und H. J. BRAUN berichten über die Umklebung gebrauchter Kostenmarken.

Ein wichtiges Gebiet ist das der *Echtheitsprüfung von Gemälden*. BAYLE, E., und H. GEORGE (1926) konnten bei einem Rubensgemälde, bei dem Zweifel an der Echtheit entstanden war, im filtrierten Ultraviolett die leuchtenden Striche des Namens erkennen, die im Tageslicht nicht zu deuten waren. Über einen ähnlichen Fall berichtet GASSUL, R., (1928). Die Entzifferung verkohlter Manuskripte erreichte GRANT, J., (1941) durch Behandlung mit fluoreszierendem Öl. Die Methode verspricht überall da Erfolg, wo Papier- und Schriftreste das Öl verschieden aufnehmen.

MEZGER, O., (1929 b) zeigte, daß herausgerissene Seiten eines Kopierbuches anders fluoreszierten als die im Buch verbliebenen Seiten. Das erklärte sich später durch die verschiedenartige Einwirkung von Licht auf die herausgerissenen und die verbliebenen Seiten. Hieraus ergibt sich, daß man beim Vergleich zweier Stücke, selbst der gleichen Papiersorte, aber mit verschiedener Vorgeschichte, Vorsicht walten lassen muß. Bei dem im ersten Teil bereits besprochenen bekannten Einfluß der Feuchtigkeit auf verschiedene Fluoreszenzen ergibt sich, daß auch der Feuchtigkeitsgehalt von Dokumenten die Fluoreszenzerscheinung verändern kann. Auch der „Gesundheitszustand" von Papieren kann unter der Lampe besser erkannt werden als im gewöhnlichen Licht. Dies ist bekanntlich für die Konservierung von alten Dokumenten und Akten von Bedeutung, die leicht von Bakterien befallen werden können. Über die Untersuchung von Anilin-Tintenschriften berichtet KÜNKELE, F.

Über Postdelikte wurde bereits oben berichtet. Zu ergänzen ist hier folgendes: Auch in der oft sehr schwierig zu beantwortenden Frage, ob ein Brief schon einmal geöffnet war und ob der Klebstoff eines Briefes mit einem vom Gericht näher bezeichneten identisch ist oder nicht, kann die Lumineszenzanalyse manchmal gute Dienste leisten. Es gibt bekanntlich (s. S. 115 u. Abb. 78 bis 80) Klebstoffe, die fluoreszieren, und solche, die nicht leuchten.

Ferner kann bei gesiegelten Briefen auch die Betrachtung des Siegels etwas bringen, denn verschiedene Siegellacksorten zeigen verschiedene Lumineszenz. So ließ sich z. B. feststellen, daß ein vorsichtig abgelöstes und nachher mit Siegellack derselben Farbe wieder festgeklebtes Siegel sich durch verschiedenes Leuchten der aufeinanderklebenden Schichten unter der Lampe zu erkennen gab. Es empfiehlt sich ferner, den Lack in einem geeigneten Lösungsmittel aufzulösen, Filtrierpapier damit zu tränken, zu trocknen, unter der Lampe zu betrachten und dann verschiedene Reagenzien in Dampfform darauf einwirken zu lassen, wie z. B. Ammoniak, Salzsäure, schweflige Säure und Jod. Vielfach treten dann Unterschiede auf.

Geheimschriften. Hier liegt ein besonderer Vorteil der Lumineszenzmethode in manchen Fällen darin, daß man von dritter Seite nicht darauf aufmerksam wird, daß überhaupt eine Untersuchung stattgefunden hat. Nach LANGEN, B., erscheinen Schriften, die mit Hilfe von Obstsaft, Zwiebelsaft, Salzwasser, Essig, roher und gekochter Milch oder auch mit Hilfe von Urin hergestellt sind, blau oder bläulichweiß, solche bei denen Kalkwasser, Gipswasser, Leitungswasser (kalkhaltig) verwendet wurden, braun. Auch Schriften mit Metallsalzlösungen erscheinen meist braun. Speichelschrift entzieht sich aber oft dem Nachweis mit der Analysenlampe. Auch Arzneimittel werden zur Herstellung von Geheimtinten verwendet (BUHTZ, G.). DANCKWORTT, P. W., (unveröffentlichte Privatmitteilung) konnte einen mit Kalzan beschriebenen Kassiber entziffern. Die Methode eignet sich daher auch als Hilfsmittel, um in Gefängnisanstalten ein- und auslaufende Briefe unbemerkt zu untersuchen (s. auch Abb. 60 und 61, S. 105, ferner TÜRKEL, S., u. J. D. DAIMLER, 1931; WIETHOLD, F.; ITO, T.; GOLONSKO, R.; HELLER, R., 1915; BORNAND, M., u. G. BONIFAZI; Bell Telephone Laboratories, Inc.; ZIMMER, K.).

Bei sich wiederholenden Gelddiebstählen und ähnlichen Delikten versucht man seit langer Zeit, die Täter durch Einfärben des Materials zu überführen.

WIDMANN, A., und W. SCHADE empfehlen dazu insbesondere Farbstoffe, die unter der Lampe intensiv leuchten. (Vgl. auch Plymouth Cordage Co.).

Blutflecke leuchten gar nicht und zeigen infolge der hohen Lichtabsorption des Blutfarbstoffes bei Bestrahlung mit Ultraviolett eine schwarze Farbe. Wie bereits oben mitgeteilt (s. Kapitel V, S. 137), kann durch Behandlung mit Schwefelsäure eine strahlende rote Fluoreszenz erhalten werden, die nach Entfernung der Schwefelsäure mit Filtrierpapierstreifen und Betupfen mit starkem Ammoniak als karmoisinroter Streifen erscheint. Nach WAGENAAR, M., verfährt man, um einen verdächtigen Fleck auf Blut zu prüfen, am besten so, daß man mit einer Platinnadel, die mit Schwefelsäure angefeuchtet ist, eine feine Linie auf dem Stofffleck zieht und die Säure hierauf sofort mit Ammoniak unschädlich macht. Man erblickt unter der Lampe im Gewebe des benetzten Fadens einen helleuchtenden, karmoisinroten Lumineszenzstreifen (s. auch MEDINGER, P.). Bei alten Blutspritzern auf grünen Blättern, wo der Blutfarbstoff nach MAYER, R. M., (1933) in das Innere des Blattes wandern kann, oder bei Spuren, die der Witterung lange ausgesetzt waren (SCHELLER, H.), hat man mit einer fluoreszenzspektroskopischen Untersuchung des Porphyrins im Fluoreszenzmikroskop Erfolg. Eine andere Methode beschreibt SPECHT, W.

Hat sich der optisch „tote“ Blutkuchen abgetrennt, so leuchtet das Serum schwarzbläulich. Die Fluoreszenz des Serums kann dann von großem praktischem Wert sein, wenn beim Eintrocknen von Blut eine Abscheidung und Trennung des Serums vom Blutkuchen eintritt. Das scheint bei Blutflecken auf festem, nicht aufsaugendem Material meist der Fall zu sein. So waren unter der Analysenlampe auf rostigen Messerklingen weißleuchtende, unregelmäßige Streifen als Säume von blutbesudelten Stellen zu sehen und ließen ohne weiteres die dem Auge sonst unmögliche Unterscheidung von Blut und Rostflecken zu.

Eine Fleckdiagnose bei Wäschestoffen kann auch für den Gerichtschemiker einmal interessant werden (s. hierzu GORONCY, C., und Kapitel VIII. 2., S. 149). Bei der Untersuchung eines Teppichgewebes konnte LEDDEN-HÜLSEBOSCH, C. J. VAN, (1927) die Veranlassung einer Ausbleichung aufklären. Derselbe Forscher hat die Analysenlampe auch zur Unterscheidung frischer Tintenschriften benutzt. BRÜNING, A., untersuchte in einem besonderen Fall die Schußeintrittstellen im Stoff. Im filtrierten Ultraviolett traten die von Pulvergasen betroffenen und die infolge der Faltenbildung davor geschützt gewesenen Teile des Stoffes deutlich hervor.

LEDDEN-HÜLSEBOSCH, C. J. VAN, (1926) zog auf Grund von Untersuchungen an menschlichen Knochenaschen den Schluß, daß man Knochen von beerdigten und verbrannten Leichen unterscheiden könne. Durch Hitze soll die Fluoreszenz der Knochen vernichtet werden (s. dazu auch GANGL, J., sowie HOFFMANN, J., 1942 b). GEILMANN weist nach, daß die Fluoreszenzanalyse diesen Nachweis nicht sicher zu führen gestattet. Dagegen zeigt er, daß die Röntgenanalyse dieses leistet (s. auch Abschnitt „Biologie und Medizin“, S. 166).

LAW, P. G., und G. SLATER haben sich in einer Studie mit der Technik der Ultraviolett-Photographie in der Kriminalistik beschäftigt.

Zur Aufklärung von Benzindiebstählen werden von FRÜH, W., und F. HIPPENMEIER zwei neue Verfahren empfohlen: Man setzt entweder 100 mg Cumarin (I) oder 20 mg Euchinin (II) zu einem Liter Treibstoff als „Fangstoff" zu. Diese beiden Stoffe fluoreszieren an sich bei Bestrahlung des Benzins mit Ultraviolett nicht. Nach Ausschütteln von gleichen Anteilen Treibstoff und 1 n Natronlauge (I) oder 1 n Schwefelsäure (II) tritt bei (I) intensiv gelbe, bei (II) stark hellblaue Fluoreszenz ein.

Weitere bemerkenswerte Veröffentlichungen sind erfolgt von SMITH, S., und J. GLAISTER über Forensische Medizin; von LUCAS, A., über Kriminologie; von MITCHELL, C. A., (1935, 1937) über Dokumente und Tinten; von MANSFIELD, W. R., (1935) über Dokumente und Schriften; von RADLEY, J,, und J. GRANT (1954) über Manuskripte; von WOOD, H. P., über Schecks; von BOLLER, W., über Haaruntersuchungen.

XII. Kunstwerke, Gemälde, Musikinstrumente

Seit Jahren werden die Analysenlampen auch als Hilfsmittel für Museumsarbeiten eingesetzt (HOFFMANN, J., 1928; LAURIE, A. P.; RORIMER, J. J.; FINK, C. G., 1934; RECHE, O., u. J. RICHTER; FRENZEL, W.; FRANZ, L.; BUTTEL-REEPEN, H. HÖRMANN, K.; LOOS, ST., u. K. WILLVONSEDER, 1937). Dabei handelt es sich sowohl um Marmorwerke als auch um Tonwaren, Elfenbein, Stücke aus Ausgrabungen, Keramiken, Glas, Textilien, Drucke, Zeichnungen, Stücke aus Metall oder Holz; siehe hierzu besonders RORIMER, J. J.

Das Buch von RORIMER ist besonders wertvoll, weil es eine Tabelle der photographischen Belichtungszeiten solcher Werke enthält und ferner 47 Abbildungen. Die Grundlage für solche Untersuchungen ist die, daß erstens das meiste verwendete Material individuelle Fluoreszenz zeigt, und zweitens, daß es durch äußere und innere Einflüsse in Abhängigkeit von der Zeit verändert wird, so daß alte Gegenstände aus gleichem Material manchmal anders als neue fluoreszieren.

So ist es möglich, an Werken plastischer Kunst, z. B. an Marmorwerken, Fälschungen, Neubearbeitungen und Restaurierungen zu erkennen. Im Ultraviolett erscheint alter Marmor anders als frischer. Die Alterungsgrenze läßt sich als durch ein weißes Band begrenzt feststellen.

Ein bekannter Fall ist unter anderen der, bei dem ein modernes Werk von DOSSENA als römischer Kopf eines jungen Mädchens ausgegeben wurde. Die Oberfläche des Kopfes war durch Brennen und dann durch Vergraben des Marmors verändert worden. Bei anderen Bildwerken aus dem 15. Jahrhundert wurden Brüche im Stein gefunden, die schon vor langer Zeit ausgebessert und so geschickt bemalt waren, daß die Sachverständigen die Reparatur nicht bemerkt hatten (FINK, C. G., 1934).

Bei *Alabaster* ist es schwieriger als bei Marmor, die Tiefe der Durchdringung zu erkennen. Bei alten ägyptischen Vasen ist der Alabaster gleichmäßig durch und durch gealtert.

Ebenso ist es bei *Kalkstein* schwieriger, die Durchdringung zu erkennen, obwohl das hier sehr wichtig ist. Restaurierte Teile und Zusätze sind unter der Lampe durch verschiedene Lumineszenzen der alten und der neuen Teile erkennbar, selbst wenn die Fugen mit Farbe übermalt sind.

Tonwaren verändern sich in der Erde je nach der Bodenbeschaffenheit verschieden und auch mit verschiedener Schnelligkeit, zunächst naturgemäß an der Oberfläche, besonders wenn sie glasiert sind. Schriftähnliche Zeichen, die später zu Fälschungszwecken angebracht werden, heben sich unter der Lampe durch andere Farbe und Intensität ab. So konnten Reche, O., und J. Richter die Schriftscherben von Seltsch als echt erkennen.

Bei *Elfenbein* läßt sich die Alterung unter der Lampe nur an der Oberfläche feststellen. Man kann später geschnittenes Elfenbein von älteren an der Fluoreszenzfarbe unterscheiden. Auch eventuelle Kittstellen können gefunden werden. Schließlich sind gebohrte Löcher durch abweichende Fluoreszenzfarbe kenntlich. Ferner kann Elfenbein, das mit Tabaksaft oder Bitumen oder durch Einlegen in Dünger, Verbrennung und anderes mehr künstlich patiniert ist, im Ultraviolett gut von natürlich gealtertem unterschieden werden.

Mit Erfolg wurde die Lumineszenzanalyse von Frenzel, W., (1931) zur Untersuchung der sogenannten „Venus von Bautzen", einer Ritzzeichnung, und von Franz, L., (1930) zur Echtheitsprüfung der „Venus von Wisternitz" angewandt.

Bei *Keramiken* sind Untersuchungen im Ultraviolett oft für die Entdeckung von Restaurierungen brauchbar. Man kann bisweilen mit der Lampe bei Imitationen Verschiedenheiten an Form und Glasur erkennen, die in gewöhnlichem Licht nicht sichtbar sind. Beim Vergleich mit Originalen können Oberflächenveränderungen festgestellt werden, die im sichtbaren Licht nicht gesehen und daher auch nicht imitiert wurden. Zeitliche Festlegungen für die Herkunft konnten mit der Lampe bei chinesischem Porzellan gemacht werden. Es konnten auch Reparaturen gefunden werden.

Alte *Glasgegenstände* können schwer imitiert werden. Das kommt daher, daß Glas stets, wenn manchmal auch langsam, einem Entglasungsprozeß unterliegt. Jedoch ergeben sich folgende Fingerzeige: Modernes Glas reflektiert langwelliges Ultraviolett fast vollständig, während altes Glas wegen der vorgegangenen Veränderungen vielfach fluoresziert. Das muß jedoch nicht in allen Fällen zutreffen. Vielfach sind fremde Substanzen, die auf die Oberfläche aufgebracht sind, um Alterung vorzutäuschen, unter der Lampe wahrzunehmen. Auch bei Emaillearbeiten nimmt man mit Nutzen die Lampe zu Hilfe. Vielfach kann man hierauf durch Photographieren Klärung erreichen.

Auch dem Kunsthistoriker und Restaurator leistet die Lumineszenzanalyse vielfach gute Dienste. Danckwortt, P. W., (unveröffentlichte Privatmitteilung) konnte an Gemälden im Provinzialmuseum zu Hannover bereits 1927 nicht nur unsichtbare Namensstriche wieder sichtbar machen, sondern auch Übermalungen und Ausbesserungen (s. Abb. 65 und 66, S. 108).

Inzwischen sind auf diesem Gebiet zahlreiche Forschungen durchgeführt worden, die vor allem erkennen ließen, daß Übermalungen vielfach aus anderen Farbstoffen bestehen als die ursprünglichen Farben. Sie besitzen daher auch meist eine andere Lumineszenz; ebenso verhält sich alter im Vergleich zu neuem Firnis, sowie der Holz- und Leinwandgrund. Auch sonstige Details können mit Hilfe der Lampe erkannt werden. Bekannt ist, daß z. B. Zinkweiß erst seit dem Ende des 18. Jahrhunderts verwendet wird; es leuchtet gelb, das früher verwendete Bleiweiß dagegen bläulich. Im sichtbaren Licht läßt sich ein Unterschied nicht erkennen (RINNEBACH, H., 1931 a, b; MAURER, R., 1928, 1929, 1930; CELLERIER, J. F.; BRANDMAYER, C.; EIBNER, A., 1931 a; GOULINAT, J. G.; HELLWAG, F.; AULMANN, H.; PLENDERLEITH, H. J.; RAWLINS, J.).

Die chemische Zusammensetzung der Firnisschicht ergibt unter der Lampe ebenfalls Unterscheidungsmöglichkeiten. So sind reine Mastix- und Wachsfirnisse, gelöst in Spiritus oder Terpentin, für langwellige ultraviolette Strahlen durchlässig. Durch beigemengte Öle oder andere Zusätze werden die Firnisse jedoch lumineszierend, manchmal sogar undurchlässig für das erregende Licht (s. hierzu EIBNER, A., 1931 a; BEUTEL, E., u. A. KUTZELNIGG, 1931 b; AULMANN, H.; PLENDERLEITH, H. J.; RAWLINS, J.).

Eine bewährte Methode zur Untersuchung von Gemälden ist, abgesehen von der Lumineszenzanalyse, die Durchstrahlung von Gemälden mit Röntgenstrahlen und die photographische Aufnahme des Röntgenbildes. Die Lumineszenzanalyse im Ultraviolett ist, da sie zweifellos andere Seiten einer Fälschung sichtbar machen kann, neben der Röntgenstrahlenanalyse immer zu empfehlen.

GOULINAT, J. G., führt drei Fälle an, bei denen die kombinierte Röntgenstrahlenanalyse und Lumineszenzanalyse sehr gute Erfolge hatte. Auch in dem bekannten Bilderfälschungsprozeß PEITZ-CORDES und Genossen ermöglichte nach HELLWAG, F., nur die Lumineszenzanalyse mit Hilfe der Analysenlampe den Nachweis des ursprünglichen Vorhandenseins des gefälschten Signums.

Ein anderes, nicht weniger interessantes Gebiet ist das der Aufdeckung von Fälschungen alter *Geigen.* Nach FREI, M., zeigen die meisten Öle und Lacke, insbesondere die Farblacke, ebenso wie die von Drogisten und Fälschern häufig verwendeten Beizen zur künstlichen Alterung des Holzes ganz charakteristische Fluoreszenzen, die unter Zuhilfenahme mikrochemischer Reaktionen eine eindeutige Erkennung der Rohstoffe erlauben.

Gegen die Alters- und Echtheitsbestimmungen an solchen Geigen mit Hilfe der Fluoreszenz hat MATZKE, H., Bedenken geäußert. Sicherlich sind aber solche Fluoreszenzproben auch hier wertvoll, besonders wenn sie mit anderen Reaktionen kombiniert angewandt werden. Eine andere Frage ist es, wieweit die daraus gezogenen Schlußfolgerungen gehen können bzw. welche Wahrscheinlichkeit sie im vorliegenden Einzelfall besitzen.

ANHANG

1. Nachweis und fluorimetrische Bestimmung von Zinn

Nachweis

Als spezifisches Reagens auf zweiwertiges Zinn kann man Lösungen von 6-Nitro-2-naphthylamin-8-sulfosäure (NNS) verwenden. Der Nachweis wird mit 0,2- bis 2%igen wäßrigen Lösungen des Ammonium-, Pyridin- oder Äthylendiaminsalzes im Tüpfelverfahren auf Filtrierpapier geführt, wobei im ultravioletten Licht eine intensive blaue Fluoreszenz auftritt, verursacht durch Reduktion der Nitroverbindung zur 2,6-Diaminonaphthalinsulfosäure, die mit Zinn einen stabilen Chlorostannatkomplex bildet. Die Unterscheidung von 46 anderen Metallionen, darunter Fe^{2+}, As^{3+}, Sb^{3+}, Mn^{2+}, Ce^{3+} erfolgt durch nachfolgendes Aufsprühen von 15n Ammoniaklösung, wobei die Fluoreszenzen aller anderen Metallverbindungen außer der des zweiwertigen Zinns gelöscht werden. Andere Reduktionsmittel, wie Natriumsulfid, Natriumhydrogensulfit, Hydroxylamin und unterphosphorige Säure, geben keine Fluoreszenz mit der Verbindung. Nachweisgrenze: 1 µg.

Quantitative fluorimetrische Bestimmung

Die Bestimmung wird mit dem gleichen Reagens, wie es oben für den qualitativen Nachweis angegeben wurde, durchgeführt. Da viele Metalle stören, muß das Zinn vor der Bestimmung isoliert werden. Im folgenden wird als Beispiel die Bestimmung des Zinns in Kupferlegierungen beschrieben. In anderen Fällen, wie z. B. bei Konservendosen oder bei der Bestimmung des Zinns in Kunststoffen, wird analog verfahren. Man löst eine etwa 10 mg Sn entsprechende Menge der Legierung in 5 ml konzentrierter Salpetersäure, verdampft zur Trockne, nimmt den Rückstand mit 5 ml Salpetersäure und 25 ml heißem Wasser auf, zentrifugiert bei 90 °C und wäscht den Niederschlag 3mal mit je 5 ml 1%iger NH_4NO_3-Lösung. Hierauf versetzt man die Metazinnsäure mit 1 g Weinsäure und erhitzt mit 10 ml 5 n Salzsäure unter Durchleiten von CO_2 vorsichtig so lange, bis die Metazinnsäure sich löst. Nach dem Abkühlen gibt man 1 ml gesättigte wäßrige Quecksilberchloridlösung und 1 ml 30%ige unterphosphorige Säure zu, erhitzt, bis der Niederschlag sich zusammenballt, versetzt mit 30 ml 5n Ammoniaklösung, kühlt ab und fügt 10 ml der 0,1%igen wäßrigen Lösung von NNS hinzu. Man läßt 2 Stunden stehen, füllt auf 1000 ml auf, verdünnt 10 ml dieser Lösung nach Zusatz von 10 ml 5n Ammoniaklösung mit Wasser auf 100 ml und mißt die Fluoreszenz gegen Zinn-Standardlösungen.

Diese werden bereitet, indem eine Lösung von 1 mg Zinn/ml mehrfach so verdünnt wird, daß eine Lösung entsteht, die $4 \cdot 10^{-7}$ g Zinn/ml enthält. Von dieser Lösung werden Mengen von 0,1, 0,2 und 0,3 ml entnommen und auf 100 ml aufgefüllt. Den Standard mit 0,3 ml stellt man im Fluorimeter auf die Zahl 100%. Eine Eichkurve dient zur Auswertung.

Bei Verwendung eines Spektralphotometers für die Isolierung der blauen Fluoreszenzstrahlung empfiehlt es sich, ein helles Gelbfilter zusätzlich zu verwenden. Das erregende Licht soll durch ein UG-Filter filtriert werden.

2. Fluorimetrische Bestimmung von Chinolin in Weinen

Glycerin kann in den verschiedensten Gemischen, vor allem auch in Lebensmitteln, mit Hilfe einer Fluoreszenzreaktion bestimmt werden. Diese Fluoreszenzreaktion beruht auf der Skraupschen Synthese von Glycerin mit Anilin und organischen Nitroverbindungen. Das entstandene Chinolin absorbiert, wie Abb. A 1 zeigt, die Strahlung der Quecksilberlinie 313 nm sehr stark.

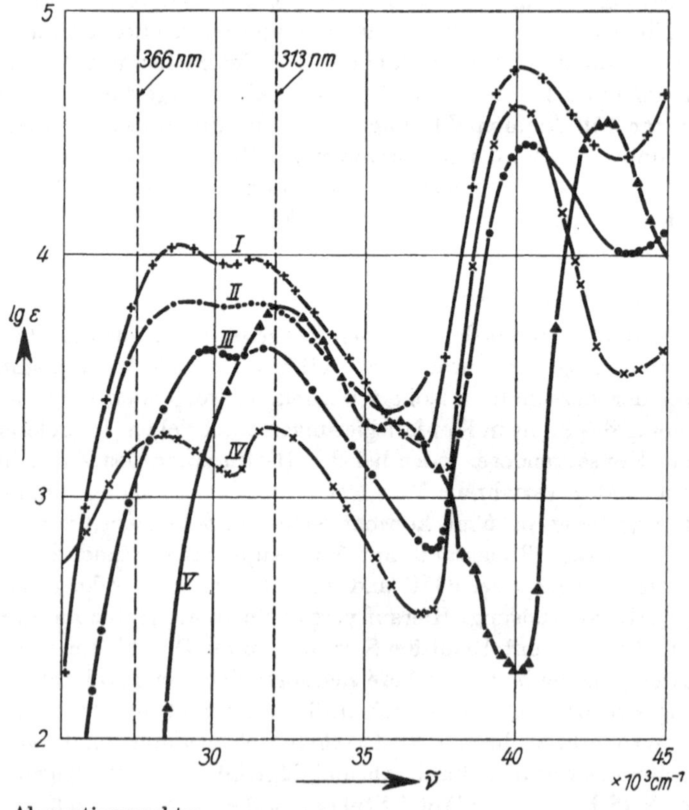

Abb. A 1. Absorptionsspektra
I Chinin
II Chininsäure
III 6-Methoxychinolin
IV 8-Methoxychinolin
V Chinolin in 0,01n H_2SO_4

Arbeitsvorschrift

Je 1 ml Wein oder 1 ml der Weinverdünnung 1 : 10 (= 0,1 ml Wein) einer Serie werden in je ein Reagenzglas mit eingeschliffenem, 30 cm langem Steigrohr gegeben. Es werden nacheinander 1,1 ml konzentrierte Schwefelsäure, 0,250 g einer

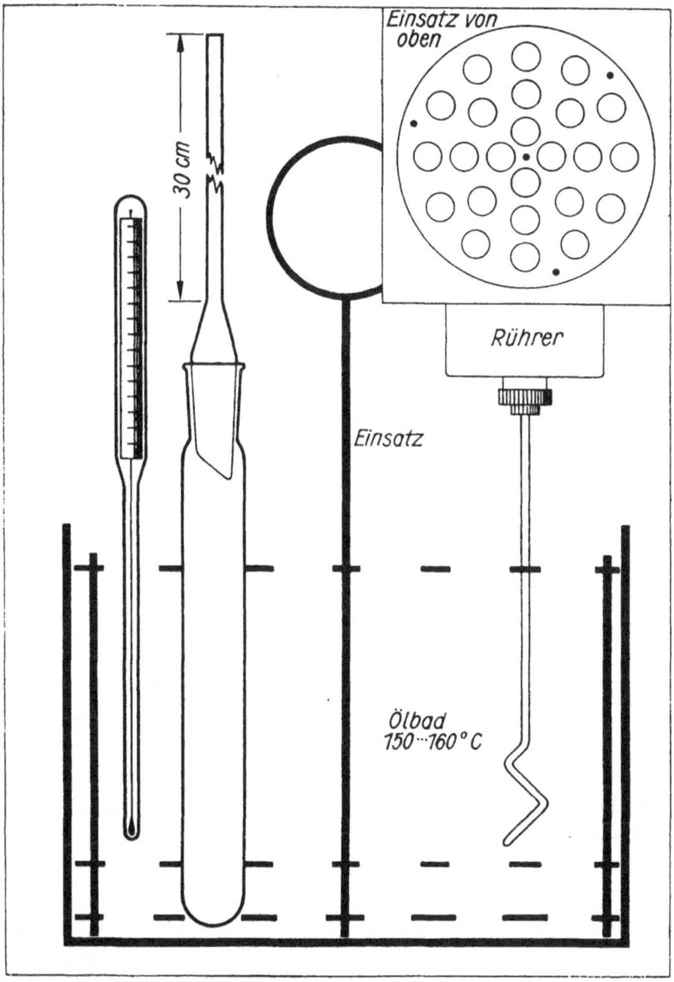

Abb. A 2. Apparatur zur Chinolinsynthese in Serie

Mischung von 20,0 g Anilinsulfat und 5,0 g Natrium-m-nitrobenzolsulfonat zugegeben. Man schüttelt gut um, so daß sich die festen Stoffe möglichst lösen. Nun werden die Gläser mit Hilfe des Einsatzes in das Ölbad gesetzt (Abb. A 2). Bei dauerndem leichten Rühren wird die Temperatur im Ölbad 30 Minuten lang auf 150 bis 160 °C gehalten. Danach werden die Gläser aus dem Ölbad genommen, abgekühlt und das Reaktionsgemisch quantitativ mit etwa 25 ml gesättigter Natriumsulfatlösung in den Destillierapparat nach Parnas-Wagner gespült. Nach Zusatz von 10 ml 70%iger Kalilauge wird das Chinolin mit Wasserdampf in eine Vorlage, bestehend aus einem 100-ml-Meßkolben, der genau 10 ml 1n Schwefelsäure (möglichst Faktor 1) enthält, getrieben. Das Kühlerende muß dabei in die Schwefelsäure tauchen. Es wird genau bis zur Marke (100 ml) destilliert. Das Destillat wird nach dem Umschütteln mit 0,1n Schwefelsäure so lange verdünnt, bis die Fluoreszenzintensität in den Bereich der Eichkurve (Chinolin $1 \cdot 10^{-6}$ g/ml bis $0{,}1 \cdot 10^{-6}$ g/ml) fällt. Es ist mindestens 1mal 1 : 10 zu verdünnen (Löschwirkung des unverbrauchten Anilins!). Die Fluoreszenz wird mit Strahlung der Quecksilberlinie monochromatisch 313 nm angeregt und gegen die Standardlösung (Chinolin $1 \cdot 10^{-6}$ g/ml in 0,1n Schwefelsäure = 100 Ausschläge) gemessen. Als Sperrfilter wird WG 1 (2 cm) von Schott & Gen., Mainz, verwendet, das sich zwischen Fluoreszenztrog und Photoelektronenvervielfacherzelle befindet. Es empfiehlt sich, wegen des hohen Blindwertes sämtliche Lösungen und Verdünnungen mit bidestilliertem Wasser herzustellen. Der aus der Eichkurve entnommene Chinolinwert wird mit dem Faktor 0,713 auf Glycerin umgerechnet. Durch Multiplikationen mit dem Faktor 1,12 unter Berücksichtigung des Verdünnungsverhältnisses wird der Gehalt an Glycerin erhalten.

Mit dieser Methode sind Serienbestimmungen möglich. Es lassen sich bei guter apparativer Ausstattung (zwei Destillationsapparate nach PARNAS-WAGNER) ohne große Anstrengungen gut 24 Einzelanalysen innerhalb 8 Stunden durchführen. Die gefundenen Glyceringehalte lagen zwischen 5,9 und 9,9 g/l, in Übereinstimmung mit der Methode von REBELEIN (Zeiss-Spektralphotometer PMQ II).

3. Fluorimetrische Bestimmung von Vitamin B_1 (Thiamin)[1]

Die fluorimetrische Bestimmung von Vitamin B_1 wird als die am meisten spezifische angesehen. Sie wird in der Praxis am häufigsten angewendet, wenngleich auch andere Methoden, wie z. B. maßanalytische und photometrische, bekanntgeworden sind.

Die Methode beruht auf der Oxydation des Thiamins in alkalischer Lösung zum intensiv blau fluoreszierenden *Thiochrom*.

Anwendung

Je nach Art des Analysenmaterials ist die Methode mit einem Fehler von ± 5 bis 10% behaftet. Die wichtigsten Anwendungsgebiete sind Lebensmittel, Futtermittel, tierische und pflanzliche Organe, Körperflüssigkeiten, pharmazeutische Präparate.

Ausführung

Hierfür sei zunächst das einfache Beispiel einer Thiaminhydrochlorid-Injektionslösung besprochen:

---

[1] **3** und **4** entnommen aus STROHECKER, R. und H. M. HENNING, Vitamin-Bestimmungen, Verlag Chemie GmbH, Weinheim, Bergst., 1963, Herausgeber: E. Merck., AG., Darmstadt, mit freundlicher Genehmigung des Verlages der Autoren und des Herausgebers.

Die schwach saure Lösung wird mit Wasser so weit verdünnt, daß 1 ml der Verdünnung etwa 5 µg Thiaminhydrochlorid enthält. Als Vergleichsprobe wird eine Standardlösung auf die gleiche Konzentration verdünnt, so daß in 1 ml der Vergleichslösung genau 5 µg wasserfreies Thiaminhydrochlorid enthalten sind.

Je 1 ml der Probelösung und der Vergleichslösung werden in kleinen zylindrischen Scheidetrichtern nach SQUIBB mit 4 ml saurer Kaliumchloridlösung sowie 3 ml Oxydationslösung versetzt; dann werden beide Lösungen gleichzeitig umgeschwenkt und eine Minute lang stehen gelassen. Nach Zusatz von je 15 ml Isobutanol, fluoreszenzfrei, werden beide Scheidetrichter wieder gleichzeitig zwei Minuten lang kräftig geschüttelt. Hierauf wird absitzen gelassen. Die Isobutanolschichten werden nach Abtrennung der wäßrigen Phasen über wenig wasserfreies Natriumsulfat filtriert. Die Fluoreszenzen der klaren Isobutanollösungen werden in einem geeigneten photoelektrischen Fluorimeter gemessen. Aus der abgelesenen Fluoreszenzintensität der Probe wird der Gehalt an Thiaminhydrochlorid wie folgt berechnet:

$$\frac{(\text{Fluoreszenzintensität der Probe}) \cdot 5}{\text{Fluoreszenzintensität des Standards}} = \mu\text{g Thiaminhydrochlorid in der Probe.}$$

Da das Thiochrom im UV-Licht allmählich zersetzt wird, soll die Lösung möglichst nicht länger als 15 Sekunden im Strahlengang des Fluorimeters stehen.

Reagenzien

Aneurinhydrochlorid (DAB 6, 3. Nachtrag 1959) bzw. Thiaminhydrochlorid Ph. Brit. 1958. Zur Herstellung der Standardlösung wird das Präparat bei 105 °C bis zur Gewichtskonstanz getrocknet. Genau 100 mg des getrockneten Thiaminhydrochlorids werden in 0,1n Salzsäure zu 100 ml gelöst.

Isobutanol fluoreszenzfrei: Isobutylalkohol zur Vitamin-B_1-Bestimmung.

Saure Kaliumchloridlösung: 250 g Kaliumchlorid p. a., werden im 1000-ml-Meßkolben in etwa 900 ml Wasser gelöst. Nach Zusatz von 8,5 ml Salzsäure (1,19), p. a., wird die Lösung auf 1000 ml ergänzt.

Oxydationslösung: Vor Gebrauch wird 1 ml einer 1%igen wäßrigen Lösung von Kaliumhexacyanoferrat(III) mit 24 ml Natronlauge (etwa 15%ig), rein DAB 6, gemischt.

Natriumsulfat, wasserfrei, p. a.

Die Reagenzien können von verschiedenen Herstellerfirmen, z. B. von der Firma Merck, bezogen werden.

Zusätzliche Erläuterungen für schwierige Fälle

Die Bestimmung kann, falls erforderlich und falls es die Empfindlichkeit des zur Verfügung stehenden Fluorimeters erlaubt, auch mit noch niedrigeren Vitamin-B_1-Konzentrationen (z. B. 1 oder 2 µg Vitamin B_1/ml der Probelösung, statt 5 µg/ml) und anderen Volumina ausgeführt werden. Wichtig ist allein, daß die Vergleichslösung unter den gleichen Bedingungen angesetzt und stets gleichzeitig mit der Probelösung mit den Reagenzien versetzt und geschüttelt wird. Ohne die Vergleichslösungen kommt man nicht aus, da man nach unseren Erfahrungen weder mit Eichkurven noch mit den vielfach vorgeschlagenen Fluoreszenzstandards reproduzierbare Werte erhält.

Bestimmung in Lebensmitteln und anderen natürlichen Materialien

Die Vitamin-B_1-Bestimmung in Lebensmitteln und anderen Materialien, die fluoreszierende Substanzen und andere störende Stoffe enthalten, ist nun ungleich schwieriger als das oben beschriebene Verfahren. Liegt das Vitamin B_1 als freies Thiaminsalz vor und rührt die Störung nur von der Anwesenheit anderer fluoreszierender Substanzen her, so kann man zur Ausschaltung dieser „Nebenfluoreszenzen" einen Blindversuch ansetzen, der an Stelle der Oxydationslösung 15%ige Natronlauge enthält. Die nach Ausschütteln dieser Mischung mit Isobutanol gemessene Fluoreszenz stammt nicht vom Vitamin B_1 und muß daher von der im Hauptversuch gemessenen als Korrektur abgezogen werden.

In den meisten Fällen müssen jedoch kompliziertere Verfahren zur *Isolierung* und *Reinigung* des Vitamins B_1 angewandt werden, ehe der eigentliche Thiochromtest ausgeführt werden kann. In natürlichen Materialien (Lebensmitteln, Organen, Blut usw.) liegt das Vitamin B_1 nur zu einem geringen Teil als „freies" Thiamin(-Salz) vor. Die wichtigsten natürlichen Vitamin-B_1-Verbindungen sind der Thiamin-o-phosphorsäureester, der Thiaminpyrophosphorsäureester („Cocarboxylase"), das Thiamindisulfid und seine Phosphorsäureester. Außerdem kommt das Vitamin B_1 auch an Eiweiß gebunden vor. Diese Verbindungen sind entweder der Oxydation zu Thiochrom nicht direkt zugänglich oder sie bilden Thiochromphosphorsäureester, die aus alkalischer Lösung mit Isobutanol nicht extrahiert werden können. Das Thiamin muß für den Thiochromtest erst in Freiheit gesetzt werden, und zwar beim Thiamindisulfid durch Reduktion mit Cystein, bei den Phosphorsäureestern und Vitamin-B_1-Eiweißverbindungen durch enzymatische Hydrolyse.

Isolierverfahren

Die wichtigsten, allgemein anwendbaren Verfahren zur Isolierung des Thiamins aus natürlichem Untersuchungsmaterial bzw. aus seinen natürlichen Verbindungen seien im folgenden kurz aufgeführt.

Extraktion. Feste Materialien, wie tierische und pflanzliche Gewebe, Getreideprodukte, Brot und dergleichen, werden vor der Extraktion so fein wie möglich zerkleinert. Gewebe werden fein zerschnitten; das geschieht am wirkungsvollsten in einer mechanischen Küchenmaschine („Starmix", „Multimix" und ähnlichen Apparaten). Trockenes, sprödes Gut wird am besten im Porzellanmörser zu einem feinen Pulver zerrieben.

Das Vitamin B_1 wird in einem sauren Medium extrahiert, da es in neutraler und alkalischer Lösung leicht zerstört wird. Enthält das Untersuchungsmaterial selbst schon reichlich Säure, so kann unter Umständen bereits destilliertes

Wasser als Extraktionsmittel genügen. In den meisten Fällen ist jedoch die Extraktion mit einer 0,01n bis etwa 0,5n Salzsäure zu empfehlen. Eine Schädigung des Vitamins ist aber auch bei noch höherer Säurekonzentration nicht zu befürchten. Thiamin bleibt in saurem Medium selbst bei längerer Wärmebehandlung stabil.

Die Extraktion bei Raumtemperatur reicht meist nicht aus, um das Thiamin aus natürlichem Material quantitativ in Lösung zu bringen. In der Regel wird man das zu extrahierende Gut im Mörser mit dem Extraktionsmittel (z. B. verdünnte Salzsäure, s. oben) anreiben, die Mischung quantitativ in einen Meßkolben (100, 200, 500 oder 1000 ml) überspülen, bis zu $^2/_3$ bis $^3/_4$ des Gefäßvolumens mit dem Extraktionsmittel auffüllen und dann auf dem Dampfbad oder im siedenden Wasserbad unter gelegentlichem Umschütteln 30 bis 60 Minuten lang erwärmen. Die Dauer des Erhitzens richtet sich nach der Feinheit und Aufschließbarkeit des zu untersuchenden Materials. Nach Beendigung der Hitzebehandlung wird der Kolbeninhalt auf Raumtemperatur abgekühlt, mit Wasser bis zur Marke aufgefüllt, kräftig umgeschüttelt, noch 15 Minuten stehengelassen, wieder umgeschüttelt und filtriert oder zentrifugiert.

Stärke- und schleimhaltiges, mit Wasser quellendes Gut kann, falls eine Enzymbehandlung nicht notwendig oder nicht erwünscht ist (z. B. zur Bestimmung des freien Thiamins), auch mit gutem Erfolg mit salzsaurem Äthanol oder salzsaurem Methanol (z. B. 100 ml Äthanol oder Methanol + 10 ml 0,5n Salzsäure) am Rückflußkühler extrahiert werden. Diese Extraktionsmethode führt jedoch nur bei genügender Feinheit des Untersuchungsmaterials zum Ziel. Die Extraktion ist ein- bis zweimal zu wiederholen. Der Vorteil liegt in der größeren Reinheit des Extraktes. Ein großer Teil der Kohlenhydrate und andere alkoholunlösliche Stoffe (Eiweiß) bleiben ungelöst zurück. Die vereinigten alkoholischen oder methanolischen Extrakte werden nach Zusatz von etwas Wasser auf dem Dampfbad (Wasserbad) eingeengt, bis die Lösung nicht mehr alkoholisch riecht; dann wird filtriert.

Enzymbehandlung. Da das Eiweiß bei der Extraktion mit Salzsäure in der Siedehitze denaturiert wird und — soweit keine Hydrolyse zu löslichen Abbauprodukten eintritt — unlöslich zurückbleibt, ist es ratsam, eiweißreiche Produkte (z. B. Fleisch) vor der Extraktion mit proteolytischen Enzymen aufzuschließen. Auf diese Weise wird verhindert, daß ein Teil des Vitamins eingeschlossen wird und der Bestimmung entgeht. Dazu eignen sich das Papain und das Pepsin. Das erstere ist wenig pH-empfindlich und verdient den Vorzug, wenn man gleichzeitig eine Phosphatase-(Diastase-)Behandlung bei einem pH-Wert von 4,5 bis 5 durchführen will (s. unten). Das Pepsin ist dagegen nur bei pH 2 bis 3 voll wirksam, einem pH-Wert also, der für die Haltbarkeit des Thiamins sehr günstig ist. Die Pepsinverdauung kann daher über 1 bis 2 Tage durchgeführt werden, ohne daß ein Verlust an Vitamin B_1 zu befürchten ist. Bei Verwendung von 0,2 g Papain auf eine Menge bis zu 10 g eiweißhaltigem Rohmaterial ist der Aufschluß in längstens 5 bis 6 Stunden beendet, so daß das Thiamin nicht über diese Zeit hinaus dem ungünstigeren pH ausgesetzt werden muß. Jegliche Enzymbehandlung mit Papain, Pepsin und auch mit der weiter unten erwähnten Phosphatase bzw. Diastase wird in einem Brutschrank oder einem Thermostaten bei einer Temperatur zwischen 37 und 45 °C durchgeführt.

Hydrolyse. Während die Thiamin-Eiweißverbindungen in der Regel schon durch die heiße Salzsäure-Extraktion hydrolysiert werden, lassen sich die in nahezu allen natürlichen Mineralien vorkommenden Thiamin-phosphorsäureester unter diesen Bedingungen nicht spalten. Die Hydrolyse gelingt nur mit Hilfe von Phosphatasen, wie sie z. B. in dem stärkespaltenden Enzympräparat Diastase enthalten sind. Die Hydrolyse ist für die Vitamin-B_1-Bestimmung notwendig, da die Oxydationsprodukte der Vitamin-B_1-Phosphorsäureester im Gegensatz zum Oxydationsprodukt des Thiamins, dem Thiochrom, nicht mit Isobutanol ausgeschüttelt werden können und daher in der wäßrigen Phase verbleiben.

Diastase. Zur Spaltung der Vitamin-B_1-Phosphorsäureester wird der salzsaure Extrakt im Meßkolben auf etwa 50 °C oder weniger abgekühlt, durch Zugabe von Natriumacetat auf einen pH-Wert von 4,5 bis 5 abgepuffert und mit einer frisch hergestellten Anreibung von 0,5 g Diastase mit wenig Wasser versetzt. Nach kräftigem Umschütteln und Zugabe von 0,5 ml Toluol wird der Meßkolben in einen Brutschrank oder einen Thermostaten gestellt und bei 37 bis 45 °C höchstens 15 Stunden (über Nacht), bei geringem Stärkegehalt besser nur 4 bis 5 Stunden, darin stehengelassen. Gleichzeitig wird ein Blindversuch mit 0,5 g der verwendeten Diastase angesetzt und in gleicher Weise wie der Hauptversuch weiterbehandelt. Die Fluoreszenz des Blindversuchs muß bei der Berechnung des Vitamin-B_1-Gehaltes der Probe von der Fluoreszenz des Hauptversuchs abgezogen werden.

Spaltung der Disulfide. Schließlich wäre noch eine Gruppe von Verbindungen des Vitamins B_1 zu erwähnen, die nicht direkt in Thiochrom überführbar sind: die Disulfide des Thiamins und seiner Phosphorsäureester. Zur Vitamin-B_1-Bestimmung in einem Material, das reichliche Mengen dieser Disulfide enthält, wird der schwach saure Extrakt mit 0,1 g Cysteinhydrochlorid versetzt (reicht aus für Mengen bis zu 100 mg Vitamin B_1) und 30 Minuten lang auf dem Dampfbad erhitzt. Nach dem Erkalten wird die Diastasebehandlung (bei Verwendung von Phosphorsäureestern) und die Isolierung des Vitamins durch Austauscherbehandlung (s. unten) angeschlossen.

In analoger Weise werden flüssige Untersuchungsmaterialien, wie Harn, Blut, Milch, Obstsäfte und dergleichen, für die Thiochrommethode vorbereitet. Auch hier erweist sich die Enzymbehandlung, unter Umständen auch die Reduktion mit Cystein, als notwendig, um das Vitamin quantitativ zu erfassen.

Reinigung der Extraktlösung mit Kationen-Austauscher. Der salzsaure Extrakt aus einem auf Vitamin B_1 zu untersuchenden Material enthält meistens größere Mengen von Substanzen, die die fluorimetrische Thiaminbestimmung stören. Teils handelt es sich um Stoffe, die störende „Nebenfluoreszenzen" ergeben, teils um reduzierende Verbindungen, die Kaliumhexacyanoferrat(III) verbrauchen, so daß die Gefahr besteht, daß der Überschuß an Oxydationsmittel nicht ausreicht, um das Thiamin quantitativ zu Thiochrom zu oxydieren. Auch nach der im vorhergehenden Absatz beschriebenen Reduktion des Disulfids mit Cystein empfiehlt es sich, die Vitamin-B_1-Lösung vom Überschuß an Cystein zu befreien. Die Reinigung erfolgt dadurch, daß man die Extraktlösung über einen Kationenaustauscher laufen läßt. Dabei wird das Vitamin B_1 neben anderen Kationen auf der Austauschersäule fixiert. Die Anionen und nichtionogenen Substanzen wandern ins Eluat und werden beim Auswaschen der Säule beseitigt. Das Thiamin wird mit heißer, saurer Kaliumchloridlösung gegen Kaliumionen ausgetauscht und eluiert. Es ist nun für die Anwendung der quantitativen Thiochrommethode ausreichend gereinigt.

Ausführung

Die Reinigung wird im einzelnen wie folgt vorgenommen:

Ein Volumen der Lösung, das zwischen 10 und 50 μg Vitamin B_1 enthält und nicht zu stark sauer sein soll (pH 3 bis 4), wird auf die vorbereitete Austauschersäule pipettiert. Man läßt die Lösung langsam abtropfen und wäscht, sobald die aufgegebene Lösung in die Austauscheroberfläche eingezogen ist, mindestens dreimal hintereinander mit je 10 ml heißem Wasser nach. Die Eluate werden verworfen. Wenn das letzte Waschwasser nur noch wenige Millimeter über der Austauscheroberfläche steht, wird das Vitamin B_1 mit heißer, saurer Kaliumchloridlösung in Anteilen zu je 10 ml eluiert. Das saure, kaliumchloridhaltige Eluat wird in einem Meßkolben von 25 oder 50 ml Inhalt (je nach der zu erwartenden Vitamin-B_1-Menge, bei weniger als 25 μg Vitamin B_1 wird der 25-ml-Meßkolben verwendet) aufgefangen. Es wird so viel Eluat entnommen, bis die Marke erreicht ist. Nach Abkühlung auf Raumtemperatur wird mit saurer Kaliumchloridlösung bis zur Marke ergänzt und umgeschüttelt. Genau 5 oder 10 ml der Lösungen werden jeweils für den Thiochromtest verwendet, d. h. mit 3 ml Oxydationslösung versetzt und nach der beschriebenen Methode weiterbehandelt. Als Vergleichsprobe wird eine dem zu erwartenden Vitamin-B_1-Gehalt entsprechende Menge Thiaminhydrochlorid (zwischen 10 und 50 μg) über eine zweite Austauschersäule gegeben, die in der gleichen Weise vorbereitet worden ist. Die weitere Behandlung erfolgt genau wie bei der Probelösung. Die Oxydation mit Kaliumhexacyanoferrat(III) und die Ausschüttelung mit Isobutanol müssen für Probelösung und Vergleich stets gleichzeitig durchgeführt werden.

Reagenzien

Salzsäure (etwa 0,01- bis 0,5normal): Salzsäure der Dichte 1,124 bis 1,126 (mindestens 25%ig), p. a., wird auf die gewünschte Konzentration mit Wasser verdünnt.

Äthylalkohol, absoluter, p. a.

Methanol, p. a.

Papain 1 : 350, N. F. VIII (National Formulary, 8th ed.).

Pepsin, Verdauungskraft nach der Methode des DAB 6 = 1 : 3500.

Diastase, hochgereinigt, Maltosebildungs- (Verzuckerungs-) Vermögen mindestens 1 : 250.

Natriumacetat, p. a., indifferent gegen Kaliumpermanganat, nach REINITZER. Zum Abpuffern stark saurer Lösungen auf ein schwach saures pH stellt man sich am besten eine 10%ige Lösung her.

L(+)-Cysteinhydrochlorid.

Saure Kaliumchloridlösung.

Kationenaustauscher: „Decalso"-Austauscher, Hersteller: Permutit-Ges., Duisburg-Meiderich.

Dieser Austauscher muß wie folgt aktiviert werden: 100 g Decalso werden mit 200 bis 250 ml heißer 3%iger Essigsäure übergossen. Die Säure soll etwa 10 bis 15 Minuten lang auf den Austauscher einwirken. Dann wird das Ganze auf einen Büchner-Trichter gegeben. Die Essigsäure wird unter leichtem Vakuum abgelassen. Das Waschen mit Essigsäure wird noch einmal auf dem Büchner-Trichter wiederholt. Anschließend wird in der gleichen Weise mit annähernd 250 ml heißer 25%iger Kaliumchloridlösung und danach noch einmal mit heißer Essigsäure gewaschen. Nachdem diese abgelassen worden ist, wird der Austauscher mehrmals mit 500 bis 600 ml heißem Wasser unter Anwendung eines schwachen Vakuums gewaschen, bis das Waschwasser chloridfrei ist (Prüfung mit Silbernitratlösung), anschließend trocken gesaugt, in einem Trockenschrank bei einer Temperatur bis höchstens 100 °C getrocknet und in einem verschlossenen Weithalsglas aufbewahrt.

Vor Gebrauch werden 3 g (bei geringem Vitamin-B_1-Gehalt, aber hohem Gehalt an anderen austauschbaren Kationen bis zu 5 g) aktivierter Austauscher in die Austauscherröhre gegeben, die schon etwa 15 cm hoch mit Wasser gefüllt ist. Nach dem Absetzen wird das Wasser bis zur Oberfläche des Austauschers abgelassen. Nach ein- bis zweimaligem Waschen mit je 10 ml Wasser ist die Säule gebrauchsfertig.

Die Reagenzien können von verschiedenen Herstellerfirmen, z. B. von der Firma Merck, bezogen werden.

4. Fluorimetrische Bestimmung von Vitamin B_2 (Riboflavin, Lactoflavin)

Wie bereits auf S. 76 ausgeführt, zeigt Vitamin B_2 (Riboflavin oder Lactoflavin), mit UV-Licht bestrahlt, eine gelbgrüne Fluoreszenz. Diese ist einerseits von der Konzentration, andererseits aber auch vom pH-Wert der Lösung abhängig. Das Maximum der Fluoreszenzintensität liegt zwischen pH 6 und 7. Trotzdem wird die fluorimetrische Messung im allgemeinen nicht in diesem pH-Bereich vorgenommen, sondern im Bereich zwischen etwa pH 3 und 5, wo die Intensitäts-pH-Kurve noch horizontal verläuft. Innerhalb dieses pH-Bereichs ist die Fluoreszenzintensität konstant und — von anderen Einflüssen, wie Salzkonzentration, Eisengehalt, Konzentration an organischen Begleitstoffen, abgesehen — nur von der Riboflavinkonzentration abhängig.

Ausführung

Die Einwaage des Untersuchungsmaterials soll mindestens 5 bis 50 µg Vitamin B_2 enthalten, und zwar richtet sich die in die Bestimmung einzusetzende

Mindestmenge (wie auch später die Verdünnung bzw. die Vitamin-B_2-Konzentration der Meßlösung) hauptsächlich nach der Empfindlichkeit des zur Verfügung stehenden photoelektrischen Fluorimeters. Bei Materialien mit hohem Vitamin-B_2-Gehalt, wie pharmazeutischen Zubereitungen, Vormischungen zur Vitaminierung von Futtermitteln usw., enthält die Einwaage mehr Riboflavin. Der Extrakt wird später entsprechend stärker verdünnt. Die für die Fluoreszenzmessung verwendete Lösung soll in 10 ml zwischen 0,5 und 5,0 µg Riboflavin enthalten. Riboflavinhaltige Ampullenlösungen, Tropfenpräparate oder Siruppräparate (z. B. Lösungen des Vitamin-B-Komplexes) werden durch Verdünnen mit Wasser auf die für die Empfindlichkeit des Fluorimeters optimale Riboflavinkonzentration gebracht. Vitamin-B_2-haltige Gelatinekapseln auf öliger Grundlage (z. B. Multivitaminkapseln, die fettlösliche und wasserlösliche Vitamine enthalten) werden mit einer Rasierklinge in der Längsrichtung bzw. entlang der Naht aufgeschnitten. Der ölige Inhalt wird nach Abspülen der Klinge mit Petroläther und Ausspülen der Kapselhüllen mit dem gleichen Lösungsmittel in einem Scheidetrichter auf 50 ml Petroläther und 20 ml Wasser verteilt. Das Riboflavin geht in die wäßrige Phase. Die Petrolätherphase wird noch einmal mit 20 ml Wasser ausgeschüttelt. Die vereinigten wäßrigen Extrakte werden auf eine Riboflavinkonzentration von 0,5 bis 5,0 µg/10 ml mit Wasser verdünnt.

Trockene Untersuchungsmaterialien. Tabletten, Dragees, Getreideprodukte, Futtermittel und dergleichen werden zerkleinert, wenn nötig entfettet und mit 0,1n Salzsäure auf dem Wasser- oder Dampfbad $^1/_2$ bis 1 Stunde, eiweißreiche Produkte (z. B. Hefe) bis zu 2 Stunden, unter häufigem Umschütteln erwärmt oder aber $^1/_2$ Stunde bei 121 °C im Autoklaven extrahiert. Feuchtes Pflanzenmaterial (z. B. Gemüse) wird in einer mechanischen Küchenmaschine mit Wasser zu einem feinen Brei zermahlen und dann noch $^1/_2$ Stunde mit Salzsäure auf dem Wasser- oder Dampfbad erhitzt. Materialien, die viel quellende Substanz (Stärke) enthalten, lassen sich besser mit salzsaurem Methanol (z. B. 20 ml 0,1n Salzsäure, Methanol ad 100 ml) oder Aceton-Essigsäure-Mischungen (z. B. 80% Aceton, 1% Eisessig, 19% Wasser) am Rückflußkühler extrahieren, jedoch nur dann, wenn das Vitamin B_2 als freies Riboflavin oder als freier Phosphorsäureester vorliegt. Auf diese Weise wird auch eine zu hohe Konzentration an wasserlöslichen Begleitstoffen in der riboflavinhaltigen Lösung vermieden. Das organische Lösungsmittel — Methanol oder Aceton — wird nach beendeter Extraktion wieder abdestilliert. Eine Vorreinigung des Extraktes bzw. der zu bestimmenden Lösung wird auch mit einer nachträglichen Ausfällung von Extraktivstoffen durch Zusatz eines großen Überschusses von Aceton oder Methanol erreicht. Man erhitzt dann das zu extrahierende Gut erst mit wenig verdünnter Essigsäure oder mit 0,1n Salzsäure, um es aufzuschließen und die wasserlöslichen Anteile in Lösung zu bringen. Hierauf fällt man mit Aceton oder Methanol im Überschuß. Das Riboflavin bleibt in Lösung und wird auch von wieder ausfallenden Proteinen und anderen Begleitstoffen nicht aus der Lösung adsorbiert. Das klare Filtrat oder Zentrifugat wird nun bis zum Verschwinden des

Aceton- bzw. Methanolgeruches eingedampft, filtriert und auf die Konzentration 0,5 bis 5,0 μg/10 ml (s. oben) verdünnt. Diese Extraktionsmethode ist vor allem bei eiweißreichem Material mit natürlichem Vitamin-B_2-Gehalt, z. B. zur Vitamin-B_2-Bestimmung in Hefe, anzuwenden.

Reinigung des Extraktes durch pH-Änderung. Der salzsaure oder essigsaure Extrakt wird — gleichgültig, ob die folgende Enzymbehandlung vorgesehen ist oder nicht — mit Natronlauge auf pH 6,5 gebracht (Glaselektrode). Dabei fallen unter Umständen schon gewisse Begleitstoffe aus. Es ist streng darauf zu achten, daß die Lösung bei Zugabe von Natronlauge den pH-Wert von 6,5 nicht wesentlich überschreitet, da sich das Vitamin B_2 bei höheren pH-Werten rasch zersetzt. Die Natronlauge wird daher tropfenweise unter Rühren oder Umschütteln zugegeben. Anschließend wird 1n Salzsäure zugefügt, bis der pH-Wert der Lösung 4,5 beträgt. Man kann die saure Lösung auch durch Zugabe von konzentrierter Natriumacetatlösung auf pH 4,5 bringen. Nur muß man dann auf einen zusätzlichen Reinigungseffekt durch Ausfällung von Begleitstoffen bei pH 6,5 (s. oben) verzichten.

Enzymbehandlung. Natürliches Untersuchungsmaterial enthält häufig Stärke oder Schleimstoffe, die die quantitative Extraktion des Vitamins B_2 stören können. Es empfiehlt sich daher, bei stärkehaltigem Material, wie z. B. Mehl, Brot und dergleichen, einen enzymatischen Aufschluß vorzunehmen. Die für diesen Aufschluß verwendete Diastase spaltet gleichzeitig vorhandenen Riboflavinphosphorsäureester zu freiem Riboflavin. Die in Wasser (bzw. 0,1n Salzsäure) unlöslichen Anteile des extrahierten Untersuchungsmaterials brauchen für die Diastasebehandlung noch nicht abgetrennt zu werden; filtriert oder zentrifugiert wird erst später.

Zur Enzymbehandlung wird die auf pH 4,5 eingestellte Lösung mit 1 bis 2% des eingesetzten Untersuchungsmaterials, mindestens aber mit 0,5 g Diastase versetzt, kräftig umgeschüttelt, 1 bis 2 Stunden (je nach Stärkegehalt) im Wärmeschrank bei 40 bis 45 °C aufbewahrt und dann wieder auf Raumtemperatur abgekühlt.

Die auf pH 4,5 eingestellte Probelösung, die unter Umständen nach der vorstehend gegebenen Vorschrift mit Diastase behandelt worden ist, wird nun mit Wasser auf ein Volumen von 50, 100, 200 oder 250 ml verdünnt (Meßkolben), je nach dem bereits vorhandenen Flüssigkeitsvolumen und dem zu erwartenden Riboflavingehalt der Probe. Schließlich wird die Lösung noch filtriert oder klar zentrifugiert.

Von dieser Stelle ab werden Doppelbestimmungen angesetzt. In 4 Reagenzgläser werden aliquote Teile, höchstens 10 ml, der nach einem der oben beschriebenen Verfahren hergestellten Probelösung mit je 0,5 bis 5,0 μg Riboflavin einpipettiert. Dann wird mit Wasser auf 10 ml verdünnt, falls das Volumen weniger als 10 ml beträgt.

Standards. Zwei der vier Lösungen (P_1, P_2) werden mit je 1 ml Wasser versetzt; die anderen beiden (Z_1, Z_2) mit je 1 ml einer Standardlösung mit der in der Probelösung P zu erwartenden Menge (0,5 bis 5,0 μg) Riboflavin. Da man die Endkonzentration an Riboflavin in der Probelösung nach der Empfindlichkeit des Fluorimeters einrichten muß, wird man die letzte Verdünnung immer so vornehmen, daß man stets die gleiche Standardlösung verwenden kann, z. B. eine Riboflavinlösung mit 0,5 μg (bei sehr empfindlichen Meßgeräten), 1 μg, 2 μg oder 5 μg Riboflavin pro Milliliter.

Permanganatbehandlung. Der Zweck dieser Behandlung ist die Zerstörung von Begleitsubstanzen, welche die Messung ungünstig beeinflussen können. Jede der vier Lösungen wird mit 1 ml Eisessig versetzt und umgeschüttelt. Anschließend werden unter Umschütteln 0,5 ml 4%ige Kaliumpermanganatlösung zugefügt und genau 2 Minuten stehengelassen. Dann werden die Lösungen durch Zugabe von 0,5 ml Perhydrollösung (3%ig) entfärbt und kräftig geschüttelt, bis der überschüssige Sauerstoff ausgetrieben ist. Die Lösungen sind dann meist klar. Falls eine Trübung oder eine feine Fällung von Braunstein auftritt, müssen die Lösungen zentrifugiert oder durch ein Papierfilter filtriert werden, das kein Riboflavin zurückhält (vorher mit einer Standardlösung auf eventuelle Verluste prüfen!).

Durchführung der Fluoreszenzmessungen. Nun wird zunächst Lösung P_1 in die Küvette des photoelektrischen Fluorimeters eingefüllt. Die Fluoreszenz dieser Lösung wird auf den Skalenwert 30, 35 oder 40 des Meßgerätes eingestellt. Dann wird der Inhalt der Küvette wieder in das Reagenzglas P_1 zurückgegeben. Anschließend werden die Fluoreszenzen der Lösungen P_2, Z_1 und Z_2 der Reihe nach in der gleichen Weise gemessen, wobei aber an der Einstellung des Galvanometers (Lösung $P_1 = 30$, 35 oder 40 Skalenwert) nichts geändert wird. Die Lösungen werden danach wieder in die entsprechenden Reagenzgläser zurückgegeben.

Löschung. Die vier Lösungen werden zur Löschung der Fluoreszenz nacheinander mit je etwa 20 mg (Spatelspitze) Natriumdithionit ($Na_2S_2O_4$) versetzt, kräftig geschüttelt, in die Küvette eingefüllt und innerhalb 10 Sekunden nach Zugabe des Reagenzes zu der betreffenden Lösung fluorimetrisch (gleiche Einstellung wie vorher) gemessen.

Berechnung. Zur Berechnung werden der Durchschnittswert P aus den Skalenwerten der Lösungen P_1 und P_2, der Durchschnittswert Z aus den „Zusatzversuchen“ Z_1 und Z_2 sowie der Durchschnittswert Bl aus den vier Blindversuchen (nach Zugabe von Natriumdithionit) in die Gleichung eingesetzt:

$$\frac{P - Bl}{Z - P} \times (\text{Riboflavin-Zusatz in } \mu\text{g}/10 \text{ ml}) = \text{Riboflavin in 10 ml der Endverdünnung}$$

oder:

$$\frac{P - Bl}{Z - P} \times \frac{\text{Riboflavin-Zusatz } (\mu\text{g})}{10} \times \frac{\text{Verdünnungsfaktor}}{\text{Einwaage (g)}} = \mu\text{g Riboflavin/g.}$$

Beispiel. 20,0 g eines Futtermittels wurden mit Salzsäure aufgeschlossen; nach der Diastasebehandlung wurde die Mischung im Meßkolben auf 200 ml verdünnt. Die obige fluorimetrische Bestimmung wurde mit 10 ml dieser Lösung ausgeführt. Zusatz: 1 μg Riboflavin.

Ablesung am Galvanometer:

$P_1 = 40{,}0$, $P_2 = 40{,}6$, P (Durchschnitt) $= 40{,}3$;

$Z_1 = 68{,}0$, $Z_2 = 67{,}4$, Z (Durchschnitt) $= 67{,}7$;

Blindwerte:

$P_1 = 6{,}0$, $P_2 = 6{,}6$;

$Z_1 = 6{,}0$, $Z_2 = 5{,}8$; *Bl* (Durchschnitt) $= 6{,}1$;

Berechnung:

$$\frac{40{,}3 - 6{,}1}{67{,}7 - 40{,}3} \times \frac{1}{10} \times \frac{200}{20} = 1{,}25\ \mu\text{g Riboflavin/g}$$

Beseitigung störender Fluoreszenzen

Die Zuverlässigkeit der fluorimetrischen Vitamin-B_2-Bestimmungsmethode ist nur dann gewährleistet, wenn die zu messende Probelösung keine anderen fluoreszierenden Bestandteile enthält. Soweit diese Bestandteile im UV-Licht ein von der grünlichgelben Fluoreszenz des Riboflavins in der Farbe abweichendes Fluoreszenzlicht emittieren, läßt sich diese Störung durch spektrale Zerlegung des emittierten Lichts mit Hilfe eines Monochromators oder durch Vorschaltung eines Spektralfilters zwischen Küvette und Photozelle ausschalten, so daß nur die für Riboflavin charakteristische Fluoreszenz gemessen wird. Das Maximum der Fluoreszenz einer Riboflavinlösung mit dem pH-Wert 7 liegt bei 530 nm.

Steht ein derartiges Gerät nicht zur Verfügung, so wird stets die Gesamtfluoreszenz einer Lösung gemessen. Dadurch kann die Bestimmung unter Umständen zu erheblichen Fehlresultaten führen, vor allem dann, wenn es sich um eine Vitamin-B_2-Bestimmung in natürlichem Material handelt, weniger jedoch bei der Analyse pharmazeutischer Multivitaminpräparate. Eine gewisse Erhöhung der Spezifität wird durch die oben beschriebene Art der Durchführung des Blindversuchs — Reduktion mit Natriumdithionit — erreicht. Nach der Reduktion des Riboflavins zum nicht fluoreszierenden Leukoflavin wird die „Restfluoreszenz“ der Lösung gemessen und der erhaltene Wert bei der Berechnung des Vitamin-B_2-Gehaltes vom Skalenwert im Hauptversuch abgezogen. Nun ist es leider nicht immer so, daß durch die Behandlung mit Natriumdithionit nur die Riboflavinfluoreszenz gelöscht wird. Natriumdithionit ist ein sehr starkes Reduktionsmittel und reduziert oft auch störende Bestandteile, so daß auch deren Fluoreszenz wenigstens zum Teil gelöscht wird. Besonders auffällig tritt dieser Effekt in Erscheinung, wenn die Probelösung neben Riboflavin gewisse blau fluoreszierende Verbindungen, unter Umständen Vitamin-B_1-Zersetzungsprodukte, enthält. Thiochrom, ein Oxydationsprodukt des Vitamins B_1, wird durch Dithionit reduziert, seine blaue Fluoreszenz dadurch gelöscht.

Chromatographie. Eine vollständige Beseitigung störender fluoreszierender Substanzen ist nur auf dem Wege der Chromatographie bzw. Papierchromatographie möglich. Ein solches Verfahren ist jedoch recht umständlich und zeitraubend.

Ionenaustauscher. Weniger wirksam als die Chromatographie, jedoch für die meisten Zwecke ausreichend und weniger umständlich, ist die Reinigung der Probelösung durch Ionenaustausch. Dabei macht man sich die Tatsache zunutze, daß die störenden fluoreszierenden Substanzen meist kationischen Charakter haben. Zwei Ionenaustauscher haben sich bewährt: Decalso und Bleicherde. Decalso ist ein Kationenaustauscher, der z. B. die Vitamine B_1 und B_6 aus einer Extraktlösung anreichert. Riboflavin wird nicht auf der Decalso-Säule fixiert und läßt sich leicht mit Wasser auswaschen. Die Reinigung einer Vitamin-B_2-Lösung über Decalso ist einfacher als die Reinigung mit Hilfe von Bleicherde (s. unten), da das Eluat direkt für die fluorimetrische Bestimmung verwendet werden kann. Der Nachteil dieser Reinigungsmethode besteht darin, daß die Probelösung durch das Nachwaschen der Säule eine Verdünnung erfährt, so daß das Eluat bei extrem niedrigem Vitamin-B_2-Gehalt nicht mehr exakt fluorimetrisch meßbar ist bzw. eingeengt werden muß, um die Fluoreszenz mit ausreichender Genauigkeit zu erfassen.

Reinigung der Vitamin-B_2-Lösung mit Ionenaustauscher. Zur Reinigung über den Ionenaustauscher verfährt man wie folgt: Die neutrale bis schwach saure Probelösung (pH-Wert zwischen 4 und 6), bzw. ein aliquoter Teil (10, 20 oder 50 ml) des Vitamin-B_2-haltigen Extraktes mit 5 bis 50 μg Riboflavin, wird auf eine Säule aus 3 g Ionenaustauscher gegeben. Sobald die Lösung gerade in die Säule eingezogen ist, wird Wasser in 10-ml-Anteilen aufgegeben. Das Eluat wird in einem 100-ml-Meßkolben aufgefangen. Es wird so lange mit Wasser gewaschen, bis das Eluat die 100-ml-Marke erreicht hat. In einem Parallelversuch wird die gleiche Menge Probelösung mit so viel Riboflavin-Standardlösung versetzt, wie dem erwarteten Vitamin-B_2-Gehalt dieses Teiles der Probelösung entspricht, und diese Mischung unter den gleichen Bedingungen über eine zweite Ionenaustauschersäule gegeben (Zusatzversuch Z). Die weitere Behandlung erfolgt wie im Hauptversuch.

Zweimal je 10 ml der 100-ml-Eluate (= Lösungen P_1, P_2, Z_1 und Z_2) werden nun mit je 1 ml Eisessig versetzt. Hierauf wird nach der obigen Vorschrift mit Kaliumpermanganat und Perhydrol behandelt und im Fluorimeter gemessen.

Beispiel. 5 g Trockenhefe wurden mit 50 ml 0,1n Salzsäure 2 Stunden auf dem Dampfbad aufgeschlossen. Nach dem Erkalten wurde mit Natronlauge auf pH 6,5 (Glaselektrode), anschließend mit normaler Salzsäure auf pH 4,5 eingestellt und mit Wasser auf 200 ml verdünnt. Die Flüssigkeit wurde durchgeschüttelt und filtriert. 20 ml Filtrat wurden für die Ionenaustauscherbehandlung verwendet, weitere 20 ml wurden mit 20 μg Riboflavin versetzt und über die zweite Ionenaustauschersäule gegeben. Je 10 ml der 100-ml-Eluate wurden hierauf mit Eisessig, Kaliumpermanganat usw. versetzt und gemessen.

Ablesung:

$P_1 = 35{,}0$; $P_2 = 35{,}2$; P (Durchschnitt) $= 35{,}1$;

$Z_1 = 71{,}2$; $Z_2 = 71{,}4$; Z (Durchschnitt) $= 71{,}3$;

Blindwerte:

$P_1 = 0{,}3$; $P_2 = 0{,}2$;

$Z_1 = 0{,}3$; $Z_2 = 0{,}3$; Bl (Durchschnitt) $= 0{,}3$;

Berechnung:

$$\frac{35{,}1 - 0{,}3}{71{,}3 - 35{,}1} \times \frac{2}{10} \times \frac{100}{20} \times \frac{200}{5} = 38{,}4\ \mu\text{g Riboflavin/g}.$$

Die Reinigung einer Vitamin-B_2-haltigen Extraktlösung mit Bleicherde kann gleichzeitig dazu dienen, das Riboflavin aus einer verdünnten Lösung anzureichern. Das Verfahren ist umständlicher als die Reinigung mit Ionenaustauscher, wie aus der nachfolgenden Beschreibung hervorgeht.

Ein aliquoter Teil der schwach sauren Probelösung (nicht mehr als 50 ml), der zwischen 0,5 und 5,0 µg Riboflavin enthält (je nach Empfindlichkeit des Fluorimeters), wird mit 2 g Bleicherde versetzt. Dann wird 2 Minuten lang kräftig geschüttelt. Die Bleicherde wird abzentrifugiert und nach Abdekantieren der klaren, überstehenden Lösung mit Wasser chloridfrei gewaschen. Nun wird das Riboflavin mit Pyridin-Wasser-Eisessig-Mischung (20 : 80 : 2) eluiert. Zu diesem Zweck wird die Bleicherde im Zentrifugenglas mit 10 ml dieser Mischung kräftig aufgewirbelt (Glasstab) und noch einige Minuten stehengelassen. Dann wird die Suspension nochmals kräftig geschüttelt und schließlich scharf zentrifugiert. Die überstehende klare Lösung wird abgegossen, nach der obigen Vorschrift mit 0,5 ml 4%iger Kaliumpermanganatlösung sowie 0,5 ml Perhydrollösung (3%ig) versetzt und gemessen. Für den Zusatzversuch Z wird ein weiterer aliquoter Teil der Probelösung vor der Bleicherdebehandlung mit so viel Riboflavin-Standardlösung versetzt, wie dem Vitamin-B_2-Gehalt des verwendeten Volumens der Probelösung entspricht. Im übrigen wird in der gleichen Weise verfahren wie im Hauptversuch.

Zusätzliche Bemerkungen über die Ausführung der Fluoreszenz-Messungen

a) Der *Zusatzversuch Z*, auch als „*interner Standard*" bezeichnet, dient zur Ausschaltung von (vor allem konzentrationsbedingten) Störungen, die die Fluoreszenz des Riboflavins beeinflussen können; denn die Fluoreszenz des zugesetzten Riboflavins wird in Gegenwart störender Substanzen in gleichem Maße verändert wie die des bereits vorhandenen Riboflavins. Bei der Vitamin-B_2-Bestimmung in pharmazeutischen Zubereitungen treten Störungen dieser Art im allgemeinen nicht auf, da die Konzentration an Riboflavin erheblich höher liegt als bei allen anderen auf Vitamin B_2 zu prüfenden Untersuchungsmaterialien. Die Verwendung eines „Internen Standards" ist bei pharmazeutischen Präparaten daher im allgemeinen nicht erforderlich. Vielmehr ist es üblich, die Fluoreszenz des Extraktes bzw. der Verdünnung solcher Präparate nach der Permanganat- und Perhydrolbehandlung direkt mit der einer in gleicher Weise mit Permanganat und Perhydrol behandelten Riboflavin-Standardlösung zu vergleichen, die genau dem Sollgehalt an Riboflavin entspricht (sog. „*externer Standard*"). Selbstverständlich geht man bei der Probe wie bei der Standardlösung von gleichen Volumina, am besten 10 ml, aus. Die Berechnung gestaltet sich wie folgt:

$$\frac{P - Bl_p}{S - Bl_s} \times \text{(Riboflavin im Standard)} \times \frac{\text{Verdünnungsfaktor}}{\text{Einwaage in g, ml od. Anzahl Tabl., Kaps., Drag.}} = \text{Riboflavin pro g, ml oder Tablette, Kapsel, Dragee.}$$

P = Fluoreszenz der Probe,

S = Fluoreszenz der Standardlösung,

Bl_p = Fluoreszenz der Probeblindlösung, nach Behandlung mit $Na_2S_2O_4$,

Bl_s = Fluoreszenz der Standardblindlösung, nach Behandlung mit $Na_2S_2O_4$.

Vorteil des externen Standards. Diese Methode — Wegfall des internen Standards, dafür Fluoreszenzvergleich mit einer reinen Riboflavin-Standardlösung — hat den großen Vorteil, daß man für mehrere Bestimmungen, die gleichzeitig angesetzt werden, nur eine einzige Standardlösung benötigt. Sie ist daher gerade für Serienanalysen und für die Betriebskontrolle bei der Fabrikation von Vitaminpräparaten geeignet.

b) *Störung durch Eisenionen.* Die Fluoreszenz des Riboflavins wird durch Eisen(III)-Ionen in hoher Konzentration geschwächt. Ist viel Fe^{3+} zugegen, so wird dieses nach dem Aufschluß des Untersuchungsmaterials mit Salzsäure durch Zusatz von Alkaliphosphat und Einstellen des pH-Wertes mit Natronlauge auf 6,5 ausgefällt. Auch bei der Reinigung der Probelösung über die Ionenaustauscher-Säule wird das Eisen quantitativ beseitigt, so daß der Phosphatzusatz sich erübrigt. Diese Reinigungsmethode ist bei Anwesenheit von zweiwertigem Eisen vorzuziehen.

c) *Säure-Konzentration.* Enthält das Untersuchungsmaterial viel basische Bestandteile, so wird ein großer Teil der zum Aufschluß verwendeten Salzsäure gebunden. Es empfiehlt sich dann, die Säurekonzentration zu erhöhen, so daß der resultierende Extrakt etwa 0,1normal an Säure ist. Das Flüssigkeitsvolumen in ml soll etwa das Zehnfache des Trockengewichts der Probe in g betragen.

d) *Natriumdithionit.* Die für die Blindlösungen jeweils verwendete Menge Natriumdithionit soll möglichst konstant sein und das Gewicht von 20 mg möglichst nicht überschreiten. Andernfalls könnte die Fluoreszenz der Blindlösung durch eine zu hohe Salzkonzentration beeinflußt werden.

e) *B_2-Phosphorsäureester.* Der Riboflavin-5'-phosphorsäureester zeigt bei der im Rahmen der fluorimetrischen Vitamin-B_2-Bestimmungsmethode üblichen Verdünnung die gleiche Fluoreszenz wie das freie Riboflavin im äquivalenten Verhältnis. Das bedeutet, daß man den Phosphorsäureester für die Fluoreszenzmessung nicht unbedingt enzymatisch zu hydrolysieren braucht, wie das z. B. bei den Vitamin-B_1-Phosphorsäureestern notwendig ist. Eine Diastasebehandlung ist hier nur sinnvoll, wenn man damit die Extraktion des Vitamins B_2 und seines Phosphorsäureesters erleichtern und etwaige Verluste durch Einschluß (in Stärke) verhindern kann. Falls keine oder nur wenig Stärke oder stärkeähnliche Kohlenhydrate vorhanden sind und das Vitamin B_2 durch Säureaufschluß leicht in Lösung gebracht werden kann, ist es besser, auf die Diastasebehandlung zu verzichten.

f) *Keine Störung durch Vitamin B_1.* Thiamin, soweit es nicht schon geringfügig zersetzt ist, stört die fluorimetrische Vitamin-B_2-Bestimmung nicht. Reines Thiamin (-hydrochlorid) wird in essigsaurer Lösung durch die Permanganat- und Perhydrolbehandlung nicht verändert.

Reagenzien

Petroläther, leichtsiedend, Siedebereich bis etwa 40 °C.

Salzsäure; 0,1normal.

Methanol, p. a.

Aceton, p. a.

Essigsäure (Eisessig), 1,055 bis 1,064 (etwa 96%ig), p. a.

Natronlauge (etwa 15%ig), rein, DAB 6.

Salzsäure, 1normal.

Natriumacetat, p. a., indifferent gegen Kaliumpermanganat nach REINITZER.

Diastase, hochgereinigt, Maltosebildungs- (Verzuckerungs-) Vermögen mindestens 1 : 250.

Riboflavin-Standardlösung: genau 50 mg im Vakuumexsikkator über Schwefelsäure getrocknetes Lactoflavin (Riboflavin), Pharmacopoea Brit. 1958, werden im 1-l-Meßkolben in einer Mischung aus etwa 700 ml Wasser und 1,2 ml Essigsäure (Eisessig), 1,055 bis 1,064, p. a., unter Erwärmen gelöst (die Lösung ist etwa $^1/_{50}$normal an Essigsäure). Nach dem Abkühlen wird die Lösung mit Wasser bis zur Marke verdünnt. Diese Stammlösung wird zur Herstellung der Standardlösung für den Zusatzversuch entsprechend weiter verdünnt, z. B. 1 ml auf 50 ml (1 ml = 1 µg Riboflavin).

Kaliumpermanganat, p. a.

Perhydrollösung: 1 Gewichtsteil Perhydrol (30%ig), p. a., wird bei Bedarf mit 9 Teilen Wasser verdünnt.

Natriumdithionit, p. a.

Decalso-Austauscher: Hersteller und Aktivierung siehe S. 214.

Bleicherde (deutsche Ware).

Pyridin für Chromatographie.

Die Reagenzien können von verschiedenen Herstellerfirmen, z. B. von der Firma Merck, bezogen werden.

5. Nachweis von rotem Hybridenwein und Hybridenmost[1]

Auf Grund von § 13 des Weingesetzes vom 25. 7. 1930 (Reichsgesetzbl. I S. 356) ist das Inverkehrbringen von Traubenmaische, Traubenmost und Wein, die ganz oder teilweise aus amerikanischen Ertragskreuzungen (Hybriden) gewonnen wurden, verboten.

Das Verfahren zum Nachweis von rotem Hybridenwein und -most oder von Verschnitten mit solchen beruht auf der Feststellung, daß die roten Hybridenfarbstoffe zum Teil aus Diglucosiden bestehen, während die roten Farbstoffe der Beeren von Vitis vinifera-Reben nur Monoglucoside, aber keine Diglucoside — oder nach neueren, von französischer Seite geäußerten Ansichten höchstens Spuren davon — enthalten. Papierchromatographisch lassen sich beide Glucoside voneinander trennen (Ribéreau-Gayon, P., 1954, 1959). Die Eigenschaft des Diglucosids Malvin, im UV-Licht zu fluoreszieren, ermöglicht den Nachweis von Hybridenfarbstoff und damit der Anwesenheit von rotem Hybridenwein bzw. -most. Durch vorherige Anreicherung des Malvins und seine Abtrennung von anderen Farbstoffen und sonstigen, den papierchromatographischen Nachweis störenden Bestandteilen über seine in ammoniakalischer Lösung unlösliche Bleiverbindung sowie durch Verwendung einer Vergleichslösung von reinstem kristallisiertem Malvin[2] ist es neuerdings gelungen, den Nachweis von Hybridenfarbstoff erheblich zu verbessern und die Methode gleichzeitig quantitativ zu gestalten.

Papierchromatographischer Nachweis von rotem Hybridenfarbstoff

Papierchromatographische Methode: Rundfilter-Papierchromatographie.

Apparatur: 2 gleichgroße Glasschalen, innerer Durchmesser 23,5 cm Höhe 3,0 cm; 1 Petrischale zur Aufnahme des Fließmittels, etwa 8,5 cm Durchmesser und 1,5 cm Höhe[3].

Chromatographierpapier: Schleicher & Schüll 2043b Mgl. Ein normaler Bogen (58×60 cm) wird in 4 gleiche Teile zerschnitten. Jeweils in die Mitte dieser Teilbogen wird ein Loch von 4—5 mm Durchmesser zur Aufnahme eines etwa 4 cm hohen Saugdochtes gestanzt. Dieser besteht aus einem Papierröllchen, das aus einem etwa 4×7,5 cm großen Streifen desselben Papiers hergestellt wurde[4].

---

[1] Bundesgesundheitsblatt **4**, 2 (1961 vom Autor ergänzter Auszug) 26, 27.

[2] Reines, kristallisiertes Malvinchlorid als Vergleichssubstanz für den papierchromatographischen Nachweis von rotem Hybridenweinfarbstoff kann von den Firmen Carl Roth, Laborchemikalien, Karlsruhe, Herrenstr. 26—28, oder Fluka A.G., Chemische Fabrik, Buchs SG/Schweiz, bezogen werden.

[3] Schalendurchmesser und -höhe sind möglichst genau einzuhalten, da die nachfolgende Arbeitsvorschrift darauf abgestimmt ist.

[4] Bei vergleichenden Untersuchungen ist stets dieselbe Dochtstärke zu verwenden.

Fließmittel: Butanol-Eisessig-Wasser 6 : 2 : 3 ($v : v : v$). Das Fließmittel ist 8 Tage verwendbar (vgl. Fußnote 4, S. 223).

Reagenzien: 10%ige neutrale Bleiacetatlösung; 25%iges Ammoniak; Methanol reinst; 50%iges reinstes Methanol; Aceton; 2 n-Salzsäure.

Standardlösung: 10 mg reinstes kristallisiertes Malvin werden in 100 ml 1%iger Salzsäure gelöst. Die Lösung ist längere Zeit haltbar.

Vergleichslösung: 1 ml der Standardlösung wird mit 1 ml reinstem 50%igem Methanol verdünnt. Die Lösung ist nicht haltbar und muß deshalb jeweils unmittelbar vor dem Gebrauch frisch hergestellt werden [1].

Ausführung

25 ml Wein oder Traubensaft werden in einem 50-ml-Zentrifugenglas mit 5 ml 10%iger neutraler Bleiacetatlösung versetzt, mit einem Glasstab durchgerührt und etwa 3—5 Minuten bei 3000 U/min zentrifugiert.

Die überstehende klare Flüssigkeit wird in ein gleichgroßes Zentrifugenglas gegossen, der Rückstand mit 5 ml Wasser in Anteilen durchgerührt, unter den gleichen Bedingungen wie oben zentrifugiert und die überstehende Flüssigkeit ebenfalls in das zweite Zentrifugenglas gegeben.

Zu dieser Flüssigkeit setzt man so viel 25%iges Ammoniak (etwa 10 Tropfen) hinzu, bis sie deutlich alkalisch reagiert, rührt durch und zentrifugiert Die überstehende Flüssigkeit, die praktisch farblos ist, wird verworfen. Der Niederschlag wird mit 10 ml reinstem Methanol durchgerührt und zentrifugiert. Nach Abgießen des Methanols wird der Rückstand mit 10 ml Aceton verrührt und nochmals zentrifugiert. Das Aceton wird abgegossen und der Rückstand im Vakuum (Exsikkator etwa 1 Std.) völlig vom Aceton befreit und mit dem Glasstab zu einem trockenen Pulver verrieben. Dieses wird mit 1 ml 2n Salzsäure versetzt und gewartet, bis alle dunkel gefärbten Partikel verschwunden sind. Nach Zugabe von 3 ml 50%igem reinstem Methanol wird gründlich durchgerührt und zentrifugiert. Die überstehende klare Lösung wird in einen kleinen Schliffzylinder gegeben. 0,02 ml davon (entsprechend 0,2 ml der Ausgangsflüssigkeit) werden mit einer Blutzuckerpipette auf das Chromatographierpapier in einer Entfernung von etwa 2 cm vom Mittelpunkt des Bogens aufgetragen, nachdem zuvor der Startpunkt markiert wurde [2]. Gleichzeitig trägt man 0,01 ml der Vergleichslösung in derselben Weise auf. Insgesamt können 4 Lösungen (3 Untersuchungslösungen und 1 Vergleichslösung) aufgetragen werden. Die Laufzeit beträgt etwa 5 Stunden [3,4]. Der R_f-Wert des Malvins beträgt 0,4—0,45 vom Start-

[1] Nach einer im Bundesgesundheitsblatt **6** (1963) 125 erschienenen Ergänzung soll die Vergleichslösung statt 1 mg-% jetzt 2,5 mg-% Malvin-Hydrochlorid enthalten.

[2] Beim Auftragen der Lösung ist darauf zu achten, daß sie sich nicht mehr als 4 mm um den markierten Startpunkt herum ausbreitet, daß somit der Startfleck höchstens einen Durchmesser von 8 mm besitzt. Dasselbe gilt für das Auftragen der Vergleichslösung.

[3] Das Fließmittel darf nicht ganz bis zum Schalenrand laufen.

[4] Unterschiedliche Raumtemperaturen können Abweichungen nach oben oder unten zur Folge haben.

Tabelle A 1

Fluoreszenzstandards (Lösungen)

$\tilde{\nu}$ 10^3 cm^{-1}	λ nm	*I*				
		1	2	3	4	5
10,5	953	12,5				
10,75	931	18,5				
11,0	909	24,5				
11,25	888	32,5				
11,5	870	41,5				
11,75	852	50,5				
12,0	833	60,0	2,0			
12,25	817	70,5	4,0			
12,5	800	80,5	6,0			
12,75	785	89,0	8,5			
13,0	769	95,0	11,0			
13,25	755	98,5	13,5			
13,5	742	100,0	17,0			
13,75	728	98,0	20,0			
14,0	715	94,0	23,5	1,5		
14,25	703	88,0	27,5	3,0		
14,5	690	81,0	31,0	5,0		
14,75	678	72,0	35,5	7,5		
15,0	667	61,5	40,5	10,0	0,0	
15,25	657	51,0	45,0	13,0	1,5	
15,5	646	41,0	50,0	16,0	3,0	
15,75	634	32,0	55,5	19,0	4,5	
16,0	625	24,0	61,5	22,0	6,0	
16,25	614	17,5	68,0	25,5	7,5	
16,5	606	13,0	73,0	29,5	9,5	
16,75	597	9,0	78,0	33,5	11,5	
17,0	588	6,0	82,5	38,5	14,0	
17,25	579	4,0	87,0	44,0	16,0	
17,5	572	2,5	91,5	50,0	18,0	
17,75	564	2,0	95,0	56,5	20,5	
18,0	556	1,5	97,5	65,0	24,0	
18,25	548		99,5	73,0	28,5	
18,5	541		99,5	82,5	34,5	
18,75	533		97,5	90,0	40,5	
19,0	527		93,5	95,0	46,0	6,0
19,25	519		87,0	98,5	52,5	7,0
19,5	513		80,0	100,0	58,5	8,5
19,75	507		71,5	98,5	65,0	10,0
20,0	500		61,0	94,5	71,5	12,5
20,25	494		51,0	87,5	78,5	15,5
20,5	488		41,5	77,5	84,5	19,0
20,75	482		32,5	66,0	90,0	23,0
21,0	476		23,5	53,0	95,0	27,5

21,25	471		16,0	39,5	98,5	33,0
21,5	466		10,5	28,0	100,0	39,0
21,75	459		6,0	17,5	99,5	45,0
22,0	454		3,0	11,0	98,0	51,5
22,25	449		2,0	6,0	94,5	58,0
22,5	444		1,5	3,0	89,0	64,5
22,75	439			1,5	82,5	70,5
23,0	435			1,0	74,0	76,0
23,25	430				65,5	81,0
23,5	426				55,5	84,5
23,75	421				46,0	86,5
24,0	416				37,5	86,5
24,25	412				29,5	85,5
24,5	408				21,0	82,5
24,75	404				15,0	79,0
25,0	400				10,5	75,0
25,25	396				6,5	70,0
25,5	392				4,0	66,0
25,75	388				2,5	62,5
26,0	385				1,0	60,5
26,25	381					60,5
26,5	377					63,0
26,75	374					67,5
27,0	370					73,0
27,25	367					79,5
27,5	364					87,0
27,75	360					93,0
28,0	357					98,0
28,25	354					100,0
28,5	351					98,0
28,75	348					93,0
29,0	345					86,0
29,25	342					76,0
29,5	339					60,5
29,75	336					42,0
30,0	333					22,0
30,25	330					9,0

1 = 4-Dimethylamino-4′-nitrostilben; 10^{-3} molar in o-Dichlorbenzol; Raumtemperatur; $q/q_{max}\%$

2 = m-Dimethylaminonitrobenzol; 10^{-4} molar in 30 Vol.-% Benzol, 70 Vol.-% Hexan; Raumtemperatur; $q/q_{max}\%$

3 = 3-Aminophthalimid; 5×10^{-4} molar in 0,1 n H_2SO_4; Raumtemperatur; $q/q_{max}\%$

4 = Chinin; 10^{-3} molar in 0,1 n H_2SO_3; Raumtemperatur; $q/q_{max}\%$

5 = β-Naphthol; 2×10^{-4} molar in Standardacetatpuffer (Merck), (0,020 ± 0,001) n; q/q_{max} % bei 20 °C

— q ist für eine bestimmte Wellenzahl $\tilde{\nu}$ eine der emittierten Anzahl von Quanten proportionale Zahl. $q/q_{max}\%$ charakterisiert also die Energieverteilung im Spektrum, wobei q_{max}, das Fluoreszenzmaximum, willkürlich gleich 100 gesetzt wird.

punkt aus[1]. Anschließend wird das Chromatogramm an der Luft getrocknet und danach unter der UV-Lampe (366 nm) betrachtet. Die Lampe muß mindestens 10 Minuten vor der Beurteilung der Chromatogramme eingeschaltet werden. Außerdem ist es wichtig, das Blatt erst eine kurze Zeit unter der Lampe zu belassen. Malvin gibt sich durch eine leuchtend ziegelrote bis orangerote Fluoreszenz zu erkennen. Die Anwesenheit von rotem Hybridenwein ist erwiesen, wenn die auftretende Fluoreszenz gleich stark wie die der Vergleichslösung oder stärker als diese ist[2].

---

[1] Das Fließmittel sollte nach 8 Tagen frisch hergestellt werden, da sonst die R_f-Werte zu niedrig ausfallen.

[2] Sollten bei zuckerreichen Erzeugnissen dadurch Schwierigkeiten auftreten, daß geringe Zuckerreste aus dem Bleiniederschlag im Papierchromatogramm mitlaufen und in Grenzfällen die Eindeutigkeit des Ergebnisses beeinträchtigen, so empfiehlt es sich, die Bestimmung nach vorheriger Vergärung des Zuckers zu wiederholen.

Literatur

In der folgenden Zusammenstellung wurde die bis Mai 1963 erschienene Literatur berücksichtigt.

(Die kursiv gesetzte Seitenzahl am Ende jedes Zitats weist auf das Vorkommen im Text hin.)

ABERDERHALDEN, R.: Der Vitamin-E-Gehalt der Frauen- und Kuhmilch. Biochem. Z. **318** (1947) 47. *172*

ACHARD, CH., A. BOUTARIC und J. BOUCHARD: Über die antioxygenen Eigenschaften gewisser Alkaloide. C. R. Acad. Sci. **196** (1933) 1757; Chem. Zbl. **1933**, II, 1035. — 1933 — *97*

— — —: Vergleich der Wirkung von gewöhnlichen Alkaloiden und von Genalkaloiden auf die Fluoreszenz von Uraninlösungen. C. R. Acad. Sci. **201** (1935) 629; Chem. Zbl. **1936**, II, 55. — 1935 — *97*

ACKER, L.: Kakaobutter mit abweichenden Eigenschaften, Diskussionsbemerkung Strohecker. Mitteilungsblatt der Fachgruppe Lebensmittelchemie des Vereins Deutscher Chemiker (1953) 16. — 1953 — *183*

—: Moderne Analytik als Helferin der Lebensmittelwissenschaft. Z. anal. Chem. **192** (1963) 27. — 1963 — *189*

ACLAND, J. D.: Fluoreszenzchromatographie von Gewebeextrakten. Nature [London] **170** (1952) 32. *174*

ADAMS, J. A. S., und W. J. MAECK: Bestimmung von Uran in natürlichen Silicaten. Anal. Chemistry **26** (1954) 1635 bis 1639; Z. anal. Chem. **147** (1955) 137. *124*

ADLER, G.: Sichtbarmachen von Oberflächenfehlern. DRP 7334833 22k vom 1. 7. 1941; Chem. Zbl. **1943**, II, 448. *152*

ALBERS, R. W., und O. H. LOWRY: Die fluorimetrische Bestimmung von 0,1 bis 10 Mikrogramm Cholesterin. Anal. Chemistry **27** (1955) 1829 bis 1831; Z. anal. Chem. 153 (1956) 458. *133*

ALBRECHT, F.: Die Gerste im Lichte der Hanauer Analysenquarzlampe. Wschr. Brauerei **44** (1927) 459. *192, 193*

ALEKSEEVA, M. V., und TS. A. GOL'DINA: Die Bestimmung von Öl in Nebeln durch Auflösung in Äthylenchlorid und Messung der Fluoreszenzintensität. Заводская Дабоpатория [Betriebs-Lab.] **16** (1950) 35. *156*

ALFORD, W. C., L. SHAPIRO und CH. E. WHITE: Nachweis von Zirkonium mit Hilfe von Flavanol. Anal. Chemistry **23** (1951) 1149. *122*

ALTHAUSEN, D., und Mitarbeiter: Coriander. Eine zusammenfassende Untersuchung von gleichem Interesse für die Destillations- und Gewürzindustrien. Spice Mill **63** (1940) 39; Chem. Zbl. **1942**, II, 1070. *144*

AMICK, CH. A.: Praktische Anwendungen von ultravioletten Strahlen. Amer. Dyestuff Reporter **1** (1930) 585; Dyer Calico Printer **64** (1930) 456. *148*

AMMON, R., und W. DIRSCHERL: Fermente, Hormone, Vitamine. Arbeitsgemeinschaft medizinischer Verlage GmbH. Georg Thieme, Leipzig 1948, S. 583. *172*

ANALLY, J. S. MAC: Fluoreszenzmessung mit dem Beckman-Spektralphotometer Modell U. Anal. Chemistry **26** (1954) 1526; Z. anal. Chem. **146** (1955) 457. *40*

ANDANT, A.: Anwendung der Fluoreszenzmikroskopie auf die Untersuchung von Alkaloiden in Pulverform. C. R. Acad. Sci. **185** (1927) 713; Chem. Zbl. **1928**, I, 233. — 1927a — *33*

—: Anwendung der Fluoreszenzmikroskopie auf die Untersuchung organischer Verbindungen. C. R. Acad. Sci. **184** (1927) 1068; Chem. Zbl. **1927**, II, 2212. — 1927b — *185*

—: Einige Beziehungen zwischen chemischer Konstitution, Absorption und Fluoreszenz der Alkaloide. C. R. Acad. Sci. **189** (1929) 98; Chem. Zbl. **1929**, II, 1897. — 1929a — *138*

—: Identifizierung von pharmazeutischen Produkten durch ihre Absorptions- und Fluoreszenzspektren. Diss., Paris 1929. — 1929b — *138*

—: Über die Fluoreszenz der Alkaloide. Bull. Sci. pharmacol. **37** (1930) 28, 89, 169; Chem. Zbl. **1931**, I, 948. — 1930 — *138*

ANDERSON, W. T.: Das magische Ultraviolett. Arch. phys. Therap. **11** (1930) 482. *163*

ANDERSON, J. R. A., und J. L. GARNETT: Neues spezifisches Reagens auf zweiwertiges Zinn: 6-Nitro-2-naphthylamin-8-sulfosäure. Anal. chim. Acta [Amsterdam] **8** (1953) 393 bis 396; Z. anal. Chem. **145** (1955) 210. *121*

— und S. L. LOWY: Fluorimetrische Bestimmung von Zinn mit 6-Nitro-2-naphthylamin-8-sulfosäure. Anal. chim. Acta [Amsterdam] **15** (1956) 246 bis 253; Z. anal. Chem. **156** (1957) 141. *121*

ANDREJEWA, N. A., und W. N. BUKIN: Fluorimetrische Methode zur Bestimmung der Folsäure. Доклады Академии Наук СССР [Ber. Akad. Wiss. UdSSR] **61** (1949) 95; Chem. Zbl. **1950**, I, 2251. *130, 169, 172*

ANGERER, E. v.: Wissenschaftliche Photographie, 5. Aufl., Akad. Verlagsges., Leipzig 1952. *32, 46*

Anglo-Iranian Oil Co., Ltd., England: Grüne Fluoreszenzfarbe für Schmiermittel. Engl. Pat. 438425, ausgeg. 12. 12. 1935; Chem. Zbl. **1936**, I, 2879. *156*

APPELIUS, W., und L. KEIGUELOUKIS: Die Unterscheidung von pflanzlichen Gerbstoffen mit Hilfe von Antipyrin-Salzsäure und der Quarzlampe. Collegium (1930) 330; Z. angew. Chem. **43** (1930) 25. *147*

ARLOING, POLICARD und LANGERON: Bakterienkulturen im filtrierten Ultraviolett der Quecksilberlampe (Woodlicht). C. R. Séances Soc. Biol. Filiales Assoc. **92** (1925) 261. *164*

ARX, E. v., und R. NEHER: Chromatographie: apparative Verbesserungen. Z. anal. Chem. **195** (1957/58) 51. *63*

ASBECK, F.: Fluoreszierender Blütenstaub. Naturwiss. **42** (1955) 632. *145*

ASSENRAAD, J. D. B. HUBENS VAN: Aceton und Essigsäure. Pharm. Tijdschr. Nederl.-Indië **8** (1931) 207, 260; Chem. Zbl. **1931**, II, 1035. *129, 130*

ATKINSON, A. D. S.: Fluoreszenzleuchten, London 1944. *3*

AUERBACH, M. E., und H. W. ECKERT: Photofluorimetrische Bestimmung von Atebrin. J. biol. Chemistry **154** (1944) 597; Chem. Zbl. **1945**, I, 1040. *139*

AUFSCHNAITER, P. v.: Chinesischer und Rapontikrhabarber. Fitoterapia **17** (1941) 46; Chem. Zbl. **1942**, II, 1264. *139*

AULER, H., und G. BANZER: Untersuchungen über die Rolle der Porphyrine bei geschwulstkranken Menschen und Tieren. Z. Krebsforsch. **53**, (1942) 65; Chem. Zbl. **1943** I, 1174. *168*

AULMANN, H.: Die technische Methode der Gemälde-Untersuchung im Museum. Sonderdr. aus d. Festschrift zur Eröffnung des Kunstmuseums in Basel 1936. *204*

AWE, W.: Die Kennzeichnung des Papaverins durch eine Farbreaktion mit Essigsäureanhydrid und Schwefelsäure. Pharm. Zentralhalle **77** (1936) 157. — 1936a — *139*

—: Über die Inhaltsstoffe des Klatschmohns (Papaver Rhoeas). Arch. Pharm. **274** (1936) 439. — 1936b — *139*

—: Das Verhalten einiger Alkaloide im filtrierten ultravioletten Licht bei verschiedenen Wasserstoffionenkonzentrationen und Erfahrungen in der Auswertung von Kapillarbildern. Pharm. Zentralhalle **80** (1939) 17. — 1939 — *21, 139*

—: Über den Nachweis des Papaverins als Coralyn-Salz und des zweibindigen Schwefels in S-Heterocyklen. Angew. Chem. **62** (1950) 483. — 1950 — *139*

BACHMANN, W.: Die Quarzlampe im Dienste der Philatelie. Das Postwertzeichen **9** (1935) 34. — 1935 — *198*

— und L. FINKE: Über die fluoreszenzmikroskopische Darstellung von Tuberkelbazillen im Gewebe. Dtsch. med. Wschr. **65** (1939) 1474. — 1939 — *165*

BACHRACH, E., und CH. DHÉRÉ: Über die Fluoreszenz einer See-Diatomee und über das Fluoreszenzspektrum ihrer Chlorophyllpigmente. Ber. ges. Physiol. **67** (1932) 632; C. R. Séances Soc. Biol. Filiales Assoc. **108** (1933) 385; Chem. Zbl. **1933,** II, 1195. *165*

BACQ, Z. M., und P. FISCHER: Die Fluoreszenz von Aminen, die sich vom Brenzcatechin ableiten, und ihre Wirkung auf den Blutdruck. C. R. Séances Soc. Biol. Filiales **143** (1949) 554 bis 555. — 1949a — *174*

— — und J. LECOMPTE: Beziehungen zwischen Fluoreszenzbehinderung und chemischer Struktur von sympathicomimetischen Aminen (Brenzcatechinderivate). Arch. internat. Physiol. **56** (1949) 380. — 1949b — *174*

Badische Anilin- & Sodafabriken: Fluoreszenz- und optisches Bleichmittel für plastische Massen. Chem. Zbl. **1957,** 5123. *149*

BÄCKSTRÖM, H. L. V.: Ein Lichtfilter für das mittlere Ultraviolett. Naturwiss. **21** (1933) 251. *8, 69*

BAETSLÉ, R., in Che. DE BRUYKER: Toezicht over Eieren. Ledeberg, Gent 1938. *179*

— und J. DE WEVER: Das Woodsche Licht und seine Verwendung in der Brauerei. Ann. brasserie et destillerie **32** (1934) 318, 331, 360; Ann. Soc. brasseurs **43** (1934) 134, 150. — 1934 — *193*

BÄR, F., H. LANG, E. SCHNABEL und H. KUH: Richtung der Übergangsmomente von Phthalocyaninen und Porphyrinen aus Fluoreszenzpolarisationsmessungen. Z. Elektrochem. **66** (1962) 346. *6*

BAIER, E., und H. BARSCH: Ein Beitrag zur Untersuchung und Beurteilung von Krebssuppen. Z. Unters. Lebensmittel **57** (1929) 224. *178*

BAKER, G. W., und S. TAUBES: Fluoreszenz von Milch und Butter im ultravioletten Licht. Analyst **57** (1932) 375. *181*

BAKSHI, V. M.: Fluorimetrische Bestimmung von Serpentina-Alkaloiden in salzsauren Alkoholextrakten. Indian J. Pharm. **12** (1950) 172. *145*

BALADA, A.: Über die Verwendung der Analysenquarzlampe in der Mineralölindustrie. Petroleum **31** (1935) 11; Chem. Zbl. **1936,** I, 2262. *155*

BALAVOINE, P.: Lumineszenz einiger Farbstoffe im ultravioletten Licht. Arch. Sci. phys. natur. **5** (12) (1930) 62; Chem. Zbl. **1930,** II, 1499. *24*

BALLSCO, H.: Absätze aus dem Stollen der Fledermaus-Quelle in Badgastein. Z. phys. Therap., Bäder und Klimakunde **3** (1950) 12; Chem. Zbl. **1952,** 1295. *127*

BANDEL, G.: Die chemische Analyse der organischen Kunst- und Lackrohstoffe. Angew. Chem. **51** (1938) 570. *149*

BANDOW, F. R.: Über den Einfluß der Temperatur auf die Fluoreszenzlöschung der Farbstofflösungen durch Elektrolyte. Z. physik. Chem., Abt. A **163** (1933) 172. — 1933 — *96*

— und E. J. KLAUS: Über Porphyrin-Gelatinephosphore. Z. physiol. Chem. **238** (1936) 1. — 1936 — *24*

—: Optische Untersuchungen über die Adsorption der Porphyrine. Z. physik. Chem., Abt. B **39** (1938) 155. — 1938a — *24, 168*

—: Zur Frage der quantitativen Fluorimetrie. Biochem. Z. **295** (1938) 154. — 1938b — *32, 168*

—: Über die Adsorptionszahlen der Porphyrine. Z. physik. Chem., Abt. B **42** (1939) 155. — 1939a — *24, 168*

—: Über die Wirkung der Befeuchtung auf die Fluoreszenzhelligkeit von adsorbierten Farbstoffen. Z. physik. Chem., Abt. B **42** (1939) 67; Chem. Zbl. **1939,** II, 1268. — 1939b — *24, 60, 168*

BANDOW, F. R.: Lumineszenz. Ergebnisse und Anwendung in Physik, Chemie und Biologie. Wiss. Verlagsges. m. b. H., Stuttgart 1950. *3, 32, 121*

BANIERJEE, R., und S. BANIERJEE: Bestimmung von Nicotinamid. Indian J. Physiol. **4** (1950) 16. *172*

BARBADE, P.: Die Prüfung von Getreide und Mehlproben im Woodschen Licht. Ann. Falsifications **24** (1938) 581; Chem. Zbl. **1932**, I, 1590. *192, 193*

BARGER, G., F. BERGEL und A. R. TODEL: Nature [London] **13 b** (1935) 259. *170*

BARKER, J., und F. A. WALKER: Fluoreszenzanalyse von Pigmenten und Zwischenprodukten. J. Oil Colour Chemists' Assoc. **23** (1940) 19; Chem. Zbl. **1940, I**, 3583. *151*

BARLETTE, L. P. A., und D. GRINFELD: Der Fluoreszenztest in der plastischen Chirurgie. Prensa méd. Argent. **38** (1951) 852; Chem. Zbl. **1951**, II, 2899. *161*

BARLOT, J., und G. HRADIL: Neue Untersuchungen über die Konstitution und die Abstammung der bituminösen und Petroleum-Schiefer. Bull. Soc. d'Hist. Nat. Doubs (1934) Nr. 44. *156*

BARONI, B.: Beitrag zum Studium der Hautmelanome im Licht eines modernen Forschungsmittels, des Fluoreszenzmikroskops. Arch. Ital. Dermat. **9** (1933) 543. *164*

BARR, C. G.: Plant Physiol. **23** (1948) 443. *130*

BARRON, H.: Ultraviolettanalyse in der Gummi-Industrie. Rubber Age [London] **15** (1934) 219; Chem. Zbl. **1935**, I, 320. *152*

BARTHOLOMEN, R. J., C. E. DALGLIESH und I. D. P. WOOTTON: Über den Bau eines neuen Spektralphotometers mit 2 Quarzmonochromatoren für Fluoreszenz und Durchlässigkeit. Z. anal. Chem. **158** (1957) 119; Biochem. J. **65** (1957) 27. *40*

BAUD, A., und COURTOIS: Nachweis von raffinierten Olivenölen in natürlichen Olivenölen. Ann. Chim. anal. Chim. appl. (2) **10** (1928) 11; Chem. Zbl. **1928**, I, 2140. — 1928 — *184*

— —: Nachweis von raffinierten Olivenölen in Jungfernölen. Ann. Falsifications **20** (1927) 574; Chem. Zbl. **1928**, I, 1471; J. Pharm. Chim. (8) **120** (1928) 215; Chem. Zbl. **1928**, I, 2472. — 1927 — *184*

— —: Nachweis von raffiniertem in unbehandeltem Olivenöl. Chemist and Druggist **110** (1929) 325; Chem. Zbl. **1929**, I, 2491. — 1929 — *184*

—: Die Prüfung der Olivenöle im Wood-Licht. Pharm. Acta Helvetiae 8 (1933) 83; Chem. Zbl. **1933**, II, 1273. — 1933 — *184*

BAUER, K. H.: Zur Untersuchungsmethodik von Konkrementen. Verh. dtsch. pathol. Ges. **26** (1931) 299. *162*

BAUMGÄRTEL, T.: Lumineszenzanalytische Untersuchungen bei Milch- und Molkereiprodukten. Molkerei-Ztg. (1931) 141; Dtsch. landw. Rdsch. 8 (1931) 80. *181*

BAUR, E.: Desensibilisatoren. Antioxygene und Antifluoreszenten. Z. physik. Chem., Abt. B **16** (1932) 465; (s. auch 879). *90, 94*

BAYLE, E., und R. FABRE: Untersuchungen über die Fluoreszenz einiger organischer Verbindungen. C. R. Acad. Sci. **178** (1924) 632; Chem. Zbl. **1924**, I, 1745. — 1924a — *35, 55, 133*

— —: Untersuchung der Fluoreszenz der Gruppe des Isochinolins und des Tetrahydroisochinolins: Papaverin, Narcotin, Hydrastin und ihre Abbauprodukte. C. R. Acad. Sci. **178** (1924) 2181; Chem. Zbl. **1924**, II, 1158. — 1924b — *35, 129*

— — und H. GEORGE: Beitrag zur Untersuchung der Fluoreszenz und ihrer Anwendung. Bull. Soc. chim. France (4) **37** (1925) 89; Chem. Zbl. **1925**, I, 1565. — 1925a — *30, 35, 134*

— — —: Beitrag zum Studium der Fluoreszenz und ihrer Erscheinungen. Ann. méd. lég. **5** (1925) 11; Chem. Zbl. **1926**, I, 21. — 1925b — *134*

— —: Studium der Fluoreszenz als Kriterium der Reinheit organischer Verbindungen. J. Pharm. Chim. (8) **1** (1925) 248; Chem. Zbl. **1925**, II, 9. — 1925c — *134*

— —: Studie über die Ausscheidung der Isochinolinalkaloide, besonders des Hydrastins durch den Urin. C. R. Acad. Sci. **180** (1925) 605. — 1925d — *134*

— — —: Die Fluoreszenz und ihre Anwendung. Chim. et Ind. **17** (1927) 179; Chem. Zbl. **1927**, I, 3023. — 1927 — *30, 35, 134, 168*

BAYLE, E., und H. GEORGE: Schutz vor Fälschung von Geldscheinen, Schecks u. dgl. Franz. Pat. 603831; Chem. Zbl. **1926**, II, 516. — 1926 — *133, 199*
BEAULIEU-MARCONNAY, A. v., und TH. FRANTZ: Quarzgut — ein deutscher Werkstoff. Chem. Fabrik **9** (1936) 299. *155*
BECK, G.: Der Nachweis von Indium mit Morin und von einigen Schwermetallen mit Kakothelin. Mikrochim. Acta **2** (1937) 287. — 1937 — *120*
—: Mikrochemischer Nachweis von Gallium mit Morin. Mikrochemie **20** (N. F. 14) (1936) 194. *120*
BECKER, E., und C. SCHÖPF: Der mikrochemische Nachweis von Pterinen. Liebigs Ann. Chem. **524** (1936) 124. *135*
BECKER, I. P., und P. SZENDRO: Spektralanalytische und chemische Untersuchungen über den Abbau von Eiweiß durch ultraviolette Strahlen. Pflügers Arch. **228** (1931) 755. *162*
BECKER, J.: Veränderung von Fluoreszenzstrahlung von Ölen durch Quarzlichteinwirkung. Münchner med. Wschr. **37** (1926) 99. *24*
BECKER, W.: Über das Verhalten von Asphalt und Teer im filtrierten ultravioletten Licht. Asphalt und Teer, Straßenbautechnik **30** (1930) 87. *156*
BEER, S.: Über die Fluoreszenzerscheinungen, die bei der Larve von Bombyx mori unter der Einwirkung von Woodlicht auftreten. Boll. Soc. Ital. Biol. sperim. **3** (1928) 162; Ber. ges. Physiol. **48** (1929) 484. — 1929 — *156*
—: Beobachtungen über die Fluoreszenz der inneren Organe der Seidenraupe unter der Einwirkung des Woodlichts. Boll. Soc. Ital. Biol. sperim. **5** (1930) 1113; Ber. ges. Physiol. **63** (1932) 695. — 1930 — *156*
BEIN und H. J. BRAUN: Quarzlampenanalyse. Chemiker-Ztg. **52** (1928) 318. *198, 199*
BELEGISANI, N.: Untersuchung der Extinktion der Fluoreszenz des Urans in der NaF-Schmelze. Гласник Хемисков Друштва Београд [Ber. chem. Ges. Belgrad] **20** (1955) 23. *124*
BELLER, K., W. WEDEMANN und K. PRIEBE: Untersuchungen über den Einfluß der Kühlhauslagerung bei Hühnereiern. Z. Fleisch- und Milchhyg. **44**, Beiheft 1934; Arb. Reichsgesundheits-Amt **67** (1934) 67. *179*
BENTZ, A.: Die verschiedenen Erdölhorizonte Norddeutschlands, deren primäre oder sekundäre Entstehung. Jb. d. dt. nat. Komitees f. d. internat. Bohrkongresse **2** (1932) 17. — 1932 — *155*
—, und E. STROBEL: Anwendung von ultraviolettem Licht in der Erdölgeologie. Wld. Petrol. Congr. 1933, Proc. **1** (1934) 334; Chem. Zbl. **1934**, II, 2472. — 1934 — *155*
BERENBLUM, J., und R. SCHOENTAL: J. chem. Soc. (1946) 1017. *133*
BERG, H.: Photokinetische Strömung in der Polarographie. Naturwiss. **47** (1960) 320 bis 321. — 1960a — *5*
—, und R. SCHWEISS: Radikalbestimmung durch Photopolarographie. Naturwiss. **47** (1960) 513. — 1960b — *5*
BERG, N., und G. NORDEN: Über Absorptions- und Fluoreszenzspektren von 3,4-Benzpyren im Sichtbaren. Acta pathol. microbiol. Scand. **36** (1955) 193 bis 204; Chem. Zbl. **1955**, 9985. — 1955 — *133*
BERG, P., und L. STOCKERT: Auslandsweine unter der Quarzlampe. Z. Unters. Lebensmittel **57** (1929) 448. — 1929 — *187*
—, und E. KRÖGER: Über weitere Erfahrungen bei Anwendung der Quarzlampenprüfung zur Erkennung von Rosinen- und Korinthenwein. Wein und Rebe **12** (1930) 327. — 1930 — *187*
BERG, P. P., A. M. LJASS und J. A. WILENSKAJA: Lumineszenzanalyse von Formmaterialien. Вестник Машиностроения [Nachr. Maschinenbau] **27** (1947) 59; Chem. Zbl. **1949**, F. 90. — 1947 — *151, 152*
BERGER, F.: Über eine neue Methode zur Feststellung des Reinheitsgrades des Pollen vor der Anfertigung von Pollenextrakten. Pharm. Zentralhalle **75** (1934) 239. *142*
BERGHOLZ, V. M.: Zusammenfassende Übersicht über die fluorimetrische Bestimmung von

Vitaminen in tierischen Organen. Успехи Современной Биологии [Fortschr. gegenwärt. Biol.] **24** (1947) 1 bis 20. —1947 — *172*

BERGHOLZ, V. M,, A. A. JLJINA und W. W. BASILEWITSCH: Die Fluoreszenzspektren von 3,4-Benzpyren und ihre Anwendung zu deren Nachweis im tierischen Organismus. Биохимия [Biochemie] **14** (1949) 20; Chem. Zbl. **1950**, I, 558. — 1949 — *133*

BERGMANN, Der Ultraschall und seine Anwendung. L. Hirzel, Zürich 1949. *26*

BERGNER, K. J., und H. SPERLICH: Anwendungen der Papierchromatographie bei der Untersuchung von Lebensmitteln. Dt. Lebensmittel-Rdsch. **47** (1951) 134. *194*

BERLINER, E., und R. RÜTER: Die Ultralampe im Mühlenlaboratorium. Z. ges. Mühlenwes. **5** (1929) 203. *192, 193*

BERMANN, V.: Über Fluoreszenz von Malz und Bier. Wschr. Brauerei **47** (1930) 215. *193*

BERNDT, K.: Die Bestimmung des Aufschlußgrades von Zellstoffen. Zellstoff und Papier **11** (1931) 257; Chem. Zbl. **1931**, II, 157. *147*

BERNHEIM, G., und M. GUYOT: Traite d'analyses par les rayons ultraviolets filtrés. Editions médicales Norbert Maloine, Paris 1932. *4, 32*

BERRY, P. J., S. LIPSKY und M. BURTON: Strahlungsinduzierte Lumineszenz. 2. Mitt.: Der Einfluß von Sauerstoff und Brombenzol. Trans. Faraday Soc. **52** (1956) 311 bis 320; Chem. Zbl. **1957**, 4638. *5*

BERSIN, T., und A. MÜLLER: Fluoreszenzchromatographie von Zuckern. Helv. chim. Acta **35** (1952) 475. *190*

BERTALANFFY, F. D.: Die Fluoreszenzmethode in der exfoliativen Zytologie, besonders der Diagnose des Lungenkrebses. Naturwiss. **47** (1960) 165 bis 166. *161*

BESBORODOW, N. A., und N. O. ABELTSCHUK: Die Anwendung der Fluoreszenz zum Nachweis von Inhomogenitäten im Glas. Стекольная Промышленность [Glas-Ind.] **14** (1938) 38; Chem. Zbl. **1939**, I, 2849. *155*

BESSY, A. O., O. H. LOWRY und R. H. LOVE: Die Fluoreszenzmenge von Nucleotiden des Riboflavins und ihre Konzentration in Geweben. J. biol. Chemistry **180** (1949) 755; Chem. Zbl. **1950**, II, 1034. *172*

BEST, I. R.: Untersuchungen über eine fluoreszierende Substanz in Pflanzen. I. Produktion dieser Substanz durch Virusinfektion und einige Anwendungen dieser Erscheinung. Austral. J. exper. Biol. med. Sci. **14** (1936) 199; Chem. Zbl. **1937**, I, 2390. *142*

BEUTEL, E., und A. KUTZELNIGG: Beiträge zur Lumineszenzanalyse. Mh. Chem. **55** (1930) 158; **61** (1932) 69. — 1930a, 1932b — *118, 119, 126*

— —: Beobachtungen in der Reihe der Erdalkalien und zahlenmäßige Kennzeichnung der Lumineszenz. Mh. Chem. **57** (1931) 15. — 1931a — *118*

— —: Beiträge zur Lumineszenzanalyse II. Über die Lumineszenz der weißen Malerfarben und die Anwendung der Lumineszenzanalyse zur Untersuchung von Gemälden. Mh. Chem. **57** (1931) 9. — 1931b — *151, 204*

— —: Beiträge zur Lumineszenzanalyse IV. Zur Kenntnis der Fluoreszenz des Zinkoxyds. Wiener Mh. Chem. **61** (1932) 69. — 1932a — *32, 118, 119*

— —: Bemerkungen zu der Arbeit „Über die Lumineszenz pharmazeutisch verwendeter Zinkoxyde" von J. EISENBRAND und G. SIEWERT. Arch. Pharm. **272** (1934) 849. — 1934 — *118, 119*

— —: Hell fluoreszierendes Zinoxyd durch teilweise Zersetzung von basischem Zinkcarbonat. Mh. Chem. **70** (1937) 297. — 1937 — *119*

BIERRY, H., und B. GOUZON: Über die fluoreszierenden Substanzen in der Schale des Hühnereis. C. R. Acad. Sci. **194** (1932) 653; Chem. Zbl. **1932**, I, 1918. — 1932 — *179*

— —: Fluoreszenzspektren eines aus Holothurien isolierten Pigmentes. C. R. Séances Soc. Biol. Filiales Assoc. **124** (1937) 323; Chem. Zbl. **1938**, II, 96. — 1937 — *169*

BIGWOOD, E. J., J. ANSAY und J. THOMAS: Rote Fluoreszenz eines Präparates von oxydiertem Cytochrom. C. R. Séances Soc. Biol. Filiales Assoc. **112** (1933) 1584; Ber. ges. Physiol. **74** (1933) 245. *167*

BIRKOFER, L., und G. LEITHÄUSER-WIETECKI: Papierchromatographische Trennung von Phenazinderivaten. Naturwiss. **46** (1959) 669. *66*

Bishop, M. W. H., und J. Smilles: Neue Beobachtungen mit Hilfe von Acridinorange und Primulin als Vitalfarbstoffe. Unterscheidung lebender und toter Spermien mit Hilfe der Fluoreszenzmikroskopie. Nature [London] **179** (1957) 308; Chem. Zbl. **1957,** 10506. — 1957a — *161*

— —: Neue Beobachtungen mit Hilfe der Vitalfarbstoffe Acridinorange und Primulin. Mit Acridinorange induzierte Fluoreszenz bei Säugetiergamenten. Nature [London] **179** (1957) 307 bis 308; Chem. Zbl. **1957,** 10505. — 1957b — *161*

Blazek, Z., und M. Kucera: Diagnostische Ausnützung der Fluoreszenzeigenschaften des Stechapfels. Časopis českeho Lekarnictva **63** (1950) 209; Chem. Zbl. **1952,** II, 731. *139*

Bloch, L.: Die Wirksamkeit der Augenschutzgläser im unsichtbaren Gebiet. Dtsch. opt. Wschr., Nr. 40 u. 41 (1927). *154*

Bloch, W.: Zur quantitativen Bestimmung des Adrenalins im Blut mit der Fluoreszenzreaktion. Helv. physiol. pharmacol. Acta **6** (1948) 122; Chem. Zbl. **1949,** II, 1209. *130*

Block, D. J.: Herstellung von Papier, Banknoten usw. US-Pat. 1771612 vom 26. 1. 1928; Chem. Zbl. **1930,** II, 2081. *199*

Börner, H.: Der papierchromatographische Nachweis von Ferulasäure in wäßrigen Extrakten von Getreidestroh und Getreiderückständen. Naturwiss. **43** (1956) 129. *192*

Boggs, M. M., H. J. Dulton, B. G. Edwards und H. L. Fevold: Trockenei. Beziehung von Lipid- und Salzwasser-Fluoreszenz zur Schmackhaftigkeit. Ind. Engng. Chem., ind. Edit. **38** (1946) 1082; Chem. Zbl. **1947,** I, 410. *179*

Bokman, A. H., und B. S. Schweigert: Bestimmung von 3-Oxy-anthranilsäure. J. biol. Chemistry **186** (1950) 153. *134*

Boller, W.: Vorschlag einer neuen forensischen Haaruntersuchungsmethode. Die Mikrofluoreszenz von Haaren; 1. Teil. Arch. Kriminol. **100** (1937) 8. *202*

Bolton, E. R.: Öle im ultravioletten Licht. Analyst **55** (1930) 746. *185*

Bommer, S.: Hautuntersuchungen im gefilterten Quarzlicht. Dermat. Wschr. **82** (1926) 637; Klin. Wschr. **6** (1927) 1142. — 1927a — *159, 163*

—: Fluoreszenzerscheinungen an inneren Organen. Klin. Wschr. **6** (1927) 1705. — 1927b — *159*

—: Über sichtbare Fluoreszenz bei Menschen. Acta dermatovenerologica **10** (1929) 253, 391. — 1929 — *159*

—: Zur Darstellung von ungleichmäßigen Pigmentierungen im ultravioletten Licht. Dermat. Wschr. **1** (1934) 413. — 1934 — *164*

Bonnet, L.: Die Fluoreszenz als Erkennungsmittel. Teintex **6** (1941) 62; Chem. Zbl. **1941,** II, 134. *148*

Booscott, R. J.: Nature [London] **262** (1948) 577. *174*

Boquet, P., A. Delaunay, I. Lebrun und V. Leboult: Messung der Zirkulationszeit durch Prüfung mit Fluoreszein im Verlauf der typischen experimentellen Intoxikation. C. R. Séances Soc. Biol. Filiales **141** (1947) 272. *161*

Borgström, L. H.: Die Fluoreszenz fininischer Mineralien im ultravioletten Licht. Bull. Commis. geol. Finnlande **9** (1936) 349; Chem. Zbl. **1937,** I, 3113. *126*

Borloz, G.: Schnellprobe auf Metalle in Aluminiumlegierungen mit Morin. Chimia **2** (1948) 157. *126*

Bornand, M., und G. Bonifazi: Die Identifizierung von Spermaflecken. Pharm. Acta Helvetiae 8 (1933) 107. *200*

Borne, G. A. K. von dem: Die blaue Fluoreszenz von Urin im ultravioletten Licht durch Indoxylverbindungen. Nederl. Tijdschr. Geneeskunde **82** (1938) 1808; Chem. Zbl. **1938,** II, 341. *162*

Borst, M., und H. Königsdörfer: Untersuchungen über Porphyrie mit besonderer Berücksichtigung der Porphyria congenita. S. Hirzel, Leipzig 1929. *167*

Bose, M.: Einfache Schnellbestimmung für BeO in Beryllen mit Chinizarin in Alkalicitratlösungen. J. Indian chem. Soc., News Edit. **14** (1951) 61. *126*

BOTTINI, E.: Natur und Bedeutung der in den Orangen, Zitronen usw. enthaltenen Stoffe, die im Woodschen Licht fluoreszieren. Ref. Vortrag 9. Internat. Kongreß f. reine und angew. Chem. 1934; ref.: Angew. Chem. **47** (1934) 373. — 1934a — *143*

—: Über die Fluoreszenz der Hesperiden-Früchte bei der Einwirkung ultravioletter Strahlen. Ann. Sperim. agrar. **15** (1934) 61; Chem. Zbl. **1935**, II, 138. — 1934b — *143*

BOUCHARD, J.: Quantitative Untersuchung der auslöschenden Wirkung einiger organischer Verbindungen auf das Fluoreszenzvermögen des Uranins. C. R. Acad. Sci. **196** (1933) 1317; Chem. Zbl. **1933**, II, 1149. — 1933a — *98*

—: Quantitative Untersuchung der auslöschenden Wirkung einiger Ionen auf das Fluoreszenzvermögen des Uranins. C. R. Acad. Sci. **196** (1933) 485; Chem. Zbl. **1933**, I, 2521. — 1933b — *98*

BOURGOIS, P.: Die Anwendung des filtrierten ultravioletten Lichtes für die Versuche in der Kautschukindustrie. Rev. gén. Caoutchouc **11** (1934) 3; Chem. Zbl. **1934**, II, 522. *152*

BOUTARIC, A., und M. ROY: Über die Messung der Fluoreszenzintensität von Fluorescein bei verschiedenen pH-Werten. C. R. Acad. Sci. **209** (1939) 162. — 1939 — *82*

—, und J. BOUCHARD: Die Beschleunigung der Ausflockung kolloidaler Substanzen in fluoreszierenden Medien durch Licht. C. R. Acad. Sci. **192** (1931) 95; Chem. Zbl. **1931**, I, 2180; C. R. Acad. Sci. **192** (1931) 357; Chem. Zbl. **1931**, II, 205; C. R. Acad. Sci. **193** (1931) 45; Chem. Zbl. **1931**, II, 205; C. R. Acad. Sci. **194** (1932) 1245; Chem. Zbl. **1932**, II, 839. — 1931 — *24*

— —: Bemerkungen über die Fluoreszenz von Lösungen und Gasen. J. Phys. Radium (7) **4** (1933) 324; Chem. Zbl. **1935**, II, 3956. — 1933 — *24*

—, und C. MARAUX: Hemmwirkung von Procain auf die Fluoreszenz von Lösungen. Ann. pharm. Franc. **6** (1948) 347. — 1948a — *124*

BOWEN, E. J., und E. COATES: Einfluß von Temperatur und aromatischen Verbindungen (speziell Kohlenwasserstoffen) auf die Fluoreszenzlöschung in Lösungen. J. chem. Soc. (1947) 130. — 1947 — *6, 39*

—: Viskositäts- und Temperatureffekte bei der Fluoreszenz von Lösungen. Angew. Chem. **71** (1959) 137. — 1959 — *5*

BOWMAN, J.: Thiamin in Kartoffeln. Internaz. Rev. Vitamin Res. **19** (1948) 386, W. II. *170*

BRADACS, L. K., F. FEIGL und F. HECHT: Die fluorimetrische Bestimmung kleiner Mengen Gallium mit Hilfe eines Galliumkupferronat-Morinkomplexes. Mikrochem. Acta [Wien] (1954) 269 bis 276; Z. anal. Chem. **160** (1955), **145** (1955) 207. *120*

BRADBURY, F. R., und W. H. LINNELL: Fluoreszenz von chemotherapeutisch wirksamen Acridinderivaten. J. chem. Soc. (1942) 377. *134*

BRADLEY, W.: Untersuchung von Getreideerzeugnissen. Trans. Amer. Assoc. Cereal. Chem. **6** (1948) 134. *193*

BRANDAL, J.: Markierung von Faserstoffen mit Fluoreszenzmitteln. Eine Untersuchung über die Bedeutung von Pinseln und Splittern an den Endflächen der Schleifhölzer für den Splittergehalt im Holzschliff. Norsk. Skogind. **9** (1955) 433 bis 436; Chem. Zbl. **1957**, 3691. *149*

BRANDMAYER, C.: Neue Methoden zur Untersuchung alter Gemälde. Die Kunstauktion **4** (1930) 9. *204*

BRANDT, K., und H. DAHLENBERG: Eine Methode zur Titration geringer Mengen Jod in essigsaurem Medium. Acta chem. scand. **4** (1950) 582; Chem. Zbl. **1951**, I, 903. *82*

BRAUN, F.: Morphologische, genetische und paragenetische Trachtstudien am Baryt. Neues Jb. Miner., Beilageband, **65** (1932) 173. *126*

BRAUNSBERG, H., und S. B. OSBORN: Fluorimetrische Bestimmungen. Anal. chim. Acta [Amsterdam] **6** (1952) 84; Z. anal. Chem. **138** (1953) 114. *40*

BRAUNSDORF, K.: Beitrag zur Lumineszenz von Sahne im ultravioletten Licht. Z. Unters. Lebensmittel **63** (1932) 308. — 1932a — *182*

—: Über das Verhalten von Schweineschmalz im ultravioletten Licht. Z. Unters. Lebensmittel **63** (1932) 407. — 1932b — *183*

BRAUNSDORF, K., und H. BRINKMEIER: Über Eieruntersuchungsmethoden. Z. Unters. Lebensmittel **66** (1933) 301. — 1933 — *179*

—: Zum Nachweis der Stempelentfernung auf Eiern. Z. Unters. Lebensmittel **67** (1934) 451. — 1934b — *180*

—, und W. REIDEMEISTER: Über die Untersuchung von Eiern. Z. Unters. Lebensmittel **68** (1934) 59. — 1934a — *179*

BRAVO, G. A.: Über eine Methode zur Titration stark gefärbter Flüssigkeiten. Ind. Chimica **4** (1929) 8; Chem. Zbl. **1929**, I, 2210. *80, 81*

BREALLY, L., und R. E. ROSS: Ein direkt anzeigendes Fluorimeter. Z. anal. Chem. **163** (1958) 282; Analyst **82** (1958) 769 bis 773. *40*

BREITNER, B.: Zur Behandlung der eitrigen Peritonitis. Bruns' Beitr. zur klin. Chirurgie **159** (1934) 1. *160*

BREITSCHWERDT, H., TH. FÖRSTER und A. WELLER: Absorptionsspektroskopischer Nachweis der elektrolytischen Dissoziation angeregter Molekeln. Naturwiss. **43** (1956) 443 *6.*

BRENNECKE, E., u. a.: Neuere maßanalytische Methoden. 3. und erweiterte Aufl., Ferdinand Enke Verlag, Stuttgart 1951. *82*

BRIGGS, H. B.: Ein Ultraschallwellenfluoreszenzmesser, J. opt. Soc. Amer. **30** (1940) 653; **31** (1941) 549; Chem. Zbl. **1942**, I, 2164; Chem. Zbl. **1942**, I, 2165. *25*

BROCHLESBY, H. N., und H. J. ROGERS: Fluoreszenzuntersuchungen. Fisheries Res. Board Canada, Progr. Rep. Pacific **50** (1941) 4. *170*

BROCK, G. C., und R. W. DITCHBURN: Die Photographie alter Manuskripte. Brit. J. Photogr. **80** (1933) 737; Chem. Zbl. **1934**, I, 1435. *102*

BROCKMANN, H., und H. SCHODDER: Aluminiumoxyd mit abgestuftem Adsorptionsvermögen zur chromatographischen Adsorption. Ber. dtsch. chem. Ges. **74** (1941) 73. — 1941 — *68, 134*

—, H. PINI und O. VON PLOTHO: Actinomycetenfarbstoffe I. Chem. Ber. **83** (1950) 161. — 1950 — *134*

—, und E. BAYER: Die chromatographische Trennung farbloser Verbindungen an fluoreszierenden Adsorbentien. Angew. Chem. **63** (1951) 133. *68, 70*

BRODIE, B. B., und S. UNDENFRIEND: Bestimmung verschiedener basischer und organischer Substanzen, speziell Amine, in organischem Material. J. biol. Chemistry **168** (1947) 299, 311, 327, 335, 341. *174*

BRODIN, H.: Untersuchung über den Blutkreislauf mit fluoreszierenden Stoffen. Experientia [Basel] **12** (1956) 158 bis 159; Chem. Zbl. **1957**, 5901. *162*

BROHM, K., und E. FROHWEIN: Nachweis von durch Säuerung entfärbten künstlichen Eigelbfarbstoffen in Milchspeiseeis. Z. Unters. Lebensmittel **73** (1937) 30. *191*

BROOKS, G.: Untersuchungen über die Fluoreszenz der Froschhaut. (Rana esculenta L.). C. R. Acad. Sci. **202** (1936) 2106; ref.: Chemiker-Ztg. (Chem.-techn. Übers.) **61** (1937) 122; Chem. Zbl. **1936**, II, 3920. — 1937 — *166*

—: Chemische und spektrographische Studien über die Fluoreszenz der Schlangengifte. Ann. Inst. Pasteur **64** (1940) 558; Chem. Zbl. **1941**, I, 1062. — 1940 — *169*

BROWN, B. W.: Anwendung der Fluoreszenz-Chromatographie auf die Trennung und Identifizierung nichtflüchtiger Carbonsäuren. Nature [London] **167** (1951) 441. — 1951a — *66*

—, und C. L. HOFBAUER: Über den Mikronachweis von Stickstoff als Ammoniak mit Hilfe von Zinkoxinat-Papier. Anal. Chemistry **23** (1951) 1035. — 1951b — *66*

—: Über Fluoreszenzreaktionen unter kurzwelligem UV von Schwell-Bentonit und Colorado-Beidelit mit Uranylacetat. Amer. Mineralogist **34** (1949) 98. — 1949 — *127*

BROWN, J. A., und M. M. MARSH: Automatische Messung der Lichtabsorption und Fluoreszenz auf Papierchromatogrammen. Anal. Chemistry **25** (1953) 1865 bis 1869; Z. anal. Chem. **144** (1955) 120. *64*

BROWN, R. A., E. HATZEL, G. PEACOCK und A. D. EMMELT: Bestimmung von Vitamin B_1 in Extrakten und Konzentraten. Ind. Engng. Chem., anal. Edit. **15** (1943) 497. *171*

BRUCKNER, S., und P. MEINHARD: Über das Verhalten von Bitumenarten im filtrierten ultravioletten Licht. Petroleum **29** (1933) 9. *156*

BRÜNING, A.: Entlastung des Beschuldigten durch wissenschaftliche Nachprüfung seiner Aussagen. Arch. Kriminol. **88** (1931) 197. *201*

BRUERE, P.: Untersuchungsgang für Viehfuttermittel. Berechnung der Nährwerteinheiten. Bemerkungen über die Bestimmung der freien Säure. Ann. Falsifications **25** (1932) 6; Chem. Zbl. **1932**, I, 2399. *190*

BRUGSCH, J. TH.: Die Bedeutung des qualitativen Porphyrinnachweises im Blutserum. Münchner med. Wschr. **82** (1935) 1803. — 1935a — *167*

—: Untersuchungen des quantitativen Porphyrinstoffwechsels beim gesunden und kranken Menschen, I. Z. exper. Med. **95** (1935) 471, 482, 493; **98** (1936) 49, 57. — 1935b — *167*

BRUMBERG, E. M., I. A. PAVEL und K. P. STOLYAROW: Fluoreszenztitration: Methoden für Ce, $FeCl_3$ und Ascorbinsäure. Журнал Аналитической Химии [J. anal. Chem.] **5** (1950) 195. *82*

BRUNI: Die für die Vulkanisation erforderliche Mindestsumme an Schwefel. Die Fluoreszenzuntersuchung von Kautschukmischungen. Vortragsref. Chemiker-Ztg. **55** (1931) 936. *152*

BRUNOTTE, W.: Dtsch. Getreideztg. [Hannover] **14** (1959) 418 *192*

BUCHERER, H.: Experimentelle Untersuchungen über die Fluoreszenzfärbung toter und lebender Bakterien nach STRUGGER. Zbl. Bakter. II. Abt. **106** (1943) 81. *165*

BUCKINGHAM, E.: Über einige Fluoreszenzerscheinungen. Z. physik. Chem. **14** (1894) 129. *73*

BUDO, A., und I. KETSKEMETY: Einfluß einer sekundären Fluoreszenz auf die Emissionsspektren von lumineszenten Lösungen. J. chem. Phys. **25** (1956) 595 bis 596; Chem. Zbl. **1957**, 5171. *6*

BÜLOW, C., und W. DIECK: β-Methylumbelliferon als fluoreszierender Indikator. Z. anal. Chem. **75** (1928) 81. *80, 81*

BÜTTNER, G., und A. MIERMEISTER: Beiträge zur Beurteilung von Krebsdauerwaren und zum Nachweis von Krebsbestandteilen. Z. Unters. Lebensmittel **57** (1929) 431. *178*

BUGYI, B.: Farbe und Fluoreszenz der Farbstoffe im kapillaranalytischen Bilde. Kolloid-Z. **84** (1938) 74. *26, 135*

BUHTZ, G.: Eine Gefangenenzeitschrift mit einem verordneten Medikament. Dtsch. Polizei-Archiv **5** (1926) 314. *200*

Bureau of Standards: Fluoreszenz als Mittel zum Nachweis der Beimengung von raffiniertem, für Genußzwecke brauchbarem Olivenöl. J. Franklin Inst. **204** (1927) 805; Chem. Zbl. **1928**, I, 1340. *185*

BURKHARDT, R.: Einfache und schnelle quantitative Bestimmung der kondensierbaren Gerbstoffe in weißen Weinen und Tresterweinen. Weinberg u. Keller **10** (1963) 274. *188*

BURN, G. P., und E. O. FIELD: Fluoreszenz von Adrenalin und Noradrenalin mit Äthylendiamin. Nature [London] **178** (1956) 542 bis 543; Chem. Zbl. **1957**, 8756. *174*

BURSTALL, F. H., G. R. DAVIES, R. P. LINSTEAD und R. A. WELLS: Papierchromatographische Trennung von Li, K, Na, F. J. chem. Soc. (1950) 516: zitiert in F. CRAMER: Papierchromatographie, 4. Aufl., Verlag Chemie, Weinheim 1958, S. 189. *65*

BUSH, I. E.: Steroidketone und 3,4-Ketone. Brit. med. Bull. **10** (1954) 229; zitiert in F. CRAMER: Papierchromatographie. 4. Aufl., Verlag Chemie, Weinheim 1958, S. 176. *66*

BUSNEL, R. G., und A. DRILHON: Eine neue fluoreszierende Substanz in der Malphigischen Röhre der Raupe von Bombyx neustrica L. C. R. Séances Soc. Biol. Filiales **135** (1941) 1009; Chem. Zbl. **1944**, I, 165. *157*

BUSSE, L. J.: Ultraviolette Strahlen und ihre Eigenart. Sollux-Verlag, Hanau 1928. *1*

BUTTEL-REEPEN, H.: Funde von Runen mit bildlichen Darstellungen und Funde aus älteren vorgeschichtlichen Kulturen. Verlag G. Stalling, Oldenburg 1930, S. 88. *202*

Byrne, J. T.: Fluorimetrischer Uranylanalysator. Anal. Chemistry **29** (1957) 1408. *124*
Cale, F. M.: Die Zerstörung der Fluoreszenz verdünnter Lösungen durch ultraviolettes Licht. Proc. Trans. roy. Soc. Canada (3) **16** (1922) 111, 257; Chem. Zbl. **1923**, 153. *24*
Callo, A.: Ultraviolettanalyse mit dem Callophane. Zentralztg. Optik und Mech. **53** (1932) 171. *10*
Cambel, P.: Fluoreszenzuntersuchungen an Carcinogenen in der Rattenhaut. Cancer Res. **11** (1951) 370; Chem. Zbl. **1952**, 67. *165*
Campo, A. del, und F. Sierra: Neue analytische Bestimmungen mit fluoreszierendem Indikator. 9. Internat. Kongreß für reine und angew. Chem. 1934; ref.: Angew. Chem. **47** (1934) 372. *82*
Canals, E., und P. Peyrot: Der Depolarisationsfaktor des von Flüssigkeiten gestreuten Lichtes. Seine Anwendung in der Chemie. J. Pharm. Chim. (8) **23** (1936) 292; **22** (1935) 364; Chem. Zbl. **1936**, II, 936. — 1936 — *44, 55*
—, und H. Collet: Fluoreszenzspektren der Weine. Ann. Falsifications **32** (1939) 163; Chem. Zbl. **1939**, II, 1984; Bull. Soc. Chim. France (5) **7** (1940) 234; Chem. Zbl. **1940**, II, 141. — 1939 — *188*
Carlier: Monochromatisches Ultraviolettlicht in der Keramik und Glasmacherei. Verre Silicates ind. **19** (1938) 245; Chem. Zbl. **1938**, II, 2821. *153*
Carlson, A. B., W. F. Neumann und A. L. Underwood: Pamphlet Atomic Energy Comm. Oak Ridge M. D. D. C. 941 (1947). *171*
Carpenter, K. J., und E. Kodicek: Bestimmung von N-Methylnicotinamid in Urin. Biochem. J. **46** (1950) 421. *172*
Carriere, J. F.: Die Fluoreszenz von Ölen und Fetten. Chem. Weekbl. **25** (1929) 632; Chem. Zbl. **1929**, I, 321. *183*
Carter, C. E.: Fluoreszenzchromatographie von Purin- und Pyridin-Derivaten in Hefe. J. Amer. chem. Soc. **72** (1950) 1466. *66*
Carver, W. L.: Appreturen für Wagenkarosserien. Automotive Ind., Mai (1934) Nr. 19. *156*
Caspar, E. C.: Anwendung farbloser fluoreszierender Farbstoffe. J. Soc. Dyers Colourists **66** (1950) 177; Chem. Zbl. **1950**, II, 482. *149*
Cassidy, H. G.: Grundlagen der Chromatographie. New York u. London 1957. *68*
Caujolle, F.: Untersuchungen über die Chininausscheidung mit der Galle. Bull. Soc. Chim. biol. **12** (1930) 299; Chem. Zbl. **1930**, II, 757. *161*
Cellerier, J. F.: Die wissenschaftlichen Methoden im Gebrauch bei Gemäldeuntersuchungen. Mouseion **13/14** (1931) 3. *204*
Celsi, S. A.: Eine neue Fluoreszenzreaktion auf Apfelsäure. Quimico e Industria **3** (1926) 205; Chem. Zbl. **1926**, II, 2207. *130*
Centanni, F. A., A. M. Ross und M. A. de Sesa: Fluorimetrische Bestimmung von Uran. Anal. Chemistry **28** (1956) 1651 bis 1657; Chem. Zbl. **1957**, 3089. *124*
Chalmers, J. G.: Fluoreszenzmetaboliten des 3,4-Benzpyrens. Biochem. J. **63** (1956) 20 P 21; Chem. Zbl. **1957**, 4423. *174*
Chambers, L. A.: Die Emission von sichtbarem Licht bei reinen Flüssigkeiten infolge Ultraschallwellen. Physiol. Ref. **11** (1949) 881. *25*
Chandhuri, K. J., und E. Kodicek: Biochem. J. **44** (1949) 343. *172*

Chapin, D. M., C. S. Fuller und S. L. Peason: Welt-Symposium über angewandte Sonnenenergie. J. appl. Phys. **25** (1954) 676. *34*
Chargraff, E., C. Levine und Ch. Green: m-Phenylendiamin als Reagens auf Zucker, in F. Cramer: Papierchromatographie, 4. Aufl. Verlag Chemie, Weinheim 1958, S. 117; J. biol. Chemistry **175** (1948) 67. *66*
Cheavin, W. H. S.: Philatelistik und Fluoreszenz. The London Philatelist **39** (1930) 261. *198*
Chechan, C., R. Andran und A. Verant: Über den systematischen Fehler bei spektrometrischen Fluoreszenzmessungen. Chim. anal. **39** (1957) 59; Z. anal. Chem. **159** (1957) 41. *40, 46*

Chiccarelli, F. S., P. van Gleson und M. H. Woolford: Bestimmungsverfahren für die Antibiotica Chlortetracyclin und Tetracyclin. J. Amer. pharm. Assoc., sci. Edit. **45** (1956) 418 bis 420; Z. anal. Chem. **155** (1957) 74. *174*

Chomse, H., und G. Heinrich: Über die Lumineszenz des Phosphorpentoxydes. Naturwiss. **34** (1947) 122. *122*

Christensen, E. V., und I. A. Abdel-Latif: Probe von Sennes-Extrakten, die Benutzung der ammoniakalischen Schicht der Bornträger-Reaktion. J. Amer. pharm. Assoc. **38** (1949) 652. — 1949a — *144, 145*

— —: Colorimetrische und fluorimetrische Studien über die Bornträger-Reaktion für Anthrachinondrogen. J. Amer. pharm. Assoc. **38** (1949) 490. — 1949b — *144*

— —: Fluoreszenzreaktion für Anthrachinonderivate in Arzneistoffen. J. Amer. pharm. Assoc. **38** (1949 487. — 1949c — *145*

Christiani, Frh. A. v., und V. Anger: Über einen empfindlichen Nachweis von Ergosterin und über eine Unterscheidung von Ergosterin und Ergosterinester. Ber. dtsch. chem. Ges. **72** (1939) 1124. *133*

Cignoli, F., und B. Berisso: Erkennung von Mehlen durch Woodlicht. Ann. Pharm. Bioquim. **5** (1934) 25; **6** (1935) 27; Chem. Zbl. **1934**, II, 3562; Chem. Zbl. **1936**, I, 220. *193*

Ciusa, W.: Beitrag zur Untersuchung von Olivenölen. Olii mineral. Olii grassi, Colori Vernici **15** (1936) 149; Chem. Zbl. **1936**, I, 2469; Öle, Fette, Wachse **4** (1936); Chem. Zbl. **1936**, II, 559. — 1936a — *184*

—: Beitrag zur Kenntnis von Olivenölen, II. Olii mineral., Olii grassi, Colori Vernici **16** (1936) 97; Chem. Zbl. **1937**, I, 2049. — 1936b — *184*

—: Fluoreszenzprobe zur Unterscheidung von Olivenpreßöl und raffiniertem Öl. Olii mineral., Olii grassi, Colori Vernici **18** (1938) 33; Chem. Zbl. **1939**, I, 847. — 1938 — *184*

—: Die Intensität der blauen Fluoreszenz von Olivenöl mit filtriertem ultraviolettem Licht. Chim. e Ind. **24** (1942) 233. — 1942 —. *185*

Clavera, J. M.: Die fluoreszierenden Indikatoren bei Aciditätsmessungen farbiger Weine. An. Soc. Esp. Fis. Quim. **29** (1931) 494; Chem. Zbl. **1931**, II, 2799. *82, 188*

Cleverland, D. E. H.: Woodlicht in der Diagnostik der Hautkrankheiten insbesondere bei Trichophytien. Arch. Dermat. **18** (1928) 368; Zbl. Hautkrankh. **30** (1929) 201. *164*

Coblentz, W. W.: Erythem- und radiometrische Vergleiche des von verschiedenen Lichtquellen ausgesandten ultravioletten Lichtes als eine Grundlage für die Spezifierung der Dosierungseinheit. C. R. IIe Congr. internat. de la lumiere, Kopenhagen 1932. Strahlungstherapie **50** (1934) 179. *68*

Cockburn, T.: Entfernung des Stempels von Eiern. Analyst **55** (1930) 42. *180*

Cocking, T. T., und S. K. Crews: Die Fluoreszenzprobe für Olivenöl, Quart. J. Pharm. Pharmacol. **7** (1934) 531; Chem. Zbl. **1935**, I, 3615. *185*

Cocoinschi, A. St.: Über das Verhalten einiger Minerale und Steine im filtrierten ultravioletten Licht. Bull. Soc. Sci. Acad. Roumaine **16** (1934) 225; Chem. Zbl. **1935**, I, 541. *127*

Cohen, F. H.: Ein einfacher Apparat zur objektiven Fluoreszenzmessung mittels einer Selensperrschichtzelle. Rec. Trav. chim. Pays-Bas **54** (4) (16) (1935) 133; Chem. Zbl. **1935**, II, 724. — 1935 — *38*

Collat, J. W., und L. B. Rogers: Bestimmung von Aluminium und Gallium in Mischungen mit Hilfe der verschiedenen Fluoreszenzspektren der Oxinate. Anal. Chemistry **27** (1955) 961. *120*

Colli, L., U. Facchini, G. Guidotti, R. D. Lanoti, M. Orsenige und O. Sooariva: Weitere Messungen zur Biolumineszenz der Keimlinge. Experientia [Basel] **11** (1955) 479 bis 481; Chem. Zbl. **1957**, 9694. *145*

Colobier, L.: Einige Anwendungen des Woodschen Lichtes. Ann. Falsifications **24** (1931) 89; Chem. Zbl. **1931**, I, 3486. *82*

COOPER, R. L., und A. J. LINDSEY: 3,4-Benzpyren und andere polyzyklische Kohlenwasserstoffe in Zigarettenrauch. Z. Unters. Lebensmittel **106** (1957) 80; Brit. J. cancer. **9** (1955) 304 bis 309. *196*

COROVIC, M.: Der Einfluß von Fluoreszenzlicht auf Pflanzen. Mentha piperita und Origanum heracleoticum. Acta pharm. Jugosl. **5** (1955) 153, 159; Chem. Zbl. **1957**, 1978. *145*

CORTESE, F.: Aktinomycetenkulturen im Woodschen Licht. Boll. Soc. Ital. Biol. sperim. **5** (1930) 423; Ber. ges. Physiol. **60** (1930) 224. — 1930 — *165*

—: Fluoroskopische Untersuchungen über die Biologie einiger Aktinomyceten. Extraktion eines Porphyrins aus den Kulturen von Aktinomyces albus. Boll. Ist. sieroterap. milanese **10** (1931) 77; Ber. ges. Physiol. **66** (1932) 646. — 1931 — *165*

—: Über das Verhalten von natürlichen und raffinierten Olivenölen gegenüber filtrierten ultravioletten Strahlen. Ind. Chimica **9** (1934) 1084; Chem. Zbl. **1935**, I, 821. — 1934 — *184*

COSTEANU, N. D., und A. S. COCOSINSCHI: Studien im filtrierten ultravioletten Licht. Bull. Fac. Stiinte Cernauti **5** (1931) 169; Chem. Zbl. **1933**, II, 1150. *119*

COYLE, CH. F., und CH. E. WHITE: Fluorimetrische Bestimmung von Zinn mit Flavanol. Anal. Chemistry **29** (1957) 1486. *121*

CRAMER, F.: Papierchromatographie 4. Aufl., Verlag Chemie, Weinheim 1958, S. 16. — 1958 —. 5. Aufl. 1962. *63, 65, 66*

—: Nachweis der Phenole durch UV-Absorption. l. c. S. 149. — 1958a — *66*

—: Nachweis von Nicotinsäure-Derivaten durch UV-Absorption und Fluoreszenz. l. c. S. 172. — 1958b — *66*

—: Nachweis von Chloromycetin. l. c. S. 173. — 1958c — *66*

CRAMER, J. L.: Über die Papierchromatographie von Flavinnucleotiden. Nature [London] **161** (1948) 349 bis 350. — 1948 — *172*

CREWS, K. S.: Der Nachweis von Rheum rhaponticum in galenischen Rhabarberzubereitungen. Quart. J. Pharm. Pharmacol. **9** (1936) 434; Chem. Zbl. **1937**, I, 4666. — 1936 — *138*

—: Die Adsorptionsfluoreszenzreaktion verschiedener Arten von Rhabarber. Quart. J. Pharm. Pharmacol. **10** (1937) 369; Chem. Zbl. **1938**, II, 724. — 1937 — *138*

CRIDDLE, D. W., und LE TOURNEAU: Eine Adsorptionsmethode mit Fluoreszenzindikatoren für Kohlenwasserstoff-Typanalysen. Anal. Chemistry **23** (1951) 1620; Z. anal. Chem. **137** (1952) 126. *132*

CROSBY, G. A., und R. E. WHAN: Fluoreszenzspektra von komplexen Holmium- und Thulium-Ionen. Naturwiss. **47** (1960) 276 bis 277. *121*

CROWE, M. O. L., und A. WALKER: Fluoreszenzspektra von pterinähnlichen Pigmenten aus Tuberkel-Bazillen. Science [Washington] **110** (1949) 166. *174*

CUBONI, E.: Über eine schnell auszuführende Trächtigkeitsreaktion bei der Stute. La Clinica veter.(1934) 85; ref.: Tierärztl. Rdsch. **40** (1934) 477. — 1934 — *162*

—: Veränderliches Aussehen der Harn-Fluoreszenz in der Trächtigkeit bei der Stute. La Clinica veter. (1937) 375; ref.: Wiener tierärztl. Mschr. **25** (1938) 290. — 1937 — *162*

CUCCODORO, M.: Anwendung von ultravioletten Strahlen in der Lederindustrie. Boll. R. Staz. sperim. Ind. Pelli Mater. concianti **10** (1932) 237; Chem. Zbl. **1932**, II, 2277. *147*

CUCURACHI, A.: Über die charakteristische Fluoreszenz von Feigenwein in großer Verdünnung mit Traubenweinen und nach Entfärbung mit Tierkohle. Ann. Sperim. agrar. **4** (1950) 81. *188*

CUNNINGHAM, B. B., D. M. GRUEN, J. G. CONWAY und R. D. MACLAUGHLIN: Fluoreszenzspektren von Pu^{3+} in $LaCl_3$. J. chem. Phys. **24** (1956) 1275; Chem. Zbl. **1957**, 322. *124*

CUNZ, R., und R. LASSÉ: Die Analysenquarzlampe im Färbereilaboratorium. Melliands Textilber., Nr. 12 (1928). *148*

CURIE, M.: Phosphoreszierendes Glas. Einfluß der Kristallisation. C. R. Acad. Sci. **203** (1936) 996; Chem. Zbl. **1937**, I, 1372. *154*

Cuta, F., und J. Borecky: Zur fluorimetrischen Bestimmung der isomeren β-Naphthylaminomonosulfosäuren. Chem. Listy **50** (1956) 1432 bis 1439; Z. anal. Chem. **157** (1957) 48. — 1956a — *134*

— —: Die Fluoreszenzbestimmung von β-Naphthylaminomonosulfonsäuren. Chem. Listy **50** (1956) 1432 bis 1439; Chem. Zbl. **1957**, 7133. — 1956b — *134*

Cvitl, J.: Gefrorene Milch im Licht der Analysenquarzlampe. Milchwirtschaftl. Forsch. **12** (1931) 409. *181*

Czekalla, J., S. Briegleb und W. Herre: Fluoreszenz und Absorptionsspektren von Molekülverbindungen in glasigen Lösungen bei tiefen Temperaturen. Z. Elektrochem. **63** (1959) 712. — 1959a —. *6*

—, A. Schmillen und K. J. Mayer: Fluoreszenzspektren, Reflexionsspektren und Fluoreszenzabklingzeiten von kristallinenMolekülverbindungen. Z. Elektrochem. **63** (1959) 623. — 1959b — *4, 6*

Dake, H. C., und J. de Ment: Fluoreszenzerscheinung und ihre Anwendung. Chemical Publ. Co., Brooklyn (New York) 1941. *4*

Dammers-de-Klerk, A., und F. J. Spruit: Messung geringer Fluoreszenzintensitäten. J. opt. Soc. Amer. **46** (1956) 556; Chem. Zbl. **1957**, 8129. *40*

Damon, G. H.: Nachweis von Spuren von Sauerstoff. J. Ind. Engng. Chem., anal. Edit. **7** (1935) 133; ref.: Chemiker-Ztg. **60** (1936) 268. — 1935a — *123*

—: Die Fluoreszenz des gasförmigen Acetons als Nachweis für Spuren Sauerstoff. Ind. Engng. Chem., anal. Edit. **7** (1935) 133; Chem. Zbl. **1935**, II, 887. — 1935b — *129*

Danckwortt, P. W., und E. Pfau: Die Analysenquarzlampe im Dienste der Arzneimittel-Untersuchung. Arch. Pharm. **265** (1927) 68. — 1927a — *20, 138, 143*

— —: Der Nachweis des Chlorophylls mit Hilfe der Analysenlampe. Arch. Pharm. **265** (1927) 560. — 1927b — *137, 139, 181*

—: Die Lumineszenzanalyse homöopathischer Verreibungen. Apotheker-Ztg. **44** (1929) 1272. — 1929 — *139*

—: Über den Nachweis des Chlorophylls mit Hilfe der Lumineszenz-Analyse. Apotheker-Ztg. **45** (1930) 207. — 1930 — *137*

—: Photographieren mit infraroten Strahlen. Sammelband „Beiträge zur kriminalistischen Symptomatologie und Technik“, Wiss. Veröff. d. Kriminalistischen Labor. d. Polizeidirektion Wien. Ulrich Mosers Verlag, Graz 1931, S. 147. — 1931 — *106*

—: Über den Nachweis des Nitrobenzols und des Phenols durch Resorufinbildung. Z. anal. Chem. **97** (1934) 185. — 1934a — *131*

—, und E. Jürgens: Die Durchlässigkeit von Gläsern für ultraviolettes Licht, gemessen am Fluoreszenzschirm. Arch. Pharm. **272** (1934) 713. — 1934b — *154*

—: Die Giftigkeit und die Fluoreszenz von Wickensamen. Z. Unters. Lebensmittel **69** (1935) 458. — 1935 — *192*

—: Lumineszenzanalytische Studien an Drogen. Arch. Pharm. **274** (1936) 185. — 1936 — *139*

—, und W. Gabel: Porphyrinuntersuchungen im tierischen Harn zum frühzeitigen Erkennen von Bleivergiftungen. Dtsch. tierärztl. Wschr. **45** (1937) 605. — 1937 — *167*

Dangl, F., und B. Nietsch: Der Nachweis und die ungefähre quantitative Bestimmung von Erdölprodukten im Brunnenwasser. Mikrochem. Verein. Mikrochim. Acta (Wien) **39** (1952) 333; Z. anal. Chem. **140** (1953) 388. — 1952 — *156, 189*

—: Bemerkungen zur Lumineszenzmikroskopie. Mikrochim. Acta (Wien) (1956) 1105 bis 1110; Z. anal. Chem. **153** (1956) 273. — 1956 — *111*

Danielsen, E.: Zur Unterscheidung von Bakterienkulturen mit Hilfe der Quarzlampe. Zbl. Bakteriol. Parasitenkde. Infektionskrankh. **115** (1930) 225. *164*

Davidsohn, A. M., P. H. Gregory und A. R. Birt: Die Behandlung der Trichophytie der behaarten Kopfhaut mit Thalliumacetat und der Nachweis an Zwischenträgern durch die Fluoreszenzprobe. Canad. med. Assoc. **30** (1934) 620; Chem. Zbl. **1934**, II, 3523. *164*

DAWYDOW, A. L., und W. S. DEWEKKI: Quantitative Fluoreszenzmethode zur Aluminiumbestimmung. Заводская Лаборатория [Betriebs-Lab.] **10** (1941) 134; Chem. Zbl. **1943**, II, 1032. *120*

DEBYE, P., und E. HÜCKEL: Die Theorie der Elektrolyte. Phys. Z. **24** (1923) 305. *86*

DECHENE, K. B.: Ein fluorimetrischer Nachweis von Resorpin. J. Amer. pharm. Assoc. sci. Edit. **44** (1955) 657 bis 660; Chem. Zbl. **1957**, 1746. *139*

DELECLUSE, C.: Fluoreszenzmittel beim optischen Bläuen. Teintex **21** (1956) 271; Chem. Zbl. **1957**, 8389. *149*

DENEUVILLE: Die Lumineszenz der Gläser und die Untersuchung der Struktur des Glases. Céram., Verrerie, Emaillerie **7** (1939) 47; Chem. Zbl. **1939**, II, 498. *155*

DENIER, A.: Woodsches Licht und infrarotes Photographieren als Diagnostikum. Bull. Soc. Franc. Electrotherap. et Radiol. **44** (1935) 228; Zbl. Hautkrankh. **52** (1936) 635. *164*

DENIGES, G.: Über die Resorcin-Schwefelsäure-Reaktion mit Zink nach Verdünnung mit Ammoniak. Rév. asoc. bioquim. Argentina **14**, 68 (1949) 3. *131*

DENNINGTON, A. R.: Ultraviolettes Licht, eine neue Kontrolle für den Brauer. Brewers Dig. **15** (1940) 75; Chem. Zbl. **1941**, II, 2506. *193*

DENZLER, O.: Herstellung von Sicherheitspapier, Banknoten, Dokumenten, Textilstoffen oder ähnlichen Werkstoffen mit Geheimkennzeichnung. DRP 667012, Kl. 55f, vom 5. 1. 1932; Chem. Zbl. **1939**, I, 857. *199*

DÉRIBÉRÉ, M.: Beitrag zum Studium der Fluoreszenz von Papierhalbstoffen. Le Papier **38** (1935) 987; Chem. Zbl. **1936**, I, 2865. — 1935a — *147*

—: Studie über die Reflexion der filtrierten ultravioletten Strahlen durch Papiere. Le Papier **38** (1935) 1083; Chem. Zbl. I, **1936**, 2865. — 1935b — *147*

—: Fluoreszenz gefärbter Papiere. Le Papier **38** (1935) 797; Chem. Zbl. **1936**, I, 680. — 1935c — *147*

—: Das Woodsche Licht und die ultravioletten Strahlen in der Färbereiindustrie. Ber. gén. Teinture, Impression, Blanchiment, Apprêt **13** (1935) 173; Chem. Zbl. **1936**, I, 3015. — 1935d — *148*

—: Die Unterscheidung zwischen Elfenbein und seinen plastischen Nachahmungen. Res. gén. Matières plast. **11** (1935) 311; Chem. Zbl. **1936**, I, 3029. — 1935e — *150*

—: Prüfung der Eier im Woodschen Licht. Ann. Hyg. publ., ind. soc. (N. S.) **13** (1935) 666; Chem. Zbl. **1936**, II, 2045. — 1935f — *150, 179*

—: Die Anwendung des Woodlichtes und der ultravioletten Strahlen bei der Untersuchung plastischer Massen. Rev. gén. Matieres plast. **11** (1935) 145, 177, 207, 239, 277; Chem. Zbl. **1936**, I, 3029. — 1935g — *153*

—: Neuartige Messung der Penetration, Absorption und des Widerstandsvermögens von Baustoffen gegen Wasser. Rev. Matér. Constr. Trav. publ. (1936) 280; Chem. Zbl. **1937**, I, 2848. — 1936a — *153*

—: Die Prüfung der Kuhmilch im Woodschen Licht. Ann. Hyg. publ., ind. soc. (N. S.) **14** (1936) 168; Chem. Zbl. **1936**, II, 1633. — 1936b — *181*

—: Die pflanzlichen Öle unter dem Woodschen Licht. Ann. Hyg. publ., ind. soc. (N. S.) **14** (1936) 8; Chem. Zbl. **1936**, I, 1538. — 1936c — *184*

—: Die Prüfung der Mehle durch Fluoreszenz. Ann. Hyg. publ., ind. soc. (N. S.) **14** (1936) 706; Chem. Zbl. **1937**, I, 1583. — 1936d — *193*

—: Die fluoreszierenden Mineralien: Fluorit. Ann. Soc. géol. Belgique (Bull.) **69** (1937) 377; Chem. Zbl. **1938**, I, 268. — 1937a — *126*

—: Die fluoreszierenden Mineralien. Fluoreszenz in der Gruppe der Sodalithe und in den Nachbargruppen. Ann. Soc. géol. Belgique (Bull.) **61** (1937) 52; Chem. Zbl. **1938**, I, 2501. — 1937b — *126*

—: Lumineszierende Kunstmassen. Rev. gén. Matières plast. **13** (1937) 37; Chem. Zbl. **1937**, I, 4161. — 1937c — *150, 151*

DÉRIBÉRÉ. M.: Neue färberische Fragen. Fluoreszierende Hölzer. Rev. gén. Teinture, Impression, Blanchiment, Apprêt **15** (1937) 145; Chem. Zbl. **1937**, II, 497. — 1937d — *151*

—: Über zwei neue Fluoreszenzindikatoren. Ann. Chim. anal. Chim. appl. (3) **19** (1937) 262; Chem. Zbl. **1938**, I, 2758. — 1937e — *80*

—: Eine Ergänzung zu der Frage der Fluoreszenz. Papeterie **59** (1937) 369; Chem. Zbl. **1937**, II, 497. — 1937f — *79*

—: Die Verwendung von Acridinorange und Brillantdiazogelb als Fluoreszenzindikatoren. Ann. Chim. anal. Chim. appl. (3) **19** (1937) 290; Chem. Zbl. **1938**, I, 2758. — 1937g — *80*

—: Die Anwendung des Woodschen Lichtes in der Ölindustrie. Matières grasses-Pétrole Dérivés **29** (1937) 246; Chem. Zbl. **1938**, I, 1900. —1937h — *184*

—: Les Applications practiques de la luminescence. Dunod, Paris 1938. — 1938a — *4*

—: Die Anwendung von Fluoreszenzindikatoren zur volumetrischen Analyse und zur Bestimmung von pH und rH. Bull. Assoc. Chim. **55** (1938) 275; Chem. Zbl. **1938**, II, 124. — 1938b — *81, 82*

—: Lumineszierende Mineralien: Die natürlichen Zinkverbindungen. Ann. Soc. géol. Belgique (Bull.) **61** (1938) 104; Chem. Zbl. **1938**, II, 3894. — 1938c — *126*

—: Anwendung des Woodschen Lichtes in der Ölindustrie. Margarine-Ind. **31** (1938, 121. — 1938d — *184*

—: Ann. Chim. anal. Chim. appl. (3) **22** (1940) 144; Chem. Zbl. **1941**, I, 2289. — 1940 — *127*

—: Fluoreszenzeffekte in Vulkanisaten durch Zusätze. Rev. gén. Caoutchouc **27** (1950) 343 bis 346. — 1950b — *152*

—: Prüfung von Weißpigmenten durch UV. Peint et Vernis **1** (1939) 3, 78. — 1939 — *152*

—: Sichtbarmachen von Sprüngen durch fluoreszierende Pulver und Flüssigkeiten im UV. Rév. gén. Mécan **33** (1949) 251; Rév. Métallurgie **47** (1950) 704. — 1950a — *152*

—: Die Anwendung der Fluoreszenzerscheinungen auf das Studium der Pigmente. Chim. Peintures **5** (1942) 137; Chem. Zbl. **1942**, II, 2646. — 1942 — *151*

—: Die Anwendung einiger Naphthole als Fluoreszenzindikatoren. Ann. Chim. anal. Chim. appl. (**3**) 18. *78*

DERRIEN, E.: Vorläufige Mitteilung über einige neue Tatsachen zur Naturgeschichte tierischer Porphyrine. C. R. Séances Soc. Biol. Filiales Assoc. **91** (1924) 634; Bull. Chim. France (4) **35** (1924) 687; Chem. Zbl. **1924**, II, 2671. — 1924a — *166*

—, und J. TURCHINI: Über die Anhäufung eines Porphyrins in der Harderschen Drüse der Nagetiere von Genus Mus und über die Art seiner Exkretion. C. R. Séances Soc. Biol. Filiales Assoc. **91** (1924) 637; Chem. Zbl. **1924**, II, 2671. — 1924b — *166*

— —: Neue Untersuchungen über rote Fluoreszenz bei Tieren. C. R. Séances Soc. Biol. Filiales Assoc. **92** (1925) 1030. — 1925a — *166*

— —: Über die rote Fluoreszenz verschiedener tierischer Gewebe und Sekrete im ultravioletten Licht. C. R. Séances Soc. Biol. Filiales Assoc. **92** (1925) 1028. — 1925b — *166*

— —: Über die Anwendung der Fluoreszenzerscheinung in der Anatomie und Histologie. C. R. de Passoc. des anatomistes **20** (1925) 177, 430. — 1925c — *166*

—: Über die Biologie der natürlichen Porphyrine. Bull. Soc. Chim. biol. 8 (1926) 218. — 1926 — *166*

—: Porphyrine und parasitische Würmer. C. R. Acad. Sci. **184** (1927) 480; Ber. ges. Physiol. **42** (1928) 48; Chem. Zbl. **1927**, I, 3014. —1928 — *166*

—, und CH. BENOIT: Einige neue Tatsachen über die Naturgeschichte der kupferhaltigen Porphyrine. Bull. Soc. Chim. France (4) **45** (1929) 391. — 1929a — *166*

— —: Über die Porphyrine der Phaneren einiger Vertebraten. Bull. Soc. Chim. France (4) **45** (1929) 689. — 1929b — *166*

— —: Beobachtungen über den Urin und die Organe einer an Porphyrie gestorbenen Frau. Arch. Soc. Sci. méd. et biol. Montpellier 8 (1929) 456; Chem. Zbl. **1930**, I, 1819. — 1929c — *166*

DERRIEN, E., und CH. BENOIT: Porphyrine und Speichelsteine. Arch. Soc. Sci. méd. et biol. Montpellier **9** (1929) 510. — 1929d — *166*

— —: Über die Anwesenheit von Porphyrinen in gewissen Larven der parasitischen Würmer der Vertebraten. Bull. Soc. Chim. France **47** (1930) 134. — 1930 — *166*

DESHA, L. I.: Fluorimetrie. Quantitative Analyse durch vergleichende Fluoreszenzmessungen. J. Amer. chem. Soc. **42** (1920) 1350; Chem. Zbl. **1920,** IV, 658. — 1920 — *36*

—, R. SHERILL und L. HARRISON: Fluorimetrie. Die Beziehung zwischen Fluoreszenz und Wasserstoffionenkonzentration. Ann. chem. Soc. **48** (1926) 1493; Chem. Zbl. **1926,** II, 986. — 1926 — *73, 78, 79, 80, 81*

DESMURS, G.: Einige spezielle Verwertungsmöglichkeiten von Fluoreszenzerscheinungen in der qualitativen Gerbstoffanalyse. J. internat. Soc. Leather Trades Chemists **13** (1929) 616; Chem. Zbl. **1930,** II, 1645. — 1929 — *24, 147*

—: Die qualitativen Versuche in der Lederindustrie vermittels Beizen und Fluoreszenz. Cuir techn. **21** (1932) 40, 57, 77; Chem. Zbl. **1932,** I, 3254. — 1932a — *24, 147*

—: Die Anwendung der ultravioletten Strahlen in der Textilindustrie. Rév. gén. Teinture, Impression, Blanchiment, Apprêt **10** (1932) 231, 307, 417, 505; Chem. Zbl. **1932,** I, 3516 u. **1932,** II, 1078. — 1932b — *148*

DEUBLE, J. L., und R. E. SCHOETZOW: Olivenölfluoreszenz im ultravioletten Licht. J. Amer. pharm. Assoc. **20** (1931) 655; Chem. Zbl. **1931,** II, 2082. *184*

DEUFEL, J.: Zählung von Wasserbakterien auf Membranfiltern mittels Fluoreszenzmikroskopie. Naturwiss. **46** (1959) 654. *165*

DEUTSCHBEIN, O.: Zur Fluoreszenz seltener Erden in Gläsern. Z. Phys. **102** (1936) 772. — 1936 — *155*

—, und R. TOMASCHEK: Die Fluoreszenz seltener Erden in Lösungen, I. Ann. Phys. (5) **29** (1937) 311; Chem. Zbl. **1937,** II, 4014. — 1937 — *121*

DEXTER, D. I., C. C. KLICK und G. A. RUSSELL: Kriterium für das Auftreten der Lumineszenz. Phys. Rev. (2) **100** (1955) 603 bis 605; Chem. Zbl. **1957,** 2389. *6*

DHÉRÉ, CH., und S. SOBOLEWSKI: Über einige Eigenschaften des Hämatoporphyrins. C. R. Séances Soc. Biol. Filiales Assoc. **70** (1911) 511. — 1911 — *165*

—, A. SCHNEIDER und TH. V. D. BOM: Photographische Bestimmung der Fluoreszenzspektren des Hämatoporphyrins in verschiedenen Lösungsmitteln. C. R. Acad. Sci. **179** (1924) 351; Chem. Zbl. **1924,** II, 1594. — 1924a — *32, 138*

— — —: Über die Fluoreszenz einiger Metallderivate des Hämatoporphyrins. C. R. Acad. Sci. **179** (1924) 1356; Chem. Zbl. **1925,** I, 670. — 1924b — *138*

—, und E. BOIS: Vergleichende Untersuchungen der Fluoreszenzspektren einiger natürlicher und künstlicher Porphyrine. C. R. Acad. Sci. **183** (1926) 321; Chem. Zbl. **1926,** II, 1652. — 1926 — *138*

—, und CH. BAUMELER: Über das Porphyrin der Haut von Arion empiricorum. C. R. Séances Soc. Biol. Filiales Assoc. **99** (1928) 726; Chem. Zbl. **1929,** I, 96. — 1928 — *166*

—: Über die Rotfluoreszenz einiger Bilirubinderivate im ultravioletten Licht. C. R. Séances Soc. Biol. Filiales Assoc. **193** (1930) 371; Chem. Zbl. **1930,** I, 2258. — 1930a — *168*

—: Spektrochemische Untersuchung eines Bilirubinderivates mit Rotfluoreszenz. Arch. internat. Pharmacodynamie Thérapie **38** (1930) 134; Chem. Zbl. **1931,** I, 3572. — 1930b — *168*

—, und J. ROCHE: Über die Fluoreszenz, insbesondere die Fluoreszenzspektren von Farbstoffen der Urobilingruppe. C. R. Acad. Sci. **193** (1931) 673; Chem. Zbl. **1932,** I, 23; Bull. Soc. Chim. biol. **13** (1931) 987; Chem. Zbl. **1932,** I, 2814. — 1931a — *138, 166, 168*

—, und M. FONTAINE: Untersuchungen über die Fluoreszenz der Algen und ihre Farbbestandteile. Ann. Inst. océanogr. **10** (1931) 249; Ber. ges. Physiol. **65** (1932) 192. — 1931b — *165*

— —: Über die Fluoreszenzspektren der Phykochromoproteide in Lösung und in einer lebenden Alge. C. R. Acad. Sci. **192** (1931) 1131; Chem. Zbl. **1931,** II, 587. — 1931c — *168, 169*

DHÉRÉ, CH., und M. FONTAINE: Über die Fluoreszenz des Bonellins. C. R. Séances Soc. Biol. Filiales Assoc. **105** (1931) 843; Chem. Zbl. **1931**, I, 2218. — 1931d — *169*

—: Kritische und praktische Bemerkungen über die Beobachtung roter Fluoreszenz in der Biologie und Biochemie. C. R. Séances Soc. Biol. Filiales Assoc. **108** (1932) 864; Chem. Zbl. **1932**, II, 3255. — 1932a — *8, 33*

—: Spektroskopische und spektrographische Studie der biologischen Fluoreszenzen. Ann. Physiol. et Physicochim. biol. **8** (1932) 760; Chem. Zbl. **1933**, I, 3743. — 1932b — *33*

—: Über die Eigenschaften des Bonellins und über die Natur dieses Pigmentes. C. R. Séances Soc. Filiales Assoc. **110** (1932) 1254. — 1932c — *33, 166*

—: Über die Fluoreszenz des Phylloerythrins und über die Struktur seiner Fluoreszenzspektren. C. R. Acad. Sci. **195** (1932) 336. — 1932d — *33*

—: Nachweis der biologisch wichtigen Körper durch Fluoreszenz und Fluoreszenzspektren. Abderhaldens Handbuch d. biol. Arbeitsmethoden. Abt. II, phys. Methoden, Teil 3, Heft 4, S. 3097, Urban & Schwarzenberg 1934. — 1933a — *4, 33, 117*

—: Über die Fluoreszenzspektren des Hypericins und des Mycoporphyrins. C. R. Acad. Sci. **197** (1933) 948; Chem. Zbl. **1934**, I, 1984. — 1933b — *33*

—: Untersuchungsverfahren der Fluoreszenzspektren, anwendbar in der Mikrochemie. C. R. Séances Soc. Biol. Filiales Assoc. **112** (1933) 1129. — 1933c — *33*

—: Fluoreszenzspektrum der Eierschale vom Huhn. C. R. Séances Soc. Biol. Filiales Assoc. **112** (1933) 1595. — 1933d — *33, 179*

—, und A. ROCHE: Über die sehr häufige Anwesenheit von Koproporphyrin in Nukleinsäurepräparaten aus Bierhefe gewonnen. C. R. Séances Soc. Biol. Filiales Assoc. **114** (1933) 449. — 1933e — *166*

—: Über das Porphyrin der Haut von Lumbricus terrestris. C. R. Acad. Sci. **195** 1436; Chem. Zbl. **1934**, I, 2147. — 1934a — *33, 166*

—: Über die Fluoreszenz des synthetischen Phycocyanin. C. R. Acad. Sci. **198** (1934) 126. — 1934b — *33*

—, und G. HRADIL: Fluoreszenzspektrographische Untersuchungen an Ölschiefern. Schweiz. miner. petrogr. Mitt. **14** (1934) 291. — 1934c — *156*

—: La fluorescence en biochemie. Les presses universitaires de France, Paris 1937. — 1937 — *4, 33, 55, 117, 166*

—: Die Fluoreszenzspektren des Lanigerins und des Strobinins. C. R. Séances Soc. Biol. Filiales Assoc. **131** (1939) 672. — 1939a — *168*

—: Die Fluoreszenzspektrochemie bei der Untersuchung der biol. Produkte. Fortschr. chem. organ. Naturstoffe **2** (1939) 301; Chem. Zbl. **1939**, II, 2069. — 1939b — *168*

DICKINSON, D.: Die Anwendung von fluoreszierenden Indikatoren in der Acidimetrie von gewerblichen Abwässern. Munic. Engng., san. Rec. munic. Motor **101** (1938) 69; Chem. Zbl. **1938**, I, 3093. *82*

DIDION, H.: Über den fluoreszenzmikroskopischen Nachweis von Tuberkelbazillen. Klin. Wschr. **18** (1939) 1315. *165*

DIEMAIR, R., B. BLEYER und F. ARNOLD: Zur Frage der Lumineszenzerscheinungen an Trockenbeerweinen. Z. Unters. Lebensmittel **68** (1934) 457. — 1934 — *186*

—: Untersuchungen über Fluoreszenzerscheinungen von Paraffinöl, das zum Paraffinieren von getrockneten Weinbeeren verwendet wird. Schriftenreihe des Bundes für Lebensmittelrecht und Lebensmittelkunde — Heft 33. — 1960 — *187*

DIETRICH, K., und E. STOCK: Die Analyse der Harze, 2. Aufl. Tauchnitz, Leipzig 1930. *149*

DILLER, H.: Zum lumineszenzchemischen Nachweis von Blutspuren. Mitteilungsblatt der Ges. dtsch. Chemiker (1956) 113 bis 114. *162*

DIMROTH, O., und TH. FAUST: Über die Borsäureester der Anthrachinone. Berliner Ber. **54** (1921) 3020. *131*

DIRSCHERL, W., und W. SCHMIDTMANN: Isolierung von Vanillinsäure aus menschlichem Harn. Naturwiss. **46** (1959) 329. *162*

DITMAR, R., und W. DIETSCH: Die Kautschukvulkanisationsbeschleuniger im ultravioletten Licht der Hanauer Analysenquarzlampe. Chemiker-Ztg. **52** (1928) 388. — 1928a — *152*

DITMAR, R., und W. DIETSCH: Die Feststellung des Staubmittels auf schwefelchlorürvulkanisierten dünnwandigen Gummiartikeln mit Hilfe der Hanauer Analysen-Quarzlampe. Gummi-Ztg. **42** (1928) 1415. — 1928 b — *152*

—: Die Lumineszenzfarbe der wichtigsten Beschleuniger und Alterungsmittel für Kautschuk. Caoutchouc et Guttapercha **38** (1931) 15685; Chem. Zbl. **1938**, II, 3685. — 1931 — *152*

DOLEZIL, M.: Verwendung von Fluoreszenzindikatoren für die Bestimmung von kleinen Mengen oberflächenaktiver Stoffe (1. Mitt.). Bestimmung von organischen Sulfaten und Sulfonaten. Chem. Inst. Listy **50** (1956) 1588 bis 1592; Chem. Zbl. **1957**, 7132. *82*

DOMAGK, G.: Synthetische, carcinogene Substanzen. Chemie und Medizin, Band III, (1936) 74. *132*

DOMANGE, L.: Die Verwendung von Dinatriumoxymercuridibromfluorescein als Indikator in der Alkalimetrie. Ann. pharm. Franc. **2** (1941) 54; Chem. Zbl. **1945**, I, 198. — 1941 — *78*

—, und S. LONGUEVALLE: Bestimmung von Vitamin B in pharmazeutischen Zubereitungen. Pharm. Weekbl. **90** (1955) 119 bis 121; Z. anal. Chem. **148** (1955) 364. — 1955 — *139*

DOWDALL, J. P., und H. STRETCH: Doppelstrahlen-Nullpunkt-Fluorimeter. Analyst **79** (1954); Z. anal. Chem. **146** (1955) 457. *40*

DRABENT, R., und D. FRACKOWIAK: Die Ausbeute der anti-Stokesschen Fluoreszenz sehr viscoser Farbstofflösungen. Acta physica polon. **14** (1957) 447; Chem. Zbl. **1957**, 6698. *5*

DRAGONE, G. T.: Beitrag zum Studium der Fluoreszenz des Chlorochroms im ultravioletten Licht. Atti Reale Accad. naz. Lincei, Rend. [Roma] (6) **6** (1927) 179; Chem. Zbl. **1928**, I, 648. — 1927 — *137*

—: Fluoreszenz von Pflanzensäften im filtrierten Ultraviolett. Atti Reale Accad. naz. Lincei, Rend. [Roma] (6) **8** (1928) 602; Chem. Zbl. **1929**, I, 2556. — 1928 — *144*

DRAWERT, F.: Das Verhalten der einzelnen Zellbestandteile fixierter pflanzlicher Gewebe gegen saure und basische Farbstoffe bei verschiedener Wasserstoffionenkonzentration. Flora **32** (1937) 91. — 1937 — *111*

—: Über Aufnahme und Speicherung von Prune pure durch die pflanzliche Zelle. Planta **29** (1938) 179. — 1938 — *111*

—: Zur Frage der Farbstoffaufnahme durch die lebende pflanzliche Zelle, III. Die Aufnahme saurer Farbstoffe und das Permeabilitätsproblem. Flora **35** (1941) 21. — 1941 — *111*

—: Zur Theorie der Aufnahme basischer Stoffe. Z. Naturforsch. **3 b** (1948) 111. — 1948 — *111*

—: Das Sulfonamid Prontosil solubile als Vitalfarbstoff. Protoplasma **39** (1950) 688. — 1950 — *111*

DRAWERT, H.: Beiträge zur Vitalfärbung pflanzlicher Zellen. Protoplasma **40** (1951) 85. — 1951 — *111*

—: Vitale Fluorochromierung der Mikrosomen mit Janusgrün, Nilblausulfat und Berberinsulfat. Ber. dtsch. bot. Ges. **66** (1953) 134. — 1953 a — *111*

—, und H. GUTZ: Zur vitalen Fluorochromierung der Mikrosomen mit Nilblau. Naturwiss. **40** (1953) 512. — 1953 b — *111*

—: Vitalfluorochromierung mit Brillantkresylblaupräparaten verschiedener Herkunft. Ber. dtsch. bot. Ges. **68** (1955) 385. — 1955 — *111*

—, und B. ENDERLICH: Der Einfluß von Sauerstoff und Atmungsgiften auf die Aufnahme und Speicherung saurer und basischer Farbstoffe durch die lebende Pflanzenzelle. Protoplasma **46** (1956) 170. — 1956 a — *111*

—, und I. METZNER: Untersuchungen zur vitalen Fluorochromierung pflanzlicher Zellen mit Neutralrot. Protoplasma **47** (1956) 359. — 1956 b — *111*

—: Eine Methode zum papierchromatographischen Nachweis der Anthocyane, insbesondere Hybridenanthocyane in Rotmosten und Rotweinen. Vitis **2** (1960) 179 bis 180. — 1960 — *186*

DREVERMANN: Versteinerungen im ultravioletten Licht. Senckenberg naturforsch. Ges. Natur und Museum **57** (1927) 193. *126*

DRILHON, A., und R. G. BUSNEL: Das Riboflavin (Vitamin B) bei der Raupe von Bombyx mori. Die Beziehung zur Fluoreszenz der Seide. C. R. Séances Soc. Biol. Filiales **135** (1941) 912; Chem. Zbl. **1942**, I, 635. *169*

DRUTEN, A. VAN: Die Lumineszenz einwandfreier holländischer Schmalze im ultravioletten Licht. Z. Unters. Lebensmittel **57** (1920) 60. *183*

DUBOIS, J. T.: Übertragung von Elektronenenergie. Löschung der Fluoreszenz durch Sauerstoff und Stickoxyd. J. chem. Phys. **25** (1956) 178; Chem. Zbl. **1957**, 598. *98*

DUBOSCQ, O., und J. TURCHINI: Die Fluoreszenz der tegumentären Wundstellen der Squilla mantis rond. im Wood-Licht. C. R. Séances Soc. Biol. Filiales Assoc. **93** (1925) 1090; Ber. ges. Physiol. **38** (1927) 366. *169*

DULTON, H. J., und B. G. EDWARDS: Farbänderungen im Trockenei während der Lagerung. Ind. Engng. Chem., ind. Edit. **38** (1946) 347; Chem. Zbl. **1947**, I, 184. *179*

DUNN, D. B.: Ein fluoreszierendes, während der Desoxyribonucleinsäure-Hydrolyse gebildetes Guaninderivat. Biochim. biophysica Acta [Amsterdam] **18** (1955) 317 bis 318; Chem. Zbl. **1957**, 4131. *175*

DUNN, M. S., und W. H. KIMMER: Aussehen von rohen vegetabilischen N. F.-Vl-Drogen im ultravioletten Licht. Amer. J. Pharm. **109** (1937) 498; Chem. Zbl. **1938**, I, 2754. *144, 175*

DUSEBERG, TH.: Über die Absorption von Fluoreszenzlicht in der emittierenden Substanz. Phys. Z. **26** (1925) 157. *53*

DUTT, S.: Fluoreszenz bei organischen Verbindungen. J. Indian chem. Soc. **7** (1930) 505; Chem. Zbl. **1930**, II, 3002. *22*

DVORAK, K.: Eine chemische Methode zur Identifizierung von Asphalt- und Teerschädigungen der Pflanzen. Z. Pflanzenkrankh. (Pflanzenpathol.), Pflanzenschutz **40** (1930) 505. *143*

DZIERGWA, H., und H. LANGE: Ein Vergleich der Lumineszenz von Calciumsilikat (Mn+Pb) und Zinkberylliumsilikat (Mn). Z. Phys. **140** (1955) 359; Chem. Zbl. **1957**, 1589. — 1955a — *126*

—, und H. PANKE: Gelbe Lumineszenz durch Titan in fluoridhaltigem Magnesiumsilikat. Z. Phys. **142** (1955) 259 bis 265; Chem. Zbl. **1957**, 1589. — 1955b — *126*

EBLE, K., H. PFEIFER und R. BREITSCHNEIDER: Beitrag zur Untersuchung von Eiern. Z. Unters. Lebensmittel **65** (1933) 100. *180*

EDER, J. M.: Ausführliches Handbuch der Photographie, III., Teil 4, S. 245. Verlag W. Knapp, Halle 1930. *32*

EEGRIWE, E.: Reaktionen und Reagenzien zum Nachweis von organischen Verbindungen, II. Z. anal. Chem. **95** (1933) 323. — 1933 — *130, 131, 133*

—: Reaktionen und Reagenzien zum Nachweis von organischen Verbindungen, III. Z. anal. Chem. **100** (1935) 31. — 1935 — *130, 131, 133*

EFFERN, J.: Der kapillaranalytische Nachweis von Butterfarben. Vorrats- und Lebensmittelforsch. **1** (1938) 292; Chem. Zbl. **1939**, I, 3472. *182*

EGELHAAF, A.: Quantitativer Vergleich der Fluoreszenzmuster der Eier dreier Genotypen von Ephestia kühniella. Naturwiss. **43** (1956) 165, 166. — 1956 — *162*

—: Photolabile Fluoreszenzstoffe bei Ephestia kühniella. Naturwiss. **43** (1956) 309; Chem. Zbl. **1957**, 5916. — 1957 — *175*

EGGERS, J. H.: Fluoreszenzindikatoren. Talanta [London] **4** (1960) 38; Z. anal. Chem. **179** (1960) 199. *82*

EHRLICH, J.: Nachweis von Soja in Wurstgut. Allg. Fleischer-Ztg. **66** (1948) 3. *176*

EIBNER, A., L. WIDENMAYER und A. STOIS: Zur Möglichkeit der Beurteilung anorganischer Farbstoffe im Dunkelfelde der Analysen-Quarzlampe. Farben-Ztg. **31** (1926) 2399. — 1926 — *151*

—: Das Öltrocknen, ein kolloider Vorgang aus chemischen Ursachen. Allg. Industrie-Verlag, Berlin 1930. — 1930 — *151*

EIBNER, A.: Zum gegenwärtigen Stand der mikroskopisch-chemischen Untersuchung von Wand- und Tafelgemälden. Mouseion **13/14** (1931) 70. — 1931a — *151, 204*

—: Lichtwirkung auf Malerfarben, VII. Die Lumineszenzforschung im Dienste der Bilderkunde und Anstrichtechnik. Chemiker-Ztg. **55** (1931) 395. — 1931b — *151*

EICH, H. W., und J. EISENBRAND: Untersuchung von Spaltprodukten, die bei der Milchsäuregärung aus Azofarbstoffen entstehen, IV. Reindarstellung und Charakterisierung eines Luftoxydationsproduktes der 1-Oxy-2-aminonaphthalinsulfonsäure-4. Arch. Pharm. **293** (1960) **65** 569. *138*

EICHHOFF, H. J., und G. TITSCHACK: Nachweis und Bestimmung von aromatischen polycyclischen Kohlenwasserstoffen in Paraffin. Arzneimittelforsch. 8 (1958) 37. — 1958 — *133*

— —: Arzneimittelforsch. 8 (1959) 376. — 1959 — *133*

EICHLER, H.: Der Nachweis der Nitrate, Nitrite und Nitrosylschwefelsäure durch Bildung von Resorufin, Orcirufin und Indophenolen. Z. anal. Chem. **96** (1934) 17. — 1934a — *118*

—: Der Nachweis der Nitrite mit Magdalarot. Z. anal. Chem. **96** (1934) 17. — 1934b — *118*

—: Der Nachweis der Hydrosulfite (Sulfoxylate), Eisen-2-salze, Hypochlorite und Bichromate durch Resorufin. Z. anal. Chem. **96** (1934) 98. — 1934c, e — *123, 131*

—: Der Nachweis des Nitrobenzols und des Phenols durch Resorufinbildung. Z. anal. Chem. **96** (1934) 21. — 1934d — *131*

—: Fluoreszenzmikroskopische Untersuchungen über Verholzung und Lignin. Inaug.-Diss., Greifswald 1935; Cellulosechemie **15**, 11/12 (1934) u. **16** (1935) 1. — 1934f — *131, 143*

—: Der Nachweis der Nitrite mit Magdalarot. Z. anal. Chem. **96** (1934) 99. — 1934g — *118*

—: Die gruppenweise Feststellung organischer Lösungsmittel und organischer Verbindungen mit Magdalarot. Z. anal. Chem. **103** (1935) 425. — 1935 — *131*

EINIG, J.: Die Darstellung von leuchtendem Zinksulfid. Chemiker-Ztg. **56** (1932) 185. *119*

EISENBRAND, J.: Beitrag zur Frage des Schutzes lichtempfindlicher Arzneistoffe durch gefärbte Gläser, III. Über die Durchlässigkeit von Arzneigläsern für ultraviolettes Licht. Pharm. Ztg. **74** (1929) 236. — 1929a — *19*

—: Colorimetrie im Ultraviolett mit Hilfe fluoreszierender Stäbe. Z. angew. Chem. **42** (1929) 445. — 1929b — *71, 82*

—: Die Bestimmung von Dissoziationskonstanten fluoreszierender Stoffe durch quantitative Fluoreszenzmessungen. Z. physik. Chem., Abt. A **144** (1929) 441. — 1929c — *72, 73, 79, 80, 81*

—: Die Verwendung kurzwelligen Lichtes zu quantitativen chemischen Untersuchungen. Pharm. Ztg. **75** (1930) 1033. — 1930 — *21, 55, 79, 80, 81, 119*

—: Fluoreszenzlöschung in Lösungen durch organische Stoffe. Z. physik. Chem., Abt. B **22** (1933) 145. — 1933a — *92, 93, 97*

—: Eine neue Anwendung der Lumineszenzanalyse. Vortragsref. Ber. dtsch. pharm. Ges. (1933) 137. — 1933b — *97*

—: Über die Löschung der Fluoreszenz von Chininsulfat in Lösungen durch organische Stoffe. Verh. d. Ges. dtsch. Naturforscher und Ärzte, Bd. 94. Dresden 1936; Naturwiss. **13** (1937) 167. — 1936 — *84*

—, und G. SIEWERT: Die Kennzeichnung der Reproduzierbarkeit von Fluoreszenzerscheinungen an festen Stoffen und ihre Verwendbarkeit zu Konzentrationsbestimmungen. Arch. Pharm., Ber. dtsch. pharm. Ges. **272** (1934) 428. — 1934a — *31, 44, 60, 61, 118, 119*

— —: Über die Lumineszenz pharmazeutisch verwendeter Zinkoxyde. Ber. dtsch. pharm. Ges. **272** (1934) 428. — 1934b — *31, 44, 60, 118, 119*

— —: Erklärung zu den vorstehenden Bemerkungen von E. BEUTEL und A. KUTZELNIGG. Arch. Pharm. **272** (1934) 850. — 1934c — *31*

—, und H. PICHER: Über das Auftreten von Ramanstrahlen bei Fluoreszenzuntersuchungen. Z. Elektrochem. **50** (1944) 72. — 1944 — *17, 33, 56, 189*

—: Beitrag zur Frage der Natur der Fluoreszenzlöschung. Z. Elektrochem. **55** (1951) 374. — 1951a — *83, 97*

EISENBRAND, J.: Über die Anwendung von Fluoreszenzreaktionen in der Lebensmittelchemie. Dt. Lebensmittel-Rdsch. **47** (1951) 215. — 1951b — *55, 176*

—: Welche Stellung nimmt die Fluoreszenzanalyse heute in der angewandten Naturwissenschaft ein? Strahlentherapie **88** (1952) 540. — 1952 — *58*

—: Über die Fluoreszenz der Kondensationsprodukte aromatischer Aldehyde mit Hippursäure (Azlactone). Arch. Pharm. **286** (1953) 441. — 1953a — *24, 58, 92*

—: Beitrag zur Fluorimetrie. Z. anal. Chem. **140** (1953) 401. — 1953b — *55*

—: Die Intensität von Ramaneffekt und Fluoreszenzstrahlen. Optik **11** (1954) 557. — 1954a — *56*

—: Beitrag zur Unterscheidung verschiedener Essigarten mit Hilfe flammenphotometrischer Messungen. Z. Lebensmittel-Unters. u. -Forsch. **98** (1954) 196 bis 205; Z. anal. Chem. **145** (1955) 125. — 1954b — *189*

—: Über den Nachweis von künstlichen Lebensmittelfarbstoffen in Zuckerwaren. Zucker- und Süßwaren-Wirtschaft **8** (1955) 551. — 1955 — *194*

—, und D. PFEIL: Beiträge zur Bestimmung des Coffeins in verschiedenen Lebensmitteln. Z. anal. Chem. **151** (1956) 4. — 1956 — *66, 190*

— —: Beiträge zur Fluorimetrie, II. Über die Verwendung kurzwelligen Ultravioletts zu analytischen Zwecken. Z. anal. Chem. **154** (1957) 3. — 1957a — *40, 103, 178, 194*

—, und A. KLAUCK: Die Beschleunigung der durch Milchsäuregärung verursachten Reduktion von Azofarbstoffen durch Zusätze von d(+)-Fruktose-1,6-Diphosphorsäure. Naturwiss. **44** (1957) 282. — 1957b — *138, 194*

— —: Beeinflussung der Säureproduktion von Milchsäurebakterien durch Lebensmittelfarbstoffe. Z. Lebensmitt.-Unters. u. -Forsch. **108** (1958) 225. — 1958 — *138, 194*

—, und O. LORSCHEID: Über die Beeinflussung der Milchsäuregärung durch Spaltprodukte des Azorubins und anderer roter Azofarbstoffe. Naturwiss. **46** (1959) 335. — 1959a — *138, 194*

— —: Beeinflussung der Säureproduktion von Milchsäurebakterien durch Azofarbstoffe, III. Mitt. Wirkung der Spalt- und Luftoxydationsprodukte von Cochenillerot A, Naphtholrot S, Ponceau 6 R und Scharlach GN. Z. Lebensmitt.-Unters. u. -Forsch. **111** (1959) 137. — 1959b — *138, 194*

— —: Untersuchung von Spaltprodukten, die bei der Milchsäuregärung aus Azofarbstoffen entstehen, I. Azorubin, Echtrot E und deren reduktive Spaltprodukte. Arch. Pharm. **292/64** (1959) 696. — 1959c — *138, 194*

— —: Untersuchung von Spaltprodukten, die bei der Milchsäuregärung aus Azofarbstoffen entstehen, II. Oxydative Spaltprodukte von Azorubin und Echtrot E, welche aus den reduktiven durch die Einwirkung des Luftsauerstoffs entstehen. Arch. Pharm. **292/64** (1959) 709. — 1959d — *138, 194*

—: Der Einfluß der Konstitution und der Ioneneigenschaften von organischen Fluoreszenzstoffen auf ihre Löschbarkeit. Vortrag, gehalten vor der Ges. dt. Chem., Ortsverband Mülheim (Ruhr), 29. Okt. 1959. — 1959e — *89, 90*

—, und A. KLAUCK: Erfahrungen mit einer neuen Reduktionsprobe bei der Untersuchung von Flaschenmilch. Dtsch. Lebensmitt.-Rdsch. **55** (1959) 175. — 1959f — *194*

—, und E. LANG: Beeinflussung der Säureproduktion von Milchsäurebakterien durch Azofarbstoffe, V. Mitt. Wirkung der Spalt- und Luftoxydationsprodukte von Brillantschwarz BN, Chrysoin S, Echtgelb extra, Gelb 27175, Gelborange S, Orange GGN und Tatrazin. Z. Lebensmitt.-Unters. u. -Forsch. **113** (1960) 48. — 1960a — *138, 194*

—: Fluorimetrische Messungen an Spaltprodukten eines Lebensmittelfarbstoffes (Azorubin). Mitteilungsblatt der Ges. dtsch. Chemiker **14** (1960) 183 bis 194. — 1960b — *138*

—, und H. MEYER: Beiträge zur Fluorimetrie, III. Die fluorimetrische Bestimmung der Naphthionsäure unter Verwendung von kurzwelligem UV-Licht (313 nm). Z. anal. Chem. **174** (1960) 414. — 1960c — *40, 191*

—, und M. RAISCH: Beiträge zur Fluorimetrie, IV. Die fluorimetrische Bestimmung des Glycerins nach Überführung in Chinolin unter Verwendung von kurzwelligem UV-Licht. Z. anal. Chem. **177** (1960) 1 bis 4. — 1960d — *40, 130*

EISENBRAND, J., und M. RAISCH: Über eine neue fluorimetrische Bestimmung von Glycerin in der Weinanalyse. Dtsch. Lebensmitt.-Rdsch. **56** (1960) 257. — 1960e — *188*

—: Beiträge zur Fluorimetrie, V. Chininsulfat als Fluoreszenzstandard. Messungen seiner Fluoreszenzintensität in wäßrigen Lösungen und Eisessiglösungen mit Schwefelsäure- und Perchlorsäurezusätzen. Einflüsse von Puffergemischen. Z. anal. Chem. **179** (1961) 170. — 1961a — *40, 74, 94*

—, und M. RAISCH: Beiträge zur Fluorimetrie, VI. Die Beeinflussung der Fluoreszenz von Chininsulfat in wäßrigen Lösungen durch Chlorionen in ihrer Abhängigkeit von der Säurekonzentration. Z. anal. Chem. **179** (1961) 352. — 1961b — *40*

— —: Beiträge zur Fluorimetrie, VII. Die Beeinflussung der Fluoreszenz von Chininsulfat in wäßrigen Lösungen durch Halogenionen in ihrer Abhängigkeit von der Säurekonzentration. Z. anal. Chem. **179** (1961) 406. — 1961c — *40, 85*

— —: Beiträge zum Problem der Fluoreszenzmessung. Vergleichende Untersuchung der Löschwirkung von Halogensalzen auf die Fluoreszenz von Chinolin und verschiedenen Chinolin-Derivaten in saurer Lösung (I). Die Nahrung (1962). — 1962a — *40*

—: Über die spektrophotometrische Untersuchung von Fluoreszenzen schwacher Intensität I, Paraffinium liquidum. Dt. Lebensmittel-Rdsch **58** (1962) 230. — 1962b — *197*

—: Über die spektrophotometrische Untersuchung von Fluoreszenzen schwacher Intensität II, Paraffinum durum. Dt. Lebensmittel-Rdsch. **58** (1962) 319. — 1962c — *197*

—: Über die spektralphotometrische Untersuchung der Fluoreszenzintensität von weißem und gelbem Vaselin sowie vom Ceresin. Apotheker-Ztg. **20** (1963). — 1963 — *197*

EISNER: Demonstration im Woodschen Licht. Zbl. Hautkrankh. **38** (1931) 439. *163*

EKHARD, W.: Die ultravioletten Strahlen im Dienst der Nahrungsmitteluntersuchung. Z. Spiritusind. **50** (1927) 4. *176*

ELBEIH, I. I. M., J. F. W. MCOMIE und F. H. POLLARD: Fluoreszenzchromatographie von Metallionen. Discuss. Faraday Soc. **7** (1949) 183. *65*

ELLINGER, PH., und A. HIRT: Mikroskopische Untersuchung an lebenden Organen, I. Z. Anat. u. Entwicklungsgesch. **90** (1929) 791; II. Arch. exper. Path. **145** (1929) 193; III. Arch. exper. Path. **150** (1930) 285. — 1929 — *160*

— —: Eine Methode zur Beobachtung lebender Organe mit stärksten Vergrößerungen im Lumineszenzlicht (Intravitalmikroskop). Abderhaldens Handbuch d. biol. Arbeitsmethoden, Abt. V, Teil 2/2, S. 1753 (1930). — 1930a — *160*

— —: Lebende Organe im Fluoreszenzlicht. Umschau **34** (1930) 136. — 1930b — *160*

— —: Verfahren zur mikroskopischen Untersuchung lebender Objekte. DRP 581687, Kl. 42h, vom 30. 10. 1929, ausgegeben 1. 8. 1933. — 1933 — *160*

ELLIS, W. H., und R. L. TOURNEAU: Eine schnelle und genaue Adsorptionsmethode mit Hilfe von Fluoreszenzindikatoren für Lackverdünnungsmittel. Anal. Chemistry **25** (1953) 1269 bis 1270; Z. anal. Chem. **144** (1954) 312. *152*

ELMS, J.: Fluoreszenz von Pigmenten für Kunststoffe und Lacke. Rév. gén. Matières plast. **14** (1938) 154. *152*

EMMINGER, E., und G. BATTISTINI: Fluoreszenzmikroskopische Untersuchungen an bleivergifteten Kaninchen mit und ohne Calciumzufuhr. Virchows Arch. **290** (1933) 492. — 1933a — *162*

—: Fluoreszenzmikroskopische Untersuchungen bei einem Fall von Schlafmittelvergiftung. Klin. Wschr. **12** (1933) 1840. — 1933b — *168*

ENGELHARDT, E.: Lumineszenzerscheinungen im ultravioletten Licht. Diss., Jena 1912. *125*

ENGLIS, G. T., und J. W. MILES: Anal. Chemistry **26** (1954) 1214. *190*

ENGLISH, F. L., und J. W. EPPERT: Fluorimetrische Bestimmung von 2-Nitronaphthalin. Anal. Chemistry **23** (1951) 717. *133*

ENNEKING, J.: Quantitative Fluoreszenzanalyse mittels colorimetrischer, nephelometrischer und photometrischer Meßmethoden. Diss., Hannover 1930. *44, 47, 51*

ERDEY, L.: Über Lucigenin als neuen Lumineszenzindikator. Acta Chem. Acad. Sci. Hung. **3** (1953) 81 bis 94; Z. anal. Chem. **142** (1954) 284. *82*

ERNE, K., und T. CANBÄCK: Fluorimetrische Bestimmung von Noradrenalin. J. Pharm. Pharmacol. **7** (1955) 248 bis 254; Z. anal. Chem. **150** (1956) 68. *175*

ERNST, P., und E. JENTSCHITZSCH: Die ultraviolette Kapillaranalyse der pharmazeutischen Drogen. Post (1929). *20*

—: Naturfarbenaufnahmen von Lumineszenzerscheinungen im gefilterten Ultraviolett. Photogr. Korresp. **67** (1931) 149. *103*

ESME, A.: Auffindung von Rissen in Keramikgegenständen durch Eintauchen in eine fluoreszierende Flüssigkeit. Ind. céram. Nr. 392 (1948) 244. *153*

EULER, H. v., und E. ADLER: Über das Vorkommen von Flavinen in tierischen Geweben. Svensk. Kem. Tidskr. **45** (1933) 276; Chem. Zbl. **1934**, I, 3875; Hoppe-Seylers Z. **223** (1934) 105. — 1933 — *171*

— — und A. SCHLÜTZER: Verbreitung des gebundenen und freien Flavins in Pflanzen. Hoppe-Seylers Z. **226** (1934) 87. — 1934 — *171*

EVCIM, N., und L. A. REBER: Ein fluorimetrisches Verfahren zur Bestimmung von Cadmium mit Hilfe von 2-(α-Oxyphenyl)-benzoxazol. Anal. Chemistry **26** (1954) 936 bis 937; Z. anal. Chem. **147** (1955) 78. *119*

EVERS, F.: Die Bedeutung des Alterns für Transformator- und Schalteröle. Z. angew. Chem. **44** (1931) 323. — 1931 — *155*

—, und R. SCHMIDT: Die künstliche Alterung von Mineralölen. Petroleum **29** (1933) 4. — 1933 — *155*

—: Die quantitative Messung der Fluoreszenz von Mineralölen. Öl, Kohle, Erdöl, Teer **11** (1935) 746. — 1935a — *155*

—: Messung der Fluoreszenz von Mineralölen. Österr. Chemiker-Ztg. (N. F.) **38** (1935) 197. — 1935b — *155*

—: Die quantitative Messung der Fluoreszenz von Mineralölen, II. Öl, Kohle, Teer, Erdöl **12** (1936) 457. — 1936 — *155*

EWEN, L. J. MC: Einige Wirkungen des ultravioletten Lichtes auf gewisse Artikel und Farben. Amer. Dyestuff Reporter **21** (1932) 337; Chem. Zbl. **1932**, II, 1076. *148*

EWLES, J.: Wasser als Aktivator der Lumineszenz. Nature [London] **125** (1930) 706. *20*

EXNER, R., und E. KLEMPERER: Die Fluoreszenz des Liquor cerebrospinalis. Psychiatr.-neurol. Wschr. **32**, 19 (1930) 218. *162*

FABIAN, H. J.: Die Verwendung der Analysenquarzlampe in der Erdölgeologie (mit Beispielen aus Rumänien). Öl und Kohle **39** (1943) 631; Chem. Zbl. **1943**, II, 1691. *155*

FABRE, R.: Über ein Verfahren zur Bestimmung von Lösungen fluoreszierender Körper. Bull. Soc. Chim. France (4) **37** (1925) 1304; Chem. Zbl. **1926**, I, 1464. — 1925a — *134, 168*

—: Beitrag zum Studium der Anwendung der Fluoreszenzerscheinungen in der biologischen Chemie. Bull. Soc. Chim. biol. **7** (1925) 1024; Chem. Zbl. **1926**, I, 1964. — 1925b — *168*

FACHINI, S., und G. MARINENGHI: Die Verwendung von Woodschem Licht zur qualitativen und quantitativen Unterscheidung von gepreßtem und raffiniertem Olivenöl. Olii mineral., Olii grassi, Colori Vernici **17** (1937) 54; Chem. Zbl. **1937**, II, 2617. *184*

FAHR, E.: Über Fett- und Luftembolie. Virchows Arch. pathol. Anat. u. Physiol. **314** (1947) 499. *160*

FALLOT, M.: Untersuchungen über die Fluoreszenz von Papieren. Chim. et Ind. **19** (1928) 596; Chem. Zbl. **1929**, I, 956. *147*

FASSEL, V. A., und R. H. HEIDEL: Methode zur Bestimmung von Terbium mit Hilfe seiner Fluoreszenz im UV-Licht. Anal. Chemistry **26** (1954) 1134 bis 1137; Z. anal. Chem. **147** (1955) 115. *121*

FEDER, E., und L. RATH: Unter der Analysenquarzlampe fluoreszierendes und paraffinhaltiges Schweineschmalz. Z. Unters. Lebensmittel **54** (1927) 321. *182*

FEIGL, F., V. ANGER und R. ZAPPERT: Über die Verwendung von Tüpfelreaktionen zum Nachweis von organischen Verbindungen, VI. Nachweis von aliphatischen und aromatischen Aminen mit Fluoresceinchlorid. I. Primäre aliphatische Amine. Mikrochem. **16** (N. F. 10) (1934) 67. — 1934 — *130*

— — und O. FREHDEN: Über die Verwendung von Tüpfelreaktionen zum Nachweis organischer Verbindungen, VIII. Mikrochem. **17** (1935) 29. *130, 131, 133*

—, und G. B. HEISIG: Über Oxin als Reagenz auf Kalzium, Magnesium, Aluminium, Fluorid und Cyanid. Anal. chim. Acta **3** (1949) 561. — 1949 — *119, 120, 124*

FELDMANN, D. H., H. S. KELSEY und J. C. CAVAGNOL: Fluorimetrische Bestimmung von Chlortetracyclin. Anal. Chemistry **29** (1957) 1697. *175*

FERGUSON, J., und W. G. SCHNEIDER: Polarisation der Anthracenkristallfluoreszenz. J. chem. Physics **25** (1956) 780; Chem. Zbl. **1957**, 5219. *6*

FERRARI: Die Anwendung des Woodschen Lichtes in der Dermatologie. Giorn. ital. Dermat. **68** (1927) 1464; Zbl. Hautkrankh. **26** (1928) 58. *164*

FERREBEE, J. W.: Fluoreszenzanalyse des Riboflavins im Harn. J. Clin. Invest. **19** (1940) 241. *172*

FIELD, W. T.: Die Anwendung des ultravioletten Lichtes zum Nachweis von mit Lösungsmitteln extrahierter Kakaobutter. Analyst **55** (1930) 744. *183*

FIKENTSCHER, R., H. FINK und E. EMMINGER: Untersuchungen an Knochen wachsender Säugetiere nach Injektion verschiedenartiger Porphyrine. Klin. Wschr. **10** (1931) 2036; Virchows Arch. **287** (1933) 764. — 1931a — *167*

—: Tierische Ochronose und Porphyrine. Virchows Arch. **279** (1931) 731. — 1931b — *167*

—: Quantitative Porphyrin-Bestimmung durch Lumineszenzintensitätsmessungen mit dem Stufenphotometer. Biochem. Z. **249** (1932) 257. — 1932 — *167*

—: Untersuchungen über den Porphyringehalt des menschlichen Fruchtwassers. Arch. Gynäk. **154** (1933) 129. — 1933 — *167*

—, und K. FRANKE: Klinische Porphyrinuntersuchungen, ihre quantitative und qualitative Methodik. Klin. Wschr. **13** (1934) 285. — 1934 — *167*

FINK, H.: Über die Koproporphyrie der Hefe. Biochem. Z. **211** (1929) 65. — 1929a — *75*

—, und K. WEBER: Porphyrinfluoreszenz und Wasserstoffzahl. Naturwiss. **17** (1929) 388 u. **18** (1930) 16; Biochem. Z. **211** (1929) 65. — 1929b — *36, 75*

—, und W. HOERBURGER: Über die Ochronose der Schlachttiere, II. Isolierung von kristallisiertem Uroporphyrin aus den Knochen. Identitätsbeweis mit Hilfe der pH-Fluoreszenzkurven und durch Analyse. Z. physiol. Chem. **202** (1931) 8 — 1931 — *75, 116, 167*

— —: Beiträge zur Fluoreszenz der Porphyrine, I. Z. physiol. Chem. **218** (1933) 181. II. Z. physiol. Chem. **220** (1933) 123. III. Z. physiol. Chem. **225** (1934) 49. IV. Z. physiol. Chem. **232** (1935) 28. — 1933a, b — *75, 167*

— —: Über einen weiteren Fall von Ochronose der Schlachttiere, III. Z. physiol. Chem. **232** (1935) 77. — 1935 — *166, 167*

FINK, C. G.: Chemie und Kunst. Ind. Engng. Chem. **26** (1934) 234; Chem. Zbl. **1934**,, I 3095. — 1934 — *202*

FINKELSTEIN, M.: Fluoreszenzanalyse natürlicher Oestrogene im Harn. Analyst **55** (1930) 830, 831. — 1930 — *174*

—: Eine quantitativ auswertbare Fluoreszenzreaktion für die Bestimmung von Corticosteroiden. Nature [London] **169** (1952) 929 bis 930; Z. anal. Chem. **145** (1955) 380. *175*

FIOLETOVA, A. F.: Untersuchung und Klassifizierung von Bitumen. Известия Академии Наук СССР, Серия Физическая [Nachr. Akad. Wiss. UdSSR, phys. Ser.] **13** (1949) 254. *156*

FISCHER, H., und A. STERN: Die Chemie des Pyrrols, Bd. II: Pyrrolfarbstoffe, 2. Hälfte, S. 351: Zur Fluoreszenz der Chlorophylle und ihrer Derivate. Akad. Verlagsges., Leipzig 1940. *166*

—: Die physikalische Chemie in der gerichtlichen Medizin und in der Toxikologie mit spezieller Berücksichtigung der Spektrographie und der Fluoreszenzmethoden. Verl. A. Rudolf, Zürich 1925. — 1925 — *33, 168, 198*

FISCHER, K., G. BRANDES und W. GOHDES: Die Aromatenbestimmung in medizinischen Weißölen. Pharmaz. Ind. **19** (1957) 293. *133*

FLARER, F.: Anwendung des Woodschen Lichtes bei histologischer Hautuntersuchung. Boll. Soc. ital. Biol. sperim. **8** (1933) 327; Zbl. Hautkrankh. **46** (1933) 39. *164*

FLECK, H. R., R. F. G. HOLNESS und A. W. WARD: Einige Beispiele von Fluoreszenzabsorptionsindikatoren in der Acidimetrie. Analyst **60** (1935) 32; Chem. Zbl. **1935**, I, 2218. *79, 82*

FLETCHER, M. H., CH. E. WHITE und H. S. SHEFTEL: Berylliumbestimmung in Erzen. Ind. Engng. Chem., anal. Edit. **18** (1946) 179. — 1946 — *119*

—, und R. G. MILKEY: Bestimmung von Thoriumspuren in Gesteinen mit Hilfe von Morin. Science [Lancaster, Pa.] **119** (1954) 445 bis 446; Z. anal. Chem. **147** (1955) 375. — 1954 — *122*

FLORENTIN, D., und M. HEROS: Untersuchung von Anthracenölen mit Hilfe der Fluoreszenzchromatographie. Bull. Soc. Chim. France **7** (1947) 210. *156*

FLOROVSKAYA, V. N.: Fluoreszenzuntersuchungen als Hilfsmittel für die Prüfung von Bohrkernproben, anstehenden Schichten und Öffnungen auf bituminöse und ölige Ablagerungen. Вестник Московского Университета [Nachr. Moskauer Univ.] **3** (1948) 221. *156*

FLORSHEIM, W. H., und B. KRICHESKY: Charakterisierung einer fluoreszierenden Lipoidfraktion von Tumortieren. Proc. Soc. exper. Biol. Med. **75** (1950) 693; Chem. Zbl. **1951**, II, 1901. *161*

FLURY, F.: Über die ernährungsphysiologische Bedeutung der fluoreszierenden Bestandteile des Gärungsessigs. Biochem. Z. **215** (1929) 422. *189*

FÖRSTER, TH.: Die pH-Abhängigkeit der Fluoreszenz von Naphthalinderivaten. Z. Elektrochem. **54** (1950) 531. — 1950a — *78*

—: Elektrolytische Dissoziation angeregter Moleküle. Z. Elektrochem. **54** (1950) 42. — 1950b — *85, 92, 94*

—: Fluoreszenz organischer Verbindungen. Vandenhoeck Ruprecht, Göttingen 1951. — 1951 — *20, 22, 35, 82, 83, 84, 96, 129*

—, und K. KASPAR: Ein Konzentrationsumschlag des Pyrens. Z. Elektrochem. **59** (1955) 976 bis 980. — 1955 — *40*

—: Der Konzentrationsumschlag der Fluoreszenz des Pyrens. Angew. Chem. **72** (1960) 716. — 1960 — *41*

FONDA, G. R., und F. SEITZ: Herstellung und charakteristische Eigenschaften von festen Lumineszenzstoffen. Chapman and Hall, London 1948. *4*

FONSECA, S. C. DE: Über die Blaufluoreszenz des Chloroformextraktes von Rotenon und seine fluorimetrische Bestimmung. Anais faculdade farm. e odomtol. Univ. Sao Paulo **7** (1949) 411. *145*

FORIST, A. A., und J. C. SPECK jr.: Bestimmung von Brenztraubenaldehyd durch Fluoreszenzreaktion mit Chromotropsäure in saurer Lösung. Analyt. Chem. **22** (1950) 902. *130*

FORJAZ, A. P.: Fluoroskopische Analyse von Kolonialerzeugnissen pflanzlichen Ursprungs. Vortragsreferat. Z. angew. Chem. **44** (1931) 948. — 1931 — *32*

—: Fluoroskopische Analyse portugiesischer Kolonialprodukte pflanzlichen Ursprungs. Chim. et Ind. **27** (1932) Sonder-Nr. 3, S. 164. — 1932a — *144*

—: Die Methode der Fluoreszenzanalyse an portugiesischen Ölen. Rev. Chim. pura appl. (3) **5** (1932) 29; Chem. Zbl. **1932**, I, 2910. — 1932b — *32*

—: Zur Fluoroskopie des Tabaks. Rev. Chim. pura appl. (3) **8** (1936) 8; Chem. Zbl. **1936**, I, 3764. — 1936 — *192*

FOSTER, G. E., J. MAC DONALD und T. S. G. JONES: Fluoreszenzchromatographie von Mutterkornalkaloiden. J. Pharm. Pharmacol. **1** (1949) 802. — 1949 — *145*

FOSTER, R., D. L. HAMMICK, G. M. HOOD und A. C. E. SANDERS: Phorphoreszenz und Fluoreszenz einiger aromatischer Nitrosamine. J. chem. Soc. (1956) 4865 bis 4868; Chem. Zbl. **1957**, 5221. — 1956 — *5*

FOY, N. R.: Die Verwendung von filtriertem ultravioletten Licht zur Unterscheidung der verschiedenen Raygrassorten in Neuseeland. New Zealand J. Agric. **43** (1931) 389; Chem. Zbl. **1932**, I, 2223. *192*

FRANCK, J., und P. PRINGSHEIM: Fluoreszenz und Phosphoreszenz von adsorbierten Farbstoffen. J. phys. Chem. **11** (1943) 21. *138*

FRANÇOIS, M., und L. SEGUIN: Über Farbreaktionen der laufend benutzten Phenole. Bull. Soc. chim. France (4) **49** (1931) 680; Chem. Zbl. **1931**, II, 1034. *131*

FRANKE, K., und R. FIKENTSCHER: Die Bedeutung der quantitativen Porphyrinbestimmung mit der Lumineszenzmessung für die Prüfung der Leberfunktion und für Ernährungsfragen. Münchner med. Wschr. **82** (1935) 171. — 1935 — *167*

—, und ST. LITZNER: Frühzeitige Erkennung bleigefährdeter und bleigeschädigter Arbeiter mit Hilfe quantitativer Urin-Porphyrinbestimmungen. Z. klin. Med. **129** (1936) 115. — 1936 — *168*

FRANZ, L.: Ist die zweite „Venus von Wisternitz" eine Fälschung? Sudeta **6** (1930) 89. *202, 203*

FREEMAN, D. C., und CH. WHITE: Die Struktur und Charakteristica fluoreszierender Metallchelate von o,o-Dioxyazoverbindungen. J. Amer. chem. Soc. **78** (1956) 2678 bis 2682; Chem. Zbl. **1957**, 2955. *138*

FREHAFER, M. K., und CH. L. SNOW: Tabellen und Kurven zur Erleichterung der Berechnung der spektralen Energieverteilung nach der Planckschen Formel. Misc. Pap. Bur. of Standards Nr. 56 (1925); Chem. Zbl. **1926**, I, 983. *30*

FREHSE: Anwendung des Woodschen Lichtes zur Prüfung von Olivenölen. Ann. Falsifications **8** (1925) 204; Chem. Zbl. **1925**, II, 992. *184*

FREI, M.: Naturwissenschaftliche Methoden zur Aufdeckung von Geigenfälschungen. Arch. Kriminol. **116** (1955) 125. *204*

FRENZEL, W.: Die Ritzzeichnung „Venus von Bautzen". Mannus **23** (1931) 146. — 1931 — *202, 203*

FRENZEL, H., und H. SCHULTES: Lumineszenz im ultraviolettbeschickten Wasser. Z. physik. Chem., Abt. B **20** (1934) 421. — 1934 — *25*

FREUDWEILER, R.: Die Fälschungen von Drogen und ihr Nachweis im filtrierten ultravioletten Licht. Pharm. Acta Helvetiae 8 (1933) 147, 155, 190; Chem. Zbl. **1934**, I, 1362. *144*

FREYTAG, H.: Verwendung des Catechu und Gambir zur Uviol-Bemusterung. Melliands Textilber. (1932) Nr. 7. — 1932a — *147*

—: Zur Charakteristik des Catechu, Gambir und Kino. Collegium (1932) 506. — 1932b — *147*

—: Photoanalytischer Nachweis der Castrix-Base (2-Chlordimethylamino-6-methylpyridin). Z. anal. Chem. **129** (1949) 366. — 1949 — *133*

—: Lumineszenzanalytischer Nachweis der Tylose und Alginsäure. Z. anal. Chem. **133** (1951) 429. — 1951 — *197*

FRIED, R.: Die Bestimmung von Vitamin B_1 in Gegenwart fluoreszierender Substanzen. Z. physiol. Chem. **291** (1952) 57 bis 59.; Z anal. Chem. **142** (1954) 294 *172*

FRIEDRICH, W., und A. KOYENUMA: Zur Frage der endogenen Entstehung krebserregender Stoffe beim Menschen. Naturwiss. **30** (1942) 145. *133*

FROSCH, C. J., und E. A. HAUSER: Einige mögliche Anwendungen der Fluoreszenzanalyse zu industriellen Untersuchungen. Ind. Engng. Chem., anal. Edit. **28** (1930) 423. *151*

FRÜH, W., und F. HIPPENMEIER: Zwei neue Verfahren, Benzindiebstähle durch Fangstoffe aufzuklären. Arch. Kriminol. **116** (1955) 121 bis 124. *202*

FRUYTIER, J. F. A., und J. A. C. VAN PINXTEREN: Fluorimetrische Gitoxinbestimmung in Digitalisblättern. Pharm. Weekbl. **89** (1954) 99 bis 103; Z. anal. Chem. **147** (1955) 453. *145*

FRYKHOLM, K. V.: Fluoreszenz von Pinosylvin in Pinienhartholz. Nature [London] **155** (1945) 454. *143*

Fuhs, H.: Über die Verwendung des Woodschen Lichtes in der Dermatologie. Dermat. Z. **50** (1927) 16. *164*

Fujuta, A., und M. Aoyama: Verbesserte fluorimetrische Bestimmung von Vitamin-A-Verbindungen nach Verseifung. J. Biochem. [Tokyo] **38** (1951) 271. *172*

Fuller, H. Q., und G. M. Almy: Fluoreszenz und Photochemie von Diacetyl. Trans. Illinois State Acad. Sci. **31** (1938) 196. *129*

Funk, E.: Über den Nachweis von Wasserstoffsuperoxyd in der Molke. Molkerei-Ztg. [Hildesheim] **3** (1949) 129. *181*

Furreg, E.: Über die Autochromaufnahmen von Fluoreszenzerscheinungen. Photogr. Korresp. **66** (1930) 234. — 1930a — *99, 103*

—, und Fr. Querner: Über eigenartige Fluoreszenzerscheinungen an Gastropoden-Schalen. Akad. Wiss. Wien, math.-naturwiss. Klasse, Akad.-Anzeiger Nr. 11 (1920); Z. wiss. Zool. (B) **136** (1930). — 1930b — *169*

Fürst, K.: Ein mikroanalytischer Nachweis des Glycerins mit 2,7-Dioxynaphthalin. Mikrochim, Mikrochim. Acta **34** (1949) 25. *130*

Gabel, W.: Beitrag zur Problematik der Bleiporphyrinurie. Arch. exp. Pathol. Pharmakol. **195** (1940) 365; Chem. Zbl. 1941 I, 2558. *168*

Gachkowskii, V. F.: Fluoreszenz von Magnesiumphthalocyanen und Chlorphyll in verschiedenen Anregungszuständen. Доклады Академии Наук СССР [Ber. Akad. Wiss. UdSSR] **71** (1950) 509 bis 511. *138*

Gänshirt, H., und A. Malzacher: Trennung einiger Vitamine der B-Gruppe und des Vitamins C durch Dünnschichtchromatographie. Naturwiss. **47** (1960) 279 bis 280. *172*

Gaggermeier, G.: Versuche zur Frischebestimmung von Hühnereiern. Arb. Reichsgesundheits-Amt **65** (1932) 105. *179*

Galanin, M. D., und S. A. Tschishikowa: Photolumineszenzausbeute einiger organischer Kristalle. J. exper. theoret. Phys. **26** (1954) 624 bis 628; Chem. Zbl. **1955**, 9285. *5*

Gallart, J. M.: Die fluoreszierenden Indikatoren bei Aciditätsmessungen farbiger Weine. An. Soc. Espanola Fis. Quim. **29** (1931) 490; Chem. Zbl. **1931**, II, 2799. *81, 188*

Gamble, D. L., und G. F. Stutz: Umwandlungscharakteristik einiger synthetischer Harze im ultravioletten Licht. Ind. Engng. Chem. **21** (1929) 330; Chem. Zbl. **1929**, II, 90. *24*

Gangl, J.: Alterungsbestimmung fossiler Knochenfunde auf chemischem Wege. Österr. Chemiker-Ztg. (N. F.) **39** (1936) 79; ref:. Z. Unters. Lebensmittel **76** (1938) 395. *201*

Ganguly, S. C.: Fluoreszenz von Anthracen in Gegenwart von Naphthacen. Nature [London] **151** (1943) 673. *132*

Gassul, R., und A. Zolkovic: Über Differenzierungsversuche an Bakterienkulturen mit Hilfe der sogenannten Woodschen Strahlen. Zbl. Bakteriol. Parasitenkde. Infektionskrankh., I. Abt. **104** (1927) 503. — 1927 — *164*

—: Über den analytischen Wert der filtrierten (sog. Woodschen) ultravioletten Strahlen für Kriminalistik, Biologie und Medizin. Dtsch. med. Wschr. **54** (1928) 918. — 1928 — *199*

Gehauf, B., und J. Goldenson: Eine Fluoreszenzreaktion zum Nachweis und zur Bestimmung von Verbindungen des Typs R(R'O) (PO)F oder (R_2N)(R'O) (PO)CN. Angew. Chem. **69** (1957) 242. — 1957a — *138*

— —: Auffindung und Bestimmung von Nervengasen mit Hilfe ihrer Fluoreszenzreaktion. Anal. Chemistry **29** (1957) 276. — 1957b — *138*

Gehrmann: Zur Frage der Herstellung von Oleum Hyperici. Apotheker-Ztg. **48**, Nr. 80; Dtsch. Apotheke **2** (1933) 176. *138*

Geissler, E.: Versuche zur Analyse der Schutzwirkung von Agar-Agar beim photodynamischen Effekt. Naturwiss. **46** (1959) 376 bis 377. *161*

Genter, G.: Über die Verwendbarkeit von ultravioletten Strahlen bei der Samenprüfung. Prakt. Blätter f. Pflanzenbau u. Pflanzenschutz **6** (1929) 166. *142, 192*

George, H., und E. Bayle: Spektrophotometrische Definition der Fluoreszenzfarben. C. R. Acad. Sci. **178** (1924) 1895; Chem. Zbl. **1924**, II, 916. *33*

Georgia, F. R., und Ch. F. Poe: Studien über bakterielle Fluoreszenz auf verschiedenen Nährböden. I. Anorganische Substanzen, die notwendig sind, um bakterielle Fluoreszenzerscheinungen hervorzubringen. J. Bacter. **22** (1931) 349; Ber. ges. Physiol. **66** (1932) 132; II. J. Bacter. **23** (1932) 135; Ber. ges. Physiol. **68** (1932) 385. *164*

GÉRARD, G.: Prüfung einiger Melasseproben hinsichtlich ihrer Identität im Woodschen Licht. Ann. Falsifications Fraudes **25** (1932) 212; Chem. Zbl. **1932**, II, 1382. *190*

GERLACH, F.: Ergebnisse mikrobiologischer Untersuchungen bei bösartigen Geschwulsten. Wiener klin. Wschr. **50** (1937) 1603. — 1937a — *165*

—: Zur Virus-Fluoreszenzmikroskopie. Wiener klin. Wschr. **50** (1937) 1575. — 1937b — *165*

—: Über Versuche zur Sichtbarmachung und Züchtung spezifischer Mikroorganismen bei Virus-Infektionskrankheiten und bösartigen Geschwülsten. Wiener tierärztl. Mschr. **25** (1938) 165. — 1938 — *165*

GERNGROSS, O., N. BAN und G. SANDOR: Fluoreszenzprobe, ein neuartiger Nachweis künstlicher Gerbstoffe in natürlichen vegetabilischen Gerbextrakten, I. Mitt. Collegium (1925) 565. — 1925 — *24, 145*

—, und G. SANDOR: Die Fluoreszenzprobe. Über die Fluoreszenzerscheinungen natürlicher Gerbstoffextrakte im ultravioletten Licht, II. Mitt. Collegium (1926) 1. — 1926a — *24, 146*

—, N. BAN und G. SANDOR: Über die Anwendung filtrierten ultravioletten Lichtes für die Erkennung und Unterscheidung von künstlichen und natürlichen Gerbstoffen. Z. angew. Chem. **39** (1926) 694, 1028. — 1926b — *24, 146*

—, und G. SANDOR: Über die Fluoreszenzprobe an künstlichen und natürlichen Gerbstoffen. Collegium (1927) 12. — 1927a — *24, 146*

—, und H. HÜBNER: Das Fisetin als Ursache der Fluoresceinreaktion des Quebracho6 Extraktes. Ber. dtsch. chem. Ges. **60** (1927) 2094. — 1927b — *24, 146*

— —: Notiz über die quantitative Bestimmung von Quebracho extrakt in anderen pflanzlichen Gewebeextrakten. Collegium (1927) 426. — 1927c — *24, 36, 146*

—, G. SANDOR und K. TSOU: Untersuchung über die Adsorption des violett fluoreszierenden Stoffes aus Fichtenrindenextrakt und des gelb fluoreszierenden aus Quebrachoholz an verschiedenen Adsorbentien. Ein Beitrag zur Frage des Zusammenhanges zwischen chemischer Konstitution und Adsorption. Collegium (1927) 21. — 1927d — *24, 146*

—, und M. SCHULZ: Über die Fluoreszenz der Kuhmilch im filtrierten Ultraviolettlicht. Chemiker-Ztg. **51** (1927) 501; Milchwirtsch. Forsch. **6** (1928) 567. — 1927e — *24, 181, 182*

—: Über den violett-fluoreszierenden Stoff der Fichtenrinde und der Fichtenrinden-Extrakte. Collegium (1929) 512; Der Gerber (1929) 200; Cuir techn. **23** (1930) 32; Chem. Zbl. **1930**, I, 2345. — 1929 — *24*

—: Kommissionsbericht über qualitative Gerbstoffanalyse. Z. angew. Chemie **43** (1930) 910. — 1930 — *146*

GEWEHR, F.: Untersuchungen über den resistenzerhöhenden Einfluß von Bakterien-Schutzstoffen in Desinfektionsversuchen. Inaug.-Diss., Göttingen 1930. *164*

GEYER, R., und H. STEINMETZER: Neue Fluoreszenz-Redox-Indikatoren. Angew. Chem. **72** (1960) 634. — 1960 — *82*

—: Über die Anwendung der Lumineszenzanalyse bei Kartoffeln. Die Kartoffel **12** (1932) 109. — 1932 — *192*

GIBBS, T. R. P., und H. T. EVANS: Halbquantitative Bestimmung von Uranspuren: Eine fluorimetrische Methode für den ambulanten Gebrauch. Science [Washington] **105** (1947) 72. *124*

GIBSON und TYNDALL: Die relative spektrale Empfindlichkeit beim Tagessehen. Pap. Bur. of Standards **19** (1923) 131. *34*

GIBSON, E. C.: Entfernung des Chitins aus dem Fleisch von Krustentieren. US-Pat. 2080263, ausgegeben 11. 5. 1937; Chem. Zbl. **1937**, II, 1692. *169*

GILARD, P., L. DUBRUI, F. JAMAR und D. CREPSIN: Die Fluoreszenz des Glases. Glas-Ind. **19** (1938) 99; Verre Silicates ind. **8** (1937) 414; Chem. Zbl. **1938**, II, 261. — 1937 — *154*

GILLARD, P., L. DUBRUI und D. CREPSIN: Die Fluoreszenz des Glases. Verre Silicates ind. **9** (1938) 253, 266; Chem. Zbl. **1939,** I, 25. — 1939 — 154

GISONDI, M.: Über das Verhalten von Ölen im Woodschen Licht. R. Staz. chim.-agrar. sperim. Roma Publ. Nr. 276 (1931); Chem. Zbl. **1932,** II, 2258. 185

GISSKE, W., und K. WEBER: Über den Wert der Verwendung moderner UV-Handlampen in der Eierkontrolle. Z. Fleisch- und Milchhyg. **53** (1943) 222; Chem. Zbl. **1943,** II, 2117. *179*

GLÄSER, F.: Zwei Meßverfahren zur Untersuchung von Fluoreszenzabklingvorgängen. Z. Naturforsch. **11 a** (1956) 1030 bis 1036; Chem. Zbl. **1957,** 6349. *5*

GLAKHOW, P. G., und J. A. KHVOSTIKOW: Polarisierte Fluoreszenz von Farbstoffen. Compt. rend. U. S. S. R. **16** (1937), S. 259. *138*

GLANTZ, A., und LE ROY: Fluoreszenz von Olivenöl im ultravioletten Licht. Ind. Engng. Chem., anal. Edit. **2** (1930) 256; Chem. Zbl. **1930,** II, 1924. *185*

GLAZKO, J. A., F. ADAIR, F. PAPAGEORGE und G. T. LANS: Science [Washington] **105** (1947) 48. *134*

GLIMM, E., und H. SCHRÖDER: Nachweis von Banknotenfälschung durch ultraviolette Strahlen. Kriminol. Arch. **83** (1928) 1. *114, 198*

GLISZCYNSKI, S. v., und E. STIUCIVICI: Fluoreszenz- und Phosphoreszenzerscheinungen an aragonitartigen Calciten von Korund (Rumänien). Z. Kristallogr., Kristallgeom., Kristallphys., Kristallchem. (Abt. A der Z. Kristallogr., Miner., Petrogr.) **98** (1937) 344; Chem. Zbl. **1938,** I, 4283. *126*

GOELLER, P., und S. SHERRY: Technik der UV-Photographie von Nucleinsäuren. Proc. Soc. exper. Biol. Med. **74** (1950) 381. *175*

GÖRLICH, P.: Über lichtempfindliche Organe für die Messung von Strahlungsintensitäten im ultravioletten Spektralbereich. Bericht über die Arbeitstagung Biophysik in Greifswald 1953 (Sonderdruck). *40*

GÖTHEL, E.: Untersuchungen von Textilfasern mit dem Reichertschen Fluoreszenzmikroskop. Melliands Textilber. **15** (1934) 409. *148*

GOHDE, G.: Erleichterte Diagnose von Muskeltrichinen im Gewebe durch Fluoreszenzmikroskopie. Dtsch. tierärztl. Wschr. **52** (1944) 329. *166*

GOLDMAN, E. I.: Fragen der Arbeitshygiene bei der Herstellung von Lumineszenzlampen. Hyg. u. Sanitätswesen **21** (1956) 33 bis 40; Chem. Zbl. **1957,** 233. *6*

GOLDSTEIN: Über die Untersuchung der Emissionsspektra fester aromatischer Substanzen mit Ultraviolettfilter. Phys. Z. **12** (1911) 614. *157*

GOLDZIEHER, J. W., J. M. BODENSCHUCK und PH. NOLAN: Die Fluoreszenzreaktionen von Steroiden. Anal. Chemistry **26** (1954) 853 bis 856; Z. anal. Chem. **148** (1955) 70. — 1954 — *175*

—, und P. K. BESCH: Fluoreszenz- und Absorptionsspektra einiger Corticosteroide in Schwefel- und Phosphorsäure. Anal. Chemistry **30** (1958) 962. — 1958 — *175*

GOLONSKO, R.: Die Bedeutung der Fluoreszenzerscheinungen für Spurenuntersuchungen in der gerichtlichen Medizin. Inaug.-Diss., Zürich 1916. *120, 169*

GOOD, P. M., und A. W. JOHNSON: Papierchromatographie und Fluoreszenz von Pterinen. [Nature London] **163** (1949) 31. *135*

GOODMAN, H.: Fluoreszenz mit besonderer Berücksichtigung der Dermatologie. Brit. J. Dermat. **40** (1928) 105; Zbl. Hautkrankh. **27** (1928) 622. — 1928 — *163*

—: Fluoreszenz. Ihre klinische und biologische Bedeutung in der Dermatologie. J. Med. **29** (1929) 542; Zbl. Hautkrankh. **32** (1929) 206. — 1929 a — *163*

—: Filtriertes Ultraviolett zur Diagnose der Pilzinfektion von Haaren. Clin. Med. and Surg. **36** (1929) 44; Zbl. Hautkrankh. **31** (1929) 186. — 1929 b — *164*

GOODWIN, R. H., und B. M. POLLACK: Untersuchungen an Wurzeln, I. Mitt. Eigenschaften und Verteilung von fluoreszierenden Bestandteilen in Avenawurzeln. Amer. J. Bot. **41** (1954) 516 bis 520; Chem. Zbl. **1955,** 9827. *145*

GOON, E., J. E. PETLEY, W. H. MACMULLEN und S. E. WIBERLEY: Die fluorimetrische

Bestimmung von Aluminium. Anal. Chemistry **25** (1953) 608 bis 610; Z. anal. Chem. **142** (1954) 383. *120*

Gordon, M., und H. K. Mitschell: Fluorimetrische Bestimmung von Tryptophan. J. biol. Chemistry **180** (1949) 1065. — 1949 — *139*

Gordon, M., und D. J. Campbell: Fluorimetrische Bestimmung von 11-Desmethoxyreserpin. Anal. Chemistry **29** (1957) 488. — 1957 — *139*

Goroncy, C.: Beitrag zur Fleckdiagnose in Wäschestoffen. Kriminal. Mh. (1927) Heft 9. *201*

Goto, H.: Fluoreszenzanalyse, VII. Über die Verwendung von Rhodamin B und Fluorescein als Fluoreszenzindikatoren bei Oxydationstitrationen. Sci. Rep. Tôhoku Imp. Univ., Ser. I, **29** (1940) 446. — 1940a — *78*

—: Fluoreszenzanalyse, VIII. Spektroskopische Untersuchung der Fluoreszenznachweise. Ebenda **29** (1940) 461; Chem. Zbl. **1940**, I, 1847. — 1940b — *78*

—: Fluoreszenzanalyse, III. Über die Fluoreszenz der Adsorptionsindikatoren. Ebenda **28** (1940) 513; Chem. Zbl. **1940**, II, 2926. — 1940c — *78*

—: Fluoreszenzanalyse V. Fluoreszenznachweis I u. II. Ebenda **29** (1940) 287; Chem. Zbl. **1941**, I, 1068. — 1940d — *118*

—: Naphthoflavon als Fluoreszenzindikator in der Jodo- und Bromometrie. Ebenda **29** (1940) 1. — 1940e — *82*

—: Fluoreszenztitrationen mit Rhodamin B und Trypaflavin. Sci. Rep. Res. Inst. Tokyo Univ. **1 a** (1949) 179. — 1949 — *82*

Goubeau, J.: Raman-Spektralanalyse, Physikalische Methoden der analytischen Chemie, Bd. III, S. 288. Akad. Verlagsges., Leipzig 1939. *33*

Goulinat, J. G.: Beitrag zu den wissenschaftlichen Verfahren bei der Restaurierung von Gemälden. Mouseion **15** (1931) 47. *204*

Gourevitch, A.: Untersuchungen über die Stoffe mit blauer Fluoreszenz. Über den Flavingehalt der in Gegenwart von Cyanid gezüchteten Hefe. C. R. Séances Soc. Biol. Filiales Assoc. **127** (1938) 214; Chem. Zbl. **1939**, II, 2675. *169, 171*

Gräfe, W.: Untersuchungen über Fluoreszenzerscheinungen an Sämereien von Arznei- und Gewürzpflanzen. Planta Medica [Stuttgart] **4** (1956) 46 bis 51. — 1956 — *144*

Graffi: Benzpyrenspeicherung in lebenden Normal- und Tumorzellen. Z. Krebsforsch. **52** (1941) 163. — 1941 — *161*

Graham, W. D., P. Y. Hsu und J. MacGinnis: Über die Beziehungen zwischen Fluoreszenz, Bräunungsreaktionen und chemischen Veränderungen beim Autoklavieren von Methionin mit Glucose. Science [Washington] **110** (1949) 217. *190*

Grant, J., und J. H. W. Booth: Die Erkennung von Sulfitspuren mit Hilfe ultravioletten Lichtes. Analyst **57** (1932) 514; Chem. Zbl. **1932**, II, 2339. — 1932a — *123*

—: Untersuchung von Arzneistoffen und Chemikalien mittels ultraviolettem Licht. Chemist and Druggist **116** (1932) 421; Chem. Zbl. **1932**, II, 98. — 1932b — *138*

—: Ultraviolettes Licht und seine Anwendung bei der Kontrolle von Lebensmitteln. Food Manufacture (1933) 202. — 1933 — *176*

—: Ultraviolettes Licht und Anstrichstoffe. Oil Colour Trades J. **85** (1934) 1601; Chem. Zbl. **1934**, II, 1206. — 1934a — *24*

—, und H. Procter-Smith: Die Anwendung von ultraviolettem Licht zum Nachweis von Sulfidspuren. Analyst **59** (1934) 749; Chem. Zbl. **1935**, I, 3167. — 1934b — *123*

—: Die Verwendung ultravioletten Lichtes als empfindliche Methode zur Messung des Grades der Wasserfestigkeit von Papier. J. Soc. chem. Ind., Chem. and Ind., Trans. **53** (1934) 349; Chem. Zbl. **1935** I, 1639. — 1934c — *147*

—: Ultraviolettes Licht als ein Mittel zum Nachweis künstlicher Wasserzeichen. Analyst **59** (1934) 749; Chem. Zbl. **1935**, I, 3223. — 1934d — *198*

—: Fluoreszenzindikatoren. Chem. Age **34** (1936) 91; Chem. Zbl. **1936**, I, 2979. — 1936a — *81*

—: UV-Licht als Hilfsmittel beim Fluoreszenztest auf Brom. Analyst **61** (1936) 400; Chem. Zbl. **1936**, II, 2759. — 1936b — *124*

GRANT, J.: Fluoreszenzmikroskopie bei der Drogenuntersuchung. Chemist and Druggist **125** (1936) 80; Chem. Zbl. **1937**, I, 382. — 1936c — *144*
—: Prüfung der Werkstoffe im ultravioletten Licht. Canad. Chem. Metallurgy **20** (1936) 69; Chem. Zbl. **1936**, II, 656. — 1936d — *151*
—: Die Ultraviolettprüfung als Hilfe in der Glasindustrie. Glass **12** (1935) 520; Céram. Ind. **26** (1936); Chem. Zbl. **1936**, II, 1600. — 1936e — *154*
—: Die Anwendung ultravioletter Strahlen bei der Fluoreszenzanalyse. Verfahren zur Prüfung und Kontrolle von Pigmenten. Paint Colour Oil Varnish Ink Lacquer Manuf. **7** (1937) 340; Manuf. Chemist pharm. fine chem. Trade J. **8** (1937) 387; Chem. Zbl. **1938**, I, 1231. — 1937a — *151*
—: Fluoreszenzanalyse von Anstrichstoffen. Amer. Paint J. **22** (1937) 15; Paint Oil chem. Rev. **99** (1937) 64; Nat. Paint, Varnish Lacquer Assoc., Sci. Sect., Circular Nr. 546 (1937) 279; Chem. Zbl. **1938**, I, 1473. — 1937b — *151*
—: Fluoreszenzanalyse im ultravioletten Licht. Glass-Ind. **19** (1938) 387; Chem. Zbl. **1938**, II, 3850. — 1938 — *154*
—: Untersuchung von Edelsteinen und Halbedelsteinen mit Hilfe der Fluoreszenz im ultravioletten Licht. Analyst **62** (1937) 731; ref.: Z. anal. Chem. **120** (1940) 378. — 1940a — *127*
—: Einige Fortschritte in der Fluoreszenzanalyse als Hilfsmittel für den Textilkoloristen. Text. Colorist **62** (1940) 9; Chem. Zbl. **1940**, I, 3578. — 1940b — *148*
—: Entzifferung verkohlter Manuskripte. Paper-Maker Brit. Paper Trade J. **102**, Annual Nr. **40** (1941) 441; Chem. Zbl. **1943**, II, 1034. — 1941 — *199*
—: Das Ultraviolettlicht als Hilfsmittel zur Kontrolle von Brauerei-Materialien. Hanovia Reprint, S. 2267. *193*
GRASSER, G.: Die ultravioletten Strahlen und ihre Anwendung in der Gerbereichemie. Cuir techn. **24** (1931) 141; Chem. Zbl. **1931**, II, 366. *147*
GRASSMANN, W., und O. LANG: Über chromatographische Adsorptionsanalyse von Gerbstoffen. Collegium (1935) 115. — 1935a — *146*
—: Über chromatographische Adsorptionsanalyse von Gerbstoffen. Collegium (1935) 401 (nach Versuchen mit O. LANG). — 1935b — *146*
GRAU, A., J. A. GIGO und R. ELICABE: Fluorimetrische Bestimmung des Alkaloidgehaltes in Chininwässern des Handels. Ref. farm. [Buenos Aires] **91** (1949) 193. *175*
GRAVE, DE: Das Woodsche Licht in der Dermatologie. Scalpel **80** (1927) 62; Zbl. Hautkrankh. **23** (1927) 210. *164*
GRAZIANI, A., und M. GORDANO: Bull. Soc. ital. biol. **24** (1948) 685. *171*
GREENE jr., L. W., und H. C. HESSELTINE: Die Verwendung von ultraviolettem Licht und von Fluoreszenzfarben in der Bakterienzählung. Proc. Soc. exper. Biol. Med. **74** (1950) 171; Chem. Zbl. **1951**, I, 1017. *165*
GREENGARD, P.: Die Bestimmung intermediärer Metabolite durch Fluoreszenzmessung enzymatischer Reaktionen. Nature [London] **178** (1956) 632 bis 634; Chem. Zbl. **1957**, 6172. *175*
GRETSCHISCHKIN, S. W., und M. W. KURLIN: Versuch einer Erforschung der Fluoreszenz von flüssigen mineralischen Dielektrien. Журнал Технической Физики [J. techn. Physik] **5** (1935) 1316; Chem. Zbl. **1936**, I, 4102. *155*
GRIBKOW, W. I., und N. D. SHEWANDROW: Untersuchung der Polarisationscharakteristiken der Lumineszenz komplizierter organischer Moleküle nach der photoelektrischen Methode. Доклады Академии Наук СССР [Ber. Akad. Wiss. UdSSR] (N. S.) **98** (1954) 565 bis 568; Chem. Zbl. **1955**, 9526. *5*
GRIEBEL, C.: Zum Nachweis von Rauschgiften im Sinne des Opiumgesetzes. Dtsch. Apotheker-Ztg. **50** (1935) 15. — 1935 — *138*
—: Abnorme Lumineszenzerscheinungen bei Frauenmilch. Z. Unters. Lebensmittel **72** (1936) 46. — 1936 — *180*
—: Enthält die Frauenmilch Lactoflavin (Vitamin B_2)? Ernährung **2** (1937) 68. — 1937 — *180*

GRIEBEL, C.: Nachweis von Grindelia in Asthmakräutern und Asthmapulvern. Dtsch. Apotheker-Ztg. **53** (1938) 284. — 1938 — *144*

GRIMMER, G.: Quantitative Bestimmung von mehrkernigen Aromaten in Paraffinum liquidum. Erdöl und Kohle — Erdgas — Petrochemie **13** (1960) 960. *133*

GRINI, O.: Qualitätsuntersuchungen von Eiern, Skand. Vet. Tidskrift **28** (1938) 213. *179*

GROSBÜSCH, J.: Roggen- und Weizenmehl im ultravioletten Licht. Z. anal. Chem. **99** (1934) 12. *193*

GROSSFELD, J.: Ein neues Mittel zur Erkennung von verdorbenen und daraus wieder aufgearbeiteten Speisefetten. Z. Unters. Lebensmittel **55** (1928) 376. — 1928 — *183*

—: Über das Fett von Speiseschokoladen. Z. Unters. Lebensmittel **62** (1931) 441. — 1931 — *183*

—: Neuere Erkenntnisse in der Chemie des Hühnereis. Z. Unters. Lebensmittel **70** (1935) 82. — 1935a — *179*

—: Alterungsvorgänge beim Hühnerei. Dtsch. Apotheker-Ztg. **50** (1935) 831. — 1935b — *179*

—: Vereinfachung bei der Buttersäurezahlbestimmung. Z. Unters. Lebensmittel **70** (1935) 459. — 1935c — *180*

GRUBER, G. B.: Wege der Harnableitung mit Ausnahme der Harnröhre. Ablagerungen und Speicherungen im Bereich der ableitenden Harnwege und Harnsteine. Handb. spez. pathol. Anat. u. Histol., S. 216, Verl. Julius Springer, Berlin 1934. *162*

GRÜN, R., und G. KUNZE: Das optische Verhalten der Stoffe des Systems Kalk-Kieselsäure-Tonerde im kurzwelligen Licht. Zement **15** (1926) 677. *153*

GRÜNSTEIDL, E.: Die Ultraviolett-Analyse im Mühlenlaboratorium. Mühle **67** (1930) 921. — 1930 — *193*

—: Die Lumineszenzmikroskopie im Dienste der Mehlprüfung. Z. ges. Getreide- u. Mühlenwes. **18** (1931) 224. — 1931 — *193*

—: Beitrag zur Bestimmung von Fluoreszenzfarben. Mikrochemie **13** (N. F.) (1933) 7, 183. — 1933 — *27, 117*

—, und T. STOBIECKI: Über eine neue mikrostatische Methode zum Nachweis von Verfälschungen pulveriger Substanzen, dargestellt an der Verfälschung von gemahlenem schwarzem Pfeffer mit Pfefferschalen. Mikrochemie, Festschr. Hans Molisch, 1936, 164. — 1936 — *144*

GRUM-GRSGIMALLO, Ss. W., K. I. TOLSTICHINA und J. Ss. RUDNITZKAJA: Über die Untersuchung von Lumineszenz von Mineralien. Записки Всесоюзного Минералогического Общества [Schr. Allunions mineralog. Ges.] (2) **84** (1955) 445 bis 452; Chem. Zbl. **1957**, 324. *126*

GRUMBACH, A., und M. RIBAILLIER: Über die Photolumineszenz der Soda und der Pottasche. C. R. Acad. Sci. **198** (1934) 70; Chem. Zbl. **1934**, I, 1612. *118*

GSTIRNER, F.: Chemisch-physikalische Vitaminbestimmungsmethoden. 4. Aufl., Ferdinand-Enke-Verlag, Stuttgart 1951. *172*

GÜNTHER, P., W. ZEIL, U. GRISAR, W. LANGMANN und E. HEIN: Über Sonolumineszenz. Z. Naturforsch. **11a** (1956) 882 bis 883; Chem. Zbl. **1957**, 3722. *6*

GÜNZEL, CH., G. WEIDNER und F. WEISS: Vorschläge für die Artikel Paraffinum subliquidum und Paraffinum perliquidum im Deutschen Arzneibuch. Pharmaz. Zentralhalle Deutschland **94** (1955) 467. *133*

GUILD, E.: Ein Dreifarbencolorimeter, geeignet für Standardisierung. Trans. optic. Soc. **27** (1926) 106. *35*

GUILLAUME, A. C.: Die Lumineszenzstrahlungen in Physiologie und Therapie. Masson et Cie., Paris 1927. *164*

GUILLOT, J.: Studien über die Fluoreszenz von Olivenölen. Einfluß der Farbstoffe. Ann. Falsifications **28** (1935) 75; Chem. Zbl. **1935**, I, 4001. *184*

GUTTMANN, A.: Über die Prüfung der Raumbeständigkeit von Hochofenstückschlacke im Ultraviolett-Licht und die Ursache des Schlackenzerfalls. Stahl u. Eisen **46** (1926) 42. *153*

Gyennes, I.: Vergleichende fluorimetrische Untersuchung von Digitalis Lanata-Glykosiden. Acta Sci. chim. Acad. Hung. **16** (1956) 267 bis 279; Z. anal. Chem. **157**/3 (1957). *145*

Haberlandt, H.: Über eine neue Anwendung der Analysen-Quarzlampe zur Untersuchnng von Handelsprodukten. Die Stein-Industrie (1931) 106. — 1931 — *119*

—: Lumineszenzuntersuchungen an Fluoriten. Sitzungsber. Akad. Wiss. Wien, Abt. IIa, **141** (1932) 441. — 1932 — *126*

—: Lumineszenzuntersuchungen an Fluoriten, II. Sitzungsber. Akad. Wiss. Wien, Abt. IIa, **142** (1933) 29. — 1933a — *126*

—, und K. Przibram: Zur Fluoreszenz des Fluorits. Sitzungsber. Akad. Wiss. Wien, Abt. IIa, **142** (1933) 235. — 1933b — *126*

—: Fluoreszenzanalyse von Mineralien. Sitzungsber. Akad. Wiss. Wien, Abt. IIa, **143** (1934) 11. — 1934a — *125*

—, B. Karlik und K. Przibram: Zur Fluoreszenz des Fluorits II. Sitzungsber. Akad. Wiss. Wien, Abt. IIa, **143** (1934) 151. — 1934b — *126*

—: Lumineszenzuntersuchungen an Fluoriten und anderen Mineralien. Sitzungsber. Akad. Wiss. Wien, Abt. IIa, **143** (1934) 591. — 1934c — *126*

—, und A. Köhler: Fluoreszenzanalyse von Skapolithen. Chem. d. Erde **9** (1934) 139. — 1934d — *126*

—, B. Karlik und K. Przibram: Zur Fluoreszenz des Fluorits, III. Das Lumineszenzspektrum. Sitzungsber. Akad. Wiss. Wien, Abt. IIa, **144** (1935) 77; IV. Über einen Urannachweis in Fluoriten und über die Tieftemperaturfluoreszenz. Sitzungsber. Akad. Wiss. Wien, Abt. IIa, **144** (1935) 135. — 1935a — *126*

—: Lumineszenzuntersuchungen an Fluoriten und anderen Mineralien, II. Sitzungsber. Akad. Wiss. Wien, Abt. IIa, **144** (1935) 663. — 1935b — *126*

—: Lumineszenzuntersuchungen an Fluoriten und anderen Mineralien, III. Sitzungsber. Akad. Wiss. Wien, Abt. IIa, **146** (1937) 1. — 1937 — *126*

—: Spektralanalytische Untersuchungen und Lumineszenzbeobachtungen an Fluoriten und Apatiten. III. Sitzungsber. Akad. Wiss. Wien, Abt IIa **147** (1938) S. 137. — 1938 — *126*

—, und A. Köhler: Chem. d. Erde **13** (1940) 363; ferner: Die Bedeutung der Fluoreszenz in der Mineralogie und Petrographie, in „Beiträge zur Fluoreszenzmikroskopie", herausgeg. von Dr. Fritz Bräutigam und Prof. A. Grabner, Verlag G. Fromme, Wien 1940. — 1940 — *127*

—, und F. Hernegger: Bestimmung von Uran in Hyaliten, Adamiten und Evensiten. Sitzungsber. Akad. Wiss. Wien, Math.-naturwiss. Klasse, Abt. IIa, **155** (1947) 359. —1947 — *126*

—, und A. Köhler: Übersicht über die Fluoreszenz von Mineralien. Mikroskopie (1949), Sonderbd. I, Beitr. Fluoreszenzmikroskopie S. 102 bis 118. — 1949 — *126*

—, F. Hernegger und F. Scheminsky: Spektrographische Untersuchung der Fluoreszenz von Uranmineralien. Spectrochim. Acta **4** (1950) 21 bis 35. — 1950a — *126*

—, und E. Schroll: Abhängigkeit der Fluoreszenz von Wulfenid von darin enthaltenem Chrom und anderen Elementen. Experientia **6** (1950) 89 bis 90. — 1950b — *126*

Hadjioloff, A.: Über die Fluoreszenzphänomene im Woodschen Licht bei menschlichen und tierischen Organen, frisch, nach Autolyse, Fäulnis und Veraschung. C. R. Séances Soc. Biol. Filiales Assoc. **102** (1929) 779; Chem. Zbl. **1930**, I, 2277. — 1929a — *162*

—: Fluoreszenz mit Woodschem Licht in bestimmten Abschnitten der Froschhaut. Bull. Histol. appl. **9** (1929) 37; Ber. ges. Physiol. **51** (1929) 390. — 1929b — *169*

— und T. Kresteff: Untersuchung über die Urinaschen und Harnsäure im Woodlicht nach unvollkommener Veraschung. Feststellung von Harnsäure. C. R. Séances Soc. Biol. Filiales Assoc. **106** (1931) 663; Chem. Zbl. **1932**, II, 3128. — 1931a — *162*

— —: Prüfung des Menschen- und Wirbeltierharns im Woodlicht. C. R. Séances Soc. Biol. Filiales Assoc. **106** (1931) 662; Chem. Zbl. **1932**, II, 3128. — 1931b — *162*

— —: Fluoreszenz bei Woodscher Beleuchtung in der Haut von Fischen. Bull. Histol. appl. **9** (1932) 153; Ber. ges. Physiol. **69** (1932) 470. — 1932 — *169*

HÄRDTEL, H.: Die Säurerötung des Roggens und deren Auswertung zur Prüfung von Mahl- und Saatgetreide sowie deren Mahlerzeugnissen. Z. Unters. Lebensmittel **69** (1935) 340. *192*

HÄRTEL, F.: Vereinheitlichung von Untersuchungsmethoden für Kakaoerzeugnisse. Z. Unters. Lebensmittel **66** (1933) 251. *190*

HAGEMANN, P.: Fluoreszenzmikroskopischer Nachweis von Leprabakterien im Nasenschleim und im Blut. Dtsch. med. Wschr. **63** (1937) 514. — 1937a — *165*

—: Virus-Fluoreszenzmikroskopie. Eine neue Sichtbarmachung filtrierter Viruskörperchen. Münchner med. Wschr. **84** (1937) 761. — 1937b — *165*

—: Fluoreszenzmikroskopische Untersuchungen über Virus und andere Mikroben. Zbl. Bakteriol., Parasitenkde. Infektionskrankh., Abt. I, Orig. **140** (1937) 184. — 1937c — *165*

—: Fluoreszenzfärbung von Tuberkelbazillen mit Auramin. Münchner med. Wschr. **85** (1938) 1066. — 1938 — *165*

HAGEN, O.: Einige Konservierungsmittel für Seife und ihr Wirkungswert. Seifensieder-Ztg. Nr. 37/38 (1931). *185*

HAHN, F.: C. R. Acad. Sci. **197** (1933) 245. *124*

HAIS, J. M., und L. PECAKOVA: Riboflavin-Umwandlungsprodukte. Nature [London] **163** (1949) 768; Chem. Zbl. **1950**, I, 1748. *172*

HAITINGER, M., H. JÖRG und V. REICH: Über das Verhalten von Fetten und Ölen im ultravioletten Licht. Z. angew. Chem. **41** (1928) 818. — 1928a — *19, 154, 182, 183, 185*

—, und V. REICH: Über die Änderung der Fluoreszenz im ultravioletten Licht. Z. angew. Chem. **41** (1928) 982. — 1928b — *26*

—: Die Fluoreszenzanalyse vom Standpunkt der Materialprüfung unter besonderer Berücksichtigung von Nahrungs- und Genußmitteln. Mitt. staatl. techn. Versuchsanstalt **17** (1928) 147; Chem. Zbl. **1929**, II, 361. — 1928c — *176*

—, L. LINSBAUER und A. EIBL: Über das Verhalten lebender und erfrorener Gehölze im ultravioletten Licht. Biochem. Z. **215** (1929) 191. — 1929a — *143*

—, und V. REICH: Über das Verhalten von gebeiztem Saatgut und der aus solchem erzeugten Mehle im ultravioletten Licht. Die Mühle **66** (1929) 41. — 1929b — *192*

—: Versuch einer quantitativen Bestimmung der Farbe und Fluoreszenzintensität von Fluoreszenzerscheinungen. Mikrochemie **9** (1931) 441. — 1931a — *31, 35*

—, F. FEIGL und A. SIMON: Beitrag zur mikrochemischen Auswertung der Fluoreszenzanalyse. Mikrochemie **10** (1931) 117. — 1931b — *66*

—: Sammelreferat: Methoden der Fluoreszenzanalyse. Mikrochemie **11** (1932) 429. — 1932 — *24, 35, 81, 109*

—: Die Fluoreszenzerscheinungen des Cers und anderer seltener Erden. Sitzungsber. Akad. Wiss. Wien, Abt. IIa, **142** (1933) 339. — 1933a — *121*

—, und L. LINSBAUER: Die Grundlagen der Fluoreszenzmikroskopie und ihre Anwendung in der Botanik. Beih. bot. Zbl., Abt. I **50** (1933) 431. — 1933b — *140*

—: Die Fluoreszenzanalyse in der Mikrochemie. Monograph. a. d. Gesamtgebiet der Mikrochemie. Emil Haim & Co., Wien/Leipzig 1937. — 1937a — *4*

—: Die Thalleiochinreaktion im ultravioletten Licht, ein Beitrag zur Fluoreszenzanalyse in der Mikrochemie. Mikrochim. Acta **1** (1937) 1. — 1937b — *140*

HAITINGER, M.: Fluoreszenzmikroskopie. 2. erw. Aufl., bearb. von J. EISENBRAND und G. WERTH. Akadem. Verlagsges. Geest & Portig, Leipzig 1959. (1. Aufl. 1938). *4, 53, 103, 109, 160, 165, 193*

HALBAN, H. v., und K. SIEDENTOPF: Über die Verwendung von photoelektrischen Zellen zur Messung der Lichtabsorption in Lösungen. Z. physik. Chem. **100** (1922) 208. — 1922 — *40*

—, und L. EBERT: Über die optische Absorption gelöster Salze. Z. physik. Chem. **112** (1924) 321. — 1924 — *40*

—, und J. EISENBRAND: Über die Messung der Lichtabsorption. Z. wiss. Photogr. **25** (1928) 138. — 1928 — *72*

HALBAN, H. v.: Die Lichtabsorption der starken Elektrolyte. Réunion internat. de Clinic physique, Paris 1928. — 1928a — *86*

HALL, D. A., und F. WEWALKER: Fluoreszenzchromatographie von Proteinen. Nature (London) **168** (1951) 685. *138*

HALMAI, J.: Beiträge zur Pharmakognosie der Wurzel von Hyoscyamus L. Gyogszerésztudomanyi Tarsasag Ertesitöje [Ber. ungar. pharm. Ges.] **16** (1940) 409; Chem. Zbl. **1941**, I, 82. *144*

HANKER, J. S., R. M. GAMSON und H. KLAPPER: Fluorimetrische Bestimmung von Cyanid. Anal. Chemistry **29** (1957) 879. — 1957 — *124*

—, A. GELBERG und B. WITTEN: Fluorimetrische und colorimetrische Bestimmung von Cyanid und Sulfid mit Hilfe von Palladium-Chelaten. Anal. Chemistry **30** (1958) 93. — 1958 — *123, 124*

HANNER, N., H. F. MICHAELIS und A. SZAKALL: Der Einfluß des Trainings auf den Adrenalingehalt des Blutes beim Hunde. Arbeitsphyziologie **13** (1943) 57. *55, 174*

HANSSEN, E.: Die fluoreszenzmikroskopische Darstellung des Sameneiweißes von Gramineen. Naturwiss. **41** (1954) 529. — 1954 — *193*

—: Mikroskopische Untersuchungen am Sameneiweiß, Gramineen und Leguminosen. Mikroskopie **10** (1955) 155. — 1955a — *193*

—, und E. DODT: Untersuchungen über die Eigenschaften bei Gramineen und Leguminosen Naturwiss. **42** (1955) 76. — 1955b — *193*

—: Mikroskopische Untersuchungen in der Süßwarenindustrie. Aus dem Laboratorium der Bahlsen-Keksfabrik, II. Mitt. (1956). — 1956 — *193*

HARRISON, G. R., und PH. A. LEIGHTON: Fluoreszenzausbeuten gewisser Substanzen und ihre Anwendung in der heterochromatischen Photometrie. Phys. Rev. (2) **38** (1931) 899; Chem. Zbl. **1932**, I, 1756. *34*

HARRISON, D. E., und F. A. HUMMEL: Phasengleichgewichte und Fluoreszenz in dem System Zinkoxyd-Boroxyd. J. electrochem. Soc. **103** (1956) 491 bis 498; Chem. Zbl. **1957**, 1372. *119, 120*

HARTER, H.: Über die Möglichkeit der Zellanalyse mit Hilfe der fluoreszenzmikroskopischen Untersuchung der Milch. Diss. Tierärztl. Hochschule, Hannover 1948. *181*

HARVEY, E. N.: Fluoreszenz und Hemmung der Leuchtfähigkeit von Ctenophora im ultravioletten Licht. Amer. J. Physiol. **72** (1925) 218; Ber. ges. Physiol. **34** (1926) 161. — 1925 — *169*

—: Biolumineszenz und Fluoreszenz der Lebewesen. Amer. J. Physiol. **77** (1926) 555; Ber. ges. Physiol. **40** (1927) 44. — 1926 — *169*

—: Biologische Wirkungen schweren Wassers. Biol. Bull. **66** (1934) 91; Chem. Zbl. **1935**, II, 1495. — 1934 — *164*

—: Schallumineszenz und Schallchemilumineszenz. J. Amer. chem. Soc. **61** (1939) 2392; Chem. Zbl. **1939**, II, 4438. — 1939 — *25*

—, und Y. HANEDA: Adenosintriphosphat und die Biolumineszenz verschiedener Organismen. Arch. Biochem. Biophys. **35** (1952) 470 bis 471; Chem. Zbl. **1955**, 9115. — 1952 — *175*

HARVEY, P. G., und R. M. PEARSON: Chromatographische Bestimmung der verschiedenen Kohlenwasserstoffklassen in Erdölprodukten. Analyst **79** (1954) 158; Z. anal. Chem. **146** (1956) 451. *156*

HASCHEK, E., und M. HAITINGER: Eine einfache Methode zur Farbbestimmung. Sitzungsber. Akad. Wiss. Wien, Abt. IIa, **141** (1932) 621. — 1932 — *31, 35*

— —: Eine einfache Methode zur Farbbestimmung, angewendet auf Fluoreszenzfarben. Mikrochemie **13** (N. F.) (1933) 621. — 1933 — *31, 35*

HASLAM, G. S., und C. H. HALL: Mikrophotographie mit größerem Auflösungsvermögen im Ultravioletten. Brit. J. Photogr. **77** (1930) 415; Chem. Zbl. **1930**, II, 1736. — 1930a — *116*

— —: Die Verwendung von ultraviolettem Licht bei der mikroskopischen Messung der Teilchengröße. J. Franklin Inst. **269** (1930) 777; Chem. Zbl. **1930**, II, 989. — 1930b — *24*

HASLAM, G. S., und C. H. HALL: Mikroskopische Untersuchung von Pigmenten mit ultraviolettem Licht. J. opt. Soc. Amer. **24** (1934) 14; Chem. Zbl. **1934**, I, 1887. — 1934 — *116*
HATTINGBERG und HARTOCH: Physiologische Untersuchungen an lebenden Speicheldrüsen von Ringelnattern. Z. Biol. **94** (1933) 99. *166*
HAUL, R., und G. UHLEN: Fluoreszenztitration: Natriumfluoresceinat als Adsorptionsindikator für die Titration von Aziden mit Silbernitrat. Z. anal. Chem. **129** (1949) 21. *82*
HAUSER, H.: Fluoreszenzerscheinungen an weiblichen Genitalen. Strahlentherapie **33** (1929) 582. — 1929 — *167*
HAUSER, E. A., R. KUHN und E. KUHN: Z. physik. Chem. **29** (1935) 417. — 1935 — *129*
—: Die Anwendung der fluoreszenzmikroskopischen Prüfung auf Untersuchung von Kautschuk. Rev. gén. Caoutchouc **11** (1934) 3; Chem. Zbl. **1935**, I, 2611. — 1934a — *152*
—: Über die Anwendung der Fluoreszenzmikroskopie in der Kautschukforschung. Kautschuk **10** (1934) 113. — 1934b — *152*
HAUSSMANN, G.: Über ein neues Verfahren zur Erkennung von Druckstellen bei Agrumenfrüchten. Ann. Sperim. agrar. **15** (1934) 55; Chem. Zbl. **1935**, II, 138. *143*
HAVLICEK, H.: Die Verwendung des Woodschen Lichtes zur Diagnose und Schmerzbetäubung bei Operationen. Bruns' Beiträge zur klin. Chirurgie **154** (1931) 254. — 1931 — *160*
—: UV-Strahlen-Behandlung der eitrigen Peritonitis. II. Congrès international de la Lumière, Kopenhagen 1932. — 1932 — *160*
—: Neue Wege der Thromboseforschung. Verhdlg. dt. Ges. Kreislaufforsch. VII. Tagung 1934. Verlag Th. Steinkopff, Dresden und Leipzig 1934. — 1934a — *160*
—: Anatomische und physiologische Grundlagen der Thromboseentstehung und deren Verhütung. Bruns' Beiträge zur klin. Chirurgie **160** (1934) 174. — 1934b — *160*
HEESTERMANN, J. E., und J. E. H. VAN WAEGENINGH: Die Untersuchung von Lebensmitteln im ultravioletten Licht. Chem. Weekbl. **29** (1932) 650; Chem. Zbl. **1933**, I, 524. — 1932a — *176, 178*
—: Die Erkennung von frischen, Kühlhaus-, Kalk- und Wasserglaseiern. Chem. Weekbl. **29** (1932) 134; Chem. Zbl. **1932**, I, 2308. — 1932b — *180*
HEIDE, C. VON DER: Der Nachweis des Obstweinzusatzes im Traubenwein. Wein und Rebe **11** (1929) 251. *188*
HEIDUSCHKA, A., und E. MÖHLAU: Beitrag zur quantitativen Anwendung der Analysenquarzlampe, insbesondere in der Weinanalyse. Pharm. Zentralhalle **71** (1930) 689. *36, 187*
HEILMEYER, L., und W. OHLIG: Über Urobilin im Blut. Klin. Wschr. **15** (1936) 1124. *168*
HELANDER, S.: Nachweis von Prontosil solubile in histologischen Gewebsschnitten mit Hilfe des Fluoreszenzmikroskops. Acta. physiol. scand. **8** (1944) 134. *138*
HELLER, I. H., R. B. BETLOW und E. MYLON: Fluorimetrische Untersuchungen von Adrenalin und Arterenol. Amer. J. Physiol. **161** (1950) 268; Chem. Zbl. **1950**, II, 2336. *133*
HELLER, R.: Eine neue optische Methode zur Auffindung von Spermaspuren. Vjschr. gerichtl. Med. u. öff. San.-wes. (3) **50** (1915) 37. — 1915 — *200*
—: Die Fluoreszenz der Hämoglobinderivate und ihre Bedeutung für den forensischen Blutnachweis. Vjschr. gerichtl. Med. u. öff. San.-wes. (3) **51** (1916) 219. — 1916 — *138, 169*
HELLWAG, F.: Bericht über den Hamburger Bildfälscherprozeß Peitz-Cordes und Genossen. Kunst und Wirtschaft **9** (1928) 14. *204*
HELMHOLTZ: Physiologische Optik. 2. Aufl., L. Voss, Hamburg 1896, S. 284 u. 306. *35, 157*
HENK, H. J.: Die Fluoreszenz der Fasern und Textilhilfsmittel im ultravioletten Licht. Dtsch. Wollen-Gewebe **72** (1940) 831; Chem. Zbl. **1940**, II, 3130. — 1940 — *148*
—: Über die Verwendung der Ultraviolettfluoreszenz für die Untersuchung der Haltbarkeit bzw. Ranzigkeit der Fette. Fette u. Seifen (1942) 735. — 1942 — *183*
HENNEBERG, O. H.: Über den fluoreszenzmikroskopischen Nachweis von Soja in Fleischwaren mit Hilfe von Coriphosphin. Tierärztl. Rdsch. **48** (1942) 334. *176*
HENNIG, K., und R. BURKHARDT: Der Nachweis phenolartiger Verbindungen und hydro

aromatischer Oxycarbonsäuren in Traubenbestandteilen, Wein und weinähnlichen Getränken (I). Weinberg u. Keller **10** (1958) 542. — 1958a — *188*

HENNIG, K., und R. BURKHARDT: Der Nachweis phenolartiger Verbindungen und hydroaromatischer Oxycarbonsäuren in Traubenbestandteilen, Wein und weinähnlichen Getränken (II). Weinberg u. Keller **11** (1958) 593. — 1958b — *188*

— —: Vorkommen und Nachweis von Quercitrin Myricitrin in Trauben und Wein. Weinberg u. Keller **1** (1960) 1. — 1960 — *188*

— —: Chromatographische Trennung von Eichenholzauszügen und deren Nachweis in Weinbränden. Weinberg u. Keller **9** (1962) 223. — 1962 — *188*

HENRIQUES, F. C., und W. A. NOYES: J. Amer. chem. Soc. **62** (1940) 1038. *129*

HERCULES, D. M., und L. B. ROGERS: Fluorimetrische Bestimmung von α- und β-Naphthol in Gemischen. Anal. Chemistry **30** (1958) 96. *133*

HERFORTH, L., und P. SCHÄFER: Über fluoreszierende Stoffe in Hauttransplantaten. Naturwiss. **43** (1956) 110 bis 111. *161*

HERMANN, G.: Läßt sich die Quarzlampen-Lumineszenzanalyse zur Milchuntersuchung für die staatlichen Überwachungsinstitute verwerten? Z. Fleisch- und Milchhygiene **47** (1937) 258. *181*

HERRMANN, M.: Apiol-Vergiftungen. Untersuchungen von Apiolproben auf Trikresylphosphat. Samml. von Vergiftungsfällen **4** (1933) 129. *138*

HERRMANN, K.: Über das Vorkommen von Kaffeesäure und Chlorogensäure im Obst und Gemüse. Naturwiss. **43** (1956) 109. *191*

HERRMANN: Tätigkeitsbericht — 1928. Asphalt und Teer, Straßenbautechnik **30** (1930) 9. *156*

HESS: Beiträge zur Kenntnis des Tapetum lucidum im Säugetierauge. Arch. vgl. Ophthalmol. **2** (1911) 3. — 1911a — *157*

—: Über die Fluoreszenz an den Augen von Insekten und Krebsen. Pflügers Arch. Physiol. **137** (1911) 339. — 1911b — *157*

HESSE, G.: Adsorptionsmethoden im Chemischen Laboratorium, Berlin 1943. *68*

HILBRICH, P.: Fluoreszenzmikroskopische Untersuchung lebender und toter Sporen von Nosema bombycis Nägeli und Nosema apis Zander mit Hilfe der Acridinorangefärbung, in: Seidenforschung, Veröff. der Reichsforschungsanstalt für Kleintierzucht, Fachbereich Seidenbau. Verlag Alfred Kernen, Stuttgart 1942. *157*

HILL, N. G.: Woodsches Glas und die Feststellung von Herpes tonsurans durch seine Fluoreszenz. Brit. J. Children's Diseases **25** (1928) 54; Zbl. Hautkrkh. **27** (1928) 622. — 1928a — *164*

—: Lampe zur Diagnose von Pilzerkrankungen. Brit. J. Actinother **3** (1928) 84. — 1928b — *164*

HILLS, G. M.: Die Thiochromprobe für Aneurin (Vitamin B_1) im Harn als Index des Versorgungsgrades. Biochem. Journ. **33** (1939) 1966. *171*

HINMAN, W. F., R. E. TUCKER, L. M. JONES und E. G. HALLIDAY: Übermäßig hoher Erhaltungsgrad des Riboflavins während des Bratens von Rindfleisch. Vergleich der Bestimmungsmethoden. Ind. Engng. Chem., anal. Edit. **17** (1945) 178. *171*

HINTERSATZ, R.: Nachweis von Fischfleisch in Wurstwaren im filtrierten ultravioletten Licht. Z. Infektionskrankh., parasitäre Krankh. u. Hygiene d. Haustiere **54** (1938) 87. *178*

HIRSCH, Q.: Die ultravioletten Strahlen und ihre Anwendungen in den Industrie-Laboratorien. Rev. gén. Teinture, Impression, Blanchiment. Apprêt **6** (1928) 541; Chem. Zbl. **1928**, II, 2203. — 1928 — *148*

—: Das ultraviolette Licht in der Textil-Industrie. Dyer Calico Printer **63** (1930) 393; Chem. Zbl. **1930**, II, 334. — 1930 — *148*

HOBSON, P. N., E. S. M. MAKCAY und S. O. MANN: Die Verwendung fluoreszierender Antikörper bei der Bestimmung von Pansenbakterien in situ. Res. Corresp., Suppl. zu Research 8 (1955) 30, 31; Chem. Zbl. **1957**, 2780. *165*

HOCK, A.: Humusuntersuchung an typischen Schwarzerdebodenbildungen. Ernährung der Pflanze **33** (1937) 337 u. 367; Chem. Zbl. **1940**, I, 1644. — 1937a — *192*
—: Weitere Untersuchungen zur Humuscharakterisierung im Boden. Bodenkunde u. Pflanzenernährung **5** (50) (1937) 1; Chem. Zbl. **1938**, I, 407. — 1937b — *192*
—: Farbentiefen- und Farbtonwerte als charakteristische Kennzeichen für Humusform und Humustyp in Böden nach neuen Verfahren. Bodenkunde und Pflanzenernährung **2** (1937) (47) 304; Chem. Zbl. **1937**, I, 4550. — 1937c — *192*
HÖFER, G., und A. SCHMILLEN: Der Einfluß von O_2 auf die Fluoreszenz organischer Lösungen. Angew. Chem. **71** (1959) 431 bis 432. *98*
HOEK, C. P. VAN: Die Weißpigmente und ihr Verhalten gegenüber ultravioletten Strahlen. Farben-Ztg. **34** (1929) 833. *151*
HÖKL, J.: Das Bild talgiger und ranziger Butter im filtrierten ultravioletten Licht. Z. Unters. Lebensmittel **63** (1932) 444. *182*
HOERBURGER, W., und H. FINK: Über Porphyrine bei klinischer Porphyrie. Z. physiol. Chem. **236** (1935) 136. *167*
HÖRMANN, K.: Vorgeschichtliche Leichendörrung, die Mittelstufe zwischen Bestatten und Verbrennen. Schuhmacher-Festschrift, Mainz 1930. *202*
HOEVEN, C. VAN DER: Die Fluoreszenzprobe der Gerbstoffe. Collegium (1930) 414. *147*
HOFFMANN, J.: Ultraviolette Strahlen als Hilfe für Museumsarbeit. The Museums J. **28** (1928) 189. — 1928 — *202*
—: Radioaktive Elemente in Bombyx mori. Z. physiol. Chem. **276** (1942) 275. — 1942a — *157*
—: Fluoreszenzen an menschlichen Knochenaschen. Biochem. Z. **311** (1942) 247; Chem. Zbl. **1942**, II, 1321. — 1942b — *201*
HOLBREICH, J. W.: Die Reinigung von Zinkverbindungen zur Gewinnung von lumineszierendem ZnS mit Hilfe von Schwefelwasserstoff. Химический Журнал, Сер. Б, Журнал Прикладной Химии [Chem. J., Ser. B, J. appl. Chem.] **9** (1936) 670; Chem. Zbl. **1937**, I, 2123. *119*
HOLSTEIN, I.: Edelsteinbestimmungen durch Ultraviolettstrahlen. Dtsch. Goldschmiede-Ztg. **39** (1936) 150. — 1936a — *127*
—: Edelsteine im ultravioletten Licht. Gemmologist **5** (1936) 239. — 1936b — *127*
HOLTBECKER, Z.: Über neue Fluoreszenzindikatoren und ihre Anwendung bei Neutralisationstitrationen. Chem. Listy **52** (1958) 425 bis 429; Z. anal. Chem. **165** (1959) 447. — 1959a — *82*
—: Maßanalytische Bestimmungsmethoden von Aluminium und Zink unter Verwendung von Fluoreszenzindikatoren. Chem. Listy **52** (1958) 430 bis 438.; Z. anal. Chem. **165** (1959) 285. — 1959b — *82*
HOLZINGER, E.: Über die Phosphoreszenz von Zirkonoxyd-Präparaten. Chemiker-Ztg. **56** (1932) 1022. *152*
HOLYDAY, E. R., und E. A. JOHNSON: Die Lokalisierung von Papierchromatogrammflecken von Purinen und Pyrimidinderivaten im UV-Licht. Nature [London] **167** (1949) 216. *135*
HOPPE-SEYLER, F.: Über das Chlorophyll der Pflanzen II. Z. physiol. Chem. **4** (1880) 201. *137, 165*
HORN, F. R. VAN: Verdrängung von Wolframit durch Scheelit mit Beobachtungen über die Fluoreszenz einiger Wolfram-Mineralien. Amer. Mineralogist **15** (1930) 461; Chem. Zbl. **1930**, II, 3385. *126*
HORSTERS, H., und R. SASSE: Fluoreszenzmikroskopische Untersuchungen über Bakterienantagonismen. Klin. Wschr. **24/25** (1947) 692; Chem. Zbl. **1949**, I, 192. *165*
HORTON, C. A.: Fluoreszenztitrationen: Quercetin und Morin als Indikatoren für Fluoridbestimmung mit Thoriumnitrat. Micro. Abstr. **11** (1) (1951) 31. *124*
HOSHIJIMA, S.: Über die Phosphoreszenz in menschlichen Geweben, I. Die Prüfung der Phosphoreszenz in normalen menschlichen Geweben und ihre Messung. Sci. Pap. Inst. phys. chem. Res. **20** (1933) 109; Chem. Zbl. **1933**, I, 3990. — 1933a — *163*

HOSHIJIMA, S.: Über die Phosphoreszenz in menschlichen Geweben, II. Über die Phosphoreszenz von Ablagerungen und pathologisch verkalkten Geweben und den Einfluß der Glühtemperatur auf die Phosphoreszenz geglühter Gewebe. Sci. Pap. Inst. phys. chem. Res. **20** (1933) 15; Chem. Zbl. **1933**, II, 915. — 1933 — *163*

HOSOYA, Y.: Fluoreszenz der einzelnen Augenmedien und die Sichtbarkeit des ultravioletten Gebietes des Spektrums. Tohoku J. exper. Med. **13** (1929) 524; Ber. ges. Physiol. **55** (1930) 664. — 1929 — *163*

—: Fluoreszenz der Netzhaut. Jap. J. med. Sci. Trans. III. Biophys. **2** (1932) 157; Ber. ges. Physiol. **69** (1932) 161. — 1932 — *163*

HRADIL, G.: Fluoreszenzspektrographie im Dienste der Bitumenforschung. Petroleum **30** (1934) 1. *156*

HUBENS VAN ASSENRAAD, J. D. B.: siehe ASSENRAAD.

HUEBER, E. F. v.: Über eine einfache Methode Adrenalin im strömenden Blut nachzuweisen. Klin. Wschr. **19** (1940) 664; Chem. Zbl. **1941**, I, 3262. *130, 173*

HUEBNER, C. F.: Fluoreszenzchromatographie von Pyrindinderivaten. Natura [London] **167** (1961) 119. *172*

HÜLSEMANN, H. H.: Fluoreszenzuntersuchungen an Wintergersten. Kühn-Archiv **30** (1941) 93. *192*

HÜTTEL, R., und G. SPRENGLING: Über Ichthyopterin, einen blau fluoreszierenden Stoff aus Fischhaut. Liebigs Ann. **554** (1943) 69; Chem. Zbl. **1943**, II, 623; Z. anal. Chem. **122** (1941) 94; Chem. Zbl. **1942**, I, 388. *169*

HÜTTEN, H.: Über den Wert der Akridinorange-Färbung für das Studium des Fleischfäulnisablaufs. Diss. Tierärztl. Hochschule, Hannover 1949. *178*

HÜTTIG, G. F.: Über die Methoden und Ergebnisse der Strukturbestimmung von aktiven Zinkoxyden. 66. Mitt.: Aktive Oxyde. Kolloid-Beih. **39** (1934) 277. *119*

HULLET, E. W., und J. W. CALDER: Ein einfacher Ultraviolett-Beleuchtungsapparat zur Erkennung von Raygrassorten. New Zealand J. Agric. **47** (1933) 236; Chem. Zbl. **1934**, I, 1239. (Im Zentralblatt steht fälschlich „Roggensorten“ statt „Raygrassorten“.) *192*

HUMMEL, J. P., und O. LINDBERG: Enzyme mit Chininlösung als Vergleichsstandard. Zitiert in: F. CRAMER: Papierchromatagraphie. 4. Aufl., Verlag Chemie, Weinheim 1958, S. 148. — 1958 — *175*

— —: Studien über den Mechanismus der aeroben Phosphorylierung. J. biol. Chemistry **180** (1949) 1. — 1949a — *66*

— —: Die fluorimetrische Bestimmung von Apfelsäure. J. biol. Chemistry **180** (1949) 1225. — 1949b — *175*

HYMANS VAN DEN BERGH, A. A., und HYMANS: Über Porphyrine. Koninkl. Akad. Wetensch., Amsterdam, wisk. natk. Afd. **36** (1927) 1096; Chem. Zbl. **1928**, I, 1675. — 1927 — *33, 159*

—: Studien über Porphyrine. Dtsch. med. Wschr. **54** (1928) 1492. — 1928 — *167*

—, W. GROTEPASS und F. E. REVERS: Beitrag über das Porphyrin in Blut und Galle. Klin. Wschr. **11** (1932) 1534. — 1932 — *167*

IG-Farbenindustrie AG, Frankfurt (Main): Fluoreszenzerzeugende, in Kohlenwasserstoffen (Schwer-, Mittel-, Leicht-, Treibölen usw.) leicht lösliche Stoffe. Engl. Pat. 409696, ausgeg. 31. 5. 1934; Chem. Zbl. **1936**, I, 2265. *156*

IHA, J. B.: Über den Nachweis von Ghee-Butter mit Hilfe der Fluoreszenzanalyse im ultravioletten Licht. J. Indian chem. Soc., ind. News Edit. **2** (1939) 159; Chem. Zbl. **1940**, I, 3597. *182*

ILJINA, M. W.: Über die Fluoreszenzbestimmung des Acridins im Harn und dessen Verträglichkeit bei Psoriasis. Вестник Венерологии и Дерматологии [Nachr. Venerol. Dermatol, Leningrad] **30** (1956) 25 bis 27; Chem. Zbl. **1957**, 9720. *162*

ILL'INA, A. D., und V. V. BASILEVICH: Fluoreszenzbandenmaxima von 3,4-Benzpyren und ihre Verwendung zur Bestimmung derselben in Teeren, Mineralölen u. a. Известия Академии Наук СССР, Сер. Физическая [Nachr. Akad. Wiss. UdSSR, physik. Ser.] **12** (1948) 527. *132*

INDEMANS, A. W. M.: Untersuchungen über Fluorimetrie. Diss., Nijmwegen 1953. *86, 95, 98*

INOUYE, R., H. YAMAZAKI, T. MITWA, K. SAKAMOTO und S. YAMYKOSHI: Weitere Untersuchungen über die Fluoreszenzfarben von Kokons des veredelten Seidenwurms in Beziehung zu den verschiedenen Methoden der Zucht und Pflege. Bull. Séricult. Silk-Ind., Japan **3** (1930) 3; Chem. Zbl. **1931**, I, 3306. *157*

IRVIN, J. L., und E. M. IRVIN: Fluorimetrische Bestimmung des Antimalariamittels Plasmochin. J. biol. Chemistry **174** (1948) 389. *135*

ISSEKUTZ, B. v.: Lumineszenzanalytische Untersuchung von Rhabarber. Pharm. Mh. **14** (1933) 35. *138*

ITO, T.: Über die Anwendung ultravioletter Strahlen zu gerichtlich-medizinischen Zwecken. Dtsch. Z. ges. gerichtl. Medizin **9** (1927) 726. *198, 200*

IWASE, E.: Über das Fluoreszenzspektrum des Apatits im ultravioletten Lichte. Sci. Pap. Inst. phys. chem. Res. **27** (1935) 1; Chem. Zbl. **1935**, II, 1835. — 1935a — *125*

—: Zur Kenntnis der Fluoreszenz von japanischen Hyaliten im ultravioletten Licht. Sci. Pap. Inst. phys. chem. Res. **26** (1935) 42. — 1935b — *126*

—: Zur Kenntnis der Fluoreszenz von japanischen Hyaliten im ultravioletten Licht, II. Mitt. Bull. chem. Soc. Japan **11** (1936) 377. — 1936a — *126*

—, und T. KORUNUMA: Zur Lumineszenz des Calcits. I. Das Fluoreszenzspektrum japanischen Calcits im ultravioletten Licht. Bull. chem. Soc. Japan **11**/8 (1936) 258; Chem. Zbl. **1937**, I, 31 12.— 1936 b — *126*

—: Zur Lumineszenz des Calcits. II. Thermolumineszenzspektren japanischer Calcite. Bull. chem. Soc. Japan **11**, 8 (1936) 523; Chem. Zbl. **1937**, I, 3112. — 1936c — *126*

—: Zur Lumineszenz des Calcits III. Änderung der Fluoreszenzspektren von Calciten durch vorheriges Erhitzen. Bull. chem. Soc. Japan **11**, 8 (1936) 528; Chem. Zbl. **1937**, I, 3112. — 1936d — *126*

—: Über die Verteilung des Lumineszenzträgers im Gipskristall. Bull. Chem. Soc. Japan **11** (1936) 475. — 1936e — *126*

—, und S. JIMORI: Die Kathodenlumineszenz von lumineszierendem Calciumsilicat. Sci. Pap. Inst. phys. chem. Res. **34** (1938) 173; Chem. Zbl. **1938**, II, 3654. — 1938a — *126*

—: Über die photochemischen Eigenschaften des Sodaliths von Kisshu Korea. Z. Kristallogr. (A) **99** (1938) 314. — 1938b — *126*

JÄGER, R., und F. JÄGER: Die Hautoberflächenstruktur, ihre Methodik und ihre Bedeutung für die Gewerbehygiene. Arch. Gewerbepathol. Gewerbehyg. **9** (1938) 276. *164*

JAGLE, B. S.: Fluorimetrische Bestimmung des Chinins in öligen Arzneimitteln. Rev. quim. farm. [Rio de Janeiro] **15**, 15 [(1950) 11. *139*

Jahresber. d. kantonalen Lebensmittelabt. im Kanton Thurgau über das Jahr 1935; ref.: Z. Unters. Lebensmittel **72** (1936) 608. *179*

JAILER, Y. W.: Eine fluorimetrische Methode für die klinische Bestimmung von Oestron und Oestradiol. J. clin. Endocrinol. **8** (1948) 564. *174*

JANKE, A., und H. LACROIX: Jodzahl und Lumineszenzstärke der Gärungsessige sowie deren Gehalt an Mikrobenwuchsstoffen. Biochem. Z. **215** (1929) 460. — 1929 — *189*

—: Über den Nachweis von Stoffwechselprodukten der Essigsäurebakterien im Gärungsessig. Dtsch. Essigind. **34** (1930) 33. — 1930 — *189*

JANSCO, N., u. H. v.: JANSCO, N., und H. v.: Fluoreszenzmikroskopische Beobachtung der reversiblen Vitamin-A-Bildung in der Netzhaut während des Sehaktes. Biochem. Z. **287** (1936) 289. *170*

JANSEN, B. C. P.: Eine chemische Bestimmung durch die Thiochromreaktion. Recu. Trav. chim. Pays-Bas **55** (1936) 1046; Chem. Zbl. **1937**, I, 1971. *170*

JAQUET, H. C.: Kurzwellige Strahlen in der Photographie. Photogr. Korresp. **64** (1928) 203. *114*

JAUSION, H., und R. GIARD: Hautuntersuchung im Woodschen Licht. Rev. franc. Dermat. **10** (1934) 2; Zbl. Hautkrankh. **48** (1934) 609. *164*

JEFIMENKO, O. M.: Die Lumineszenzmethode bei Chinaalkaloiden. Журнал Прикладной Химии [J. angew. Chem.] **13** (1940) 1400. *139*

JENKE, M., und F. BANDOW: Über die Verwertbarkeit der Schwefelsäure-Fluoreszenzreaktion der Gallensäure zur quantitativen Bestimmung der Gallensäure im Blut, Harn und Stuhl. Z. physiol. Chem. **249** (1937) 16. *162*

JENNES, J. R.: Wirkung der Temperatur auf die Fluoreszenz einiger organischer Verbindungen. Phys. Rev. (2) **34** (1929) 1275; Chem. Zbl. **1930**, I, 3011. *22*

JENSEN, K. A.: Einige neue fluoreszierende Indikatoren. Z. anal. Chem. **94** (1933) 177. — 1933 — *79, 80, 81*

—: Fluoreszierende Indikatoren, II. Z. anal. Chem. **177** (1939) 50. — 1939 — *81*

JENSEN, K. B.: Die Bestimmung der Digitalisglucoside, Gitoxigenin, Gitoxin und Purpureadiglucosid B. Acta pharmacol. toxicol. [Kopenhagen] 8 (1952) 101; Z. anal. Chem. **141** (1954) 394. — 1952 — *145, 175*

—: Die fluorimetrische Bestimmung von Digitoxigenin, Digitoxin und Purpureaglucosid A. Acta pharmacol. toxicol. [Kopenhagen] **9** (1953) 66 bis 74; Z. anal. Chem. **141** (1954) 394 — 1953a — *145, 175*

—: Glucoside und Aglucone der Digitalis purpurea. Acta pharmacol. toxicol. [Kopenhagen] **9** (1953) 99 bis 108; Z. anal. Chem. **145** (1955) 369. — 1953b — *145, 175*

—: Papierchromatographische Trennung und fluorimetrische Bestimmung der herzwirksamen Glykoside und Aglycone von Digitalis purpurea. Acta pharmacol. toxicol. [Kopenhagen] **10** (1954) 69 bis 82; Z. anal. Chem. **147** (1955) 453 — 1954 — *145, 175*

—: Eine Papierchromatographische und fluorimetrische Methode zur Bestimmung der Herzglykoside und Aglycone von Digitalis purpurea. Acta pharmacol. toxicol. [Kopenhagen] **12** (1956) 27 bis 46; Chem. Zbl. **1957**, 1745. — 1956 — *175*

JENTSCH-GRAEFE: Versuche mit der Lumineszenzlampe. Z. physik. chem. Unterricht **32** (1919) 181. *154*

JEPSON, J. B., und B. J. STEVENS: Fluoreszenznachweis für Serotonin (5-Oxy-tryptamin) u. a. Tryptamine. Nature [London] **172** (1953) 772; Z. anal. Chem. **146** (1955) 239. *175*

JERMSTAD, A.: Über die Anwendung der Analysenquarzlampe in der quantitativen Analyse. Dansk Tidsskr. Farm. **6** (1932) 141; Chem. Zbl. **1932**, II, 1942. *79, 81*

JIJKERK, J.: Untersuchungen im Wood-Licht. Zbl. Hautkrankh. **27** (1928) 740. *164*

JIMORI, S., und E. IWASE: Das Fluoreszenzspektrum von Autunit. Sci. Pap. Inst. phys. chem. Res. **34** (1938) 372; Chem. Zbl. **1938**, II, 2232. *126*

JOACHIMOVITS, R.: Nachweis von Medikamenten und Giften in Muttermilch und Fruchtwasser mittels Lumineszenz-Analyse. Mschr. Geburtsh. **83** (1929) 42. *161*

JÖRDER, H.: Untersuchungen an optischen Aufhellern sowie an optisch aufgehellten Geweben mit Hilfe des lichtelektrischen Fluorimeters. Melliand Textilber. **40** (1959) 1190. *149*

JÖRGENSEN, K. S.: Quantitative Bestimmung von Adrenalin. Acta pharmacol. toxicol. **1** (1945) 225. *130*

JOHNSON, B. K.: Lichtquelle für Ultraviolettmikroskopie. Proc. phys. Soc. London **43** (1931) 127; Chem. Zbl. **1931**, I, 2903. — 1931 — *116*

—: Ein Ultraviolettmikroskop zur Untersuchung undurchsichtiger Objekte. J. sci. Instruments **11** (1934) 384; Chem. Zbl. **1935**, I, 2852. — 1934 — *116*

JOHNSON, R. E., F. SARGENT, P. F. ROBINSON und F. C. CONSOLAZIO: Ind. Engng. Chem., anal. Edit. **17** (1945) 384. *171*

JOHNSTONE, D. B.: Azobacterfluoreszenz. J. Bacteriol. [Burlington] **69** (1955) 481 bis 482; Chem. Zbl. **1957**, 720. *165*

JOLIFFE, A. W., und R. E. FOLINSBER: Die Wertung von Scheelitlagern mittels Ultraviolettlampe. Mining J. **216** (1942) 174; Chem. Zbl. **1943**, II, 49. *126*

JONES, R. N., und J. R. JAMIESON: Fluoreszierende Bestandteile von Leberlipoidextrakten. Nature [London] **160** (1947) 677. *175*

JONKER, J. L. H., und S. GRADSTEIN: Malerei mit fluoreszierenden Farbstoffen. Philips' techn. Rdsch. **11** (1949) 18; Chem. Zbl. **1950**, I, 2418. *151*

JONSSON, B.: Beitrag zur analytischen Chemie der Barbitursäureschlafmittel. Svensk farm. Tidskr. **35** (1931) 659; Chem. Zbl. **1932**, I, 712. *134*

JORDAN, L. A.: Feststellung des Eindringens von Wasser in Holz mit Hilfe fluoreszierender Farbe. Chem. and Ind. (1951) 981. *145*

JOSTEN, A.: Versuche mit Gips. Zbl. Miner., Geol., Paläont., Abt. A (1930) 432. *126*

JOVANOVITS, J. A.: Die Prüfung der Rohbaumwolle. Schweiz. Verb. f. d. Materialprüfg. d. Technik, Diskussionsber. Nr. 27; Ber. Nr. 69 der Eidg. Materialprüfungsanstalt. *148*

JUILLET, A., und J. COURP: Untersuchung von Ölkuchen im Woodschen Licht. Bull. Sci. pharmacol **38** (1931) 562; Chem. Zbl. **1932**, I, 1728. — 1931a — *32, 192*

— — und A. BASSOULS: Untersuchung über die Fluoreszenz der Mehle und Öle aus schwarzem Senf, geprüft im Woodschen Licht. Bull. Sci. pharmacol. **38** (1931) 473; Chem. Zbl. **1932**, I, 2072. — 1931b — *32*

JUNG, H.: Zum Wert der fluoreszenzmikroskopischen Untersuchung von Milchproben bei Anwendung von Acridinorange als Fluorochrom. Diss. Tierärztl. Hochschule, Hannover 1947. *181*

JUSTI, E.: Höhere Energieumwandlung. Naturwiss. **48** (1961) 537. *34*

KAISER, F. J.: Der Chininspiegel im Blut. Diss., Utrecht 1937. *161*

KAISER, H., E. WETZEL und L. FÖLL: Eine verbesserte Methode zum „einwandfreien" Nachweis kleinster Mengen Azetessigsäure im Harn. Süddtsch. Apotheker-Ztg. (1929) Heft 100. — 1929a — *130*

—, und K. EGGENSPERGER: Zur Verfälschung von Flores Tiliae DAB 6. Süddtsch. Apotheker-Ztg. **69** (1929) 450. — 1929b — *144*

—, und E. WETZEL: Moderne Hilfsmittel zu Untersuchungen von Arzneistoffen in hohen Verdünnungen. Süddtsch. Apotheker-Ztg. **75** (1935) 148. — 1935a — *139*

—: Beobachtungen bei Arzneimitteluntersuchungen und Verbesserungsvorschläge. Pharm. Z. **80** (1935) 699. — 1935b — *144*

—: Die toxikologische Bedeutung von organischen Phosphorverbindungen. Pharm. Z., Nachrichten Nr. 24 (1951). — 1951 — *134*

—, und L. WILDEMANN: Eine Methode zur quantitativen Auswertung fluoreszierender Papierchromatogramme. Internat. Z. Vitaminforsch. **27** (1956) 131 bis 139; Chem. Zbl. **1957**, 9477. — 1956 — *63*

KALOYEREAS, S.: Farbreaktion zur Unterscheidung von Gemischen von Schaf- und Kuhmilch. Congr. int. techn. chim. Ind. agric. Scheveningen C. R. **5** (1937) 11, 346; Chem. Zbl. **1938**, I, 1030. *181*

KANEKO, H., und M. MIYASAKA: Über die Unterschiede in den physikalisch-chemischen Eigenschaften der wäßrigen Lösungen der Kokons, die im ultravioletten Licht gelb und violett fluoreszieren. Bull. Séricult. Silk-Ind., Japan **3** (1931) 1; Chem. Zbl. **1931**, II, 156. *157*

KARACSONYI, L.: Untersuchung von Mehlen im filtrierten ultravioletten Licht. Z. ges. Getreide- u. Mühlenwes. **19** (1932) 69. *193*

KARRER, P., H. SALOMON, K. SCHÖPF, E. SCHLITTLER und H. FRITZSCHE: Ein neues Bestrahlungsprodukt des Lactoflavins: Lumichrom. Helv. chim. Acta **17** (1934) 1010; Chem. Zbl. **1935**, I, 86. — 1934a — *171, 172*

—, E. SCHLITTLER, K. PFAELER und F. BENZ: Weitere Synthesen lactoflavinähnlicher Verbindungen II. Helv. chim. Acta **17** (1934) 1516; Chem. Zbl. **1953**, I, 727. — 1934b — *171, 172*

—: Über die Chemie der Flavine. Ergebnisse der Vitamin- und Hormonforschung, Bd. 2. Akad. Verlagsges., Leipzig 1939, S. 381. — 1939 — *171, 172*

—, F. KOLLER und H. STÜRZINGER: Nachweis kleiner Mengen Alloxan. Zur Frage seines Vorkommens im tierischen Organismus. Helv. chim. Acta **28** (1945) 1529; Chem. Zbl. **1946**, I, 765. *134*

KARSTEN, A.: Über die Lumineszenzanalyse bei Keramiken und Gläsern. Keram. Rdsch. Kunstkeramik, Feinkeramik, Glas, Email **43** (1935) 63. — 1935a — *153*

—: Die Anwendung des modernen Fluoreszenzmikroskops im Getreide- und Mühlenwesen. Z. ges. Getreide-, Mühlen- und Bäckereiwesen **22** (1935) 165. — 1935b — *193*

KASHA, M.: Dünne Streifen von Boratglas, hergestellt durch Extrusion, für das Studium der Fluoreszenz organischer Moleküle. J. opt. Soc. Amer. **38** (1948) 1068. *138*

KAUFFMANN, H.: Methoden zur Untersuchung von Fluoreszenzerscheinungen. Abderhaldens Handb. d. biol. Arbeitsmethoden, Abt. 2, Teil 1, S. 131. *7*

—, und A. BEISWENGER: Lösungsmittel und Fluoreszenz. Z. physik. Chem. **50** (1904) 350. — 1904 — *20*

KAUFMANN, H. P.: Neue Anwendung physikalischer Methoden in der Fettanalyse. Vortragsref. Z. angew. Chem. **41** (1928) 1123. — 1928 — *32*

KAUFMANN, P.: Beziehungen zwischen physikalischen Eigenschaften und chemischer Konstitution. Verlag Ferd. Enke, Stuttgart 1920. *96*

KAUTSKY, H., und A. HIRSCH: Photolumineszenz fluoreszierender Farbstoffe an Grenzflächen. Ber. dtsch. chem. Ges. **64** (1941) 2677 u. **65** (1932) 401. — 1931 — *24*

— — und E. DAVIDSHÖFER: Energieumwandlungen an Grenzflächen. Ber. dtsch. chem. Ges. **65** (1932) 1762. *22*

— — und W. FLESCH: Energieumwandlungen an Grenzflächen. VIII. Mitt. Die Bedeutung metastabiler Zustände für sensibilisierte Photooxydationen. Ber. dtsch. chem. Ges. **68** (1935) 152. — 1935 — *21*

—, und G. O. MÜLLER: Lumineszenzumwandlung durch Sauerstoff. Nachweis geringer Sauerstoffmengen. Z. Naturforsch. **2**a (1947) 167; Chem. Zbl. **1947**, II, 1260. — 1947 — *55, 123*

—, und U. FRANCK: Fluoreszenzanalyse des Lichtenergiewechsels der grünen Pflanze. Naturwiss. **35** (1948) 43, 74. — 1948 — *25*

KAYSER: Handbuch der Spektroskopie, Bd. IV., Ältere Literatur bis 1906. *73*

KAYSER, K.: Kinderärztl. Praxis **21** (1953) 156. *180*

KAYSER, M. E.: Bericht in der Versammlung der Vereinigung zur Förderung des Hebammenwesens, Bonn, 7. Juni 1927. Münchner med. Wschr. (1927) 2142. — 1927 — *180*

—: Über den Nachweis von Verfälschung von Frauenmilch. Münchner med. Wschr. **82** (1935) 1447. — 1935 — *180*

—: Leberbestandteile in der Frauenmilch. Dtsch. med. Wschr. (1937) 712. — 1937a — *180*

—: Welcher Leberbestandteil geht in die Frauenmilch über? Dtsch. med. Wschr. **63** (1937) 136. — 1937b — *180*

KEARNY, B.: Die Fluoreszenz von Äsculinlösungen. Philos. Mag. 1927, 648. *80*

KEDVESSY, G.: Reaktionen der Faulbaumrinde und ihrer galenischen Präparate mit besonderer Rücksicht auf die Fluoreszenzuntersuchungen. Magyar Gyogyszeresztudomanyi Tarasag Ertesstöje (Ber. ungar. pharm. Ges.) **19** (1943) 473; Chem. Zbl. **1944**, II, 244. *139*

KELLER, PH.: Fluoreszenzerscheinungen an der menschlichen Haut. Dermat. Wschr. **82** (1926) 457. — 1926 — *159, 163, 164*

—: Zur Klinik der Hyphomykosen, insbesondere der dyshydrosiformen Epidermophytien. Zugleich ein Beitrag zur regionären Verbreitung der Hyphomyzeten. Die Pilzflora Oberbadens. Dermat. Z. **49** (1929) 33. — 1929 — *164*

—, und K. A. SEGGEL: Über das Vorkommen fluoreszierender Erythrocyten. I. Untersuchungen am normalen roten Blutbild. Folia haematol. **52** (1934) 241. — 1934 — *162*

KELLERMANN, E. W.: Zur Verfärbung und Lumineszenz des Fluorits. Sitzungsber. Akad. Wiss., Wien, Abt. IIa, **146** (1937) 115. *126*

KENNY, F., und R. B. KURTZ: Fluoreszenztitrationen. Siloxen als Fluoreszenzindikatoren für die Oxydimetrie. Anal. Chemistry **22** (1950) 693 u. **23** (1951) 397. — 1950 — *82*

— —: Die Titration von Blei mit Chromat unter Verwendung von Siloxen als Chemilumineszenz-Indikatoren. Anal. Chemistry **25** (1953) 1550; Z. anal. Chem. **146** (1955) 364. — 1953 — *82*

—: Chemilumineszente Indikatoren als Hilfsmittel bei volumetrischen Analysen. Trans. New York Acad. Sci., Ser. 2, **16** (1954) 394: Z. anal. Chem. **147** (1955) 56. — 1954 — *82*

KEREKIAKES, J. G., W. H. PARR und A. T. KREBS: Untersuchungen zur Lumineszenzausbeute gelöster biologischer Verbindungen. Arch. Biochem. Biophys. **58** (1955) 478 bis 483; Chem. Zbl. **1957**, 3332. *175*

KERN, H. W.: Über das Vorkommen von Chrysen in Erde. Helv. chim. Acta **30** (1947) 1595; Chem. Zbl. **1948**, I, 54. *156*

KHOURI, J.: Über die Unterscheidung von Trockenbeerweinen von Naturweinen aus frischen Trauben. Ann. Falsifications, Fraudes **25** (1932) 583; Chem. Zbl. **1933**, I, 2327. — 1932a — *187*

—: Vorläufige Untersuchungen über die Fluoreszenz von Trockenbeerweinen im filtrierten ultravioletten Licht. Bull. Acad. Med. **107** (3) (96) (1932) 1027; Chem. Zbl. **1933**, II, 464. — 1932b — *187*

—: Anwendung der filtrierten ultravioletten Strahlen zum Nachweis von Haschisch, rein oder in Mischungen mit verschiedenen Drogen. Ann. Falsifications, Fraudes **28** (1935) 582; Chem. Zbl. **1936**, II, 1383. — 1935 — *144*

KIEFERLE: Die Anwendung der Hanauer Analysen-Quarzlampe bei der Untersuchung von Molkereiprodukten. Süddtsch. Molkerei-Ztg. (1928) Nr. 50. *182*

KINEAR, J.: Diagnose der Pilzflechten mit Woddschem Filter. Brit. med. J. Nr. 3670 (1931) 791; Zbl. Hautkrankh. **38** (1931) 511. *164*

KING, A. A.: Ultraviolettstrahlung in der Industrie. J. Soc. chem. Ind. **47** (1928) 301; Chem. Zbl. **1928**, I, 2631. *122*

KINNERSLEY, H. W., R. A. PETERS und B. T. SQUIRES: Tierisches Chinoindin. Biochem. J. **19** (1925) 404; Chem. Zbl. **1925**, II, 1456. *169*

KIRCHHOF, F.: Über die Anwendung der Analysen-Quarzlampe im Gummilaboratorium. Kautschuk **4** (1928) 74. — 1928 — *152*

—: Sammelreferat. Kautschuk **3** (1927) 317. — 1927 — *152*

KIRITSCH, D. M.: Zu der bei der Hydration organischer Salze des Chinins und des Chinidins auftretenden Ionisation und Lumineszenz. C. R. Acad. Sci. **242** (1956) 1287 bis 1289; Chem. Zbl. **1957**, 6698. *134*

KIRSTNER, A. A., und M. M. PANTSCHENKOW: Über die Verteilung des Chinins im Organismus. Arch. Schiffs- und Tropenhygiene **35** (1931) 286. *161*

KISS, M.: Beiträge zu den Verfälschungen und Verwechslungen von Radix Valerianae mit anderen Wurzeln. Magyar Gyógyszerésztudományi Társaság Értesitöje [Ber. ungar. pharm. Ges.] **16** (1940) 488; Chem. Zbl. **1942**, II, 194. *144*

KITAMURA, S.: Über die Fluoreszenzerscheinungen bei pathogenen Schimmelpilzen und über die lichtbiologische Wirkung der langwelligen ultravioletten Strahlen auf diese. Jap. J. of Dermat. **32** (1932) 253; Ber. ges. Physiol. **69** (1932) 228. *165*

KITCHING, A. F.: Die Verwendung ultravioletten Lichtes in der Analyse. Analyst **47** (1922) 206; Chem. Zbl. **1922**, IV, 608. *147*

KLATZKIN, C., F. W. NORRIS und F. WOKES: Quart. J. Pharm. **19** (1946) 376. — 1946 — *171*

— — —: Fluorimetrische und mikrobiologische Gehaltsbestimmung des Lactoflavins in Malzpräparaten. J. Pharm. Pharmacol. **1** (1949) 915; Chem. Zbl. **1950**, II, 1846. — 1949 — *171, 193*

KLEIN, G., und H. LINSER: Fluoreszenzanalytische Untersuchungen an Pflanzen. Österr. bot. Z. **79** (1930) 125; Chem. Zbl. **1930**, II, 1257. — 1930a — *20, 141*

— —: Die fluorimetrische Bestimmung von Glykosiden; Aesculin. Biochem. Z. **219** (1930) 51. — 1930b — *21, 134, 141*

—: Die Untersuchung von Halbstoffen und Papier mit der Analysen-Quarzlampe. Papierfabrikant **28** (1930) 477. — 1930c — *147*

—: Die Untersuchung von Halbstoffen und Papier mit der Analysen-Quarzlampe. Zellstoff und Papier **11** (1931) 81; Chem. Zbl. **1931** I. 1991 — 1931 — *147*

— und H. LINSER: Verteilung und Wandel in Aesculus hippocatanum. Z. wiss. Biol., Abt. E, Planta. Arch. wiss. Botanik **15** (1932) 767. — 1932 — *134, 141*

KLEINMANN, M.: Fluoreszenzprüfung von Petroleum, Bitumen usw. Разведка Недр (Lember) (Lagerstättenforschung) **11** (1943) 96; Chem. Zbl. **1943**, II,696. *156*

KLINE, J., J. E. GEGG und T. T. SONODA: Food Technol. **5** (1951) 181. *180*

KLÖVEKORN, H. G., und O. GAERTNER: Fluoreszenzbeobachtungen an pathogenen Pilzen im spektral zerlegten ultravioletten Licht. Strahlentherapie **41** (1931) 1. *164*

KLOSS, J., und W. SEIFERT: Über Reaktionen der Gallussäure und über das Vorkommen der letzteren in Obst- und Traubenweinen. Österr. Chemiker-Ztg. **30** (1927) 117; Chem. Zbl. **1927**, II, 1211. *188*

KLOTSCHKOW, W. P.: Abhängigkeit der kontinuierlichen Absorptions- und Fluoreszenzspektren von Dämpfen und Lösungen substituierter Phthalimide von der Temperatur und dem Lösungsmittel. J. phys. Chem. **29** (1955) 1432 bis 1441; Chem. Zbl. **1957**, 6695. *133*

KNAPP, A. W., J. E. MOSS und A. MELLEY: Kakaobutterersatzstoffe und ihr Nachweis. Analyst **52** (1927) 452; Chem. Zbl. **1927**, II, 2129. *183*

KNIGHT, H. S., und S. GROENINGS: Bestimmungsmethode für Kohlenwasserstoffe mit Hilfe von Fluoreszenzindikatoren. Anal. Chemistry **28** (1956) 1949. *156*

KOCH, C., und F. P. FISCHER: Über das Verlöschen der Fluoreszenz der Linse im kurzwelligen Licht. Arch. Augenheilkde. **107** (1933) 440; Ber. ges. Physiol. **77** (1934) 151. *163*

KOCSIS, E. A.: Untersuchung nach der Ph. Hg. IV bereiteter Salben und salbenartiger Präparate im filtrierten ultravioletten Licht. Magyar Gyógyszerésztudományi Társaság Értesitöje [Ber. ungar. pharm. Ges.] **11** (1935) 99; Chem. Zbl. **1935**, I, 2046. — 1935 — *139*

—, und P. VASS: Bestimmung der Verseifungszahl des Paprikaöls in filtriertem ultraviolettem Licht. Z. Unters. Lebensmittel **71** (1936) 442. — 1936 — *82*

—, und B. BUGYI: Nachweis des Folliculins im filtrierten ultravioletten Licht. Mikrochim. Acta **2** (1937) 291. — 1937a — *133*

—, und Z. V. Sz. NAGY: Chromotropsäure als Indikator bei Fluoreszenz-Maßanalysen. Z. anal. Chem. **108** (1937) 317. — 1937b — *80*

—, und BIRO: 5-Aminosalicylsäure als Fluoreszenzindikator. Z. anal. Chem. **122** (1941) 94; Chem. Zbl. **1943**, I, 388. — 1941a — *78*

—, P. CSOKAN und R. HORVAI: Weinfarbenuntersuchung mittels Capillarlumineszenzanalyse. Z. Unters. Lebensmittel **81** (1941) 316; Chem. Zbl. **1941**, II, 2629. — 1941b — *187*

—, und G. ZADOR: Morin als Lumineszenzindikator. Z. anal. Chem. **124** (1942) 42; Chem. Zbl. **1943**, I, 544. — 1942a — *78*

— —: Thioflavin als Lumineszenzindikator. Z. anal. Chem. **124** (1942) 274; Chem. Zbl. **1943**, I, 344. — 1942b — *78*

— —, und J. F. KALLOS: Titrationen von Haloidionen und anderen ähnlichen Ionen nebeneinander. Z. anal. Chem. **126** (1943) 177; Chem. Zbl. **1943**, II, 2254. — 1943 — *78*

KOE, B. K., D. L. FOX und L. ZECHMEISTER: Die Natur einiger fluoreszierender Substanzen aus Tiefseeschlamm. Arch. Biochemistry **27** (1950) 449; Chem. Zbl. **1952**, 821. *127*

KÖCHEL, F.: Arzneimittelprüfung mittels Lumineszenzanalyse. Dtsch. Apotheker-Ztg. (1954) 1095 bis 1097; Z. anal. Chem. **147** (1955) 438. *139*

KÖGEL, P. R.: Die Palimpsestphotographie .Verlag Wilh. Knapp, Halle (Saale) 1922 Arch. Kriminol. **71** 85; Naturwiss. **10** (1922) 140, Heft 43; Enzykl. Photogr., Heft **96**. — 1922 — *199*

—: Typen der Fluoreszenz- und Ultraviolettphotographie. Arch. Kriminol. **80** (1927) 239. — 1927 — *198*

—: Über eine neue Vorrichtung zur Photographie von Lumineszenzerscheinungen. Photogr. Korresp. **64** (1928) Heft 1. — 1928 — *99*

—: Eine neue Ultraviolettbeleuchtungsvorrichtung zur Beobachtung der Fluoreszenz. Die chem. Fabrik **1** (1928) 55. — 1928a — *8*

KÖGEL, G.: Die unsichtbaren Strahlen im Dienste der Kriminalistik. Verlag Ulrich Moser, Graz 1928. — 1928b — *99, 114*

KÖGEL, G.: Die äquimensurale Ultraviolett- und Fluoreszenzphotographie. Abderhaldens Handb. d. biolog. Arbeitsmethoden, Abt. II, phys. Methoden, Teil 2, Heft 7, Urban & Schwarzenberg, Berlin/Wien 1928; s. auch Photogr. Korresp. **66** (1930) 238. — 1930a — *99*

—: Der Erfolg der Fluoreszenzphotographie im Staatsarchiv. Photogr. Korresp. **66** (1930) 238. — 1930b — *99*

—: Schräglicht-Illuminator für Beobachtung und photographische Aufnahme im reflektierten Ultraviolett und der Fluoreszenz. Photogr. Korresp. **66** (1930) 282. — 1930c — *99*

—: Neuer Ausbau der Ultraviolett-Projektionseinrichtung zum Zwecke der Fluoreszenzphotographie. Photogr. Korresp. **70** (1934) 148. — 1934 — *99*

KÖHLER, A.: Mikrophotographische Untersuchungen mit ultraviolettem Licht. Z. wiss. Mikroskopie **21** (1904) 129. — 1904 — *116, 157*

—: Einige Neuerungen auf dem Gebiete der Mikrophotographie mit ultraviolettem Licht. Naturwiss. **21** (1933) 165. — 1933a — *116*

—, und H. LEITMEIER: Das Verhalten des Kalkspates im ultravioletten Licht. Zbl. Miner., Geol., Paläont., Abt. A (1933) 401. — 1933b — *126*

— —: Fluoreszenzversuche aus natürlichen Sulfaten. Zbl. Miner., Geol., Paläont., Abt. A (1934) 364. — 1934 — *116, 126*

—: Beiträge zur Technik der Vitalfärbung von Milchsedimentausstrichen durch Fluorochrome. Dtsch. tierärztl. Wschr. **54** [(1947) 215. — 1947 — *181*

KÖNIG, W., und W. REGNER: Über rein aliphatische Strepto-Pentametin-Farbstoffe. Berliner Ber. **63** (1930) 2823. *128*

KÖRBL, J., und F. VADRA: Der neue Metallindikator „Fluorescein-Komplexon". Chem. Listy **51** (1957) 1457; Z. anal. Chem. **161** (1958) 200. *82*

KÖRBLER, J.: Untersuchung von Krebsgeweben im fluoreszenzerregenden Licht. Strahlentherapie **41** (1931) 510. — 1931 — *167*

—: Rote Fluoreszenz in Krebsgeschwüren. Strahlentherapie **43** (1932) 317. — 1932 — *167*

KOETHER, B.: Über die quantitative Bestimmung von 15 zum Färben von Lebensmitteln verwendeten Farbstoffen. Dtsch. Lebensmittel-Rdsch. **56** (1960) 7 — 1960a — *138*

—: Papierchromatographische Untersuchungen über das Schicksal einiger zum Färben von Lebensmitteln verwendeten Azofarbstoffe im Organismus. Arzneimitt.-Forsch. **10** (1960) 3. — 1960b — *194*

KOFLER, M.: Eine fluorimetrische Methode zur Bestimmung von Tocopherol. Helv. chim. Acta **25** (1942) 1469; Chem. Zbl. **1943**, I, 533. — 1942 — *131, 172, 176*

—: Die fluorimetrische Methode zur Bestimmung von Tocopherol. II. Mitt. Die Bestimmung im Serum, in Milch, tierischen und pflanzlichen Fetten. Helv. chim. Acta **26** (1943) 2114; Chem. Zbl. **1944**, I, 1193. — 1943 — *131, 172, 176*

KOGAN, L., F. J. DICARLO und W. E. MAYNARD: Papierchromatographischer Nachweis des Coffeins. Anal. Chemistry **25** (1953) 1118; zitiert in F. CRAMER: Papierchromatographie. 4. Aufl., Verlag Chemie, Weinheim 1958, S. 167. *66*

KOGUT, M.: Isolierung und Reinigung eines löslichen Cytochroms aus einem Stamm von Pseudomonas fluoreszens. Biochem. J. **65** (1957) 35 bis 36; Chem. Zbl. **1957**, 8829. *175*

KOLLER, R.: Die Lumineszenz der Hühnereierschale. Tierärztl. Rdsch. **48** (1942) 27; Chem. Zbl. **1943**, I, 1339. — 1942 — *179*

—: Über Fluoreszenzerscheinungen auf und im Fleisch. Z. Fleisch- und Milchhyg. **53** (1943) 62. — 1943a — *178*

—: Die Fluoreszenz einiger Parasiten im Fleisch. Z. Fleisch- und Milchhyg. **53** (1943) 185. — 1943b — *178*

KOLTHOFF, I. M.: Säure-Basenindikatoren. 4. Aufl. Springer 1932, S. 181. *73, 77, 79*

KOMOWSKI, G., und F. ABOLENSKI: Die Lumineszenz von Mineralien und die zu ihrer Untersuchung verwandte Apparatur. Проблемы Советской Геологии [Problems Sovjet Geol.] (1938) 332; Chem. Zbl. **1938**, II, 3370. *125*

KORDA, P., und M. DÉRIBÉRÉ: Das Woodlicht und seine Anwendung in der Textilindustrie. Technique mod. **29** (1937) 355; Chem. Zbl. **1937**, II, 499. *148*

KORTÜM, G.: Das optische Verhalten gelöster Ionen und seine Bedeutung für die Struktur elektrolytischer Lösungen. Fluoreszenzauslöscungen und Solvation. Z. physik. Chem. (B) **40** (1938) 431. — 1938 — *40, 95*

—, und B. FINK: Eine photographische Methode zur Aufnahme quantitativer vergleichbarer Fluoreszenzspektren. Spectrochim. Acta **2** (1941) 137. — 1941a — *16, 33*

—: Colorimetrie, Photometrie und Spectrometrie, 3. Aufl., Verlag Springer, Berlin/Göttingen/Heidelberg 1955. — 1955a —. 4. Aufl. 1962. *22, 39, 73*

—, und H. WILSKI: Der Mechanismus der Fluoreszenzlöschung. Trans. Faraday Soc. **51** (1955) 1620 bis 1623; Chem. Zbl. **1957**, 4595. — 1955b — *98*

KOSCHARA, W.: Isolierung eines gelben Farbstoffes (Uropterin) aus Menschenharn. Z. physiol. Chem. **240** (1936) 127. — 1936 — *162*

—, und A. HRUBECK: Uropterinausscheidung beim gesunden und kranken Menschen. Z. physiol. Chem. **258** (1939) 39. — 1939 — *135*

KOSLOW, I. N.: Identifizierung von Lebensmittelfarbstoffen durch Lumineszenz und chromatographische Analyse. Вопросы Питания [Problems Nutrit.] **7** (4) (1937) 26. *197*

KOSTIV, I. V.: Eine Fluoreszenzreaktion auf Tryptophan. Nature [London] **160** (1947) 266. *130*

KOSTKA, G.: Der Ultraviolett-Detektor als Hilfsmittel zur Unterscheidung des echten Bernsteins von seinen Imitationen. Chemiker-Ztg. **53** (1929) 117, 138. *150*

KOSTYAKOVA, A. I.: Trennung von Atebrin und Rivanol durch Fluoreszenzchromatographie. Журнал Аналитической Химии [J. anal. Chem.] **6** (1951) 251. *139*

KOTTASZ, J.: Bestimmung des Gesamtsäuregehaltes von Speiseeis durch Lumineszenzanalyse. Z. Lebensmitt.-Unters. u. -Forsch. **100** (1955) 54 bis 56; Z. anal. Chem. **147** (1955) 233. *190*

KOVERGA, E. L., und A. S. KOVERGA: Chinin als Fluoreszentindikator bei der Mikrogehaltsbestimmung von Belladonna. Биохимия [Biochem.] **14** (1949) 436. *145*

KRAHL, M.: Die Anwendung der Analysen-Quarzlampen, Original Hanau, für die Untersuchung von Weichgummi, insbesondere für die beschleunigte Alterung. Kautschuk **3** (1927) 159, 181. *152*

KRAMER, K.: Pathologisch-anatomische und physiologische Untersuchungen mit der Quarzlampe. Virchows Arch. **274** (1930) 215. *162*

KRANCK, E. H.: Einige Beobachtungen über die Thermolumineszenz. Soc. Sci. Fennica Comment phys. math. **5**, (1929) 1; Chem. Zbl. **1930**, II, 1041. *22*

KRAUL, R., und H. H. MEYER: Über den Nachweis von Chelidonium majus mit Hilfe der Quarzlampe. Arch. Pharm. **281** (1943) 187. *144*

KRAUS, A.: Der Nachweis von Phthalsäure mit Hilfe der Fluoreszenzreaktion. Farben-Ztg. **41** (1936) 111. *131*

KRAUS, E. J.: Eisessig unter der Quarzlampe. Dtsch. Essigind. **38** (1934) 140. — 1934 — *189*

—: Über den Nachweis von mit Curcumawurzel verfälschte Macisblüte mittels der Analysenquarzlampe Original Hanau. Dtsch. Drogisten-Ztg. Nr. **40** (1937). — 1937 — *144*

KRAUSE, O.: Anwendung von Röntgenographie und Fluoreszenzbestrahlung in der Feinkeramik. Ber. dtsch. keram. Ges. **8** (1926) 114 (130). — 1926 — *153*

—: Die Anwendung ultravioletter Strahlen in der Keramik. Keramos **9** (1930) 791; Trans. ceram. Soc. **29** (1930) 140. — 1930 — *153*

KREITMAIR, H.: Hypericum perforatum — das Johanniskraut. Die Pharmazie **5** (1951) 556. *138*

KREUTZ, ST.: Über die Lumineszenz der Mineralien in Abhängigkeit von ihrem Vorkommen und ihrer Generation. Bull. internat. Acad. polon. Sci. Lettres, Ser. A (1933) 215; Chem. Zbl. **1934**, I, 2407. — 1933 — *125, 126*

—: Über die Lumineszenz einiger Mineralien. Bull. internat. Acad. polon. Sci. Lettres; Ser. A (1936) 501; Chem. Zbl. **1937**, II, 197. — 1936a — *125, 126*

KREUTZ, ST.: Über die Lumineszenzeigenschaften der Calcite. (Mit besonderer Berücksichtigung der polnischen Lagerstätten.) Bull. internat. Acad. polon. Sci. Lettres, Ser. A (1935) 486; Chem. Zbl. **1936**, II, 1692. — 1936b — *126*

KRIGER, L.: Lumineszenzanalytische Studien an Mehlen. Ann. Pharm. France 8 (1950) 788. *193*

KRISHNA, S., und K. A. CHOWDHURY: Fluoreszenz von Holz im ultravioletten Licht. Current Sci. **3** (1934) 65; Chem. Zbl. **1935**, I, 174. *143*

KRISILOW, D. V.: Entdeckung von Parasitenlarven von Taenium solidum und Taeniarhinchus saginatus mit Hilfe der Rotfluoreszenz einer Körperflüssigkeit. Гигиена и Санитария [Hyg. u. Sanitätswes.] **4** (1950) 52. *165*

KRÖGER, F. A.: Lumineszenz und Absorption von Mischkristallen aus Zinksulfid und Mangansulfid. Physica **7** (1939)3 69. — 1939 — *28*

—: Lumineszenz von Zink- und Cadmiumsulfid. Physica **6** (1940) 1, 92. — 1940 — *119, 121*

—, und J. BARKER: Die Lumineszenz von Cer-Verbindungen. Physica 8 (1941) 628; Chem. Zbl. **1942**, I, 717. — 1941 — *121*

—: Fluoreszenz von Wolframaten und Molybdaten. Nature [London] **159** (1947) 674; Chem. Zbl. **1947**, II, 1259. — 1947 — *123*

—: Some Aspects of the Luminescence of Solids. Elsevier Publ. Comp. Inc., New York/Amsterdam 1948. — 1948 — *4*

KRÖGER, H., und A. MAYRHOFER: Untersuchungen über die Extraktion der Chinarinde und die Herstellung von Extractum Chinae Fluidum. Scientia pharmaceutica, Pharm. Presse, Dez. (1936). *138*

KRÜGER, F.: Fluorescein als Indikator beim Titrieren. Ber. dtsch. chem. Ges. **9** (1876) 1572. *73*

KUBELKA, V., und V. NEMEC: Beitrag zu der Lumineszenzanalyse der Gerbmittel. Collegium (1929) 300. — 1929a — *147*

— —: Beitrag zur qualitativen Analyse der Gerbstoffe mittels ultravioletter Strahlen. J. internat. Soc. Leather Trades Chemists **13** (1929) 113; Chem. Zbl. **1930**, I, 1574. — 1929b — *147*

—: Verwendung der Quarzlampe bei qualitativen Analysen, insbesondere zur Erkennung von Gerbstoffen. Chem. Listy **23** (1929) 312, 337; Chem. Zbl. **1930**, I, 1884. — 1929c — *147*

KÜHL, H., und B. CZYZEWSKY: Über komplexe Quecksilber-Arsenverbindung und ihr Nachweis. Pharm. Zentralhalle **75** (1934) 660. *122*

KÜHLING, G.: Bemerkungen zur quantitativen Porphyrinbestimmung. Klin. Wschr. **16** (1937) 1503. — 1937a — *167*

—: Bemerkungen zur quantitativen Porphyrinbestimmung. Klin. Wschr. **16** (1937) 1503; Chem. Zbl. **1938**, I, 1412. *168*

KÜNEMUND, A.: Die Entstehung verholzter Lamellen, untersucht besonders an Salix alba. Bot. Arch. **34** (1932) 462. — 1937b — *143*

KÜNKELE, F.: Die Untersuchung von Anilintintenschriften. Z. Unters. Lebensmittel **77** (1939) 596. *200*

KÜRTNER, R.: UV-Analysenlampe. Z. anal. Chem. **164** (1958) 366; Chemiker-Ztg. **81** (1957) 683. *6, 19*

KUFFERATH, A.: Das filtrierte Ultraviolett als analytisches Hilfsmittel in der pharmazeutischen Praxis. Pharm. Ztg. **82** (1933) 526. — 1937 — *138, 148*

—: Über Fluoreszenzanalyse in der Textilindustrie. Melliand Textilber. **19** (1938) 741. — 1938 — *149*

—: Fortschritte der Mikroskopiertechnik im Dienste der Textilindustrie. Zellwolle, Kunstseide, Seide **45** (1940) 291; Chem. Zbl. **1941**, I, 145. — 1940 — *148*

KUHN, A., und G. SCHÄFER: Zur Kenntnis homöopathischer Zubereitungen: I. Analyse der Emodine enthaltenden homöopathischen Zubereitungen. Pharm. Ztg. **79** (1934) 373. — 1934 — *139*

KUHN, A., und G. SCHÄFER: IV. Die Tinkturen der Atropingruppe. Pharm. Zentralhalle **76** (1935) 49. — 1935a — *139*

— —: IX. Die Arbutin führenden Essenzen und Tinkturen. Dtsch. Apotheker-Ztg. Nr. 101 (1935). — 1935b — *139*

— —: X. Die Analyse der Kumarsäurederivate enthaltenden Zubereitungen. Pharm. Ztg. **80** (1935) 1253. — 1935c — *139*

KUHN, A., und G. SCHÄFER: XI. Verschiedene homöopathische Zubereitungen. Pharm. Ztg. **81** (1936) 1089. — 1936a — *139*

— —: XII. Charakterisierung von Tinkturen mittels Flavon und seiner Abkömmlinge. Dtsch. Apotheker-Ztg., Nr. 47 (1936). — 1936b — *139*

— —: Zur Kenntnis der Iris-Tinkturen. Süddtsch. Apotheker-Ztg. **76**, Nr. 101 (1936). — 1936c — *139*

— —: Zum Nachweis von Scammonium. Pharm. Zentralhalle **78** (1937) 45. — 1937 — *139*

— —: XIII. Verschiedene homöopathische Mittel. Süddtsch. Apotheker-Ztg. **78** (1938) 73. — 1938 — *139*

KUHN, R., P. GYÖRGY und TH. WAGNER-JAUREGG: Über Lactoflavin, den Farbstoff der Molke. Ber. dtsch. chem. Ges. **66** (1933) 1034. — 1933 — *180*

—, und G. MORUZZI: Über die Dissoziationskonstanten der Flavine; pH-Abhängigkeit der Fluoreszenz. Ber. dtsch. chem. Ges. **67** (1934) 988. — 1934a — *76*

—, TH. WAGNER-JAUREGG und H. KALTSCHMITT: Über die Verbreitung der Flavine im Pflanzenreich. Ber. dtsch. chem. Ges. **67** (1934) 1452. — 1934b — *171*

—, und H. VETTER: Zur Kenntnis des Thiochroms. Ber. dtsch. chem. Ges. **68** (1935) 2375. — 1935a — *55, 76, 170*

—, TH. WAGNER-JAUREGG, F. W. VAN KLAVERN und H. VETTER: Über einen gelben, schwefelhaltigen Farbstoff aus Hefe. Z. physiol. Chem. **234** (1935) 196. — 1935b — *170*

KUMMERER, L.: Fluoreszenz von Textilfärbungen im ultravioletten Licht. Melliand Textilber. **9** (1928) 415. *148*

KUNZ, G. F., und CH. BASKERVILLE: Einwirkung von Radium, Röntgenstrahlen und ultraviolettem Licht auf Mineralien. Chem. News **89** (1904) 1; Chem. Zbl. **1904**, I, 399. *125*

KUSNETZOWA, L. A., und J. B. SWESCHNIKOW: Über den Einfluß der Farbstoffkonzentration auf die Lumineszenz alkoholischer Acridinorangelösungen bei – 183°. Известия Академии Наук СССР, Физическая Серия [Nachr. Akad. Wiss. UdSSR., phys. Ser.] **20** (1956) 433 bis 441; Chem. Zbl. **1957**, 10429. *98*

KUTZELNIGG, A.: Mikrochemische und lumineszenzanalytische Untersuchungen von Metalloberflächen. Mikrochemie **9** (1931) 360. — 1931 — *149*

—: Einige Beobachtungen über Fluoreszenz. Z. anorg. allg. Chem. **208** (1932) 29. — 1932a — *118, 120*

—: Zur Lumineszenz der Zinkverbindungen. Z. anorg. allg. Chem. **208** (1932) 29. — 1932b — *119*

—: Über die Veränderung einiger Eigenschaften des Zinkoxydes infolge mechanischer Beanspruchung. Mh. Chem. **64** (1934) 61. — 1934a — *119*

—: Über die Fluoreszenz des Zinkoxyds bei der Temperatur flüssiger Luft. Mh. Chem. **64** (1934) 74. — 1934 b— *119*

—: Die Fluoreszenz von Zinkoxyd-Eisenoxyd-Mischpräparaten und ihre Abhängigkeit von der Temperatur der Wärmebehandlung. Z. anorg. allg. Chem. **223**, (1935) 251. — 1935 — *119*

LADENBAUER, I. M., und O. SLAMA: Bestimmung von Gallium mit Dibromoxin. Mikrochim. Acta Wien (1956) 1219; Z. anal. Chem. **154** (1956) 144. — 1956a — *120*

—, J. KORKISCH und F. HECHT: Bestimmung von Gallium in Mineralien und Erdölwässern. Mikrochim. Acta [Wien] (1955) 1076; Z. anal. Chem. **154** (1956) 144. — 1956b — *120*

LAFFITTE, E.: Beitrag zum Studium der Lumineszenz von Farbstoffen. Ann. Phys. (12) **10** (1955) 71 bis 127; Chem. Zbl. **1955**, 9526. *138*

LAL, J. B., und S. DUTT: Eine gelbfärbende Substanz aus dem Holz von Adina Cordifolia, Hook. J. Indian chem. Soc. **12** (1925) 257; Chem. Zbl. **1935**, II, 2675. *143*

LANDWEHR: Versuche zum Nachweis des Vordringens des mit Hirth-Elektro-Inhalator erzeugten Trockennebels in die Bronchien und Alveolen der Lunge. Inaug.-Diss., Tierärztl. Hochschule, Hannover 1929. *160*

LANGAVANT, J. C. DE: Prüfung von Schlacken im UV-Licht. Rev. Matér. Construct. Trav. publ., Edit. C. No. **411** (1949) 425. *152*

LANGECKER, H.: Zur Fluoreszenzbeobachtung bei den Porphyrinen. Z. physiol. Chem. **115** (1921) 1; Z. exper. Med. **68** (1929) 258. *33*

LANGEN, B.: Geheimschrift und unsichtbare Schrift. Med. Klinik Nr. 36 (1930). *200*

LANGENBRUCH, H.: Die Technik der Ultraviolett-Reflex-Mikrophotographie. Arch. Kriminol. **102** (1938) 43. *116*

LASSÉ, R.: Lichtechtheitsbestimmungen von Farbstoffen mittels der Analysenquarzlampe, Original Hanau. Melliand Textilber. **10** (1929) 618. — 1929 — *151*

—: Textiltechnische Fluoreszenzanalyse durch Kontaktphotographie. Melliand Textilber. **11** (1930) 687. — 1930 — *148*

—: Zur fluoreszenzanalytischen Untersuchung des Holzes. Mikrokosmos **24** (1931) 187. — 1931 — *143*

—: Untersuchung über die Veränderung der Durchlässigkeit von Gläsern für ultraviolettes Licht durch Quarzbestrahlung. Helv. phys. Acta **5** (1932) 92; Chem. Zbl. **1932**, II, 2095. — 1932 — *154*

—: Die Analysenquarzlampe in der Praxis der Textilveredlung. Z. ges. Textilind. **37** (1934) 54, 65; Chem. Zbl. **1934**, I, 3397. — 1934 — *103, 148*

LASSEUR, PH., A. DUPAIX und R. LECAILLE: Fluoreszenz von Bakterienkörpern. Trav. Labor. Microbiol. Fac. Pharm. Nancy **4** (1931) 85; Ber. ges. Physiol. **65** (1932) 640. — 1931 — *164*

—, A. DUPAIX-LASSEUR und J. G. MARCHAL: Über die Bildung fluoreszierender Stoffe in Bakterienkulturen. Trav. Labor. Microbiol. Fac. Pharm. Nancy Nr. 9, (1936) 85; Chem. Zbl. **1938**, I, 2736. — 1936 — *164*

LAURIE, A. P.: Alte Meister und moderne Fälschungen. Analyst **59** (1944) 657; Chem. Zbl. **1935**, I, 1307. *202*

LAVOREL, J.: Der Einfluß der Konzentration auf das Absorptions- und Fluoreszenzspektrum organischer Verbindungen in Lösungen. Angew. Chem. **70** (1958) 510. *6*

LAW, P. G., und G. SLATER: Technique of ultraviolet photography for criminological work. Functional Photography, June (1950); Hanovia techn. Rep., S. 2741. *201*

LEDDEN-HÜLSEBOSCH, C. J. VAN: Moderne Dokumentenuntersuchung. Probevorlesung, Amsterdam 1923. — 1923 — *198*

—: Verwendung der ultravioletten Strahlen in der Kriminalistik. Arch. Kriminol. **78** (1926) 1. — 1926 — *159, 163, 198, 201*

—: Die Unterscheidung frischer Tintenschrift. Arch. Kriminol. **80** (1927) 4; Pharm. Weekbl. **64** (1927) 322; Chem. Zbl. **1927**, I, 3172. — 1927 — *201*

LEDERER, E. M.: Trennung der seltenen Erden mit Oxin. C. R. Acad. Sci. **236** (1953) 1557; zitiert in F. CRAMER: Papierchromatographie. 4. Aufl., Verlag Chemie, Weinheim 1958, S. 202. — 1953a — *66*

—: Chromatography, a review of principles and application. Amsterdam 1953. — 1953b — *68*

LEHMANN, G., und H. F. MICHAELIS: Adrenalin und Arbeit. I. Mitt. Ausbau einer Fluoreszenzmethode zur Adrenalinbestimmung. Arbeitsphysiologie **12** (1942) 52. — 1942a — *55, 173*

— —: II. Mitt. Der normale Adrenalingehalt des Blutes. Ebenda **12** (1942) 264. — 1942b — *55, 173*

LEHMANN, G., und H. F. MICHAELIS: III. Mitt. Der Adrenalinspiegel des Blutes bei Muskelarbeit. Ebenda **12** (1942) 298. — 1942c — *55*

—: IV. Mitt. Adrenalin und Leistungsfähigkeit. Ebenda **12** (1943) 305. — 1943a — *55, 173*

— —: VI. Mitt. Der ergotrope Reflex. Ebenda **12** (1943) 440. — 1943b — *55, 173*

— —: Tabakgenuß und Adrenalinspiegel. Arch. exper. Pathol. Pharmakol **202** (1943) 627. — 1943c — *55, 174*

— —: VII. Mitt. Die fluorimetrische Adrenalinbestimmung im Blutplasma (Methodische Ergänzungen). Arbeitspsychologie **14** (1949) 9 — 1949a — *55, 173*

— und H. KINZIUS: IX. Mitt. Blutspiegel und ergotroper Reflex. Ebenda **14** (1949) 87. — 1949b — *55, 174*

— —: Epinephrektomie, Cortininjektion und Adrenalingehalt des Blutes. Pflügers Arch. **251** (1949) 404. — 1949c — *55, 174*

LEHMANN, H.: Über ein Filter für ultraviolette Strahlen und seine Anwendung. Phys. Z. **11** (1910) 1039. — 1910 — *7*

—: Lumineszenzanalyse mittels der UV-Filterlampe. Phys. Z. **13** (1912) 35. — 1912 — *117*

—: Das Lumineszenzmikroskop, seine Grundlagen und seine Anwendungen. Z. wiss. Mikroskopie **30** (1914) 417. — 1914 — *109, 125, 140, 143, 157*

LEININGER, E., und S. KATZ: Fluorimetrische Bestimmung von Apfelsäure und 2-Naphthol. Anal. Chemistry **21** (1949) 1375; Chem. Zbl. **1950**, II, 1853. *130*

LENDER, A.: Das Schweizerische Arzneibuch V und die Prüfung der Olivenöle im Woodschen Licht. Pharm. Acta Helvetiae **8** (1933) 87; Chem. Zbl. **1933**, II, 1273. *184*

LENFELD, J., und E. NOVACEK: Die Wurstuntersuchung im ultravioletten Licht einer analytischen Quarzlampe im Vergleich mit den Ergebnissen der histologischen Untersuchung dieser Ware. Z. Fleisch- u. Milchhyg. **39** (1929) 387. *176*

LENGYEL, E.: Fluoreszenz von Mineralien ungarischer Herkunft. Földtani Közlöny [Geol. Mitt.] **73** (1943) 285. *126*

LENNAN, J. C.: Über die Fluoreszenz des Aesculins. Proc. roy. Soc. [London], Ser. (A) **102** (1923) 256; Chem. Zbl. **1923**, I, 543. *24*

LENZ, W.: Die Fluoreszenz in der mikrochemischen Analyse. Z. anal. Chem. **54** (1915) 27. *7*

LERMA, B. DE, A. COLARUSSO und P. BONI: Die Fluoreszenzspektra von Pteroylglutaminsäure und von Xanthopterin. Boll. Soc. ital. Biol. sperim. **24** (1948) 1198. *169*

LEROUX, J. A. A., und E. RAUB: Untersuchungen über das Verhalten von echten und gezüchteten Perlen gegenüber ultraviolettem Licht. Z. Phys. **48** (1928) 722. — 1928 — *127*

—, E. RAUB und K. W. FRÖHLICH: Über das Verhalten von natürlichen und gezüchteten Perlen im ultravioletten Licht II. Z. Phys. **60** (1930) 307. — 1930a — *127*

—: Eine neue Methode zur Unterscheidung echter von gezüchteten Perlen. Dtsch. Goldschmiede-Ztg. **33** (1930) 255. — 1930b — *127*

LEUPIN, K.: Fluoreszenzmikroksopische Untersuchungen. L. Crocus und einige seiner Verfälschungen. Pharm. Acta Helvetiae **8** (1933) 166; ref.: Pharm. Zentralhalle **75** (1934) 107. — 1934 — *144*

—, und J. STEINER: Fluoreszenzanalytische Bestimmungen der Ascorbinsäure in Tabletten. Pharm. Acta Helvetiae **18** (1943) 481; Chem. Zbl. **1944**, I, 33. — 1943 — *130, 139*

— —: Untersuchungen an den offiziellen Zimtrinden, Zimtölen und ihren Präparaten im gefilterten Ultraviolettlicht. Mitt. Gebiete Lebensmittelunters. Hyg. **39** (1939) 217; Chem. Zbl. **1940**, I, 756. — 1939a — *144*

— —: Fluoreszenzmikroskopische Untersuchungen an Rindenpulvern unter Zuhilfenahme von Reagenzien. Pharm. Acta Helvetiae **14** (1939) 144; Chem. Zbl. **1940**, I, 756. —1939b — *144*

LEVADITI, C.: Ultravirus und Fluoreszenz. Vacciniavirus. Ann. Inst. Pasteur **64** (1940) 359; Chem. Zbl. **1941**, I, 2262. — 1940 — *165*

LEVADITI, C.: Vergleich der Fluoreszenzerscheinungen, die durch Thioflavin und durch Acridinorange an Bakterien hervorgerufen werden. C. R. Séances Soc. Biol. Filiales **138** (1944) 136; Chem. Zbl. **1944**, II, 856. — 1944 — *165*

LEVSIN, V. L., und S. N. RZEVKIN: Über den Mechanismus der Lumineszenz von mit Ultraschallwellen bestrahlten Flüssigkeiten. C. R. (Doklady) Acad. Sci. URSS (N. S.) **16** (1937) 399; Chem. Zbl. **1938**, I, 2500. *25*

LEWIN, H.: Die ultravioletten Strahlen in der medizinischen Diagnostik. Dermatol. Wschr. **82** (1926) 850. *163*

LEWIS, S. J.: Untersuchungen über die Fluoreszenz von Cellulose und ihrer Derivate (Zwischenbericht). J. Soc. Dyers Colourists **37** (1921) 201; Chem. Zbl. **1922**, II, 407. — 1921 — *147*

—: Die quantitative Bestimmung des Fluoreszenzvermögens (Spektrofluorescometrie) von Cellulose, Zucker und anderen Substanzen. J. Soc. Dyers Colourists **38** (1922) 68; Chem. Zbl. **1922**, II, 1227. — 1922 — *147*

—: Die quantitative Bestimmung des Fluoreszenzvermögens (Spektrofluorescometrie) von Cellulose, Zucker und anderen Substanzen. J. Soc. Dyers Colourists **40** (1924) 29 u. 111; Chem. Zbl. **1924**, I, 2035 u. **1924**, II, 131. — 1924 — *147*

LEWSCHIN, W. L.: Der Einfluß der Temperatur auf die Fluoreszenz der Farbstofflösungen und einige Folgen des Gesetzes der Spiegelkorrespondenz, II. Z. Phys. **72** (1931) 382. — 1931 — *22*

—: Über die Beziehung zwischen Absorption und Lumineszenz von konzentrierten Farbstofflösungen. Acta physicochim. URSS **1** (1935) 685; Chem. Zbl. **1936**, I, 3271. — 1935 — *151*

—: Lumineszenz und Absorption von konzentrierten 3,6-Diaminoacridinlösungen. Известия Академии Наук СССР, Серия Физическая [Nachr. Akad. Wiss. UdSSR, phys. Ser.] **20** (1956) 419 bis 423; Chem. Zbl. **1957**, 10427. — 1956a — *134*

—: Einfluß der Assoziation und anderer physikalisch-chemischer Faktoren auf die Lumineszenz und Absorption komplizierter Moleküle in Lösungen. Известия Академии Наук СССР, Серия Физическая [Nachr. Akad. Wiss. UdSSR, phys. Ser.] **20** (1956) 397 bis 408 Chem. Zbl. **1957**, 10391. — 1956b — *6*

LEY, H., und R. SPECKER: Fluoreszenz- und Absorptionsmessungen bei Benzolderivaten, insbesondere bei kondensierten Systemen. Z. wiss. Photogr. **38** (1939) 12. *133*

LIEBER, W.: Die Fluoreszenz von Mineralien, 5. Sonderheft zur Zeitschr. „Der Aufschluß", herausgeg. von der Vereinigung der Freunde der Mineralogie und Geologie, Heidelberg 1957, 2. Aufl. 1958. *126*

LIESEGANG, R. E.: Zur Ultraviolett-Analyse. Z. wiss. Mikroskopie **43** (1926) 517. *24*

LIND, H. L.: Grenzen der Fluoreszenzmikroskopie zur Auffindung von säurefesten Bazillen. Amer. J. clin. Pathol. **19** (1949) 72. *165*

LINDLEY, H. W.: Wachstumserscheinungen im Diamant. Fortschr. Miner., Kristallogr., Petrogr. **21** (1937) 71. *127*

LINSBAUER, L.: Über Fluoreszenzerscheinungen an Wurzeln. Arch. Bot. **23** (1929) 441. *142, 192*

LINSER, H.: Fluorimetrische Bestimmung der Wasserstoffionenkonzentration. Biochem. Z. **244** (1932) 157. — 1932 — *80*

LINSKENS, H. F.: Papierchromatographie in der Botanik. Verlag Springer, Berlin 1955. *65*

LIPPERT, E.: Fluoreszenzspektroskopische Intensitätsmessungen. Angew. Chem. **68** (1956) 495. — 1956 — *45*

—, U. STEIGER und W. VOSS: Messung von Lumineszenzspektren mit Hilfe von Vergleichsstandards und eines registrierenden Wechsellicht-Spektralphotometers. Angew. Chem. **71** (1959) 460. — 1959 — *45*

LIPPTAG, W., und J. CZEKALLA: Die Beeinflussung der optischen Absorption von Molekülen durch ein äußeres elektrisches Feld. Z. Elektrochem. **65** (1961) 721, 727. *6*

LIST, P. H.: Photographie von Fluoreszenzen auf Papierchromatogrammen. Photographie und Wissenschaft **4** (1955) 23, 24. *65*

LITTERSCHEID, F. M.: Anwendung der Lumineszenzerscheinung bei der Untersuchung von Milchschmutz. Z. Unters. Lebensmittel **53** (1927) 263. — 1927a — *180, 181*

—: Anwendung der Lumineszenzerscheinung bei der Untersuchung von Trauben- und Obstweinen. Z. Unters. Lebensmittel **54** (1927) 294. — 1927b — *188*

—: Anwendung der Lumineszenzerscheinung bei der Untersuchung von Apfelkraut und Rübenkraut. Z. Unters. Lebensmittel **55** (1928) 175. — 1928 — *192*

LIVINGSTON, R., und A. C. PUGH: Über die Rolle des Triplettzustandes von Chlorophyll, welches in Reaktionen sensibilisiert wurde. Angew. Chem. **71** (1959) 409. *138*

LLOYD, F. E.: Die fluoreszierenden Farben der Pflanzen. Science [New York] **59** (1924) 241; Chem. Zbl. **1924**, II, 992. *137*

LOCHET, M. R.: Spektrale Analyse der Molekülfluoreszenz bei Zimmertemperatur. J. Phys. Radium **17** (1956) 10 bis 12; Chem. Zbl. **1957**, 8821. *6*

LOEHR, A. v: Untersuchungen von Edelsteinen mit dem Lumineszenzmikroskop. Tschermaks miner. petrogr. Mitt. **31** (1912) 35. *127*

LOEWE, F. H.: Die Fluoreszenzanalyse im Brauerei- und verwandten Gewerbe. Brauerei- u. Hopfen-Ztg. Gambrinus **64** (1937) 28. *193*

LÖWE, F.: Optische Messungen, in BERL/LUNGE: Chemisch-technische Untersuchungsmethoden, Bd. I, 8. Aufl., S. 888. *23, 46*

LOOS, ST.: Über das Vorkommen von Porphyrin in menschlichen Zähnen und Zahnstein. Z. Stomatol. **29** (1931) 1. — 1931 — *167*

—, und K. WILLVONSEDER: Untersuchung eines Bernsteinschmuckes der älteren Bronzezeit von Leopoldsdorf in Niederösterreich. Nachrichtenbl. für dtsch. Vorzeit **13** (1937) 204. — 1937 — *202*

LORSCHEID, O.: Über die elektrometrische Titration von Azofarbstoffen und ihren reduktiven Spaltprodukten, I. Azorubin und Echtrot E. Arch. Pharm. **293/65** (1960) 181. *138*

LUCAS, A.: Forensic Chemistry and Scientific Criminal Investigation. Arnold, London 1935. *202*

LUCAS, M. S.: Rev. quim. farm. [Rio de Janeiro] **10** (1945) 21. *133*

LÜCHOW, G., und S. OTTO: Beobachtungen an Gemüse und Obst unter der Analysenquarzlampe. Braunschw. Konservenztg. Nr. 20 u. 21 (1937). *191*

LÜDERS, H.: Lumineszenzfähige Aluminiumoxyde und ihre kristallochemischen Beziehungen zu den natürlichen und synthetischen Edelsteinen vom Korundtypus und deren Färbungen. Diss., Berlin 1935. *127*

LUFF, J. W., und W. A. PERLZWEIG: Das fluoreszierende Kondensationsprodukt von N^1-Methylnicotinamid und Aceton (Bestimmung von Urin). J. biol. Chemistry **167** (1947) 157. *172*

LUNDE, G., und F. STIEBEL: Über Fluoreszenz von Olivenölen. Angew. Chem. **46** (1933) 243. — 1933a — *185*

— —: Quantitative Fluoreszenzmessungen an Olivenölen. Avhandl. Norske Vidensk. Akad. Oslo, Nr. 3 (1933); Chem. Zbl. **1935**, I, 3615. — 1933b — *185*

—, H. KRINGSTAD und H. W. WEDDON: Über die Absorptionsfähigkeit von Olivenölen im Ultraviolett. Angew. Chem. **46** (1933) 796. — 1933c — *185*

LUSTIG, B., und G. BOTSTIBER: Zur Methodik der Untersuchung und Identifizierung von Fetten und Fettgemischen, I. Biochem. Z. **202** (1928) 81. *183*

LUTZ, R. E.: Die Bestimmung kleiner Zinkmengen in organischen Stoffen: ein mikrochemisches Verfahren, welches auf der Fluoreszenz von Zinksalzen bei Gegenwart von Urobilin beruht. J. ind. Hyg. **7** (1925) 273; Chem. Zbl. **1925**, II, 1545. *119*

MACH, F., und P. LEDERLE: Lumineszenzerscheinungen bei Phosphaten. Die Phosphorsäure **2** (1932) 623. *122, 125*

MACHT, F.: Die Untersuchung von Asphalt und Teer mit der Analysenquarzlampe. Erdöl u. Teer **7** (1931) 225. *156*

MACKAY, R. A.: Auffindung von Columbit durch Schmelzen mit einem Gemisch von Natriumbisulfat, Natriumfluorid und Fluoreszenzprüfung. Bull. Instn. Mining Metallurgy **60** (1951) 529. *126*

MAFEI, G. B.: Eßbare und giftige Pilze im Woodschen Licht. Atti dell'Instituto botanico dell'universita di Pavia, Ser. II, Vol. III, Febr. (1932). *144*

MAGAZANIK, E., und E. H. UMBERGER: UV in der Papierchromatographie. J. Amer. chem. Soc. **72** (1950) 2308. *135*

MALLET, L.: Lumineszenzerscheinungen im Verlauf von Oxydationsreaktionen in wäßrigen Lösungen. C. R. Acad. Sci. **185** (1927) 352; Chem. Zbl. **1927**, II, 1791. *21*

MALLINCKRODT-HAUPT, A. S. v.: Untersuchungen über die natürliche Hautfluoreszenz. Arch. Dermatol. **171** (1935) 469. *164*

MALOWAN, S. L.: Über Ultraviolett-Titration in der Analyse ätherischer Öle. Riechstoffind. u. Kosmetik **10** (1936) 199. *82*

MANCEAU, P., G. NETIEN und J. MONIN: Fluoreszenzmikroskopische Untersuchung von offiziellen und nicht offiziellen Pflanzenpulvern und einigen Drogen. Anwendung zur Feststellung von Verfälschungen. Bull. Sci. pharmacol. **49** (44) (1942) 129; Chem. Zbl. **1943**, I, 431. *144*

MANELLI, G.: Die β-Oxynaphthoesäure als Fluoreszenzindikator. Ann. Chim. appl. **31** (1941) 415; Chem. Zbl. **1942**, I, 1537. *78*

MANN, T. B.: Eine fluorimetrische Bestimmungsmethode für Riboflavin in Weißei und Eidotter. Analyst **71** (1946) 166. *171*

MANSFIELD, W. R.: Unsichtbare Ultraviolett-Fluoreszenz. Kinotechn. Rdsch. Heft **12** (1934) 201. — 1934 — *103*

—: Dokumente und Schriften im Ultraviolett. Photogr. J **75** (1935) 169. — 1935 — *202*

MARCELET, H.: Prüfung einiger Lebertranarten im Woodlicht. C. R. Acad. Sci. **186** (1927) 226; Chem. Zbl. **1928**, I, 1798. — 1927 — *28, 183*

—: Prüfung der Seetier-Öle mit dem Woodschen Licht. Chim. et Ind. **21** (1929) 527; Chem. Zbl. **1929**, II, 951. — 1929 — *28, 183*

—: Fluoreszenzspektrographische Analyse einiger pflanzlicher Öle im ultravioletten Licht. C. R. Acad. Sci. **190** (1930) 1120; Chem. Zbl. **1930**, II, 648. — 1930a — *185*

—, und H. DOBONO: Spektrographische Analyse derverschiedenen Fluoreszenz von Olivenöl mit ultravioletten Strahlen. C. R. Acad. Sci. **190** (1930) 1552; Chem. Zbl. **1930**, II, 1302. — 1930b — *185*

—: Prüfung des Chotesterins unter gefilterten ultravioletten Strahlen. Bull. Soc. Chim. biol. **15** (1933) 379; Chem. Zbl. **1934**, I, 3473. — 1933 — *133*

MARCHAL, P.: Untersuchungen über die Fluoreszenz der Seidenraupen (Bombyx mori) im Woodschen Licht. Beziehung zwischen Fluoreszenz und Ausbeute an Florenzer Haaren (crins de Florence). C. R. hebd. Séances Acad. Agric. France **20** (1934) 863; Chem. Zbl. **1935**, I, 823. *14, 157*

MARCILLE, R.: Reaktion der Öle im ultravioletten Licht. Ann. Falsifications **21** (1928) 189; Chem. Zbl. **1928**, II, 505. — 1929 — *184*

MARGAROT, J., und P. DEVÈZE: Ref. Zbl. Hauptkrankh. **19** (1926) 385; Bull. Soc. Sci. méd. et biol. Montpellier **6** (1926) 375. — 1925 — *164*

— —: Das Woodsche Licht in der Dermatologie. Ann. Dermatol. **10** (1929) 581; Zbl. Hautkrankh. **32** (1930) 205. *164*

MARGIVAL, F.: Die phosphoreszierenden Farben. Peintures, Pigments, Vernis **23** (1947) 7. *151*

MARIANI, A., und L. TENTORI: Rend. Ist. super. Sanità **11** (1948) 1176. *174*

MARKHAM, R., und J. D. SMITH: Der Nachweis der Nucleotide durch das Photoprintverfahren. Biochem. J. **45** (1949) 294; zitiert in F. CRAMER: Papierchromatographie, 4. Aufl., Verlag Chemie, Weinheim 1958, S. 141. *66*

MARSHALL, H. B., und A. M. BIRKS: Indische Papiere und Drucke, März (1944). *147*

MARTIN, F. W.: Ultraviolette Strahlenin der gerichtlichen Chemie. Analyst **59** (1934) 631 *198*

MARTIN, M. G.: Einige Anwendungen von Fluoreszenterscheinungen. Rev. gén. Matières colorantes, Blanchiment, Teinture, Impress., Apprêts **42** (1938) 81; Chem. Zbl. **1938**, I, 4110. *148*
MARTIN, P.: Qualitative und quantitative Untersuchungen über die Ausscheidung organischer Verbindungen aus den Keimwurzeln des Hafers. Naturwiss. **43** (1956) 227. *145*
MARTS, R. O.: Fluoreszenzmikroskopie zum Messen von Fibrillenwinkeln in Kieferntracheiden. Stain Technol. [Madison] **30** (1955) 243; Chem. Zbl. **1957**, 1507. *145*
MARX, TH., und F. MERKENSCHLAGER: Lumineszenzanalytische Studien an Kartoffelknollen. Landwirtsch. Jb. **76** (1932) 733. *192*
MASTIER, M.: Das Wood-Licht und die lumineszierenden Kunststoffe. Chim. et Ind. **43** (1939) 123; Chem. Zbl. **1941**, I, 2325. *151*
MATHUR, K. G., und S. S. BHATAGNAR: Fluoreszenz und photochemische Veränderung. Indian J. Phys. **3** (1928) 37; Chem. Zbl. **1928**, II, 2707. *24*
MATZKE, H.: Wissenschaftliche Entscheidung im Geigenkrieg. Z. Instrumentenbau **10** (1956) 330. *204*
MAUERSBERGER, E. A.: Kakaobutter und Quarzlampe. Chemiker-Ztg. **56** (1934) 861. *183*
MAURER, R.: Neue Methode zur Feststellung von Übermalungen an Kunstwerken und eine Neuerung auf dem Gebiete der Restaurierung derselben. Photogr. Korresp. **64** (1928) 200. — 1928 — *114, 204*
—: Heutige Gemäldeforschung. Umschau **33** (1929) 998. — 1929 — *114, 204*
—: Die Erhaltungsprüfung von Gemälden. Umschau **34** (1930) 683. — 1930 — *114, 204*
MAWSON, E. H., und S. Y. THOMPSON: Eine Mitteilung über die Bestimmung von Vitamin B_1 in Urin. Biochim. J. **43** (1948) 2, W II. *170*
MAXIMOW, SS. P., W. A. SCHAMBUROW und R. G. PANKINA: Zur Untersuchung der Lumineszenz von Erdöl und Bitumen mit Hilfe des vergleichenden Mikroskopspektrophotometers. Petroleum-Wirtsch. **34** (1956) 58; Chem. Zbl. **1957**, 5738. *156*
MAY, J.: Einfache Sporenkontrastfärbung mit Oxyparentrisulfosäure. Zbl. Bakteriol., Parasitenkde. Infektionskrankh., I. Abt. **152** (1947) 56. — 1947 — *165*
—: Zur fluoreszenzmikroskopischen Unterscheidung lebender und toter Bakterien mittels Acridinorangefärbung. Zbl. Bakteriol., Parasitenkde. Infektionskrankh., Abt. I, Orig. **152** (1948) 586. — 1948 — *165*
MAYER, R. M.: Über den Porphyrin- und Blutfarbstoffwechsel der Hefezelle. Z. physiol. Chem. **177** (1928) 47. — 1928 — *167*
—: Nachweis von Blutspritzern auf grünen Blättern. Dtsch. Z. ges. gerichtl. Med. **20** (1933) 577. — 1933 — *201*
MAZZA, L.: Über die Fluoreszenz von Cersalzen in Lösung. Ann. Chim. appl. **30** (1940) 47; Chem. Zbl. **1940**, II, 14. *121*
MEAD, J. A. R., J. N. SMITH und R. T. WILLIAMS: Untersuchungen über Entgiftung. 67 Mitt. Biosynthese der Glucuronide von Umbelliferon und 4-Methylumbelliferon und dessen Anwendung zur fluorimetrischen Bestimmung von β-Glucuronidase. Biochem. J. **61** (1955) 569; Chem. Zbl. **1957**, 9711. — 1955a — *175*
— — —: Die Wirksamkeit des Enzyms β-Glucuronidase. Biochem. J. **61** (1955) 569; Z. anal. Chem. (1956). — 1955b — *175*
MECHEELS, O.: Studien in der Naphthol-AS-Gruppe mit Hilfe der Lumineszenz der Naphtholate. Melliand Textilber. **12** (1931) 581. *24*
MEDINGER, P.: Zum Nachweis minimalster Blutspuren. Dtsch. Z. ges. gericht. Med. **20** (1932) 74. *201*
MEIRMEISTER, A., und F. BATTAY: Die Verfälschung von Süßweinen und ihr Nachweis durch Bestimmung der niederen Fettsäuren (Buttersäure). Deutsches Weinblatt, vom 10. 3. 1929. — 1929 — Z. Unters. Lebensmittel **61** (1931) 161. — 1931 — *187*
MELCZER, N.: Carcinom und Reizwirkung. Schweiz. med. Wschr. **79** (1949) 225; Chem. Zbl. **1950**, I, 892. *161*
MELHUISH, W. H.: Die Messung der absoluten Quantenausbeute der Fluoreszenz. New Zealand J. Sci. Technol., Sept. B **37** (1955) 142; Chem. Zbl. **1957**, 6392. *5*

MELLET, R., und M. A. BISCHOFF: Anwendung der Färbe-Methode zum Sichtbarmachen von entfernten Schriften. C. R. Acad. Sci. **181** (1925) 868; Chem. Zbl. **1926**, I, 1916. — 1925 — *199*

— —: Chemische Reaktionen und volumetrische Titrationen. C. R. Acad. Sci. **182** (1926) 1616; Chem. Zbl. **1926**, II, 1552. — 1926 — *18, 21*

— —: Anwendung der filtrierten ultravioletten Strahlen zur qualitativen Analyse und Kontrolle von pharmazeutischen Produkten und Medikamenten. Pharm. Acta Helv. **4** (1929) 135; Chem. Zbl. **1929**, II, 2804. — 1929 — *18, 21*

MENAKER, G. J., und M. L. PARKER: Fluorescein, ein Hilfsmittel in der Chirurgie der Gallenblase und der Gallenwege. Surgery **27** (1941) 1; ref.: Med. Klin. **34** (1950) 1065. *161*

MENT, J. DE: Über die Fluoreszenzanalyse des Petroleums. Oil Weekly **101** (1941) 16 u. **103** (1941) 17; Chem. Zbl. **1941**, II, 1226. — 1941 — *155*

—: Fluorochemistry. Chemical Publ. Co., Brooklyn 1945. — 1945 — *4, 135, 136*

MENTE, O.: Die ultravioletten Strahlen in der Photographie. Z. Reproduktionstechn. **15** (1913) 42, 58. *114*

MENZEL, E. A.: Zur Brauchbarkeit der Prüfung von Fleisch im filtrierten UV-Licht auf Reifungs- und Fäulnisporphyrine. Diss., Tierärztl. Hochschule, Hannover 1949. *178*

MERKER, E.: Die Durchlässigkeit des Chitins für ultraviolettes Licht. Verh. dtsch. Zool. Ges. **33** (1929) 181 (Zool. Anz., Suppl. 4). — 1929 — *169*

—: Die Sichtbarkeit ultravioletten Lichtes und die Fluoreszenz der Augenlinsen bei Wirbeltieren. Eine vergleichende Studie. Zool. Jb. Physiol. **45** (1928) 535. — 1928 — *162*

—: Die Fluoreszenz der von Pflanzen und Tieren bewohnten Gewässer und ihre verminderte Lichtdurchlässigkeit. Naturwiss. **19** (1931) 433. — 1931a — *22, 164, 189*

—: Die Fluoreszenz und die Lichtdurchlässigkeit der bewohnten Gewässer. Zool. Jb. Physiol. **49** (1931) 69. — 1931b — *22, 164, 189*

MERZ, J. L.: Über den Nachweis der Verfälschung von Spalterbsen mit Kichererbsen. Ber. Untersuchungsanstalt f. Nahrungs- u. Genußmittel d. österr. Apothekerver. (1934), ref: Z. Unters. Lebensmittel **72** (1936) 585; Das Lebensmittel-Laboratorium Heft 1 (1934). *144, 192*

MERZ, K. W.: Über das Cichoriin und die Konstitution des Aesculins und des Scopolins. Arch. Pharm. **270** (1932) 482. — 1932 — *139*

—, und R. FRANCK: Chromatographische Adsorptionsanalyse in der Pharmazie. Quantitative Untersuchung einiger alkaloidhaltiger Arzneizubereitungen. Arch. Pharm. **275** (1937) 345. — 1937 — *139*

—, und A. HOFFMANN: Zum Nachweis geringer Mengen methoxylfreier Chinaalkaloide in Chinin und Chinidin. Arch. Pharm. **276** (1938) 388. — 1938 — *139*

METZ, L.: Chemische Prüfverfahren für Kunststoffe. Kunststoffe **27** (1937) 267; Chem. Zbl. **1938**, I, 1678. *151*

METZNER, P.: Über das optische Verhalten der Pflanzengewebe im langwelligen ultravioletten Licht. Planta, Arch. wiss. Botanik **10** (1930) 281. — 1930a — *116*

—: Über die Abgabe fluoreszierender Stoffe durch quellende Samen und Früchte. Biochem. Z. **224** (1930) 448. — 1930b — *142*

MEUNIER, L., und A. BONNET: Über die Fluoreszenz des Fisetins im Woodschen Licht. Anwendungen. C. R. Acad. Sci. **180** (1925) 2038; Chem. Zbl. **1925**, II, 1637; J. internat. Soc. Leather Trades Chemists **9** (1925) 340; Chem. Zbl. **1926**, I, 554. — 1925a — *24*

— —: Über die Fluoreszenz der pflanzlichen Farbstoffe. C. R. Acad. Sci. **181** (1925) 465; Chem. Zbl. **1926**, I, 591. — 1925b — *145, 146*

—, und A. JAMET: Fluoreszenz der Acetonextrakte von Gerbmitteln. J. internat. Soc. Leather Trades Chemists **10** (1926) 166; Chem. Zbl. **1926**, II, 2140. — 1926 — *24, 145*

—, und R. REY: Die Bestimmung des isoelektrischen Punktes der Wolle und des Fibroins der Seide. Anwendungen. C. R. Acad. Sci. **184** (1927) 285. — 1927 — *24*

MEYER, H., und E. O. SEITZ: Ultraviolette Strahlen. Walter de Gruyter & Co., Berlin 1949. *10, 18, 29*

MEYER, J., und SAIDMANN: Anwendungen der Woodschen Lampe zur Diagnose in der Dermatologie. Dermatol. Wschr. **82** (1926) 404; Dermatol. Z. **47** (1926) 206. *164*

MEYER, W.: Beiträge zur Frage der Behandlung und Verhütung beruflicher Hautkrankheiten, besonders in der chemischen Industrie. Chemiker-Ztg. **61** (1937) 1009. *164*

MEZGER, O., A. SCHREMPF und M. VOLKMANN: Über die Kunstsahne „Gradin". Süddtsch. Molkerei-Ztg. **50** (1929) 1360. — 1929a — *182*

—: Untersuchungen an Schriftstücken und Briefumschlägen. Chemiker-Ztg. **53** (1929) 965, 1006. — 1929b — *199*

MEZZADROLI, G., und E. VARETON: Einfluß der Strahlung von Wood auf die Keimung der Samen und das Wachstum der Pflanzen. Atti R. Accad. Lincei [Roma], Rend. (6) **10** (1929) 281 u. (6) **11** (1930) 316; Chem. Zbl. **1930,** I, 3130 u. **1930,** I, 3683. — 1929 — *192*

MICHAELIS, H. F., und H. H. STRAUB: VIII. Mitt. Trainung und Adrenalinspiegel des Blutes bei konstanter Leistung. Arbeitsphysiologie **14** (1949) 82. *55, 174*

MICHEL, H.: Die Lumineszenzerscheinungen von Perlen im ultravioletten Licht. Dtsch. Goldschmiede-Ztg. Nr. **16** (1926). — 1926a — *127*

—: Die künstlichen Edelsteine. Verlag Wilh. Diebener GmbH., Leipzig 1926. — 1926b — *127*

MIELKE, S.: Experimentelle Untersuchungen zur Frage Schädigung des Auges durch intraokulare Fremdkörper aus Aluminium und seinen Leitlegierungen. Gräfes Arch. f. Ophthalmol. **146** (1943) 510. *163*

MIETHE, A., und A. BORN: Die Fluographie von Fossilien. Paläont. Z. **9** (1928) 343. *100 126*

MIETHE, H.: Über die Photographie von Fossilien bei ihrem eigenen Fluoreszenzlicht. Photogr. Korresp. **63** (1927) 69. *90, 106*

MIETZSCH, F., und H. MAUSS: Gegen Malaria wirksame Acridinverbindungen. Angew. Chem. **47** (1934) 636. *134*

MIGLIACCI, D.: Über die Ursachen der Fluoreszenz von Milch und Wein im ultravioletten Licht. Boll. chim. farm. **67** (1928) 673; Chem. Zbl. **1929,** I, 1061. *187*

MILES, J. W., und D. T. ENGLIS: Analyse von Mischungen von Theobromin und Coffein mit Hilfe einer spektrophotometrischen Methode. J. Amer. pharm. Assoc., sci. Edit. **43** (1948) 589. *190*

MILLER, G. D., J. A. JOHNSON und B. S. MILLER: Eine fluorometrische Mikromethode zur Bestimmung von Tryptophan. Anal. Chemistry **28** (1956) 884; Chem. Zbl. **1957,** 9475. *175*

MILLSON, H. E., und H. E. MILLSON jr.: Bemerkenswerte Beobachtungen über die außerordentliche Dauer von Phosphoreszenzen in Mineralien. J. opt. Soc. Amer. **40** (1950) 430. — 1950 — *126*

—: Fluoreszierende Farbstoffe für Kunststoffe. Amer. Dyestuff Rep. **29** (1940) 579. — 1940 — *152*

—, und C. C. CANDEE: Fluoreszierende Farbstoffe für Kunststoffe. Mod. Plastics **21** (1943) 126. — 1943 — *152*

—, und E. I. STEARNS: Anwendungsgebiete fluoreszierender Farbstoffe. Amer. Dyestuff Rep. **37** (1948) 423. — 1948 — *152*

MILNER, M., D. L. BARNEY und J. A. SHELLENBERGER: Die Anwendung von selektiven Fluoreszenzfärbungen zum Erkennen von Insekteneiern im Getreidekorn. Science [New York] **112** (1950) 791; Chem. Zbl. **1951,** I, 3401. *192*

MINARD, D., und M. EICHER: Benutzung von Fluorescein für das Studium von Infektionen und der Zirkulation in Geweben. Med. Proc. **9** (1950) 90. *161*

MITCHELL, C. A.: Tinten und ultraviolettes Licht. Analyst **55** (1930) 746; Chem. Zbl. **1931,** I, 728. — 1930 — *199*

—: Wissenschaftliche Beweisführung in kriminellen Fällen mit Hilfe von Schriftstücken. Analyst **57** (1932) 144; Chem. Zbl. **1932,** I, 3473. — 1932 — *199*

—: Rasuren im ultravioletten Licht. Analyst **58** (1933) 532; ref.: Z. anal. Chem. **98** (1934) 384. — 1934 — *199*

MITSCHELL, C. A.: Urkunden und ihre wissenschaftliche Erforschung. Griffin, London 1935. — 1935 — *202*

—: Tinten. Griffin, London 1937. — 1937 — *202*

MÖCKEL, P.: Über Modellsubstanzen für Untersuchung der Wirkung intermittierender Belichtung. Naturwiss. **46** (1959) 537. *6*

MÖNIG, H., und H. KRIEGEL: Die Einwirkung von UV-Strahlung auf cancerogene Kohlenwasserstofflösungen bei Zusatz von Benzoylperoxyd. Naturwiss. **44** (1957) 115. *132*

MOHLER, H., und J. HARTNAGEL: Über den Nachweis der Stempelentfernung bei Eiern. Mitt. Lebensmittelunters. Hyg. **25** (1934) 265. — 1934 — *180*

—, und W. HÄMMERLE: Über die Bukettstoffe des Kirschenwassers. Mitt. Lebensmittelunters. Hyg. **26** (1935) 70. — 1935 — *188*

— —: Über Kirschwasser. IV. Konstitutionelle u. analytische Eigenschaften des Kirschwasserbuketts. Z. Unters. Lebensmittel **72** (1936) 504. — 1936 — *188*

MOHRMANN, B., und S. STRUGGER: Die fluoreszenzmikroskopische Unterscheidung lebender und toter Spirochäten. (Spirochaeta pallida) mittels der Acridinorangefärbung. Dermatol. Wschr. **115** (1942) 669; Chem. Zbl. **1942**, II, 2485. *165*

MOLANUS, B. H.: Untersuchungsmethoden bei der Bestimmung der Qualität der Eier. Holl. Diss.; ref.: Berliner tierärztl. Wschr. (1936) 812. *179*

MOORE, G. E.: Science [Washington] **106** (1947) 130; **107** (1949) 369. *160*

MORAN, J. J., und H. I. STONEHILL: Ausbleichen und Schädigungsauslösung bei anthrachinoiden Küpenfarbstoffen. 2. Mitt.: Fluoreszenz, Absorptionsspektren und Stabilität gegenüber Licht von gefärbten Filmen. J. chem. Soc. [London] (1957) 779; Chem. Zbl. **1957**, 9866. *152*

MOREAU, F., und A. DUSSEAU: Prüfung der Fluoreszenz verschiedener Organe und verschiedener Pflanzenprodukte. Bull. Soc. bot. France **81** (1934) 247; Chem. Zbl. **1935, I,** 446. *144*

MOREDOD, R.: Untersuchung über Trockenbeerweine. Ann. Falsifications **22** (1929) 524; Chem. Zbl. **1930**, I, 1234. *187*

MORELL, D. B., und E. C. SLATER: Die fluorimetrische Bestimmung von Riboflavin in Urin. Biochem. J. **40** (1946) 652. *171*

MORGAN, R. S., und K. MACLENNAN: Die Fluoreszenz einiger Vitamin A enthaltender Fette. Biochem. J. **22** (1928) 1514. *35, 185*

MORRIS, V. N.: Fluoreszenz von Kautschuk und Kautschukfüllstoffen. Ind. Engng. Chem. **26** (1934) 107; Chem. Zbl. **1934, I**, 2834. *152*

MOSQUERA, G. V.: Gehaltsbestimmung bei Mutterkorn. An. Real Acad. Farm. **15**, 2 (1949) 261. *145*

MOTOJIMA, K.: Bestimmung von Beryllium mit Hydroxychinaldin. Bull. chem. Soc. Japan **29** (1956) 75; Z. anal. Chem. **156** (1957) 135. *119*

MOTTINI, I.: Anwendung von Woodschem Licht auf Lacke. Vernici **18** (1942) 237; Chem. Zbl. **1942**, II, 2646. *149*

MOUREU, CH., CH. DUFRAISE und P. M. DEAN: Über einen farbigen Kohlenwasserstoff: das Rubren. C. R. Acad. Sci. **182** (1926) 1440; Chem. Zbl. **1926**, II, 890. *24*

MÜLLER, E.: Ultraviolette Strahlen als Hilfsmittel beim Prüfen von Briefmarken. Die Postmarke (1926) 120. *198*

MÜLLER, J. A.: Über den Nachweis von Isopropylalkohol in Myrrhentinktur. Dtsch. Apotheker-Ztg. **53** (1938) 1328. *139*

MÜLLER, K., E. VOGT und A. RAESCH: Neue Methoden zum Nachweis von Obstwein in Traubenwein. Z. Unters. Lebensmittel **53** (1927) 331. *188*

MÜLLER, R.: Beobachtungen über den Lactoflavingehalt der Frauenmilch und seine Beeinflussung durch die Ernährung. Klin. Wschr. **16** (1937) 807. *180*

MÜNCHBERG, F.: Beitrag zur Keimzahlbestimmung in Milch nach dem Objektträgerkulturverfahren. Wiener tierärztl. Mschr. **36** (1949) 733. *181*

MUIR, J.: Technische Anwendung der Prüfung mit ultravioletter Bestrahlung. I. Einführung: Apparate und allgemeine Methode. Ind. Chemist chem. Manufacturer 8 (1932) 324; Chem. Zbl. **1932**, II, 3443. — 1932a — *148*

II. Textilindustrie. Ind. Chemist chem. Manufacturer 8 (1932) 348; Chem. Zbl. **1933**, I, 335. — 1932b — *148*

MURTY, N. N., und H. K. SEN: Die fluorimetrische Bestimmung des Säure- und Verseifungswertes von Lack. Analyst **63** (1938) 181; Chem. Zbl. **1938**, I, 454. *149*

MUSHER, S.: Analysenmethode für Olivenöl. Oil Fat Ind. **5** (1928) 356. Chem. Zbl. **1929**, I, 1064. — 1928 — *184*

—, und C. E. WILLOUGHBY: Untersuchungsmethoden für Olivenöl, II. Oil Fat. Ind. **6** (1929) 15; Chem. Zbl. **1929**, II, 1871. — 1929 — *184*

MUSSO, H., und H. G. MATHIES: Über die Fluoreszenz der Orceinfarbstoffe. Naturwiss. **46** (1959) 15. *138*

MUTHANNA, M. C., und B. MUKERJI: Entdeckung von Verfälschung in Ghee (geklärter Butter) durch Ultraviolettfluoreszenztechnik. Current Sci. **9** (1940) 120; Chem. Zbl. **1940**, I, 3864. *182*

NAGELSCHMIDT, F.: Ultraviolettlicht und Biolumineszenz. Amer. J. phys. Therap. **5** (1928) 222. *164*

NAGLE, P. G.: Die Quecksilberdampflichtbogenlampe, ihre Anwendung in einer Gummiwarenfabrik. Trans. Rubber Ind. **3** (1927) 304; Chem. Zbl. **1928**, I, 1812. *152*

NAJJAR, A., und L. E. HOLT: Die Ausscheidung spezifischer fluoreszierender Stoffe im Harn bei Pellagra. J. biol. Chemistry **140** (1941) 96; Chem. Zbl. **1942**, I, 2286. *162*

NAKAMURA, S., und H. STEGEMANN: Die photographische Registrierung von fluoreszierenden Papierchromatogrammen. Photographie und Wissenschaft **4** (1955) 25. *64*

NAKANISHI, M.: Fluoreszenzanalyse von Uran mit der Fluoridmethode. Bull. chem. Soc. Japan **23** (1950) 61. *124*

NANNINGA, L., und B. BINK: Auffindung von Natriumgentisat durch Fluoreszenzchromatographie. J. Amer. chem. Soc. **168** (1951) 389. *134*

NASINI, A. G.: Beobachtungen bei der Analyse von Fetten im Woodschen Licht. Ann. Chim. appl. **19** (1929) 46; Chem. Zbl. **1929**, I, 2490. — 1929a — *185*

—: Ist die Fluoreszenz raffinierter Öle im Ultraviolett eine genügende Prüfung zur Unterscheidung dieser Öle von gepreßten Olivenölen? Ind. saponiera **24** (1929) 18; Chem. Zbl. **1929**, II, 1608. — 1929b — *185*

—, und P. DE CORI: Beispiele der Titration im Woodschen Licht. Atti III. Congr. naz. Chim. pur. appl., Firenze e Toscana **1929** (1930) 668; Chem. Zbl. **1931**, I, 2088. — 1930 — *79, 80, 81, 82*

NAYLOR, W. E., und A. SURFLEET: Prüfung der Kreidearten unter ultraviolettem Licht. Pharm. J. (4) **130** (1936) 82, 261; Chem. Zbl. **1936**, I, 4941. *126*

NEEKALANATAM, I. K., und G. VISWANATH: Fluoreszenzänderungen in Abhängigkeit vom pH-Wert von 16 verschiedenen Cumarinderivaten. Current Sci. **19** (1950) 15 bis 16, 27. *81, 134*

NELSON, L. B., und D. J. STORMONT: Bestimmung von mehrkernigen aromatischen Kohlenwasserstoffen in Petroleumwachsen. Chem. and Ind. **14** (1960) 561. *197*

NEPORENT, B. SS., und A. I. INJUSCHIN: Fluoreszenz- und Phosphoreszenzspektren von Phthalimid und seinen Derivaten in gefrorenen Lösungen. Доклады Академии Наук СССР [Ber. Akad. Wiss. UdSSR] (N. S.) **98** (1954) 197 bis 200; Chem. Zbl. **1955**, 8817. — 1954 — *5*

—, W. P. KLOTSCHKOW und C. A. MITOWILOW: Verdünnung der Fluoreszenzspektren von Phthalimidderivaten beim Übergang von Dämpfen zu Lösungen über den kritischen Zustand. Журнал Физической Химии [J. phys. Chem.] **29** (1955) 305 bis 313; Chem. Zbl. **1957**, 9314. — 1955 — *5*

—: Zur Frage der Struktur der kontinuierlichen Spektren von komplizierten Molekülen. Журнал Фузической Химии [J. phys. Chem.] **30** (1956) 1048 bis 1061; Chem. Zbl. **1957**, 9314. — 1956 — *5*

NESENI, R.: Fluoreszenzerscheinungen im ultravioletten Licht bei ausgebratenem Schweinefett. Z. Unters. Lebensmittel **67** (1943) 192. — 1934a — *183*
—: Untersuchung von Erbsen. Z. Unters. Lebensmittel **67** (1934) 195. — 1934b — *192*
NEUE, R.: Ein Nachweis für Chinasäure. Naturwiss. **45** (1958) 286. *134*
NEUGEBAUER, H.: Die Identifizierung homöopathischer Potenzen von Kamala. Zbl. Pharm., Wiss.-prakt. Heft, Juni (1933). — 1933a — *139*
—: Die Kapillar-Lumineszenzanalyse im pharmazeutischen Laboratorium. Verlag Dr. Willmar Schwabe, Leipzig 1933. — 1933b — *139*
—: Methoden zur Untersuchung homöopathischer Streukügelchenpräparate. Dtsch. Apotheker-Ztg. **49** (1934) 403. — 1934a — *139*
—: Die Identifizierung homöopathischer Potenzen von Aloe. Pharm. Acta Helvetiae Nr. 4 (1934). — 1934b — *139*
—: Beiträge zur Identifizierung von homöopathischen Potenzen von Rubia tinctorum und Urannitrat (holländ.). Pharm. Weekbl. Nr. 27 (1934). — 1934c — *139*
—: Die Identifizierung homöopathischer Zubereitungen von Rheus Toxicodendron. Dtsch. Apotheker-Ztg. **50** (1935) 1112. — 1935 — *139*
—, und K. BRUNNER: Zur Wertbestimmung von Chelidonium. Pharm. Zentralhalle **78** (1937) 17. — 1937 — *139*
NEUMANN, R.: Über Fluoreszenzleuchten. Electronic Engng. **62** (1943) 155, 202, 247, 300. *17*
NICHOLAS, R. E., und C. RIMINGTON: Porphyrine. Biochem. J. **45** (1949) 208; zitiert in F. CRAMER: Papierchromatographie. 4. Aufl., Verlag Chemie, Weinheim 1958, S. 183. *66*
NICHOLS, E. L., und E. MERRIT: Die Energieverteilung in Fluoreszenzspektren. Phys. Rev. **30** (1910) 328. — 1910 — *33*
—, und M. K. SLATTERY: Uran als Aktivator. J. opt. Soc. America **12** (1926) 449; Chem. Zbl. **1926**, II, 1374. — 1926 — *123*
NICOLAISEN-SZUPIN, L., und N. NICOLAISEN: Studien zur Charakterisierung von Schäden bei der Kaltlagerung von Äpfeln, insbesondere von Gefrierschäden. Kältetechnik **11** (1958) 44. *191*
NIEDERHOFF, P., und G. HOLLAND: Über eine durch Fluoreszenzlicht nachweisbare Substanz im menschlichen Harn. Klin. Wschr. **12** (1933) 1184. *162*
NIELAND, H.: Beiträge zur Mineralogie und Petrographie des Katzenbuckels i. O. Neues Jb. Miner., Geol. Paläontol., Beilage-Bd., Abt. A **63** (1931) 83. *126*
NIETHHAMMER, A.: Über den qualitativen Nachweis von Fetten und deren Bestandteilen, unter Hervorhebung von Mikromethoden. Biochem. Z. **209** (1929) 447. — 1929a — *185*
—: Die Prüfung der Waren- und Samenproben unter der Analysenquarzlampe. Z. Unters. Lebensmittel **57** (1929) 354. — 1929b — *192*
NIETSCH, B.: Nachweis von Erdölprodukten in natürlichen Wässern durch Fluoreszenz. Mikrochim. Acta [Wien] (1956) 171 bis 178; Chem. Zbl. **1957**, 4798. — 1956a — *156*
—: Bestimmung von Spuren von Erdölprodukten in natürlichen Wässern. Mikrochim. Acta [Wien] (1956) 171 bis 178; Z. anal. Chem. **154** (1956) 191. — 1956b — *156*
NOACK, K.: Über den Zustand des Chlorophylls in der lebenden Pflanze. Biochem. Z. **183** (1927) 135. *24*
NOERING, M.: Der qualitative Porphyrin-Nachweis. Z. ges. innere Med. Grenzgebiete **4** (1949) 182; Chem. Zbl. **1950**, I, 443. *168*
NOGIER: Die Nutzbarmachung des Woodschen Lichtes zur Diagnostik der Hautausschläge. Arch. electr. méd. **33** (1925); Zbl. Hautkrankh. **19** (1926) 386. *163*
NOPITSCH, M.: Die Anwendung der ultravioletten Strahlen in der textilchemischen Unterrichtspraxis. Melliand Textilber. **9** (1928) 136, 241, 330. — 1928a — *148*
—: Die Erkennung der Kunstseiden mit Hilfe der ultravioletten Strahlen. Kunstseide **10** (1928) 321. — 1928b — *148*
NORMAN, R. W. VAN, C. S. FRENCH und F. D. H. MACDOWALL: Fluoreszenzspektren von verschiedenen roten Seealgen. Plant Physiol. **23** (1948) 455. *161*

NOSS, F.: Über eine Unterscheidung von Natron- und Sulfitzellstoff. Papierfabrikant (1932) 541. — 1932 — *36*

—, und H. SADLER: Beitrag zur mikroskopischen Unterscheidung von Natron- (Sulfat-) und Sulfitzellstoff mit Hilfe der primären und sekundären Fluoreszenz. Papierfabrikant **31** (1933) 413. — 1933 — *147*

NOVACEK, E., und J. HÖKL: Untersuchungen von Mischungen verschiedener Fette im filtrierten ultravioletten Licht der Hanauer Quarzlampe. Z. Fleisch- und Milchhyg. **42** (1931) 47. *182*

NOWAK, A.: Die Eigenschaften und Verwertungsmöglichkeiten des Holzes. Ref.: Z. angew. Chem. **43** (1930) 93. *143*

OBENAUER, K.: Über die Änderung der Lumineszenzfarbe auf frischen Spaltflächen des Kalkspates. Zbl. Miner. Geol. Paläont., Abt. A (1935) 357. — 1935a — *126*

—: Das Verhalten gefärbter Achate im ultravioletten Licht. Dtsch. Goldschmiede-Ztg. **38** (1935) 384. — 1935b — *127*

OBERTO, S.: Die Fluoreszenz der Vulkanisation. Rubber Chem. Technol. **11** (1938) 310; Chem. Zbl. **1938**, II, 2356. — 1938 — *152*

—: Alterungsfluoreszenz von vulkanisiertem Kautschuk I u. II. Gummi-Ztg. **53** (1939), 138, 166; Chem. Zbl. **1940**, I, 3714. — 1939 — *152*

OBRAN, G., und J. STITZ: Die Fluoreszenz der Honige im ultravioletten Licht. Z. Unters. Lebensmittel **56** (1928) 467. *190*

OHL, F.: Das filtrierte u. ultraviolette Licht als analytisches Hilfsmittel in Textilbetrieben. Kunstseide u. Zellwolle **21** (1939) 162; Chem. Zbl. **1939**, II, 766. *148*

OHNESORGE, W. E., und L. B. ROGERS: Fluorimetrische Bestimmung von Thiamin und Riboflavin in Mischungen. Anal. Chemistry **28** (1956) 1017; Z. anal. Chem. **155** (1957) 71. *172*

OKA, S.: Die durchsichtigen Kristalle der Kaliumhalogenide. J. Soc. chem. Ind., Japan, **36** (1933) 141 B; Chem. Zbl. **1934**, II, 400. — 1933a — (Suppl.) *118*

—, und S. YAGI: Über die Fluoreszenz von sogenanntem „Spezialsalz“. J. Soc. chem. Ind., Japan (Suppl.) **36** (1933) 143 B; Chem. Zbl. **1934**, II, 400. — 1933b — *118*

OKABE, H., und W. A. NOYES: Die relativen Fluoreszenz- und Phosphoreszenzintensitäten von gasförmigem Diacetyl. J. Amer. chem. Soc. **79** (1957) 801, 806; Chem. Zbl. **1957**, 7599. *129*

OKAC, A., und J. HORAK: Neue Fluoreszenzindikatoren für Neutralisationstitrationen. Chem. Listy **50** (1956); Chem. Zbl. **1957**, 5660. *82*

OKEANOWA, G. F.: Über Erfahrungen mit der Fluoreszenzbestimmung der Porphyrine im Harn. Лабораторное Дело [Laboratoriumswesen] **4** (1956) 9, 10; Z. anal. Chem. **155** (1957) 6. *169*

OKU, M.: Die natürlichen Farbstoffe der Rohseidenfaser aus inländischem Cocon. X. Beziehung zwischen Fluoreszenzfarben von Cocons und denen der Naturfarbstoffe der Cocons bei Bestrahlung mit filtriertem, ultraviolettem Licht. Bull. agric. chem. Soc. Japan **11** (1935) 9; Chem. Zbl. **1935**, II, 3780. *157*

OPITZ, H., und BREHME: Zur Frage der quantitativen Urobilinbestimmung in menschlichen Exkreten. Z. exper. Med. **41** (1924) 681. *36, 169*

ORENSTON, T. C. J.: Auffindung von Trinitrotoluol in Sprengstoffen durch Fluoreszenzchromatographie. J. Soc. chem. Ind. **68** (1949) 54. *156*

OSTER, G., und Y. NISHIJIMA: Fluoreszenz und innere Rotation: Ihre Abhängigkeit von der Viskosität des Mediums. J. Amer. chem. Soc. **78** (1956) 1581; Chem. Zbl. **1957**, 1631. — 1956 — *5*

—: Durch Farbstoffe sensibilisierte Photoreduktionen und Photooxydationen. Angew. Chem. **70** (1958) 510. — 1958 — *6, 138*

OSTWALD, W.: Einführung in die Farbenlehre. Reclams Universalbibliothek Nr. 6041/44. *4, 36*

OTTO, H., und F. RÜHMEKORB: Quantitative Bestimmung des Vitamins B_1 in Körperflüssigkeiten durch Messung der Lumineszenzstärke mit dem Stufenphotometer. Klin. Wschr. **17** (1938) 1246. *170*

PACKBIER, A.: Die Lumineszenz unter der Analysen-Quarzlampe, ein diagnostisches Hilfsmittel zur Feststellung krankhaft veränderter Milchproben. Münchner tierärztl. Wschr. **86** (1935) 531. *181*

PALENI, A.: Fluoreszenz und Farbe von Olivenölen. Ann. Chim. **32** (1942) 189; Chem. Zbl. **1942**, II, 2439. *185*

PALIT, S. R., und B. BISWAS: Langsames Verschwinden der Fluoreszenz von Thionin nach Zugabe von Abietinsäure. Nature [London] **176** (1955) 214; Chem. Zbl. **1957**, 1631. *138*

PALMAS, E. D., und W. C. ALFORD: Berylliumbestimmung in biologischem Material. U. S. Public Health Service **181** (1945) 10; ref.: Z. anal. Chem. **128** (1948) 329. *119*

PANNIER, M. R.: Mehl mit Beimischung von Mehl aus denaturiertem Getreide. Nachweis des Farbstoffs. Ann. Falsifications, Fraudes **27** (1934) 293; Chem. Zbl. **1934**, II, 2766. *193*

PARKER, C. A., und W. G. BARNES: Fluorimetrische Untersuchungen an einer vielseitig verwendbaren Meßanordnung, Z. anal. Chem. **164** (1959) 346; Analyst **82** (1957) 606. — 1957 — *40*

—: Ramanspektren in der Spektrofluorimetrie. Z. anal. Chem. **175** (1959) 36; Analyst **84** (1959) 446. — 1959 — *56, 189*

— und W. J. BARNES: Spektrofluorimetrie von Schmierölen, Bestimmung von Ölnebeln in der Luft. Z. Unters. Lebensmittel **113** (1960) 186; Analyst **85** (1960) 3. — 1960 — *156*

PARRY, E. J.: Olivenöl. Chemist and Druggist **111** (1929) 92; Chem. Zbl. **1929**, II, 1361. *185*

PARTRIDGE, S. M.: Anilinphthalat als Reagens auf Zucker, in F. CRAMER: Papierchromatographie. 4. Aufl., Verlag Chemie, Weinheim 1958, S. 117; Nature [London] **164** (1949) 443. *66*

PASCHOUD, H.: Behandlung der eitrigen Peritonitis. Einführung zur Anwendung des Ultravioletts in der operativen Chirurgie. Rev. Medicale Suisse Romande **54** (1934) 8. — 1934 — *160*

—: Der neue Jugelansatz. Zahnärztl. Rdsch. Nr. **26** (1937); ref.: Umschau **42** (1938) 502. — 1938 — *160*

PATRIC, R., und J. F. H. WRIGHT: Analyst **74** (1949) 303, W II. *170*

PATTON, R. L., und R. L. METCALF: Der Nachweis der protozoischen Parasiten der Vogelmalaria im Fluoreszenzmikroskop. Science [New York] (N. S.) **98** (1943) 184; Chem. Zbl. **1944**, I, 1047. *165*

PATTON, A. P., und E. H. FOREMANN: pH-Fluoreszenz von pyrolysierten Aminosäuren. Science [New York] **107** (1948) 113; Chem. Zbl. **1948**, II, 527. *130*

PATTON, A. R., und P. CHISM: Fluoreszenzchromatographische Studien über die nicht durch Enzyme hervorgerufene Bräunung von Zuckern. Nature [London] **167** (1951) 406. *190*

PAULI, W. E.: Untersuchung über die künstlich vergrößerte Durchlässigkeit der Haut für die kurzwelligen Strahlen des Spektrums und über die Eigenstrahlung (Fluoreszenz) der Haut bei Bestrahlung mit ultraviolettem Licht. Strahlentherapie **26** (1927) 577; Ber. ges. Physiol. **44** (1928) 606. *164*

PAVOLINI, T.: Beiträge zur Kenntnis der Farbreaktionen des Sesamöls. Ind. Olii minerali grasse **10** (1930) 41; Chem. Zbl. **1931**, I, 179. — 1930 — *184*

PEACOCK, F. R.: Quantitative Angaben über Gewebsreaktionen bei Bestrahlung mit ultraviolettem Licht. Lancet **209** (1925) 369; Ber. ges. Physiol. **35** (1926) 204. — 1926 — *5, 169*

—, und S. WRIGHT: Die Wirkung des Lichtes auf Lebertran. J. Physiol. **61** (1926) 36; Chem. Zbl. **1926**, II, 1972. — 1926a — *183*

—: Die Wirkung des Lichtes auf Lebertran. Lancet **211** (1926) 238; Chem. Zbl. **1926**, II, 2078. — 1926b — *183*

PEKERMAN, F. M.: Untersuchung der Löscheffekte von Farben und aromatischen Kohlenwasserstoffen. C. R. (Doklady) Acad. Sci. URSS **52** (1946) 405. *98*

PENTA, F.: Über die Fluoreszenz von Lösungen fossiler Kohlen in organischen Lösungsmitteln. Boll. Soc. Naturaliste Napoli **48** (1937) 87. *156*

PERNER, E. S.: Die Methoden der Fluoreszenzmikroskopie, in Handbuch der Mikroskopie in der Technik, Band I, Teil 1, Umschau Verlag Frankfurt/M. 1957. *109*

PERRIN, F.: Das Gesetz von der Abnahme der Fluoreszenzvermögens als Funktion der Konzentration. C. R. Acad. Sci. **178** (1924) 1978; Chem. Zbl. **1924**, II, 1057. — 1924a — *6, 49*

—: Die Rolle der Viskosität bei Fluoreszenzerscheinungen. C. R. Acad. Sci. **178** (1924) 2252; Chem. Zbl. **1924**, II, 1441. — 1924b — *6*

—: Induzierte Desaktivierung von Molekülen und die Theorie der Antioxygene. C. R. Acad. Sci. **184** (1927) 1121; Chem. Zbl. **1927**, II, 2152. — 1927 — *6*

—, und R. DELORME: Messung der Fluoreszenzdauer fester Uranylsalze und Lösungen. C. R. Acad. Sci. **186** (1928) 428. — 1928 — *6*

—, und CHOUCHOUN: Sensibilisierte Fluoreszenz im flüssigen Medium. C. R. Acad. Sci **189** (1929) 1213; Chem. Zbl. **1930**, I, 1595. — 1929 — *6*

PESSEZ, M.: Der Nachweis von Gitoxin in Digitalin auf Grund seiner blaugrünen Fluoreszenz mit Phosphorsäure. Ann. Pharm. France **8** (1950) 746. — 1950 — *145*

—: Fluorimetrische Bestimmung von Cholsäure. Ann. pharm. France **11** (1953) 670; Z. anal. Chem. **152** (1957) 314. — 1953 — *168*

PETERSEN, D. F.: Organische Fluoreszenzfarbstoffe und ihre technische Verwertung über die optische „Bleiche". Angew. Chem. **61** (1949) 17; Chem. Zbl. **1949**, II, 929. — 1949 — *149*

PETIT, L.: Über die Bestimmung der Verteilung von Aneurin in Weizen, Mehl und Brot. Ann. Inst. nat. Rech. agron., Sér. A., Ann. agron. **1** (1950) 41. *172*

PETRACEK, F. J., D. L. FOX und L. ZECHMEISTER: Die fluoreszierenden Stoffe eines Gezeitenschlammes. Arch. Biochem. **30** (1951) 466; Chem. Zbl. **1952**, 821. — 1951a — *127*

— —: Die Bestimmung von Mineralien mit Fluoreszenzlampen. Min. J. **236** (1951) 152; Chem. Zbl. **1951**, II, 428. — 1951b — *127*

PETRIKALN, A.: Über die Lumineszenz des Chininsulfats. Z. Phys. **42** (1927) 435. *20, 45*

PETZOLD, O., und V. DERNANT: Darstellung fluoreszierender Farben. Paint Manuf. **10** (1940) 174; Chem. Zbl. **1941**, I, 2040. *151*

PEYER, W., und F. GSTIRNER: Über seltene Tinkturen und Fluidextrakte, I. Mitt. Pharm. Zentralhalle **72** (1931) 657. — 1931 — *138, 139*

— —: Über seltene Tinkturen und Fluidextrakte, II. Mitt.: Pharm. Zentralhalle **72** (1932) 769; III. Mitt. Pharm. Zentralhalle **73** (1932)193. — 1932a — *138, 139*

—: Die Fette der Drogen des Ergänzungsbuches und ihr Aussehen unter der Analysen-Quarzlampe. Pharm. Ztg. **77** (1932) 471. — 1932b — *138*

—: Die Drogen des Ergänzungsbuches V zum Deutschen Arzneibuch VI in ihrer Pulverform. Dtsch. Apotheker-Ztg. **49** (1934) 875. — 1934 — *138*

PFEIL, D.: Beitrag zur Bestimmung des Gesamtkreatinins in Lebensmitteln. Z. anal. Chem. **154** (1957) Heft 1. *178*

PFLEIDERER, G., und W. SCHULZ: Enzyme mit Chininlösung als Vergleichsstandard, in F. CRAMER: Papierchromatographie, 4. Aufl. Verlag Chemie, Weinheim 1958, S. 148; Liebigs Ann. Chem. **580** (1953) 237. *66*

PFLÜGER, H.: Zahnbefunde bei Vitalfärbung mit Uroporphyrin. Klin. Wschr. **10** (1931) 572. *167*

PHILIPS, D. M.: Aminosäuren, in F. CRAMER: Papierchromatographie, 4. Aufl. Verlag Chemie, Weinheim 1958, S. 93; Nature [London] **161** (1948) 53. — 1948a — *66, 130*

—: Anwendung von Ultraviolettfluoreszenz bei der Papierchromatographie. Nature [London] **161** (1948) 53; Chem. Zbl. **1948**, I, 997. — 1948b — *147*

PICAVET, P.: Ein Vorschlag zur Unterscheidung von Kunstseiden. Rev. univ. Soies et Soies artif. **4** (1929) 539; Chem. Zbl. **1929**, II, 369. *148*

PICKHOLZ, S.: Über einige Anwendungen zur Fluoreszenzanalyse in der Brauereichemie. Brau- und Malzindustrie (1932) (32) **25** 20. *192, 193*

PIEPER und GRUMBACH: Die Sorten-Unterscheidung bei Kartoffeln mit Hilfe der Fluoreszenz-Analyse. Dt. landwirtsch. Presse **59** (1932) 183. *192*

PIERCE, J. A.: Untersuchung von Ölen im ultravioletten Licht. Z. Unters. Lebensmittel **59** (1930) 94. *185*

PIETZSCH, A.: Zum Nachweis von cancerogenen Kohlenwasserstoffen im Tabakrauch. Naturwiss. **45** (1958) 445. *175*

PINNOW, J.: Prüfung farbloser organischer Verbindungen auf Lichtempfindlichkeit. J. prakt. Chem. (2) **66** (1902) 265. *36, 91*

PLENDERLEITH, H. J.: Anwendung der modernen Physik auf die Prüfung von Gemälden. Nature [London] **147** (1941) 165; Chem. Zbl. **1941**, II, 2739. *204*

PLOTNIKOW, J.: Über eine Meßmethode des Fluoreszenzlichtes. Z. Elektrochem. **35** (1929) 433. — 1929 — *71, 72*

—: Zur Frage der Erregung der Fluoreszenz durch Blitzlicht und des Photographierens der fluoreszierenden Objekte. Chemiker-Ztg. **55** (1931) 318. — 1931a — *100*

—: Über eine einfache und billige Versuchsanordnung für das Arbeiten mit ultravioletten und ultraroten Strahlen. Photogr. Korresp. **67** (1931) 256. — 1931b — *10*

—: Über die Fluoreszenz verschiedener Lebewesen vom Adriameer und mancher anderer Objekte. Biol. Zbl. **51** (1931) 441. — 1931c — *169*

—, und J. KUBAL: Über Chemofluoreszenz. Photogr. Korresp. **74** (1938) 97; Chem. Zbl. **1938**, II, 3654. — 1938 — *53*

Plymouth Cordage Co.: Unsichtbare Kennzeichnung von Waren. Tschechoslov. Pat. 44826; ref.: Chemiker-Ztg. **59** (1935) 508. *201*

POHLE, H.: Ultramikroskopische Untersuchungen an Kautschukfüllstoffen. Z. wiss. Mikroskopie **44** (1927) 183. *152*

POLICARD, A.: Über die Fluoreszenzphänomene der Gewebe im Woodschen Licht. Anwendung auf die Histologie des menschlichen Ovariums; C. R. Acad. Sci. **179** (1924) 1287. — 1924a — *160*

—: Studie über das Aussehen von experimentellen Tumoren bei der Untersuchung im Woodschen Licht. C. R. Séances Soc. Biol. Filiales Assoc. **91** (1924) 1423; Ber. ges. Physiol. **31** (1925) 220. — 1924b — *166, 167*

—, und A. LEULIER: Die Charakterisierung des Harn-Hämatoporphyrins und des Harn-Urobilins durch die Woodsche Lampe. C. R. Séances Soc. Biol. Filiales Assoc. **91** (1924) 1422; Ber. ges. Physiol. **32** (1925) 111. — 1924c — *168*

—: Anwendung der Spektralphotometrie auf Untersuchungen mit dem Fluoreszenzmikroskop. Mikrospektrophotometrie. Bull. Histol. appl. **2** (1925) 317; Chem. Zbl. **1926**, II, 1079. — 1925a — *35*

—, und A. PAILLOT: Untersuchung der Sekretion der Seidenraupe mit Hilfe von filtrierten ultravioletten Strahlen. C. R. Acad. Sci. **181** (1925) 378; Chem. Zbl. **1926**, I, 792. — 1925b — *156*

—, und M. PEHU: Das Aussehen rachitischer Knochen im Woodschen Licht. Bull. Histol. appl. **5** (1928) 266; Ber. ges. Physiol **47** (1928) 194. — 1928 — *163*

POLIKOW, F. I.: Über die absolute Quantenausbeute der Fluoreszenz von Anthracen und einiger seiner Derivate. Доклады Академии Наук СССР [Ber. Akad. Wiss. UdSSR] **71** (1950) 453. *132*

POLLAK, L., und W. SPRINGER: Der Nachweis des Quebrachogerbstoffes und ähnlicher Gerbstoffe in Extraktgemischen und im Leder. Collegium (1927) 46. — 1927 — *146*

—: Verwendung eines Laboratoriums-Wollstoffes mit Durchzügen anderer Fasern zur Beurteilung von Gerbstoffen, namentlich unter der Quarzlampe. Collegium (1933) 628; Chem. Zbl. **1934**, I, 1270. — 1953 — *147*

POLLARD, F. H., und Mitarbeiter: Trennung der seltenen Erden mit Oxin. J. chem. Soc. [London] 1954, 34; zitiert in F. CRAMER: Papierchromatographie. 4. Aufl., Verlag Chemie, Weinheim 1958, S. 202. *66*

POLONOVSKI, M., R. G. BUSNEL und M. PESSON: Das Fluorescyanin, ein Pigment aus den Schuppen der Cyrimiden. C. R. Acad. Sci. **217** (1943) 163; Chem. Zbl. **1944**, II, 552. *169*

POPP, G.: Die Verwendung ultravioletten Lichtes bei der Untersuchung von Nahrungsmitteln. Z. Unters. Lebensmittel **52** (1926) 165. *175, 178, 190, 193*

POPPER, H.: Histologischer Nachweis von Vitamin A bei Ratten mittels Fluoreszenzmikroskopie. Proc. Soc. exper. biol. Med. **43** (1940) 234; Chem. Zbl. **1941**, I, 2958. — 1940a — *170*

—: Histologischer Nachweis von Vitamin A in der menschlichen Leber mittels Fluoreszenzmikroskopie. Proc. Soc. exper. Biol. Med. **43** (1940) 234; Chem. Zbl. **1940**, II, 1041. — 1940b — *170*

—: Histologische Verteilung von Vitamin A in menschlichen Organen unter normalen und pathologischen Bedingungen. Arch. Pathol. **31** (1941) 766; Chem. Zbl. **1941**, II, 2699. — 1941 — *170*

POTAPOW, N. G.: Die Rolle des Schwefels im Leben der Pflanzen. 3. Mitt. Fluoreszierende Substanzen im Blutungssaft des Maises. Agrokémia és Talajtan (Agrochem. u. Bodenkunde) [Budapest] **5** (1956) 53; Chem. Zbl. **1957**, 9422. *145*

POTTENSTEIN, W.: Beobachtungen an der Butter im filtrierten ultravioletten Licht im Laufe von vielerlei jährlichen Terminen. Prager tierärztl. Arch. **17** (1937) 25; ref.: Wiener tierärztl. Mschr. **25** (1938) 440. *182*

POTTER, J. M., und G. A. MACDONALD: Über die Sichtbarmachung des Blutumlaufes mit Hilfe von Fluorescein. Nature (London) **166** (1950) 596. *138*

POWELL, W. A., und J. H. SAYLOR: Fluorimetrische Bestimmung kleiner Fluoridmengen. Anal. Chemistry **25** (1953) 960; Z. anal. Chem. **144** (1955) 390. *124*

PRESTON, J. M., und P. C. TSIEN: Über die polarisierte Fluoreszenz von gefärbten Textilfasern. J. Soc. Dyers Colourists **66** (1950) 357. *149*

PRICE, G. R., R. J. FERRETTI und S. SCHWARTZ: Eine für Serienanalysen geeignete fluorophotometrische Bestimmungsmethode von Uran. Anal. Chemistry **25** (1953) 25; Z. anal. Chem. **146** (1955) 371. *124*

PRINGSHEIM, P.: Anregung von Emission durch Einstrahlung, in H. GEIGER u. K. SCHEEL: Handbuch der Physik. Bd. 23, Kap. 5, Springer, Berlin 1926. *3*

—: Fluoreszenz und Phosphoreszenz im Licht der neueren Atomtheorie. Verlag Springer, Berlin 1928, S. 226. — 1928 — *3*

—: Fluoreszenz und Phosphoreszenz adsorbierter Farbstoffe. Acta phys. polon. **5** (1936) 361; Chem. Zbl. **1938**, I, 2501. — 1936 — *151*

—, und H. VOGEL: Lumineszence of Liquids and Solids and its practical Applications Interscience Publishers, Inc., New York 1946; Deutsche Übersetzung 1951 bei Verlag Chemie Weinheim 1951. — 1946 — *176*

— —: Lumineszenz von Flüssigkeiten und festen Körpern. Verlag Chemie, Weinheim 1951. — 1951 — *3, 16, 28, 55*

PRITZKER, J., und R. JUNGKUNZ: Über eine seltene Fälschung von Olivenöl. Z. Unters. Lebensmittel **77** (1939) 254. *184*

PROUDHOMME, R. O.: Durch Ultraschall in Flüssigkeiten hervorgerufene Lumineszenz. J. Chim. physique Physico-Chim. biol. **46** (1949) 318; Chem. Zbl. **1950**, I, 1699. *25*

PRZIBRAM, K.: Fluoreszenz von Fluorit und das zweiwertige Europium-Ion. Nature [London] **135** (1935) 100; Chem. Zbl. **1935**, II, 2928. — 1935a — *126*

—: Zur Fluoreszenz des Fluorits. V. Über die Fluoreszenz des Europiumdichlorids und über die Alkalihalogenid-Europiumphosphore. Sitzungsber. Akad. Wiss. Wien, Abt. IIa, **144** (1935) 141. — 1935b — *126*

—: Über die Fluoreszenz der zweiwertigen seltenen Erden. Nachtrag zu der Arbeit: Verfärbung und Lumineszenz durch Becquerelstrahlen IV. Z. Phys. **107** (1937) 709. — 1937 — *121*

—: Über den Nachweis seltener Erden mittels der Fluoreszenz ihrer zweiwertigen Ionen. Mikrochim. Acta **3** (1938) 68; Chem. Zbl. **1939**, I, 2255. — 1938 — *121*

—: Zur Fluoreszenz der Haut. Naturwiss. **44** (1957) 393. — 1957a — *22, 126*

PRZIBRAM. K.: Reversible Fluoreszenzerscheinungen beim Anlassen. Nature [London] **179** (1957) 319; Chem. Zbl. **1957**, 9278. — 1957b — *156*

—: Über die weite Verbreitung einer bläulichen Fluoreszenz organischen Ursprungs. Naturwiss. **46** (1959) 666. — 1959 — *22, 126*

PULVERTAFT, R. J. V.: Bakterien-Fluoreszenz im ultravioletten Licht. J. Pathol. Bacteriol. **38** (1934) 355. *164*

PUSCH, J., I. SENNE und W. BEYER: Ein verbessertes einfaches Verfahren zum Nachweis von Parasiteneiern in Kotproben. Tierärztl. Umschau **5** (1950) 54. *166*

QUERNER, F. R. VON: Der mikroskopische Nachweis von Vitamin A im animalen Gewebe. Zur Kenntnis der paraplasmatischen Leberzelleinschlüsse, III. Mitt. Klin. Wschr. **14** (1935) 1213. *170*

QUINN, A.: Eine petrographische Anwendung der Fluoreszenz. Amer. Mineralogist **20** (1935) 466; Chem. Zbl. **1936**, I, 819. *126*

RAALTE, A. VAN: Anwendung von ultraviolettem Licht. Chem. Weekbl. **25** (1926) 580; Chem. Zbl. **1927**, I, 663. — 1926 — *182*

—: Die Lumineszenz von Ölen und Fetten. Chem. Weekbl. **25** (1928) 544; Chem. Zbl. **1928**, II, 1953. — 1928 — *182*

—, und A. VAN DRUTEN: Neuere Beobachtungen über die Fluoreszenz von Fetten. Chem. Weekbl. **26** (1929) 602; Chem. Zbl. **1930**, I, 1069. — 1929 — *183*

RADCLIFFE, G. L., Assr. to Nat. Lead Co.: US-Pat. 2422852 vom 24. 6. 1947. *156*

RADICE, J. C., S. KAPLAN und F. J. CORTADA: Einführung in das Studium der Fluoreszenz als symptomatologischer Untersuchungsmethode. Prensa méd. Argent. **37** (1950) 1145; Chem. Zbl. **1951**, I, 1023. *161*

RADLEY, J. A.: Fluoreszenz von Abwässern. Analyst **57** (1932) 28; Chem. Zbl. **1932**, II, 264. — 1932 — *189*

—: Fluoreszenzanalyse pharmazeutischer Produkte. Chemist and Druggist **119** (1933) 295, 340, 642, 768; Chem. Zbl. **1934**, I, 1681. — 1933a — *138*

—: Das Prüfen von Seide und Kunstseiden im ultravioletten Licht. Rayon Rec. **7** (1933) 21; Chem. Zbl. **1933**, I, 2021. — 1933b — *148*

—: Die Fluoreszenz von Milch und Molkereiprodukten. Analyst **58** (1933) 527; Chem. Zbl. **1933**, II, 3501. — 1933c — *181*

—: Fluoreszenzanalyse von Heiz- und Schmierölen. Chem. Age **33** (1935) 120; Chem. Zbl. **1935**, II, 3617. — 1935a — *155*

—: Die Fluoreszenz der Öle. Chem. Age **32** (1935) 480; Chem. Zbl. **1935**, II, 1809. — 1935b — *156*

—: Materialprüfung mit Hilfe der Fluoreszenz. J. Soc. Dyers Colourists **53** (1937) 376; Text. Manufacturer **63** (1937) 469; Chem. Zbl. **1938**, I, 1268. — 1937 — *148*

—: Einige neue Fluoreszenznachweise für Gallium und Aluminium. Analyst **68** (1943) 369; Chem. Zbl. **1944**, I, 1306. — 1943 — *120*

—: J. Soc. Dyers Colourists **60** (1944) 114. — 1944a — *17*

—: Zwei neue Nachweise für Bor. Analyst **69** (1944) 47; Chem. Zbl. **1944**, II, 130. 1944b — *120*

—: Einige neue Fluoreszenzreaktionen. Analyst **69** (1944) 15; Chem. Zbl. **1944**, II, 1209. — 1944c — *130*

—, und J. GRANT: Fluoreszenzanalyse im ultravioletten Licht. Chapman & Hall, Ltd. London 1954. — 1954 — *3*

RAFALOWSKI, S.: Über dauernde Veränderungen bei der Fluoreszenz des Hämatoporphyrins. Z. Phys. **71** (1931) 798. *24*

RAIBLE, J.: Lumineszenz und ultraviolette Strahlen in der Milchhygiene. Münchner tierärztl. Wschr. **88** (1937) 229. *181*

RAISCH, M.: Der Coffeingehalt in der „Tasse Kaffee“. Dtsch. Lebensmittel-Rdsch. **54** (1958) 162. — 1958 — *190*

Raisch, M.: Lumineszenzanalytische Studien über quantitative Bestimmungen organischer Stoffe in Stoffgemischen und ihre Anwendung in der Lebensmittelchemie. Diss., Karlsruhe 1961. — 1961 — *85, 94, 98*

Raju, N. A., und K. Neelakanatam: o-Hydroxycarbonylgruppen-Nachweis in aromatischen Verbindungen, Current Sci. **20** (1951) 322. — 1951 — *120*

—, und G. G. Rao: Benzoin als Fluoreszenzreagens für die Bestimmung von Germanium. Nature [London] **175** (1956) 167; Chem. Zbl. **1957**, 3088. — 1956 — *121*

Ramart-Lucas, P.: Die Fluoreszenz der verschiedenen Formen des Fluoresceins. C. R. Acad. Sci. **205** (1937) 1409. *138*

Ramdall, J. F.: Die Fluoreszenz von manganhaltigen Verbindungen. Proc. Royal Soc. (London) Ser. A **170**, 272 (1939) C. 1940 I 1147. *124*

Rankl, W.: Zum fluoreszenzmikroskopischen Nachweis von Wurmeiern. Zbl. Bakteriol., Parasitenkde. Infektionskrankh. **152** (1947) 152. *166*

Rapp: Neue verbesserte Methode zur Untersuchung von pharmazeutischen Zubereitungen mit Hilfe langgestreckter Kapillarbilder und der Analysenquarzlampe. Pharm. Ztg. **73** (1928) 1585. *139*

Rassow, B., und G. Brandau: Über die Rotfärbung von ungebleichten Sulfitzellstoffen. Papierfabrikant **27**; Ver. d. Zellstoff- u. Papier-Chemiker u. -Ing. **181** 202, 217; Chem. Zbl. **1929**, I, 3051. *147*

Rau, K. L.: Messung der Abklingzeiten bei Fluoreszenz. Optik [Stuttgart] **5** (1949) 277. *25*

Rawlins, J.: Wissenschaftliche Methoden in der Konservierung von Gemälden. Endeavour **7** (1948) 104. *204*

Ray, H. H.: Die fluoreszierenden Eigenschaften der Flechten an der behaarten Kopfhaut als ein diagnostisches Hilfsmittel. Amer. J. Diseases Children **38** (1929) 339; Zbl. Hautkrankh. **33** (1930) 64. *164*

Raybin, H. W.: Qualitativer Nachweis von Sulfopyrazin mithilfe reines pyrobytischen Zersetzungsproduktes 2-Aminopyrazin. Amer. Pharm. Assoc. **34** (1945) 116. *175*

Reber, K.: Zur Unterscheidung von Oleum Hyperici und einem mit Alkanna rotgefärbten Olivenöl. Pharm. Acta Helvetiae, Heft 1/2 (1934), ref.: Pharm. Ztg. **79** (1934) 390. *138*

Reche, O., und J. Richter: Der Schriftscherben von Seltsch. Prähist. Z. **23** (1932) 281. *202, 203*

Redaelli, P., und F. Cortese: Über die Fluoreszenz von Eumyceten im Woodschen Licht. Raggi ultraviol. **6** (1930) 52. *165*

Reich, V., und M. Haitinger: Über das Verhalten von Trauben- und Obstwein im ultravioletten Licht. Babofestschrift Klosterneuburg 1927, Allg. Weinztg. **44** (1927) 6, 7, 18. *24, 188*

Reiff, G.: Versuche über die Lumineszenz des Kreatinins. Z. Unters. Lebensmittel **58** (1929) 28. — 1929a — *134*

Reiss, A.: Über ein neues, physikalisches Verfahren zur Schmerzlinderung, insbesondere beim Ausbohren kariöser Zähne. Dtsch. zahnärztl. Wschr. **41** (1938) 34. — 1938 — *160*

Reiss, R.: Über die Lumineszenzspektren verschiedener CuI-Schichten bei der Temperatur des flüssigen Stickstoffs und deren Vergleich mit den einer Excitonbildung zuzuschreibenden Absorptionsspektren der gleichen Schichten. C. R. Acad. Sci. **243** (1956) 902; Chem. Zbl. **1957**, 8127. — 1956 — *118*

Ress, H.: Optische Studien an Zellstoffen (Einflüsse von Mahlung — Füllung — Kochung — Glättung). Papierfabrikant **32** (1934) 401. *147*

Ribéreau-Gayon, P., J. E. Peynaud und G. Lafourcade: Bull. Soc. Chim. biol. **38** (1956) 923. — 1956 — *188*

— —: Die Anthocyane der Trauben, Bordeaux 1954. — 1954 — *223*

— —: Untersuchungen über die Anthocyane Pflanzen, angewandt auf die Weinrebe, Paris 1959. — 1959 — *223*

Richter, G.: Die Wirkung der Quarzlampe auf dem Gebiete unserer Liebhaberei. Germaniaberichte **32**, 25 (1928) 13; Das Postwertzeichen Nr. 1 (1926); Köhlers philatelistisches

Magazin Nr. 4 (1926); Berliner Briefmarken-Ztg. Nr. 9 (1926); Berichte des Vereins Leipziger Briefmarken-Börse Nr. 11 (1926). *198*

Ridyard, H. N.: Die Bestimmung von Aneurin (Vitamin B_1) in ungekochten Weizenprodukten. Analyst **74** (1949) 18. *170*

Riedl, G.: Über die Unterscheidung einiger Edelsteine von ihren Surrogaten durch Fluoreszenz. Fachzeitschrift d. Wiener Juweliere, Gold- u. Silberschmiede **6**, Nr. 1 bis 8, *127*

Riehl, N.: Fortschritte auf dem Gebiet der Lumineszenz fester Stoffe. Angew. Chem. **51** (1938) 300. *22*

Ries, J. v.: Fluoreszenzphotographie zur Sichtbarmachung der beim Sprechen und Husten ausgeschleuderten Speicheltröpfchen. Praxis [Bern] (1947) 702. *160*

Riesenfeld, E. H., und T. Hamburger: Über die Zweiseitigkeit von Druckpapieren. Papierfabrikant **27** (1929) 528. — 1929 — *147*

— —: Schnellprüfmethode zur Bestimmung der Widerstandsfähigkeit von Papier gegen seine Zerstörung durch Licht. Papierfabrikant **29** (1931) 164. — 1931 — *147*

Rinnebach, H.: Die Lumineszenz-Analyse im Dienste des Kunsthistorikers und Restaurators. Techn. Mitt. Malerei **47** (1931) 53, 64, 87. — 1931a — *204*

—: Die Lumineszenz-Analyse im Dienste der Museumskunde. Museumskunde (N. F.) **3** (1931) 5. — 1931b — *204*

Ripert, J.: Eine Verbesserung bei der Beobachtung der Fluoreszenzerscheinungen und deren Anwendung auf Untersuchungen bei der Verfälschung von Kakaobutter. Z. anal. Chem. **83** (1931) 197. *183*

Rippel, K.: Jahresbericht des Staatl. Weinbauinstituts Freiburg i. Br. 1940, S. 12. *188*

Ritsert, K.: Zur Aneurinbestimmung im Harn nach der Jansen.chen Thiochrommethode. Dtsch. med. Wschr. **64** (1938) 481. *170*

Ritter, de J., M. E. Moore, E. Hirschberg und S. H. Rubin: Kritik der Methoden der Riboflavinbestimmung in Urin. J. biol. Chemistry **175** (1948) 883. — 1948 — *171*

—, F. W. Jahns und S. H. Rubins: Fluorimetrische Bestimmung von Ketotetrahydropyriduien. Amer. Pharm. Assoc. **38** (1949) 319. — 1949 — *131, 134*

Roach, S. W.: Über die Fluoreszenz der Schalen und Skelett-Teile in Krabben. Fisheries Res. Board Canada, Progr. Rep. Pacific Coast Stn., Nr. 79 (1949) 39. *178*

Robinson, D.: Die fluorimetrische Bestimmung von β-Glucosidase: Ihr Vorkommen in tierischen Geweben (einschl. Insekten). Biochem. J. **63** (1956) 39; Chem. Zbl. **1957**, 3568. — 1956 — *175*

—, und R. T. Williams: Die fluorimetrische Bestimmung von β-Glucosidase. Biochem. J. Proc. **61**, V. (1955); Z. anal. Chem. **151** (1956) 236. — 1955 — *175*

Robl, R.: Umbelliferon als fluoreszierender Indikator. Ber. dtsch. chem. Ges. **59** (1926) 1725. — 1926a — *79, 81*

—: Untersuchung mit der Analysen-Quarzlampe. Lumineszenzanalyse. Z. angew. Chem. **39** (1926) 608. — 1926b — *81, 151*

Roche, J.: Bemerkungen über die Pigmente roter und blauer Algen (Phykoerythrin und Phykocyanin). Arch. Phys. biol. **10** (1933) 91; Chem. Zbl. **1933**, II, 889. *169*

Rochelmeyer, H.: Probleme der biologischen Analyse der Mutteralkoloide. Pharm. Ztg. **103** (1958) 1269. *68*

Rodden, C. J.: Bestimmung natürlich vorkommende^ radioaktiver Elemente (Uran). Anal. Chemistry **21** (1949) 333. *55, 124*

Röhling, A., und J. Richarz: Zum Nachweis von Obstweinen in Traubenwein mittels des Sorbitverfahrens. Chemiker-Ztg. **54** (1930) 61. *188*

Rössler, B.: Lumineszenzchemischer Nachweis von Blutspuren. Mitteilungsbl. der Ges. dtsch. Chemiker (1956) 70 bis 71. *162*

Rojahn, C. A.: Neue verbesserte Methode zur Untersuchung von pharmazeutischen Zubereitungen mit Hilfe langgestreckter Kapillarbilder und der Analysenquarzlampe. Pharm. Ztg. **74** (1929) 14. — 1929 — *139*

—: Über die Kennzeichnung von Drogen, Tinkturen, Extrakten und anderen technischen

Produkten mit Hilfe eines neuen Lumineszenzkomparators. Vortragsref. Apotheker-Ztg. **47** (1932) 1207. — 1932a — *36*

Rojahn, C. A., und H. Herzog: Gehaltsverminderung von Alkaloidsalzlösungen und pharmazeutischen Tinkturen durch Bestrahlung. Pharm. Zentralhalle **73** (1932) 401. — 1932b — *138*

—, und Mitarbeiter: Über Tropfenkapillaranalyse, eine neue Methodik zur Identifizierung von pharmazeutischen Drogen. Pharm. Zentralhalle **78** (1937) 127. — 1937 — *139*

Roley, R.: Fluoreszierende und unsichtbare Tinten. Amer. Ink Maker **16** (1938) 18. *147*

Roll, F., und A. Riess: Die Lumineszenzanalyse von Kernölen und Kernbindern. Gießerei **29** (1942) 269; Chem. Zbl. **1942**, II, 2822. *185*

Rollefson, G. K., und H. W. Dodgen: Konzentrationsabhängigkeit der Fluoreszenzintensität von Fluorescein und Acridin in Lösungen. J. chem. Phys. **12** (1944) 107. *98*

—, und H. Boaz: Die Physik der Fluoreszenzlöschung in Lösung. J. Phys. coll. **52** (1948) 518. — 1948 — *98*

Roon, J. D. van: Die Fluoreszenz der Kakaobutter. Chem. Weekbl. **26** (1929) 576; Chem. Zbl. **1930**, I, 1719. *183*

Rorburgh, A. C.: Demonstration der Methode, trichophytisch befallene Haare auf dem behaarten Kopfe durch Fluoreszenz unter ultraviolettem Licht sichtbar zu machen. Proc. roy. Soc. Med. **20**, 8 (1927), Sect. Dermatol. **17**, III. (1927); Zbl. Hautkrankh. **26** (1928) 374. — 1928a — *164*

—: Fluoreszenz der von Pilzerkrankungen befallenen Haare im Ultraviolettlicht. Dermatol. Z. **51** (1928) 372. — 1928b — *164*

Rorimer, J. J.: Ultraviolette Strahlen und ihre Anwendung bei der Untersuchung von Kunstwerken, Metropolitan Museum of Art, New York 1931; ref.: Techn. Studies **1** (1932) 36. *101, 202*

Rosen, F., W. A. Perlzweig und J. S. Leder: Eine fluorimetrische Methode für die Bestimmung des 6-Pyridons von N^1-Methylnicotinamid in Urin. J. biol. Chemistry **179** (1949) 158. *172*

Rosenthal, H. L.: Über die fluorimetrische Bestimmung von N^1-Methylnicotinamid. Science [Washington] **120** (1954) 231; Chem. Zbl. **1955**, 8933. *133, 172*

Rosenthaler, L.: Untersuchungen über galenische Präparate. Pharm. Ztg. **78** (1933) 1063. — 1933 — *139*

—: Kleine mikrochemische Beiträge XV. 4. Nachweis von Borsäure. Mikrochemie **23** (1937) 194. — 1937 — *120*

Roston, S.: Fluorimetrische Bestimmung von Adrenalin und Noradrenalin in wässeriger Lösung. Anal. Chemistry **30** (1958) 1363. *175*

Roth, E.: Bleivergiftung und Porphyrie. Z. klin. Med. **129** (1936) 123. *168*

Roth, W.: Weiterentwicklung der Lumiflavin-Methode zur fluorimetrischen Bestimmung des Vitamin B_2 in Pflanzen. Biochem. Z. **320** (1950) 355; Chem. Zbl. **1951**, II, 544. *171*

Rothenfusser, S.: Nachweis einer Milcherhitzung. Z. Unters. Lebensmittel **60** (1930) 94. *181*

Rothman, I.: Die Untersuchung der Haut im Woodschen Licht. Therapia [Budapest] **6** (1929) 339; Zbl. Hautkrankh. **33** (1930) 64. *164*

Roux, D. G.: Über die charakteristischen Farben von Phenolen auf Papierchromatogrammen im Ultraviolett nach Besprühen mit saurer Zuckerlösung, Alkohol und Erhitzen. Nature [London] **168** (1951) 1042. *131*

Royer, L.: Beobachtungen über einige Gesteine mit Hilfe des Woodschen Lichtes. Bull. Soc. franc. Minéral. **53** (1930) 515; Chem. Zbl. **1931**, II, 835. *126*

Royer, M.: Methode zur klinischen Bestimmung des Urobilins. Semana med. **39** (1932) 1348; Chem. Zbl. **1933**, I, 1660. *168*

Rubner: Ultraviolette Strahlen und unsichtbare Geheimschriften. Arch. Kriminol. **79** (1926) 4. *198*

Rüdiger, R., und E. Mayer: Über das Verhalten alkoholischer Destillate im ultravioletten Licht. Z. Unters. Lebensmittel **57** (1929) 561. *22*

Rudorf, W.: 30 Jahre Züchtungsforschung. Gustav-Fischer-Verlag, Stuttgart 1959. *141, 142*

SAECHTLING, H.: Identifizierung von natürlichen Harzen und Kunststoffen durch Fluoreszenzanalyse. Kunststoffe **42** (1952) 21. *151*

SALA, J.: Fluoreszenz von Bitumen und bituminösen Ölen. Ric. Studi, Ist. sperim. Stradale 2 (1938) 57. *156*

SALMONY, A.: Vollwertiger Ersatz der teuren Analysenquarzlampen durch den billigen Analysenfilteransatz. Süddtsch. Apotheker-Ztg. **70** (1930) 390. — 1930 — *12*

SALVATERRA, H., und F. NOSS: Über eine einfache Unterscheidung von Echtpergamentpapier und allen Ersatzpapieren. Papierfabrikant **32** (1934) 371; Ver. Zellstoff- u. Papier-Chemiker u. -Ing. (1934) 371. *147*

SAMPSON, A. E.: Fluoreszenzanalyse. Amer. Dyestuff Rep. **24** (1935) 8, 19; Chem. Zbl. **1935**, I, 2284. *148*

SANDELL, E. B.: Morinreaktion für Berylliumnachweis. Ind. Engng. Chem., anal. Edit. **12** (1940) 674; Chem. Zbl. **1942**, II, 322. — 1940 — *119, 120*

—: Methode zur Auffindung von Berylliumspuren in Silikatmineralien mit Hilfe von Morin. Anal. Chim. Acta **3** (1949) 89. — 1949 — *119*

SANDILANDS, G. W.: Versuche über die Verwendung des Fluoreskops zur Trennung frostgeschädigter und guter Früchte. Californ. Citrograph. **23** (1938) 118; Chem. Zbl. **1938**, I, 2640. *191*

SANDOR, G.: Unterscheidung von Cellon und Cellophan. Z. angew. Chem. **42** (1929) 1108. *147*

SANDREA, A. P.: Apparat und mikrospektrographische Fluoreszenzemissionsanalyse und ihre Anwendung auf Mineralien. Bull. Soc. franc. Minér. Cristallogr. **79** (1956) 325; Chem. Zbl. **1957**, 6538. *126*

SANGER, F., und H. TUPPY: Zur Konstitutionsermittlung von Insulin, zitiert in F. CRAMER: Papierchromatographie, 4. Aufl. Verlag Chemie, Weinheim 1958, S. 111; Nature [London] **164** (1954) 529; Biochem. J. **49** (1951) 463. *66*

SARE, V. E., D. G. MILLER und S. FREED: Symmetrien der elektrischen Felder um Ionen in Lösungen. Absorptions- und Fluoreszenzspektren von Europiumchlorid in Wasser, Methanol und Äthanol. J. chem. Phys. **26** (1957) 109; Chem. Zbl. **1957**, 9274. *121*

SARETT, H. P.: Bestimmung von 4-Pyridoxinsäure mit Hilfe ihrer Fluoreszenzabhängigkeit vom pH-Wert, Anwendung auf die Harnanalyse. Journ. biol. Chem. **189** (1951) 769 *172*

SASS, S., und J. GOLDENSON: Die fluorimetrische Bestimmung von Benzil durch Kondensation mit m-Diäthylaminophenol. Anal. Chemistry **23** (1951) 540. *130*

SCHÄFER, M.: Zur Frühdiagnose der Bleivergiftung mittels der quantitativen Porphyrinbestimmung. Arbeitsschutz (1938) III. 175. *168*

SCHANTL, E.: Über die Goppelsroedersche Al-Reaktion und ihre Anwendung in der Mikrochemie. Mikrochemie **2** (1925) 174. *120*

SCHARF, J. H.: Fluoreszenz und Fluoreszenzpolarisation myelotroper Nervenfasern nach Fluorochromierung in der Umgebung der IEP des Fluoresceins. Z. Naturforsch. **10 b** (1955) 355; Chem. Zbl. **1957**, 2802. *161*

SCHEERMESSER, F.: Über die Farbe der Tinkturen. Pharm. Ztg. **76** (1931) 877. *138, 139*

SCHEFFER, W., und P. MÜLLER: Neue Anwendung der Quarzlampe in der Kriminalistik. Techn. Rdsch., Wschr. d. Berliner Tageblattes, **33** (1927) 355. — 1927 — *106, 198, 199*

—: Sehen und Photographieren bei Beleuchtung mit ultraviolettem Licht. Photogr. Ind. **26** (1928) 128. — 1928 — *114*

SCHEIBE, G., A. SCHÖNTAG und F. KATHEDER: Fluoreszenz und Energiefortleitung bei reversibel polymerisierten Farbstoffen. Naturwiss. **27** (1939) 499; Chem. Zbl. **1939**, II, 3050. — 1939 — *96*

—, und D. BRÜCK: Zusammenhang physikalischer und chemischer Eigenschaften bei der Bildung van-der-Waalsscher Molekeln. Z. Elektrochem. **54** (1950) 403. — 1950 — *92*

SCHELLER, H.: Der Einfluß der Witterung auf den Nachweis von Blutspuren. Vortrag a. d. 94. Versamml. dt. Naturforscher u. Ärzte 1936; ref.: Chemiker-Ztg. **60** (1936) 817. *201*

SCHENK, G. O.: Chemismus und Kinetik der durch fluoreszierende Farbstoffe photosensibilisierten Reaktionen mit O_2 und Primärakt der Photosynthese. Z. Elektrochem. **55** (1951) 505. — 1951 — *25, 94*

SCHENK, G, O.: Probleme präparativer Photochemie. Angew. Chem. **64** (1952) 12. — 1952 — *25, 90, 92*

—, FRÖMMING und H. KASTNER: Oxydation von Aesculetin und Umbelliferon durch Phenoloxydase. Naturwiss. **46** (1959) 357. — 1959 — *25, 145*

SCHIEBOLD, E.: Vergleichende Untersuchungen an natürlichen und synthetischen Smaragdkristallen. Z. Kristallogr., Kristallgeom., Kristallphys., Kristallchem. (Abt. A d. Z. Kristallogr., Miner. Petrogr.) **92** (1935) 435. *127*

SCHINDLER, H.: Über die Verfälschung von Adonis vernalis L. durch Adonis aestivalis L. Süddtsch. Apotheker-Ztg. **88** (1948) 427. *144*

SCHLESINGER, M. A.: Eine neue Fluoreszenzmethode zur Bestimmung von geringen Ozonkonzentrationen. Acta physicochim. URSS. **3** (1935) 435; Chem. Zbl. **1937**, I, 1484. — 1935 — *123*

—: Lumineszenzanalyse. Akad. Wiss. UdSSR, Moskau 1948. — 1948 — *4*

—: Zusammenfassende Übersicht über Fluoreszenzanalysen. Известия Академии Наук СССР, Серия Физическая [Nachr. Akad. Wiss. UdSSR, phys. Ser.] **13** (1949) 237. — 1949 — *168*

SCHLÖGL, K., und A. SIEGEL: Fluoreszenzindikatoren, in H. F. LINSKENS: Papierchromatographie in der Botanik. Verlag Springer, Heidelberg 1955, S. 91; Mikrochemie **40** (1953) 202. *82*

SCHLOEMER, A.: Ein Beitrag zur Kenntnis der Fluoreszenz von gebleichtem Schweineschmalz. Z. Fleisch- u. Milchhyg. **50** (1940) 176; Chem. Zbl. **1940**, II, 424. — 1940 — *183*

SCHMÄHL, D., U. CONSBRUCH und H. DRUCKREY: Fluoreszenzmessungen am Zigarettenrauch. Arzneimittelforsch. **4** (1954) 71 bis 74. — 1954 — *195*

—: Fluoreszenzuntersuchung an Zigarettenrauch. Z. Aerosol-Forsch. **4** (1955) 1; Z. Unters. Lebensmittel **103** (1955) 328. — 1955 — *196*

—, und H. SCHNEIDER: Abnahme der Fluoreszenzintensität von Zigarettenrauch nach Lichteinwirkung. Arzneimittelforsch. **5** (1955) 348; Z. Unters. Lebensmittel **106** (1957) 80. — 1957 — *196*

SCHMANDT, W.: Über die Untersuchung von Kakaobutter. Z. angew. Chem. **42** (1929) 1039. *183*

SCHMID, H., und P. KARRER: Curarealkaloide. Helv. chim. Acta **33** (1950) 512; zitiert in F. CRAMER: Papierchromatographie. 4. Aufl. Verlag Chemie, Weinheim 1958, S. 167. *66*

SCHMIDINGER, K.: Die Verwendungsmöglichkeit der Analysenlampe in der Farben- und Lackindustrie. Farben-Ztg. **31** (1926) 2451. *149, 151*

SCHMIDT, H., und H. J. STAUDINGER: Quantitative Bestimmung von Nebennierenrindenhormonen. Biochem. Z. **324** (1953) 128; zitiert in F. CRAMER: Papierchromatographie, 4. Aufl. Verlag Chemie, Weinheim 1958, S. 177. *66*

SCHMITZ, H.: Über die Speicherung des Berberins in den Granula von Tumorzellen. Naturwiss. **38** (1951) 405. *161*

SCHMÖLZER, A.: Die Anwendungsmöglichkeiten der Ultralampe in der technischen Gesteinsuntersuchung. Die Stein-Industrie, Heft 12 (1927). *153*

SCHNEIDER, E., und A. BURGER: Der Vitamin-B_1-Spiegel im Blut und Urin und seine Veränderungen bei den Hyperthyreosen und bei der Krebskachexie. Klin. Wschr. **17** (1938) 905. *170*

SCHNEIDER, J. Z., und K. WILLERT: Wasserschierling (Cicuta virosa L.) IV. Chromatographische Analyse der Lösungen aus den frischen Wurzeln. Chem. Obzor **11** (1936) 107; Chem. Zbl. **1936**, II, 4019. *140*

SCHOEN, M. J., und J. RINSE: Die Unterscheidung von Farbpigmenten im ultravioletten Licht. Chem. Weekbl. **26** (1929) 321; Chem. Zbl. **1929**, II, 799. *151*

SCHÖNBERG, FR.: Die Untersuchung von Tieren stammender Lebensmittel, 6. Aufl., M. H. Schaper, Hannover 1959. *179*

SCHÖNBERG, FR.: Zum Einfluß des gelben Gehaltes auf die Gelbfluoreszenz der Kuhmilch. Z. Fleisch- u. Milchhyg. **53** (1943) 215; Chem. Zbl. **1943**, II, 2116. — 1943 — *180*

—: Die Neutralrot-Fettprobe als Vorprüfung von Schmalz und Speck auf beginnende und fortgeschrittene Ranzigkeit. Z. Fleisch- u. Milchhyg. **53** (1943) 61; Chem. Zbl. **1943**, I, 1231. — 1943a — *181. 183*

—: Zur Anwendung der sekundären Fluoreszenz bei der Prüfung von Schmalz und Speck auf Zersetzung. (Mit weiteren Angaben zur Neutralrot-Fettprobe). Z. Fleisch- u. Milchhyg. **53** (1943) 91; Chem. Zbl. **1943**, I, 2740. — 1943b — *183*

—: Zur Brauchbarkeit der fluoreszenz-mikroskopischen Untersuchung des vitalgefärbten Milchsediments. Dtsch. tierärztl. Wschr. **53** (1946) 147. — 1946 — *181*

SCHÖNWETTER, M.: Vogeleier im filtrierten ultravioletten Licht. J. Ornithol. **80** (1932) 521. *166*

SCHOLFIELD, C. R., und H. J. DUTTON: Bestimmung der braun-gefärbten Stoffe in Sojabohnenlecithin durch Fluoreszenzmessungen. J. Amer. Oil Chemists Soc. **32** (1955) 169; Z. Unters. Lebensmittel **103** (1956) 251. *192*

SCHRADER, B., F. NERDEL und G. KRESZE: Apparatur zur Aufnahme von Ramanspektren fester Substanzen bei tiefen Temperaturen. Naturwiss. **47** (1960) 198. *40*

SCHRAIVOGEL, K., und G. ADLER: Nachweis von Rissen und Fehlstellen durch Fluoreszenzverfahren. Lack- u. Farbenztg., Nov. (1943). *151, 152*

SCHREMPF, A.: Untersuchung der Eier im Ultraviolettlicht. Z. Unters. Lebensmittel **65** (1933) 647. *180*

SCHÜMMELFEDER, N.: Die Fluorochromierung des lebenden, überlebenden und toten Protoplasmas mit dem basischen Farbstoff Acridinorange und ihre Beziehung zur Stoffwechsel-Aktivität der Zelle. Virchows Arch. pathol. Anatom. Physiol. klin. Med. **318** (1950) 119; Chem. Zbl. **1950**, II, 660. *165*

SCHÜRHOFF, P. N., und G. PLETTNER: Über das Vorkommen von Rhaponticin in Rheumarten und seinen Nachweis bei Verfälschungen des Rhabarberrhizoms. Arch. Pharm. **275** (1937) 281. *138*

SCHÜTZLER, K.: Analytische Verwendung ultravioletter Strahlen in der Milchwirtschaft. Milchwirtschaftl. Forschg. **4** (1927) 352. *181*

SCHULTE, B. W.: Nachweis der spezifisch psychisch anregenden Stoffe des Bohnenkaffees. Z. Volksernähr. Diätkost **6** (1931) 207. *190*

SCHULZE, B., und E. GÖTHEL: Fluoreszenzmikroskopische Untersuchungen an Papierfaserstoffen. Papierfabrikant, Wbl. Papierfabrikat. **65** (1934) 111; Papierfabrikant **32** (1934) 110; Zellstoff u. Papier **14** (1934) 93. *147*

SCHULZE, K.: Die Herstellung und Prüfung homöopathischer Arzneimittel, Verlag Th. Steinkopff, Dresden und Leipzig 1936. *1, 139*

SCHUMACHER, W.: Untersuchungen über die Wanderung des Fluoresceins in den Siebröhren. J. wiss. Botanik **77** (1933) 685. — 1933 — *143*

—: Untersuchungen über die Wanderung des Fluoresceins in den Haaren von Cucurbita Pepo. J. wiss. Botanik **82** (1936) 507. — 1936 — *143*

—: Zur Frage nach den Stoffbewegungen im Pflanzenkörper. Naturwiss. **34** (1947) 176. — 1947 — *143*

SCHUPHAN, W., und I. WEINMANN: Chemisch-physikalische Untersuchungen zur Samendiagnostik von Brassicaarten und -sorten. Naturwiss. **43** (1956) 152. *192*

SCHWARTZ, S., L. ZIEVE und C. J. WATSON: Faktoren, die die Fluoreszenzanalyse von Koproporphyrin im Harn beeinflussen. J. Lab. clin. Med. **37** (1951) 843. *169*

SCHWARTZ, G., und B. HAGEMANN: Kurzer Beitrag zur Unterscheidung von Schaf- und Kuhmilchkäse. Milchwirtschaftl. Forsch. **20** (1940) 153; Chem. Zbl. **1940**, I, 3047. *181*

SCHWARZE, P.: Über den Bitterstoff der Rapssamen. Naturwiss. **36** (1949) 88. — 1949 — *143*

SCHWARZE, P., und R. HOFFSCHMIDT: Untersuchung über das Cumarin des Steinklees und Methoden zur Trennung des freien und „gebundenen" Cumarins. Naturwiss. **45** (1958) 518. — 1958 — *134*

— —: Die Umwandlung von Cumarsäure und Cumarinsäure und umgekehrt im ultravioletten Licht. Naturwiss. **46** (1959) 205. — 1959 — *134*

SCUDI, J. V., und V. C. JELLINEK: J. biol. Chemistry **164** (1946) 195. — 1946a — *133, 172*

—: Über die fluorometrische Bestimmung von Nicotinamid. Science [New York] **103** (1946) 567; Chem. Zbl. **1947**, I, 239. — 1946b — *135*

SEAMAN, W., A. R. NORTON und E. E. SUNDBERG: Fluoreszenzanalytische Bestimmung von o-Nitrophenol und von o-Aminophenol in p-Aminophenol. Ind. Engng. Chem., anal. Edit. **12** (1940) 403; Chem. Zbl. **1940**, II, 2790. *130, 131*

SEEBACH, F.: Über Phenolharze, II. Chemiker-Ztg. **63** (1939) 69. *151*

SEFI, A. J.: Untersuchungen von Poststempeln in U.-V.-Philatelic J. Great Britain **37** (1927) 1, 51. *198*

SEGEBERG, H.: Neuere Ergebnisse der Moorchemie. Angew. Chem. **52** (1939) 70. *192*

SEGGEL, K. A.: Über das Vorkommen fluoreszierender Erythrocyten. II. Untersuchungen an Anämiefällen des Menschen. Folia haematol. **52** (1934) 250. *162*

SEGITZ, A.: Ultraviolett und Papierindustrie. Papierfabrikant **28** (1930) 206. — 1930 — *147*

—: Neues von der Seidenraupenzucht. Spinner u. Weber Nr. 59 (1926). — 1926 — *157*

SEIDEL, A.: Über die Lumineszenz bei Reaktionen von Alkali mit Schwefel und Selen. Phys. Z. Sowjetunion **4** (1933) 565; Chem. Zbl. **1934**, I, 2555. — 1933 — *123*

—, JA. J. LARIONOW und A. N. FILIPPOW: Fluoreszenz der Ionen der seltenen Erden in Lösungen. Изветия Академии Наук СССР, Серия Физическая [Nachr. Akad. Wiss. UdSSR, phys. Ser.] (1938) 333; Chem. Zbl. **1941**, I, 3189; Журнал Экспериментальной и Теоретической Физики [J. exp. theoret. Physik] **9** (1934) 17; Chem. Zbl. **1940**, I, 11; Chem. Zbl. **1940**, II, 1987. — 1934 — *121*

—: Lumineszenz von Terbiumsalzlösungen. Nature [London] **139** (1937) 248; Chem. Zbl. **1937**, II, 729. — 1937 — *121*

SEIDEL, K.: Ultraviolettes Licht als Hilfsmittel bei der Beurteilung von Getreide, Mehl und Brot. Z. ges. Getreidewes. **17** (1930) 62. *192, 193*

SEIFERT, R.: Über die Verwendbarkeit des Farb- und Lumineszenzkomparators nach Rojahn-Heinrici für kolorimetrische Analysen und zu pH-Bestimmungen. Dtsch. Apotheker-Ztg. **50** (1935) 33. — 1935 — *36*

—: Über die Anwendung des Farb- und Lumineszenzkomparators nach Rojahn-Heinrici zu physiologisch-chemischen Untersuchungen. Klin. Wschr. **15** (1936) 162. — 1936 — *36*

—: Zur Lumineszenzanalyse von Rhabarber. Pharm. Zentralhalle **78** (1937) 691. — 1937 — *138*

—: Die Mikrosublimation als Methode der praktischen Drogenuntersuchung. Dtsch. Apotheker-Ztg. **56** (1941) 600; Chem. Zbl. **1942**, I, 1779. — 1941 — *144*

SELINSKI, W. W., und W. P. KOLOBKOW: Abhängigkeit der Fluoreszenz- und Phosphoreszenzausbeute von Phthalimidderivaten von der Temperatur. Доклады Академии Наук СССР [Ber. Akad. Wiss. UdSSR] **106** (1956) 1042; Chem. Zbl. **1957**, 9606. *133*

SERGER und G. LÜCHOW: Untersuchung von Gummiringen für Konservendosen. Obst- und Gemüse-Verwert.-Ind. **21** (1934) 458. *152*

SERVIGNE, M., und E. VASSY: Über eine Anwendung der Lumineszenz in der quantitativen Analyse; mikroanalytische Bestimmung des Elementes Samarium. C. R. Acad. Sci. **204** (1937) 1566; Chem. Zbl. **1937**, II, 2872. — 1937 — *121*

—: Verfahren zum Lumineszenznachweis seltener Erden. Ann. Chim. anal. Chim. appl. (3) **22** (1940) 273; Chem. Zbl. **1942**, I, 388. — 1940a — *121*

—: Über die Feinanalyse und Mikrodosierung der seltenen Erden mit Hilfe der Lumineszenz. Bull. Soc. chim. France, Mém. (5) **7** (1940) 121; Chem. Zbl. **1940**, II, 105. — 1940b — *121*

SERVIGNE, M.: Über den Lumineszenznachweis von Ytterbiumoxyd. C. R. Acad. Sci. **212** (1941) 540; Chem. Zbl. **1941**, II, 1537. — 1941 — *121*

SEYEWETZ, A., und J. BLANC: Über die Fluoreszenz von Farbstoffen im Woodschen Licht. C. R. Acad. Sci. **188** (1929) 714; Chem. Zbl. **1929**, I, 2858. *98, 135*

SHAPIRO, D. M., und LANDING B. H.: Bedeutung der Verteilung von Fluoreszein im Sarkom. Science [Washington] **108** (1948) 304. *160*

SHARP, D. B. H., und P. F. SHRARP: Fluorimetrische Bestimmung von Riboflavin in 400 Milchproben. J. Dairy Sci. **22** (1939) 779. *172*

SHIONOYA, S., und K. AMANO: Sensibilisierung der Lumineszenz von Mangan in Zinksulfidphosphoren. J. chem. Phys. **25** (1956) 280; Chem. Zbl. **1957**, 3179. *124*

SHORE, V. G., und A. B. PARDEE: Quantitative Bestimmung von Aminosäuren durch Fluoreszenz von Derivaten auf Papier. Anal. Chemistry **28** (1956) 1479; Chem. Zbl. **1957**, 8605. *175*

SHOTTON, E., und A. F. S. A. HABEEB: Die Bestimmung von Fluorescein in verdünnten Lösungen. J. Pharm. Pharmacol. **7** (1955) 456; Chem. Zbl. **1957**, 2280. *46, 138*

SHPOL'SKII, E. V., IL'NA und V. V. BASILEVICH: Über den Vergleich der Fluoreszenzspektra von cancerogenen und nichtcancerogenen Kohlenwasserstoffen in Anthracen- und Benzanthracenfraktionen. Известия Академии Наук СССР, Серия Физическая [Nachr. Akad. UdSSR, phys. Ser.] **12** (1948) 519. *132*

SIEBER, W., und J. KASCHE: Beiträge zur Anwendung der ultravioletten Strahlen für textilindustrielle Untersuchungen. Melliand Textilber. **9** (1928) 234. *148*

SIDMAN, J. W.: Polarisierte Absorptions- und Fluoreszenzspektren von kristallinem Anthracen bei 4 °K: Spektroskopischer Nachweis eingefangener Excitionen. Phys. Rev. (2) **102** (1956) 96; Chem. Zbl. **1957**, 10426. — 1957a — *132*

—: Konzentrationsabhängigkeit der Absorptions- und Fluoreszenzspektren von Mischkristallen aus Anthracen und Phenantren bei 77 °K. J. Amer. chem. Soc. **79** (1957) 305; Chem. Zbl. **1957**, 8168. — 1957b — *132*

SIEGEL, H., und K. SCHLÖGEL: Papierchromatischer Nachweis von Alkoholen durch Fluoreszenz. Mikrochim. Acta **40** (1953) 383; zitiert in F. CRAMER: Papierchromatographie, 4. Aufl. Verlag Chemie, Weinheim 1958, S. 131. *66*

SIEGRIST, E.: Herstellung fluoreszierender Färbungen. DBP 953518, kl. 1953; Chem. Zbl. **1957**, 5708. *152*

SILL, C. W., und H. E. PETERSON: Eluoreszenztest für Uran in wässeriger Lösung. Anal Chemistry **19** (1947) 646. — 1947 — *70*

— —: Fluoreszenzprobe für Thallium in wäßriger Lösung. Anal. Chemistry **21** (1949) 266; Chem. Zbl. **1950**, II, 918. — 1949 — *121*

—, und C. P. WILLIS: Fluorimetrische Bestimmung von kleinsten Mengen (weniger als 1 Mikrogramm) Beryllium. Anal. Chemistry **31** (1959) 598. — 1959 — *119*

SIMONS, F. L.: Anwendung von Fluoreszenzmethoden in Verbindung mit Sicherheitspapieren. TAPPI, Sect., Oct. (1951) 113 A. *147*

SIMPSON, D. M.: Anwendungen der fluorimetrischen Analyse bei der Untersuchung von Pterinen. Analyst **72** (1947) 382; Chem. Zbl. **1948**, II, 406. *135*

SIRKAR, S. C., und B. M. BISHUI: Fluoreszenz von Dipropylketon bei tiefer Temperatur. Nature [London] **156** (1945) 333. *129*

SKOPNIK, v.: Chemie im Straßenbau. Chemiker-Ztg. **52** (1928) 397. *156*

SLATER, E. C., und D. B. MORELL: Eine Modifikation der fluorimetrischen Methode zur Bestimmung von Riboflavin in biologischem Material. Biochem. J. **40** (1946) 644, 652. *171*

SLESSER, A., und C. B. JORDAN: Anwendung der Fluoreszenzanalyse auf die Untersuchung einiger Alkaloide und Rohdrogen. J. Amer. pharm. Assoc., sci. Edit. **29** (1940) 134; Chem. Zbl. **1942**, I, 383. *139*

SMILES, J., und A. E. R. TAYLOR: Neue Beobachtungen mit Hilfe der Vitalfarbstoffe Acridinorange und Primulin. Nature [London] **179** (1957) 306. Chem. Zbl. **1957**, 10505. *161*

SMITH, L. L.: Fluoreszierender Sodalith. Amer. Mineralogist **22** (1937) 304; Chem. Zbl. **1937**, II, 2144. *126*

SMITH, S., und J. GLAISTER: Neuere Fortschritte in forensischer Medizin. Churchill, London 1939. *202*

SOEHRING, K., O. KLINGMÜLLER und F. NEUWALD: Untersuchungen über die Reizwirkung von in wäßrigen Augenarzneilösungen üblichen Zusätzen, insbes. Konservierungsmitteln. Arzneimittelforsch. **9** (1959) 349. *139*

SOMAINI, L.: Beitrag zur Untersuchung der himmelblauen Fluoreszenz der gepreßten Öle unter der Wood-Lampe. Olii miner. Olii grassi, Colori Vernici **21** (1941) 257; Chem. Zbl. **1943**, I, 797. *185*

SOMMER, H.: Die Anwendung der ultravioletten Strahlen in der textilchemischen Untersuchungspraxis. Bemerkungen zu dem gleichnamigen Aufsatz von M. NOPITSCH. Melliand Textilber. **9** (1928) 753. — 1928a — *148*

—: Die Analysenquarzlampe als Hilfsmittel in der Textilprüfung. Leipziger Textil-Ind. **43** (1928) 433, 479; Papierfabrikant, Wbl. Papierfabrikat. **60** (1948) 9. — 1928b — *148*

—, und J. BECKER: Überdie Veränderung der Ultraviolettabsorption von Pergaminpapieren im Sonnenlicht. Zellstoff und Papier **13** (1933) 335. — 1933 — *147*

SONNTAG, F.: Ein Beitrag zur Untersuchung von Oleum Hyperici. Dtsch. Apotheker-Ztg. **50** (1935) 399. *138*

SPECHT, W.: Die Chemielumineszenz des Hämins, ein Hilfsmittel zur Auffindung und Erkennung forensisch wichtiger Blutspuren. Angew. Chem. **50** (1937) 155. *201*

SPECKER, H.: Über die visuelle und photographische Grenze der Nachweisbarkeit stark fluoreszierender Substanzen. Ein Beitrag zur Fluoreszenzanalyse. Z. wiss. Photogr. **40** (1941) 276. *55*

SPEDDING, F. H.: Vorschlag zur Verwendung der Linienfluoreszenzspektra von Benzol, Chlorbenzol u. a. bei tiefen Temperaturen für analytische Zwecke. Trans. Faraday Soc. **35** (1939) 65. *132*

SPENCER, L. J.: Fluoreszenz von Mineralien in ultraviolettem Licht. Amer. Mineralogist **14** (1928) 33; Chem. Zbl. **1929**, I, 1557. *125*

SPOLSKI, E. W., und L. A. KLIMOWA: Einfluß der Lösungsmittel auf das Lumineszenzspektrum aromatischer Kohlenwasserstoffe bei niedrigen Temperaturen. Известия Академии Наук СССР, Серия Физическая (Nachr. Akad. Wiss. UdSSR, phys. Ser.] **20** (1956) 471; Chem. Zbl. **1957**, 10710. *156*

SPRINGER, J. F.: Textiles Prüfen mit ultraviolettem Licht. Rayon Text. Monthly **20** (1939) 73, 98; Chem. Zbl. **1939**, I, 3988. *148*

SPRÖSSER, W.: Absorptionsspektren und Fluoreszenz von Fetten. Chem. Umsch. Fette, Öle, Wachse, Harze **35** (1928) 325. *32, 185*

SQUIRES, B. T.: Die ultraviolette Fluoreszenz des Harns. J. Physiol. **66** (1928) 14; Ber. Physiol. **49** (1932) 656. *62*

STADLER, H. P.: Der Nachweis der Margarine in Butter. Z. Unters. Lebensmittel **55** (1928) 404. — 1928 — *182*

—: Nachweis von Eosinweizen im Getreide. Ver. dtsch. Lebensmittelchemiker, Mitt. Nr. 1 (1934) 8. — 1934 — *192*

STÄMPFLI, R.: Über fluoreszierende Bestrahlungsprodukte des Thiazols. Helv. physiol. pharmacol. Acta **1** (1943) 54; Chem. Zbl. **1946**, I, 1570. *171*

STAHL, E.: Dünnschichtchromatographie (Methode und Einflußfaktoren). Pharmazie **11** (1956) 633. — 1956 — *67, 144, 145, 194*

—: Dünnschichtchromatographie II. Standardisierung, Sichtbarmachung, Dokumentation und Anwendung. Chemiker-Ztg. **82** (1958) 332. — 1958a — *67, 144, 145, 194*

—: Dünnschichtchromatographie III. Parfümerie und Kosmetik **34** (1958) 564. — 1958b — *67, 144, 145, 194*

STAHL, E.: Dünnschichtchromatographie. IV. Ar h. Pharm. **292** (1959) 411. — 1959 — *67, 144, 145, 194*

STAHL, E.: Dünnschichtchromatographie V. Arch. Pharm. **292** (1960) 531. — 1960 — *67, 144, 145, 194*

—: Dünnschichtchromatographie VI. J. Chromatographie **5** (1961) 351. — 1961a — *67, 144, 145, 194*

—, und H. KALDEWAY: Dünnschichtchromatographie VII. Spurenanalyse physiologisch aktiver, einfacher Indolderivate. Z. physiol. Chem. **323** (1961) 182. — 1961b — *67, 144, 145, 194*

STARK, J.: Über den Zusammenhang zwischen Fluoreszenz und chemischer Konstitution. Z. Elektrochem. **18** (1912) 1011 u. **19** (1913) 397. — 1912 — *33*

—: Eine neue Analyse im Dienste des Milchlaboratoriums. Alpenländ. Molkerei- u. Käserei-Ztg. **5** (1931) 4. — 1931 — *181*

STASIW, O.: Messung des bei der Totalreflexion ins zweite Mittel eindringenden Lichts. Ann. Phys. (5) **3** (1929) 209; Chem. Zbl. **1930**, I, 14. *44*

STEGER, W.: Über opake Hartporzellanglasuren. Ber. dtsch. keram. Ges. **17** (1936) 484. *153*

STEINER, I., und K. LEUPIN: Fluoreszenzanalytische Untersuchungen von Frangula- und Porshianaextrakten. Pharm. Acta Helvetiae **15** (1940) 145; Chem. Zbl. **1940**, II, 3068. *139*

STEINMANN, A.: Über Tee-Verfälschungen in Indien. Z. Unters. Lebensmittel **71** (1936) 446. *144*

STERN, K. G.: Über das optische Verhalten der Katalase. Z. physiol. Chem. **212** (1932) 207. *134*

STERN, O., und M. VOLMER: Über die Abklingzeit der Fluoreszenz. Phys. Z. **2** (1919) 183. *83, 84*

STEVENS, B.: Fluoreszenzlöschung von Anthracen, 9-Phenylanthracen und 9,10-Diphenylanthracen in der Gasphase. Trans. Faraday Soc. **51** (1955) 610; Chem. Zbl. **1957**, 5219. *132*

STEVENS, R. W., W. H. WOOD, K. G. GOETZ und C. A. HORR: Apparatur für die Herstellung von Phosphoren für die fluorimetrische Bestimmung von Uranium. Anal. Chemistry **31** (1959) 962. *124*

STIMSON, M. M., und M. A. REUTER: Die Fluoreszenz einiger Purine und Pyrimidine. J. Amer. chem. Soc. **63** (1941) 697; Chem. Zbl. **1941**, II, 1843. *135*

STINER, O.: Die Quarzlampe als Mittel zur Erkennung von Fälschungen und Verfälschungen. Berner Briefmarken-Ztg. **19** (1927) 147. *198*

STOCK, F. G.: Verbesserte Standardkurve für die Bestimmung von Vitamin B_1. Analyst **75** (1950) 499. *172*

STOKAR, W. v.: Spinnen und Weben bei den Germanen. Bd. 59 der Mannus-Bücherei. Kapitsch, Leipzig 1936. *148*

STOKES, G. G.: Über die Änderung der Brechbarkeit des Lichtes. Philos. Trans. **107** (1952) II; s. auch Kaysers Handbuch der Spektroskopie, Bd. IV. Hirzel, Leipzig 1908/12. *5, 28*

STOLJAROW, K. P.: Fluoreszenznachweis von Thallium und Quecksilber. Журнал Аналитической Химии [J. anal. Chem.] **10** (1955) 293; Chem. Zbl. **1957**, 510. *119*

STRACHE, F.: Fluorimetrische Chininbestimmung im Tonic-Water. Dtsch. Lebensmittel-Rdsch. **55** (1959) 153. *139*

STRATTA, R., und A. MANGINI: Über die Fluoreszenz italienischer Olivenöle im Woodschen Licht. Giorn. Chim. ind. appl. **10** (1928) 205; Chem. Zbl. **1928**, II, 1402. *24, 184*

STREBEL, H.: Über Aufnahmen der Sonne durch Ultraviolettstrahlen und Fluoreszenzlicht. Sitzungsber. Bayr. Akad. Wiss., math.-naturwiss. Abt. Heft III (1928) 367; Z. Instrumentenkunde **50** (1930) 166. *102*

STREHLER, B., und CH. SHOUP: Die Chemielumineszenz des Riboflavins. Arch. Biochem. Biophys. **47** (1953) 8; Chem. Zbl. **1955**, 9357. *172*

—, und CORMIER: Die Lumineszenz zellfreier Extrakte des Leuchtbacteriums Achromobacter fischeri beeinflussende Faktoren beeinflussende Faktoren. Arch. Biochem. Biophys. **47** (1955) 16; Chem. Zbl. **1955**, 9357. — 1955 — *175*

STREHLER, B., und V. H. LYNCH: Photosynthetische Lumineszenz und photoinduzierte Änderung der Absorptionsspektren bei Chlorella. Science [Washington] **123** (1956) 462; Chem. Zbl. **1957**, 7984. — 1956 — *165*
STRICKLER, H. S., R. C. GRAUER und M. R. CAUGHEY: Einfluß der Zeit auf das Fluoreszenzvermögen von oestrogenen Steroiden. Anal. Chemistry **28** (1956) 1240. *175*
STRONG, C., und F. H. J. FIGGE: Fluoreszenz der Harderschen Drüsen bei krebsempfänglichen und resistenten Mäusen. Science [New York] **94** (1941) 331; Chem. Zbl. **1942**, I, 1265. *166*
STOUGHTON, R. W., und R. K. ROLLEFSON: Die Auslöschung der Fluoreszenz in Lösungen III. Die Natur des Auslöschvorganges. J. Amer. chem. Soc. **63** (1941) 1517. *90*
— —: Fluoreszenslöschung in Lösung. III. Die Natur des Löschvorganges. J. Amer. chem. Soc. **62** (1940) 2264. — 1940 — *90*
STRUGGER, S.: Zur Analyse der Vitalfärbung pflanzlicher Zellen mit Erythrosin. Ber. dtsch. bot. Ges. **49** (1931) 453. — 1931 — *111*
—: Die Vitalfärbung des Protoplasmas mit Rhodamin B und 6 G. Protoplasma **30** (1938) 85. — 1938 — *111*
—: Die lumineszenzmikroskopische Analyse des Transpirationsstromes in Parenchymen, 2. Die Eigenschaften des Berberinsulfats und seine Speicherung durch lebende Zellen. Biol. Zbl. **59** (1939) 92. — 1939a — *111*
—: Die Anwendung der Lumineszenzmikroskopie in der Botanik. Zeiss-Nachr. **1**, 5 (1939) 69. — 1939b — *111*
—: Studien über den Transpirationsstrom im Blatt von Secale cereale und Triticum vulgare. Z. Botanik **35** (1939) 97. — 1939c — *143*
—: Neues über die Vitalfärbung pflanzlicher Zellen mit Neutralrot. Protoplasma **34** (1940) 601. — 1940a — *111*
—: Die Kultur von Didymium nigripes aus Myxamöben mit vitalgefärbten Plasma und Zellkernen. Z. wiss. Mikroskopie u. mikrosk. Technik **57** (1940) 514. — 1940b — *111*
—: Fluoreszenzmikroskopische Untersuchungen über die Aufnahme und Speicherung des Acridinorange durch lebende und tote Pflanzenzellen. Jenaische Z. Naturwiss. **73** (1940) 97; Z. med. Naturwiss. (N. F.) **66** (1941) 47. — 1940c — *111*
—: Die Vitalfärbung der Chromosomen. Dtsch. tierärztl. Wschr. **48** (1940) 645. — 1940d — *165*
—: Zellphysiologische Studien mit Fluoreszenzindikatoren, I. Basische zweifarbige Indikatoren. Flora **35** (1941) 101. — 1941 — *78*
—: Die Unterscheidung lebender und toter Zellen mit Hilfe der Acridinorangefärbung. Mikrokosmos **36** (1942) 21; Chem. Zbl. **1943**, I, 1915. — 1942 — *111, 165*
—: Neues über die Fluoreszenzfärbung toter und lebender Bakterien. Dtsch. tierärztl. Wschr. **50** (1942) 51. — 1942a — *111*
—: Fluoreszenzmikroskopische Beobachtungen über das Eindringen von Prontosil solubile in lebende Bakterien und Hefezellen. Dtsch. tierärztl. Wschr. **50** (1942) 321. — 1942b — *165*
—: Die Unterscheidung lebender und toter Zellen mit Hilfe der Acridinorangefärbung. Mikrokosmos **36** (1942) 21; Chem. Zbl. **1943**, I, 1915. — 1942c — *165*
—: Die Fluoreszenz im Dienste der biologischen Forschung. Chemie **55** (1942) 339; Chem. Zbl. I, 174. — 1942d — *165*
—: Untersuchungen über die vitale Fluorochromierung der Hefezelle. Flora **37** (1943) 73. — 1943 — *165*
—, und G. ROSENBERGER: Vitalfärbung der Ziegenspermatozoen mit Acridinorange. Dtsch. tierärztl. Rdsch. **52/50**, Nr. 39/40, (1944) 357. — 1944 — *111*
—: Der fluoreszenzmikroskopische Nachweis von Tryanosomen im Blut. Dtsch. tierärztl. Wschr. **54** (1947) 161. — 1947 — *165*
—: Der gegenwärtige Stand der Forschung auf dem Gebiete der fluoreszenzmikroskopischen Untersuchung der Bakterien. Z. Mikroskopie **3** (1948) 23. — 1948 — *165*

STRUGGER, S: Fluoreszenzmikroskopie und Mikrobiologie. Verlag M. & H. Schaper, Hannover 1949. — 1949 — *4, 78, 109, 111*

—: Die Anwendung der Lumineszenzmikroskopie in der Botanik. Zeiss-Nachr. **1** (1939) 69. — 1939d — *111*

STÜBEL, H.: Die Fluoreszenz tierischer Gewebe im ultravioletten Licht. Pflügers Arch. **142** (1911) 1. *133, 157*

SUCHODOLSKI, J.: Nachweis von Diäthylphthalat. Przemysl Chemiczny **14** (1930) 265; Chem. Zbl. **1931**, I, 117. *131*

SUMERE, CH. VAN, H. HILDERSON und L. MASSART: Cumarine und phenolische Säuren von Gerste und Kleie. Naturwiss. **45** (1958) 292. — 1958 — *192*

—, F. PAMENTIER und M. VAN PUCKE: Umwandlung von Kaffeesäure in Aesculin und umgekehrt. Naturwiss. **46** (1959) 668. — 1959 — *191*

SUTRO, CH., J., und M. S. BURMAN: Prüfung pathologischen Gewebes mit gefilterten ultravioletten Strahlen. Arch. Pathol. **16** (1933) 346; Ber. ges. Physiol. **77** (1934) 54. *159*

SWEAT, M. L.: Die Bestimmung von Corticosteroiden durch Fluoreszenzreaktionen. Anal. Chemistry **26** (1954) 773; Z. anal. Chem. **145** (1955) 381. *175*

SWESCHNIKOW, B. J., L. A. KUSNETZOWA und W. A. MOLTSCHANOW: Über die Möglichkeit des Übergangs von einer Art der Fluoreszenzkonzentrationslöschung in eine andere. Доклады Академии Наук СССР [Ber. Akad. Wiss. UdSSR] **109** (1957) 746; Chem. Zbl. **1957**, 8129. *6*

SWINEY, R. R. MC, R. E. NICHOLAS und F. T. G. BRUNTY: Die Porphyrine der akuten Porphyrie. Auffindung bisher unbekannter Porphyrine.
Zitiert in F. CRAMER: Papierchromatographie, 4. Aufl. Verlag Chemie, Weinheim 1958, S. 183; Biochem. J. **46** (1950) 147. *66*

SZAHLENDER, K.: Der Umbelliferon-Gehalt des persischen Ammoniakgummis. Arch. Pharm. (1935) 273, 234. *138*

SZEBELLEDY, L., und J. GAAL: Über einen neuen Nachweis der Borsäure mittels Fluoreszenz-Reaktion. Magyar Gyógyszerésztudományi Társaság Értesitöje. [Ber. ungar. pharm. Ges.] Nr. 3 (1934) 309; ref.: Pharm. Ztg. **79** (1934) 567. — 1934 — *120*

—, und ST. TANEY: Beiträge zum Nachweis der Borsäure mit Alizarin. Z. anal. Chem. **107** (1936) 26. — 1936 — *120*

—, und J. JONAS: Die Chininsäure als Fluoreszenzindikator. Z. anal. Chem. **113** (1938) 266. — 1938a — *79, 80*

— —: Die 6,7-Dimethoxy-isochinolin-1-carbonsäure als Fluoreszenzindikator. Z. anal. Chem. **113** (1938) 326. — 1938b — *79, 81*

—, und K. SIK: Über die Fluoreszenz des alizarinsulfosauren Natriums, Azolithmins, der Carminsäure, Curcumatinktur, des Lacmoids, Neutralrots, Phenolrots, der Rosolsäure, des Thymolblaus, Xylenolphthaleins. Magyar Gyógyszerésztudományi Társaság Értesitöje [Ber. ungar. pharm. Ges.] **14** (1938) 303ff. — 1938c — *79, 81*

— —: Fluoreszenzindikatoren. Magyar Gyógyszerésztudományi Társaság Értesitöje [Ber. ungar. pharm. Ges.] **14** (1938) 389, 391, 405, 409, 413, 418. — 1938d — *82*

TABATA, T., und Y. ICHIMURA: Über die Fluoreszenzanalyse von Drogen. Z. anal. Chem. **157** (1957) 3. *145*

TAGUCHI, R.: Über die Ausscheidung ultraviolett fluoreszierender Stoffe aus Wurzelfasern des Samens der Maulbeere und anderer Gewächse. Bull. Sericult. Silk. Ind. **7** (1934) 4; Chem. Zbl. **1935**, I, 3494. *141*

TAPERNOUX, A.: Unterscheidung frischer und durch Lakwasser konservierter Eier im Woodschen Licht. C. R. Séances Soc. Biol. Filiales Assoc. **105** (1930) 405; Chem. Zbl. **1931**, I, 2816. *179*

TARASSUK, N. P., und H. D. SIMONSON: Über den Zusammenhang zwischen der Bräunung und der Fluoreszenz von Kondensmilch. Food Technol. **4** (1950) 88. *182*

TAUSZ, J., und H. RUMM: Über die Anwendung der Analysenquarzlampe zur Beurteilung von Getreidekörnern. Z. ges. Mühlenwes. **5** (1928) 113. — 1928 — *192*

TAUSZ, J., und A. RABL: Über Fluoreszenz und Fluoreszenzträger in Mineralschmierölen. Erdöl **7** (1931) 106. — 1931 — *98*

TEALE, F. W., und G. WEBER: Ultraviolettfluoreszenz von aromatischen Aminosäuren. Biochem. J. **65** (1957) 476; Chem. Zbl. **1957**, 9677. *175*

TEMESVARY, I.: Untersuchung der Tinkturen der Pharmakopoe Hungarica III im filtrierten ultravioletten Licht. Magyar Gyógyszerésztudományi Társaság Értesitöje [Ber. ungar. pharm. Ges.] **8** (1932) 444; Chem. Zbl. **1933**, I, 1163. *139*

TESTI, C., und G. INARDI: Beitrag zur Kenntnis bituminöser Gesteine. Ann. Chim. appl. **17** (1927) 446; Chem. Zbl. **1928**, I, 315. *156*

TEUSCHER, W.: Fluoreszenzanalyse an Steinkohlen- und Erdölpech, sog. Bitumen. Chemiker-Ztg. **54** (1930) 987. *156*

THEIS, E. R., und E. J. SERFASS: Untersuchungen der tierischen Haut mit Hilfe der ultravioletten Strahlen. J. Amer. Leather Chemists Assoc. **33** (1938) 67; Chem. Zbl. **1938**, I, 3156. *147*

THIEL, A.: Fluoreszenzmessungen mit den Hilfsmitteln in der Absolutcolorimetrie. I. Mitt. Ein Fluoreszenzphotometer zur Untersuchung des Recheschen Phänomens und ähnlicher Erscheinungen. Biochem. Z. **294** (1937) 221. — 1937 — *32*

—: Fluoreszenzmessungen mit den Hilfsmitteln der Absolutcolorimetrie. II. Mitt. Ein für klinische Untersuchungen geeignetes Verfahren zur Bestimmung des Porphyrins im Harn. Biochem. Z. **298** (1938) 436. — 1938 — *167*

THIELMANN, E., W. LANG und H. KAISER: Beiträge zur quant. Bestimmung der Mutterkornalkaloide. Arch. Pharm. **286** (1933) 379. *139*

THINIUS, K.: Die Lumineszenzanalyse — ein Hilfsmittel für die Analyse der Polyplaste? Farbe und Lack **56** (1950) 3; Chem. Zbl. **1950**, II, 114. *150*

THOMAE, E.: Über eine Leuchterscheinung der Trockenmilch. Vorratspflege u. Lebensmittelforsch. **3** (1940) 418. *181*

THORINGTON, L., R. RUSSEL jr., und A. SILVERMAN: Einfluß des Eisengehaltes auf die Fluoreszenz des Glases. J. Amer. ceram. Soc. **29** (1948) 151; Chem. Zbl. **1946**, I, 1670. *155*

THORNTON, B. J., und J. C. SPECK jr.: Bestimmung von Methylglyoxal (Brenztraubenaldehyd) durch Fluoreszenzmessung. Anal. Chemistry **22** (1950) 800. *130, 131*

THORNTON, W. M., jr., und M. N. LEWIS: Photographie fluoreszierender Mineralien. Bull. Soc. franç. Minér. **57** (1934) 268; Chem. Zbl. **1935**, II, 404. — 1934a — *102*

— —: Vergleichende photographische Aufnahme von fluoreszierenden Mineralien im gewöhnlichen sowie im Ultraviolettlicht. Bull. Soc. franç. Minér. **57** (1934) 268; ref.: Z. anal. Chem. **106** (1936) 287. — 1934b — *102, 125*

TIEDE, E., und H. CHOMSE: Über die Lumineszenz der Zähne. Ber. dtsch. chem. Ges. **67** (1934) 1988. *159*

TILLMANS, J., H. RIFFART und A. KÜHN: Bestimmung von Cholesterin und Lecithin. Z. Unters. Lebensmittel **60** (1930) 61. *193*

TIPSON, R. S., und L. H. CRETCHER: Alloxanbestimmung mit Hilfe der Kondensation mit Riboflavin und anschließender Fluoreszenzintensitätsmessungen. Anal. Chemistry **22** (1950) 822. *134*

TISCHER, J., und E. TÖGEL: Die Fluoreszenzchromatographie des Perrillaöles. Z. physiol. Chem. **282** (1947) 103; Chem. Zbl. **1948**, I, 628. *185*

TOMASCHEK, R.: Phosphoreszenz, Fluoreszenz und chemisches Reaktionsleuchten. Handbuch der phys. Optik, Bd. 2, Leipzig 1927. — 1927 — *121*

—, und O. DEUTSCHBEIN: Über die Fluoreszenz der reinen Salze der seltenen Erden. Phys. Z. **34** (1933) 374. — 1933 — *121*

—, und E. MEHNERT: Über die Fluoreszenz von Gadoliniumsalzen und deren Lösungen. Ann. Phys. (5) **29** (1937) 306. — 1937 — *121*

TOMASZEWSKI, W.: Das Fluoreszenzphänomen der Zunge. Brit. med. J. (1951) I, 117; Chem. Zbl. **1951**, II, 840. *160*

TOMICEK, O.: Ein Kapitel über Fluoreszenztitration „Chemical Indicators", Butterworth, London 1951. *82*

TOUCHSTONE, J. C., und T. MURAWEC: Verstärkung der Fluoreszenz von Progesteron und anderen Steroiden in Schwefelsäure. Anal. Chemistry **30** (1958) 1707 u. **32** (1960) 822. *175*

TRAUTZL, K.: Über Fluoreszenz und Fluoreszenzträger in Mineralölen. Erdöl und Teer **7** (1931) 193. *98*

TREASE, G. E.: Filtrierte ultraviolette Strahlen in der Analyse, III. Die Messung der Fluoreszenz von Fetten. Fluoreszierende Substanzen in der Maßanalyse. Pharm. J. **124** (1930) 264; Chem. Zbl. **1930**, II, 648. — 1930a — *35, 182*

—: Filtrierte ultraviolette Strahlen in der Analyse, II. Untersuchungen in Pharmazie und Pharmakognosie. Pharm. J. **124** (1930) 187; Chem. Zbl. **1930**, I, 2452. — 1930b — *138*

TREIBS, A.: Chlorophyll- und Häminderivate in organischen Mineralstoffen. Angew. Chem. **49** (1936) 682. *156*

TRILLICH, H.: Die Ultraviolett-Bestrahlung im Dienste der Maltechnik. Techn. Mitt. f. Malerei (1931) 109; ref.: Farben-Chemiker (1931) 376. *151*

TRIVELLI, A. P. H.: Mikrophotographie mit ultraviolettem Licht. Sci. Monthly **33** (1931) 175; Chem. Zbl. **1931**, II, 2103. — 1931a — *116*

—, und L. V. FOSTER: Mikrophotographie mit der 365-nm-Quecksilberbogenlinie. J. opt. Soc. Amer. **21** (1931) 124; Chem. Zbl. **1931**, I, 2786. — 1931b — *116*

TRÜMPENER, E.: Fortschritte der Kartoffelchemie. Angew. Chem. **46** (1933) 551. *192*

TRUITT, E. B., A. M. MORGAN und J. M. LITTLE: Eine verbesserte Methode für die Messung von Salicylsäure und Salicylursäure im Blutplasma und ferner im Urin. J. Amer. pharm. Assoc., sci. Edit. **44** (1955) 142; Z. anal. Chem. **151** (1956) 221. *134*

TSCHERKASSOW, A., W. A. MOLTSCHANOW, T. M. WEMBER und K. G. WOLDAIKINA: Fluoreszenzdauer der meso-Derivate von Anthracen. Доклады Академии Наук СССР [Ber. Akad. Wiss. UdSSR] **109** (1956) 292; Chem. Zbl. **1957**, 9869. *132*

TSCHESCHE, R., und F. KORTE: Pterine. Chem. Ber. **84** (1951) 641; zitiert in F. CRAMER: Papierchromatographie, 4. Aufl. Verlag Chemie, Weinheim 1958, S. 183. *66*

TSCHIRCH, A., und E. STOCK: Die Harze, 3. Aufl. Tauchnitz, Leipzig 1933, S. 128 *149*

TSCHIRCH, E.: Fortschritte in der analytischen Chemie durch komplexe Verbindungen. Chemiker-Ztg. **61** (1937) 225. *118*

TSVANG, M., und BOSHNYAKOV: Auffindung von Verunreinigungen in Lebensmitteln. Gigienee i Sanit **1** (1950) 44. *197*

TUCHER, B. M.: Komplexometrische Bestimmung von Calcium. Analyst **82** (1957) 284; Z. anal. Chem. **160** (1958) 285. *82*

TÜRKEL, S.: Die ultraviolette Strahlung in der modernen Kriminalistik. Internat. öffentl. Sicherheit, Nr. 15 (1926). — 1926 — *198*

—, und J. DAIMLER: Geheimtinten. Ein Sammel-Teilreferat aus „Beiträge zur kriminalistischen Symptomatologie und Technik". Wiss. Veröff. d. Kriminal. Labor. d. Polizeidirektion Wien, Verlag U. Moser, Graz 1931. — 1931 — *200*

TUMMERMANN, L. A.: Fluorimetrische Methode zur Messung der Absorption im ultravioletten Teil des Spektrums. Химический Журнал, Серия В, Журнал Физической Химии [Chem. J., Ser. W, J. phys. Chem.] **2** (1911) 328. *71*

TUPHOLME, C. H. S.: Ultraviolettprüfungen von Geweben und Farbstoffen. Text. Colorist **62** (1940) 515 u. 598; Chem. Zbl. **1941**, I, 145. — 1940 — *148*

—: Fluoreszenzfarbe als Temperaturanzeiger auf Oberflächen. Power and Works Engng. **45** (1950) 423. — 1950 — *82, 152*

TURCHINI, J.: Neue Beobachtungen mit dem Wood-Licht. C. R. Séances Soc. Biol. Filiales Assoc. **93** (1925) 1068; Ber. ges. Physiol. **38** (1927) 657. — 1925 — *160*

—, und J. MILLOT: Über die Fluoreszenz im filtrierten ultravioletten Lichte (Woodsches Licht) bei Spinndrüsen und gewissen Elementen im Blut der Spinnen. C. R. Séances Soc. Biol. Filiales Assoc. **94** (1926) 171; Ber. ges. Physiol. **36** (1926) 368. — 1926 — *169*

TURFEIER, A., I. P. WIBAUT und T. V. KINGMA BOLTJES: Das grün fluoreszierende Pigment von Pseudomonas fluoreszenz. Rec. Trav. chim. Pays-Bas **57** (1938) 1397; Chem. Zbl. **1939**, I, 2797. *169*

VACHER, M., und M. AUSCHER: Bestimmung von Lactoflavin mit Hilfe seiner Fluoreszenz. Ann. pharm. franç. **3** (1945) 64. *172*

VALAER, P., jr.: Fluoreszenzchromatographie von Weinen. J. Assoc. off. agric. Chemists **33** (1950) 319. *188*

VALENTIN, B.: Untersuchung von Aufgüssen des schwarzen Tees mittels der chromatographischen Adsorptionsanalyse in der Pharmazie. Pharm. Zentralhalle (1938) 409. *144*

VALENTINER, S., und M. RÖSSIGER: Über Ökonomie der Fluoreszenzstrahlung. Z. Phys. **32** (1925) 239. *33*

VANDERBURG, W. O.: Eine Notiz über die Verwendung von Ultraviolettlampen in Bergwerksbetrieben zur raschen Erkennung von Scheelit in Erzen auf Grund der Fluoreszenz. U. S. Dep. Interior, Bur. Mines, Inform. Circ. **6873** (1935); Chem. Zbl. **1936, I,** 2982. *126*

VANOTTI, A., und E. NEUHAUS: Quantitative Messungsmethode der Porphyrine. Z. exper. Med. **97** (1935) 398. — 1935 — *32*

—: Porphyrine und Porphyrinkrankheiten. Verlag J. Springer, Berlin 1937, S. 276. — 1937 — *32, 107*

VEDENEEVA, N. E.: Über Fibrillarstruktur von Ton-Mineralien und ihre charakteristische Lumineszenz beim Erhitzen. Коллоидный Журнал [Kolloid-J.] **12** (1950) 88. *126*

VEIT, F., und M. VOGT: Die Verteilung subcutan verabreichter Alkaloide auf verschiedene Regionen des Zentralnervensystems. Naturwiss. **22** (1934) 492. *161*

VELLUZ, L., und M. PESEZ: Fluoreszenzreaktion zur Auffindung stickstofforganischer Verbindungen. Ann. pharm. franç. **4** (1946) 12. *138*

VENKER, P., und H. HERZMANN: Radikalfängereigenschaften einiger Phenole. Naturwiss. **47** (1960) 133. *6*

VENTURELLO, G.: Berylliumbestimmung mit Morin. Ric. sci. Progr. techn. **13** (1948) 726; Chem. Zbl. **1943**, I, 2519. *119*

VIEBÖCK, F.: Analysengang zur Erkennung von Arzneimitteln. 2. durchgesehene Auflage. Verlag Franz Deuticke, Wien 1949. *139*

VIGNE, P.: Die Anwendung des Woodschen Lichtes zum Studium und zur Erkennung von Tinea tonsurans und Favus. Presse méd. **35** (1927) 339; Zbl. Hautkrankh. **23** (1927) 762. *164*

VIGNOLO-LUTATI, F.: Über die Anwendung des Woodschen Lichtes zur Erforschung von Mineralien. Ind. chimica **5** (1930) 1222; Chem. Zbl. **1931**, I, 490. — 1930 — *126*

—: Über die Flavonverbindungen des Holzes, ihre Fluoreszenz und Zusammenhänge mit den Gerbstoffen. Boll. uff. Reale Staz. sperim. Ind. Pelli Materie concianti **11** (1933) 436; Chem. Zbl. **1933**, II, 3226. — 1933 — *143*

VILLELA: Fluorimetrische Bestimmung der Folsäure in Natronlauge mit Hilfe eines Chininsulfat-Standards. Inst. Osvaldo Cruz [Rio de Janeiro] O. Hospital **30** (1946) 755. *172*

VILTER, F. W., und O. SCHMIDT: Beitrag zur Untersuchung der Eier. Z. Unters. Lebensmittel **65** (1933) 649. *180*

VISCONTINI, M., E. LOESER, P. KARRER und E. HADORN: Fluoreszierende Stoffe aus Drosophila melanogaster, 2. Mitt. Helv. chim. Acta **38** (1955) 1222; Chem. Zbl. **1957**, 3857. — 1955a — *175*

—, H. SCHMID und E. HADORN: Isolierung fluoreszierender Stoffe aus Astacus fluviatilis. Experientia [Basel] **11** (1955) 390; Chem. Zbl. **1957**, 4737. — 1955b — *175*

—, A. KÜHN und EGELHAAF: Isolierung fluoreszierender Stoffe aus Ephestia kühniella. Z. Naturforsch. **11 b** (1956) 501; Chem. Zbl. **1957**, 3587. — 1956 — *175*

VIVANCO, F.: Zur Kenntnis der Flavinbilanz im tierischen Organismus. Svensk. Vet. Akad. Arkiv Kemi (A) **12**, 3 (1935); Chem. Zbl. **1935**, II, 2541. — 1935a — *171*

—: Zur Flavinbilanz im Tierkörper. Naturwiss. **23** (1935) 306. — 1935b — *171*

VLES, F., und A. UGO: Über die Erregung der Fluoreszenz des Cholesterols und der Haut C. R. Séances Soc. Biol. Filiales Assoc. **123** (1936) 226. *164*

VODRAZKA, O.: Das Mikroskopieren von Holz im filtrierten Ultraviolettlicht. Z. wiss. Mikroskopie **46** (1930) 497. — 1930a — *143*

—: Die Fluoreszenz des Holzes. Sborník českoslov. Akad. Zemědělské **5** (1930) 1; Chem. Zbl. **1930**, II, 3428. — 1930b — *143*

VOGELS, H.: Etude experimentale de fluorescence et de la phosphorescence des colorants adsorbés sur gels colloidaux, Gauthier-Villars, Paris 1936; Chem. Zbl. **1936**, I, 2911. *151*

VOLMAR, Y., und E. WIDDER: Acidimetrie und Alkalimetrie in Gegenwart einiger fluoreszierender Indikatoren, speziell des Umbelliferons. Chim. et Ind. **21** (1929) 160; Chem. Zbl. **1930**, I, 1977. — 1929 — *80, 81*

—: Anwendung der Fluoreszenzerscheinungen bei der Analyse von Nahrungsmitteln. J. Pharm. Chim. **5** (1927) 435; Chem. Zbl. **1927**, II, 182. — 1927 — *176, 178, 193*

—, und J. M. CLAVERA: Die fluoreszierenden Indikatoren bei Aciditätsmessungen fauliger Weine. Ann. Soc. Esp. Fís. Quim. **29** (1931) 247; Chem. Zbl. **1931**, II, 149. — 1931 — *82, 188*

—: Über Säure-Basen-Fluoreszenzindikatoren. Documentat. sci., **5** (1936) 33. — 1936 — *82*

VONKEYNEL und WIEDEMANN: Fluoreszenzmikroskopische Untersuchungen an Gonakokken nach Sulfonamidwirkung. Dtsch. med. Wschr. **70** (1944) 529. Chem. Zbl. **1945**, I, 63. *165*

VOSS: Methoden zur raschen Erkennung der Weizensorten. Ref.: Angew. Chem. **52** (1939) 347. *192*

WACHTMEISTER, C. A.: Nachweis aromatischer Säuren, in F. CRAMER: Papierchromatographie. 4. Aufl., Verlag Chemie, Weinheim 1958, S. 156; und in H. F. LINSKENS: Papierchromatographie in der Botanik. Springer-Verlag, Berlin 1955, S. 99ff. *66*

WADSWORTH, W. H., und E. A. MISENHEIMER: Eine Hilfe zur frühen Erkennung von Masern und möglicherweise anderer Ausschlagkrankheiten. J. Amer. med. Assoc. **90** (1928) 18. *163*

WAGENAAR, M.: Beiträge zur mikroskopischen, mikrospektroskopischen und quantitativen Blutuntersuchung. Z. anal. Chem. **79** (1929) 107. *201*

WAGNER, A.: Die Analysen-Quarzlampe, Original Hanau, im Laboratorium der Ölfabriken. Chemiker-Ztg. **53** (1929) 398. *185, 192*

WAGNER, E.: Zur Fluographie von Fossilien. Paläont. Z. **10** (1928) 215. — 1928 — *126*

WAGNER, H.: Die Körperfarben. Wiss. Verlagsges. m. b. H., Stuttgart 1928. — 1928 — *151*

—, und H. SCHIRMER: Der chemische Nachweis der für Lacke verwendeten Kunstharze. Farben-Ztg. **43** (1938) 131, 157. — 1938 — *150*

WAHL, A., und M. PAILLARD: Fluoreszenz von Naphthalinsulfonsäurederivaten. Franz. Pat. 860156 vom 8. 1. 41. *134*

WALKHOFF: Darstellung feinster Strukturen durch ultraviolettes Licht. Sitzungsber. Ges. Morph. u. Physiol. München **33** (1922) 7. — 1922 — *116*

—: Die Darstellung feinster Gewebsstrukturen mittels ultravioletten Lichtes. Verh. physiol. med. Ges. Würzburg **49** (1924) 159. — 1924 — *116*

WALLENFELS, K., und W. CHRISTIAN: Eine Methode zur quantitativen Photometrie im kurzwelligen Ultraviolett und Anwendung zur Analyse von Nucleotiden und Nucleosiden, in H. F. LINSKENS: Papierchromatographie in der Botanik. Verlag Springer, Heidelberg 1955, S. 28; Angew. Chem. **65** (1953) 459. *66*

WALLERSTEIN, J. S., R. T. ALBA und M. G. HALE: Untersuchungen über Oxydasaktivität von Kartoffelknollen, II. o-Phenylendiamin als fluorometrisches Reagens. Biochim. biophysica Acta **1** (1947) 184. *192*

WANG, Y. L., M. S. TING, H. LEH, J. CHAO und Y. H. HU: Sci. Technol. China **1** (1948) 33. *171*

WARBURG, O., und D. BUREK: *l*-Quantenmechanismus und Energiekreisprozeß bei der Photosynthese. Naturwiss. **37** (1950) 560. — 1950 — *25*

WARBURG O., und D. BUREK: *l*-Quantenmechanismus der Photosynthese. Z. Elektrochem. **55** (1951) 447 — 1951 — *25*
WASICKY, R., G. ROTTER und A. THUMER: Ein Beitrag zur Kenntnis der hesperidinartigen Verbindungen und Flavone in den Pflanzen. Arch. Pharm. **272** (1934) 292. — 1934 — *193*
WASICKY, R.: Das Fluoreszenzmikroskop in der Pharmakognosie. Pharm. Post **46** (1913) 877. — 1913 — *138, 140*
—, und C. WIMMER: Eine neue Methode des Nachweises der Schalen in Kakao. Z. Unters. Nahr.- u. Genußmittel **30** (1915) 25. — 1915 — *190*
—: Fluoreszenzerscheinungen in: Handbuch der prakt. u. wiss. Pharmazie. Verlag Urban & Schwarzenberg, Berlin/Wien 1924, S. 245. — 1924 — *138, 143*
Waterlow and Sons, Ltd., und S. C. CLIFFORD: Schutz von Schecks und Dokumenten gegen Fälschung. Engl. Pat. 292393 vom 16. 9. 1927 und Engl. Pat. 417488 vom 25. 11. 1933; Chem. Zbl. **1935**, I, 1957. *199*
WAWILOW, S. J.: Die Fluoreszenzausbeute von Farbstofflösungen. Z. Phys. **22** (1924) 266. — 1924 — *33, 34*
—: Die Fluoreszenzausbeute von Farbstofflösungen als Funktion der Wellenlänge des erregenden Lichts. Z. Phys. **42** (1927) 311. — 1927 — *28, 33*
—, und L. A. TUMMERMANN: Ein merkwürdiger Fall von Photolumineszenz von Flüssigkeiten. Z. Phys. **54** (1929) 270. — 1929 — *22*
—: Über die polarisierte Fluoreszenz von Farbstoffen. C. R. (Doklady) Acad. Sci. URSS **16** (1937) 255. — 1937 — *138*
WEBER, G.: Die Fluoreszenz von Riboflavin und Riboflavinadeninnucleotid. Biochem. J. **47** (1950) 114; Chem. Zbl. **1951**, I, 1591. — 1950 — *172*
—: Fluoreszenzparameter und Photosynthese. Vergleichende Biochemie photoreaktiver Systeme (Comparative Biochemistry of Photoreactive Systems). Academic Press, New York/London 1960. — 1960 — *6*
WEBER, K.: Über Filterlösungen für die Fluoreszenzphotographie. Photogr. Korresp. **66** (1930) 317. — 1930 — *99*
—: Über die enge Beziehung der Fluoreszenzauslöschung zur Hemmung photochemischer Reaktionen. Z. phys. Chem., Abt. B **15** (1931) 18. — 1931 — *97*
—: Bestimmung von Natriumnitrit bei der Prüfung von Pökel- und Konservensalzen. Chemiker-Ztg. **56** (1932) 642. — 1932 — *118*
—, und M. L. SAVIC: Die Auslöschung der Fluoreszenz durch organische Verbindungen. Z. phys. Chem., Abt. B **24** (1934) 68. — 1934 — *97*
—: Inhibitorwirkungen. Verlag Ferdinand Enke, Stuttgart 1938. — 1938a — *38, 90, 95*
—: Fluoreszenzlöschung mit Ascorbinsäure. Radiologica **2** (1938) 57. — 1938b — *97*
—, und M. LOHAR: Studien zur Fluoreszenzlöschung. I. Beitrag zur Theorie der Fluoreszenzlöschung. Trans. Faraday Soc. **44** (1948) 312, 959. — 1948a — *97*
— —: Studien zur Fluoreszenzlöschung. Trans. Faraday Soc. **44**, 322 (1948) 959. — 1948b — *97*
—, und J. RUCDIC: Die fluorimetrische Bestimmung der Harnporphyrine. Experientia [Basel] **7** (1951) 354; Z. anal. Chem. **137** (1952) 80. — 1951 — *168*
—, und F. VALIC: Methodik der fluorimetrischen Porphyrinbestimmung. Rec. Trav. chim. Pays-Bas **74** (1955) 556; Z. anal. Chem. **151** (1956) 458. — 1955 — *168*
WEHNER: Die Bestimmung des Alters von Eiern mit Hilfe der Analysen-Quarzlampe. Dtsch. landwirtsch. Geflügel-Ztg. Nr. 11 (1930). *179*
WEIGERT, F.: Die chemischen Wirkungen des Lichtes. Verlag Ferdinand Enke, Stuttgart 1911. — 1911 — *4*
—: Über Absorptionsspektren und eine einfache Methode zu ihrer quantitativen Bestimmung. Ber. dtsch. chem. Ges. **49** (1916) 1496. — 1916 — *35*
—: Optische Methoden in der Chemie. Akad. Verlagsges., Leipzig S. 1927, 24, 138, 171, 274, 290, 534. — 1927 — *28, 29, 31, 46*
—: Über die Bestimmung der Absorptionsspektra organischer Verbindungen mit Hilfe

der Fluoreszenz einer dünnen Schicht, welche von einer kontinuierlichen Lichtquelle erregt wird. Nature [London] **150** (1942) 56. — 1942 — *72*

WEIL-MALHERBE, H., und J. WEISS: Starke und reversible Löschung der Fluoreszenz von Kohlenwasserstoffen, speziell polycyclischen, durch Stickoxyd. Nature [London] **151** (1943) 449. — 1943 — *98*

WEIL-MALHERBE, H.: Löschung von polycyclischen aromatischen Kohlenstoffen durch Ionen der Purin-Verbindungen. Biochem. J. **40** (1946) 363. — 1946 — *98*

—, und A. D. BONE: Die fluorimetrische Bestimmungsmethode von Adrenalin (Epinephrin) und Noradrenalin (Norepinephrin) in Blutplasma. J. Labor. clin. Med. **47** (1956) 832 bis 834; Z. anal. Chem. **157** (1957) 156. — 1956a — *174*

—: Fluorimetrische Bestimmung von Adrenalin, Noradrenalin und Oxytyramin im Harn. Biochem. J. **63** (1956) 4 P; Z. anal. Chem. **155** (1956) 76. — 1956b — *174*

WEISS, F.: Beiträge zur Untersuchung von Schmalz im ultravioletten Licht. Z. Unters. Lebensmittel **56** (1928) 341. *182*

WEISS, H.: Lumineszenzerscheinungen von Soja-Erzeugnissen. Getreide, Mehl, Brot **3** (1949) 20. *192*

WEISSLER, A., und CH. E. WHITE: Fluorimetrische Bestimmung von Aluminium in Stählen, Bronzen und Mineralien. Ind. Engng. Chem., anal. Edit. **18** (1946) 530; Chem. Zbl. **1947**, I, 1014. *120*

WELLS, E. R.: Studium der Fluoreszenz-Analyse. Amer. Paint J. **23**, Nr. 3 A 11 (1938) Ü é, 1; Chem. Zbl. **1939**, I, 2684. *150*

WELS, P., und M. JOKISCH: Der Einfluß kurzwelliger Strahlen auf die Fluoreszenz von Eiweißkörpern und ihren Spaltprodukten. Pflügers Arch. **219**, (1928) 738. — 1928 — *24, 162*

— —: Der Einfluß der Quarzlampenstrahlung auf die Fluoreszenz von Geweben und Zellen. Pflügers Arch. **223** (1930) 367. — 1930a — *25, 162*

— —: Der Einfluß des bestrahlten Serums auf die Gefäßwirkung des Adrenalins. Pflügers Arch. **223** (1930) 395. — 1930b — *25, 162*

— —: Weitere Untersuchungen über die Fluoreszenz bestrahlter Zellen. Pflügers Arch. **228** (1931) 672. — 1931 — *162*

WELTZIEN, W.: Die Verwendung der ultravioletten Strahlen bei textilen Untersuchungen, I. Seide **33** (1928) 306. — 1928 — *148*

—: Die Verwendung der ultravioletten Strahlung bei textilen Untersuchungen, II. Nachprüfung ultravioletter Lichtquellen auf ihre praktische Verwendungsfähigkeit. Seide **35** (1930) 195. — 1930 — *148*

WERDER, J., und C. ZÄCH: Zur Unterscheidung von Trockenbeerwein und Naturwein mit Hilfe der Analysenquarzlampe. Mitt. Lebensmittelunters. Hyg. **19** (1928) 2, 60, 147; Wein u. Rebe **11** (1929) 272; Schweiz. Apotheker-Ztg. **66** (1928) 33. — 1928a — *187*

WERTH, G.: Fluoreszenzmikroskopische Beobachtungen am menschlichen Knochenmark. Acta haematol. **10** (1953) 209. — 1953 — *163*

—, und J. EISENBRAND: Über die Löschung der Fluoreszenz durch einige Häminproteide. Z. physiol. Chem. **299** (1955) 156. — 1955 — *103, 162*

WEST, W., R. H. MÜLLER und E. JETTE: Versuche über Fluoreszenz und Photosensibilisation in wäßriger Lösung. Proc. roy. Soc., Ser. A. **121** (1928) 229, 294, 313; Chem. Zbl. **1929**, I, 724. *39, 85, 88*

WETZEL, W.: Zbl. Miner., Geol., Paläont., Abt. A (1939) 225. *127*

WEYL, W. A.: Ein Beitrag zur Fluoreszenz der Gläser. Sprechsaal Keram. Glas, Email **70** (1937) 578. — 1937 — *154*

—: Die Verwendung von Farben- und Fluoreszenzindikatoren für Strukturbestimmung des Glases. J. appl. Phys. **17** (1946) 405; Chem. Zbl. **1946**, I, 167. — 1946a — *155*

—: Die Anwendung von Farb- und Fluoreszenz-Indikatoren zur Bestimmung von Glasstrukturen. J. appl. Phys. **17** (1946) 628. — 1946b — *155*

WHITE, CH. E., und C. S. LOWE: Aluminiumbestimmung mit Morin. Ind. Engng. Chem., anal. Edit. **12** (1940) 229. — 1940 — *4, 120*

WHITE, CH. E., und C. S. LOWE: Fluoreszenznachweise für Beryllium und Thorium. Ind. Engng. Chem., anal. Edit. **13** (1941) 809; Chem. Zbl. **1943**, I, 1302. — 1941 — *4, 118*
—, und M. N. NEUSTADT: Ind. Engng. Chem., anal. Edit. **15** (1943) 599. — 1943 — *4, 119*
—, A. WEISSLER und D. BUSKER: Fluorimetrische Bestimmung von Bor in Mikrogramm-Mengen. Anal. Chemistry **19** (1947) 802; Chem. Zbl. **1948**, I, 383. — 1947 — *4, 120*
—: Fluorimetrische Analyse I. Anal. Chemistry **21** (1949) 104. — 1949 — *4, 17, 40*
—: Fluorimetrische Analyse II. Anal. Chemistry **22** (1950) 69. — 1950 — *4, 17, 40*
WIDMANN, A., und W. SCHADE: Farbstoffe zur Überführung von Dieben. Kriminalistik **14** (1940) 7. *201*
WIEGAND, CH.: Der Einfluß der Photooxydationsprodukte von Aminosäuren auf die Fluoreszenz von Aminosäuren. Pflügers Arch. **223** (1929) 378. *133*
WIEGEL, E.: Physikalisch-kolloidchemische Unterscheidungsmöglichkeiten von gesunden und „abgebauten" Kartoffeln. Z. Spiritusind. **57** (1934) 245. *192*
WIEHEU, R.: Studien über fluoreszierende Inhaltsstoffe pflanzlicher Zellen und Zellverbände. Diss., Univ. München 1948. *141*
WIELAND, TH., und E. FISCHER: o-Phenylendiamin als Reagens auf α-Ketosäuren. Naturwiss. **36** (1949) 219; zitiert in F. CRAMER: Papierchromatographie. 4. Aufl., Verlag Chemie, Weinheim 1958, S. 158. — 1949 — *66*
—, und BAUER: Nachweis der Nucleotiden. Angew. Chem. **63** (1951) 511; zitiert in F. CRAMER: Papierchromatographie. 4. Aufl., Verlag Chemie, Weinheim 1958, S. 142ff. — 1951 — *168*
—, und W. KRACHT: Kohlenwasserstoffe. Angew. Chem. **69** (1957) 172; zitiert in F. CRAMER: Papierchromatographie. 4. Aufl., Verlag Chemie, Weinheim 1958, S. 190. — 1957 — *66*
—, und WIEMANN, F.: Kapillaranalytische Untersuchung der Compressi laxantes. Ph. H. V. Pharm. Acta Helvetiae **14** (1939) 131; Chem. Zbl. **1940**, I, 1077. *139*
WIEN, W., und F. HARMS: Handbuch der Experimentalphysik, Bd. XXIII, Tl. 2, S. 964. Akad. Verlagsges., Leipzig 1928. *73*
WIESENTHAL, H.: Analysen-Quarzlampe und chemisch hergestellte Kunststoffe. Kunststoffe **19** (1929) 56. *150*
WIETHOLD, F.: Die Bedeutung der Analysen-Quarzlampe für die gerichtsärztliche Technik. Dtsch. Z. ges. gericht. Medizin **7** (1926) 600. *198, 200*
WILKE, K.: Lumineszenz Cu-aktivierter synthetischer Zeolithe. Naturwiss. **43** (1956) 418; Chem. Zbl. **1957**, 5174. *126*
WILLARD, H. H.: Fluoridbestimmung durch Fluoreszenztitration mit Thoriumlösung mit Morin und Quercetin als Indikatoren. Anal. Chemistry **22** (1950) 503. *124*
WILSON, H. M., und A. A. SMALES: Uran im Harn. Nature [London] **158** (1946) 590; Chem. Zbl. **1947**, I, 164. — 1946 — *124*
—: Fluoreszierender Feldspat und Zirkon als petrographisches Hilfsmittel. Miner. Mag. J. miner. Soc. **29** (1950) 225; Chem. Zbl. **1951**, I, 2282. — 1950 — *127*
WINDEL, E. M.: Zur photographischen Wiedergabe von Lumineszenzerscheinungen im filtrierten Ultraviolett. Photographie und Wissenschaft **4** (1955) 9 (Agfa). *176, 177*
WINTHER, CH.: Über eine einfache Methode zur absoluten Messung sichtbarer und ultravioletter Strahlung. Z. Elektrochem. **19** (1913) 389. — 1913 — *34, 35, 71*
—, BAGGESGAARD-RASMUSSEN und E. SCHREINER: Über eine einfache Methode zur Absorptionsmessung im Ultraviolett. Z. wiss. Photogr., Photophys. u. Photochem. **22** (1922) 125. — 1922 — *71*
WISCHO, F.: Über die Lumineszenzen flüssiger organotherapeutischer Extrakte im filtrierten Ultraviolett. Pharm. Mh. **11** (1930) 224. *24, 139*
WISLICENUS, H.: Über Probleme der stofflichen Holzforschung. Z. angew. Chem. **41** (1928) 1315. *143, 147*

WITTEBORG, W.: Die minerogenetische Bedeutung der Lumineszenzerscheinungen des Kalkspates. Zbl. Miner., Geol., Paläont., Abt. A. (1932) 364. *126*

WITTICH, M.: Fluoreszenz von Ölschiefer-Schwefelprodukten. Brennstoff-Chem., Nr. 19 (1927). *156*

WODSAK, W.: Versuche zum Nachweis von Lösungsmittelresten in Extraktionsschroten. Z. Unters. Lebensmittel **90** (1950) 265. *192*

WÖSTMANN, E.: Der fluoreszenzoptische Nachweis von Ustilago Tritici im Weizenkorn. Kühn-Archiv **56** (1942) 247. *192*

WOHLLEBEN, G.: Entfernung von Wasser aus organischen Lösungsmitteln. Angew. Chem. **67** (1955) 741. — 1955 — *68*

—: Entfernung von Alkohol aus Chloroform. Angew. Chem. **68** (1956) 752. — 1956 — *68*

WOIWOD, A. J.: Fluoreszenz von Aminosäuren, Peptiden und Aminen auf Filterpapier. Nature [London] **166** (1950) 272; Chem. Zbl. **1951**, I, 445. *66, 130*

WOLF, H. CH.: Zur Bandesbreite im Fluoreszenzspektrum organischer Molekülkristalle. Untersuchungen an Naphthalinmischkristallen. Z. Phys. **143** (1955) 266; Chem. Zbl. **1957**, 4634. *132*

WOLFF, H., und W. TOELDTE: Ein Beitrag zur Kenntnis und Prüfung der Harze. Farben-Ztg. **31** (1926) 2503. — 1926a — *149*

— —: Zur Fluoreszenz der Farblacke. Farben-Ztg. **32** (1926) 80. — 1926b — *149*

— —: Leinöl im Ultraviolettlicht der Quarzlampe. Farbe und Lacke (1926) 509. — 1926c — *149*

—: Die natürlichen Harze, Monographien aus dem Gebiet der Fettchemie. Wiss. Verlagsanstalt, Stuttgart 1928. — 1928 — *149*

WOLFF, J.: Über das Vorkommen von Chlorogensäure und ihren Isomeren in Blättern von Steinobstbäumen. Naturwiss. **45** (1958) 130. *144, 191*

WOOD, H. P.: Ein Apparat zur Prüfung von Schecks im Ultraviolett. US-Pat. 2016474 vom 8. 10. 35. *202*

WOOD, R. W.: Für ultraviolettes Licht durchlässige Strahlenfilter und ihre Anwendung in der Spektrophotographie. Philos. Mag. (6) **5** (1903) 257. — 1903 — *7*

—: Fluoreszenz und Photochemie. Philos. Mag. (6) **43** (1922) 757; Chem. Zbl. **1922**, III, 219. — 1922 — *24*

—: Die Ramanspektren gestreuter Strahlung. Philos. Mag. (7) **6** (1928) 729; Chem. Zbl. **1929**, I, 355. — 1928 — *16*

WOODROW, J. W., und A. R. SCHMIDT: Die Fluoreszenz einiger Substanzen, die Vitamin A enthalten. Phys. Rev. (2) **43** (1933) 379; Chem. Zbl. **1933**, II, 1889. *192*

WRIGHT, G. T.: Fluoreszenzanregungsspektren und -quantenausbeuten von organischen Kristallen. Proc. phys. Soc., Sect. B **68** (1955) 701; Chem. Zbl. **1957**, 9606. — 1955a — — 1955b — *132*

—: Fluoreszenzanregungsspektren des Anthracens. Phys. Rev. (2) **100** (1955) 587; Chem. Zbl. **1957**, 4343. *132*

WÜSTENFELD, W., und H. KREIPE: Das Verhalten von Spritessig und Essigessenz im ultravioletten Licht der Hanauer Quarzlampe. Dtsch. Essigind. **32** (1928) 345. *36, 189*

WULFF, H. D., und E. STAHL: „Chemische Rassen“ bei Acorus calmus. Naturwiss. **47** (1960) 114. *67, 68*

WUNDRAM, G., und F. SCHÖNBERG: Einiges zur Kennzeichnung von Hühnereiern. Berliner tierärztl. Wschr. **50** (1934) 107. — 1934 — *180*

—: Untersuchungen über die Größe der Luftkammern von Eiern und die Altersbestimmungen von Eiern in ultraviolettem Licht. Berliner tierärztl. Wschr. (1936) 49. *179*

WYMAN, G. M., D. R. ROGERS und J. D. MARGERUM: Fluoreszenzspektren von Thioindigofarbstoffen. Angew. Chem. **69** (1957) 648. *138*

YAMAGUCHI, S., und K. HAMAMURA: Untersuchungen über die Ultraviolettfluoreszenzen der Seidenraupen. Bull. Séricult. Silk-Ind. **8** (1935) 405; Chem. Zbl. **1935**, I, 3494. *157*

YAMAZAKI, H., und T. ITINOSE: Untersuchungen über die Fluoreszenzfarben von Seidenraupenkokons. II. Genetische Untersuchungen. Bull. Séricult. Silk-Ind. **8**, 3 (1936) 1; Chem. Zbl. **1936**, II, 1638. *157*

YTURRIAGA, F. Z.: Fluoreszenzstudien an menschlichem Haar in ultraviolettem Licht. Trab. Inst. nac. Cienc. med. Madrid **8** (1947) 267 bis 273. *161*

ZÄCH, C.: Über die Altersbestimmung von Eiern mit Hilfe der Analysen-Quarz-Lampe. Mitt. Lebensmittelunters. Hyg. **20** (1929) 209. *179*

ZANDER, M.: Hochtemperatur-Phosphoreszenz beim Coronen. Naturwiss. **47** (1960) 443. *6*

ZECHMEISTER, L., und I. W. SEASE: Eine blau fluoreszierende Verbindung, Terthienyl, isoliert aus der Ringelblume (Tagetes erecta L.). *134*

—, und L. v. CHOLNOKY: Die chromatographische Adsorptionsmethode, 2. Aufl. Verlag J. Springer, Wien 1938. — 1938 — *68*

—, und A. SANDOVAL: Fluoreszenz von Carotinen, Zucker u. a., Fluoreszenz von Oxinsalzen. Ciencia e invest. [Buenos Aires] **3** (1947) 314. — 1947 — *163, 172*

—: Weiterentwicklung der Chromatographie 1938 bis 1947. Nature [London] 1953. — 1953 — *68*

ZECHNER, L., und F. GSTIRNER: Die Untersuchung galenischer Präparate im filtrierten ultravioletten Licht. Pharm. Mh. **11** (1930) 221 u. **12** (1931) 28, 193. *139*

ZEHNDER, M. A.: Fluorescein-Hautresorptionstest. Schweiz. med. Wschr. **81** (1951) 301; Chem. Zbl. **1951**, II, 851. *160*

ZEIGER, K., und H. HARDERS: Über vitale Fluorochromfärbung des Nervengewebes. Z. Zellforsch. mikroskop. Anat. **36** (1951) 62; Chem. Zbl. **1951**, II, 3218. — 1951a — *161*

—, H. HARDERS und W. MÜLLER: Der Strugger-Effekt an der Nervenzelle. Protoplasma **40** (1951) 76; Chem. Zbl. **1952**, II, 539. — 1951 — *161*

ZERMATTEN, H. L. J.: Eine Reaktion auf Beryllium in Mineralien und Gesteinen. Koninkl. Akad. Wetensch. Amsterdam Proc. **36** (1933) 899; Chem. Zbl. **1934**, I, 1359. *127*

ZICHEL, G.: Gerichtlich-medizinische Untersuchungen an Zähnen, unter besonderer Berücksichtigung der quantitativen Bestimmung ihrer Lumineszenz. Inaug.-Diss., Halle (Saale) 1933. *159*

ZIEGLER, H., und G. LAU: Ein Schnelltest für Identifizierung von Meruliusarten. Naturwiss. **45** (1958) 45. *143*

ZIEKE, K.: Die Bestimmung von Phosphid und Phosphat im Calciumcarbid. Z. anal. Chem. **114** (1938) 193. *122*

ZIMMER, K.: Photographie der Papillarlinien im Fluoreszenzlicht. Klin. Wschr. **12** (1933) 545. *103*

ZIMMERMANN, H., und N. JOOP: Polarisation der Elektronenbanden von Aromaten. Z. Elektrochem. **65** (1961) 61, 138. *200*

ZWEIDLER, R.: Herstellung von fluoreszierenden Stilbylditriazolverbindungen. DBP 955418 Kl. 12p, 1955; Chem. Zbl. **1957**, 6025. *149*

Fluoreszenzstoffe und Löscher

Sachregister